内容简介

INTRODUCTION

本教材为普通高等教育农业部“十三五”规划教材、全国高等农林院校“十三五”规划教材。全书共分16章，内容包括分散系统、化学热力学基础、化学反应速率和化学平衡、物质结构、分析化学概述、四大平衡及滴定、电势及光度分析、重要生命元素简述等。全书阐述了无机及分析化学的基本原理及其重要的实际应用。每章附有小结、思考题、习题及英文阅读材料，习题均提供了参考答案。

本教材可作为高等农林院校有关专业的基础化学类教学的教材，也可供其他非农林类院校的广大师生参考。

第三版前言

普通高等教育农业部“十二五”规划教材、全国高等农林院校“十二五”规划教材《无机及分析化学》（第二版）出版后，在四川农业大学及多所兄弟院校使用，受到广大师生的欢迎和好评。根据各学校反馈的信息和专家们的意见，以及学科的发展、时代的要求和教改的需要，本教材在第二版的基础上对其内容做了相应的充实和修订，其特点如下：

1. 本教材力求体现贴近生活、接近社会。为了把握时代脉搏，我们将当今世界关注的热点如食品安全、环境保护、绿色能源等相关内容增加到教材中，让学生从中体会到化学的重要性和实用性。

2. 当今世界已进入全球化的时代，进行国际交流，相互学习，势所必然。由于英语在国际交流上的主流性，我们在各章习题中增加了一些形式多样，具有一定深度和广度的英文习题，以利于学生开阔视野、启迪创新思维，同时也增强学生化学专业英语阅读能力。为使学生了解对化学学科的发展有着杰出贡献的著名化学家，学习他们在科学研究道路上心无旁骛、百折不回、愈挫愈奋、勇于创新的精神，在保留二版教材所列人物外，增加了对世界有着卓越贡献的著名华人科学家的简介，以增强民族自豪感，激励学生效法楷模榜样，勇攀科学高峰。

3. 随着科学技术的发展，人工智能的研发与应用，现代化分析仪器的日新月异，计算机在各个领域的广泛应用和渗透，生物学、医学、药学、环境保护等学科的研究都迈入分子水平阶段，它们的进步和提高都依赖于化学学科的发展，因为化学本身就是研究分子行为的学科，近年来与其相关的诺贝尔奖即是最好的佐证。任何科学技术都是双刃剑，化学虽然给人类带来了前所未有的文明，但另一方面，也造成了污染。“解铃还得系铃人”，如何从源头解决化学工业的负面作用，所谓扬汤止沸，莫如釜底抽薪，这就要求化学从微观世界出发进行分子设计，分子剪裁，使产品环境友好。在化工生产过程中力求使反应一步完成，做到零污染、零排放，要达到此目的，必须对微观世界的物质结构有全面深刻的了解，千里之行，始于足下，这即是本教材加强了物质结构内容编写的目的和初衷。

4. 为使描述简明扼要，仍然沿用第一、二版中所用的有关符号，即用相对浓度 c_r 代替 $c/c^{\ominus}$，平衡浓度用方括号“[ ]”表示，相对平衡浓度用“$[\ ]_r$”代替“$[\ ]/c^{\ominus}$”；条件电极电势用 φ' 代替 $\varphi^{\ominus\prime}$；对于方程式中离子的水溶液略去(aq)，如 B^{n+}(aq) 简写为 B^{n+}，但气体的水溶液为避免混淆必须标明，如 O_2(aq) 中的 (aq) 不能省略。

本教材凡带“*”的小字体者，教师讲授时可根据需要取舍。

本教材采用国际单位制（SI）和 IUPAC（国际纯粹与应用化学联合会）推荐使用的符号。

全教材共分 16 章，由上海海洋大学、河北农业大学和四川农业大学等院校共同编写。参加编写的人员为：周冬香（第十四、十五章）、徐春霞（第五、八、九章）、张云松（第一章）、王仁国（第二章）、赵颖（第三章）、饶含兵（第四章原子结构部分）、李云春（第四章分子结构部分）、姜李（第六章）、代先祥（第七章）、张利（第十章）、吴明君（第十一章）、赵茂俊（第十二章）、陈华萍（第十三章）、印家健（第十六章）。全书由赵茂俊、王仁国定稿。

编写过程中承蒙各兄弟院校化学系全体同仁的鼎力协助，甄铧老师、王显祥老师就教材提出了建设性的意见，刘勇老师参与了大量的稿件整理工作，在此一并表示感谢。由于编者水平有限，书中难免存在欠妥之处，敬请读者批评指正。

编　者

2017 年 3 月

普通高等教育农业部“十三五”规划教材
全国高等农林院校“十三五”规划教材

无机及分析化学

赵茂俊　王仁国　主编

中国农业出版社

图书在版编目（CIP）数据

无机及分析化学 / 赵茂俊，王仁国主编．—3 版．—北京：中国农业出版社，2017.8（2022.6 重印）
普通高等教育农业部“十二五”规划教材 全国高等农林院校“十三五”规划教材
ISBN 978-7-109-23260-0

Ⅰ.①无… Ⅱ.①赵… ②王… Ⅲ.①无机化学-高等学校-教材②分析化学-高等学校-教材 Ⅳ.①O61 ②O65

中国版本图书馆 CIP 数据核字（2017）第 195252 号

中国农业出版社出版
（北京市朝阳区麦子店街 18 号楼）
（邮政编码 100125）
责任编辑 曾丹霞

北京中兴印刷有限公司印刷 新华书店北京发行所发行
2006 年 8 月第 1 版 2017 年 8 月第 3 版
2022 年 6 月第 3 版北京第 7 次印刷

开本：787mm×1092mm 1/16 印张：26.75 插页：2
字数：630 千字
定价：49.80 元

第三版编者名单

主　编　赵茂俊　王仁国

副主编　张云松　徐春霞　周冬香

编　者　（按姓氏笔画排序）

王仁国　代先祥　印家健　李云春

吴明君　张　利　张云松　陈华萍

周冬香　赵　颖　赵茂俊　饶含兵

姜　李　徐春霞

第一版编者名单

主　编　王仁国

副主编　周冬香　徐春霞

编　者　（按姓氏笔画排序）

王仁国　刘希光　吴明君　宋祖伟

张　利　陈华萍　周冬香　赵茂俊

姜　李　徐春霞　崔扬健　游承干

第二版编者名单

主　编　王仁国　赵茂俊

副主编　周冬香　董彦莉

编　者　（按姓氏笔画排序）

王仁国　印家健　吴明君　张　利

张云松　陈华萍　周冬香　赵茂俊

姜　李　崔扬健　董彦莉　游承干

第一版前言

本书是为高等农林院校大一学生无机及分析化学课程而编写的一本化学基础类教材。遵循全国高等农林院校“十一五”规划教材的编写要求，以教育部制定的普通高等学校无机及分析化学的教学大纲为依据，并结合高等农林院校学生的培养目的和实际，顺应教学改革形势的需要，本着“宽口径、厚基础”的培养人才的目标，因材施教，有的放矢，不刻意追求体系的系统化，内容上精简经典，简介前沿。够用、实用、贴近生物科学的实际是本书编写的宗旨。

化学是一门中心科学，它对其他学科的深入发展，犹如空气和水对于人类一样必不可缺。科学技术的进步，学科之间的相互渗透和相互交融已是不争的事实，传统的无机化学与分析化学合二为一，避免了不必要的重复，体现了优化组合、节约学时的优点。本书在四大平衡（酸碱电离平衡、沉淀溶解平衡、氧化还原平衡、配位平衡）各章后紧跟对应的滴定的章节，内容有机衔接，便于教学。

本书编者在参考了国内外教材的基础上，力求概念表述准确，内容深入浅出，简明扼要，与时俱进，有所创新，主要表现在以下几点：

(1) 为避免在标准平衡常数的表达式中繁冗的标准浓度 $c^{\ominus}$ 的出现，又不失其严谨性，我们用相对浓度 c_r 代替 $c/c^{\ominus}$，平衡时浓度用方括号“[ ]”表示，相对平衡浓度用“$[\ ]_r$”代替“$[\ ]/c^{\ominus}$”。

(2) 由于大一学生刚刚跨入大学校门，在此适应性的过渡教学期间，为有利于学生掌握繁多的课程内容，本书在每章末均提纲挈领地进行了小结，以期达到要求明确、重点突出的目的。另外，习题的解答是加深学生对授课内容知识的掌握和运用必不可缺的重要手段之一，因此编者对每章的思考题和习题本着贴近实际、以基本为主、循序渐进的原则进行了精选，其中习题附有参考答案，以使学生及时判断正误。

(3) 化学是一门实验科学，在无机及分析化学的教学中，分析部分是实践性强、实用性高的内容，在实验中进行讲授，可达到事半功倍的效果，因此，课程中遵循少讲多练的原则来进行内容处理。由于有些专业对课程内容的要求不尽相同，本书凡带“＊”的小字体者，教师讲授时可根据需要取舍。

(4) 能源危机并非危言耸听，当今世界已探明化石燃料石油贮量仅能满足几十年的需求而即将告罄。其他天然气、煤炭也仅够维持一两百年的光景。寻求新能源是当前的热点，其中核能的开发和利用正在我国积极地进行，因此本教材特增加了原子核化学简介一章以适应社会的发展和要求。

(5)“他山之石，可以攻玉”，为借鉴别人的先进经验，为我所用，本教材尽抛砖引玉之力，在有关章节选编了一些著名化学家的英文小传，在“化学之窗”栏目中推出了与生命科学有关的化学英文阅读材料，以期能提高学生的英文阅读能力。

本教材采用国际单位制（SI）单位和IUPAC（国际纯粹与应用化学联合会）推荐使用的符号。

全书共分十八章，由上海水产大学、河北农业大学水产学院、莱阳农学院和四川农业大学等四所兄弟院校共同编写。编写人员为：周冬香（第十四、十五章）、徐春霞（第五、八、九章）、刘希光（第一章）、宋祖伟（第十八章）、游承干（第三章）、赵茂俊（第四章第四至八节、第十二章）、张利（第四章第一至三节、第十章）、吴明君（第十一、十六章）、陈华萍（第十三章）、姜李（第六章）、崔扬健（第七章）、王仁国（第二、十七章）。全书由王仁国、游承干、赵茂俊统稿。

自确定编写大纲以来，承蒙各兄弟院校的鼎力相助，各参编老师的勠力同心，才使编写工作顺利完成。在编写过程中，四川大学胡长伟教授提出了许多宝贵意见，四川农业大学无机化学教研室的教师代先祥、陈丁龙、张云松、赵颖、王显祥等在校对稿件、习题解答方面做了大量的工作，借此机会特表鸣谢。

由于时间仓促，学术水平有限，挂一漏万以及错误之处在所难免，敬请读者不吝赐教，幸甚。

编　者

2006.6

第二版前言

全国高等农林院校“十一五”规划教材《无机及分析化学》第一版自2006年出版以来，已先后印刷6次，对于使用中发现的问题及新增的内容通过重印已进行了小幅的修改。值此进行修订的机会，广泛吸收了各兄弟院校师生的宝贵意见，按照高等农林院校基础化学教学大纲的精神，适应农业院校招生规模的扩大及专业设置多元化的现状，在第一版的基础上对教材进行了以下几方面的修改：

(1) 为了避免与其他教材的重复，缩小篇幅、充分利用有限的学时，删去了第一版第十六章（试样分析中常用的分离方法简介）和第十八章（原子核化学简介）的内容。

(2) 由于物质结构的重要性日益显现，充实和加强了这方面的内容。对与生活和生产实际联系密切，又与生物科学息息相关的第一章（分散系统）也进行了充实、完善和提高。

(3) 为使描述简明扼要，坚持沿用第一版中所用浓度的有关符号，即用相对浓度 c_r 代替 $c/c^{\ominus}$，平衡时浓度用方括号“[ ]”表示，相对平衡浓度用“$[\ ]_r$”代替“$[\ ]/c^{\ominus}$”。条件电极电势仍用 φ' 代替 $\varphi^{\ominus'}$。对于方程式中离子的水溶液略去（aq），如 $B^{n+}(aq)$ 简写为 B^{n+}，但气体的水溶液为避免混淆必须标明，如 $O_2(aq)$ 中的（aq）不能省略。

(4) 强调了分析浓度和平衡浓度的概念，增加了一些具有启发性和开阔视野的习题。

(5) 由于中学化学教材平台的变化，因此，教材各章的内容也做了相应调整，以期有机衔接，承前启后。

本教材采用国际单位制（SI）和IUPAC（国际纯粹和应用化学联合会）推荐使用的符号。全书共分16章，由上海水产大学、河北农业大学和四川农业大学等兄弟院校共同编写。其中参加修订编写的人员为：周冬香（第十四、十五章）、董彦莉（第五、八、九章）、张云松（第一章）、王仁国（第二章）、游承干（第三章）、赵茂俊（第四章分子结构部分、第十二章）、张利（第四章原子结构部分、第十章）、姜李（第六章）、崔扬健（第七章）、吴明君（第十一章）、陈华萍（第十三章）、印家健（第十六章）。全书由王仁国、赵茂俊定稿。

编写过程中承蒙各兄弟院校化学教研室全体同仁的鼎力协助，并对甄铧老师就教材提出的建设性意见表示感谢。对于书中遗漏和不足之处，敬请读者批评指正。

编　者

2012.3

目　录

第一章　分散系统

人们进行科学研究及生产实践时，首先要确定研究的对象，这种被研究的对象就称为系统（system）。系统中物理、化学性质相同的均匀部分称为一个相（phase）。一种（或多种）物质分散于另一种物质之中的系统称为分散系（dispersed system）。例如，黏土微粒分散在水中成为泥浆；乙醇分子分散在水中成为乙醇水溶液；脂肪、蛋白质、乳糖、无机盐等分散在水中成为牛奶等。在分散系中，被分散了的物质称为分散质（dispersate），又称为分散相（dispersion phase），而容纳分散质的物质称为分散剂（dispersing）或分散介质（dispersing medium）。分散质处于分割成粒子的不连续状态，而分散剂则处于连续的状态。在分散系内，分散质和分散剂可以是固体、液体或气体，故按分散质和分散剂的聚集状态分类，分散系可以有九种，见表 1-1。

表 1-1　分散系分类（按聚集状态分类）

分散质	分散剂	实　　例
气	气	混合气体，如空气
液	气	云雾
固	气	烟尘
气	液	洗衣粉或肥皂泡沫
液	液	牛奶，豆浆
固	液	泥浆溶胶（氢氧化铁溶胶）
气	固	乳石，泡沫塑料
液	固	珍珠，白宝石
固	固	合金，有色玻璃

由于生物体内的各种生理、生化反应都是在液体介质中进行的，因此，本课程主要讨论分散剂是液体的分散系的基本性质。

按分散质粒子的大小，常把分散系分为三类，见表 1-2。其中第一类和第二类中的高分子溶液，分散质是分子或离子，系统均匀，分散质与分散剂间无相界面，称为均相系统；其余的因分散质粒子与分散剂间存在宏观相界面，称为多相系统。

溶液、胶体溶液、高分子溶液和乳浊液等分散系与农业、生物科学有密切关系。研究这些分散系，了解它们的性质，对学习后续课程和今后的工作实践有着重要的实际意义。因此，本章将分别介绍这些液态分散系的基本知识。

表 1-2 分散系分类（按分散质粒子大小分类）

类 型	粒子直径/nm	分散系名称	主 要 特 征	
分子或离子分散系	<1	真溶液	最稳定，扩散快，能透过滤纸及半透膜，对光散射极弱	单相系统
胶体分散系	1～100	高分子溶液	很稳定，扩散慢，能透过滤纸，不能透过半透膜，对光散射极弱，黏度大	
		溶胶	稳定，扩散慢，能透过滤纸，不能透过半透膜，光散射强	多相系统
粗分散系	>100	乳状液 悬浊液	不稳定，扩散慢，不能透过滤纸及半透膜，无光散射	

第一节 溶 液

一、物质的量及其单位

物质的量（amount of substance）是 1971 年第十四届国际计量大会决定作为 SI 制的一个基本物理量，用来表示物质数量的多少，常用符号 n 表示，单位是摩尔（mole），符号为 mol。它的定义为：摩尔是一系统的物质的量，该系统中所包含的基本单元（elementary entity）数与 0.012 kg^{12}C 的原子数目相等。基本单元可以是分子、原子、离子等各种微观粒子，或这些粒子的特定组合。0.012 kg^{12}C 中含有 6.023×10^{23} 个碳原子，这个数称为阿伏伽德罗（Avogadro）常数，所以，1 mol 含 6.023×10^{23} 个基本单元。若某物系中所含基本单元数是阿伏伽德罗常数的多少倍，则该物系中“物质的量”就是多少摩尔。在使用摩尔这个单位时，必须同时指出其基本单元。例如：1 mol(H_2)，指的是基本单元为 H_2；1 mol (H)，指的是基本单元为 H；1 mol (SO_4^{2-})，指的基本单元是 SO_4^{2-} 离子；1 mol $\left(H_2+\frac{1}{2}O_2\right)$ 其基本单元是 $H_2+\frac{1}{2}O_2$ 的特定组合。括号中的符号表示物质的基本单元。

例如计算 $KMnO_4$ 的物质的量时，若分别用 $KMnO_4$ 和 $\frac{1}{5}KMnO_4$ 作基本单元，则相同质量的 $KMnO_4$，其物质的量之间有如下关系：

$$n(KMnO_4)=\frac{1}{5}n\left(\frac{1}{5}KMnO_4\right)$$

可见，基本单元的选择是任意的，它既可以是实际存在的，也可以根据需要而人为设定。

1 mol 物质的质量称为摩尔质量，用符号 M 表示，单位为 kg·mol^{-1}，常用单位为 g·mol^{-1}。任何原子、分子或离子的摩尔质量，当单位为 g·mol^{-1}时，数值上正好等于其相对原子质量、相对分子质量或相对离子质量，例如：H_2SO_4 的摩尔质量为 98 g·mol^{-1}。因此，若某物质 B 的质量用 m_B 表示，则该物质的物质的量为

$$n_B=\frac{m_B}{M_B} \tag{1-1}$$

摩尔与其他计量单位一样也可以根据需要表示为毫摩尔（mmol）、微摩尔（μmol）等。

还应指出，“物质的量”是一个专有名词，不可与质量相混淆。

二、物质的量浓度

在法定计量单位中，浓度只是“物质的量浓度”的简称，溶质 B 的物质的量浓度（amount of substance concentration of B）定义为：溶质 B 的物质的量除以溶液的体积，用 c_B 表示。

$$c_B = \frac{n_B}{V} \tag{1-2}$$

式中，c_B 为溶质 B 的物质的量浓度；n_B 为溶液中溶质 B 的物质的量；V 为溶液的体积。

物质的量浓度的 SI 单位为摩尔每立方米（$mol \cdot m^{-3}$），常用单位为摩尔每升（$mol \cdot L^{-1}$），或毫摩尔每升（$mmol \cdot L^{-1}$）等。

在使用物质的量浓度时，必须指明物质 B 的基本单元，例如 $c(HCl)=0.10\ mol \cdot L^{-1}$，$c(Na^+)=0.010\ mol \cdot L^{-1}$，$c\left(\frac{1}{5}KMnO_4\right)=1\ mol \cdot L^{-1}$等。

例 1-1　质量分数为 36.0%的 HCl 溶液的密度为 $1.19\ g \cdot mL^{-1}$，则 $c(HCl)$ 为多少？

解：已知　$w(HCl)=36.0\%$　$\rho=1.19\ g \cdot mL^{-1}$

$$M(HCl)=36.46\ g \cdot mol^{-1}$$

$$m(HCl)=1.19\ g \cdot mL^{-1} \times 1\,000\ mL \times 36.0\% = 4.28 \times 10^2\ g$$

由

$$n_B=\frac{m_B}{M_B} \quad c_B=\frac{n_B}{V} \quad c_B=\frac{m_B}{M_B V}$$

则

$$c(HCl)=\frac{m(HCl)}{M(HCl) \cdot V}=\frac{4.28 \times 10^2\ g}{36.46\ g \cdot mol^{-1} \times 1\ L}=11.8\ mol \cdot L^{-1}$$

例 1-2　用分析天平称取 1.234 6 g $K_2Cr_2O_7$ 基准物质，溶解后转移至 100.0 mL 容量瓶中定容，试计算 $c(K_2Cr_2O_7)$ 和 $c\left(\frac{1}{6}K_2Cr_2O_7\right)$。

解：已知　$m(K_2Cr_2O_7)=1.234\,6\ g$　$M(K_2Cr_2O_7)=294.18\ g \cdot mol^{-1}$

$$M\left(\frac{1}{6}K_2Cr_2O_7\right)=\frac{1}{6} \times 294.18\ g \cdot mol^{-1}=49.03\ g \cdot mol^{-1}$$

$$c(K_2Cr_2O_7)=\frac{m(K_2Cr_2O_7)}{M(K_2Cr_2O_7) \cdot V}=\frac{1.234\,6\ g}{294.18\ g \cdot mol^{-1} \times 100.0\ mL \times 10^{-3}}=0.041\,97\ mol \cdot L^{-1}$$

$$c\left(\frac{1}{6}K_2Cr_2O_7\right)=\frac{m(K_2Cr_2O_7)}{M\left(\frac{1}{6}K_2Cr_2O_7\right) \cdot V}=\frac{1.234\,6\ g}{49.03\ g \cdot mol^{-1} \times 100.0\ mL \times 10^{-3}}=0.251\,8\ mol \cdot L^{-1}$$

$$c\left(\frac{1}{6}K_2Cr_2O_7\right)=6c(K_2Cr_2O_7) \qquad n\left(\frac{1}{6}K_2Cr_2O_7\right)=6n(K_2Cr_2O_7)$$

由于溶液的体积随温度而变，导致“物质的量浓度”也随温度而变。为避免温度对数据的影响，常使用不受温度影响的浓度表示方法，如质量摩尔浓度、质量分数等。

三、质量摩尔浓度

每千克溶剂中所含溶质B的物质的量（n_B），称为溶质B的质量摩尔浓度（molality of solute B）。

$$b_B = \frac{n_B}{m_A} \tag{1-3}$$

式中，b_B 为溶质B的质量摩尔浓度（$mol \cdot kg^{-1}$）；m_A 为溶剂的质量（kg）。

例1-3 50.0 g水中溶解0.585 g NaCl，求此溶液的质量摩尔浓度。

解： NaCl的摩尔质量 $M(NaCl)=58.44\ g \cdot mol^{-1}$

$$b(NaCl) = \frac{n(NaCl)}{m(H_2O)} = \frac{m(NaCl)}{M(NaCl) \cdot m(H_2O)}$$

$$= \frac{0.585\ g}{58.44\ g \cdot mol^{-1}} \times \frac{1}{50.0 \times 10^{-3}\ kg} = 0.200\ mol \cdot kg^{-1}$$

质量摩尔浓度与体积无关，故不受温度变化的影响，常用于稀溶液依数性的研究。对于较稀的水溶液来说，质量摩尔浓度近似地等于其物质的量浓度。

四、摩尔分数

混合系统中，某组分 i 的物质的量 n_i 与混合物（或溶液）总物质的量 n 之比称为该组分 i 的摩尔分数（mole fraction），也称为物质的量分数，符号为 x_i，其量纲为1，表达式为

$$x_i = \frac{n_i}{n} \tag{1-4}$$

若溶液由A和B两种组分组成，n_B 为溶质的物质的量，n_A 为溶剂的物质的量，则

$$x_B = \frac{n_B}{n_B + n_A} \qquad x_A = \frac{n_A}{n_A + n_B}$$

显然，$x_A + x_B = 1$。

五、质量分数

混合系统中，某组分B的质量（m_B）与混合物总质量（m）之比，称为组分B的质量分数（mass fraction of B），用符号 w_B 表示，其量纲为1，表达式为

$$w_B = \frac{m_B}{m} \tag{1-5}$$

质量分数，以前常称质量百分浓度（用百分率表示则再乘以100%）。

例1-4 在常温下取NaCl饱和溶液10.00 mL，测得其质量为12.003 g，将溶液蒸干，得NaCl固体3.173 g。求：（1）物质的量浓度；（2）质量摩尔浓度；（3）饱和溶液中NaCl和 H_2O 的摩尔分数；（4）NaCl饱和溶液的质量分数。

解：（1）NaCl饱和溶液的物质的量浓度为

$$c(NaCl) = \frac{n(NaCl)}{V} = \frac{3.173\ g/58.44\ g \cdot mol^{-1}}{10.00 \times 10^{-3}\ L} = 5.430\ mol \cdot L^{-1}$$

(2) NaCl 饱和溶液的质量摩尔浓度为

$$b(\mathrm{NaCl})=\frac{n(\mathrm{NaCl})}{m(\mathrm{H_2O})}=\frac{3.173\ \mathrm{g}/58.44\ \mathrm{g\cdot mol^{-1}}}{(12.003-3.173)\times10^{-3}\ \mathrm{kg}}=6.149\ \mathrm{mol\cdot kg^{-1}}$$

(3) NaCl 饱和溶液中

$$n(\mathrm{NaCl})=3.173\ \mathrm{g}/58.44\ \mathrm{g\cdot mol^{-1}}=0.054\,30\ \mathrm{mol}$$

$$n(\mathrm{H_2O})=(12.003-3.173)\mathrm{g}/18.02\ \mathrm{g\cdot mol^{-1}}=0.490\,0\ \mathrm{mol}$$

$$x(\mathrm{NaCl})=\frac{n(\mathrm{NaCl})}{n(\mathrm{NaCl})+n(\mathrm{H_2O})}=\frac{0.054\,30\ \mathrm{mol}}{0.054\,30\ \mathrm{mol}+0.490\,0\ \mathrm{mol}}=0.099\,76$$

$$x(\mathrm{H_2O})=1-x(\mathrm{NaCl})=1-0.099\,76=0.900\,2$$

(4) NaCl 饱和溶液的质量分数为

$$w(\mathrm{NaCl})=\frac{m(\mathrm{NaCl})}{m(\mathrm{NaCl})+m(\mathrm{H_2O})}=\frac{3.173\ \mathrm{g}}{12.003\ \mathrm{g}}=0.264\,4=26.44\%$$

六、几种溶液浓度度量方法之间的关系

1. 物质的量浓度与质量分数的关系　如果已知一个溶液的密度（ρ），同时已知溶液中溶质的质量分数（w_B），则该溶液的浓度可表示为

$$c_B=\frac{n_B}{V}=\frac{m_B}{M_BV}=\frac{m_B}{M_Bm/\rho}=\frac{\rho m_B/m}{M_B}=\frac{\rho w_B}{M_B} \tag{1-6}$$

其中，$V=m/\rho$，$w_B=m_B/m$。

式中，c_B 为溶液中 B 组分的物质的量浓度（$\mathrm{mol\cdot L^{-1}}$）；w_B 为溶液中 B 组分的质量分数；ρ 为溶液的密度（$\mathrm{kg\cdot L^{-1}}$）；M_B 为 B 组分的摩尔质量（$\mathrm{kg\cdot mol^{-1}}$）。

2. 物质的量浓度与质量摩尔浓度的关系　如果已知某溶液的密度（ρ）和溶液的总质量（m），则有

$$c_B=\frac{n_B}{V}=\frac{n_B}{m/\rho}=\frac{\rho n_B}{m} \tag{1-7}$$

若该系统是一个两组分系统，且 B 组分的含量较少，则 $m\approx m_A$，上式可近似为

$$c_B=\frac{\rho n_B}{m}\approx\frac{\rho n_B}{m_A}=\rho b_B$$

若该溶液是一个较稀的水溶液，其密度 $\rho\approx1.0\ \mathrm{kg\cdot L^{-1}}$，则

$$c_B\approx b_B$$

*七、ppm、ppb、ppt 和 $PM_{2.5}$ 的英文全称及原义

ppm、ppb、ppt 常被误用为单位符号。其实 ppm、ppb、ppt 为英文缩写，并不是计量单位符号，也不是数学符号，只是一种表示数量份额的英文名称缩写。其中 ppb 和 ppt 在不同国家代表不同的数值，如不加注释会引起歧义。ppm 为 parts per million 的缩写，表示 10^{-6}，即百万分之一；ppb 为 parts per billion 的缩写，表示 10^{-9}，即十亿分之一（美、法等），或表示 10^{-12}，即万亿分之一（英、德等）；ppt 为 parts per trillion 的缩写，表示 10^{-12}，即万亿分之一（美、法等），或表示 10^{-18}（英、德等）。因此，在实际用于定量表征时，应根据含量的具体含义，将其改为标准化量名称及符号。ppm、ppb、ppt 与质量含量的换算关系为：1 ppm$=1\ \mathrm{mg\cdot kg^{-1}}=1\,000\ \mu\mathrm{g\cdot kg^{-1}}$；1 ppb$=1\ \mu\mathrm{g\cdot kg^{-1}}=10^{-3}\ \mathrm{mg\cdot kg^{-1}}$；1 ppt$=1\ \mathrm{ng\cdot kg^{-1}}=$

10^{-6} mg·kg^{-1}。如“铁中杂质硫含量为25 ppm”应写为“铁中杂质硫含量为25×10^{-6}”；“铜离子（Cu^{2+}）的质量百分浓度为25 ppm”应写为“Cu^{2+}的质量分数w为25×10^{-6}”。

对大气中的污染物而言，常用质量体积浓度来表示其在大气中的含量，即用每立方米大气中污染物的质量来表示（如mg·m^{-3}、g·m^{-3}），换算关系是：x(ppm)$=24.5\,\rho/M$，式中，24.5为101.325 kPa、298 K时理想气体的摩尔体积（L·mol^{-1}）；ρ为污染物以mg·m^{-3}为单位表示的浓度值；x为污染物以ppm表示的浓度值；M为污染物的分子质量。

例如：当大气中SO_2浓度在0.5 ppm以上时对人体有潜在危害。根据上述关系式，$\rho=x\cdot M/24.5$，代入x值计算可得$\rho=1.31$ mg·m^{-3}。即当每立方米大气中的二氧化硫含量高于1.31 mg时，对人体会产生潜在危害。

$PM_{2.5}$中PM为英文particulate matter（颗粒物）的缩写。$PM_{2.5}$是指大气中直径小于或等于2.5 μm的颗粒物，有时也被称作可入肺颗粒物。我们日常所见的雾霾天气多数由$PM_{2.5}$造成。

根据$PM_{2.5}$检测网的空气质量标准，24 h平均值标准值分布如表1-3所示。

表1-3　$PM_{2.5}$检测网空气质量标准

空气质量等级	24 h $PM_{2.5}$平均值标准值
优	0～35 μg·m^{-3}
良	35～75 μg·m^{-3}
轻度污染	75～115 μg·m^{-3}
中度污染	115～150 μg·m^{-3}
重度污染	150～250 μg·m^{-3}
严重污染	大于250 μg·m^{-3}及以上

第二节　稀溶液的依数性

溶质的溶解过程是个物理化学过程。溶解的结果是溶质和溶剂的某些性质相应地发生了变化，这些性质变化可分为两类：第一类性质的变化决定于溶质的本性。如溶液的颜色、密度、导电性等；第二类性质的变化决定于溶液的组成，而与溶质的本性无关。这类性质包括溶液的蒸气压下降、沸点升高、凝固点降低和渗透压。对于稀溶液，这类性质变化的大小正比于一定数量的溶剂中加入溶质的物质的量（n）的多少，所以又称为稀溶液的通性即依数性（colligative properties）。

一、溶液的蒸气压下降

1. 蒸气压　在一定温度下，将一杯纯液体置于一密闭容器中，液体表面的高能量分子克服液体分子间引力从表面逸出，成为蒸气分子，这个过程叫蒸发（evaporation）。同时，气相中的蒸气分子也会接触到液面并被吸引到液相中，这一过程称为凝结（condensation）。开始时，蒸发过程占优势，但随着蒸气密度的增大，凝结的速率也随之增大，当液体蒸发的速率与蒸气凝结的速率相等时，气相（gas phase）与液相（liquid phase）达到两相平衡。

从表面上看蒸气分子的数目不再增加，液体的量也不再减少，此时单位时间内从气相回到液相的分子数等于从液相进入气相的分子数。我们把一定温度下，液体和它的蒸气（饱和蒸气）处于平衡态时的蒸气所具有的压力称为饱和蒸气压，简称为蒸气压（vapor pressure）。蒸气压的单位为 Pa 或 kPa。

相同温度下，不同的液体有不同的蒸气压，蒸气压的大小表示液体分子向外逸出的趋势，它只与液体的本性和温度有关，而与液体的量无关。另外，同一物质蒸气压的大小代表其状态能量的高低。通常把常温下蒸气压较高的物质称为易挥发性物质，如苯、碘、乙醚等，蒸气压较低的物质称为难挥发性物质，如甘油、食盐等。由于蒸发是吸热过程，所以同一液体的蒸气压随着温度的升高而增大。与液体相似，固体也可以蒸发，因而也有一定的蒸气压，但一般都很小，只有某些固体如干冰、碘、樟脑、萘等有较大的蒸气压。表 1－4列出不同温度下纯水的蒸气压数据。

表 1－4　水在不同温度下的饱和蒸气压

温度/K	蒸气压/kPa	温度/K	蒸气压/kPa	温度/K	蒸气压/kPa
273	0.61	323	12.33	373	101.3
283	1.23	333	19.92	383	143.3
293	2.34	343	31.16	393	198.6
303	4.18	353	47.34	403	270.1
313	7.38	363	70.10	413	361.4

与冰平衡的水蒸气压力称为冰的饱和蒸气压，它也随温度的升高而增大，变化比水的蒸气压显著。但由于冰的饱和蒸气压非常小，且因温度低，所以冰的蒸发比水的蒸发慢得多（表 1－5）。

表 1－5　冰在不同温度下的饱和蒸气压

温度/K	蒸气压/kPa	温度/K	蒸气压/kPa
273	0.610 6	258	0.165 3
272	0.562 6	253	0.103 5
268	0.401 3	248	0.063 5
263	0.260 0		

为了表示水的固、液、气三态之间在不同温度和压力下的平衡关系，以蒸气压为纵坐标，温度为横坐标，画出体系的状态和温度及压力间的关系图，称为水的状态图（相图），如图 1－1 所示。

图中 OA 曲线是水的蒸气压曲线，表示水和蒸气两相平衡关系随温度的变化。OA 线上各点表示在某一温度下相对应水的蒸气压。当水的蒸气压等于外界大气压（101 325 Pa）时，液体内部发生汽化，水即沸腾，这时所对应的温度 373.15 K 就是水的沸点。OB 曲线为冰的蒸气压曲线。OC 线表示冰与水共存时的蒸气压曲线。三条曲线相交于 O 点（称为三相点），此时蒸气压为 610.5 Pa，相对应的温度为 273.16 K，它是水、气、冰三相共存的温度。通常所说的水的凝固点（冰点）是指在标准压力下，空气中水的液相与固相共存的温度（273.15 K）。即液相蒸气压与固相蒸气压相等时的温度是 273.15 K。虽然冰的饱和蒸气压低，但冰的饱和蒸气压随温度变化比水的饱和蒸气压随温度变化大。即图中随温度变化的 *BO* 曲线段比 *OA* 曲线段更陡。

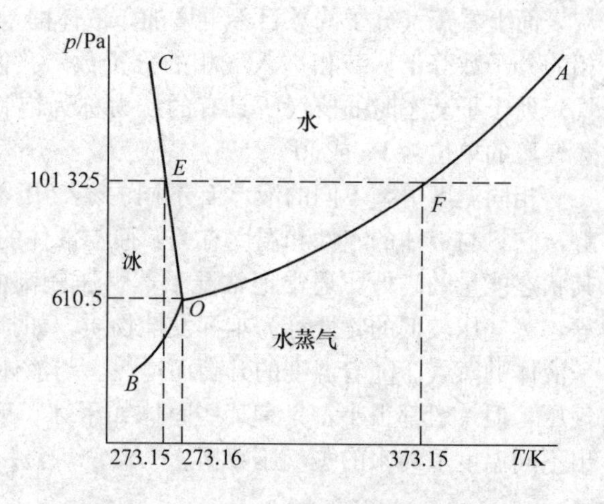

图 1-1　水的相图

从图 1-1 中可以看出，在温度低于三相点 *O* 时，把压力降至 *OB* 线以下，则固态冰可直接汽化。

应用此原理，可以除去一些在水溶液中不稳定而又不易结晶的生物样品中的水分，制成干粉贮存。例如，动物血清先用快速深度冷冻，在短时间内使血清中的水全部凝结为冰，然后降低压力，在低于该冷冻温度冰的蒸气压情况下，使冰汽化而干燥，可以制得血清干粉。将表 1-4 和表 1-5 的数据在直角坐标系中作图得到相应的蒸气压曲线，见图 1-3。

2. 溶液的蒸气压下降　实验证明，当纯溶剂（水）中溶入了难挥发的非电解质后，在同一温度下，溶液的蒸气压总是低于纯溶剂的蒸气压，这种现象称为溶液的蒸气压下降(vapor pressure lowering)。产生这种现象的原因是由于在溶剂中加入难挥发非电解质后，纯溶剂的部分表面被溶剂化的溶质分子所占据，从而使单位时间内从溶液中蒸发出的溶剂分子数比从纯溶剂中蒸发出的分子数少，达到平衡态时，溶液的蒸气压必定比纯溶剂的蒸气压低。显然溶液浓度越大，蒸气压下降得越多。如图 1-2 所示，溶剂转移现象就是由于溶液的蒸气压下降所引起的。在图 1-2(a) 所示的钟罩内，一个烧杯内盛有纯水，另一个烧杯内盛有溶液。由于溶液的蒸气压比纯溶剂的蒸气压低，所以钟罩内的蒸气压比溶液的蒸气压大，比纯水的蒸气压小，结果在盛有溶液的烧杯中不断有水蒸气分子凝聚成液态水，体积不断增大，在纯水的烧杯中不断有液态水蒸发为水蒸气，体积不断减少，最后纯水会全部转移到盛溶液的烧杯中，出现如图 1-2(b)所示的现象。

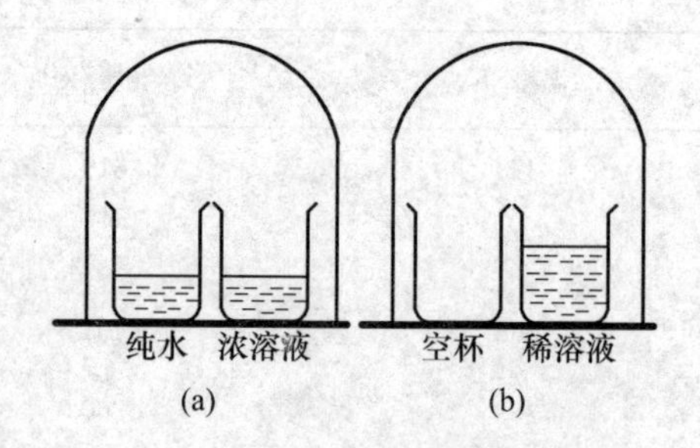

图 1-2　溶剂的转移

(a) 起始状态　(b) 终止状态

1887 年法国物理学家拉乌尔（F. M. Raoult，1832—1901）研究了溶质对纯溶剂的凝固点和蒸气压下降的影响，得出如下结论：在一定温度下，难挥发非电解质稀溶液的蒸气压（p）等于纯溶剂的蒸气压（p_A^*）乘以溶剂在溶液中的摩尔分数（x_A），这种定量关系称为拉乌尔定律。其数学表达式为

$$p = p_A^* x_A \tag{1-8}$$

式中，p 表示溶液的蒸气压；p_A^* 表示纯溶剂的蒸气压。因为 $x_A + x_B = 1$　则

$$p = p_A^*(1 - x_B) = p_A^* - p_A^* x_B$$

$$\Delta p = p_A^* - p = p_A^* x_B \quad (1-9)$$

拉乌尔定律的另一种表述是：在一定温度下，难挥发非电解质稀溶液的蒸气压下降（Δp），与溶质的摩尔分数（x_B）成正比。

因为 $x_B = \frac{n_B}{n_A + n_B}$，当溶液很稀时，$n_A \gg n_B$，则 $x_B \approx \frac{n_B}{n_A}$。

$$\Delta p = p_A^* x_B \approx p_A^* \cdot \frac{n_B}{n_A} = p_A^* \cdot M_A \cdot \frac{n_B}{n_A \cdot M_A}$$

一定温度下，纯溶剂的蒸气压（p_A^*）是一定值，溶剂的摩尔质量（M_A）也是定值，所以 $p_A^* \cdot M_A$ 为一常数，用 $K_{蒸}$ 表示，M_A 的单位取为 $kg \cdot mol^{-1}$，则有

$$\Delta p = K_{蒸}\ b_B \quad (1-10)$$

由此，拉乌尔定律又可表述为：在一定的温度下，难挥发非电解质稀溶液的蒸气压下降，近似地与溶液的质量摩尔浓度成正比，而与溶质的种类无关。

例 1-5　20 ℃时水的蒸气压是 2 337 Pa，将 114 g 蔗糖溶入 1 000 g 水中，溶液的蒸气压降低 14.7 Pa，求蔗糖的相对分子质量。

解：将有关数据代入式（1-9）中，可求出其相对分子质量：

$$\Delta p = p_A^* \cdot \frac{m_B/M_B}{m_A/M_A + m_B/M_B}$$

$$14.7\ Pa = 2\ 337\ Pa \times \frac{114\ g/M_B}{114\ g/M_B + 1\ 000\ g/18\ g \cdot mol^{-1}}$$

$M_B = 324\ g \cdot moL^{-1}$，故蔗糖的相对分子质量为 324。

溶液的蒸气压下降，对植物的抗旱抗寒具有重要意义。经研究表明，当外界气温升高时，植物细胞中的有机体就会产生大量的可溶性碳水化合物来提高细胞液的浓度，从而降低了细胞液的蒸气压，使植物的水分蒸发过程减慢。因此，植物在较高温度下仍能保持必要的水分而表现出抗旱性。

二、溶液的沸点上升和凝固点下降

1. 溶液的沸点上升　在敞口容器中将液体加热至蒸气压等于外压时，汽化不仅在液面进行，而且也在液体内部进行，结果使大量气泡从液体内部涌出而沸腾。换言之，沸点(boiling point）就是液体蒸气压等于外界压力时的温度。因此，沸点与压力有关，如水在外界大气压为 101.325 kPa 时，沸点是 373.15 K(100 ℃)。

一切纯液体均有一定的沸点，记为 T_b^*。但溶液的情况就不同了，一般由于难挥发溶质的加入会使液体沸点上升，而且溶液越浓，上升越大，这一现象是由溶液的蒸气压下降引起的。下面以水溶液为例来说明这个问题。

一定温度下，当纯水中溶入了难挥发非电解质时，溶液的蒸气压总是低于纯溶剂的蒸气压。现将纯水蒸气压曲线 AB、冰的蒸气压曲线 AA' 和稀溶液的蒸气压曲线 $A'B'$ 表示在图1-3中。从图 1-3 可以看出，当温度在 373.15 K 时，溶液的蒸气压低于101.325 kPa，此时溶液并不沸腾，只有将温度升高到了 T_b 时，溶液的蒸气压等于外界大气压力101.325 kPa，溶液才沸腾。此时，溶液的沸点高于纯溶剂（水）的沸点，沸点升高了 $T_b - T_b^*$。

溶液沸点升高（boiling point elevation）的根本原因是溶液的蒸气压下降。根据拉乌尔定律，对于稀溶液，溶液的沸点升高 ΔT_b 与溶液的蒸气压下降 Δp 成正比。

$$\Delta T_b \propto \Delta p$$

因为 $\Delta p = K_{蒸}\ b_B$

所以 $\Delta T_b = K_b b_B \quad (1-11)$

难挥发的非电解质稀溶液的沸点升高 ΔT_b 只与溶液的质量摩尔浓度 b_B 成正比，而与溶质的本性无关。

式中，K_b 称为溶剂的沸点升高常数（$K \cdot kg \cdot mol^{-1}$），$K_b$ 值由溶剂的本性决定，与溶质的性质无关（表 1-6）。

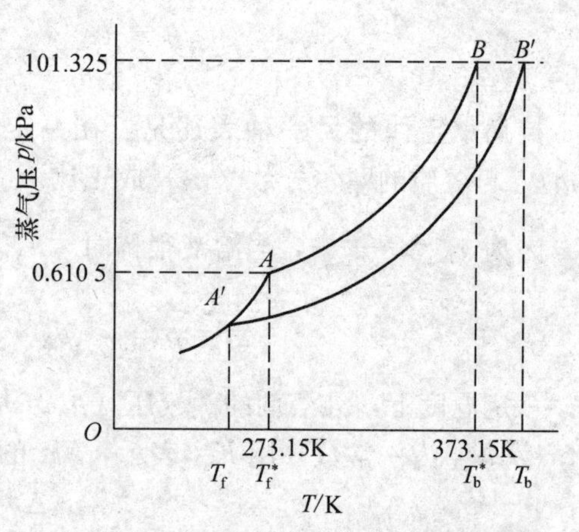

图 1-3　水溶液的沸点上升和凝固点下降

表 1-6　几种溶剂的沸点（T_b^*）及沸点升高常数（K_b）

溶　剂	沸点/K	$K_b/(K \cdot kg \cdot mol^{-1})$
水（H_2O）	373.15	0.52
醋酸（CH_3COOH）	391.4	2.93
丙酮（CH_3COCH_3）	329.5	1.71
二硫化碳（CS_2）	319.1	2.34
三氯甲烷（$CHCl_3$）	333.2	3.63
苯（C_6H_6）	353.2	2.53
乙醚（$C_2H_5OC_2H_5$）	307.4	2.16

2. 溶液的凝固点下降　物质的凝固点（freezing point）T_f 是指在一定的外界压力下该物质的液相和固相蒸气压相等，固液两相能够平衡共存时的温度。外压是标准压力时的凝固点称为正常凝固点。

溶液的凝固点是指溶液中的溶剂和它的固相平衡共存时的温度。由于在纯溶剂（水）中加入难挥发的非电解质，影响溶液中水的蒸气压，而对冰的蒸气压没有影响，故从图 1-3 中可以看到，在 273.15 K 时，冰的蒸气压为 0.610 5 kPa，而溶液在 273.15 K 时的蒸气压必然小于 0.610 5 kPa。这时溶液与冰不能共存，冰将融化，即溶液在 273.15 K 时不能结冰。随着温度的降低，冰的蒸气压比溶液的蒸气压降低得更快，当温度下降到 273.15 K 以下某温度 T_f 时，冰和溶液的蒸气压相等，两曲线相交于 A' 点。此时，冰和溶液共存，相对应的温度 T_f 就是溶液的凝固点（冰点）。它比纯溶剂（水）的凝固点 T_f^* 下降 ΔT_f：

$$\Delta T_f = T_f^* - T_f$$

溶液的凝固点下降（freezing point depression）也是由于溶液的蒸气压下降而引起的。对于稀溶液，溶液的凝固点下降 ΔT_f 与溶液的蒸气压下降 Δp 成正比。

$$\Delta T_f \propto \Delta p$$

因为 $\Delta p = K_{蒸}\ b_B$

所以 $\Delta T_f = K_f b_B \quad (1-12)$

难挥发的非电解质稀溶液的凝固点下降 ΔT_f 与溶液的质量摩尔浓度 b_B 成正比，而与溶质的本性无关。式中，K_f 称为溶剂的凝固点下降常数（$K \cdot kg \cdot mol^{-1}$），它也随溶剂不同而异，而与溶质的性质无关。表 1-7 列出了几种溶剂的凝固点下降常数。

表 1-7　几种溶剂的凝固点（T_f^*）和凝固点下降常数（K_f）

溶　剂	凝固点/K	K_f/($K \cdot kg \cdot mol^{-1}$)
水（H_2O）	273.15	1.86
苯（C_6H_6）	278.65	5.12
硝基苯（$C_6H_5NO_2$）	278.85	6.90
环己烷（C_6H_{12}）	279.65	20.2
醋酸（CH_3COOH）	289.75	3.90
萘（$C_{10}H_8$）	353.35	6.80
樟脑（$C_{10}H_{16}O$）	451.55	37.7

在实际中，常常根据难挥发非电解质稀溶液沸点上升和凝固点降低的规律来测定非电解质物质的相对分子质量，但在实际应用中常用溶液的凝固点下降来进行测定。因为同一溶剂的凝固点下降常数 K_f 比沸点上升常数 K_b 要大，实验误差较小，而且溶液凝固的现象较易观察，凝固点较易测定，可精确到 0.001 K。所以用凝固点降低法来测定物质的相对分子质量较沸点升高法的应用更为广泛。

例 1-6　取 2.67 g 萘溶于 100 g 苯中，测得该溶液的凝固点下降了 1.07 K，求萘的摩尔质量。

解：苯的凝固点下降常数为 $5.12\ K \cdot kg \cdot mol^{-1}$

$$\Delta T_f = K_f b_B$$

$$1.07\ K = 5.12\ K \cdot kg \cdot mol^{-1} \times \frac{2.67\ g}{M \times 100 \times 10^{-3}\ kg}$$

$$M = 1.28 \times 10^2\ g \cdot mol^{-1}$$

溶液的沸点升高和凝固点降低现象在现实生活中有广泛的应用。如工业上用作钢铁发黑处理的氧化液中含有 $NaOH$($550\ g \cdot L^{-1}$)、$NaNO_2$($100 \sim 150\ g \cdot L^{-1}$)，由于沸点升高，这种溶液加热到 140～150 ℃也不会沸腾，可以保证处理所需的较高温度。冬天为防止汽车水箱冻裂，常在水箱中加入甘油或乙二醇，以降低水的凝固点。食盐和冰的混合物是常用的制冷剂，也是基于溶液的凝固点降低的原理。冰表面附有少量水，撒上盐后，盐溶解于水中形成溶液，此时溶液蒸气压下降，当它低于冰的蒸气压时，冰就要融化，随着冰的融化，要吸收大量热，于是冰盐混合物温度降低。如在 100 g 冰中加入 30 g 食盐可获取 250 K(−23 ℃)的低温；在 100 g 冰中加入42.5 g $CaCl_2$ 作制冷剂，最低温度可达 218 K(−55 ℃)。故冰盐混合而成的冷冻剂，广泛应用于水产业和食品的贮藏、运输中。冬季严寒天气为防止道路结冰路滑，在路面上撒盐以及常看到建筑工人在砂浆中加食盐或氯化钙，木工在画线的墨盒里加食盐，以防其结冰固化，都是利用这一原理。

溶液的凝固点降低也有助于植物的耐寒，生物化学研究结果表明，在严寒的冬季，植物有机体细胞中可溶物（主要是碳水化合物）的形成过程会大大加剧，结果使植物细胞液浓度增大冰点降低，因而使细胞液在 0 ℃以下不致结冰，植物仍可保持生命活力，从而表现出一定程度的耐寒性，这也是霜雪覆盖后，蔬菜甜度增加的原因。需要说明的是，生物体耐寒性除凝固点降低的因素外，细胞液存在的所谓抗冻蛋白质也有防止冰晶增大破坏细胞的作用。

三、溶液的渗透压

在现实生活中，一些水果和蔬菜如苹果、梨、桃子、芹菜、黄瓜等，放置时间长了，会失去水分而发蔫，如果将这些发蔫的水果及蔬菜放在水中浸泡一会儿，就会发现将重新变得鲜嫩。产生这种现象的原因就在于大多数水果和蔬菜的表皮是一层半透膜，它只允许水分子通过，而不允许其他分子透过。在干燥的空气中水果和蔬菜中的水分会通过表皮散发掉；当把水果和蔬菜再放入水中时，水分子又会穿过表皮进入到内部。

半透膜（semipermeable membrance）是只允许溶剂小分子透过而不允许溶质大分子透过的物质（天然的半透膜有动物膀胱、肠衣、细胞膜等；人工半透膜有硝化纤维膜、醋酸纤维膜等）。如果在一个容器中间放置一张半透膜，在膜两边分别放入蔗糖水和纯水，并使两边液面高度相等，如图 1-4 所示。经过一段时间以后，可以观察到右端糖水的液面升高，左端纯水的液面下降，说明左边的水分子进入了蔗糖溶液。

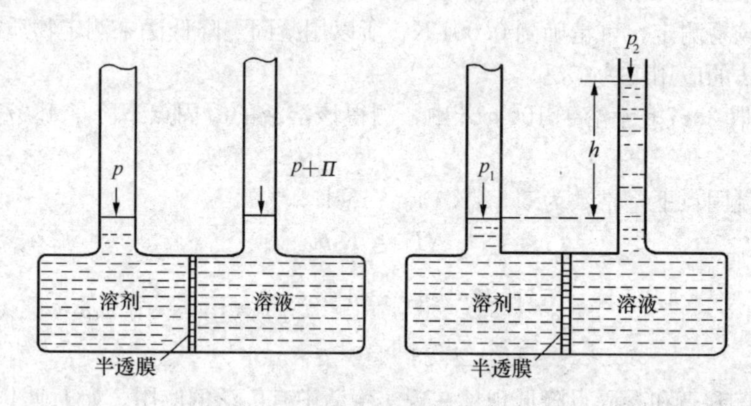

图 1-4　渗透现象

这种溶剂分子通过半透膜单向扩散的现象，称为渗透（osmosis）。

实际上水分子不但从纯水透过半透膜向糖水扩散，同时也有水分子从糖水侧向纯水侧扩散，只是由于糖水中水分子浓度较纯水低，溶液的蒸气压小于纯溶剂的蒸气压，致使单位时间内纯水中水分子透过半透膜进入溶液的速度大于溶液中水分子透过半透膜进入纯水的速度，故使糖水体积增大，液面升高。随着渗透的进行，两侧液面的高度差增大。当压力差达到一定程度时，水分子向两个方向的渗透速度相等，系统达到动态平衡，渗透作用外观上停止。如果在溶液液面上施加 h 高液柱静压大小的压力，就能阻止渗透作用的发生。为阻止渗透作用发生所需施加于液面上的最小压力称为该溶液的渗透压（osmotic pressure）。

1886 年荷兰物理化学家范特荷夫（Van't Hoff，1852—1911）总结大量实验结果后指出：非电解质稀溶液的渗透压与其浓度和热力学温度成正比。若以 Π 表示渗透压，c_B 表示 B 物质的浓度，T 表示热力学温度，n_B 表示 B 物质的物质的量，V 表示溶液的体

积，则

$$\Pi = c_B RT = \frac{n_B}{V} RT \tag{1-13}$$

对很稀的水溶液来说，$c_B \approx b_B$，上式也可以写成：

$$\Pi = b_B RT \tag{1-14}$$

在一定温度下，RT 乘积是一常数，所以非电解质稀溶液的渗透压与溶质 B 的质量摩尔浓度成正比，与溶质的本性无关，这一结论称为范特荷夫定律（Van't Hoff law）。

渗透不仅可以在纯溶剂与溶液之间进行，也可以在两种不同浓度的溶液之间进行。因此，产生渗透作用必须具备两个条件：一是有半透膜存在；二是半透膜两侧单位体积内溶剂的分子数目不同（如水和水溶液之间或稀溶液和浓溶液之间）。如果半透膜两侧溶液的浓度相等，则渗透压相等，这种溶液称为等渗溶液（isotonic solution）。如果半透膜两侧溶液的浓度不等，则渗透压就不相等，渗透压高的溶液称为高渗溶液（hypertonic solution），渗透压低的溶液称为低渗溶液（hypotonic solution）。

如果外加在溶液上的压力超过了溶液的渗透压，则溶液中的溶剂分子可以通过半透膜向纯溶剂方向扩散，纯溶剂的液面上升，这一过程称为反渗透（reverse osmosis）。反渗透原理广泛应用于海水淡化、工业废水处理、血液的透析和溶液的浓缩等方面。

与凝固点下降、沸点上升实验一样，溶液的渗透压也是测定溶质的摩尔质量的经典方法之一，而且特别适用于摩尔质量大的分子。

例 1-7　有一蛋白质的饱和水溶液，每升含蛋白质 5.18 g，已知在 293.15 K 时，溶液的渗透压为 0.413 kPa，求此蛋白质的摩尔质量。

解： 根据$\Pi = c_B RT = \frac{n_B}{V} RT = \frac{m_B RT}{M_B V}$可得

$$M_B = \frac{m_B RT}{\Pi V} = \frac{5.18\ \text{g} \times 8.314\ \text{kPa} \cdot \text{L} \cdot \text{mol}^{-1} \cdot \text{K}^{-1} \times 293.15\ \text{K}}{0.413\ \text{kPa} \times 1\ \text{L}}$$
$$= 3.06 \times 10^4\ \text{g} \cdot \text{mol}^{-1}$$

例 1-8　海水在 298 K 时的渗透压为 1 479 kPa，采用反渗透法制取纯水，试确定用 1 000 mL的海水通过只能使水透过的半透膜，提取 100 mL 的纯水，所需要的最小外加压力是多少。假定海水的渗透压符合拉乌尔定律。

解： 随着反渗透的进行，海水中盐的浓度增大，当得到 100 mL 纯水时，最终海水的浓度 c_2 对应的渗透压 Π_2 和初始海水的浓度 c_1 对应的渗透压 Π_1 的比为

$$\frac{\Pi_2}{\Pi_1} = \frac{c_2 RT}{c_1 RT} = \frac{c_2}{c_1} \quad \text{即} \quad \Pi_2 = \Pi_1 \cdot \frac{c_2}{c_1}$$

因为渗透前后海水中溶质的物质的量未改变，所以

$$c_1 = n\ \text{mol}/1\ 000\ \text{mL}$$
$$c_2 = n\ \text{mol}/(1\ 000 - 100)\ \text{mL}$$
$$\frac{c_2}{c_1} = \frac{1\ 000}{900} = \frac{10}{9}$$
$$\Pi_2 = 1\ 479\ \text{kPa} \times \frac{10}{9} = 1\ 643\ \text{kPa}$$

渗透现象在工农业生产中有着重要的实际意义。如施肥过多会使农作物枯萎。盐碱土不

利于植物生长，这些都是渗透作用的结果。紧贴着植物细胞壁有一层原生质，它起着半透膜的作用，当细胞液的渗透压（或浓度）大于土壤溶液的渗透压（或浓度）时，植物才能从土壤溶液中吸收水分和养料，因而正常地生长和发育。当施肥过多时，土壤溶液的浓度大于细胞液的浓度（土壤溶液的渗透压大于细胞液的渗透压），水分将由细胞内渗出到土壤溶液中，因而引起胞浆收缩，农作物枯萎甚至死亡。在这种情况下，立即引水灌田（即降低土壤溶液的浓度）是挽救农作物的唯一有效措施。植物细胞液的渗透压一般在400～2 000 kPa的范围内变化，而盐碱土的渗透压一般高达1 260 kPa，盐碱土的高渗透压是其不利于农作物生长的主要原因之一。

除细胞膜外，人体组织内许多膜，如血细胞的膜、毛细管壁等也都具有半透膜的性质，因而人体的体液如血液、细胞液、组织液等也具有一定的渗透压。因此对人体静脉输液或注射时，必须使用与人体体液渗透压相等的等渗溶液，如临床常用的0.9%的生理盐水和5%葡萄糖溶液，否则将会引起血细胞肿胀或萎缩而引发医疗事故（图1-5）。

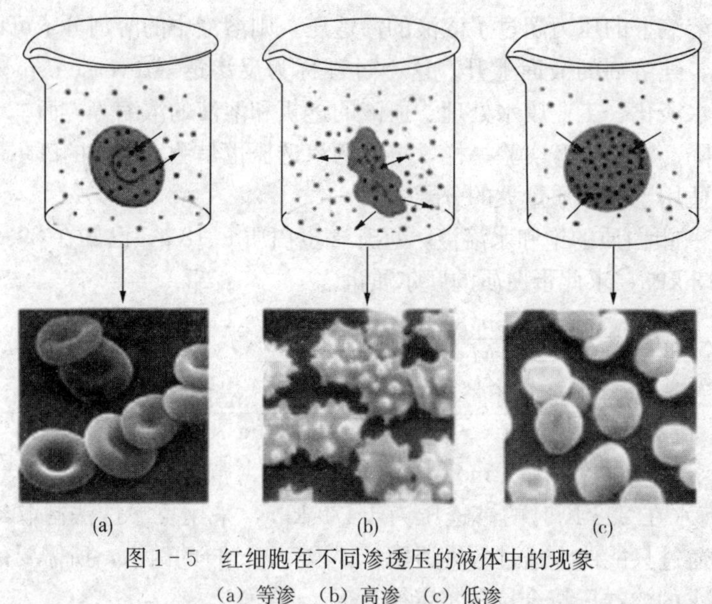

图1-5　红细胞在不同渗透压的液体中的现象

（a）等渗　（b）高渗　（c）低渗

综上所述，难挥发性非电解质稀溶液的蒸气压下降、沸点升高、凝固点降低和渗透压都与溶质的质量摩尔浓度成正比，即与溶质的微粒数成正比，而与溶质的本性无关，这些性质统称为稀溶液的依数性。

然而需要强调的是，对于难挥发非电解质的浓溶液，具有挥发性的非电解质溶液以及电解质溶液都存在溶液的依数性，除挥发性溶质仅使溶液的沸点降低外，其余对依数性的影响都是相同的。不过由于溶质与溶质间、溶质与溶剂间存在相互作用的复杂因素，因此依数性公式中的浓度需要进行校正，即用活度来代替进行计算。另外，固体溶液也具有依数性。如由武德合金制成的某种保险丝，它是由质量分数为50%铋（m. p. 271 ℃）、25%铅（m. p. 327 ℃）、12.5%锡（m. p. 232 ℃）和12.5%镉（m. p. 321 ℃）制成的，熔点约为70 ℃，都比其组成金属的熔点低。电解 Al_2O_3 制取金属Al时，加入 Na_3AlF_6，其目的就是降低熔融体的熔点，节约能源。含有杂质的半导体硅熔点比纯硅低，工业上依此性质通过“区域熔炼”的手段，可分离提纯得到纯度很高的高晶硅。

下节将对电解质溶液依数性做一简要的讨论。

*四、电解质溶液的依数性

在熔融状态或水溶液中有导电能力的化合物为电解质，其中在稀水溶液中可完全电离为离子的电解质为强电解质（strong electrolyte），如 NaCl、$CaCl_2$、HCl、NaOH 等；仅部分电离的为弱电解质（weak electrolyte），如 HAc、$NH_3 \cdot H_2O$ 等。对大量电解质溶液（electrolyte solution）进行依数性实验的结果表明，在相同低浓度下，和非电解质稀溶液的结果相比，电解质溶液的依数性会出现偏差。下面将讨论产生偏差的原因及如何对此进行校正。

1. 电解质溶液的依数性　在稀溶液范围内，非电解质溶液的依数性，按式（1-10）至式(1-13）计算的结果与实验值基本相符。对于电解质溶液而言也有蒸气压下降、凝固点下降、沸点升高以及渗透压，但是各项依数性数值比根据难挥发非电解质稀溶液依数性计算的数值要大得多。表 1-8 列出了几种无机盐水溶液的凝固点下降数值。

表 1-8　几种电解质水溶液的凝固点下降情况

盐	$b_B/(mol \cdot kg^{-1})$	ΔT_f（计算值）/K	$\Delta T_f'$(实验值）/K	$i=\frac{实验值}{计算值}$
KCl	0.20	0.372	0.673	1.81
KNO_3	0.20	0.372	0.664	1.78
$MgCl_2$	0.10	0.186	0.519	2.79
$Ca(NO_3)_2$	0.10	0.186	0.461	2.48

由表 1-8 可见，同浓度的电解质稀溶液凝固点下降 $\Delta T_f'$皆比非电解质稀溶液的凝固点下降 ΔT_f 数值要大，两者之比用 i 表示：

$$i = \frac{\Delta T'_f}{\Delta T_f} \qquad (1-15)$$

对于同种电解质稀溶液，不仅凝固点下降 $\Delta T_f'$，而且蒸气压下降 $\Delta p'$、沸点上升 $\Delta T_b'$、渗透压 Π'等均比同浓度的非电解质稀溶液的相应数值要大，且存在着下列关系：

$$i = \frac{\Delta T'_f}{\Delta T_f} = \frac{\Delta T'_b}{\Delta T_b} = \frac{\Delta p'}{\Delta p} = \frac{\Pi'}{\Pi} \qquad (1-16)$$

i 称为范特荷夫校正系数。在运用电解质稀溶液的依数性时，必须乘以范特荷夫系数 i，这样计算才能比较符合实验结果。校正因子 i 的数值，严格说来应由实验测得，但由于强电解质在溶液中完全解离，对于强电解质的稀溶液来说，可忽略阴、阳离子间的相互影响，则 i 值就近似等于一“分子”电解质解离出的粒子个数。例如，AB 型强电解质（KCl、KNO_3、$CaSO_4$ 等）及 AB_2 或 A_2B 型强电解质（$MgCl_2$、Na_2SO_4 等）的校正因子 i 分别为 2 和 3。

100 多年前，瑞典化学家阿仑尼乌斯（Arrhenius）根据电解质溶液的依数性及溶液的导电性实验事实提出了他的电离理论。阿仑尼乌斯认为，电解质溶于水，其质点数因电离而增加，所以，ΔT_f 等依数性数值会增大。例如，对于 0.01 $mol \cdot kg^{-1}$的 KCl 溶液，若不发生电离的话，其 ΔT_f的计算值应为 0.018 6 ℃。若强电解质在水中是完全电离的，那么理论上来说，其 $\Delta T_f'=K_f b'=2K_f b=2\Delta T_f=0.037\,2$ ℃。然而，实测值为 0.036 1 ℃。这些事实似乎又显示出强电解质在溶液中并不是全部电离的。由实验所得到的电离度称为表观电离度。

那么，强电解质在溶液中既然是完全电离的，为什么电离度又小于 100%呢?

2. 离子强度 为了解释上述问题，1923 年，德拜（P. Debye）和休克尔（E. Hückel）提出了强电解质溶液的离子互吸理论。他们认为，强电解质在溶液中是完全电离的，离子间的相互作用使得每个离子都被异性离子包围，形成了“离子氛”（ion atmosphere），阳离子周围有较多的阴离子，阴离子周围有较多的阳离子，使得离子在溶液中的运动不能完全自由。当溶液中通过电流时，阳离子将向阴极移动，但它的离子氛将向阳极移动，加上强电解质溶液中的离子较多，离子间平均距离小，离子间吸引力和排斥力较显著等因素，离子之间相互牵制，离子的运动速度要慢些，因此，所测得的溶液的导电性就比完全电离的理论模型要低些，产生不完全电离的假象。

为表征强电解质溶液中离子间的相互作用强弱，路易斯（Lewis）引入了离子强度这一概念。离子强度（ionic strength）同时考虑了决定离子间相互作用大小的离子浓度和离子电荷两个因素，其定义为

$$I=\frac{1}{2}\sum_{i}b_i z_i^2 \qquad (1-17)$$

式中，b_i、z_i 分别为溶液中第 i 种离子的质量摩尔浓度和该离子的电荷数。I 的单位为 $mol\cdot kg^{-1}$。由定义可见，溶液中离子浓度越大，离子电荷越高，离子间相互作用越强，则离子强度越大，与相同浓度的非电解质稀溶液的实验结果相比，会出现更大的偏差。

3. 活度和活度系数 实验表明，不仅强电解质稀溶液的依数性与非电解质稀溶液相比会产生偏差，即使对于非电解质溶液，随浓度升高，也会出现偏差，这些统称为非理想性偏差，出现偏差的溶液称为非理想溶液或真实溶液。为了对溶液的非理想性进行校正，使适用于非电解质稀溶液的关系式也可适用于非理想溶液，路易斯引入了活度的概念。

活度（activity）即为相对校正浓度，用 a 表示，即溶液中离子的相对有效浓度。

对于液态和固态的纯物质以及稀溶液中的溶剂（如水），其活度均视为 1。

活度 a_B 与溶液浓度 c_B 的关系为

$$a_B=\gamma_B\cdot\frac{c_B}{c^{\ominus}} \qquad (1-18)$$

式中，γ_B 称为溶质 B 的活度系数（activity coefficient），是为了对产生偏差的各种因素进行校正而乘的校正系数；$c^{\ominus}$ 为标准态的浓度，即 $1\ mol\cdot L^{-1}$。

一般来说，由于 $a_B<c_B$，故 $\gamma_B<1$。溶液越稀，离子间的距离越大，离子间的牵制作用越弱，γ_B 越趋近 1，活度越趋近浓度。

用活度代替浓度，使适用于稀溶液的关系式，也适用于非理想溶液，由此计算的结果能较好地符合实验值。

在电解质溶液中，由于正、负离子同时存在，目前单种离子的活度系数不能由实验测定，但可用实验方法来求得电解质溶液离子的平均活度系数 $\gamma_{\pm}$。

对于 1∶1 价型电解质

$$\gamma_{\pm}=\sqrt{\gamma_{+}\cdot\gamma_{-}} \qquad a_{\pm}=\sqrt{a_{+}\cdot a_{-}} \qquad (1-19)$$

式中，γ_{+} 和 γ_{-} 分别是正、负离子的活度系数；$a_{\pm}$ 是离子的平均活度。

1923 年，德拜和休克尔利用静电力学的 Poisson 方程和统计学方法，导出了强电解质稀溶液中 $\gamma_{\pm}$ 与离子强度 I（$I<0.01\ mol\cdot kg^{-1}$）间的关系式，即德拜-休克尔极限公式：

$$\lg\gamma_{\pm}=-0.509|z_{+}\cdot z_{-}|\sqrt{I} \qquad (1-20)$$

上式中，0.509 为适用于 25 ℃、溶剂水的常数值；I 为离子强度；z_{+}、z_{-} 为电解质中正、负离子的电荷数。由式可见，I 越大，$\gamma_{\pm}$ 越偏离 1，表明溶液的非理想性越高；若溶液无限稀，I 趋近 0，$\gamma_{\pm}$ 趋近 1，溶液就变为理想的了。

例 1-9 试计算 $0.010\ mol\cdot kg^{-1}$ NaCl 溶液在 25 ℃时的离子强度、活度系数、活度和渗透压。

解：

$$I=\frac{1}{2}\sum_{i}b_i z_i^2$$

$$=\frac{1}{2}\times[0.010\ mol\cdot kg^{-1}\times(+1)^2+0.010\ mol\cdot kg^{-1}\times(-1)^2]$$

$$= 0.010\ mol \cdot kg^{-1}$$

$$\lg\gamma_{\pm} = -0.509 \times |1 \times (-1)| \times \sqrt{0.010}$$

$$\gamma_{\pm} = 0.89$$

$$a_{\pm} = \gamma_{\pm} \cdot c/c^{\ominus} \approx \gamma_{\pm} \cdot b/b^{\ominus} = 0.89 \times 0.010\ mol \cdot kg^{-1}/1\ mol \cdot kg^{-1} = 0.0089$$

对于 NaCl，$a_{\pm} = a(Na^{+}) = a(Cl^{-})$，$\Pi = ia_{\pm}c^{\ominus}RT$，$i=2$

$$\Pi = 2 \times 0.0089 \times 1\ mol \cdot L^{-1} \times 8.314\ kPa \cdot L \cdot mol^{-1} \cdot K^{-1} \times 298.15\ K = 44.1\ kPa$$

实验测得 Π 值为 43.1 kPa，与上述离子活度计算的 Π 值比较接近。如不考虑活度

$$\Pi = 2 \times 0.010\ mol \cdot L^{-1} \times 8.314\ kPa \cdot L \cdot mol^{-1} \cdot K^{-1} \times 298.15\ K = 49.6\ kPa$$

与实验测得 Π 相差较大。

第三节　胶体溶液

从表 1-2 分散系的分类可以看出，胶体分散系统是由直径在 1～100 nm 的分散质组成的系统。它可以分为两类，一类是胶体溶液，又称溶胶（sol），通常因分散相与分散介质间存在着相界面，属于多相分散系统；另一类是高分子溶液。高分子化合物由于其相对分子质量较大，整个分子大小属于胶体分散系，因此它表现出许多与胶体相同的性质。事实上，它们是一个均相的真溶液。本节介绍胶体分散系统的基础知识。

一、分散度与界面吸附

物质在一定条件下可以形成气、液、固三态。在各物态之间存在相的分界面，称为界面，如果两相中有一相为气相，则通常称为表面。但两者无严格区分，可通用。

1. 比表面　分散系的分散度（dispersion degree）常用比表面（specific surface）来衡量，所谓比表面就是单位体积分散质的总表面积。其数学表达式为

$$S_0 = \frac{S}{V}$$

式中，S_0 为分散质的比表面（m^{-1}）；S 为分散质的总表面积（m^2）；V 为分散质的体积（m^3）。

从上面的公式中可以看出，单位体积的分散质表面积越大，即分散质的颗粒越小，则比表面越大，因而系统的分散度越高。例如，1 cm^3 的立方体，其表面积为 6 cm^2，比表面为 $6 \times 10^2\ m^{-1}$。如果将其分成边长为 10^{-7} cm 的小立方体，共有 10^{21} 个，则其总面积为 $6 \times 10^7\ cm^2$，比表面为 $6 \times 10^9\ m^{-1}$。由此可见，其表面积增加了 10^7 倍。根据计算，若将 1 g 水滴分散成直径为 2 nm 的小水滴，增大的表面能可使 1 g 水升高 50 ℃。因此，对于比表面较大的分散系，表面效应对系统的影响是不能忽略的。而胶体的粒子大小处在 10^{-9}～10^{-7} m，所以溶胶粒子的比表面非常大，正是这个原因使溶胶具有某些特殊的性质。

2. 表面能　处在物质表面的质点，如分子、原子、离子等，其所受的作用力与处在物质内部的质点所受的作用力大小和方向并不相同。对于处在同一相中的质点来说，其内部质点由于同时受到来自其周围各个方向并且大小相近的作用力，因此它所受到的总的作用力为零。而处在物质表面的质点就不同，由于在它周围并非都是相同的质点，所以它受到的来自各个方向的作用力的合力就不等于零。该表面质点总是受到一个与界面垂直方向的作用力。如图 1-6 所示容器中的表面水分子受到一个指向内部的作用力。所以，物质表面的质点处

在一种力不稳定状态，它有要减小自身所受作用力的趋势。换句话说，就是处在物质表面的质点比处在内部的质点能量要高。表面质点进入物质内部就要释放出部分能量，使其变得相对稳定。而内部质点要迁移到物质表面则就需要吸收能量，因而处在物质表面的质点自身变得相对不稳定。这些表面质点比内部质点所多出的能量称为表面能（surface energy)。

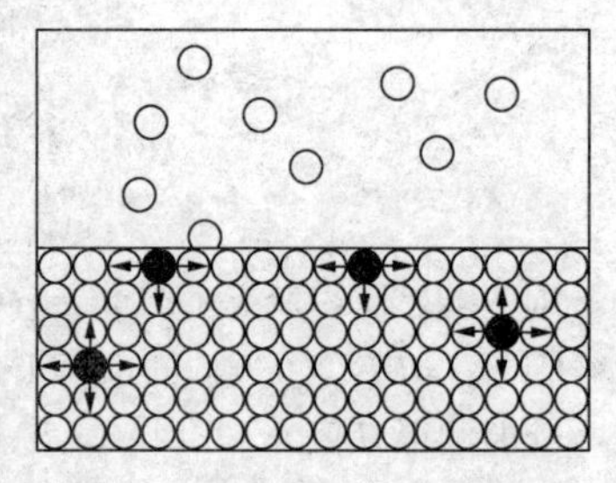

图 1－6　固相或液相表面示意图

不难看出，若物质的表面积越大，表面分子越多，其表面能越高，表面质点就越不稳定。而物质的表面质点要减小其表面能，除了进入物质内部以外，它还可能通过吸附其他质点，以减小其所受的作用力，并释放出部分能量使其自身处于稳定状态。

3. 固体在溶液中的吸附　表面吸附是降低表面能的有效途径之一。吸附是放热过程。一种物质的分子、原子或离子自动地聚集在另一种物质表面的现象称为吸附（adsorption)。具有吸附能力的物质称为吸附剂（adsorbent)，被吸附的物质称为吸附质（adsorbate)。

吸附现象可以发生在固体和气体的界面上，也可以发生在固体和液体的界面上，溶胶的吸附主要发生在固-液界面上。

固体在溶液中的吸附比较复杂，溶质和溶剂都可能被吸附。根据吸附剂在溶液中的吸附对象不同，可分为分子吸附和离子吸附。

（1）分子吸附　固体吸附剂在非电解质或弱电解质溶液中对溶质分子的吸附，称为分子吸附。这类吸附与溶质、溶剂及固体吸附剂三者的性质都有关系，情况复杂，至今尚无完整的理论，一般来说表现出“相似相吸”的特点，即极性吸附剂吸附极性物质，非极性吸附剂吸附非极性物质。例如，活性炭在含有色素的水溶液中能很好地吸附色素分子而对水分子的吸附很小。

（2）离子吸附　固体吸附剂在强电解质溶液中的吸附主要是离子吸附。离子吸附又分为离子选择吸附和离子交换吸附。

① 离子选择吸附：固体吸附剂有选择地吸附溶液中的某种离子，这种吸附称为离子选择吸附。一般来说，固体优先吸附与自身组成相关或性质相似，且溶液中浓度较大的离子。例如，在过量的 $AgNO_3$ 溶液中，加入适量的 KI 即可形成 AgI 沉淀，根据离子选择吸附原则，AgI 固体表面优先选择吸附 Ag^+ 而使固体表面带正电，同时异号离子 NO_3^- 留在 AgI 表面附近的溶液中。

② 离子交换吸附：当固体吸附剂从溶液中吸附某种离子的同时，吸附剂交换出已吸附的另一种符号相同的离子到溶液中，即吸附剂与溶液之间进行离子交换。进行离子交换吸附的吸附剂称为离子交换剂。离子交换吸附是个可逆过程。水中的离子和具有极性的水分子之间通过静电作用相互吸引，离子周围结合一定数目的水分子，形成水化膜，这种现象称为水化或水合。若离子半径小，电荷数大，则它周围的水分子多，水合半径也大。对同价离子，离子半径小的水化半径大，水合程度也高。图 1－7 为水合离子的示意图。离子交换能力的强弱与离子的电荷数及离子的水合半径有关。

不同的离子交换能力不同。离子电荷数越高，交换能力越强；对同价离子而言，交换能力随离子水合程度的减小而增大。如一价阳离子交换能力的大小顺序为

$$Cs^+ > Rb^+ > K^+ > Na^+ > Li^+$$

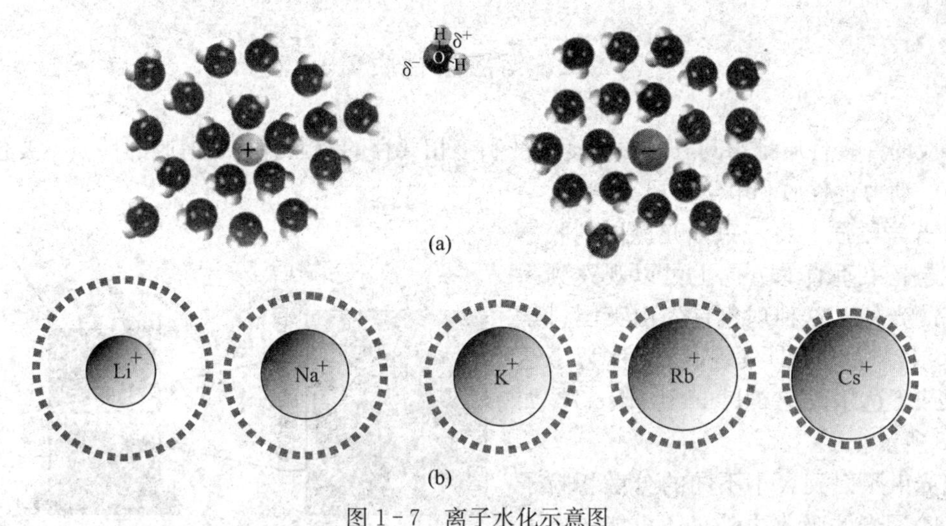

图 1-7　离子水化示意图

(a) 水合的 Na^+ 和 Cl^-　(b) 碱金属水化离子半径大小比较

(◯表示金属离子，虚线表示水化离子边界)

被广泛采用的离子交换树脂（ion exchange resin）是一种高分子的有机化合物，可用以去除水中的 Na^+、Ca^{2+}、Mg^{2+}、Cl^-、SO_4^{2-} 等杂质。按其性能分为阳离子交换树脂和阴离子交换树脂。阳离子交换树脂中含有许多—COOH、$—SO_3H$ 等基团。这些基团上的 H^+ 可以与水中的金属离子 Ca^{2+}、Mg^{2+}、Na^+ 等进行交换。如以 R 表示与羧基相连的其他树脂部分，则上述的交换过程可表示为

$$R—COOH + Na^+ \rightleftharpoons R—COONa + H^+$$

$$2R—COOH + Ca^{2+} \rightleftharpoons (RCOO)_2Ca + 2H^+$$

交换的结果，使水中的盐（如 NaCl、$CaSO_4$）变为相应的酸（HCl 和 H_2SO_4）。若想将其中的酸除去，可使这种水再通过阴离子交换树脂，即含有许多氨基（$—NH_2$）的交换树脂，它们与酸结合在一起而生成盐。例如：

$$RNH_2 + HCl \rightleftharpoons (RNH_3)Cl$$

$$2RNH_2 + H_2SO_4 \rightleftharpoons (RNH_3)_2SO_4$$

用这种方法处理过的水已不含金属离子，常称为去离子水，可以代替蒸馏水使用。

用过的离子交换树脂可用 HCl 和 NaOH 溶液处理使之再生而重新使用：

$$RCOONa + HCl \rightleftharpoons RCOOH + NaCl$$

$$(RNH_3)Cl + NaOH \rightleftharpoons RNH_2 + NaCl + H_2O$$

离子交换吸附与土壤中养分的保持与释放密切相关。例如，土壤中的黏土就是一种阳离子交换剂，在给土壤施 $(NH_4)_2SO_4$ 肥料时，NH_4^+ 与土壤中的 Ca^{2+} 进行交换而将氮贮藏在土壤中。

$$\boxed{黏土}\!>\!Ca^{2+} + (NH_4)_2SO_4 \rightleftharpoons \boxed{黏土}\!\begin{matrix}—NH_4^+\\—NH_4^+\end{matrix} + CaSO_4$$

当作物吸收了土壤溶液中的 NH_4^+，溶液中的 $c(NH_4^+)$ 降低，平衡向左移动，NH_4^+ 就从土壤进入土壤溶液以供作物继续吸收。这样既可使养分保持被植物利用的状态，又可以防止这些易溶肥料的流失。土壤优良与否与它的离子交换性质有很大关系。

二、溶胶的性质

溶胶的许多性质都与其分散质高度分散和多相共存的特点有关。溶胶的性质主要包括光学性质、动力学性质和电学性质。

1. 光学性质 将一束强光照射到胶体时，在与光束垂直的方向上可以观察到一条发亮的光柱，这种现象首先由英国科学家丁达尔(J. Tyndall)发现，因此称为丁达尔现象或丁达尔效应（Tyndall effect)。如图1-8所示。

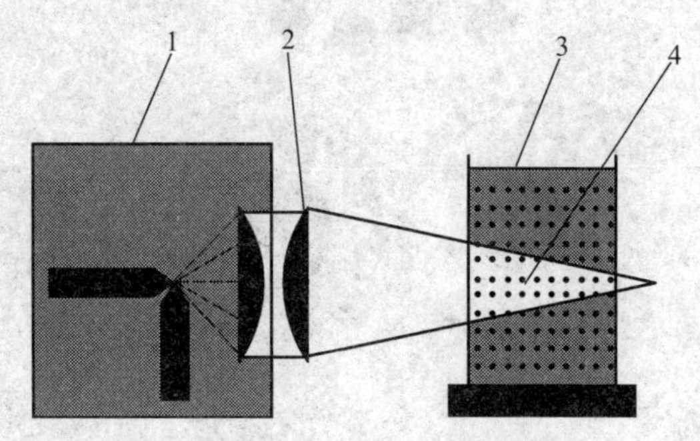

图1-8 丁达尔现象

1. 光源 2. 透镜 3. 胶体 4. 光锥

当光束照射到大小不同的分散相粒子上时，除了光的吸收之外，还可能产生两种情况：一种是如果分散质粒子大于入射光波长，光在粒子表面按一定的角度反射，粗分散系属于这种情况；另一种是如果粒子小于入射光波长，就产生光的散射。这时粒子本身就好像是一个光源，光波绕过粒子向各个方向散射出去，散射出的光就称为乳光。

由于溶胶粒子的直径在1～100 nm，小于入射光的波长（400～750 nm)，因此发生了光的散射作用而产生丁达尔现象。分子或离子分散系中，由于分散质粒子太小（<1 nm)，散射现象很弱，基本上发生的是光的透射作用，溶液呈透明状态。在悬浊液或乳浊液等分散系中，粒子直径达1 000～5 000 nm，比可见光波长大得多，因此光照射时主要发生反射现象，有浑浊感。对于高分子溶液而言，它属于均相系统，分散相与分散介质的折射率相差不大，所以散射光很弱。因此，利用丁达尔现象可以区分溶胶与其他分散系。

2. 动力学性质 在超显微镜下观察溶胶，可以看到代表溶胶粒子的发光点在不断地做无规则的运动。这种现象最早是英国植物学家布朗(Brown）在观察花粉悬浮液时发现的，故称为布朗运动（Brownian movement)。布朗运动是分散剂的分子由于热运动不断地由各个方向同时撞击胶粒时，其合力未被相互抵消引起的，因此在不同时间，指向不同的方向，形成了曲折的运动，如图1-9所示。当然，溶胶粒子本身也有热运动，我们所观察到的布朗运动，实际上是溶胶粒子本身热运动和分散介质对它不均匀撞击的总结果。溶胶粒子的布朗运动导致其扩散作用（diffusion)，它可以自发地从粒子浓度大的区域向粒子浓度小的区域扩散。但由于溶胶粒子比一般的分子或离子大得多，故它们的扩散速度比一般的分子或离子要慢得多。图1-9布朗运动在溶胶中，溶胶粒子由于本身的重力作用会沉降，沉降过程导致粒子浓度不均匀，即下部

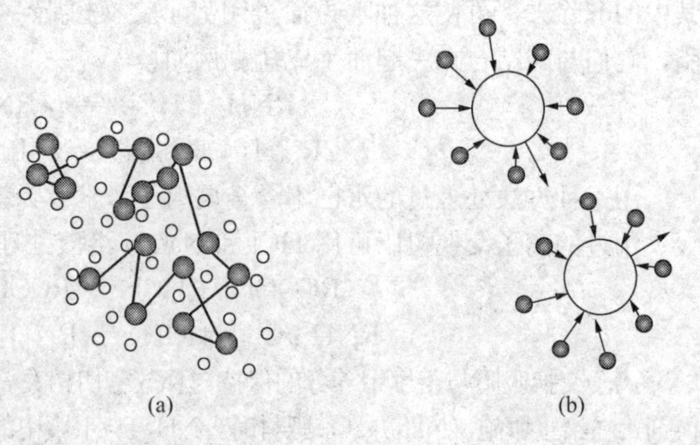

图1-9 胶粒的布朗运动示意图

较浓上部较稀。布朗运动会使溶胶粒子由下部向上部扩散，因而在一定程度上抵消了由于溶胶粒子的重力作用而引起的沉降，使溶胶具有一定的稳定性，这种稳定性称为动力学稳定性。

3. 电学性质

（1）电泳　在溶胶内插入两个电极通直流电源后，可观察到胶体粒子的定向移动。这种在外电场作用下，分散质粒子在分散剂中定向移动的现象称为电泳（electrophoresis）。电泳可通过图 1-10(a) 所示实验装置来观察。在 U 形电泳仪内装入红棕色的 $Fe(OH)_3$ 溶胶，溶胶上方加少量的无色 NaCl 溶液，使溶液和溶胶有明显的界面。插入电极，接通电源后，在负极可看到红棕色的 $Fe(OH)_3$ 溶胶的界面上升，而正极界面下降。这表明 $Fe(OH)_3$ 溶胶粒子在电场作用下向负极移动，说明 $Fe(OH)_3$ 溶胶胶粒是带正电的，称之为正溶胶。如果在电泳仪中装入黄色的 As_2S_3 溶胶，通电后，发现正极黄色界面上升，这表明 As_2S_3 胶粒带负电荷，为负溶胶。通过电泳实验，可以判断溶胶粒子所带的电性。

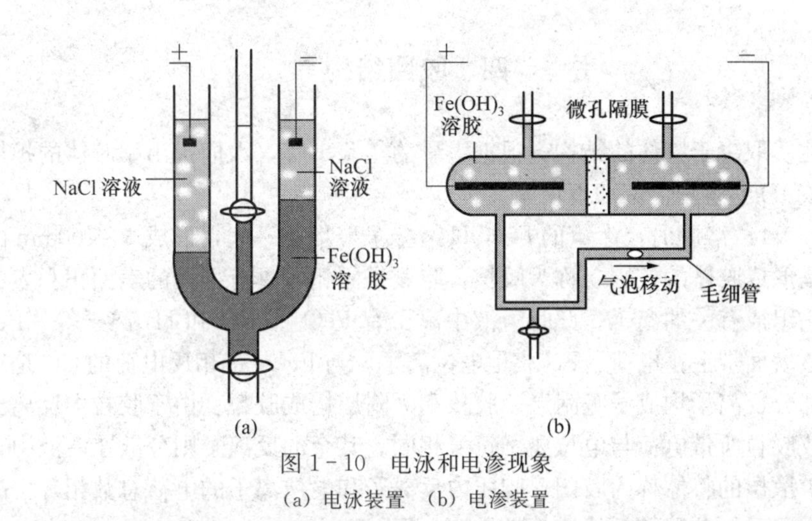

图 1-10　电泳和电渗现象

（a）电泳装置　（b）电渗装置

（2）电渗　与电泳现象相反，使溶胶粒子固定不动而分散介质在外电场作用下做定向移动的现象称为电渗（electroosmosis）。如图 1-10(b) 所示，电渗在特制的电渗管中进行，电渗管中的隔膜可由素瓷片、凝胶、玻璃纤维等多孔性物质制成。溶胶放入隔膜两侧，胶粒被固定不动，通电后，分散剂将通过多孔性固体物质定向移动，形成电渗。

三、溶胶粒子带电的原因

溶胶的电泳和电渗现象统称为电动现象（electrokinetic effect）。电动现象表明，溶胶粒子是带电的。带电的原因主要有两点：

1. 吸附作用　溶胶是高度分散的多相系统，分散质有巨大的表面积，所以有强烈的吸附作用。固体胶粒表面选择吸附了分散剂中的某种离子，从而使胶粒表面带了电荷。例如，$Fe(OH)_3$溶胶是由 $FeCl_3$ 水解而得，其反应式为

$$FeCl_3 + 3H_2O \rightleftharpoons Fe(OH)_3 + 3HCl$$

反应系统中除了生成 $Fe(OH)_3$ 外，还有副产物 FeO^+ 生成：

$$FeCl_3 + 2H_2O \rightleftharpoons Fe(OH)_2Cl + 2HCl$$

$$Fe(OH)_2Cl \rightleftharpoons FeO^+ + Cl^- + H_2O$$

固体 $Fe(OH)_3$ 粒子在溶液中选择吸附了与自身组成相关的 FeO^+，而使 $Fe(OH)_3$ 胶粒带了正电荷。再如 As_2S_3 溶胶，其制备反应为

$$2H_3AsO_3 + 3H_2S \rightleftharpoons As_2S_3 + 6H_2O$$

溶液中过量的 H_2S 解离产生 HS^-，As_2S_3 胶粒选择吸附了 HS^-，使 As_2S_3 溶胶带了负电荷。

2. 解离作用 胶粒带电的另一个原因是胶粒表面基团的解离作用。例如硅酸溶胶的胶粒是由许多硅酸分子缩合而成的，胶粒表面的硅酸分子发生解离，H^+ 离子进入了溶液，而将 $HSiO_3^-$ 留在了胶粒表面，使硅胶粒子带了负电。其反应式为

$$H_2SiO_3 \rightleftharpoons HSiO_3^- + H^+ \rightleftharpoons SiO_3^{2-} + 2H^+$$

应该指出，溶胶带电原因十分复杂，以上两种情况只能说明溶胶粒子带电的某些规律。至于溶胶粒子究竟怎么带电，或者带什么电荷都还需要通过实验来验证。

四、胶团结构

胶体的性质取决于胶体的结构。根据大量的实验事实，人们提出了胶体的扩散双电层结构，现以 $Fe(OH)_3$ 溶胶为例加以说明。

制备 $Fe(OH)_3$ 溶胶时，大量的 $Fe(OH)_3$ 分子聚集在一起，形成 1～100 nm 的固体分子集团，它们是形成胶体的核心，称为胶核。胶核是固相，具有很大的表面积和表面能，它能选择吸附与它组成有关的离子。此时溶液中离子有 FeO^+、Cl^- 和 H^+ 离子等，FeO^+ 被胶核吸附，使胶核表面带上正电荷。FeO^+ 是电位离子，与 FeO^+ 带相反电荷的 Cl^- 是反离子。电位离子和一部分反离子构成了吸附层。胶核和吸附层构成胶粒。由于胶粒中反离子数比电位离子数少，故胶粒所带电荷与电位离子符号相同。其余的反离子则分散在溶液中，形成扩散层，胶粒和扩散层的整体称为胶团，胶团内反离子和电位离子的电荷总数相等，故胶团是电中性的。吸附层和扩散层的整体称为扩散双电层。

胶团结构也可以用胶团结构式表示。$Fe(OH)_3$ 溶胶的胶团结构式为

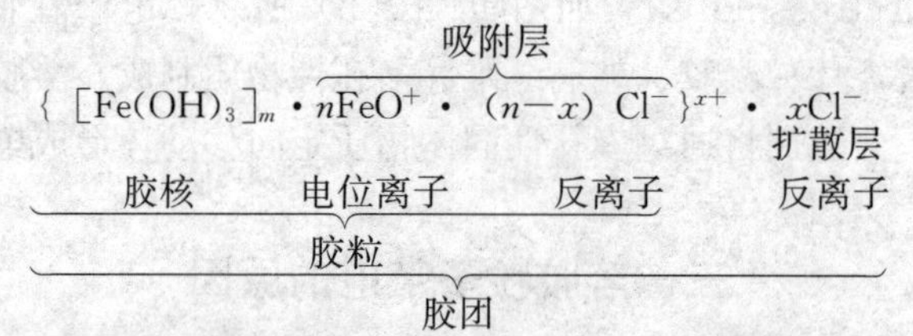

m——形成胶核物质的分子数，通常 m 是一个很大的数值，在 10^3 左右。

n——吸附在胶核表面的电位离子数，n 比 m 要小得多。

x——扩散层的反离子数，也是胶核所带的电荷数。

$(n-x)$——吸附层的反离子数。

同理，也可写出其他物质形成的溶胶的胶团结构式。

硫化砷溶胶：$[(As_2S_3)_m \cdot nHS^- \cdot (n-x)H^+]^{x-} \cdot xH^+$

硅酸溶胶：$[(H_2SiO_3)_m \cdot nHSiO_3^- \cdot (n-x)H^+]^{x-} \cdot xH^+$

又如用 $AgNO_3$ 溶液与过量 KI 溶液反应制备的 AgI 溶胶，其胶团结构式为

$$[(AgI)_m \cdot nI^- \cdot (n-x)K^+]^{x-} \cdot xK^+$$

相反，用 KI 溶液与过量 $AgNO_3$ 溶液反应制备的 AgI 溶胶，其胶团结构式为

$$[(AgI)_m \cdot nAg^+ \cdot (n-x)NO_3^-]^{x+} \cdot xNO_3^-$$

如图 1－11 所示：

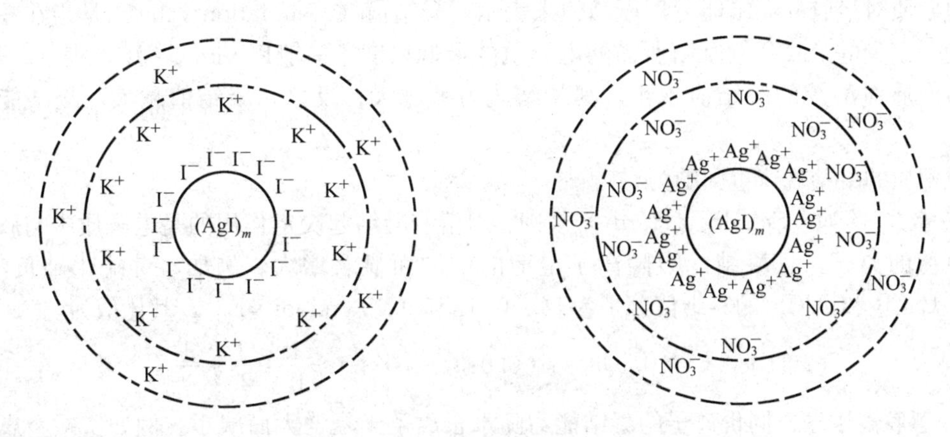

图 1－11　AgI 溶胶的两种胶团结构

应当注意的是，在制备胶体时，一定要有稳定剂存在。通常稳定剂就是在吸附层中的电位离子。

五、溶胶的稳定性和凝结

1. 溶胶的稳定性　溶胶的稳定性可以从动力学稳定性（kinetic stability）和聚结稳定性（coagulation stability）两方面来考虑。

动力学方面，由于溶胶粒子具有布朗运动，能够抵抗重力作用而不下沉，不会从分散剂中分离出来。对粗分散系来说，由于其分散质粒子质量较大，它所受重力的作用要比布朗运动大，所以粗分散系不稳定。但由于溶胶是高度分散的多相系统，其表面能很大，它是热力学的不稳定系统。

溶胶的聚结稳定性决定于溶胶的胶团结构。在溶胶中，一方面由于溶胶粒子都带有相同的电荷，同号电荷之间的相互排斥作用阻止了它们的靠近。另一方面，胶团中的电位离子和反离子都能发生溶剂化作用，在其表面形成具有一定强度和弹性的溶剂化膜（在水中就称为水化膜），这层溶剂化膜阻止了溶胶粒子之间的直接接触。溶胶粒子的电荷量越多，溶剂化膜越厚，溶胶就越稳定。由于这两个因素的存在，使溶胶能放置一定的时间而不凝结。

2. 溶胶的凝结　溶胶的稳定是暂时的、有条件的、相对的。从溶胶的稳定性来看，若破坏了溶胶稳定性的因素，溶胶粒子就会聚结变大，最后从分散剂中分离而沉降，这个过程称为溶胶的凝结（coagulation）。

使溶胶凝结的方法很多，主要有：

（1）电解质对溶胶的凝结作用　往溶胶中加入少量无关的强电解质（与溶胶无特殊反应）就会使溶胶出现很明显的凝结现象。这是由于加入电解质后，离子浓度增大，反离子浓

度也增大，被电位离子吸引进入吸附层的反离子数目就会增多，胶粒所带电荷减小，其结果是使胶粒间的电荷排斥力减小，胶粒失去了带电的保护作用。同时，加入的电解质有很强的溶剂化作用，它可以夺取胶粒表面溶剂化膜中的溶剂分子，破坏胶粒的溶剂化膜，使其失去溶剂化膜的保护，因而溶胶在碰撞过程中会相互结合成大颗粒而凝结。

电解质对溶胶的凝结能力用凝结值来表示。凝结值（coagulation value）是指在一定时间内使一定量的溶胶开始凝结所需的电解质的最低浓度，一般以 mmol·L^{-1} 表示。显然，某一电解质对溶胶的凝结值越小，其凝结能力就越大；反之，凝结值越大，凝结能力就越小。

电解质的凝结规律可归纳为

① 叔采-哈迪（Schulze - Hardy）规则：对溶胶凝结起决定作用的是电解质中与胶粒带相反电荷的离子，且凝结能力随离子电荷的增加而显著增大。例如，对硫化砷负溶胶，NaCl、$CaCl_2$ 和 $AlCl_3$ 的凝结值分别为 51、0.65 和 0.093 mmol·L^{-1}，其比值为

$$51:0.65:0.093=1:0.013:0.0018\approx\frac{1}{1^6}:\frac{1}{2^6}:\frac{1}{3^6}$$

② 感胶离子序：同价离子的凝结能力随水合离子半径增大而减小。例如，碱金属离子对负溶胶的凝结能力为 $Cs^+>Rb^+>K^+>Na^+>Li^+$。

负离子对正溶胶的凝结能力为 $Ac^->F^->Cl^->Br^->NO_3^->I^-$。

以上凝结能力的顺序称为感胶离子序（lyotropic series）。

③ 一般来说，有机离子都有非常强的凝结能力。

(2) 温度对溶胶稳定性的影响　加热可使很多溶胶发生凝结。这是由于加热能加快胶粒的运动速度，增加了胶粒相互碰撞的机会，同时也降低了胶核对电位离子的吸附能力，减少了胶粒所带的电荷，即减弱了使溶胶稳定的主要因素，使胶粒间碰撞凝结的可能性大大增加。

(3) 溶胶的相互凝结　当把电性相反的两种溶胶以适当比例相互混合时，溶胶也会发生凝结，这种凝结称为溶胶的相互凝结。溶胶的相互凝结是胶粒间吸引力作用的结果，因此凝结的程度与溶胶的量有关，只有当溶胶粒子所带的电荷量相等时，这两种溶胶的电荷才能完全中和而发生完全凝结，否则只有部分凝结，甚至不凝结。

溶胶的相互凝结对土壤结构有重要意义。土壤中存在着 $Fe(OH)_3$ 和 $Al(OH)_3$ 等正溶胶，也存在着硅酸、黏土和腐殖质等负溶胶。这些正、负溶胶的相互凝结，对土壤团粒结构的形成起着一定的作用。

第四节　高分子溶液和乳浊液

一、高分子溶液

1. 高分子溶液　高分子化合物（high molecular compound）是指相对分子质量在10 000以上的大分子，生物体内许多有机化合物（如蛋白质、核酸、淀粉）以及人工合成的塑料等都是高分子化合物。它们是由一种或多种小的结构单元联结而成。例如，蛋白质分子的小单位是氨基酸，淀粉是许多葡萄糖分子缩合而成。大多数高分子化合物是线状或线状带支链，

但其截面积只相当于一个普通分子大小。即使是纯的高分子化合物，其分子大小也不完全一样，平常所说的高分子化合物的分子质量，实际上都是指平均分子质量。高分子化合物溶于适当的溶剂中，就成为高分子化合物溶液，简称高分子溶液。

高分子溶液具有溶胶和真溶液的双重性质。高分子溶液是单相系统，溶质分子和溶剂之间没有界面，有很好的亲和力。但它的分子质量很大，可高达数十万或数百万。它的单分子与溶胶的多分子聚集的胶核粒子大小差不多，因此又具有一般真溶液所没有的特性，如扩散速度慢，不能透过半透膜等，这与溶胶的性质相似，因此在分散系的分类中被列为胶体分散系。

2. 高分子溶液与溶胶性质的比较　高分子溶液与溶胶相比，其根本的区别在于两者的热力学稳定性不同。高分子溶液是单相系统，高分子化合物和溶剂有很大的亲和力，它能逐步吸收溶剂形成很厚的溶剂化膜而溶胀，最后自动溶解形成溶液。假如用蒸发等方法除去溶剂后再加入溶剂仍能自动溶解，因此高分子溶液在热力学上是稳定的系统。而溶胶是高度分散的多相系统，溶胶在热力学上是不稳定的系统。胶核不溶于溶剂，溶胶粒子与溶剂间没有很大的亲和力，不能用自动分散来获得，要用特殊方法制备。溶胶凝结后，不能用再加入溶剂的方法而使它复原。在高分子溶液中，由于溶质和溶剂之间没有明显的界面，对光的散射作用很弱，丁达尔现象不明显。此外，高分子化合物有很大的黏度，这与高分子化合物链状结构和高度溶剂化的性质有关。

3. 高分子溶液的盐析和保护作用　前面已经讨论过电解质对于溶胶的凝结作用。溶胶对电解质是很敏感的，但对于高分子溶液来说，加入少量的电解质，它的稳定性并不受影响。由于高分子结构中常含有大量的—OH、—COOH、—NH_2 等亲水基团，这些基团的水化作用很强烈，因此在溶液中的高分子化合物具有很厚的水化膜，这就使得它们能够稳定地存在于溶液内。要使高分子化合物从水溶液中分离出来，必须加入大量电解质，以实现去水化膜。这种加入大量电解质而使高分子化合物从溶液中析出的过程，称为盐析（salting out）。盐类的水合作用越大，盐析作用越大。加入乙醇、丙酮等溶剂，也能将高分子溶质沉淀出来。因为这些溶剂也像电解质的离子一样有强的亲水性，会破坏高分子化合物的水化膜。在研究天然产物时，常常用盐析或加入乙醇等溶剂的方法来分离蛋白质和其他物质。

若在溶胶里加入适量的高分子溶液，就能降低溶胶对电解质的敏感性，提高其对电解质的稳定性，这种作用就是高分子溶液对溶胶的保护作用（protective action）。由于一般高分子化合物是高度水化、链状卷曲的线形分子，因此很容易吸附在胶粒表面上，包住胶粒，这就等于在溶胶粒子外面加了一层水化膜阻碍胶粒间接触和凝结，因而大大增强了溶胶的稳定性。但如果所加高分子化合物少于保护溶胶所必需的数量，则会出现一个高分子链上附着几个胶粒的情况，反而使溶胶更容易为电解质所凝结，这种效应称为敏化作用。保护作用在生理过程中具有重大意义。在人和动物体内，健康状况下血液中所含的难溶盐，如碳酸镁、磷酸钙等，都以溶胶状态存在，并且被血清蛋白等高分子溶液保护着而稳定存在。但当发生某些疾病时，保护物质在血液中的含量减少，结果使溶胶凝结而堆积在身体的一些器官（如肾、胆）中形成结石。当然结石的形成原因相当复杂，至今尚未研究清楚。另外，生产中也常利用高分子对溶胶的敏化作用进行污水的净化、产品的沉淀分离、矿泥中有效成分的回收等。图 1－12 是高分子化合物对溶胶的保护和敏化作用的示意图。

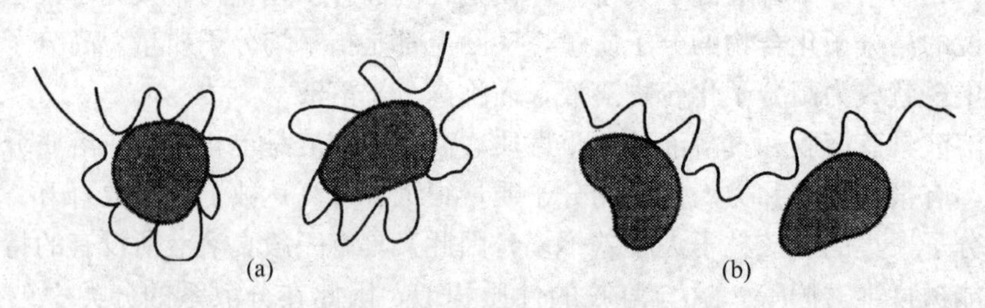

图 1-12 高分子化合物对溶胶的保护和敏化作用的示意图
(a) 保护作用 (b) 敏化作用

二、表面活性物质

凡是少量溶于溶剂后就能显著降低液体表面张力的物质，称为表面活性物质或表面活性剂（surface active substance）。它们的表面活性是对某特定的液体而言，通常指水。

表面活性剂的分子具有极性和非极性两部分。极性部分如—OH、—COOH、—COO^-、—NH_3^+、—SO_3H等亲水基；非极性部分如碳氢链，是疏水基。总称“双亲分子”（亲水亲油分子）。实验表明，直链型的表面活性物质，碳原子数为 8 以上的有明显的表面活性。但碳氢链太长的在水中溶解度太低而无实用价值。

表面活性剂溶于水时，亲水基受到水分子吸引，疏水部分被水分子排斥。可采取两种方式稳定存在：一是亲水基在水中，疏水基在液面形成单分子膜，在这一过程中，疏水基与水分子间的斥力，使表面水分子受到向外的推力，部分地抵消了表面水分子受到的向内的拉力，使水的表面能降低。这就是表面活性剂的发泡、乳化和湿润作用的基本原理；二是许多表面活性剂分子自动聚结，形成“胶束”。胶束可为球形，也可为层状结构，都尽可能将疏水基藏于胶束内部使亲水基外露。如溶液中有不溶于水的油，则可进入球形胶束中心和层状胶束的夹层内而溶解。这种现象称为表面活性剂的增溶作用。

上述现象还可发生在油-水系统和固-液界面上，使表面活性剂分子发生定向排列。例如润滑作用，润滑油是非极性的，金属是极性的，润滑油中所含的表面活性物质（如硬脂酸及其盐）在金属的表面定向排列，使金属表面亲油，起到了润滑作用。

表面活性剂用量少（一般为百分之几到千分之几），操作方便，无毒无腐蚀，是较理想的化学用品。

三、乳浊液

乳浊液（emulsion）是指一种液体分散在另一种互不相溶的液体中形成的系统。这两种互不相溶的液体通常是水和有机物液体，后者习惯上统称为油（oil）。若水为分散剂而油为分散质，则称为水包油型乳浊液，以符号“O/W”表示。例如牛奶就是奶油分散在水中形成的“O/W”型乳浊液。若油为分散剂而水为分散质，则称为油包水型乳浊液，以符号“W/O”表示。例如新开采出的含水原油，就是细小水珠分散在石油中形成的“W/O”型乳浊液。

乳浊液是粗分散系，通常稳定性较差。当将水和油放在一起剧烈振荡时，能形成乳浊液，但放置不久就分成两层。要获得稳定的乳浊液，必须加入乳化剂（emulsifying agent）。乳化剂大多是表面活性物质，如皂类、蛋白质、有机酸等。在乳浊液中，乳化剂的极性基团与水相互作用，非极性基团与油相互作用，这样在油滴或水滴周围就形成了一层有一定机械强度的保护膜，阻碍了分散的油滴或水滴的相互聚结，使乳浊液变得较稳定，这个过程称为乳化作用（emulsification）。如图 1－13 所示。

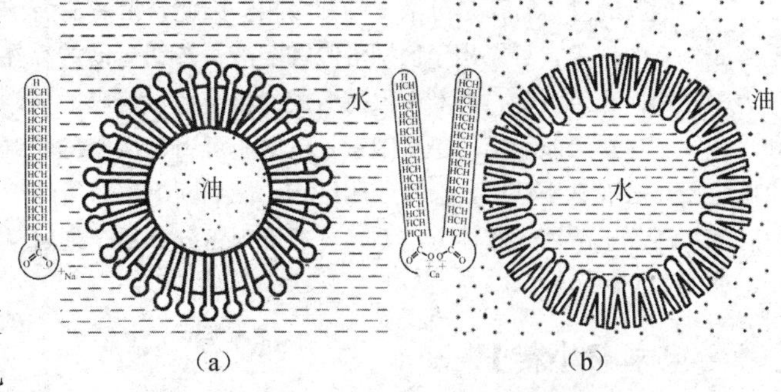

图 1－13 表面活性物质稳定乳状液示意图

(a) 一价皂形成的 O/W 型乳状液 (b) 二价皂形成的 W/O 型乳状液

乳化剂的结构与性质的不同，在很大程度上决定着乳浊液的类型。一般认为当乳化剂分子中亲水基截面积大于亲油基的截面积时（如一价皂），形成“O/W”型乳浊液，反之亲水基截面积小于亲油基的截面积时（如二价或三价金属皂、高级醇类、高级脂类等）形成“W/O”型乳浊液。这样有利于降低系统的能量。

乳浊液及乳化剂在生产中的应用非常广泛，绝大多数的有机农药、植物生长调节剂的使用都离不开乳化剂。如有机农药水溶性较差，不能与水均匀混合。为了能使农药与水较好地混合，加入适量的乳化剂，以减小它们的表面张力，从而达到均匀喷洒、降低成本、提高杀虫效力的目的。在人体的生理活动中，乳浊液也有重要的作用。例如，食物中的脂肪在消化液（水溶液）中是不溶解的，但经过胆汁中胆酸的乳化作用和小肠的蠕动，使脂肪乳化，有利于肠壁的吸收。此外，乳浊液在制药、食品、制革、涂料、石油钻探等工业生产中都有许多应用。

在生产中也常遇到一些有害的乳浊液，例如，以“W/O”型乳状液形式存在的含水原油会加速石油设备的腐蚀，而且不利于石油的蒸馏。因此必须设法破坏这种乳浊液。使乳浊液失去稳定性，由分散度较高的微小液滴很快结合在一起，成为较大液滴，将乳浊液破坏分层的过程称为破乳。破乳时可以加入如异戊醇等短链醇类，它强烈地吸附在油水界面上，能取代原来的乳化剂，生成一种新膜，这种新膜的强度低，较易被破坏。此外，还可用加入无机酸使皂类表面活性剂变成脂肪酸析出而失去作用。也可用物理方法如升高温度、加高压静电以及机械搅拌等方法来破乳。

本 章 小 结

(1) 一种或几种物质分散在另一种物质中所形成的系统称为分散系。可根据分散质粒子大小将分散系分为粗分散系、胶体分散系、分子或离子分散系——溶液。

(2) 溶液的组成常用浓度表示。浓度是指溶液中溶质的含量，其表示方法可分为两大类，一类是用溶质和溶剂的相对量表示，另一类是用溶质和溶液的相对量表示。由于溶质、溶剂或溶液使用的单位量纲不同，浓度的表示方法也不同。常用的浓度表示方法有：物质的量浓度、质量摩尔浓度、摩尔分数和质量分数。

(3) 最常见的溶液是水溶液。掌握稀溶液的依数性(蒸气压下降、沸点上升、凝固点下降及渗透压)及有关计算。渗透现象在生物学上有重要意义,对于维持细胞形态,维持生物体水盐平衡起重要作用。

(4) 溶胶的基本特征是分散度高和多相。因此,溶胶有特殊的光学、电学和动力学性质。丁达尔效应是溶胶特有的现象,可以用于区别溶胶和溶液;布朗运动的存在导致了胶粒的扩散作用,也使胶粒不致因重力的作用而产生沉降,有利于保持溶胶的稳定性;溶胶的电动现象包括电泳和电渗。胶粒表面带有电荷和水化膜,这是溶胶稳定的主要因素。电解质可引起溶胶的凝结。胶体溶液在生物学中占有重要地位,要求了解胶体溶液基本性质,会写胶团结构,能判断电解质凝结能力的大小。

(5) 高分子溶液为胶体分散系,乳浊液为粗分散系。通过学习要求了解高分子溶液的性质,能列举不同类型的乳浊液。

【著名化学家小传】

The French chemist Raoult (1830 - 1901) came from a poor background in Fournes - en - Weppes, France. He obtained his PhD in 1863 from the University of Paris and was 37 years old when he took up his first academic appointment at the University of Grenoble, where he was made professor of chemistry in 1870. Raoult is noted for his work on the properties of solutions, in particular the effect of a dissolved substance in the lowering of freezing points. In 1882 he showed (*Raoult's law*) that the depression in the freezing point of a given solvent was proportional to the mass of substance dissolved divided by the substance's molecular weight. He later showed a similar effect for the vapor pressure of solutions. Measurement of freezing - point depression became an important technique for determining molecular weights.

Raoult's work was also important in validating Jacobus van't Hoff's theory of solutions. Also of significance in his work was his observation that the depression of the freezing point of water caused by an inorganic salt was double that caused by an organic solute (given the same molecular weight). This was one of the anomalies whose explanation led Sven Arrhenius to formulate his theory of ionic dissociation.

化学之窗

Emulsion (乳化)

When oil and water are violently shaken together, the oil is broken up into tiny, submicroscopic droplets and dispersed throughout the water. Such a mixture is called an emulsion. Unless a third substance has been added, the emulsion usually breaks down rapidly the oil droplets recombining and floating to the surface of the water.

Emulsions can be stabilized by adding certain types of gum, a soap, or a protein that can form a protective coating around the oil droplets and prevent them from coming together. Compounds called bile salts keep tiny fat droplets suspended in aqueous media during human digestion.

Many foods are emulsions. Milk is an emulsion of butterfat in water. The stabilizing agent is a protein called casein. Mayonnaise (蛋黄酱) is an emulsion of salad oil in water, stabilized by egg yolk (蛋黄).

1. 什么是分散系?分散系是如何分类的?

2. 最常用的表示浓度的方法有几种？

3. 什么叫稀溶液的依数性？难挥发非电解质稀溶液的四种依数性之间有什么联系？

4. 难挥发非电解质稀溶液在不断的沸腾过程中，它的沸点是否恒定？

5. 把两块冰分别放入0℃的水和0℃的盐水中，各有什么现象发生？为什么？

6. 在北方，冬天吃冻梨前，先把梨放在凉水中浸泡一段时间，发现冻梨表面结了一层冰，而梨里面已经解冻了。这是为什么？

7. 为什么海水鱼不能生活在淡水中？

8. 什么叫渗透现象？产生渗透现象的条件是什么？

9. 排出下列稀溶液在310 K时，渗透压由大到小的顺序：

(1) $c(C_6H_{12}O_6)=0.20\ mol \cdot L^{-1}$

(2) $c(NaCl)=0.20\ mol \cdot L^{-1}$

(3) $c(Na_2CO_3)=0.20\ mol \cdot L^{-1}$

10. 实验室制备氢氧化铁溶胶的方法是将饱和的氯化铁溶液逐滴滴入沸腾的蒸馏水中。为什么不用向氯化铁溶液中加入氢氧化钠溶液的方法来制取氢氧化铁胶体？

11. 溶胶具有稳定性的原因有哪些？用什么方法可破坏其稳定性。

12. 试述明矾的净水原理。

13. 什么叫表面活性剂？其分子结构有何特点？

14. 试述乳浊液的形成、性质和应用。

习　　题

1. 人体注射用的生理盐水中，含有NaCl 0.900%，密度为$1.01\ g \cdot mL^{-1}$，若配制此溶液3.00×10^3 g，需NaCl多少克？该溶液物质的量浓度是多少？

（27.0 g，$0.155\ mol \cdot L^{-1}$）

2. 把30.0 g乙醇（C_2H_5OH）溶于50.0 g四氯化碳（CCl_4）中所得溶液的密度为$1.28\ g \cdot mL^{-1}$，计算：(1) 乙醇的质量分数；(2) 乙醇的物质的量浓度；(3) 乙醇的质量摩尔浓度；(4) 乙醇的摩尔分数。

（0.38，$10.4\ mol \cdot L^{-1}$，$13.0\ mol \cdot kg^{-1}$，0.66）

3. 将5.0 g NaOH、NaCl、$CaCl_2$分别置于水中，配成500 mL溶液，试求$c(NaOH)$、$c(NaCl)$、$c\left(\frac{1}{2}CaCl_2\right)$。

（$0.25\ mol \cdot L^{-1}$，$0.17\ mol \cdot L^{-1}$，$0.18\ mol \cdot L^{-1}$）

4. 盐酸含HCl 37.0%（质量分数），密度为$1.19\ g \cdot cm^{-3}$。计算：

(1) 盐酸的物质的量浓度。

(2) 盐酸的质量摩尔浓度。

(3) HCl和H_2O的物质的量分数。

（$12.06\ mol \cdot L^{-1}$，$16.09\ mol \cdot kg^{-1}$，0.225，0.775）

5. 计算$0.10\ mol \cdot L^{-1}\ K_3[Fe(CN)_6]$溶液的离子强度。（0.6）

6. 应用德拜-休克尔极限公式计算 0.10 mol·L^{-1}KCl 溶液中的离子平均活度系数。

(0.76)

7. 将 19 g 某生物碱溶于 100 g 水中，测得溶液的沸点升高了 0.060 K，凝固点降低了 0.220 K。计算该生物碱的摩尔质量。(1.62×10^3 g·mol^{-1})

8. 溶解 0.324 g 硫于 4.00 g C_6H_6 中，使 C_6H_6 的沸点上升了 0.81 K。此溶液中的硫分子是由几个原子组成的？[$K_b(C_6H_6)$=2.53 K·kg·mol^{-1}] (8 个)

9. 计算 0.005 mol·L^{-1}KCl 溶液在 398K 时的渗透压：(1) 用浓度计算；(2) 用活度计算 ($\gamma_{\pm}=0.92$)。

(33.09 kPa，30.44 kPa)

10. 101 mg 胰岛素溶于 10.0 mL 水，该溶液在 25.0 ℃时的渗透压是 4.34 kPa，计算胰岛素的摩尔质量和该溶液的凝固点。(5.77×10^3g ·mol^{-1}，−0.003 3 ℃)

11. 今有两种溶液，其一为 1.50 g 尿素 $(NH_2)_2CO$ 溶于 200 g 水中，另一为 42.8 g 未知物溶于 1 000 g 水中，这两种溶液在同一温度开始沸腾，计算这个未知物的摩尔质量。

(342.4 g·mol^{-1})

12. 人体血浆的凝固点为 272.59 K，计算正常体温 (36.5 ℃) 下血浆的渗透压。(设血浆密度为 1 g·mL^{-1})

(772 kPa)

13. 硫化砷溶胶是由 H_3AsO_3 和 H_2S 溶液作用而制得的

$$2H_3AsO_3+3H_2S \rightleftharpoons As_2S_3+6H_2O$$

试写出硫化砷胶体的胶团结构式（电位离子为 HS^-）。试比较 NaCl、$MgCl_2$、$AlCl_3$ 三种电解质对该溶胶的凝结能力，并说明原因。

{$[(As_2S_3)_m \cdot n\,HS^- \cdot (n-x)H^+]^{x-} \cdot x\,H^+$，$AlCl_3$ 最强，NaCl 最弱}

14. 取血红素 1.00 g 溶于水配成 100 mL 溶液。测得此溶液在 20 ℃时的渗透压为 366 Pa，计算：(1) 溶液的物质的量浓度；(2) 血红素的分子质量。

(1.50×10^{-4} mol·L^{-1}，6.67×10^4)

15. 为防止水箱结冰，可加入甘油以降低其凝固点，如需使凝固点降低到−3.15 ℃，在 100 g水中应加入多少甘油？(甘油的相对分子质量为 92) (16 g)

16. 由于食盐对草地有损伤，因此有人建议用化肥如硝酸铵或硫酸铵代替食盐来融化人行道旁的冰雪。下列化合物各 100 g 溶于 1 kg 水中，哪一种冰点下降得多？若各 0.1 mol 溶于 1 kg 水中，哪一种冰点下降得多？

(1) NaCl　　(2) NH_4NO_3　　(3) $(NH_4)_2SO_4$　　[(1)，(3)]

17. 树干内部树汁上升是渗透压所致，设树汁为浓度 0.20 mol·L^{-1}的溶液，在树汁的半透膜外部水中非电解质浓度为 0.02 mol·L^{-1}。试估计在 25 ℃时，树汁产生的渗透压是多少，树汁能够上升多高。(446 kPa，45.4 m)

18. 人体眼液的渗透压在 37 ℃时约 700 kPa，市售的某种眼药水的组成是 5.00 g $ZnSO_4$，17.0 g H_3BO_3，0.20 g 盐酸黄连素，0.008 g 盐酸普鲁卡因溶于水并稀释到 1 000 cm^3。若设 $ZnSO_4$ 完全电离，H_3BO_3 不电离，盐酸黄连素和盐酸普鲁卡因含量少忽略不计，计算眼药水的渗透压。(869 kPa)

19. 从阿拉伯胶中提取的某有机物由 C、H 和 O 三种元素组成，它们的质量分数依次为 40.0%、6.7%和 53.3%，将此有机物 0.650 g 溶解在 27.8 g 的联苯中，测得溶液的凝固点降低了 1.56 ℃，计算其摩尔质量并确定此有机物的分子式。已知 K_f（联苯）$=8.00\ K\cdot kg\cdot mol^{-1}$。　　　$[M(C_4H_8O_4)=120\ g\cdot mol^{-1}]$

20. 2.50 g 经验式为 C_6H_5P 的化合物溶解在 25.0 g 苯中，测得溶液的凝固点为 4.3 ℃，计算其摩尔质量并确定其分子式。　　　$[M(C_{24}H_{20}P_4)=4.3\times10^2\ g\cdot mol^{-1}]$

21. 现有 $0.01\ mol\cdot L^{-1}\ AgNO_3$ 溶液和 $0.01\ mol\cdot L^{-1}$ KI 溶液，欲制 AgI 溶胶，在下列四种条件下，能否形成 AgI 溶胶？为什么？若能形成溶胶，胶粒带何种电荷？

（1）两种溶液等体积混合。

（2）混合时一种溶液体积远超过另一种溶液。

（3）$AgNO_3$ 溶液体积稍多于 KI 溶液。

（4）KI 溶液体积稍多于 $AgNO_3$ 溶液。

22. 试比较 $MgSO_4$、$K_3[Fe(CN)_6]$ 和 $AlCl_3$ 三种电解质在下列两种情况中凝结值大小的顺序。

（1）$0.008\ mol\cdot L^{-1}\ AgNO_3$ 溶液和 $0.01\ mol\cdot L^{-1}$ KBr 溶液等体积混合制成的 AgBr 溶胶

（2）$0.01\ mol\cdot L^{-1}\ AgNO_3$ 溶液和 $0.008\ mol\cdot L^{-1}$ KBr 溶液等体积混合制成的 AgBr 溶胶

{$K_3[Fe(CN)_6]>MgSO_4>AlCl_3$，$K_3[Fe(CN)_6]<MgSO_4<AlCl_3$}

23. 混合等体积 $0.008\ mol\cdot L^{-1}\ AgNO_3$ 溶液和 $0.003\ mol\cdot L^{-1}$ 的 K_2CrO_4 溶液，制得 Ag_2CrO_4 溶胶，写出该溶胶的胶团结构，并注明各部分的名称，该溶液的稳定剂是何种物质？

24. Chlorofluorocarbons such as CCl_3F and CCl_2F_2 have been linked to ozone depletion in Antarctica. As of 1994, these gases were found in quantities of 261 and 509 parts per trillion (10^{12}) by volume. Compute the molar concentration of these gases under conditions typical of (a) the mid-latitude troposphere (10 ℃ and 1.0 atm) and (b) Antarctic stratosphere (200 K and 0.050 atm).

[(a) $1.1\times10^{-11}\ mol\cdot L^{-1}$，$2.2\times10^{-11}\ mol\cdot L^{-1}$；
(b) $8.0\times10^{-13}\ mol\cdot L^{-1}$，$1.6\times10^{-12}\ mol\cdot L^{-1}$]

25. A solution is prepared by dissolving 35.0 g of hemoglobin (Hb) in enough water to make up one liter in volume. If the osmotic pressure of the solution is found to be 1.32 kPa (10.0 mmHg) at 25 ℃, calculate the molar mass of hemoglobin.　　　($65\,043\ g\cdot mol^{-1}$)

第二章　化学热力学基础

在指定条件下，化学反应一旦发生，不仅有新物质生成，而且还伴随着能量的转化。绿色植物通过光合作用把光能转化为化学能，这种化学反应的能量转化是人类赖以生存的基础。当今世界人类生活及生产活动中所需的能量主要还是靠化学反应提供的。化学反应的能量转换既然如此重要，那它应遵循什么规律，化学反应的能量变化与化学研究中的另一个重要问题——化学反应进行的方向和限度有何联系，这一切都是以热力学为基础而进行研究的。热力学是研究物理和化学变化中各种形式能量相互转化规律的一门科学。将热力学的基本定律和方法应用于化学领域的研究就形成了化学热力学。

化学热力学是讨论大量质点的平均行为，即物质的宏观性质，不涉及物质的微观结构，也不涉及时间的概念，即与反应机理无关，只取决于反应过程的始态、终态和外界条件。因此，化学热力学只能告诉人们在指定条件下反应进行的可能性及进行的限度，却不能告诉人们反应进行的具体途径和反应速率的大小。化学热力学的主要理论依据是热力学第一和第二定律。这两个定律都是人类实践经验的总结，虽然不能加以推导，但按此定律所得到的结论是可靠的。例如凡经化学热力学研究证明能够进行的反应，只要通过努力是一定能够实现的。概括而言，化学热力学主要研究的两个问题是：①化学反应中能量如何转化（如反应的热效应）；②化学反应的方向及限度等。反应进行的方向就是指反应的自发性问题，反应进行的限度即化学平衡问题。

第一节　基本概念

一、几种热力学系统

人为研究的对象称为系统，而与系统密切相关，影响不容忽略的部分称为环境。根据系统与环境的关系，可将系统分为以下几种。

1. 敞开系统（open system）　系统与环境之间既有能量交换，又有物质交换。

$$\text{系统} \xleftrightarrow[\text{物质}]{\text{能量}} \text{环境}$$

2. 封闭系统（closed system）　系统和环境之间只有能量交换，而无物质交换。

$$\text{系统} \xleftrightarrow{\text{能量}} \text{环境}$$

3. 孤立系统（isolated system）　系统和环境之间既无能量交换，又无物质交换。系统和环境互不影响，孤立系统也称为隔离系统。

一个敞口烧杯中进行的化学反应：

$$Na_2CO_3(aq) + 2HCl(aq) = 2NaCl(aq) + CO_2(g) + H_2O(l)$$

如果把反应溶液看成系统，那么烧杯、支承物以及周围的空气就是环境，反应产物CO_2气体逸入空气中，反应又传热给烧杯，因此该系统属于敞开系统。如果反应溶液及产物CO_2都作为系统，也就是把反应物和产物加在一起看成一个系统，属于封闭系统，因为系统和环境之间只存在能量交换而无物质交换。看来封闭系统与反应容器是否敞口，系统和环境之间有无明显界限无关，完全是根据研究需要人为划分的结果。以后在讨论化学变化时，习惯把化学反应作为封闭系统研究。如果我们把上述反应系统和环境加在一起作为一个系统，则这样的系统就成为孤立系统，即：系统＋环境＝孤立系统。

二、状态和状态函数

若系统各部分的组成不再发生任何宏观变化，系统的一切宏观性质（温度、压力、体积、质量、热力学能、表面张力等）不随时间而变，则称该系统处于热力学平衡态，简称状态。由此可知，这里所说的热力学状态不是指物质的聚集状态（固、液、气态等），而是指系统一切宏观性质的综合表现。当系统的各种性质确定后，系统就有完全确定的状态。反之，当系统状态确定后，则各宏观性质的数值也就确定了。因此这些用来描述系统状态的宏观性质统称为状态函数（state function）。如理想气体的p、V、T、n都是状态函数，当它处于确定的状态，则p、V、T、n有确定的数值且为单值，即一种理想气体的状态决不会有两个温度数值。状态函数并非各自独立而是相互联系的，例如，理想气体就存在$pV=nRT$的关系。当系统的状态发生变化时，状态函数的变化量只与始态和终态有关，而与变化途径无关，这是状态函数最重要的性质。例如，在等压下将水从$T_1=300.15$ K加热到$T_2=350.15$ K时，可采取两条途径来完成：①将水直接加热；②将水在300.15 K下全部汽化后，把水蒸气加热到350.15 K，再使其凝聚为同温度下的水。变化途径虽不相同，但状态函数温度的改变量$\Delta T=50$K却是相同的，即状态函数的变化量仅取决于系统的始态和终态。若系统分别经①和②返回$T_1=300.15$ K时的状态，则$\Delta T=0$。

状态函数的变化量类似于位移或势能的变化值，如图2-1所示，从A出发到B(A ⟶ B)，A、B两点间的位移或所获得的势能只与A与B的始终位置有关，与A ⟶ B的路程无关。归结起来，状态函数的特征为：状态一定值一定，途径不同变化同，周而复始变化零。如果任何一个物理量具有这三个特征之一，并且在任何过程中均无例外，则该物理量必为状态函数，反之亦然。

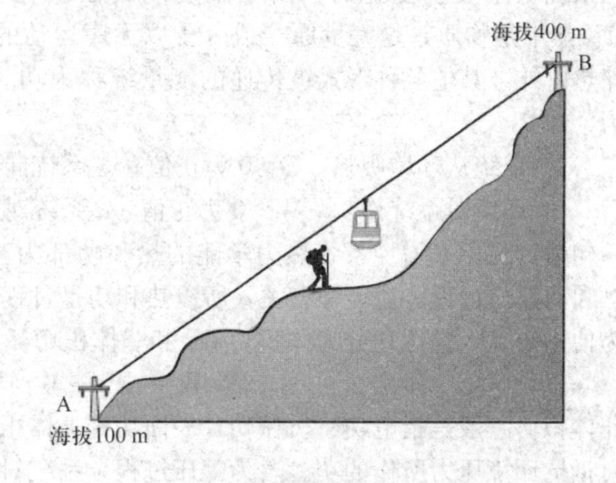

图2-1　从A到B的位移或所获得的势能与所选的途径无关

三、过程与途径

系统发生变化的经过称为过程（process）。完成这一过程的具体步骤，即各个分过程叫做途径（path）。过程和途径是密不可分的两个概念，有过程发生，必然存在途径，过程侧重于始终态的变化，途径则着眼于中间具体的步骤，同一过程可通过不同的途径来完成，前述水的状态变化就是一例。对于化学变化而言，如下述反应，可用图 2－2 所示的两条途径来完成。

按过程发生时的条件而论，热力学基本过程主要有以下几种。

1. 等容过程 系统始态体积 V_1 和终态体积 V_2 相同的过程，叫等容过程。即 $V_1=V_2$。

2. 等温过程 环境温度 T 保持不变的条件下，系统始态温度 T_1 和终态温度 T_2 相同且等于环境温度的过程，叫等温过程。即 $T_1=T_2=T=$常数。

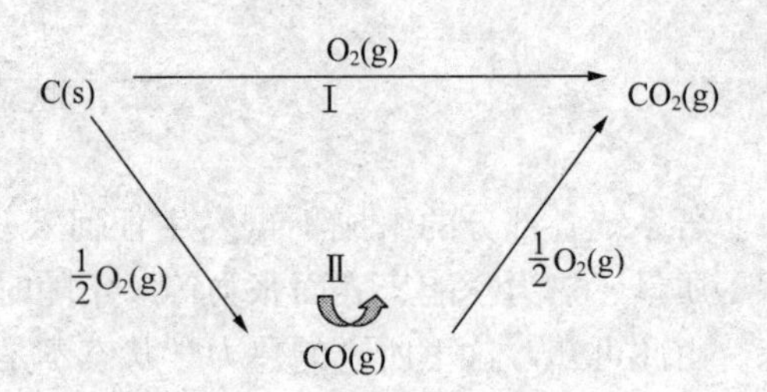

图 2－2　过程与途径的关系

3. 等压过程 环境压力 $p_环$（即外压）保持不变的条件下，系统始态压力 p_1 和终态压力 p_2 相同且等于环境压力的过程，叫等压过程。即 $p_1=p_2=p_环=$常数。

4. 绝热过程 过程中系统和环境之间没有热交换，即 $Q=0$ 的过程叫绝热过程。

大多数化学反应都是在大气压下的敞口容器中进行的，而且化学反应的热效应对于极大的空间来说微不足道，可视化学反应是在一个大恒温槽中进行。因此，化学反应在这样的情况下所经历的过程相当于等温等压过程。

四、热 和 功

当系统状态发生变化时，由于温度差而在系统和环境之间传递的能量形式称为热（heat）。热不是物质，是大量原子或分子以无序运动的形式而传递的能量，常用符号 Q 表示。除热以外，其他各种形式被传递的能量统称为功（work），常用符号 W 表示。其符号规定为

系统从环境吸热　$Q>0$ 为正值　　系统向环境放热　$Q<0$ 为负值

环境对系统作功　$W>0$ 为正值　　系统对环境作功　$W<0$ 为负值

一句话，凡用来增加系统热力学能的热和功都为正，反之为负。热和功的单位为 J 或 kJ。热和功都与过程、途径等有关，所以热和功是过程量而不是状态函数。

为便于研究，常把功分为体积功 W_e 和非体积功 W_f 两种，故

$$W=W_e+W_f$$

非体积功一般是指电功、机械功、表面功等。体积功（也称膨胀功）是指当系统的体积变化时抵抗环境压力所作的功。若为等压过程，系统对外作的体积功为

$$W_e=-p_外(V_2-V_1)=-p_外\Delta V$$

当 $\Delta V>0$，系统膨胀对外作功 $W_e<0$；$\Delta V<0$，系统被压缩，即环境对系统作功 $W_e>0$。

五、热力学能

宏观静止的物质所具有的能量称为热力学能（thermodynamic energy）。它通常是指整个系统内部所有微观形式的动能和势能的总和，因此也称为内能（internal energy）。诸如分子运动的动能、分子间相互作用的势能，以及分子内部的各种粒子（电子、原子核及核内各种粒子）运动的动能及它们相互作用的势能等。由于热力学能是系统内部能量的总和，它就应该是系统自身的性质即状态函数，用符号 U 表示。其绝对值目前尚无法测定，但其变化值 ΔU 是可以用实验测定或计算得到的。

第二节　化学反应的热效应

系统在物理或化学变化的等温过程中，只作体积功的条件下所吸收或放出的热叫做热效应。当生成物的温度与反应物的温度相同，且在反应过程中不作非体积功时，化学反应吸收或放出的热称为该反应的热效应，通称反应热。由于热与变化过程有关，因此在等容条件下的热效应称为等容反应热，以符号 Q_V 表示；在等压条件下的热效应称为等压反应热，以符号 Q_p 表示。

研究化学反应中热效应的科学叫做热化学。研究化学变化过程中的热效应具有重要的理论意义和实际意义。例如天然气、煤、石油等能源的充分利用，化工厂的设计，火箭燃料的燃烧，人和动物体内食物的转化放热以维持体温以及当前推动的“节能减碳”等，都离不开热化学。

一、热力学第一定律和等容反应热

热力学第一定律实质上就是能量守恒定律。对于宏观静止的封闭系统，热力学第一定律的数学表达式为

$$\Delta U=U_2-U_1=Q+W \tag{2-1}$$

它的物理意义是：当一封闭系统的状态发生变化，其热力学能增加 ΔU 等于系统从环境吸热 Q 加上环境对系统所作的功 W。

例 2-1　系统向环境放热 250 kJ，环境对系统作功 200 kJ。试计算：(1) 系统热力学能的变化 $\Delta U_{体}$；(2) 环境热力学能的变化 $\Delta U_{环}$；(3) $\Delta U_{体}$ 与 $\Delta U_{环}$ 之和。

解：(1) 因　$Q=-250\text{ kJ}\quad W=200\text{ kJ}$

故　$$\Delta U_{体}=Q+W=-250\text{ kJ}+(+200\text{ kJ})=-50\text{ kJ}$$

计算表明，系统热力学能降低 50 kJ。

(2) 系统放热，环境必定吸热，系统功值增加，环境的功必定减小，故

$$\Delta U_{环}=+250\text{ kJ}+(-200\text{ kJ})=+50\text{ kJ}$$

(3) 由 (1)、(2) 计算看出，系统热力学能变化与环境热力学能变化，其数值相等，符号相反，即

$$\Delta U_{体} = -\Delta U_{环}$$

$$\Delta U_{体} + \Delta U_{环} = 0$$

$$(U_{体_2} + U_{环_2}) - (U_{体_1} + U_{环_1}) = 0$$

即
$$U_{体} + U_{环} = 常数 \qquad (2-2)$$

上式的结果表明，系统＋环境构成的孤立系统能量的总值恒定不变，这是热力学第一定律的另一种表述。

当系统只作体积功，且在等容条件下，则热力学第一定律可表示为

$$\Delta U = Q_V + W_e$$

因为 $\Delta V=0$，$W_e=0$，所以

$$\Delta U = Q_V \qquad (2-3)$$

式（2-3）表明，当封闭系统经历一个只作体积功的等容过程时，系统和环境交换的热等于该过程中系统状态函数热力学能的改变量 ΔU。对于化学反应而言，等容反应热的数值与反应的热力学能变化值相等。

二、等压反应热和焓

因为一般的化学反应常常是在敞口容器中（常压条件下）进行的，为便于研究化学反应热的变化，现引入一新的状态函数——焓（enthalpy），以符号 H 表示。

化学反应在等压且只作体积功的条件下进行时，根据热力学第一定律，则

$$\Delta U = Q_p - p_{外}\Delta V$$

或
$$Q_p = (U_2 - U_1) + p_{外}(V_2 - V_1)$$

而 $p_1 = p_2 = p_{外} = p$，则

$$Q_p = (U_2 - U_1) + p(V_2 - V_1) = (U_2 + p_2V_2) - (U_1 + p_1V_1)$$

定义
$$H \equiv U + pV \qquad (2-4)$$

故
$$Q_p = H_2 - H_1 = \Delta H \qquad (2-5)$$

从焓的定义式（2-4）看出，H 是由三个状态函数即 U、p、V 组成的，故 H 也是状态函数，是系统本身的性质。如前所述，系统热力学能的绝对值至今无法测得，所以焓的绝对值也无法知道，不过在实际中往往用到的是它的变化量 ΔH，ΔH 是能够求得的。

式（2-5）表明，当封闭系统经历一个只作体积功的等压过程时，系统与环境交换的热量在数值上等于系统的焓变，放热使系统的焓减少，吸热使系统的焓增加。如 373 K 的 1 mol液态 H_2O 在 101.3 kPa 下变成同温度的 1 mol 气态 H_2O 的蒸发热 $Q_p = \Delta_r H_m = 44.0\ kJ \cdot mol^{-1}$，终态的焓高于始态的焓，系统的焓增加，逆过程则系统的焓减少。如果研究的对象是化学反应，那么等压反应热在数值上等于系统的焓变。当 $Q_p > 0$，为吸热反应，ΔH 为正值；$Q_p < 0$，为放热反应，ΔH 为负值。化学反应的焓变是随温度而变化的，但当温度变化的范围不很大时，ΔH 值的变化通常也不大，例如 $CaCO_3$ 的热分解，当反应温度为 298 K 时，$\Delta_r H_m^{\ominus} = 179\ kJ \cdot mol^{-1}$；温度为 1 000 K 时，$\Delta_r H_m^{\ominus} = 175\ kJ \cdot mol^{-1}$。这是因为温度升高，反应物的焓和生成物的焓都同时增加，只是增加的幅度大致相当，故其差值 ΔH 基本保持不变。所以，一般视化学反应的 ΔH 不随温度而变，凡以后的有关计算均按此处理。

需要指出的是，如果一个化学反应作了非体积功，如电功，即使在等压的条件下，反应系统与环境交换的热量 Q 也不等于反应的焓变。如将 Zn 片投入 $CuSO_4$ 的溶液中发生反应：

$$Cu^{2+}(aq)+Zn(s)=Cu(s)+Zn^{2+}(aq) \qquad Q_{p,1}=\Delta_r H_m^{\ominus}=-218.67\ kJ\cdot mol^{-1}$$

如果设计成 Cu－Zn 原电池，对外作电功，则 $Q_{p,2}\neq\Delta_r H_m^{\ominus}$，见图 2－3。

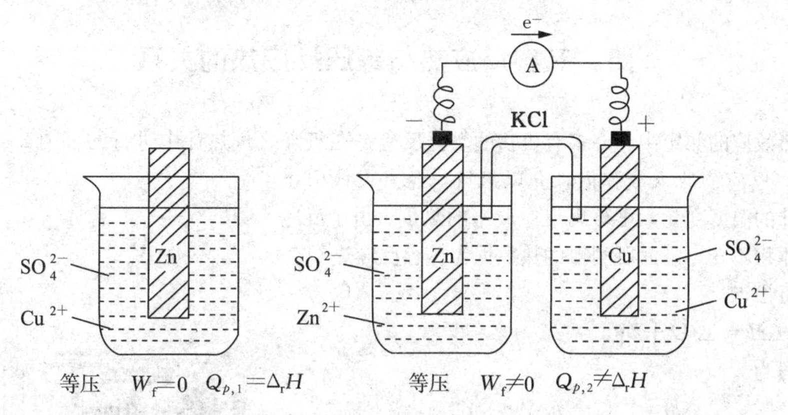

图 2－3　等压过程热 Q_p 与 ΔH 的关系

图示反应的两种途径也说明 Q 与过程有关。同一反应若设计为电池做电功，反应放出的热量则少得多，在做最大电功的情况下，$Q_{p,2}$ 仅约为 $Q_{p,1}$ 的 1/10，但因这两种反应途径的始、终态相同，反应的焓变 $\Delta_r H$ 则是相同的。这即是状态函数 H 与非状态函数 Q 的区别，必须指出的是状态函数的改变量 ΔH 不是状态函数，它和 Q 一样不是系统的性质，它是始、终态的差值，是双态属性。

三、反应进度

反应进度（extent of reaction）是表示化学反应进行的程度的物理量，量纲为 mol，用 ξ（读作“克赛”）表示。定义为

$$\xi\equiv\frac{n_B(t)-n_B(0)}{\nu_B}=\frac{\Delta n_B}{\nu_B} \qquad (2-6)$$

$n_B(0)$ 和 $n_B(t)$ 分别表示反应系统中某一物质反应前后的物质的量。ν_B 为反应系统中各物质的计量数，对反应物取负，生成物取正。ξ 值可为正整数、正分数和零。当 $\xi=0$ mol 时，表示反应尚未进行。当 $\xi=1$ mol 时，表示以反应式为基本单元进行了 1 mol 的反应。对于任一化学反应 $aA+bB=gG+hH$，$\xi=1$ mol 的物理意义为：a mol A 与 b mol B 完全反应生成了 g mol G 和 h mol 的 H。如：

	$3H_2(g)$	$+N_2(g)$	$=2NH_3(g)$
$t=0$	3	1	0
t	0	0	2

$$\xi=\frac{\Delta n_B}{\nu_B}=\frac{-3\ mol}{-3}=\frac{-1\ mol}{-1}=\frac{2\ mol}{2}=1\ mol$$

表明 3 mol $H_2(g)$ 与 1 mol $N_2(g)$ 完全反应生成了 2 mol $NH_3(g)$。若反应写成：

$$\frac{3}{2}H_2(g)+\frac{1}{2}N_2(g)=NH_3(g)$$

$$\xi = \frac{\Delta n_B}{\nu_B} = \frac{-3\ \text{mol}}{-3/2} = \frac{-1\ \text{mol}}{-1/2} = \frac{2\ \text{mol}}{1} = 2\ \text{mol}$$

因此反应进度必须指明反应式。在以后各章中反应的 $\Delta_r H_m$、$\Delta_r S_m$、$\Delta_r G_m$ 的"m"均指 $\xi=1$ mol。

*四、等容反应热与等压反应热的关系

化学反应热效应的测定中，许多有机物的燃烧反应是在氧弹式量热计中进行的（图 2-4）。氧弹是钢制的密闭容器，反应物放入氧弹内，充以氧气，经点火线引燃后，根据量热计的温度变化，可算出反应放出的热量。由于反应过程中氧弹的体积不变，因此所测得的热数据为等容反应热 Q_V。根据焓的定义可推得

$$\Delta H = \Delta(U + pV) = \Delta U + \Delta(pV)$$

等压下此式可写为

$$\Delta H = \Delta U + p\Delta V$$

ΔV 为反应后生成物的总体积与反应前反应物总体积的差值。

对于凝聚系统，即反应物和产物都是固体或液体的系统，ΔV 很小，$p\Delta V$ 与反应热相比微不足道，所以 $\Delta H \approx \Delta U$，或 $Q_p \approx Q_V$；若有气体参加，设为理想气体，由于反应热的条件为等温过程，则 $p\Delta V = RT\Delta n$（g），即

$$\Delta H = \Delta U + RT\Delta n(\text{g}) \qquad (2-7)$$

或

$$Q_p = Q_V + RT\Delta n(\text{g}) \qquad (2-8)$$

式中，Δn(g) 是反应前后气体物质的量的差值，即 $\Delta n(\text{g}) = n(\text{g})_{生成物} - n(\text{g})_{反应物}$。若反应进度 $\xi=1$ mol，上式表示为

$$\Delta_r H_m = \Delta_r U_m + RT\Delta n(\text{g}) \qquad (2-9)$$

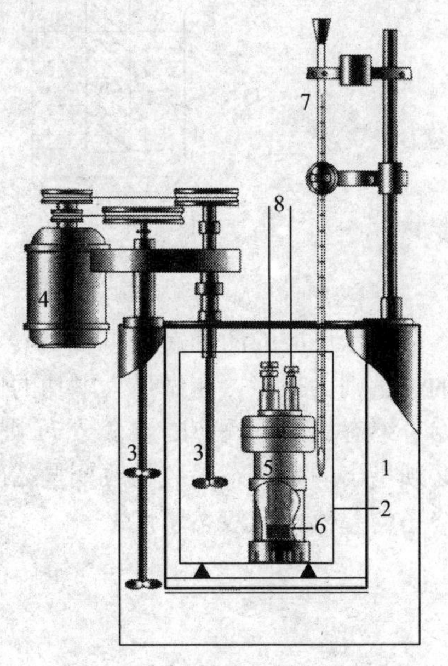

图 2-4 氧弹量热计装置

1. 绝热套 2. 盛水桶 3. 搅拌器 4. 电动机 5. 氧弹 6. 样品坩埚 7. 温度计 8. 点火线

式（2-8）是将测定的 Q_V 换算为 Q_p 的关系式，并非系统既在等容又在等压下进行，这显然是不可能的。还需要指出的是：只有在前述的特定条件下，Q_V、Q_p 的数值才分别等于 ΔU、ΔH，因 ΔU、ΔH 是状态函数的变化量，其值大小仅取决于系统的始、终态而与系统发生状态变化的途径无关，这对计算反应热是方便的。因 ΔU、ΔH 是双态（始、终态）属性，故状态函数的变化量不是状态函数。

例 2-2 1 mol 柠檬酸（$C_6H_8O_7$）固体在弹式量热计中完全燃烧，298.15 K 时放出的热量为 1 989.7 kJ，计算10.0 g柠檬酸在 298.15 K 下定压燃烧时放的热量。$M(C_6H_8O_7) = 192\ \text{g}\cdot\text{mol}^{-1}$。

解： 柠檬酸 $C_6H_8O_7$(s) 的燃烧反应为

$$\text{HO}-\underset{\underset{\displaystyle CH_2COOH}{|}}{\overset{\overset{\displaystyle CH_2COOH}{|}}{C}}-\text{COOH (s)} + \frac{9}{2}O_2(\text{g}) \longrightarrow 6CO_2(\text{g}) + 4H_2O(\text{l})$$

$$\Delta n(\text{g}) = 6 - \frac{9}{2} = 1.5$$

$$\begin{aligned}\Delta_r H_m &= \Delta_r U_m + RT\Delta n(\text{g}) \\ &= -1\,989.7\ \text{kJ}\cdot\text{mol}^{-1} + 1.5 \times 8.314 \times 10^{-3}\ \text{kJ}\cdot\text{K}^{-1}\cdot\text{mol}^{-1} \times 298.15\ \text{K} \\ &= -1\,986.0\ \text{kJ}\cdot\text{mol}^{-1}\end{aligned}$$

10.0 g 柠檬酸的定压燃烧热为

$$Q_p=(10.0/192)\text{mol}\times(-1\,986.0\ \text{kJ}\cdot\text{mol}^{-1})=-103\ \text{kJ}$$

由于大多数化学反应都是在大气压下、且只作体积功的条件下进行的，如前所述可视为等温等压过程，$Q_p=\Delta_r H$，所以焓比热力学能更具有实用价值。因此，通常所说的反应热在没有特别注明时都是指的等压反应热。反应热常用 $\Delta_r H_m$ 表示，单位为 $\text{kJ}\cdot\text{mol}^{-1}$。

第三节　标准反应热

如果 H 的绝对值能够确定，对于一个化学反应只需用$\sum H$（生成物）$-\sum H$（反应物）即可计算出反应的焓变 $\Delta_r H$。由于 H 的绝对值目前尚无法测定，故采用一种相对标准（或某种参考状态）即可获得焓的变化值 ΔH。人们所选定的相对标准（或某种参考状态）称为标准状态，简称标准态（standard state）。与此类似，海拔高度是以北纬 45°的海平面的高度作为参考态，由此而得到一系列的海拔高度的数据。这里规定的标准态是指在标准压力 $p^{\ominus}$ 即 10^5 Pa（100 kPa）下的纯物质的状态。标准态的定义没有固定温度，这样在每个温度下都存在一个标准态。为便于研究起见，国际纯粹与应用化学联合会（IUPAC）推荐 298.15 K作为参考温度。迄今为止，大多数热化学数据都是在 298.15 K 这个温度下测定的。因此，凡未特别注明温度时，都是指的298.15 K。

气体标准态：标准压力 $p^{\ominus}$ 下的理想气体状态。

液体标准态：标准压力 $p^{\ominus}$ 下的纯液体状态。

固体标准态：标准压力 $p^{\ominus}$ 下的稳定晶体状态。例如石墨是碳的稳定晶体状态，而金刚石则不是。

溶质标准态：标准压力 $p^{\ominus}$ 下溶质的浓度为 $c^{\ominus}=1\ \text{mol}\cdot\text{L}^{-1}$。

热化学规定：各物质在标准压力 $p^{\ominus}$（100 kPa）且处于纯态时的反应热称为标准反应热，记为 $\Delta_r H_m^{\ominus}(T)$。其中“r”表示反应，上标“$\ominus$”表示标准态，下标“m”表示按所给的反应式为基本单元进行了 1 mol 的反应，即 ξ 或 $\Delta\xi$ 为 1 mol。T 表示反应温度，若为 298.15 K，则简记为 $\Delta_r H_m^{\ominus}$。

一、热化学方程式

表示化学反应和反应热关系的方程式称为热化学方程式。化学反应的热效应与反应的条件（如温度、压力、等容过程或等压过程）有关，也与反应物和生成物的聚集状态、晶型、数量等有关。所以在书写热化学方程式时，须注意以下几点：

1. 在方程式后写出反应热 $\Delta_r H_m$，并注明温度、压力条件（为简化起见，298.15 K 和标准压力下进行的反应可不注明）。

2. 注明反应物和生成物的物态。分别用小写体 s、l、g、aq 表示固、液、气和稀水溶液。即使反应物和产物相同，但物态不同，其热效应也是不同的，如下列反应（1）和（2）。对固体存在同质多晶现象的，还要注明其结晶类型。晶型不同其热效应也是不同的，如下列反应（3）和（4）。

（1）$2H_2(g)+O_2(g)=2H_2O(g)$　　　　$\Delta_r H_m^{\ominus}(1)=-483.66\ \text{kJ}\cdot\text{mol}^{-1}$

(2) $2H_2(g)+O_2(g)=2H_2O(l)$ $\Delta_r H_m^\ominus(2)=-571.68\ kJ\cdot mol^{-1}$

(3) C(石墨)+ $O_2(g)=CO_2(g)$ $\Delta_r H_m^\ominus(3)=-393.5\ kJ\cdot mol^{-1}$

(4) C(金刚石)+$O_2(g)=CO_2(g)$ $\Delta_r H_m^\ominus(4)=-395.4\ kJ\cdot mol^{-1}$

根据前面的规定或说明，上述四个反应是在标准压力、298.15 K 条件下进行的，其热效应就是各反应的标准反应热。如果无上标符号“$\ominus$”，则为 298.15 K 下任意状态的等压反应热。

3. 在热化学方程式中，每种物质化学式前的系数是对应物质的化学计量数，量纲为 1，不表示分子数，所以必要时可用分数表示。如下列反应：

(5) $H_2(g)+\frac{1}{2}O_2(g)=H_2O(g)$ $\Delta_r H_m^\ominus(5)=-241.83\ kJ\cdot mol^{-1}$

$\Delta_r H_m$ 必须指明对应的反应式，其值的大小与反应式的书写有关。如 $\Delta_r H_m^\ominus(5)$ 的数值只有 $\Delta_r H_m^\ominus(1)$ 的一半。也就是说反应进度 ξ 为 1 mol 的 (5) 反应，而对于以 (1) 反应为基本单元的反应进度 ξ 则为 0.5 mol。任意进度 ξ 对应的 $\Delta_r H$ 与 $\Delta_r H_m$ 的关系为

$$\Delta_r H_m=\frac{\Delta_r H}{\xi} \tag{2-10}$$

二、热化学定律（盖斯定律）

1840 年盖斯在大量实验事实的基础上总结出一条规律，不论化学反应是一步完成，还是分几步完成，其反应的热效应相同，即总过程的热效应是各步分过程热效应的代数和。

由于化学反应大多是在敞口容器、大气压不变，并且是只作体积功的条件下进行的，所以盖斯定律的反应热就是反应的 ΔH，只与始态和终态有关，与变化途径无关，因此盖斯定律是热力学第一定律的必然结果，其含义如图 2-5 所示。

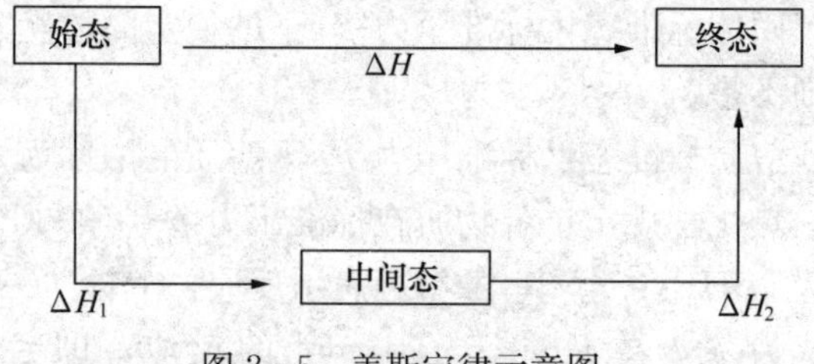

图 2-5 盖斯定律示意图

$$\Delta H=\Delta H_1+\Delta H_2$$

根据盖斯定律，我们可以对热化学方程式如同对普通代数方程式一样进行加、减、乘、除运算，利用易于测定的反应热来计算难于测定或反应速度太慢的某些反应的反应热。

例 2-3 已知 298 K、100 kPa 下的反应

(1) C(石墨)+$O_2(g)=CO_2(g)$ $\Delta_r H_m^\ominus(1)=-393.5\ kJ\cdot mol^{-1}$

(2) $CO(g)+\frac{1}{2}O_2(g)=CO_2(g)$ $\Delta_r H_m^\ominus(2)=-283.0\ kJ\cdot mol^{-1}$

根据盖斯定律计算难于测定的反应

(3) C(石墨)+$\frac{1}{2}O_2(g)=CO(g)$ 的 $\Delta_r H_m^\ominus(3)$。

解： 反应式 (3) 中无 $CO_2(g)$，故应消去，即 (1) − (2) 得反应式 (3)

$$\Delta_r H_m^\ominus(3)=\Delta_r H_m^\ominus(1)-\Delta_r H_m^\ominus(2)=(-393.5\ kJ\cdot mol^{-1})-(-283.0\ kJ\cdot mol^{-1})$$
$$=-110.5\ kJ\cdot mol^{-1}$$

以上三个反应的关系可表示如下：

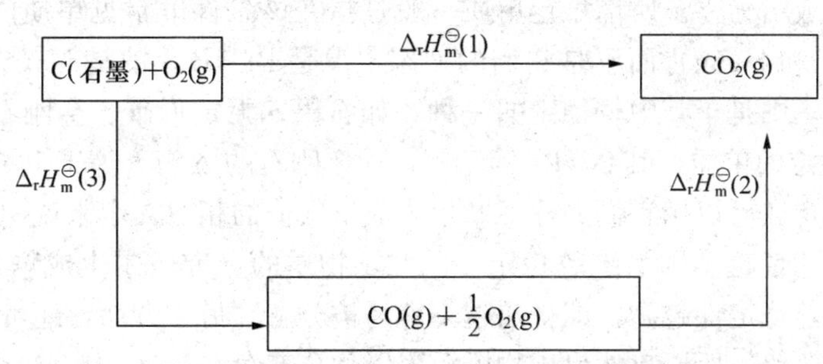

利用盖斯定律计算反应焓变时，应注意以下几点：

① 各步反应的条件以及各个热化学方程式中相同物质的物态均须相同。

② 在设计反应步骤时，以步骤少为宜，引入的数据少，一则计算方便，二则误差也较小。

③ 正逆反应的 $\Delta_r H_m$ 绝对值相等，符号相反。

三、标准反应热的计算

1. 从已知反应的标准反应热计算

例 2-4　已知下列热化学方程式：

(1) $C(石墨)+O_2(g)=CO_2(g)$　　$\Delta_r H_m^{\ominus}(1)=-393.5\ kJ \cdot mol^{-1}$

(2) $H_2(g)+\frac{1}{2}O_2(g)=H_2O(l)$　　$\Delta_r H_m^{\ominus}(2)=-285.8\ kJ \cdot mol^{-1}$

(3) $CH_4(g)+2O_2(g)=CO_2(g)+2H_2O(l)$　　$\Delta_r H_m^{\ominus}(3)=-890.0\ kJ \cdot mol^{-1}$

试求下列反应的 $\Delta_r H_m^{\ominus}$：

$$C(石墨)+2H_2(g)=CH_4(g)$$

解：按盖斯定律，所求反应无 $H_2O(l)$ 和 $O_2(g)$，应消去，(1)+(2)×2−(3) 得

$C(石墨)+\cancel{O_2(g)}=CO_2(g)$　　$\Delta_r H_m^{\ominus}(1)=-393.5\ kJ \cdot mol^{-1}$

$2H_2(g)+\cancel{O_2(g)}=\cancel{2H_2O}(l)$　　$\Delta_r H_m^{\ominus}(2)\times 2=-285.8\ kJ \cdot mol^{-1}\times 2$

$+)CO_2(g)+\cancel{2H_2O}(l)=CH_4(g)+\cancel{2O_2(g)}$　　$-\Delta_r H_m^{\ominus}(3)=+890.0\ kJ \cdot mol^{-1}$

$C(石墨)+2H_2(g)=CH_4(g)$　　$\Delta_r H_m^{\ominus}=-75.1\ kJ \cdot mol^{-1}$

2. 从标准摩尔生成焓计算　由单质生成某化合物或新单质的反应称为该物质的生成反应。生成反应的反应热称为该物质的生成热。在标准状态下，由稳定单质生成 1 mol 纯物质（化合物或新单质）时的反应热称为该物质的标准摩尔生成焓或标准摩尔生成热（standard molar enthalpy of formation），记为 $\Delta_f H_m^{\ominus}$。“f”表示生成，例如，在标准压力和 298.15 K时：

$$H_2(g)+\frac{1}{2}O_2(g)=H_2O(l) \qquad \Delta_r H_m^{\ominus}=-285.8\ kJ \cdot mol^{-1}$$

$$C(石墨)+\frac{1}{2}O_2(g)=CO(g) \qquad \Delta_r H_m^{\ominus}=-110.5\ kJ \cdot mol^{-1}$$

根据标准摩尔生成焓的定义，CO(g) 的 $\Delta_f H_m^\ominus$ 为 $-110.5\ kJ\cdot mol^{-1}$，并且规定稳定单质的标准摩尔生成焓为零。所谓稳定单质一般是指在该条件下常见单质的稳定状态。例如，氧和氢是 $O_2(g)$ 和 $H_2(g)$ 而不是它们的液态，溴是 $Br_2(l)$，钠是 Na(s) 等。如果固体单质存在几种形态，则是指其中较稳定的一种。如石墨、无定形碳、金刚石三种碳的形态中，C(石墨) 是最稳定的单质，其 $\Delta_f H_m^\ominus$ 等于零，而金刚石的 $\Delta_f H_m^\ominus$ 等于 $1.89\ kJ\cdot mol^{-1}$。

物质的热稳定性可以用它们的标准摩尔生成焓数值的相对大小来说明。从能量的角度而论，系统放出的能量越多则系统越稳定。因此，物质的标准摩尔生成焓的负值的绝对值越大，则该物质的热稳定性越高，即受热越不容易被分解。另一方面，还可看到，绝大多数化合物的生成热为负值，所以自然界矿物资源多以化合态存在。

附录一列出了部分物质的标准摩尔生成焓。

由于化学反应是原子的重新组合，所以反应物和产物都可用相同种类和数量的稳定态单质生成。例示如下。

例 2-5 求标准状态下，298.15 K 时下列反应的 $\Delta_r H_m^\ominus$。

$$4NH_3(g)+5O_2(g)=4NO(g)+6H_2O(g)$$

解：将反应途径设计如下（图 2-6）：

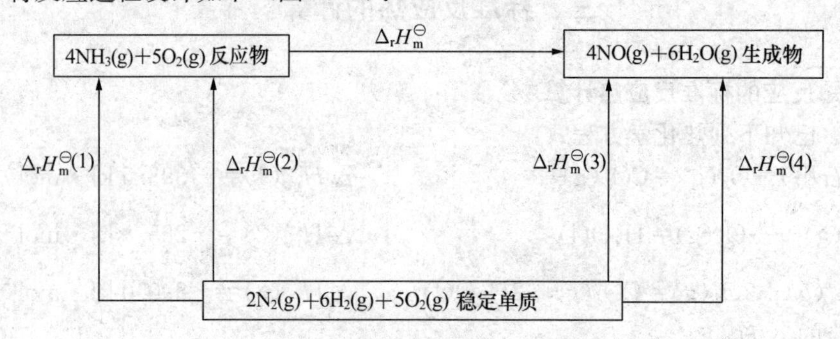

图 2-6 用生成焓计算反应焓变示意图

根据盖斯定律 $\Delta_r H_m^\ominus(1)+\Delta_r H_m^\ominus(2)+\Delta_r H_m^\ominus=\Delta_r H_m^\ominus(3)+\Delta_r H_m^\ominus(4)$

$$\begin{aligned}
\text{故 } \Delta_r H_m^\ominus &=[\Delta_r H_m^\ominus(3)+\Delta_r H_m^\ominus(4)]-[\Delta_r H_m^\ominus(1)+\Delta_r H_m^\ominus(2)]\\
&=[4\Delta_f H_m^\ominus(NO,\ g)+6\Delta_f H_m^\ominus(H_2O,\ g)]-[4\Delta_f H_m^\ominus(NH_3,\ g)+5\Delta_f H_m^\ominus(O_2,\ g)]\\
&=[4\times 90.25\ kJ\cdot mol^{-1}+6\times(-241.8\ kJ\cdot mol^{-1})]-[4\times(-46.11\ kJ\cdot mol^{-1})-\\
&\quad 5\times 0\ kJ\cdot mol^{-1}]\\
&=(361.0\ kJ\cdot mol^{-1}-1\,450.8\ kJ\cdot mol^{-1})-(-184.4\ kJ\cdot mol^{-1})\\
&=-905.4\ kJ\cdot mol^{-1}
\end{aligned}$$

由此可推导出任一化学反应

$$aA+bB=gG+hH$$

以 $\Delta_f H_m^\ominus$ 计算反应的 $\Delta_r H_m^\ominus$ 的公式为

$$\begin{aligned}
\Delta_r H_m^\ominus &=\sum \Delta_f H_m^\ominus(\text{生成物})-\sum \Delta_f H_m^\ominus(\text{反应物})\\
&=[g\Delta_f H_m^\ominus(G)+h\Delta_f H_m^\ominus(H)]-[a\Delta_f H_m^\ominus(A)+b\Delta_f H_m^\ominus(B)] \qquad (2-11)
\end{aligned}$$

3. 从标准摩尔燃烧焓 $\Delta_c H_m^\ominus$ 计算 很多有机物通常难以由单质直接合成，因此它们的 $\Delta_f H_m^\ominus$ 不能测得，只能通过计算间接得到。但几乎所有有机化合物都能燃烧，其燃烧热容易测得。对于有机物参加的反应，通常用标准摩尔燃烧焓（standard molar enthalpy of combustion）$\Delta_c H_m^\ominus$ 来求反应的 $\Delta_r H_m^\ominus$ 更为方便。

所谓标准摩尔燃烧焓是指 1 mol 纯物质在标准状态和指定温度下完全燃烧时的标准焓变，记为 $\Delta_c H_m^\ominus(T)$，“c”表示燃烧，T 一般为 298.15 K，单位常用 $kJ \cdot mol^{-1}$。完全燃烧是指 C、H、有机物 N、S 等分别氧化为 $CO_2(g)$、$H_2O(l)$、$N_2(g)$、$SO_2(g)$，即这些氧化产物的标准摩尔燃烧焓为零。一些物质的 $\Delta_c H_m^\ominus$ 数据列于附录三。根据定义，C(石墨）的标准摩尔燃烧焓为下列反应的标准摩尔焓变：

$$C(石墨) + O_2(g) = CO_2(g) \qquad \Delta_c H_m^\ominus = -393.5\ kJ \cdot mol^{-1}$$

显然，石墨的标准摩尔燃烧焓就是 $CO_2(g)$ 的标准摩尔生成焓。

C_2H_5OH (l) 的标准摩尔燃烧焓是下列反应的标准焓变：

$$C_2H_5OH(l) + 3O_2(g) = 2CO_2(g) + 3H_2O(l) \qquad \Delta_c H_m^\ominus = -1\,368\ kJ \cdot mol^{-1}$$

由于化学反应的反应物和产物分别完全燃烧后所得的燃烧产物是相同的，所以在 $p^\ominus$ 及 298.15 K 下的任一化学反应 $aA+bB=gG+hH$ 可设计成下示途径（图 2-7）：

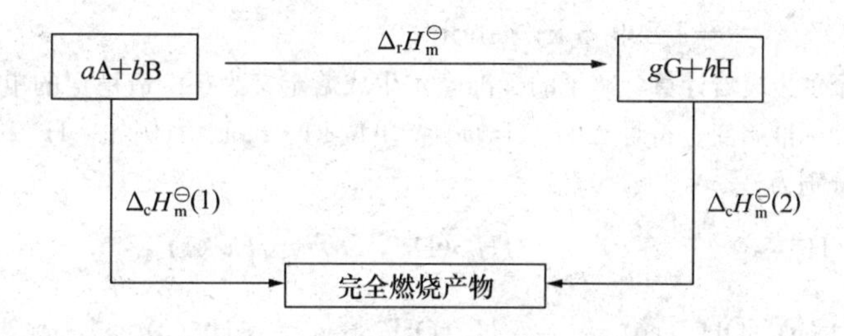

图 2-7　用燃烧焓计算反应焓变示意图

根据盖斯定律

$$\Delta_r H_m^\ominus + \Delta_c H_m^\ominus(2) = \Delta_c H_m^\ominus(1)$$

即

$$\Delta_r H_m^\ominus = \Delta_c H_m^\ominus(1) - \Delta_c H_m^\ominus(2)$$

$\Delta_c H_m^\ominus$（1）是反应物完全燃烧焓的总和，$\Delta_c H_m^\ominus(2)$ 是产物完全燃烧焓的总和，因此，利用物质标准摩尔燃烧焓计算化学反应标准焓变的公式为

$$\begin{aligned}\Delta_r H_m^\ominus &= \sum \Delta_c H_m^\ominus(反应物) - \sum \Delta_c H_m^\ominus(生成物) \\ &= [a\Delta_c H_m^\ominus(A) + b\Delta_c H_m^\ominus(B)] - [g\Delta_c H_m^\ominus(G) + h\Delta_c H_m^\ominus(H)] \qquad (2-12)\end{aligned}$$

利用标准摩尔生成焓和标准摩尔燃烧焓等热化学数据，依据式（2-11）和式（2-12）可求算化学反应的标准焓变，但须注意两个公式的反应物和生成物的顺序恰好相反。

例 2-6　查附录三中 $\Delta_c H_m^\ominus$ 的数据求尿素（H_2NCONH_2）的 $\Delta_f H_m^\ominus$。

解： 尿素的生成反应

$$C(石墨) + \frac{1}{2}O_2(g) + N_2(g) + 2H_2(g) = H_2NCONH_2(s)$$

$\Delta_c H_m^\ominus/(kJ \cdot mol^{-1})$　　-393.5　　0　　0　　-285.8　　-631.66

$$\begin{aligned}\Delta_r H_m^\ominus = \Delta_f H_m^\ominus(尿素,s) = [&1\times\Delta_c H_m^\ominus(石墨) + \frac{1}{2}\Delta_c H_m^\ominus(O_2,g) + 1\times\Delta_c H_m^\ominus(N_2,g) + \\ &2\times\Delta_c H_m^\ominus(H_2,g)] - [1\times\Delta_c H_m^\ominus(尿素,s)]\end{aligned}$$

$$= [1\times(-393.5\ \text{kJ}\cdot\text{mol}^{-1}) + \frac{1}{2}\times 0 + 1\times 0 + 2\times(-285.8\ \text{kJ}\cdot\text{mol}^{-1})] - [1\times(-631.66\ \text{kJ}\cdot\text{mol}^{-1})]$$
$$= -333.4\ \text{kJ}\cdot\text{mol}^{-1}$$

例 2－7 查附录一中有关的 $\Delta_f H_m^\ominus$ 数据，求 $C_2H_2(g)$ 的 $\Delta_c H_m^\ominus$。

解： 乙炔的完全燃烧反应为

$$C_2H_2(g) + \frac{5}{2}O_2(g) = 2CO_2(g) + H_2O(l)$$

$\Delta_f H_m^\ominus/(\text{kJ}\cdot\text{mol}^{-1})$　　226.7　　0　　－393.5　　－285.8

$$\Delta_c H_m^\ominus(C_2H_2,\ g) = [2\times\Delta_f H_m^\ominus(CO_2,\ g) + 1\times\Delta_f H_m^\ominus(H_2O,\ l)] - [1\times\Delta_f H_m^\ominus(C_2H_2,\ g) + \frac{5}{2}\Delta_f H_m^\ominus(O_2,\ g)]$$
$$= [2\times(-393.5\ \text{kJ}\cdot\text{mol}^{-1}) + 1\times(-285.8\ \text{kJ}\cdot\text{mol}^{-1})] - (1\times 226.7\ \text{kJ}\cdot\text{mol}^{-1} + \frac{5}{2}\times 0\ \text{kJ}\cdot\text{mol}^{-1})$$
$$= -1\,299.5\ \text{kJ}\cdot\text{mol}^{-1}$$

*__4. 从离子的标准摩尔生成焓计算__　离子的标准摩尔生成焓定义为：由最稳定的单质生成 1 mol 溶于大量水中的水合离子时的标准焓变。符号 $\Delta_f H_m^\ominus(\text{i},\ \text{aq})$，单位 $\text{kJ}\cdot\text{mol}^{-1}$。例如，$H^+$ 和 OH^- 离子的生成反应及标准摩尔生成焓分别为

(1) $\frac{1}{2}H_2(g) + \text{aq} = H^+(\text{aq})$　　　　$\Delta_f H_m^\ominus(H^+,\ \text{aq}) = \Delta_r H_m^\ominus(1)$

(2) $\frac{1}{2}H_2(g) + \frac{1}{2}O_2(g) = OH^-(\text{aq})$　　$\Delta_f H_m^\ominus(OH^-,\ \text{aq}) = \Delta_r H_m^\ominus(2)$

由于溶液是电中性的，正负离子必然同时共存，迄今人们还无法测定一种离子的标准摩尔生成焓。但可选定某种离子的标准摩尔生成焓为标准，测出其他离子的相对标准摩尔生成焓。所选定的是 H^+ 离子的标准摩尔生成焓，并规定为零，即 $\Delta_f H_m^\ominus(H^+,\ \text{aq}) = 0$。例如：

$$H^+(\text{aq}) + OH^-(\text{aq}) = H_2O(l) \qquad \Delta_r H_m^\ominus = -55.84\ \text{kJ}\cdot\text{mol}^{-1}$$
$$\Delta_r H_m^\ominus = \Delta_f H_m^\ominus(H_2O,\ l) - [\Delta_f H_m^\ominus(OH^-,\ \text{aq}) + \Delta_f H_m^\ominus(H^+,\ \text{aq})]$$

故
$$\Delta_f H_m^\ominus(OH^-,\ \text{aq}) = \Delta_f H_m^\ominus(H_2O,\ l) - \Delta_r H_m^\ominus - \Delta_f H_m^\ominus(H^+,\ \text{aq})$$
$$= -285.8\ \text{kJ}\cdot\text{mol}^{-1} - (-55.84\ \text{kJ}\cdot\text{mol}^{-1}) - 0\ \text{kJ}\cdot\text{mol}^{-1}$$
$$= -229.96\ \text{kJ}\cdot\text{mol}^{-1}$$

用这样的方法可以测定一系列离子的标准摩尔生成焓（附录二）。

例 2－8 求 $Cu^{2+}(\text{aq}) + Zn(s) = Cu(s) + Zn^{2+}(\text{aq})$ 反应的热效应 $\Delta_r H_m^\ominus$。

解：

$$\Delta_r H_m^\ominus = [\Delta_f H_m^\ominus(Cu,s) + \Delta_f H_m^\ominus(Zn^{2+},\text{aq})] - [\Delta_f H_m^\ominus(Cu^{2+},\text{aq}) + \Delta_f H_m^\ominus(Zn,s)]$$
$$= [0\ \text{kJ}\cdot\text{mol}^{-1} + (-153.9\ \text{kJ}\cdot\text{mol}^{-1})] - (64.77\ \text{kJ}\cdot\text{mol}^{-1} + 0\ \text{kJ}\cdot\text{mol}^{-1})$$
$$= -218.67\ \text{kJ}\cdot\text{mol}^{-1}$$

*__5. 由键能估算反应热__　化学反应是原子的重新组合，即反应物的旧键断裂，生成物新键形成的过程。旧键断裂要吸收能量，新键形成则会放出能量，通过两者的差值即可估算一个化学反应的反应热。

(1) 键的解离能　在标准状态和指定温度（298 K）下，将 1 mol 基态气态分子 AB 断裂成基态气态原子所吸收的能量叫做 AB 间共价键的解离能（$\text{kJ}\cdot\text{mol}^{-1}$），常用符号 $D(\text{A—B})$ 表示。即

$$AB(g) \longrightarrow A(g) + B(g) \quad \Delta H_m^\ominus = D(\text{A—B})$$

对于双原子分子

$$H_2(g) \longrightarrow 2H(g) \quad \Delta H_m^{\ominus} = D(H—H) = 435.93\ kJ \cdot mol^{-1}$$

对于多原子分子

$$H—OH(g) \longrightarrow H(g) + OH(g) \quad \Delta H_m^{\ominus} = D(H—OH) = 498.7\ kJ \cdot mol^{-1}$$

$$O—H(g) \longrightarrow H(g) + O(g) \quad \Delta H_m^{\ominus} = D(O—H) = 428.0\ kJ \cdot mol^{-1}$$

在 H_2O 分子中的两个 O—H 是等同的，但解离能却因化学环境的变化而有所差异，因此 O—H 的键能应是它们解离能的平均值 463.4 $kJ \cdot mol^{-1}$。

(2) 键能　在标准状态和指定温度（298 K）下，将 1 mol 基态气体分子拆开为基态气态原子时，相同种类的共价键所需能量的平均值（单位为 $kJ \cdot mol^{-1}$），键能用 E 表示。

由上面的例子可以看出，对于双原子分子，键能即解离能，而多原子分子中相同的共价键则为解离能的平均值。另外，不同分子中的 O—H 键的键能是有所差别的，如水分子中的 O—H 与甲醇 CH_3OH 中的 O—H 键，由于化学环境的不同，也存在些微的差异，如实验测得 $E(CH_3O—H) = 436.8\ kJ \cdot mol^{-1}$。表 2-1列出了一些化学键的平均键能。

表 2-1　一些化学键的平均键能

化学键	键能 $kJ \cdot mol^{-1}$	化学键	键能 $kJ \cdot mol^{-1}$	化学键	键能 $kJ \cdot mol^{-1}$
H—H	436	C—C	347	N—N	163
H—C	414	C=C	611	N=N	418
H—N	389	C≡C	837	N≡N	946
H—O	464	C—N	305	N—O	222
H—S	368	C=N	615	N=O	590
H—F	565	C≡N	891	O—O	142
H—Cl	421	C—O	360	O=O	498
H—Br	364	C=O	736	F—F	159
H—I	297	C—Cl	339	Cl—Cl	243
				Br—Br	193
				I—I	151

例 2-9　应用表 2-1 所列平均键能数据估算下列反应的反应热 $\Delta_r H_m^{\ominus}$

$$CH_4(g) + Cl_2(g) \longrightarrow CH_3Cl(g) + HCl(g)$$

解：分子反应前后共价键变化图示如下

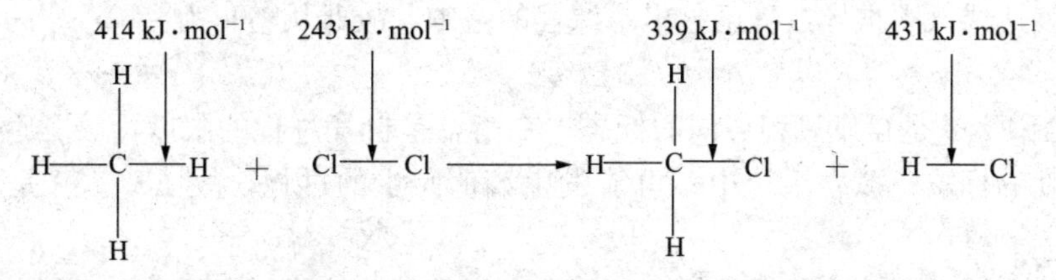

$$\Delta_r H_m^{\ominus} \approx \sum E\text{（反应物）} - \sum E\text{（生成物）} = (414+243)kJ \cdot mol^{-1} - (339+431)kJ \cdot mol^{-1} = -113\ kJ \cdot mol^{-1}$$

用标准生成热的数据算出的是 $-98.5\ kJ \cdot mol^{-1}$，两者比较接近，但存在一定的误差。前已述及，不同化合物相同化学键的键能是不同的，反应物和生成物的状态不能完全满足键能的定义条件以及键能和生成热所获得的数据采用方法的差异等诸因素，是造成误差的原因，特别是有固相或液相参加的反应尤为显著。但在数据缺乏时，作为估算仍具有一定的参考价值。

第四节　化学反应的自发性和熵

一、化学反应的自发性

自然界发生的一切实际变化或过程都普遍遵守热力学第一定律。那么，不违背热力学第一定律的变化或过程是否都能发生呢？例如，在 $p^{\ominus}$ 及 25 ℃下，1 mol Cu^{2+}(aq) 与 1 mol Zn(s) 反应生成 1 mol Cu(s) 和 1 mol Zn^{2+}(aq)，反应在等容和 $W_f=0$ 的条件下进行，$\Delta_r U_m = Q_V = -218.67\ kJ \cdot mol^{-1}$。如果在同样的条件下，生成物吸收同样热量，反应是否逆向进行呢？它不违背热力学第一定律，而大量实践表明，这是不可能实现的。

经验告诉我们，自然界发生的一切变化或过程都是朝着一定的方向进行的。例如，绝热容器中两个不同温度的物体相接触时，热自高温物体向低温物体传递（$\Delta T<0$），直到两个物体的温度相等（即系统达热平衡状态 $\Delta T=0$）；气体从高压区向低压区扩散（$\Delta p<0$），直到两个区的压力相等（即系统达力学平衡状态 $\Delta p=0$）；化学反应亦是如此。凡是一定条件下，不要外界做功就可自动进行的宏观变化过程称为自发过程（spontaneous process）。自发过程有一个共同的特点，就是单向趋于最后的平衡状态。一旦系统达到平衡状态，其状态函数不再变化，自动偏离平衡状态的变化或过程也不再发生。然而，宏观实际过程的单向性并不意味着过程在任何条件下都不能逆向进行。例如，用制冷机使热从低温物体向高温物体传递；通过外力压缩气体使其恢复到高压状态；通过电解可使 $Cu^{2+}(aq)+Zn(s)=Cu(s)+Zn^{2+}(aq)$ 反应逆向进行。这些逆向进行的共同条件是环境必须对系统作功。

二、熵 判 据

热力学第二定律叙述形式有多种，其中的经典表述是 1850 年克劳修斯（Clausius）的说法："热不可能自动地从低温物体向高温物体传递"。为便于应用，克劳修斯从热力学第二定律导出一个新的状态函数——熵（entropy，符号 S，单位 $J \cdot K^{-1} \cdot mol^{-1}$）。熵是混乱度的量度。不同气体通过扩散混合，排列有序的 NaCl 晶体溶解在水中成为自由移动的水合离子都是混乱度增大的实例，见图 2-8。用熵作为过程方向和限度的判断准则（称为熵判据）比用热力学第二定律的文字表述形式说来，更方便、更简捷。这就是克劳修斯不等式，对于孤立系统其表达式（因推导过程已超出本课程的范围，故此从略）为

$$\Delta S_{孤} \geqslant 0 \qquad (2-13)$$

该式表明：$\Delta S_{孤}>0$ 是自发过程方向的标志；平衡态是自发过程的限度，故 $\Delta S_{孤}=0$ 是自发过程进行限度的标志；孤立系统中不可能发生熵值减少的过程，故 $\Delta S_{孤}<0$ 是非自发过程的标志。

综上所述，孤立系统中所发生的一切自发过程都朝着熵值增大的方向进行，直到系统的熵增加到最大值，达到平衡，这时熵值不变。故"孤立系统的熵永不减少"。这就是熵增原理。

在自发过程中，系统的混乱度和系统的熵有着相同的变化方向，都趋于增加。玻耳兹曼（Boltzmann）导出这两者之间的关系式，即

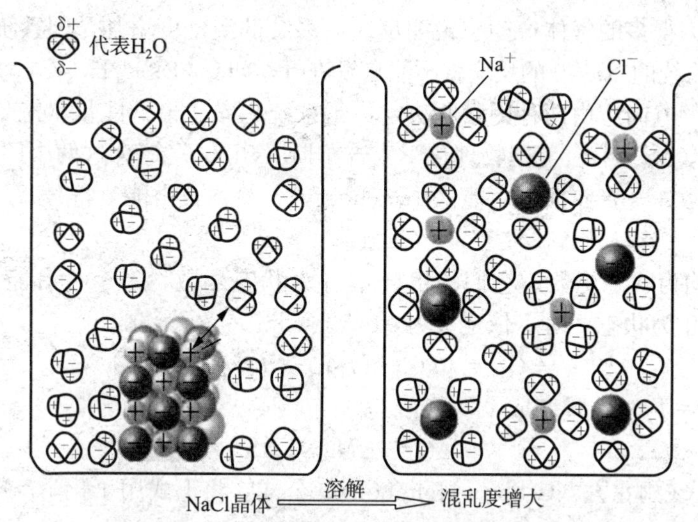

图 2-8　NaCl 晶体溶解混乱度增大示意图

$$S = k\ln\Omega \qquad (2-14)$$

式中，S 是熵；Ω 是系统内部质点运动的混乱度；k 是玻耳兹曼常数（$1.381\times10^{-23}\ J\cdot K^{-1}$）。它是宏观物理量与微观物理量联系的一个桥梁。从该式可以看出，熵增加的实质是微观粒子运动的混乱度增大的过程。而熵的物理意义即为系统内部质点运动的混乱度的量度。

如果不是孤立系统，可将系统与环境视为一大孤立系统，即

$$\Delta S_{孤} = \Delta S_{系统} + \Delta S_{环}$$

即

$\Delta S_{系统} + \Delta S_{环} > 0$　　自发过程

$\Delta S_{系统} + \Delta S_{环} = 0$　　平衡状态

$\Delta S_{系统} + \Delta S_{环} < 0$　　非自发过程

这样一来，用熵变作为反应（过程）自发性的判据，须涉及环境，显然很麻烦。因此，需寻找一个只涉及系统性质变化的普遍判据。

三、自由能判据

由于许多化学反应都是在大气环境的等温等压条件下进行的，早自一百多年前，寻求在这种条件下的化学反应自发性的判据，就一直成为物理化学家探索的问题，当时有人提出凡放热反应即 $\Delta H<0$ 的反应都能自发进行，但是也有不少吸热即 $\Delta H>0$ 的化学反应也能自发进行，例如 $KNO_3(s)$ 溶于水：

$KNO_3(s) \longrightarrow K^+(aq) + NO_3^-(aq)$　　$\Delta_r H_m^\ominus = 3.5\ kJ\cdot mol^{-1}$

$NH_4HCO_3(s) \longrightarrow NH_3(g) + CO_2(g) + H_2O(l)$　　$\Delta_r H_m^\ominus = 127.7\ kJ\cdot mol^{-1}$

$Ba(OH)_2\cdot 8H_2O(s) + 2NH_4NO_3(s) \longrightarrow 2NH_3(g) + 10H_2O(l) + Ba(NO_3)_2(aq)$

$\Delta_r H_m^\ominus = 170.4\ kJ\cdot mol^{-1}$

又如在 1 123 K 时石灰石的分解反应自发进行：

$CaCO_3(s) = CaO(s) + CO_2(g)$　　$\Delta_r H_m^\ominus = 179\ kJ\cdot mol^{-1}$

分析上面三个吸热反应的共同特点，反应后微粒种类增多，微粒间的作用力减弱，有比

固体微粒自由度大得多的气体产生。说明反应后系统的混乱度增加，即系统的 $\Delta S>0$，但另一方面并非反应系统的 $\Delta S<0$ 的反应就不能自发进行，如 $CaO(s)+H_2O(l)=Ca(OH)_2(s)$。显然反应自发进行的方向应由两种因素所决定：①系统趋向于最低能量状态（$\Delta H<0$）；②趋向于最大混乱度（$\Delta S>0$）。美国物理化学家吉布斯（Gibbs）综合这两个因素，引入了另一个热力学状态函数——吉布斯自由能（free energy），简称自由能，符号 G，并定义为

$$G\equiv H-TS \tag{2-15}$$

由于 H、S、T 均为状态函数，它们的组合 G 亦为状态函数，一个具有能量量纲的系统性质。当状态1变化为状态2时，依定义为

$$G_2-G_1=(H_2-H_1)-(T_2S_2-T_1S_1)$$

等温条件下（$T_1=T_2$）上式变成

$$\Delta G=\Delta H-T\Delta S \tag{2-16}$$

该式称为吉布斯-亥姆霍兹（Gibbs - Helmholtz）公式。将上式用于化学反应为

$$\Delta_r G_m(T)=\Delta_r H_m(T)-T\Delta S_m(T) \tag{2-17}$$

反应在标准状态下进行　$\Delta_r G_m^{\ominus}(T)=\Delta_r H_m^{\ominus}(T)-T\Delta S_m^{\ominus}(T)$　(2-18)

假定化学反应的焓变和熵变随温度变化不大

$$\Delta_r G_m^{\ominus}(T)\approx\Delta_r H_m^{\ominus}(298.15\ \text{K})-T\Delta S_m^{\ominus}(298.15\ \text{K}) \tag{2-19}$$

上式是本教材常用的吉布斯-亥姆霍兹公式。

由热力学的第一和第二定律推导可得出：等温等压的封闭系统，过程自发进行的方向趋向于自由能的减少。ΔG 的物理意义是系统在此条件下，它的降低值等于系统对外所作的最大的非体积功：

$$\Delta G=W_f(\text{max})$$

例如：　$H_2(g)+\frac{1}{2}O_2(g)=H_2O(l)$　　$\Delta_r G_m^{\ominus}=-237.1\ \text{kJ}\cdot\text{mol}^{-1}$

如果将上述反应设计成燃料电池，当 ξ 为 1 mol 时，对外所作的最大非体积功即电功为 237.1 kJ，在实际的宏观自发过程，总是小于这一数值，这与高水位的水变成低水位的水的自发过程，其势能 $mg\Delta h$ 用于对外作机械功数值上必然小于它的势能的减小具有相同的道理。

如系统只作体积功（$W_f=0$），则任意状态下为

$\Delta G<0$　　自发过程
$\Delta G=0$　　平衡状态　　(2-20)
$\Delta G>0$　　非自发过程

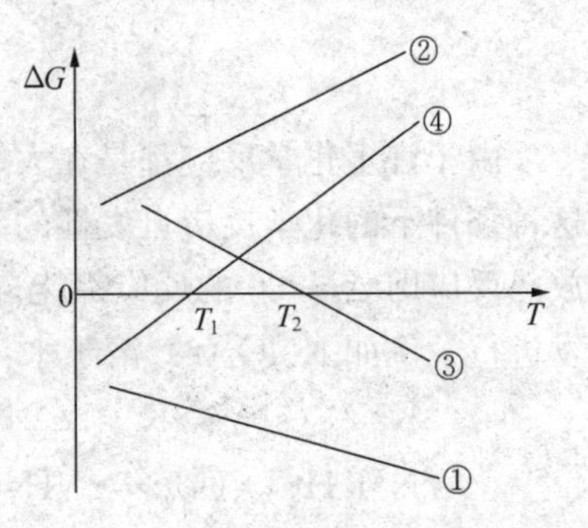

图 2-9　温度对反应自发性的影响
①$\Delta S>0$，$\Delta H<0$　②$\Delta H>0$，$\Delta S<0$
③$\Delta H>0$，$\Delta S>0$　④$\Delta S<0$，$\Delta H<0$
T_1、T_2 转向温度

此为自由能判据。它和熵判据是一致的，基础都是热力学第二定律，只是熵判据只适用于孤立系统，而式(2-20)的自由能判据适用于等温等压只作体积功的封闭系统，因而对判断化学反应自发进行的方向更方便、更具有实用价值。

一句话，控制系统变化的方向是由焓和熵两个重要因素所决定的，吉布斯-亥姆霍兹公式正好反映了这样的客观准则。

从式（2-16）看出，ΔG 的正负号取决于 ΔH 与 $T\Delta S$ 两项绝对值的相对大小，这和反应条件有关，可归纳为下列几种情况，见图 2-9 及表 2-2。

表 2-2　等温等压下温度对反应自发性的影响

种　类	$\Delta G=\Delta H-T\Delta S$	讨　论	例
①焓减熵增 $\Delta H<0$ $\Delta S>0$	$\Delta G<0$	在任何温度反应均能自发进行	$C_6H_{12}O_6(s) \longrightarrow 2C_2H_5OH(l)+2CO_2(g)$
②焓增熵减 $\Delta H>0$ $\Delta S<0$	$\Delta G>0$	在任何温度反应均不能自发进行	$3O_2(g) \longrightarrow 2O_3(g)$
③焓增熵增 $\Delta H>0$ $\Delta S>0$	低温 $\Delta G>0$ 高温 $\Delta G<0$	反应在高温自发进行	$NH_4Cl(s) \longrightarrow HCl(g)+NH_3(g)$
④焓减熵减 $\Delta H<0$ $\Delta S<0$	低温 $\Delta G<0$ 高温 $\Delta G>0$	反应在低温自发进行	$2NH_3(g)+CO_2(g) \longrightarrow NH_2CONH_2(aq)+H_2O(l)$

第五节　化学反应标准熵变的计算

一、物质的标准熵

热力学第三定律指出，0 K 时纯净物质的完美晶体（指晶体中微观粒子的排列方式只有一种 $\Omega=1$），熵值为零（$\Omega=1$，$S=k\ln\Omega=0$），即 $S(0\text{ K})=0$，如图 2-10(a) 所示。以此为标准，可以确定在任何温度下的熵值 $S(T)$，即把某纯净物的晶体从 0 K 升温到 T 时，并测定这个过程的熵变 ΔS，则

$$\Delta S = S(T) - S(0\text{ K}) = S(T) - 0 = S(T)$$

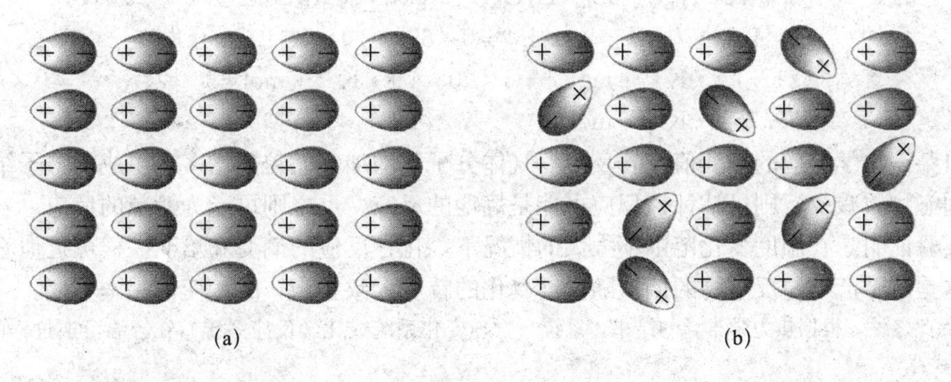

图 2-10　(a) 0 K 的 HCl 分子晶体 $S=0$　(b) 稍大于 0 K 的 HCl 分子晶体 $S>0$

该式说明物质熵的绝对值是可以确定的。式中 $S(T)$ 称为该物质在温度 T 时的熵值。1 mol 某纯物质在标准态时的熵称为标准熵，符号 $S_m^\ominus$，单位 $J\cdot K^{-1}\cdot mol^{-1}$。一些物质在 298.15 K 时的标准熵见附录一。在标准状态下，无限稀释水溶液中，1 mol 水合离子的熵值即为该水合离子的标准熵，符号 $S_m^\ominus(aq)$（见附录二）。并规定水合氢离子 H^+ 的标准熵为零［即 $S_m^\ominus(H^+, aq)=0$］。应当指出，稳定单质的标准熵在 298.15 K 时并不等于零；一个化合物的标准熵并不是稳定单质在标准状态下生成该化合物反应时的熵变。如稳定单质石墨的标准

熵 $S_m^\ominus$(C，石墨）=5.740 J·K⁻¹·mol⁻¹，由稳定单质 C(石墨）和 O_2(g) 在标准状态，298 K 时生成 CO_2 气体反应的熵变 $\Delta_r S_m^\ominus$=2.862 J·K⁻¹·mol⁻¹，而 $S_m^\ominus$(CO_2，g)=213.74 J·K⁻¹·mol⁻¹。

一般而言，物质的熵值有如下特点：

(1) 同一物质，$S(g)>S(l)>S(s)$。

(2) 同类型物质，分子结构越复杂熵值越大，如 $S(C_3H_8)>S(C_2H_6)>S(CH_4)$。

(3) 压力增大，气体物质的熵值减小，而对液体或固体物质的熵值影响甚微。

(4) 温度升高，物质的熵值增大。

二、化学反应熵变的计算

熵是热力学状态函数，所以一个化学反应的熵变必定只取决于系统始态的熵值（即反应物熵的总和）与终态的熵值（即生成物熵的总和）的大小。因此对任一化学反应：

$$aA+bB=gG+hH$$

的标准熵变 $\Delta_r S_m^\ominus$ 的计算式为

$$\Delta_r S_m^\ominus=\sum S_m^\ominus(\text{生成物})-\sum S_m^\ominus(\text{反应物})$$

$$\Delta_r S_m^\ominus=[gS_m^\ominus(G)+hS_m^\ominus(H)]-[aS_m^\ominus(A)+bS_m^\ominus(B)] \qquad (2-21)$$

例 2-10 求下列反应在 $p^\ominus$ 及 298 K 时的 $\Delta_r S_m^\ominus$。

$$C_6H_{12}O_6(s)+6O_2(g)=6CO_2(g)+6H_2O(l)$$

$S_m^\ominus/(J\cdot K^{-1}\cdot mol^{-1})$　　212.1　　205.1　　213.7　　69.91

解：按式 (2-21)，则

$$\begin{aligned}\Delta_r S_m^\ominus &=[6S_m^\ominus(CO_2,g)+6S_m^\ominus(H_2O,l)]-[S_m^\ominus(C_6H_{12}O_6,s)+6S_m^\ominus(O_2,g)]\\ &=(6\times213.7\ J\cdot K^{-1}\cdot mol^{-1}+6\times69.91\ J\cdot K^{-1}\cdot mol^{-1})-\\ &\quad(212.1\ J\cdot K^{-1}\cdot mol^{-1}+6\times205.1\ J\cdot K^{-1}\cdot mol^{-1})\\ &=258.96\ J\cdot K^{-1}\cdot mol^{-1}\end{aligned}$$

对某一化学反应的熵变值，若反应后气体分子数增加，微粒数增多，生成的分子结构复杂，固态物质减少，则可估计该反应可能是熵增的反应，反之则可能为熵减的反应。

实验证明，在温度变化范围不太大的情况下，化学反应的熵变和焓变一样可近似看为常数，这是由于产物与反应物的熵值随温度变化的幅度大致相当，故熵变值基本不变。

* 除此之外，根据热力学推导的结果，系统（物理变化系统或化学反应系统）在等温可逆过程的熵变可由下式计算

$$\Delta S=\frac{Q_r}{T} \qquad (2-22)$$

式中，Q_r 为系统在可逆过程中的热效应；T 为热力学温度。热力学可逆过程是一系列无限接近于平衡状态的过程，整个过程是无限缓慢的。所以可逆过程是一种理想过程，在客观实际中并不真正存在，但有些情况接近可逆过程，如液体在正常沸点时的蒸发，固体在熔点时的熔化等。

例 2-11 已知 100 ℃，101.3 kPa 时，水的蒸发热为 44.0 kJ·mol⁻¹，求水蒸发过程的 ΔS_m。

解：在此条件下 $H_2O(l)\rightleftharpoons H_2O(g)$ 是一等温可逆过程，依式 (2-22)

$$\Delta S_m=\frac{Q_r}{T}=\frac{44.0\times10^3\ J\cdot mol^{-1}}{(273+100)K}=118\ J\cdot K^{-1}\cdot mol^{-1}$$

第六节 化学反应标准自由能变的计算

一、从反应的 $\Delta_r H_m^\ominus$ 和 $\Delta_r S_m^\ominus$ 计算

应用吉布斯-亥姆霍兹公式计算。但有两种情况，反应温度保持在 298 K 不变时的计算式为

$$\Delta_r G_m^\ominus(298\ \mathrm{K})=\Delta_r H_m^\ominus(298\ \mathrm{K})-298\ \mathrm{K}\Delta_r S_m^\ominus(298\ \mathrm{K})$$

当反应温度发生变化，但变化范围不是很大，$\Delta_r G_m^\ominus$（T）可用下列近似公式计算

$$\Delta_r G_m^\ominus(T)\approx\Delta_r H_m^\ominus(298\ \mathrm{K})-T\Delta_r S_m^\ominus(298\ \mathrm{K})$$

二、从若干已知反应的 $\Delta_r G_m^\ominus$ 计算

因为自由能是状态函数，它与热力学能、焓、熵一样，可应用盖斯定律求得反应的 $\Delta_r G_m^\ominus$ 之值。例如：

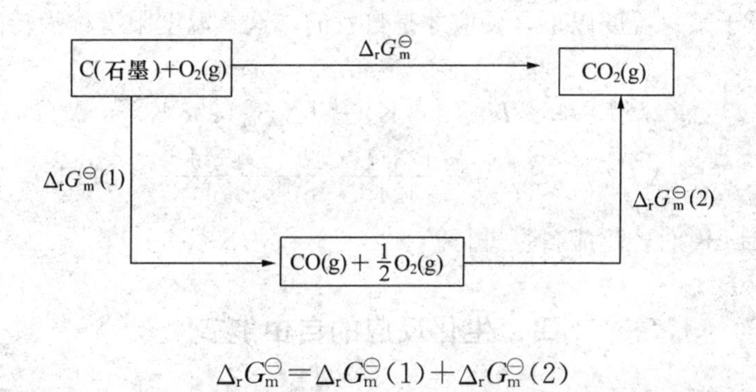

则
$$\Delta_r G_m^\ominus=\Delta_r G_m^\ominus(1)+\Delta_r G_m^\ominus(2)$$

三、从标准摩尔生成自由能 $\Delta_f G_m^\ominus$ 计算

由于 G 的绝对值目前尚无法确定，与标准摩尔生成焓 $\Delta_f H_m^\ominus$ 的规定一样，用相对值来表示，定义为：在标准状态及指定温度下，由稳定的单质生成 1 mol 纯物质时，该反应的标准自由能变称为该物质的标准摩尔生成自由能（standard molar free energy of formation），符号为 $\Delta_f G_m^\ominus$（T），单位为 $\mathrm{kJ\cdot mol^{-1}}$。并规定稳定单质的标准摩尔生成自由能为零。一些物质在 $p^\ominus$ 及 298.15 K 下的 $\Delta_f G_m^\ominus$ 数值见附录一。

用 $\Delta_f G_m^\ominus$ 计算反应 $\Delta_r G_m^\ominus$ 的公式与用 $\Delta_f H_m^\ominus$ 计算反应 $\Delta_r H_m^\ominus$ 的相类似，即对任一化学反应

$$a\mathrm{A}+b\mathrm{B}=g\mathrm{G}+h\mathrm{H}$$

其标准自由能变 $\Delta_r G_m^\ominus$ 的计算式为

$$\begin{aligned}\Delta_r G_m^\ominus &= \sum\Delta_f G_m^\ominus(\text{生成物})-\sum\Delta_f G_m^\ominus(\text{反应物})\\ &=[g\Delta_f G_m^\ominus(\mathrm{G})+h\Delta_f G_m^\ominus(\mathrm{H})]-[a\Delta_f G_m^\ominus(\mathrm{A})+b\Delta_f G_m^\ominus(\mathrm{B})]\end{aligned}\qquad(2-23)$$

例 2-12 已知反应 $CO_2(g) + 2NH_3(g) = (NH_2)_2CO(s) + H_2O(l)$

$\Delta_f G_m^{\ominus}/(kJ \cdot mol^{-1})$ -394.4 -16.45 -197.3 -237.1

(1) 计算反应在 298 K 时的 $\Delta_r G_m^{\ominus}$，并判断反应能否自发进行。

(2) 判断反应在 350 K 时能否自发进行。若不能，则自发进行的转向温度是多少？(已知反应的 $\Delta_r H_m^{\ominus} = -133.1\ kJ \cdot mol^{-1}$，$\Delta_r S_m^{\ominus} = -424\ J \cdot K^{-1} \cdot mol^{-1}$)

解：(1) 根据式 (2-23)，则

$$\begin{aligned}\Delta_r G_m^{\ominus} &= \{\Delta_f G_m^{\ominus}[(NH_2)_2CO,s] + \Delta_f G_m^{\ominus}(H_2O,l)\} - [\Delta_f G_m^{\ominus}(CO_2,g) + 2\Delta_f G_m^{\ominus}(NH_3,g)] \\ &= [(-197.3\ kJ \cdot mol^{-1}) + (-237.1\ kJ \cdot mol^{-1})] - [(-394.4\ kJ \cdot mol^{-1}) + 2 \times (-16.45\ kJ \cdot mol^{-1})] \\ &= -7.1\ kJ \cdot mol^{-1} < 0\end{aligned}$$

计算表明，反应在标准状态下，298 K 时能自发进行。

(2) $$\begin{aligned}\Delta_r G_m^{\ominus}(T) &\approx \Delta_r H_m^{\ominus}(298\ K) - T\Delta_r S_m^{\ominus}(298\ K) \\ &= (-133.1\ kJ \cdot mol^{-1}) - 350\ K \times (-424 \times 10^{-3}\ kJ \cdot K^{-1} \cdot mol^{-1}) \\ &= +15.3\ kJ \cdot mol^{-1} > 0\end{aligned}$$

计算表明，反应在标准状态下，350 K 时是非自发的。由前述讨论知，该反应是焓减熵减反应，温度需低于某一温度以下，反应才是自发的，这一温度限度称为转向温度，其求法如下：

令 $$\Delta_r G_m^{\ominus}(T) \approx \Delta_r H_m^{\ominus}(298\ K) - T\Delta_r S_m^{\ominus}(298\ K) = 0$$

则 $$T = \Delta_r H_m^{\ominus}/\Delta_r S_m^{\ominus} = \frac{-133.1 \times 10^3\ J \cdot mol^{-1}}{-424\ J \cdot K^{-1} \cdot mol^{-1}} = 314\ K$$

当反应温度低于 314 K 时，反应自发进行。

*四、生化反应的自由能变

1. 生化系统的标准态 热力学规定在 $p^{\ominus}$ 下某温度时溶质活度（有效浓度）为 1 的状态称为热力学标准态，为简化起见本教材讨论范围未特别指出时都为稀溶液，浓度与活度不加区别，采用 $c^{\ominus} = 1\ mol \cdot L^{-1}$ 为热力学标准态。按照这一规定，氢离子的标准态是 $c(H^+) = 1\ mol \cdot L^{-1}$，即 pH=0。对生物体，pH=0 要引起变性，所以生化系统的标准态取 pH=7，即 $c(H^+) = 10^{-7}\ mol \cdot L^{-1}$，除氢离子外其他物质仍取 $c^{\ominus}$ 的状态称为生化标准态。用符号"$\oplus$"以示区别。因此，生化反应的标准摩尔自由能变、熵变、焓变分别表示为 $\Delta_r G_m^{\oplus}$、$\Delta_r S_m^{\oplus}$、$\Delta_r H_m^{\oplus}$。

2. 生化反应标准自由能变的应用 三磷酸腺苷（简称 ATP）在生物系统中是一种非常重要的物质，它在生物体内进行新陈代谢能量传递的生化反应中起着极重要的作用。生物体在消耗营养物质的反应中释放出来的能量使二磷酸腺苷（简称 ADP）和磷酸根生成了 ATP，这时能量被贮存在 ATP 内。必要时，例如肌肉作功或合成所需要的物质（如氨基酸、蛋白质、RNA、DNA 等）时，ATP 水解失去末端的 PO_4^{3-} 重新生成 ADP 和磷酸根，释放所需的能量。

$$ATP = ADP + P_i \qquad \Delta_r G_m^{\oplus}(310\ K) = -30.5\ kJ \cdot mol^{-1}$$

式中，ATP、ADP 包括它的各种电离形式；P_i 表示各种无机磷酸盐。上述反应的 $\Delta_r G_m^{\oplus} < 0$，表明在人的体温 310 K(37 ℃) 和 pH=7.0 条件下，反应自发进行。

例 2-13 已知 (1) 谷氨酸盐 $+ NH_4^+ =$ 谷氨酰胺 $\Delta_r G_{m,1}^{\oplus}(310\ K) = 15.2\ kJ \cdot mol^{-1}$

(2) $ATP = ADP + P_i$ $\Delta_r G_{m,2}^{\oplus}(310\ K) = -30.5\ kJ \cdot mol^{-1}$

计算（3）谷氨酸盐＋NH_4^+＋ATP＝谷氨酰胺＋ADP＋P_i 的 $\Delta_r G_{m3}^{\ominus}(310\ K)$

解: 用（1）＋（2）得（3），则

$\Delta_r G_{m\ 3}^{\ominus}(310\ K) = \Delta_r G_{m1}^{\ominus}(310\ K) + \Delta_r G_{m2}^{\ominus}(310\ K) = 15.2\ kJ \cdot mol^{-1} - 30.5\ kJ \cdot mol^{-1} = -15.3\ kJ \cdot mol^{-1}$

对于（1）反应在生化标准态下反应不能自发进行，但与（2）反应偶联后，则谷氨酸盐与 NH_4^+ 能合成谷氨酰胺。这是生物系统反应的一个特点，具有普遍的意义。

本 章 小 结

1. 重要基本概念

封闭系统：系统和环境间只有能量交换无物质交换。化学反应的反应物和生成物作为一个系统研究，则为封闭系统。

状态：系统宏观的物理和化学性质的综合表现。

状态函数：状态函数是系统的性质，重要的特点是状态函数的变化量只与始态和终态有关，与变化途径无关。

2. 定律

热力学第一定律：宏观的能量守恒定律

$$\Delta U = Q + W$$

盖斯定律：实质是能量守恒，是计算化学反应热效应的基础。

热力学第二定律：判断孤立系统自发过程进行方向的经验定律，熵增原理。

3. 热效应　热效应是指生成物的温度与反应开始前的反应物具有相同的温度时，化学反应（或物理过程）中只作体积功时的热量变化。用 Q 表示，$Q>0$ 为吸热反应，$Q<0$ 为放热反应。

热效应通常分为恒压热效应 $Q_p = \Delta H$ 和恒容热效应 $Q_V = \Delta U$，两者的关系为

$$Q_p = Q_V + \Delta n(g)RT \qquad \Delta H = \Delta U + \Delta n(g)RT$$

4. 重要状态函数

状态函数	特点		物理意义	反应变化量的计算
H	绝对值尚无法测定	ΔH 随温度变化不大	封闭系统等压只作体积功 $\Delta H = Q_p$	$\Delta_r H_m^{\ominus} = \sum \nu_B \Delta_f H_m^{\ominus}$ $\Delta_r H_m^{\ominus} = -\sum \nu_B \Delta_c H_m^{\ominus}$
S	纯净完美晶体 $S(0\ K)=0$	ΔS 随温度变化不大	系统混乱度的量度	$\Delta_r S_m^{\ominus} = \sum \nu_B S_m^{\ominus}$
G	绝对值尚无法测定	ΔG 随温度变化大	封闭系统等温等压 $\Delta G = -W_f(max)$	$\Delta_r G_m^{\ominus} = \sum \nu_B \Delta_f G_m^{\ominus}$

ν_B为反应式中各物质前面的计量系数，对反应物取负，生成物取正。

5. 反应的自发性　在一定条件下，无需外力作功就能自动进行的反应称为自发反应，反之为非自发反应。

自发反应的两种判断：

判断依据	适用范围	判据式		
		自发反应	非自发反应	平衡状态
熵判据（熵增加原理）	孤立系统	$\Delta S>0$	$\Delta S<0$	$\Delta S=0$

自由能判据（自由能减少原理）	封闭系统等温等压 $W_f=0$	$\Delta G<0$	$\Delta G>0$	$\Delta G=0$

6. 温度对自由能的影响 吉布斯-亥姆霍兹公式 $\Delta G=\Delta H-T\Delta S$ 是热力学中的重要公式之一，它揭示了在一定条件下的焓效应、熵效应以及温度对反应自发性的影响。

$$\Delta_r G_m^{\ominus}(T)=\Delta_r H_m^{\ominus}(T)-T\Delta_r S_m^{\ominus}(T)$$

当反应温度变化范围不是很大时，$\Delta_r G_m^{\ominus}(T)$ 可用下列近似公式计算

$$\Delta_r G_m^{\ominus}(T)\approx\Delta_r H_m^{\ominus}(298\ \mathrm{K})-T\Delta_r S_m^{\ominus}(298\ \mathrm{K})$$

转向温度：

$$T\approx\Delta_r H_m^{\ominus}(298\ \mathrm{K})/\Delta_r S_m^{\ominus}(298\ \mathrm{K})$$

【著名化学家小传】

Josiah Willard Gibbs (1839 - 1903) was born in new Haven Connecticut and held the position of Professor of Mathematical Physics at Yale from 1871 until his death in 1903. His work in thermodynamics, and particularly his famous paper "On the Equilibrium of Heterogeneous Substances" led to the development of a new branch of physical chemistry. The free energy function, *H—TS* is now called the Gibbs free energy function and denoted G, in his honor.

Germain Henri Hess (1802 - 1850) was born in Geneva, Switzerland, and was professor of chemistry at the University of St. Petersburg in Russia. He did research in organic chemistry, but is best known for a series of thermochemical investigations. In 1840 he discovered experimentally that the heat change in a chemical reaction is the same whether the reaction takes place in one step or in several steps. What is now called Hess' Law of Constant Heat Summation is a direct consequence of the law of conservation of energy, the first law of thermodynamics, although it does not appear that Hess recognized this.

化学之窗

Ice That Burns（可燃冰）

Ice that burns? Yes, there is such a thing. It is called *methane hydrate*. and there is enough of it to meet America's energy needs for years. But scientists have yet to figure out how to mine it without causing an environmental disaster.

Bacteria in the sediments on the ocean floor consume organic material and generate methane gas. Under high pressure and low temperature conditions, methane forms methane hydrate, which consists of single mole cules of the natural gas trapped within crystalline cages formed by frozen water molecules. A lump of methane hydrate looks like a gray ice cube. But if one puts a lighted match to it, it will burn.

Oil companies have known about methane hydrate since the 1930s, when they began using high-pressure pipelines to transport natural gas in cold climates. Unless water is carefully removed before the gas enters the pipeline, chunks of methane hydrate will impede the flow of gas.

The total reserve of the methane hydrate in the world's oceans is estimated to be 10^{13} tons of carbon content. About twice the amount of carbon in all the coal, oil, and natural gas on land. However, harvesting the energy stored in methane hydrate presents a tremendous engineering challenge. It is believed that methane hydrate acts as a kind of cement to keep the ocean floor sediments together. Tampering with the hydrate deposits could cause underwater landslides, leading to the discharge of methane into the atmosphere. This event could have serious consequences for the environment, because methane is a potent greenhouse gas. In fact, scientists have speculated that the abrupt release of methane hydrates may have hastened the end of the last ice age about 10 000 years ago. As the great blanket of continental ice melted, global sea levels swelled by more than 90 m, submerging Arctic regions rich in hydrate deposits. The relatively warm ocean water would have melted the hydrates. unleashing tremendous amounts of methane. which led to global warming.

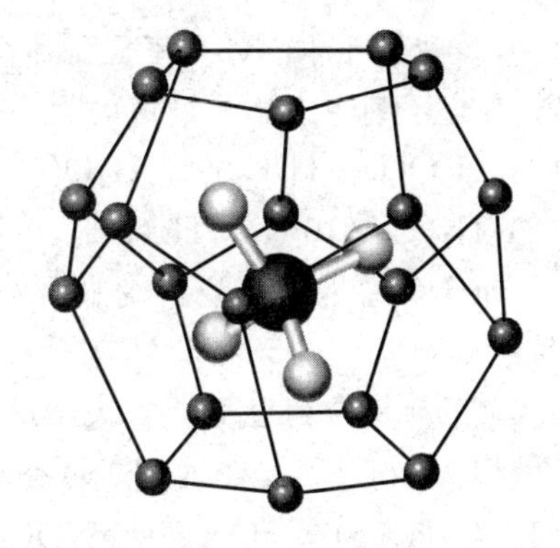

Methane hydrate. The methane molecule is trapped in a cage of frozen water molecules (blue spheres) held together by hydrogen bonds.

思 考 题

1. 举例说明下列名词术语的含义。

(1) 状态函数　(2) 标准态　(3) 自发反应

2. 判断下列描述是否正确，若错误请予修正。

(1) 只有等压过程才有 ΔH。

(2) ΔH 只与始态和终态有关与变化途径无关，故 ΔH 是状态函数。

(3) 凡是自发进行的反应，逆反应就不能进行。

(4) $\Delta_r S_m$ 和 $\Delta_r H_m$ 随温度变化不大，但 $\Delta_r G_m$ 随温度变化大。

(5) 稳定单质的标准熵值为零。

3. 下列公式成立的条件是什么？

(1) $\Delta H = Q_p$　(2) $\Delta_r G_m < 0$ 的反应能自发进行　(3) $\Delta S > 0$ 过程自发进行

4. ΔH、$\Delta_r H$、$\Delta_r H_m^{\ominus}$、$\Delta_f H_m^{\ominus}$、$\Delta_c H_m^{\ominus}$、$S_m^{\ominus}$、$\Delta_r S_m^{\ominus}$、$\Delta_f G_m$、$\Delta_f G_m^{\ominus}$ 符号代表的意义是什么？

5. $6CO_2(g) + 6H_2O(l) \xrightarrow[\text{叶绿素}]{\text{光}} C_6H_{12}O_6(aq) + 6O_2(g)$ $\Delta_r G_m > 0$，为什么可以进行？

6. 反应进度的数值能否取负值？它的物理意义是什么？

7. 下列哪些物质的数值为零？哪些物质的 $\Delta_f H_m^{\ominus}$ 与哪些物质的 $\Delta_c H_m^{\ominus}$ 数值相等？

$\Delta_f H_m^{\ominus}$（C，金刚石）、$\Delta_f H_m^{\ominus}$（C，石墨）、$\Delta_f H_m^{\ominus}$（Br_2，g）、$\Delta_f H_m^{\ominus}$（H_2O，l）、$\Delta_c H_m^{\ominus}$(CO_2，g)、$\Delta_c H_m^{\ominus}$(SO_2，g)、$\Delta_c H_m^{\ominus}$(H_2，g)、$\Delta_c H_m^{\ominus}$(C，石墨)、$S_m^{\ominus}$(C，石墨)、$\Delta_f G_m^{\ominus}$(H_2，g)。

习　　题

1. 估计下列过程 ΔS、ΔH、ΔG 的符号：

（1）硫酸溶于水 （2）室温下冰融化 （3）$NaNO_3(s)$ 溶于水

2. 确定下列各组物质熵值的大小顺序：

（1）$H_2O(l)$、$H_2O(g)$、$H_2O(s)$ （3）$CH_4(g)$、$C_2H_6(g)$

（2）$H_2(g, 310\ K)$、$H_2(g, 298\ K)$ （4）$Fe(s)$、$Fe_2O_3(s)$

3. 计算系统热力学能的变化：（1）系统从环境吸热 1 000 J，并对环境作功 540 J；（2）系统向环境放热 535 J，环境对系统作功 250 J。 （460 J，285 J）

4. 求下列反应的 $\Delta_r H_m^\ominus$。[$\Delta_f H_m^\ominus(Fe_2O_3, s) = -822.2\ kJ \cdot mol^{-1}$，$\Delta_f H_m^\ominus(Al_2O_3, s) = -1\ 670\ kJ \cdot mol^{-1}$，其余 $\Delta_f H_m^\ominus$ 值查附录一]

（1）$4NH_3(g) + 5O_2(g) = 4NO(g) + 6H_2O(g)$

（2）$C_2H_4(g) + H_2O(g) = C_2H_5OH(l)$

（3）$Fe_2O_3(s) + 2Al(s) = 2Fe(s) + Al_2O_3(s)$

（$-905.36\ kJ \cdot mol^{-1}$，$-88.16\ kJ \cdot mol^{-1}$，$-847.8\ kJ \cdot mol^{-1}$）

5. 已知 $\Delta_c H_m^\ominus(C_3H_8, g) = -2\ 220.9\ kJ \cdot mol^{-1}$，$\Delta_f H_m^\ominus(H_2O, l) = -285.8\ kJ \cdot mol^{-1}$，$\Delta_f H_m^\ominus(CO_2, g) = -393.5\ kJ \cdot mol^{-1}$，求 $C_3H_8(g)$ 的 $\Delta_f H_m^\ominus$。 （$-102.8\ kJ \cdot mol^{-1}$）

6. 1 mol 丙二酸 [$CH_2(COOH)_2$] 晶体在弹式量热计中完全燃烧，298 K 时放出的热量为 866.5 kJ，求 1 mol 丙二酸在 298 K 时的等压反应热。 （$-864.02\ kJ \cdot mol^{-1}$）

7. 已知：(1) $CH_3COOH(l) + 2O_2(g) = 2CO_2(g) + 2H_2O(l)$

$\Delta_r H_m^\ominus(1) = -870.3\ kJ \cdot mol^{-1}$

（2）$C(石墨) + O_2(g) = CO_2(g)$ $\Delta_r H_m^\ominus(2) = -393.5\ kJ \cdot mol^{-1}$

（3）$H_2(g) + \frac{1}{2}O_2(g) = H_2O(l)$ $\Delta_r H_m^\ominus(3) = -285.5\ kJ \cdot mol^{-1}$

计算 $2C(石墨) + 2H_2(g) + O_2(g) = CH_3COOH(l)$ 的 $\Delta_r H_m^\ominus$。 （$-488.3\ kJ \cdot mol^{-1}$）

8. 已知苯的熔化热为 $10.67\ kJ \cdot mol^{-1}$，苯的熔点为 5 ℃，求苯熔化过程的 $\Delta S_m^\ominus$。

（$38.31\ J \cdot K^{-1} \cdot mol^{-1}$）

9. 核反应堆中的核燃料是 ^{235}U，它在铀矿中的质量分数仅占 0.7%，其余为 ^{238}U，它们很难用化学方法分离。分离和富集 ^{235}U 是通过下列反应生成 UF_6(b. p. 56.54 ℃)，然后经汽化进行扩散，根据它们扩散速率的不同而达此目的。试根据下列已知条件和附录的数据计算反应的 $\Delta_r H_m^\ominus$。

$$U(s) + O_2(g) + 4HF(g) + F_2(g) = UF_6(g) + 2\ H_2O(g)$$

已知各步反应如下：

$U(s) + O_2(g) = UO_2(s)$ $\Delta_r H_m^\ominus = -1\ 084.9\ kJ \cdot mol^{-1}$

$UO_2(s) + 4HF(g) = UF_4(s) + 2H_2O(g)$ $\Delta_r H_m^\ominus = -2\ 398.3\ kJ \cdot mol^{-1}$

$UF_4(s) + F_2(g) = UF_6(g)$ $\Delta_r H_m^\ominus = -233.2\ kJ \cdot mol^{-1}$

（$-3\ 716.4\ kJ \cdot mol^{-1}$）

10. 由铁矿石生产铁有两种途径，试计算它们的转向温度。

[$S_m^\ominus(Fe, s) = 27.28\ J \cdot K^{-1} \cdot mol^{-1}$，$S_m^\ominus(Fe_2O_3, s) = 90.0\ J \cdot K^{-1} \cdot mol^{-1}$，$\Delta_f H_m^\ominus(Fe_2O_3, s) = -822.2\ kJ \cdot mol^{-1}$]

（1）$Fe_2O_3(s) + \frac{3}{2}C(石墨) = 2Fe(s) + \frac{3}{2}CO_2(g)$

(2) $Fe_2O_3(s)+3H_2(g)=2Fe(s)+3H_2O(g)$　　(838.9K，697K)

11. 利用标准摩尔燃烧热的数据计算下列反应的 $\Delta_r H_m^\ominus$：

$CH_3COOH(l)+C_2H_5OH(l)=CH_3COOC_2H_5(l)+H_2O(l)$　　($-12.0\ kJ \cdot mol^{-1}$)

12. 试计算下列合成甘氨酸的反应在 298 K 及 $p^\ominus$ 下的 $\Delta_r G_m^\ominus$，并判断此条件下反应的自发性。[$\Delta_f G_m^\ominus(C_2H_5O_2N, s)=-377.3\ kJ \cdot mol^{-1}$]　　($-970.71\ kJ \cdot mol^{-1}$，自发)

$$NH_3(g)+2CH_4(g)+\frac{5}{2}O_2(g)=C_2H_5O_2N(s)+3H_2O(l)$$

13. 糖在新陈代谢过程中所发生的总反应为

$$C_{12}H_{22}O_{11}(s)+12O_2(g)=12CO_2(g)+11H_2O(l)$$

已知 $\Delta_f H_m^\ominus(C_{12}H_{22}O_{11}, s)=-2\,221\ kJ \cdot mol^{-1}$，$S_m^\ominus(C_{12}H_{22}O_{11}, s)=359.8\ J \cdot K^{-1} \cdot mol^{-1}$。求：

(1) 如果实际只有 30% 的自由能转变为非体积功，则 1 g 糖在体温 37 ℃时进行新陈代谢，可以得到多少千焦的非体积功？[提示：根据热力学推导，在等温等压下自由能的减少 ($-\Delta G$) 等于系统对外所作的最大非体积功 W_f]　　($5.09\ kJ \cdot mol^{-1}$)

(2) 一个质量为 75 kg 的运动员需吃多少克糖才能获得登上高度为 2.0 km 高山的能量？　　(289 g)

14. 植物进行光合作用的反应为

$$6CO_2(g)+6H_2O(l)\xrightarrow[\text{叶绿素}]{\text{光}}C_6H_{12}O_6(aq)+6O_2(g)\quad \Delta_r G_m^\ominus=2\,870\ kJ \cdot mol^{-1}$$

深海中没有光线，由细菌使 H_2S 作为能源合成 $C_6H_{12}O_6$，反应式如下

$$24H_2S(g)+12O_2(g)=24H_2O(l)+24S(s)\quad \Delta_r G_m^\ominus=-4\,885.7\ kJ \cdot mol^{-1}$$

求反应

$24H_2S(g)+6CO_2(g)+6O_2(g)=C_6H_{12}O_6(aq)+18H_2O(l)+24S(s)$ 的 $\Delta_r G_m^\ominus$。

($-2\,015.7\ kJ \cdot mol^{-1}$)

15. 甲醇是重要的能源和化工原料，用附录的数据计算它的人工合成反应的 $\Delta_r H_m^\ominus$、$\Delta_r S_m^\ominus$ 和 $\Delta_r G_m^\ominus$，判断在标准状态下反应自发进行的方向并估算转向温度。

$$CO(g)+2H_2(g)=CH_3OH(l)$$

($-128.0\ kJ \cdot mol^{-1}$，$-332.6\ J \cdot K^{-1} \cdot mol^{-1}$，$-28.84\ kJ \cdot mol^{-1}$，384.8 K)

16. 已知 $2MnO_4^-(aq)+10Cl^-(aq)+16H^+(aq)=2Mn^{2+}(aq)+5Cl_2(g)+8H_2O(l)$

$\Delta_r G_m^\ominus(1)=-142.0\ kJ \cdot mol^{-1}$

$Cl_2(g)+2Fe^{2+}(aq)=2Fe^{3+}(aq)+2Cl^-(aq)$　　$\Delta_r G_m^\ominus(2)=-113.6\ kJ \cdot mol^{-1}$

求下列反应的 $\Delta_r G_m^\ominus$：

$$MnO_4^-(aq)+5Fe^{2+}(aq)+8H^+(aq)=Mn^{2+}(aq)+5Fe^{3+}(aq)+4H_2O(l)$$

($-355.0\ kJ \cdot mol^{-1}$)

17. 应用表 2-1 键能的数据估算 $2H_2(g)+O_2(g)\longrightarrow 2H_2O(g)$ 的 $\Delta_r H_m^\ominus$ 并与用标准生成热计算的数据作比较，相对误差是多少？　　($-486\ kJ \cdot mol^{-1}$，-0.49%)

18. In biological cells that have a plentiful supply of O_2, glucose is oxidized completely to CO_2 and H_2O by a process called aerobic oxidation. Muscle cells may be deprived of O_2 during vigorous exercise and, in that case, one molecule of glucose is converted to two mol-

ecules of lactic acid ($CH_3CH(OH)COOH$) by a process called anaerobic glycolysis. (a) When 0.321 2 g of glucose was burned in a bomb calorimeter constant 641 J · K^{-1} the temperature rose by 7.793 K. Calculate ①the standard molar enthalpy of combustion, ②the standard internal energy of combustion, and ③the standard enthalpy of formation of glucose. (b) What is the biological advantage (in kilojoules per mole of energy released as heat) of complete aerobic oxidation compared with anaerobic glycolysis to lactic acid?

[(a) ①-2.8×10^6 J · mol^{-1}, ②-2.8×10^6 J · mol^{-1}, ③$2.8\times10^6$ J · mol^{-1}; (b) more exothermic by 5 376 kJ · mol^{-1}]

19. Nitric acid hydrates have received much attention as possible catalysts for heterogeneous reactions which bring about the Antarctic ozone hole. Worsnop *et al.* investigated the thermodynamic stability of these hydrates under conditions typical of the polar winter stratosphere. They report thermodynamic data for the sublimation of mono-, di-and trihydrates to nitric acid and water vapours, $HNO_3 \cdot nH_2O(s) \longrightarrow HNO_3(g) + nH_2O(g)$, for $n=1$, 2, and 3. Given $\Delta_r G^\ominus$ and $\Delta_r H^\ominus$ for these reactions at 220 K, use the Gibbs-Helmholtz equation to compute $\Delta_r G^\ominus$ at 190 K.

n	1	2	3
$\Delta_r G^\ominus/(kJ \cdot mol^{-1})$	46.2	69.4	93.2
$\Delta_r H^\ominus/(kJ \cdot mol^{-1})$	127	188	237

(57.2 kJ · mol^{-1}, 85.6 kJ · mol^{-1}, 112.8 kJ · mol^{-1})

第三章　化学反应速率和化学平衡

化学反应种类繁多，各种反应的速率相差很大，有的反应速率很快，瞬间即能完成，例如爆炸和酸碱中和反应等；有的反应速率很慢，以至要较长时间才能显现其变化，如金属的锈蚀，塑料的老化等。

对工农业生产和人类生活有用的反应，人们总是希望其反应速率快一些，例如化工生产中，为了提高反应速率，人们千方百计地寻找最适宜的反应条件。对一些不利或有害的化学反应，我们希望其反应速率越慢越好，例如金属的锈蚀，塑料的老化，食品的变质腐烂，人们总想采取各种措施，减慢其反应速率。研究化学反应速率，弄清反应速率的规律及各种因素对化学反应速率的影响，其目的就是为了控制反应速率，使化学反应按我们所期望的速率进行。

第一节　化学反应速率的表示方法和反应机理

一、化学反应速率的表示方法

化学反应开始后，随着反应的进行，反应物的浓度不断降低，产物的浓度不断增加，如图3-1所示。通常用单位时间内反应物浓度的减少或产物浓度的增加表示其反应速率（rate of reaction）。其中浓度用物质的量浓度表示，单位为 $mol \cdot L^{-1}$，时间可用秒（s）、分（min）、小时（h）等表示。反应速率的单位是 $mol \cdot L^{-1} \cdot s^{-1}$、$mol \cdot L^{-1} \cdot min^{-1}$ 或 $mol \cdot L^{-1} \cdot h^{-1}$。

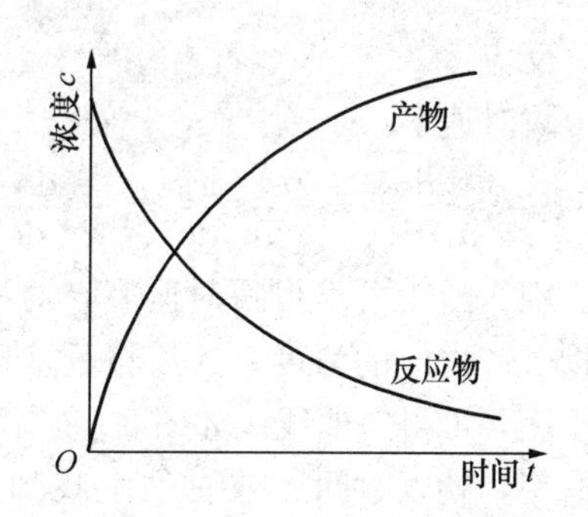

图3-1　反应中浓度与时间的关系

化学反应速率按表示形式，有平均速率（$\bar{v}$）和瞬时速率（v）两种。

1. 平均速率　当一反应从时间 t_1 到 t_2，反应物（产物）的浓度从 c_1 变为 c_2 时，此段时间反应的平均速率表示为

$$\bar{v} = \pm \frac{c_2 - c_1}{t_2 - t_1} = \pm \frac{\Delta c}{\Delta t} \qquad (3-1)$$

当用单位时间内反应物浓度的减少来表示其反应速率时，上式前面取负号；用单位时间内产物浓度的增加表示其反应速率时，前面取正号。

例：合成氨的反应 $N_2 + 3H_2 = 2NH_3$

$$\begin{array}{llll} t_1 & c_1(N_2) & c_1(H_2) & c_1(NH_3) \\ t_2 & c_2(N_2) & c_2(H_2) & c_2(NH_3) \end{array}$$

从 t_1 到 t_2 这段时间的平均反应速率为

$$\bar{v}(N_2) = -\left[\frac{c_2(N_2) - c_1(N_2)}{t_2 - t_1}\right] = -\frac{\Delta c(N_2)}{\Delta t}$$

或

$$\bar{v}(H_2) = -\frac{\Delta c(H_2)}{\Delta t} \qquad \bar{v}(NH_3) = \frac{\Delta c(NH_3)}{\Delta t}$$

以上三种物质浓度随时间的变化表示了同一反应的反应速率，实际上通常采用容易测定的一种反应物（产物）的浓度变化来表示其反应速率。在上述反应中，由于氮、氢和氨的化学计量数之比是 1∶3∶2，因此，用上述三种不同的物质表示其反应速率时，其数值是不等的，它们之间有如下的关系：

$$\frac{\bar{v}(N_2)}{1} = \frac{\bar{v}(H_2)}{3} = \frac{\bar{v}(NH_3)}{2}$$

为使反应速率的数值统一，规定反应速率应为单位时间内反应物（产物）浓度的变化除以相应的化学计量数。

任一化学反应： $a\mathrm{A} + b\mathrm{B} = g\mathrm{G} + h\mathrm{H}$

其平均反应速率为

$$\bar{v} = \frac{\bar{v}_A}{a} = \frac{\bar{v}_B}{b} = \frac{\bar{v}_G}{g} = \frac{\bar{v}_H}{h} \qquad (3-2)$$

2. 瞬时速率 大多数化学反应，反应物（产物）浓度随时间的变化都不是直线关系，如图3-1所示，也就是说，大多数的化学反应都不是等速进行的，反应速率随时间的改变而不断变化。因此，反应在某一时刻的真实速率，即瞬时速率才更有实际意义。其定义为

$$v = \lim_{\Delta t \to 0} \pm \frac{\Delta c}{\Delta t} = \pm \frac{\mathrm{d}c}{\mathrm{d}t}$$

反应： $a\mathrm{A} + b\mathrm{B} = g\mathrm{G} + h\mathrm{H}$

瞬时速率：

$$v = -\frac{1}{a}\frac{\mathrm{d}c_A}{\mathrm{d}t} = -\frac{1}{b}\frac{\mathrm{d}c_B}{\mathrm{d}t} = \frac{1}{g}\frac{\mathrm{d}c_G}{\mathrm{d}t} = \frac{1}{h}\frac{\mathrm{d}c_H}{\mathrm{d}t} \quad (3-3)$$

用作图法可求得瞬时速率，通过实验测出不同时间反应物（产物）的浓度，然后将反应物（产物）的浓度对时间作图，可得一曲线。如图 3-2 所示，若要求时间 t_a 的瞬时速率，就以时间 t_a 在曲线上找到相应的点 a，通过 a 点作一切线，此切线斜率的绝对值即为时间 t_a 时的瞬时速率。

$$v_A = -\frac{\mathrm{d}c_A}{\mathrm{d}t} = -\frac{BD}{DC}$$

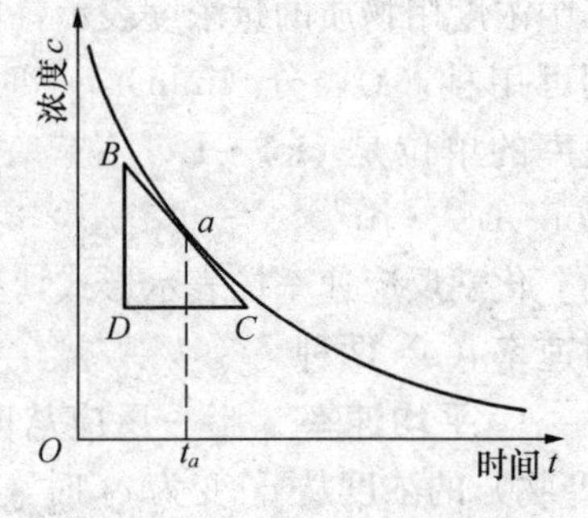

图 3-2 反应物浓度随时间的变化

二、反应机理

反应物分子一步作用直接转变成产物分子的反应称为基元反应（elementary reaction）。

例如 N_2O_4 的分解：$N_2O_4=2NO_2$，从反应物到产物一步即可完成。绝大多数化学反应要经过多个步骤才能完成，其反应由若干个基元反应构成，这些基元反应代表了反应所经过的途径。化学反应经历的途径称为反应机理（反应历程）。

例如：$H_2(g)+I_2(g)=2HI(g)$，此反应由两个基元反应构成，反应机理为

①$I_2(g) = 2I(g)$　　　　　　　　（快）

②$H_2(g) + 2I(g) = 2HI(g)$　　　　（慢）

由两个或两个以上的基元反应构成的化学反应称为复杂反应（complex reaction）或非基元反应。复杂反应的反应速率决定于反应机理中速率最慢的一步，也就是说，最慢的基元反应的反应速率代表了整个复杂反应的反应速率，因此将速率最慢的基元反应称为复杂反应的定速步骤（rate determining step）。上述氢和碘化合生成碘化氢的反应，其第二步慢反应即为该反应的定速步骤。

第二节　化学反应速率理论

在反应速率理论的发展过程中，先后形成了两个理论，即碰撞理论和过渡态理论。

一、碰撞理论

碰撞理论（collision theory）是在气体分子运动论的基础上建立起来的。碰撞理论认为：反应物分子必须经过相互碰撞才能发生化学反应，在碰撞过程中才可能有旧键的断裂和新键的形成。单位时间单位体积内反应物分子的碰撞次数称为碰撞频率，用 z 表示。反应物分子间的碰撞频率越高，反应速率越快。在无数次的碰撞中，大多数的碰撞并不发生化学反应，例如$2HI(g)=H_2(g)+I_2(g)$，通过理论计算，浓度为 $1.0\times10^{-3}mol\cdot L^{-1}$的 HI 气体，在 973K 时，碰撞频率约为 $3.5\times10^{28}L^{-1}\cdot s^{-1}$。若每次碰撞都发生反应，反应速率应为 $5.8\times10^{4}\ mol\cdot L^{-1}\cdot s^{-1}$，但实测为 $1.2\times10^{-8}\ mol\cdot L^{-1}\cdot s^{-1}$，说明只有极少数分子间的碰撞才发生了反应。这种能发生反应的碰撞称为有效碰撞（effective collision）。

什么条件下才能发生有效碰撞呢？一是分子的能量必须足够大，二是碰撞的方向适当。根据气体分子运动论，在一定的温度下，气体分子具有一定的平均能量（$\bar{E}$），但各个分子的能量并不相同。能量较高的分子和能量较低的分子都比较少，而处于中间能量状态的分子最多，其能量接近于分子的平均能量。气体分子的能量分布见图 3-3。

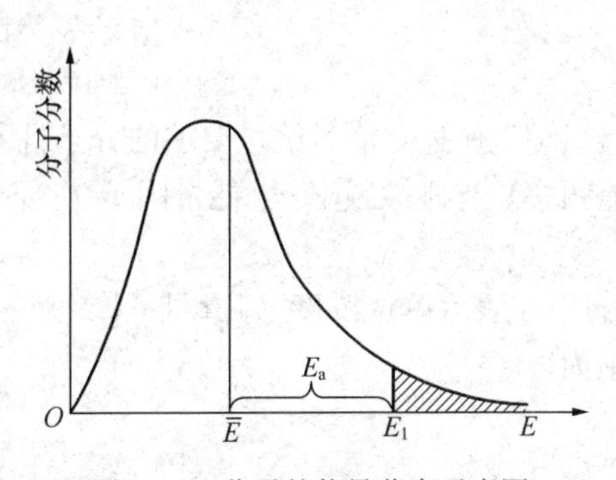

图 3-3　分子的能量分布示意图

如图 3-3 所示，能量在 E_1 以上的分子称为活化分子（active molecular），即 E_1 是活化分子具有的最低能量。图中的阴影部分面积为活化分子分数，用 f 表示。根据气体分子运动论，$f=e^{-E_a/RT}$，式中 e 为自然对数的底数，R 为摩尔气体常数，T 为热力学温度。当温度升高时，由于一些分子获得能量后成为活化分子，使活化分子分数增大，如图 3-4 所示，T_2 对应曲线阴影部分的面积大于 T_1。活化分子间的碰撞

是发生反应的必要条件。若能量满足要求的碰撞频率占总碰撞频率的分数用 f 表示，根据气体分子运动论，$f=e^{-E_a/RT}$，式中 f 称为能量因子，e 为自然对数的底数，R 为摩尔气体常数，T 为热力学温度。满足能量要求的碰撞频率为 $Z\cdot f$。

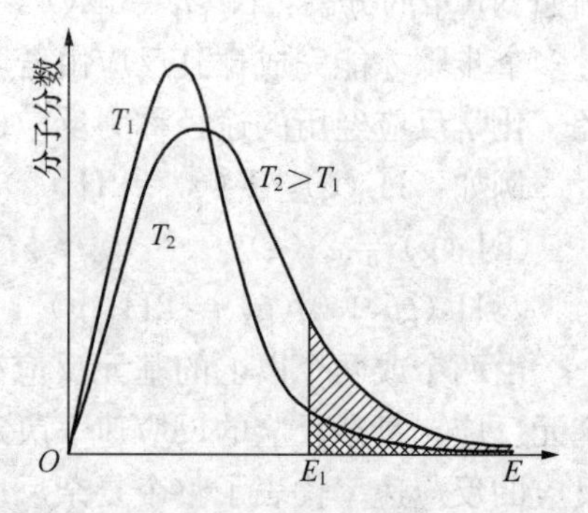

图 3-4　温度影响活化分子分数示意图

活化分子具有的最低能量 E_1 与分子的平均能量 $\bar{E}$ 之差称为反应的活化能（activation energy），用 E_a 表示，单位为 $kJ\cdot mol^{-1}$。活化能的大小由反应的本性所决定，它是决定反应速率快慢的重要因素。在一定的温度下，化学反应的活化能 E_a 越大，能量因子 f 越小，反应速率越慢。反之，E_a 越小，f 越大，反应速率越快。一般化学反应的活化能在42～420 $kJ\cdot mol^{-1}$。当活化能小于 42 $kJ\cdot mol^{-1}$时，反应在室温下瞬间完成。碰撞理论中反应的活化能只能通过实验来确定，基本上不随温度而变。

活化分子沿着一定的方向碰撞才能发生反应，如果方向不对，尽管分子的能量很大，也不可能发生反应。如图 3-5 所示。NO_2 和 CO 分子按图 3-5（b）的方向进行碰撞，不能发生有效碰撞，而按图 3-5（a）的方向碰撞，则发生有效碰撞，形成 NO 和 CO_2 分子。方向合适的碰撞频率与整个碰撞频率之比用取向因子 p 表示。

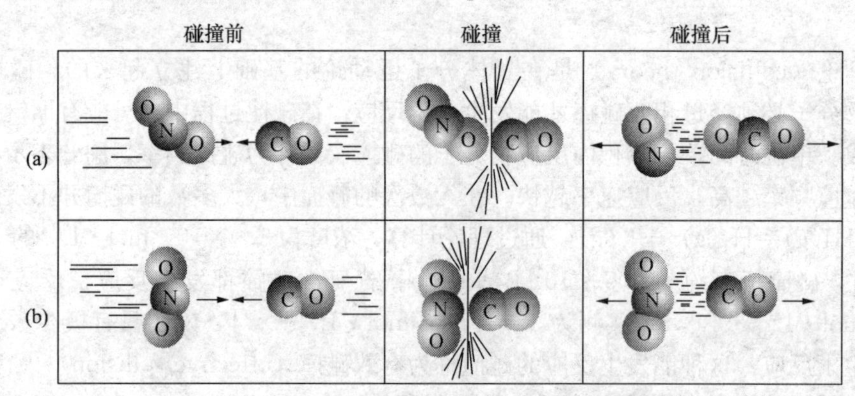

图 3-5　有效碰撞与无效碰撞示意图

（a）适当的碰撞方位　（b）不适当的碰撞方位

综上所述，满足能量要求的分子且方向合适的碰撞才是有效碰撞。反应速率 v（有效碰撞频率）与碰撞频率 z、能量因子 f、取向因子 p 有如下的关系：

$$v=z\cdot f\cdot p$$

若用 z_0 表示单位浓度（1 $mol\cdot L^{-1}$）时的碰撞频率，对于基元反应 A+B=C，则反应速率为

$$v=z_0\cdot f\cdot p\cdot c_A\cdot c_B$$

*二、过渡态理论简介

过渡态理论（transition state theory）是在统计力学和量子力学的发展中形成的，该理论不仅考虑了分子的碰撞，而且考虑了在碰撞过程中分子内部结构的变化。过渡态理论认为：化学反应不只是通过分子间

简单的碰撞，反应物就会变成产物，而是在碰撞过程中，首先生成一种不稳定的过渡态物质，称为活化配合物（activated coordination compound），然后再转化为产物。

例如基元反应，A+BC=AB+C，反应历程为

$$A+B—C \xrightleftharpoons{快} A\cdots B\cdots C \xrightarrow{慢} A—B+C$$

上式中A代表原子，B—C代表双原子分子，A…B…C代表活化配合物。在活化配合物中，旧的B—C键减弱，新的A—B键开始形成，B原子在同样程度上，既属于原来的分子BC，又属于开始形成的新分子AB。活化配合物处于高能量状态，很不稳定，可进一步分解变为产物。活化配合物分解得越快，反应速率也就越快。

从反应物到产物其能量变化如图3-6所示，由图3-6可看出，从反应物到形成活化配合物需要吸收能量，此吸收的能量就是反应的活化能。正反应的活化能与逆反应的活化能之差即为该反应的反应热 $\Delta_r H_m$：

$$\Delta_r H_m = E_{a正} - E_{a逆} \qquad (3-4)$$

过渡态理论将化学反应速率与物质的微观结构联系起来，同时又与热力学相结合，提供了理论上计算反应活化能的可能性。但目前只能对一些简单的反应系统做定量计算，在实际应用中还有许多问题需要进一步研究解决。

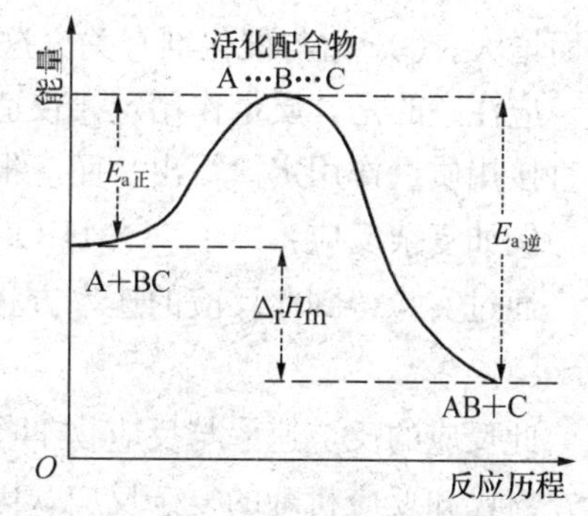

图3-6　反应过程中能量变化

第三节　浓度对化学反应速率的影响

化学反应的实质是旧的化学键断裂和新键的形成过程，因此反应物、产物分子的内部结构，例如化学键的强弱，分子的空间构型等，是决定化学反应速率的内在因素，反应活化能的大小即是其内在因素的反映。另外，反应的条件，例如反应物浓度、反应的温度、压力和催化剂等是影响化学反应速率的外因。本节讨论反应物浓度对反应速率的影响。

化学反应速率与反应物的浓度有密切的关系。例如，溶液中过硫酸钾与碘化钾的反应：$K_2S_2O_8+2KI=2K_2SO_4+I_2$，当溶液中存在淀粉时，生成的 I_2 遇淀粉即呈蓝色。在恒定温度下，增大过硫酸钾或碘化钾的浓度，蓝色显现较快。说明增大反应物的浓度，反应速率加快。因为温度一定时，增大反应物的浓度，单位体积内反应物分子数必然增多，活化分子数随之增加，使得单位时间内有效碰撞次数增多，所以反应速率加快。反应物浓度与反应速率的定量关系，通过质量作用定律加以说明。

一、质量作用定律

人们在研究反应物浓度与反应速率的关系时，通过大量的实验，发现了如下的规律：在一定的温度下，基元反应的反应速率与反应物浓度幂（以反应式中反应物的计量数为指数）的乘积成正比，称为质量作用定律（law of mass action）。

例如恒温下的基元反应　　$NO_2+CO=NO+CO_2$

根据质量作用定律，$v \propto c(NO_2)c(CO)$，即

$$v = kc(NO_2)c(CO)$$

任一基元反应　　$aA+bB=gG+hH$

则

$$v = kc_A^a c_B^b \tag{3-5}$$

上式称为化学反应的速率方程（rate equation），k 称为速率常数（rate constant）。k 的物理意义是：在给定的反应条件下，反应物浓度均为单位浓度时的反应速率。即 $c_A = c_B = 1\ mol \cdot L^{-1}$时，$v=k$。①不同的反应 k 值不同。从反应速率理论可知，$v=z_0 \cdot f \cdot p \cdot c_A^a \cdot c_B^b$，$k=z_0 \cdot f \cdot p, f=e^{-E_a/RT}$，可看出活化能越小，$k$ 值越大。②同一反应，k 值一般随温度升高而增大。③k 值与催化剂有关。这些将在后面逐一阐述。

应注意的是，质量作用定律仅适用于基元反应，因此复杂反应的速率方程不能根据反应式直接用质量作用定律写出，而应根据实验或复杂反应的反应机理来确定。

例如复杂反应：$HIO_3 + 3H_2SO_3 = HI + 3H_2SO_4$

通过实验得到此反应的速率方程为

$$v=kc(HIO_3)\ c(H_2SO_3)$$

此反应的反应速率与反应物 H_2SO_3 浓度的一次方成正比，而不是三次方成正比。

对已知反应机理的复杂反应，因为反应速率决定于基元反应中最慢的一步，因此，复杂反应的速率方程可根据最慢的一步基元反应来书写。

例如复杂反应 $2NO + 2H_2 = N_2 + 2H_2O$，已知反应机理为

① $2NO + H_2 = N_2O + H_2O$　　（慢）

② $2N_2O = 2N_2 + O_2$　　（快）

③ $2H_2 + O_2 = 2H_2O$　　（快）

由于反应①慢，因此反应①的反应速率即为总反应的反应速率。根据质量作用定律，此复杂反应的速率方程应为

$$v = kc^2(NO)c(H_2)$$

对有纯固体或纯液体参加的反应，由于反应只在其界面上进行，因此表征它们分散状态的比表面要影响反应速率，对于一种分散状态，比表面是一常数，纯固体或纯液体物质的浓度也是一常数，例如纯水的浓度为 $55.51\ mol^{-1}$，这些都并入到速率常数 k 中，在速率方程中不写入。例如煤的燃烧：

$$C(s) + O_2(g) = CO_2(g)$$

速率方程为

$$v=kc(O_2)$$

因气态物质的浓度也可用分压表示，所以也可将速率方程写为下式，显然 k 与 k_p 值不同。

$$v = k_p p(O_2)$$

在稀溶液中进行的反应，如果有溶剂参加反应，因为溶剂的浓度相对较大，且在反应过程中其浓度的变化较小，可以忽略，所以，可将溶剂的浓度视为常数，实质上即近似将其视为纯液体处理而归入速率常数 k，故其浓度不出现在速率方程中，例如：

$$C_{12}H_{22}O_{11} + H_2O \xrightarrow{H^+} \underset{葡萄糖}{C_6H_{12}O_6} + \underset{果糖}{C_6H_{12}O_6}$$

速率方程为

$$v=kc(C_{12}H_{22}O_{11})$$

二、反应级数

速率方程反映了反应速率与反应物浓度之间的定量关系。在速率方程中，浓度项的指数越大，说明浓度对反应速率的影响越大，不同的反应其反应物浓度的改变对反应速率的影响是不同的，为说明此问题，需要了解反应级数的概念。

在速率方程 $v=kc_A^a c_B^b$ 中，各反应物浓度的指数之和称为反应级数（order of reaction）。a、b 分别为反应物 A 和 B 的反应级数，$a+b$ 为该反应的反应级数。例如基元反应：

$$NO_2+CO=NO+CO_2$$

速率方程为

$$v=kc(NO_2)c(CO)$$

NO_2 的反应级数为 1，CO 的反应级数也为 1，由此可见，反应物 NO_2 和 CO 的浓度变化同等程度地影响该反应的反应速率。此反应的反应级数是：1+1=2，说明反应速率与反应物浓度的 2 次方成正比。

又如复杂反应：

$$2NO+2H_2=N_2+2H_2O$$

已知其速率方程为 $v=kc^2(NO)\ c(H_2)$，可知 NO 的反应级数为 2，H_2 的反应级数为 1，说明 NO 的浓度变化对反应速率的影响大于 H_2 的浓度变化对反应速率的影响。此反应的反应级数为 3，与上一例中的反应相比，此反应的反应物浓度变化对反应速率的影响更大。由上述讨论可得出如下结论：反应级数愈大，反应物浓度的变化对反应速率的影响愈显著。

基元反应都具有简单的反应级数，例如一级、二级或三级。复杂反应常不具有简单的级数。反应级数也可以是分数或零，反应级数为零，说明反应物浓度的变化对反应速率无影响，表面催化反应就属于这类反应。

速率常数的量纲由反应级数而定。若用 n 表示反应级数，则速率常数的量纲为 $(mol\cdot L^{-1})^{1-n}\cdot t^{-1}$，$t$ 表示时间，可以是秒（s）、分（min）、小时（h）等。

例 3-1　反应：$2NO(g)+O_2(g)=2NO_2(g)$，298 K 时测得的反应数据如下：

实验编号	$c(NO)/(mol\cdot L^{-1})$	$c(O_2)/(mol\cdot L^{-1})$	$v/(mol\cdot L^{-1}\cdot s^{-1})$
1	0.001 0	0.001 0	7.0×10^{-6}
2	0.002 0	0.001 0	2.8×10^{-5}
3	0.001 0	0.002 0	1.4×10^{-5}

（1）写出该反应的速率方程；（2）计算速率常数；（3）计算 $c(NO)=0.003\ 0\ mol\cdot L^{-1}$，$c(O_2)=0.001\ 5\ mol\cdot L^{-1}$时的反应速率。

解：（1）反应的速率方程　$v=kc^x(NO)\ c^y(O_2)$

将实验 1、2 组数据代入上式后相除得

$$\frac{v_1}{v_2}=\frac{k(0.001\ 0\ mol\cdot L^{-1})^x(0.001\ 0\ mol\cdot L^{-1})^y}{k(0.002\ 0\ mol\cdot L^{-1})^x(0.001\ 0\ mol\cdot L^{-1})^y}=\frac{7.0\times10^{-6}\ mol\cdot L^{-1}\cdot s^{-1}}{2.8\times10^{-5}\ mol\cdot L^{-1}\cdot s^{-1}}$$

$$\left(\frac{1}{2}\right)^x=\frac{1}{4}\qquad x=2$$

同理将 1、3 组数据代入速率方程后相除得

$$\frac{v_1}{v_3}=\frac{k(0.0010\ \text{mol}\cdot\text{L}^{-1})^x(0.0010\ \text{mol}\cdot\text{L}^{-1})^y}{k(0.0010\ \text{mol}\cdot\text{L}^{-1})^x(0.0020\ \text{mol}\cdot\text{L}^{-1})^y}=\frac{7.0\times10^{-6}\ \text{mol}\cdot\text{L}^{-1}\cdot\text{s}^{-1}}{1.4\times10^{-5}\ \text{mol}\cdot\text{L}^{-1}\cdot\text{s}^{-1}}$$

$$\left(\frac{1}{2}\right)^y=\frac{1}{2}\qquad y=1$$

速率方程为 $$v=kc^2(\text{NO})c(\text{O}_2)$$

（2）将第一组数据代入速率方程得

$$7.0\times10^{-6}\ \text{mol}\cdot\text{L}^{-1}\cdot\text{s}^{-1}=k(0.0010\ \text{mol}\cdot\text{L}^{-1})^2\times(0.0010\ \text{mol}\cdot\text{L}^{-1})$$

$$k=7.0\times10^3\ \text{L}^2\cdot\text{mol}^{-2}\cdot\text{s}^{-1}$$

（3）当 $c(\text{NO})=0.0030\ \text{mol}\cdot\text{L}^{-1}$，$c(\text{O}_2)=0.0015\ \text{mol}\cdot\text{L}^{-1}$时，

$$v=7.0\times10^3\ \text{L}^2\cdot\text{mol}^{-2}\cdot\text{s}^{-1}\times(0.0030\ \text{mol}\cdot\text{L}^{-1})^2\times(0.0015\ \text{mol}\cdot\text{L}^{-1})$$
$$=9.45\times10^{-5}\ \text{mol}\cdot\text{L}^{-1}\cdot\text{s}^{-1}$$

三、一级反应速率方程的积分式

一级反应（reaction of first order）的反应速率与反应物浓度的一次方成正比，例如一级反应：A ⟶ 产物，其反应速率为

$$v_{\text{A}}=-\frac{\text{d}c_{\text{A}}}{\text{d}t}=kc_{\text{A}}$$

$$-\frac{\text{d}c_{\text{A}}}{c_{\text{A}}}=k\text{d}t$$

若 $t=0$ 时的浓度为 $c_{\text{A},0}$，$t=t$ 时的浓度为 c_{A}，对上式做定积分：

$$-\int_{c_{\text{A},0}}^{c_{\text{A}}}\frac{\text{d}c_{\text{A}}}{c_{\text{A}}}=k\int_0^t\text{d}t$$

$$-(\ln c_{\text{A}}-\ln c_{\text{A},0})=k(t-0)=kt$$

$$\ln\frac{c_{\text{A},0}}{c_{\text{A}}}=kt\qquad(3-6)$$

若令 $c_{\text{A}}=\frac{1}{2}c_{\text{A},0}$的时间为 $t_{\frac{1}{2}}$，即反应物消耗了一半所需的时间，这个时间称为半衰期，代入上式得

$$t_{\frac{1}{2}}=\frac{\ln 2}{k}\qquad(3-7)$$

从上式可看出，一级反应的半衰期与反应的速率常数成反比，而与反应的初始浓度无关。

例 3-2 已知 N_2O_5 的分解反应是一级反应，$N_2O_5=N_2O_4+\frac{1}{2}O_2$，其半衰期是 5 h 42 min，求反应的速率常数。

解： 5 h 42 min=342 min

$$k=\frac{\ln 2}{t_{\frac{1}{2}}}=\frac{0.693}{342\ \text{min}}=2.03\times10^{-3}\ \text{min}^{-1}$$

第四节 温度对化学反应速率的影响

温度是影响化学反应速率的一个重要因素，与浓度相比，温度的影响更大。例如碳

在空气中的氧化反应，在室温下反应速率很慢，但把碳加热至高温时则会剧烈反应。N_2 和 H_2 化合生成 NH_3 的反应也是这样，室温下反应速率很慢，升温时，反应速率随温度的升高而增快。但也有少数反应温度升高反应速率反而减慢，例如硝酸生产过程中 NO 的氧化反应：$2NO+O_2=2NO_2$ 就是这类反应。可见温度对反应速度的影响是比较复杂的，但总的说来，绝大多数化学反应的反应速率都是随温度的升高而加快，以下讨论的是这类反应。

为什么升高温度，反应速率会加快呢？其原因之一是升高温度使分子的运动速度加快，增加了单位时间内分子间的碰撞频率。但这个影响是很小的，因为根据气体分子运动论的计算，当温度从 300K 升到 400K 时，碰撞频率只增大约 0.15 倍。升温反应速率加快最主要的原因是，升温使分子的能量增大，一些普通分子获得能量后成为了活化分子，增大了活化分子分数，从而使得单位时间内有效碰撞次数增多，反应速率加快，见图 3-4。

温度对反应速率的影响，主要表现在对速率常数的影响，温度升高，k 值增大。范特荷夫（Van't Hoff）根据实验总结出一条近似规律，温度每升高 10 K，反应速率增大 2～4 倍，即

$$\frac{k_{T+10}}{k_T}=2\sim 4$$

阿仑尼乌斯（Arrhenius）根据大量的实验事实总结出了速率常数与温度之间的定量关系式：

$$k=A\mathrm{e}^{-E_a/RT} \tag{3-8}$$

上式中 A 为给定反应的特征常数，称为频率因子或指前因子，从前面的讨论中已知 $k=z_0\cdot f\cdot p$，$f=\mathrm{e}^{-E_a/RT}$，因此 $A=z_0\cdot p$。由式（3-8）可看出，同一反应，E_a 受温度影响不大，可近似认为是定值，温度越高，能量因子 f 越大，k 值越大。式（3-8）为阿仑尼乌斯公式的指数形式，若将其取自然对数可得

$$\ln k=-\frac{E_a}{RT}+\ln A$$

由上式可看出，$\ln k$ 对 $1/T$ 为线性关系，如图 3-7 所示，图中直线的斜率为$-\frac{E_a}{R}$，截距为 $\ln A$。若通过实验求出一系列不同温度下的 k 值，以 $\ln k$ 为纵坐标，$1/T$ 为横坐标作图即得一直线，根据直线的斜率可求 E_a，根据截距可求 A。

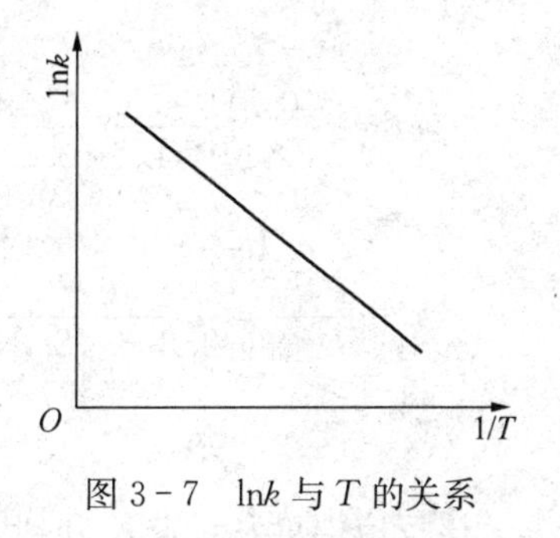

图 3-7　lnk 与 T 的关系

若反应在温度 T_1 时的速率常数为 k_1，在温度 T_2 时的速率常数为 k_2，代入上式可得

$$\ln k_1=-\frac{E_a}{RT_1}+\ln A \quad ①$$

$$\ln k_2=-\frac{E_a}{RT_2}+\ln A \quad ②$$

将式②－①，得到下式：

$$\ln\frac{k_2}{k_1}=\frac{E_a}{R}\left(\frac{T_2-T_1}{T_1\cdot T_2}\right) \tag{3-9}$$

或

$$\lg\frac{k_2}{k_1}=\frac{E_a}{2.303R}\left(\frac{T_2-T_1}{T_1\cdot T_2}\right)$$

分析上式可以看出：①活化能 E_a 不同的两个反应，当温度都从 T_1（如 300 K）升为 T_2（如 400 K）时，E_a 大的反应其速率常数增大的倍数多，即温度对 E_a 大的反应速率影响大。②同一反应，E_a 一定，在低温区，温度的变化（如从 300 K 升为 400 K）对反应速率的影响较大，而在高温区，温度的变化（如从 1 000 K 升为 1 100 K）对反应速率的影响较小。因此在温度较低时采取加热的方法加快反应速率很有效，而在高温时通过再升温来提高反应速率就没有多大的实际意义。

若已知反应在 T_1、T_2 的速率常数 k_1、k_2，利用式（3-9）可计算反应的活化能；或已知反应的活化能及某一温度 T_1 的 k_1，则可计算另一温度 T_2 的 k_2 值。

例 3-3 已知反应 $CO(g)+NO_2(g)=CO_2(g)+NO(g)$ 的活化能为 $1.34\times10^2\ kJ\cdot mol^{-1}$，600 K 时速率常数为 $2.8\times10^{-2}\ L\cdot mol^{-1}\cdot s^{-1}$，计算 680 K 时的速率常数。

解：已知 $T_1=600\ K$，$T_2=680\ K$，$k_1=2.8\times10^{-2}\ L\cdot mol^{-1}\cdot s^{-1}$，$E_a=1.34\times10^2\ kJ\cdot mol^{-1}$

代入
$$\lg\frac{k_2}{k_1}=\frac{E_a}{2.303R}\left(\frac{T_2-T_1}{T_1\cdot T_2}\right)$$

$$\lg\frac{k_2}{2.8\times10^{-2}\ L\cdot mol^{-1}\cdot s^{-1}}=\frac{1.34\times10^5\ J\cdot mol^{-1}}{2.303\times8.314\ J\cdot K^{-1}\cdot mol^{-1}}\times\left(\frac{680\ K-600\ K}{600\ K\times680\ K}\right)$$

$$\lg\frac{k_2}{2.8\times10^{-2}\ L\cdot mol^{-1}\cdot s^{-1}}=1.37$$

$$\frac{k_2}{2.8\times10^{-2}\ L\cdot mol^{-1}\cdot s^{-1}}=23.4$$

$$k_2=0.66\ L\cdot mol^{-1}\cdot s^{-1}$$

例 3-4 反应 $2NOCl(g)=2NO(g)+Cl_2(g)$，已知 300 K 时的速率常数 k 为 $2.8\times10^{-5}\ L\cdot mol^{-1}\cdot s^{-1}$，400 K 时的速率常数 k 为 $0.70\ L\cdot mol^{-1}\cdot s^{-1}$。(1) 计算该反应的活化能。(2) 该反应在 1 100 K 时的反应速率是 1 000 K 时的多少倍？并与 300 K 升至 400 K 反应速率增大的倍数相比较。

解：根据
$$\lg\frac{k_2}{k_1}=\frac{E_a}{2.303R}\left(\frac{T_2-T_1}{T_1\cdot T_2}\right)$$

(1) $$\lg\frac{0.70\ L\cdot mol^{-1}\cdot s^{-1}}{2.8\times10^{-5}\ L\cdot mol^{-1}\cdot s^{-1}}=\frac{E_a}{2.303\times8.314\times10^{-3}\ kJ\cdot K^{-1}\cdot mol^{-1}}\times\left(\frac{400\ K-300\ K}{400\ K\times300\ K}\right)$$

$$E_a=101\ kJ\cdot mol^{-1}$$

(2) $$\lg\frac{k_{1\,100}}{k_{1\,000}}=\frac{101\ kJ\cdot mol^{-1}}{2.303\times8.314\times10^{-3}\ kJ\cdot K^{-1}\cdot mol^{-1}}\times\left(\frac{1\,100\ K-1\,000\ K}{1\,000\ K\times1\,100\ K}\right)=0.48$$

$$\frac{k_{1\,100}}{k_{1\,000}}=3.0\ (倍)$$

该反应温度从 300 K 升到 400 K 时，速率常数增大的倍数：

$$\frac{k_{400}}{k_{300}}=\frac{0.70\ L\cdot mol^{-1}\cdot s^{-1}}{2.8\times10^{-5}\ L\cdot mol^{-1}\cdot s^{-1}}=25\,000(倍)$$

可见，同样升温 100 K，低温下反应速率增大的倍数非常大，而高温下增大的倍数较小。

第五节　催化剂对化学反应速率的影响

一、催化剂和催化作用

能改变化学反应速率，并在反应前后自身的化学性质和质量保持不变的物质称为催化剂(catalyst)。例如，在氯酸钾中加入少量的二氧化锰，氯酸钾的分解反应大大地加快，二氧化锰是此反应的催化剂。催化剂对化学反应所起的作用称为催化作用（catalysis)。

催化剂按其作用可分为两大类，一类是使反应速率加快，称正催化剂，简称催化剂。另一类使反应速率减慢，称负催化剂或阻化剂。减慢橡胶、塑料老化速率的防老化剂，食品贮藏中加入的抗氧化剂等都是负催化剂。

二、催化剂的特性

1. 高效性　催化剂的一个基本特性是：少量的催化剂即可大大加快反应速率，即高效性。例如 SO_2 氧化成 SO_3 的反应，只要加入少量的催化剂五氧化二钒（V_2O_5)，可使反应速率提高约一亿倍。催化剂之所以能加快化学反应速率，是因为加入催化剂以后，改变了反应的历程，降低了反应的活化能。表 3－1 中 HI 的分解（503 K 下进行)，在没有催化剂时，反应的活化能为 184.1 kJ·mol^{-1}，当以 Au 作为催化剂后，反应的活化能降为 106.4 kJ·mol^{-1}，根据阿仑尼乌斯公式：

$$\frac{k_{催}}{k_{非催}}=\frac{Ae^{-106.4/RT}}{A'e^{-184.1/RT}}$$

假定催化反应和非催化反应的指前因子 A 与 A' 相同，则

$$\frac{k_{催}}{k_{非催}}=1.2\times10^{8}$$

反应速率提高一亿倍，可见催化剂对反应速率的影响之大。

表 3－1　催化反应和非催化反应活化能

反　应	活化能/(kJ·mol^{-1})		催化剂
	非催化反应	催化反应	
$2HI=H_2+I_2$	184.1	106.4	Au
$2SO_2+O_2=2SO_3$	251.0	62.76	Pt
$N_2+3H_2=2NH_3$	334.7	167.4	$Fe-Al_2O_3-K_2O$

2. 选择性　催化剂的另一个特性是：催化剂具有特殊的选择性。不同的化学反应需选用不同的催化剂。例如合成氨的反应：$N_2+3H_2=2NH_3$，需用铁作为催化剂，而硫酸生产中的主要反应：$2SO_2+O_2=2SO_3$，则只能用 V_2O_5、Pt 或 NO 等作催化剂。而且同样的反应物当选用不同的催化剂时，可得到不同的产物，例如：

$$CH_3CH_2OH\xrightarrow[473\sim523\ K]{Cu}CH_3CHO+H_2$$

$$CH_3CH_2OH \xrightarrow[623\sim633\ K]{Al_2O_3} C_2H_4 + H_2O$$

在有副反应存在的化学反应中，由于催化剂具有选择性，它能选择催化其中某一反应，而对其他反应不起作用，因此我们可以利用它的这一特性，使反应向着主反应方向进行。

三、均相催化和多相催化

1. 均相催化　在催化反应中，当催化剂和反应物同处于均匀的气相或液相时，此类催化反应称为均相催化反应（homogeneous catalysis）。在均相催化中，常用中间产物理论来解释催化原理。中间产物理论认为：化学反应加入催化剂以后，催化剂与反应物生成了一种中间产物，然后中间产物再反应而得到产物，这样就改变了反应途径，新的反应途径降低了反应的活化能，使反应速率加快。如图 3－8 所示，加催化剂后，反应沿着活化能较低的新途径（图中虚线所示）进行。

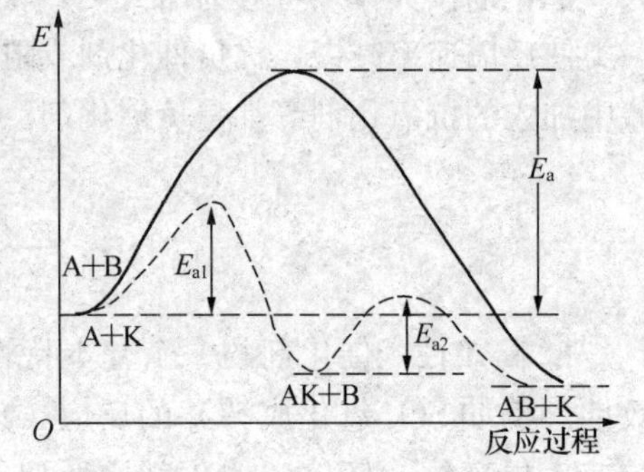

图 3－8　催化剂改变反应途径示意图

反应 $A+B \longrightarrow AB$，加入催化剂 K 后，其反应历程为

① $A+K \longrightarrow AK$

② $AK+B \longrightarrow AB+K$

酸碱催化是一大类的均相催化反应，许多有机物的取代反应、水解反应都属此类。例如蔗糖的水解反应，酸作为催化剂，酸和蔗糖同处于液相中：

$$\underset{\text{蔗糖}}{C_{12}H_{22}O_{11}} + H_2O \xrightarrow{H^+} \underset{\text{果糖}}{C_6H_{12}O_6} + \underset{\text{葡萄糖}}{C_6H_{12}O_6}$$

2. 多相催化　催化剂与反应物处于不同相的反应称为多相催化反应（heterogeneous catalysis）。大多数多相催化反应都是气-固催化反应或液-固催化反应，即催化剂是固相，反应物是气相或液相。在多相催化中，反应物是被催化剂中的活性中心吸附在催化剂的表面，被吸附分子的结构和性质发生了变化，使其更易于发生反应。例如合成氨的反应，加入催化剂铁粉以后，其反应机理一般认为是：气相中的氮分子被吸附在催化剂铁表面上，使氮分子内的化学键减弱，继而进一步断裂解离为氮原子，气相中的氢分子同铁表面上的氮原子作用，逐步生成 $\rangle NH$，$—NH_2$ 和 NH_3，如图 3－9 所示，最后 NH_3 离开催化剂表面，催化剂再吸附其他分子，反应周而复始一直进行下去。此过程的活化能降低了，因而使得反应速率加快。

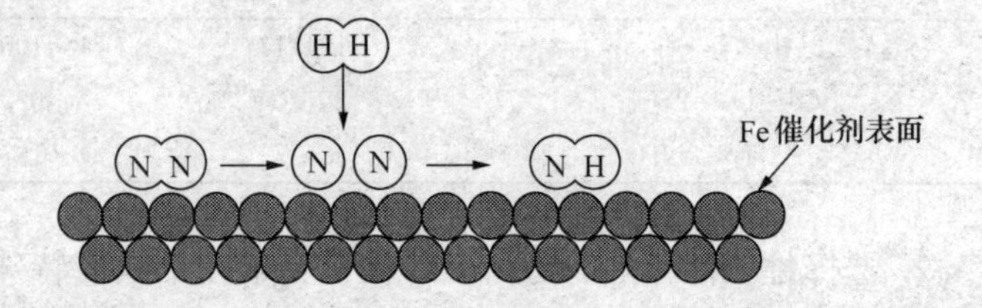

图 3－9　氨的催化合成示意图

在催化剂的使用过程中，若反应系统中存在某些极少量的杂质，可使催化剂的活性减小或消失，称为催化剂中毒。中毒可分为永久性中毒和暂时性中毒，永久性中毒后催化剂完全

失效，难于恢复其活性。对暂时性中毒，将毒物除去后，催化剂的活性即可恢复。例如合成氨反应中的铁催化剂，由氧气和水蒸气所引起的中毒是暂时性的，用加热还原的方法可使催化剂恢复活性，而由硫化物引起的中毒则很难用一般方法除去，所以是永久性中毒。因此，在多相催化的工业生产中，应保持原料的纯净。

四、酶 催 化

生物体内产生的具有催化能力的蛋白质称为酶（enzyme），也称生物催化剂，人的唾液里有催化淀粉水解的淀粉酶，胃里有催化蛋白质水解的胃蛋白酶。生物体内的一切化学反应都是在酶催化作用下进行的。

酶除了具有一般催化剂的特性外，还有一些不同于普通催化剂的特性。酶的催化效率更高，酶催化反应的反应速率比非催化反应的反应速率高 10^8～10^{20} 倍，比普通催化剂的催化效率高 10^7～10^{13} 倍。对比 Fe^{3+} 和过氧化氢酶对过氧化氢的催化效果即可说明，酶的催化效率比 Fe^{3+} 大 10^{10} 倍，见表 3-2。在酶催化反应中，反应物被称为底物（substrate）。

表 3-2 酶与非生物催化剂对比

催化剂	底物	反应条件		分解底物数量/mol
		温度	时间	
过氧化氢酶（1 mol）	H_2O_2	0 ℃	1 s	10^5
Fe^{3+}（1 mol）	H_2O_2	0 ℃	1 s	10^{-5}

酶催化的选择性更强，一种酶只能催化一种反应，而对其他反应不起作用。就像一把钥匙开一把锁那样，酶的高度专一性是酶的一个最重要的特性。例如淀粉酶只能催化淀粉水解，蛋白酶只能催化蛋白质水解。生物体内的物质代谢包含许多种化学反应，在这些反应中如果没有许多专一性很强的酶组成的一系列的酶催化系统，生物体内物质的有规律的新陈代谢就不可能发生。

因为酶是一种蛋白质，凡能使蛋白质变性的因素，如高温、强酸或强碱以及某些重金属离子等都会使酶失去活性，而这些因素对非生物催化剂的影响很小。酶催化反应中，温度的影响较大。在一定的温度范围内，酶的活性随着温度的升高而增大，当温度升高到一定的程度时，酶的活性不再升高，反而降低，这时部分酶因变性而失去活性，如果继续升高温度，酶可完全失去活性。一般植物体内的酶的最适宜的温度为 40～50 ℃，动物体内的酶的最适宜温度为 37～40 ℃。

酶的活性随 pH 的不同而变化，各种酶只能在一定的 pH 范围内显示其活性，高于或低于其 pH 范围，酶的活性都会下降。一般植物体内的酶最适宜的 pH 为 4～6.5，动物体内的酶最适宜的 pH 为 6.5～8。

酶催化反应的原理常用中间产物理论来解释：酶的表面与底物结合形成不稳定的中间产物，然后中间产物分解生成产物，并释放出原来的酶。因为通过生成这种中间产物而分解成产物所需活化能较由底物直接生成产物所需的活化能小得多，故可以极大地加快反应速率。酶与底物的反应可用下式表示：

$$S + E \rightleftharpoons ES \longrightarrow E + P$$

底物 酶 中间产物 酶 产物

酶催化在现代食品工业、医疗卫生和农业生产等各行业中有着广泛的应用。

第六节 可逆反应与化学平衡

一、分压定律

1. 理想气体状态方程 物质存在气、液、固三种不同的聚集状态。当物质为气态时，可以近似地认为，气体的物理性质与它们的化学组成无关，而与其体积V、压力p、温度T密切相关。反映气体p、V、T、n（物质的量）之间关系的数学表达式称为气体的状态方程式。

假设某种气体在任何压力、任何温度下都严格遵守下式，这种气体称为理想气体（ideal gas）。

$$pV = nRT \tag{3-10}$$

上式称为理想气体状态方程（equation of state of ideal gas），它表示了理想气体p、V、T、n之间的变化规律。理想气体是一个科学的抽象概念，理想气体分子间无作用力，分子本身无体积，客观上是不存在的。但在高温和低压时，实际气体分子间的平均距离远，分子间的作用力很小，气体分子本身的体积与气体的体积相比也非常小，故可以按理想气体来处理。

2. 分压定律 由于理想气体分子是无相互作用力，无体积的质点，因此每个气体分子对容器壁的碰撞与其他分子的存在无关。当两种或两种以上互不发生化学反应的理想气体混合在同一容器中，系统中的组分气体就像单独存在时一样，均匀地分布在整个容器中，占据与混合气体相同的体积。在一定温度下，组分气体单独占据与混合气体相同的体积时所具有的压力，称为该组分气体的分压（partial pressure）。道尔顿（Dalton）通过实验证明：混合气体的总压力等于各组分气体的分压之和，称为分压定律（law of partial pressure），其数学表达式为

$$p_{总} = p_1 + p_2 + p_3 + \cdots + p_i + \cdots = \sum p_i \tag{3-11}$$

设在体积为V的容器中，混合有1、2、3…i…种气体，各组分气体物质的量为n_1、n_2、$n_3 \cdots n_i \cdots$，温度为T时，根据$pV=nRT$，应有

$$p_{总}V = n_{总}RT = (n_1 + n_2 + n_3 + \cdots + n_i + \cdots)RT \qquad ①$$

混合气体中i组分气体的状态方程式为

$$p_i V = n_i RT \qquad ②$$

用②÷①得到

$$p_i = p_{总}\frac{n_i}{n_{总}} = p_{总}\, x_i \tag{3-12}$$

上式中$\frac{n_i}{n_{总}}$（或x_i）为i组分气体的摩尔分数。利用上式可计算混合气体中各组分气体的分压。

混合气体中，某组分气体与混合气体具有相同温度、相同压力时所占有的体积，称为该组分气体的分体积（partial volume）。根据$pV=nRT$，可以证明：当T、p一定时，混合气

体的总体积等于各组分气体的分体积之和，称为气体的分体积定律（law of partial volume），其数学表达式：

$$V_{总}=V_1+V_2+V_3+\cdots+V_i+\cdots=\sum V_i$$

与分压定律类似，分体积定律的另一种形式为：混合气体中某组分气体的分体积等于总体积乘以该组分气体的摩尔分数，即

$$V_i=V_{总}\frac{n_i}{n_{总}}$$

由上式可推出

$$\frac{V_i}{V_{总}}=\frac{n_i}{n_{总}}$$

将上式代入式（3-12）可得到

$$p_i=p_{总}\frac{n_i}{n_{总}}=p_{总}\frac{V_i}{V_{总}}$$

例 3-5　在容积为 5.00 L 的容器中充有 3.50 g 的 CO 和 0.500 g 的 H_2，温度为 300 K。试计算：（1）CO 和 H_2 的分压；（2）混合气体的总压。

解：（1）

$$n(CO)=\frac{m(CO)}{M(CO)}=\frac{3.50\ g}{28.0\ g\cdot mol^{-1}}=0.125\ mol$$

$$n(H_2)=\frac{m(H_2)}{M(H_2)}=\frac{0.500\ g}{2.02\ g\cdot mol^{-1}}=0.248\ mol$$

此条件下的 CO 和 H_2 都可用理想气体状态方程近似处理，因此有

$$p(CO)=\frac{n(CO)RT}{V}=\frac{0.125\ mol\times 8.314\ kPa\cdot L\cdot mol^{-1}\cdot K^{-1}\times 300\ K}{5.00\ L}=62.4\ kPa$$

$$p(H_2)=\frac{n(H_2)RT}{V}=\frac{0.248\ mol\times 8.314\ kPa\cdot L\cdot mol^{-1}\cdot K^{-1}\times 300\ K}{5.00\ L}=124\ kPa$$

（2）$p_{总}=p(CO)+p(H_2)=62.4\ kPa+124\ kPa=186\ kPa$

例 3-6　在 293 K 和 100 kPa 时，在水面上收集到 0.52 L 的氢气，计算氢气的分压和氢气的物质的量（已知 293 K 时水的饱和蒸气压为 2.337 kPa）。

解：根据分压定律，$p(H_2)=p_{总}-p(H_2O)=100\ kPa-2.337\ kPa=97.663\ kPa$

因为

$$p(H_2)V=n(H_2)RT$$

所以

$$n(H_2)=\frac{p(H_2)V}{RT}=\frac{97.663\ kPa\times 0.52\ L}{8.314\ kPa\cdot L\cdot mol^{-1}\cdot K^{-1}\times 293\ K}=0.021\ mol$$

二、可逆反应与化学平衡

同一条件下，既能向一方向进行，又能向相反方向进行的化学反应称为可逆反应（reversible reaction）。大多数化学反应都是可逆的，为了表示反应的可逆性，在书写化学反应方程式时，用两个方向相反的箭头代替等号。例如合成氨是可逆反应：$N_2+3H_2 \rightleftharpoons 2NH_3$。

任一可逆反应：

$$aA+bB \rightleftharpoons gG+hH$$

在反应的初始阶段，由于反应物浓度大，产物的浓度很小，正反应的速率大于逆反应速

率，此时反应向着由反应物转变成产物的方向进行。随着反应的进行，反应物的浓度不断减少，正反应速率逐渐减慢，而逆反应速率随着产物浓度的增加而加快。反应进行到某一时刻，正逆反应速率相等，即 $v_{正}=v_{逆}$，此时反应物与产物的浓度不再随时间而变，这种状态称为平衡态。如图 3-10 所示，反应系统的这种平衡态称为化学平衡（chemical equilibrium）。平衡时，反应物和产物的浓度称为平衡浓度。化学反应的平衡态反映了可逆反应在一定的条件下所能达到的最大限度。

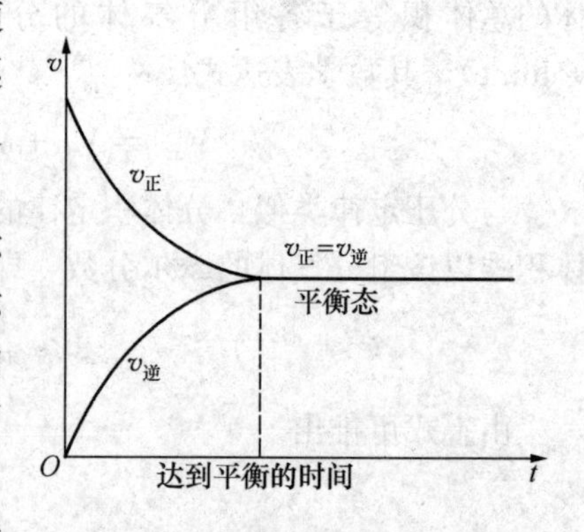

图 3-10　化学平衡建立示意图

可逆反应达平衡后，尽管反应物和产物的浓度保持恒定，但反应并没有停止，正逆反应以相等的速率不断地进行，所以化学平衡是一种动态平衡。化学平衡的建立和保持是有条件的、暂时的，一旦反应条件发生了变化，暂时的平衡状态就会被破坏，反应将继续进行，直至重新建立平衡。

三、平衡常数

1. 实验平衡常数

（1）实验浓度平衡常数　实验证明，任一可逆反应

$$aA+bB \rightleftharpoons gG+hH$$

在一定的条件下达平衡后，反应物和产物的平衡浓度之间存在着下列关系：

$$K_c=\frac{[G]^g[H]^h}{[A]^a[B]^b} \tag{3-13}$$

上式表明：化学反应达平衡时，产物平衡浓度幂（以反应式中物质的计量数为指数）的乘积与反应物平衡浓度幂的乘积之比是一个常数。上式称为平衡常数表达式，[A]、[B]、[G]、[H] 分别表示 A、B、G、H 物质的平衡浓度，单位为 $mol \cdot L^{-1}$。K_c 称为实验浓度平衡常数或经验浓度平衡常数。K_c 的大小反映了可逆反应进行的程度，K_c 值越大，反应进行得越完全，反之 K_c 值越小，反应进行的程度越小。

表 3-3 是式（3-13）的实例，实验数据表明了当温度一定时 $[NO_2]^2/[N_2O_4]$ 是一常数，同时也表明平衡常数与实验的初始浓度无关。

表 3-3　$N_2O_4(g) \rightleftharpoons 2NO_2(g)$ 反应的实验数据（298 K）

实验编号	初始浓度/($mol \cdot L^{-1}$)		平衡浓度/($mol \cdot L^{-1}$)		平衡常数表达式和数值/($mol \cdot L^{-1}$)
	N_2O_4	NO_2	$[N_2O_4]$	$[NO_2]$	$[NO_2]^2/[N_2O_4]$
1	0.040 0	0.000 0	0.033 7	0.012 5	4.64×10^{-3}
2	0.000 0	0.080 0	0.033 7	0.012 5	4.64×10^{-3}
3	0.060 0	0.000 0	0.052 2	0.015 6	4.66×10^{-3}
4	0.000 0	0.060 0	0.024 6	0.010 7	4.65×10^{-3}
5	0.020 0	0.060 0	0.042 9	0.014 1	4.65×10^{-3}

由化学反应的速率方程也可推出平衡常数表达式。对于正逆反应都是基元反应的可逆反

应，例如：

$$aA+bB \rightleftharpoons gG+hH$$

正反应速率 $v_{正}=k_{正}\ c_A^a c_B^b$，逆反应速率 $v_{逆}=k_{逆}\ c_G^g c_H^h$。平衡时，正逆反应速率相等 $v_{正}=v_{逆}$，因此，$k_{正}\ [A]^a\ [B]^b=k_{逆}\ [G]^g\ [H]^h$，移项后得到

$$\frac{[G]^g[H]^h}{[A]^a[B]^b}=\frac{k_{正}}{k_{逆}}=K_c \tag{3-14}$$

对于复杂反应也可推出同样的结果。

因为 $k_{正}$ 和 $k_{逆}$ 分别为正反应和逆反应的速率常数，在一定的温度下，它们是常数，所以其比值 K 也为常数。由于 $k_{正}$、$k_{逆}$ 与反应物、产物的浓度无关而都与温度有关，因此平衡常数 K 也与反应物和产物的浓度无关而与温度有关。因为催化剂使正逆反应的速率常数增大的倍数相同，所以催化剂对 K 无影响。

（2）实验压力平衡常数　对于气体反应，由于在一定的温度下，气体的分压与浓度成正比，因此在平衡常数表达式中，对于气体常用分压代替浓度，记为 K_p，K_p 称为实验压力平衡常数。

任一气体反应：$aA(g)+bB(g) \rightleftharpoons gG(g)+hH(g)$

$$K_p=\frac{p_G^g p_H^h}{p_A^a p_B^b} \tag{3-15}$$

上式中 p_A、p_B、p_G、p_H 分别为反应物和产物的平衡压力，量纲为 kPa。

（3）正确书写平衡常数表达式

① 平衡常数的表达式及数值与反应方程式的写法有关。例如合成氨的反应：

$$N_2(g)+3H_2(g) \rightleftharpoons 2NH_3(g)$$

$$K_p=\frac{p^2(NH_3)}{p(N_2)p^3(H_2)}$$

若将反应方程式写成：$\frac{1}{2}N_2(g)+\frac{3}{2}H_2(g) \rightleftharpoons NH_3(g)$，则平衡常数 K_p' 为

$$K_p'=\frac{p(NH_3)}{p^{\frac{1}{2}}(N_2)p^{\frac{3}{2}}(H_2)}$$

显然　$K_p=K_p'^2$

若将反应方程式写作　$2NH_3 \rightleftharpoons N_2+3H_2$

则

$$K_p''=\frac{p(N_2)\ p^3(H_2)}{p^2(NH_3)}$$

$$K_p''=\frac{1}{K_p}$$

② 纯固体、纯液体的浓度或分压不写入平衡常数表达式。例如下列反应：

$$CaCO_3(s) \rightleftharpoons CaO(s)+CO_2(g)$$

$$K_p=p(CO_2)$$

$$CO_2(g)+H_2(g) \rightleftharpoons CO(g)+H_2O(l)$$

$$K_p=\frac{p(CO)}{p(CO_2)p(H_2)}$$

③ 稀水溶液中进行的反应，水的浓度不写入平衡常数表达式，但在非水溶液中进行的反应，水与其他物质一样，其浓度都要写在平衡常数表达式中。如前所述，因为稀水溶液中

水的浓度很大，在整个反应过程中，不管反应进行到什么程度，水的浓度变化都很小，所以可视为常数，在平衡常数表达式中不列出其浓度。例如：

$$Cr_2O_7^{2-}+H_2O \rightleftharpoons 2CrO_4^{2-}+2H^+$$

$$K_c=\frac{[CrO_4^{2-}]^2\ [H^+]^2}{[Cr_2O_7^{2-}]}$$

④ 多重平衡规则：如果可逆反应是分步进行的，则每一步反应都可写出其平衡常数，各步反应的平衡常数的乘积等于总反应的平衡常数，例如：

$$A+2B \rightleftharpoons AB_2$$

其分步反应是　　$A+B \rightleftharpoons AB \qquad K_1=\frac{[AB]}{[A]\ [B]}$

$$AB+B \rightleftharpoons AB_2 \qquad K_2=\frac{[AB_2]}{[AB]\ [B]}$$

总反应的平衡常数：　$K=K_1\cdot K_2=\frac{[AB]}{[A]\ [B]}\cdot\frac{[AB_2]}{[AB]\ [B]}=\frac{[AB_2]}{[A]\ [B]^2}$

(4) 平衡常数的相关计算　在化学平衡中，平衡常数是一个重要的数据。可逆反应达到平衡后，通过平衡常数可以计算反应物转变为产物的量及某一物质的转化率，反之，通过初始浓度和转化率也可求得平衡浓度和平衡常数。所谓转化率通常指的是平衡转化率，也称理论转化率或最大转化率，其定义为：反应在一定的条件下达平衡时，反应系统中转化了的某反应物的量与反应前该反应物的量之比。

例 3-7　一氧化碳的变换反应：$CO(g)+H_2O(g) \rightleftharpoons H_2(g)+CO_2(g)$，在 500 ℃时，$K_c$ 为 1.6，如果反应开始时，CO 和 H_2O 的浓度都为 2.0 $mol\cdot L^{-1}$，计算达平衡时，各物质的平衡浓度及 CO 的转化率。

解：设 H_2 的平衡浓度为 x $mol\cdot L^{-1}$，

	$CO(g)$	$+H_2O(g) \rightleftharpoons$	$H_2(g)$	$+CO_2(g)$
初始浓度/($mol\cdot L^{-1}$)	2.0	2.0	0	0
平衡浓度/($mol\cdot L^{-1}$)	$2.0-x$	$2.0-x$	x	x

根据

$$K_c=\frac{[H_2]\ [CO_2]}{[CO]\ [H_2O]}$$

$$1.6=\frac{(x\text{mol}\cdot L^{-1})^2}{(2.0\ \text{mol}\cdot L^{-1}-x\text{mol}\cdot L^{-1})^2}$$

$$x=1.1$$

$$[H_2]=[CO_2]=1.1\ \text{mol}\cdot L^{-1}$$

$$[CO]=[H_2O]=2.0\ \text{mol}\cdot L^{-1}-1.1\ \text{mol}\cdot L^{-1}=0.9\ \text{mol}\cdot L^{-1}$$

$$\text{CO 的转化率}=\frac{1.1\ \text{mol}\cdot L^{-1}}{2.0\ \text{mol}\cdot L^{-1}}\times 100\%=55\%$$

例 3-8　在一封闭容器中进行的反应：$2SO_2(g)+O_2(g) \rightleftharpoons 2SO_3(g)$，当 SO_2 的初始浓度为 0.040 $mol\cdot L^{-1}$，O_2 的初始浓度为 0.84 $mol\cdot L^{-1}$，在一定的温度下达平衡时，有 80%的 SO_2 转化为 SO_3。计算平衡时三种气体的浓度及 K_c。

解：

	$2SO_2$	$+O_2 \rightleftharpoons$	$2SO_3$
初始浓度/($mol\cdot L^{-1}$)	0.040	0.84	0

平衡时：　$[SO_2]=0.040\ mol\cdot L^{-1}\times(1-80\%)=0.008\ mol\cdot L^{-1}$

$$[O_2]=0.84\ mol\cdot L^{-1}-\frac{0.040\ mol\cdot L^{-1}\times 80\%}{2}=0.82\ mol\cdot L^{-1}$$

$$[SO_3]=0.040\ mol\cdot L^{-1}\times 80\%=0.032\ mol\cdot L^{-1}$$

$$K_c=\frac{[SO_3]^2}{[SO_2]^2\ [O_2]}=\frac{(0.032\ mol\cdot L^{-1})^2}{(0.008\ mol\cdot L^{-1})^2\times(0.82\ mol\cdot L^{-1})}=19.5\ L\cdot mol^{-1}$$

2. 标准平衡常数　在平衡常数表达式中，若用物质的相对平衡浓度代替平衡浓度，用相对平衡压力代替平衡压力，这样表示的平衡常数称为标准平衡常数（standard equilibrium constant），用符号 $K^{\ominus}$ 表示 。

（1）标准浓度平衡常数　稀溶液中进行的可逆反应：

$$aA+bB \rightleftharpoons gG+hH$$

$$K_c^{\ominus}=\frac{[G]_r^g[H]_r^h}{[A]_r^a[B]_r^b} \tag{3-16}$$

上式中 $[A]_r$、$[B]_r$、$[G]_r$、$[H]_r$ 分别为平衡时 A、B、G、H 物质的相对浓度，$[A]_r=[A]/c^{\ominus}=[A]/1\ mol\cdot L^{-1}$，同理，$[B]_r=[B]/c^{\ominus}$，$[G]_r=[G]/c^{\ominus}$，$[H]_r=[H]/c^{\ominus}$。可以看出，标准浓度平衡常数 $K_c^{\ominus}$ 与实验浓度平衡常数 K_c 在数值上是相同的，只是 $K_c^{\ominus}$ 量纲为 1，而 K_c 的量纲为 $(mol\cdot L^{-1})^{(g+h-a-b)}$，当 $g+h-a-b=0$ 时，K_c 的量纲也为 1。

（2）标准压力平衡常数　气体反应：

$$aA(g)+bB(g) \rightleftharpoons gG(g)+hH(g)$$

$$K_p^{\ominus}=\frac{(p_r)_G^g(p_r)_H^h}{(p_r)_A^a(p_r)_B^b} \tag{3-17}$$

$K_p^{\ominus}$ 称为标准压力平衡常数，上式中的 $(p_r)_A$、$(p_r)_B$、$(p_r)_G$、$(p_r)_H$ 分别为平衡时 A、B、G、H 物质的相对压力，$p_r=p/p^{\ominus}=p/100\ kPa$。当反应前后气体分子数相同时，即 $(g+h)-(a+b)=0$，标准压力平衡常数 $K_p^{\ominus}$ 与实验压力平衡常数 K_p 数值上相同，且量纲都为 1；当 $g+h-a-b\neq 0$ 时，$K_p^{\ominus}$ 量纲为 1，K_p 的量纲为 $(kPa)^{(g+h-a-b)}$，而且两者在数值上相差 $(100)^{(a+b-g-h)}$ 倍。

在标准平衡常数的表达式中，气体只能用相对压力表示。而在实验平衡常数的表达式中，气体也可用浓度表示。

若反应在稀溶液中进行，又有气体参加反应，标准平衡常数用 $K^{\ominus}$ 表示。例如氧化还原反应：

$$Zn+2H^+ \rightleftharpoons Zn^{2+}+H_2\uparrow$$

$$K^{\ominus}=\frac{p_r(H_2)[Zn^{2+}]_r}{[H^+]_r^2}$$

上式中 $p_r(H_2)$ 为平衡时 H_2 的相对压力，$[Zn^{2+}]_r$、$[H^+]_r$ 分别为平衡时 Zn^{2+} 和 H^+ 的相对浓度。

标准平衡常数可通过热力学数据计算得到。

四、化学反应等温方程式

任一气体反应：　$aA(g)+bB(g) \rightleftharpoons gG(g)+hH(g)$

在等温等压的条件下，由热力学推导（推导不在本课程讨论范围之内）得

$$\Delta_r G_m = \Delta_r G_m^{\ominus} + RT\ \ln \frac{(p'_r)_G^g (p'_r)_H^h}{(p'_r)_A^a (p'_r)_B^b} \qquad (3-18)$$

上式称为化学反应等温方程式，$(p'_r)_A$、$(p'_r)_B$、$(p'_r)_G$、$(p'_r)_H$ 分别为任意状态下的 A、B、G、H 物质的相对压力。上式中自然对数的真数用 Q_p 表示，Q_p 称为相对压力商。

$$\frac{(p'_r)_G^g (p'_r)_H^h}{(p'_r)_A^a (p'_r)_B^b} = Q_p$$

因为反应达平衡时，$\Delta_r G_m = 0$，等温方程式变为

$$\Delta_r G_m = \Delta_r G_m^{\ominus} + RT\ \ln \frac{(p_r)_G^g (p_r)_H^h}{(p_r)_A^a (p_r)_B^b} = 0$$

移项后可得

$$\Delta_r G_m^{\ominus} = -RT\ \ln \frac{(p_r)_G^g (p_r)_H^h}{(p_r)_A^a (p_r)_B^b}$$

上式中的 $(p_r)_A$、$(p_r)_B$、$(p_r)_G$、$(p_r)_H$ 分别为平衡状态下 A、B、G、H 物质的相对压力，因此

$$\Delta_r G_m^{\ominus} = -RT\ \ln K_p^{\ominus} \qquad (3-19)$$

在稀溶液中进行的反应：

$$aA + bB \rightleftharpoons gG + hH$$

化学反应等温方程式为

$$\Delta_r G_m = \Delta_r G_m^{\ominus} + RT\ \ln \frac{(c_r)_G^g (c_r)_H^h}{(c_r)_A^a (c_r)_B^b}$$

上式中 $(c_r)_A$、$(c_r)_B$、$(c_r)_G$、$(c_r)_H$ 分别为任意状态下 A、B、G、H 物质的相对浓度。其中

$$\frac{(c_r)_G^g (c_r)_H^h}{(c_r)_A^a (c_r)_B^b} = Q_c$$

Q_c 称为相对浓度商。当反应达平衡时：

$$\Delta_r G_m = \Delta_r G_m^{\ominus} + RT\ \ln \frac{[G]_r^g [H]_r^h}{[A]_r^a [B]_r^b} = 0$$

同理可得

$$\Delta_r G_m^{\ominus} = -RT\ \ln K_c^{\ominus} \qquad (3-20)$$

归纳式（3-19）和式（3-20），可得

$$\Delta_r G_m^{\ominus} = -RT\ \ln K^{\ominus} \qquad (3-21)$$

由化学反应的标准自由能变通过式（3-21）可计算标准平衡常数，气体反应记为 $K_p^{\ominus}$，稀溶液中进行的反应写为 $K_c^{\ominus}$，既在稀溶液中，又有气体参加反应，则为 $K^{\ominus}$。

将式（3-21）代入式（3-18），可将化学反应等温方程式写成

$$\Delta_r G_m = -RT\ \ln K^{\ominus} + RT\ \ln Q \qquad (3-22)$$

利用式（3-22），可判断指定条件下的化学反应的方向和限度：

$Q < K^{\ominus}$，$\Delta_r G_m < 0$，正反应自发进行

$Q > K^{\ominus}$，$\Delta_r G_m > 0$，逆反应自发进行

$Q = K^{\ominus}$，$\Delta_r G_m = 0$，反应达平衡

例 3-9　计算下列反应在 25 ℃时的 $K_p^{\ominus}$，并说明反应程度大小。

$$2SO_2(g) + O_2(g) \rightleftharpoons 2SO_3(g)$$

解：查表 $\Delta_f G_m^{\ominus}/(kJ \cdot mol^{-1})$　　-300.2　　　-371.1

$\Delta_r G_m^{\ominus} = 2 \times (-371.1\ kJ \cdot mol^{-1}) - 2 \times (-300.2\ kJ \cdot mol^{-1}) = -141.8\ kJ \cdot mol^{-1}$

代入　　$\Delta_r G_m^{\ominus} = -RT \ln K_p^{\ominus}$

$\ln K_p^{\ominus} = -141.8 \times 10^3\ J \cdot mol^{-1} / -(8.314\ J \cdot K^{-1} \cdot mol^{-1} \times 298\ K) = 57.23$

$K_p^{\ominus} = 7.2 \times 10^{24}$，$K_p^{\ominus}$ 相当大，说明在 25 ℃时正反应非常完全。

例 3-10　已知氨基甲酸铵 $NH_2CO_2NH_4$ 在蒸发时完全解离为 NH_3 和 CO_2：

$$NH_2CO_2NH_4(s) \rightleftharpoons 2NH_3(g) + CO_2(g)$$

在 25 ℃达平衡时，测得气体的总压力为 11.75 kPa，计算反应的 $K_p^{\ominus}$。

解：　$p_r(NH_3) = p(NH_3)/p^{\ominus}$　　$p_r(CO_2) = p(CO_2)/p^{\ominus}$　　$p(NH_3) = 2p(CO_2)$

$$p_r(NH_3) = 11.75\ kPa \times \frac{2}{3} \times \frac{1}{100\ kPa} = 0.0783$$

$$p_r(CO_2) = 11.75\ kPa \times \frac{1}{3} \times \frac{1}{100\ kPa} = 0.0392$$

$$K_p^{\ominus} = p_r^2(NH_3) \cdot p_r(CO_2)$$

$$K_p^{\ominus} = (0.0783)^2 \times 0.0392 = 2.4 \times 10^{-4}$$

例 3-11　利用热力学数据，计算反应 $CO(g) + H_2O(g) \rightleftharpoons H_2(g) + CO_2(g)$ 在873 K 时的标准平衡常数。若 $p'(CO_2) = p'(H_2) = 50$ kPa，$p'(CO) = p'(H_2O) = 80$ kPa，判断此条件下反应的方向。

解：

	$CO(g)$	$+ H_2O(g)$	$\rightleftharpoons H_2(g)$	$+ CO_2(g)$
查表 $\Delta_f H_m^{\ominus}/(kJ \cdot mol^{-1})$	-110.5	-241.8	0	-393.5
$S_m^{\ominus}/(J \cdot K^{-1} \cdot mol^{-1})$	197.7	188.8	130.7	213.7

$\Delta_r H_m^{\ominus} = (-393.5\ kJ \cdot mol^{-1}) - (-110.5\ kJ \cdot mol^{-1} - 241.8\ kJ \cdot mol^{-1}) = -41.2\ kJ \cdot mol^{-1}$

$\Delta_r S_m^{\ominus} = (130.7\ J \cdot K^{-1} \cdot mol^{-1} + 213.7\ J \cdot K^{-1} \cdot mol^{-1}) - (197.7\ J \cdot K^{-1} \cdot mol^{-1} + 188.8\ J \cdot K^{-1} \cdot mol^{-1})$

$= -42.1\ J \cdot K^{-1} \cdot mol^{-1}$

$\Delta_r G_m^{\ominus}(873\ K) \approx \Delta_r H_m^{\ominus}(298\ K) - T\Delta_r S_m^{\ominus}(298\ K)$

$= -41.2\ kJ \cdot mol^{-1} - 873\ K \times (-42.1 \times 10^{-3}\ kJ \cdot K^{-1} \cdot mol^{-1}) = -4.45\ kJ \cdot mol^{-1}$

代入　　$\Delta_r G_m^{\ominus} = -RT \ln K_p^{\ominus}$

$$-4.45\ kJ \cdot mol^{-1} = -8.314 \times 10^{-3}\ kJ \cdot K^{-1} \cdot mol^{-1} \times 873\ K \times \ln K_p^{\ominus}$$

$$\ln K_p^{\ominus} = 0.613$$

$$K_p^{\ominus} = 1.85$$

当 $p'(CO_2) = p'(H_2) = 50$ kPa，$p'(CO) = p'(H_2O) = 80$ kPa 时，

$p_r'(CO_2) = p_r'(H_2) = 50\ kPa/100\ kPa = 0.50$，同理 $p_r'(CO) = p_r'(H_2O) = 0.80$

$$Q_p = \frac{0.50^2}{0.80^2} = 0.39$$

根据 $\Delta_r G_m = -RT \ln K_p^{\ominus} + RT \ln Q_p$，$Q_p < K_p^{\ominus}$，$\Delta_r G_m < 0$，反应正向进行。

例 3-12　已知 298 K 时下列反应的 $\Delta_r G_m^{\ominus}$：

① $H_2(g) + S(s) \rightleftharpoons H_2S(g)$ $\Delta_r G_m^{\ominus}(1) = -33.6\ kJ \cdot mol^{-1}$

② $S(s) + O_2(g) \rightleftharpoons SO_2(g)$ $\Delta_r G_m^{\ominus}(2) = -300.2\ kJ \cdot mol^{-1}$

计算（1）298 K 时反应③ $H_2(g)+SO_2(g) \rightleftharpoons O_2(g)+H_2S(g)$的 $\Delta_r G_m^{\ominus}(3)$ 及标准平衡常数 $K_{p3}^{\ominus}$。（2）推导出 $K_{p3}^{\ominus}$ 和反应①和②对应的平衡常数 $K_{p1}^{\ominus}$ 及 $K_{p2}^{\ominus}$ 的关系。

解：（1）因为 反应③＝①－②

所以 $$\Delta_r G_m^{\ominus}(3)=\Delta_r G_m^{\ominus}(1)-\Delta_r G_m^{\ominus}(2)$$

$$\Delta_r G_m^{\ominus}(3)=(-33.6\ kJ \cdot mol^{-1})-(-300.2\ kJ \cdot mol^{-1})=266.6\ kJ \cdot mol^{-1}$$

代入 $$\Delta_r G_m^{\ominus}=-RT\ln K_p^{\ominus}$$

$$266.6\ kJ \cdot mol^{-1}=-8.314\times10^{-3}\ kJ \cdot K^{-1} \cdot mol^{-1}\times298\ K\times\ln K_{p3}^{\ominus}$$

$$\ln K_{p3}^{\ominus}=-107.6 \qquad K_{p3}^{\ominus}=1.9\times10^{-47}$$

（2）因为 $\Delta_r G_m^{\ominus}(3)=\Delta_r G_m^{\ominus}(1)-\Delta_r G_m^{\ominus}(2)$

根据 $\Delta_r G_m^{\ominus}=-RT\ln K_p^{\ominus}$，则

$$-RT\ln K_{p3}^{\ominus}=-RT\ln K_{p1}^{\ominus}-[-RT\ln K_{p2}^{\ominus}]$$

等式两边同除以 $-RT$ 得

$$\ln K_{p3}^{\ominus}=\ln K_{p1}^{\ominus}-\ln K_{p2}^{\ominus}$$

$$K_{p3}^{\ominus}=K_{p1}^{\ominus}/K_{p2}^{\ominus}$$

例 3-13 已知下列反应各物质的 $\Delta_f G_m^{\ominus}$：

$$NiSO_4 \cdot 6H_2O(s) \rightleftharpoons NiSO_4(s) + 6H_2O(g)$$

$\Delta_f G_m^{\ominus}/(kJ \cdot mol^{-1})$ $-2\,221.7$ -773.6 -228.6

计算：（1）反应的 $K_p^{\ominus}$；（2）H_2O 与固体 $NiSO_4 \cdot 6H_2O$ 达平衡时的蒸气压。

解：（1）$\Delta_r G_m^{\ominus} =-773.6\ kJ \cdot mol^{-1}+6\times(-228.6\ kJ \cdot mol^{-1})-(-2\,221.7\ kJ \cdot mol^{-1})$

$=76.5\ kJ \cdot mol^{-1}$

$$76.5\ kJ \cdot mol^{-1}=-8.314\times10^{-3}\ kJ \cdot K^{-1} \cdot mol^{-1}\times298\ K\times\ln K_p^{\ominus}$$

$$\ln K_p^{\ominus}=-30.88 \qquad K_p^{\ominus}=3.9\times10^{-14}$$

（2）$K_p^{\ominus}=p_r^6(H_2O)$ $3.9\times10^{-14}=p_r{}^6(H_2O)$ $p_r(H_2O)=5.8\times10^{-3}$

$$p_r(H_2O)=p(H_2O)/100\ kPa=5.8\times10^{-3}$$

$$p(H_2O)=0.58\ kPa$$

第七节 化学平衡的移动

化学反应在一定的条件下，达到平衡后，反应物和产物的浓度不再随时间而变化，此平衡状态称为该反应的一个平衡点。如果反应条件发生变化，平衡就会被破坏，在新的条件下，反应将建立新的平衡，反应也从一个平衡点移动到另一个平衡点，此变化过程称为平衡的移动。影响平衡的因素有浓度、压力和温度。

一、浓度对平衡的影响

可逆反应 $$aA+bB \rightleftharpoons gG+hH$$

在一定温度下达到平衡时，平衡常数表达式为

$$K_c^{\ominus}=\frac{[G]_r^g[H]_r^h}{[A]_r^a[B]_r^b}$$

在其他条件不变时，如果改变反应物（产物）的浓度，此时产物相对浓度与反应物相对浓度之比值用 Q_c 表示：

$$\frac{(c_r)_G^g(c_r)_H^h}{(c_r)_A^a(c_r)_B^b}=Q_c$$

当增加反应物 A 或 B 的浓度（减少产物 G 或 H 的浓度）时，$Q_c<K_c^{\ominus}$，根据化学反应等温方程式，$\Delta_rG_m<0$，正反应自发进行，平衡向着生成产物的方向移动。

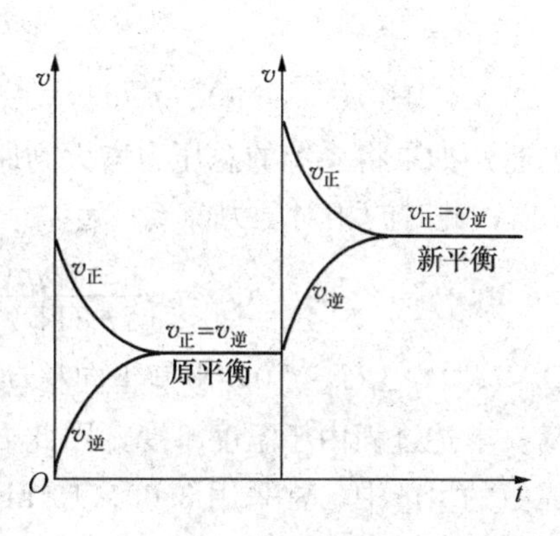

图 3-11　增加反应物浓度平衡移动示意图

随着反应的进行，反应物浓度逐渐减少，正反应速度随之减慢，与此同时，产物的浓度却在不断地增加，逆反应速度在不断地加快，到达某一时刻，正逆反应速率相等，重新建立平衡，此时 $Q_c=K_c^{\ominus}$，在此过程中，因为温度没有改变，所以 $K_c^{\ominus}$ 不变，但反应物和产物的平衡浓度发生了变化，即平衡点发生了移动，如图 3-11所示。同理，如果减少反应物的浓度或增加产物的浓度，$Q_c>K_c^{\ominus}$，平衡将向逆反应方向移动，直至达到新的平衡。

例 3-14　在例 3-7 题已达平衡的情况下，若增大 $H_2O(g)$ 的浓度至 6.9 mol·L^{-1}，重建平衡后各物质的浓度及 CO 的转化率是多少？

解：因温度不变，K_c 仍为 1.6，设第二次达平衡后又有 y mol·L^{-1}的 CO_2 生成。

	$CO(g)$	$+H_2O(g)$	$\rightleftharpoons$	$H_2(g)$	$+CO_2(g)$
增大 H_2O 浓度后的浓度/(mol·L^{-1})	0.9	6.9		1.1	1.1
第二次达平衡时浓度/(mol·L^{-1})	$0.9-y$	$6.9-y$		$1.1+y$	$1.1+y$

$$1.6=\frac{(1.1\ \text{mol}\cdot\text{L}^{-1}+y\text{mol}\cdot\text{L}^{-1})^2}{(0.9\ \text{mol}\cdot\text{L}^{-1}-y\text{mol}\cdot\text{L}^{-1})\times(6.9\ \text{mol}\cdot\text{L}^{-1}-y\text{mol}\cdot\text{L}^{-1})}$$

$$y=0.67$$

$$[H_2]=[CO_2]=1.1\ \text{mol}\cdot\text{L}^{-1}+0.67\ \text{mol}\cdot\text{L}^{-1}=1.77\ \text{mol}\cdot\text{L}^{-1}$$

$$[CO]=0.9\ \text{mol}\cdot\text{L}^{-1}-0.67\ \text{mol}\cdot\text{L}^{-1}=0.23\ \text{mol}\cdot\text{L}^{-1}$$

$$[H_2O]=6.9\ \text{mol}\cdot\text{L}^{-1}-0.67\ \text{mol}\cdot\text{L}^{-1}=6.23\ \text{mol}\cdot\text{L}^{-1}$$

$$\text{CO的转化率}=\frac{1.77\ \text{mol}\cdot\text{L}^{-1}}{2.0\ \text{mol}\cdot\text{L}^{-1}}\times100\%=88.5\%$$

与例 3-7 比较可以看出，增大水蒸气的浓度后，由于平衡向正反应方向移动，CO 的转化率从 55%提高到 88.5%，更有利于产物的生成。

二、压力对平衡的影响

对于气体反应，由于在一定的温度和体积下，增大某气体的分压，则该气体的浓度

也随之增大，因此气体分压的变化对平衡的影响，与浓度对平衡的影响完全相同。而总压力的变化对平衡的影响，则有两种情况：对于反应前后气体分子数相等的反应，总压力的改变对平衡没有影响；若反应前后气体分子数发生了变化，总压力的改变可使平衡发生移动。

例如合成氨的反应，$N_2(g)+3H_2(g) \rightleftharpoons 2NH_3(g)$，由反应式可知，反应前后气体分子数是不相等的。反应达平衡时，$K_p^\ominus$ 为

$$K_p^\ominus = \frac{p_r^2(NH_3)}{p_r(N_2)p_r^3(H_2)}$$

$p_r(NH_3)$、$p_r(N_2)$、$p_r(H_2)$ 分别为平衡时 NH_3、N_2 和 H_2 的相对分压。其他条件不变时，如果将系统的总压力增大到原来的 2 倍，则 N_2、H_2、NH_3 的相对分压都增为原来的 2 倍，此时的相对压力商 Q_p 为

$$Q_p = \frac{[2p_r(NH_3)]^2}{[2p_r(N_2)][2p_r(H_2)]^3} = \frac{1}{4} \times \frac{p_r^2(NH_3)}{p_r(N_2)p_r^3(H_2)}$$

$Q_p < K_p^\ominus$，$\Delta_r G_m < 0$，平衡正向移动，直至在新的条件下 $Q_p = K_p^\ominus$，$\Delta_r G_m = 0$，反应重达平衡。上述过程由于温度不变，因此 $K_p^\ominus$ 不变。由上可知，增大总压力有利于氨的生成，在合成氨的生产中，常采用 3.00×10^4 kPa 的压力就是为了提高氨的产率。

反之，若将平衡系统总压力减小到原来的一半，各物质的相对分压也为原来的$\frac{1}{2}$，因此有

$$Q_p = \frac{\left[\frac{1}{2}p_r(NH_3)\right]^2}{\left[\frac{1}{2}p_r(N_2)\right]\left[\frac{1}{2}p_r(H_2)\right]^3} = 4 \times \frac{p_r^2(NH_3)}{p_r(N_2)p_r^3(H_2)}$$

$Q_p > K_p^\ominus$，$\Delta_r G_m > 0$，平衡逆向移动，直至 $Q_p = K_p^\ominus$，又建立新的平衡。

由上例分析可得结论：对于气体反应，恒温下增大系统的总压力，平衡将向气体分子数减少的方向移动；反之，减小系统的总压力，平衡将向气体分子数增加的方向移动。

对于反应前后气体分子数不变的反应，恒温下，无论增大还是减小其总压力，平衡都不会移动，例如：

$$CO(g) + H_2O(g) \rightleftharpoons CO_2(g) + H_2(g)$$

平衡时：

$$K_p^\ominus = \frac{p_r(CO_2)p_r(H_2)}{p_r(CO)p_r(H_2O)}$$

设增大或减小的总压力的倍数为 x，x 可以是整数也可以是分数，恒温下：

$$Q_p = \frac{xp_r(CO_2)xp_r(H_2)}{xp_r(CO)xp_r(H_2O)} = \frac{p_r(CO_2)p_r(H_2)}{p_r(CO)p_r(H_2O)} = K_p^\ominus$$

$Q_p = K_p^\ominus$，仍为平衡态，平衡不移动。

例 3-15 N_2O_4 按下式离解：$N_2O_4 \rightleftharpoons 2NO_2$，实验测出 325 K、100 kPa 时，有 50% 的 N_2O_4 解离为 NO_2。(1) 计算 $K_p^\ominus$；(2) 计算 325 K 、200 kPa 时 N_2O_4 的解离百分率。

解：设起始时 N_2O_4 的物质的量为 a mol。

(1) 已知平衡时有 50%的 N_2O_4 解离为 NO_2。

$$N_2O_4 \rightleftharpoons 2NO_2$$

初始时的量/mol　　a　　0

平衡时的量/mol　　$(1-0.5)a$　　$2\times0.5a$

$n(N_2O_4)=0.5a\text{mol}$　$n(NO_2)=1.0a\text{ mol}$　$n_{总}=1.5a\text{ mol}$

因为
$$p_i=p_{总}\frac{n_i}{n_{总}}$$

所以
$$p_r(N_2O_4)=100\text{ kPa}\times\frac{0.5a\text{ mol}}{1.5a\text{ mol}}\times\frac{1}{100\text{ kPa}}=0.33$$

$$p_r(NO_2)=100\text{ kPa}\times\frac{1.0a\text{ mol}}{1.5a\text{ mol}}\times\frac{1}{100\text{ kPa}}=0.67$$

$$K_p^{\ominus}=\frac{p_r^2(NO_2)}{p_r(N_2O_4)}=\frac{(0.67)^2}{(0.33)}=1.36$$

(2) 设 325 K 、200 kPa 时 N_2O_4 的解离率为 x，

$$N_2O_4 \rightleftharpoons 2NO_2$$

初始时的量/mol　　a　　0

平衡时的量/mol　　$a(1-x)$　　$2ax$

$$p_r(N_2O_4)=200\text{ kPa}\times\frac{a(1-x)\text{mol}}{a(1-x)\text{mol}+2ax\text{ mol}}\times\frac{1}{100\text{ kPa}}=\frac{2\times(1-x)}{1+x}$$

$$p_r(NO_2)=200\text{ kPa}\times\frac{2ax\text{ mol}}{a(1-x)\text{mol}+2ax\text{ mol}}\times\frac{1}{100\text{ kPa}}=\frac{4x}{1+x}$$

$$K_p^{\ominus}=\frac{\left(\frac{4x}{1+x}\right)^2}{\frac{2\times(1-x)}{1+x}}=1.36$$

$$x=0.38$$

$$N_2O_4\text{ 的解离百分率}=0.38\times100\%=38\%$$

以上计算表明，增大反应系统的总压力后，平衡向气体分子数减少的方向移动，使得 N_2O_4 的解离率降低。

三、温度对平衡的影响

浓度和总压力的改变仅使 Q_c 或 Q_p 发生变化，而 $K_c^{\ominus}$ 或 $K_p^{\ominus}$ 并没有变。温度的影响则不同，温度的变化使得 $K^{\ominus}$ 发生了改变。

因为 $\Delta_r G_m^{\ominus}$ 受温度影响，而 $\Delta_r G_m^{\ominus}=-RT\ln K^{\ominus}$，$K^{\ominus}$ 值必然要随温度的改变而变化。

对一给定的化学反应：

因为
$$\Delta_r G_m^{\ominus}=\Delta_r H_m^{\ominus}-T\Delta_r S_m^{\ominus}$$
$$\Delta_r G_m^{\ominus}=-RT\ln K^{\ominus}$$

所以
$$-RT\ln K^{\ominus}=\Delta_r H_m^{\ominus}-T\Delta_r S_m^{\ominus}$$

处理后
$$\ln K^{\ominus}=-\frac{\Delta_r H_m^{\ominus}}{RT}+\frac{\Delta_r S_m^{\ominus}}{R}$$

设 T_1、T_2 的平衡常数分别为 $K_1^{\ominus}$、$K_2^{\ominus}$，应有

$$\ln K_1^{\ominus}=\frac{-\Delta_r H_m^{\ominus}}{RT_1}+\frac{\Delta_r S_m^{\ominus}}{R} \qquad ①$$

$$\ln K_2^{\ominus}=\frac{-\Delta_r H_m^{\ominus}}{RT_2}+\frac{\Delta_r S_m^{\ominus}}{R} \qquad ②$$

因为 $\Delta_r H_m^{\ominus}$、$\Delta_r S_m^{\ominus}$ 受温度影响较小，在温度变化不太大的范围内可看作常数，所以可用②－①整理后得到

$$\ln\frac{K_2^{\ominus}}{K_1^{\ominus}}=\frac{\Delta_r H_m^{\ominus}}{R}\left(\frac{T_2-T_1}{T_1T_2}\right)$$

或

$$\lg\frac{K_2^{\ominus}}{K_1^{\ominus}}=\frac{\Delta_r H_m^{\ominus}}{2.303R}\left(\frac{T_2-T_1}{T_1T_2}\right) \qquad (3-23)$$

利用式（3－23）可计算不同温度下的标准平衡常数。

在讨论温度对反应速率的影响时我们已经知道，温度对活化能大的反应影响更大。可逆反应由于正逆反应的活化能不同，温度对正逆反应速率常数的影响程度也就不同，其比值 $k_{正}/k_{逆}=K$ 必然发生变化。

当正反应为放热反应时，因为 $\Delta_r H_m^{\ominus}=E_{a正}-E_{a逆}$，所以 $E_{a正}<E_{a逆}$，升温时，由于 $k_{逆}$ 增大的倍数大于 $k_{正}$ 增大的倍数，因此 $k_{正}/k_{逆}=K^{\ominus}$ 减小，$K^{\ominus}<Q$，$\Delta_r G_m>0$，平衡向着逆反应方向（吸热方向）移动；降温时，$k_{逆}$ 减小的倍数比 $k_{正}$ 减小的倍数多，$k_{正}/k_{逆}=K^{\ominus}$ 增大，$K^{\ominus}>Q$，$\Delta_r G_m<0$，平衡向着正反应方向（放热方向）移动。

同理，对于吸热反应，升温时，$K^{\ominus}$ 增大，$K^{\ominus}>Q$，$\Delta_r G_m<0$，平衡向着正反应方向（吸热方向）移动；降温时，$K^{\ominus}$ 减小，$K^{\ominus}<Q$，$\Delta_r G_m>0$，平衡向逆反应方向（放热方向）移动。

宏观来看，升高温度，平衡总是向着吸热反应方向移动，降低温度平衡总是向着放热反应方向移动。

例 3－16 在合成氨生产中，CO 的变换反应：$CO(g)+H_2O(g) \rightleftharpoons CO_2(g)+H_2(g)$，在 700 K 时，$\Delta_r H_m^{\ominus}=-37.9\ kJ\cdot mol^{-1}$，$K^{\ominus}=9.07$，求 800 K 时的 $K^{\ominus}$。

解： 该反应为放热反应，升温 $K^{\ominus}$ 应减小。设 700 K 时标准平衡常数为 $K_1^{\ominus}$，800 K 时标准平衡常数为 $K_2^{\ominus}$，在 700 K 至 800 K 的温度范围内，$\Delta_r H_m^{\ominus}$ 变化小，视为常数。

将已知数据代入下式：

$$\lg\frac{K_2^{\ominus}}{K_1^{\ominus}}=\frac{\Delta_r H_m^{\ominus}}{2.303R}\left(\frac{T_2-T_1}{T_1T_2}\right)$$

$$\lg\frac{K_2^{\ominus}}{9.07}=\frac{-37.9\times10^3\ J\cdot mol^{-1}}{2.303\times8.314\ J\cdot K^{-1}\cdot mol^{-1}}\times\left(\frac{800\ K-700\ K}{800\ K\times700\ K}\right)$$

$$\lg K_2^{\ominus}=\frac{-37.9\times10^3\ J\cdot mol^{-1}}{2.303\times8.314\ J\cdot K^{-1}\cdot mol^{-1}}\times\left(\frac{800\ K-700\ K}{800\ K\times700\ K}\right)+\lg9.07=0.604$$

$$K_2^{\ominus}=4.02$$

催化剂使正逆反应的活化能降低，且降低的数值相等，因此，催化剂同等程度地影响正逆反应的反应速率，即催化剂使正逆反应的速率常数增加的倍数相同，因此平衡常数不会因催化剂的加入而改变，催化剂的加入也不能改变反应商 Q，因此催化剂不能使平衡发生移动。但催化剂可缩短反应系统达到平衡所需要的时间，使可逆反应尽快建立平衡，这在生产实际中非常重要。

为加深催化剂不能移动化学平衡的概念，分析下面的装置图 3－12。假设有一催化剂能

使图中 $N_2O_4(g) \rightleftharpoons 2NO_2(g)$ 已达平衡的反应向逆反应方向移动，气缸内的气体的体积将缩小，这时活塞带动飞轮向左移动，结果将催化剂隔离，反应系统脱离催化剂，影响平衡移动的因素消失，反应要恢复无催化剂时的初始平衡状态，气体的体积要恢复到原状，即气体将膨胀，结果使活塞带动飞轮向右移动，反应系统又与催化剂接触，则平衡又向左移动，气体体积缩小，活塞左移又将隔离催化剂，如此周而复始图 3－12 装置将成为永动机，显然违背热力学定律，从另一角度证明了催化剂不能移动平衡。

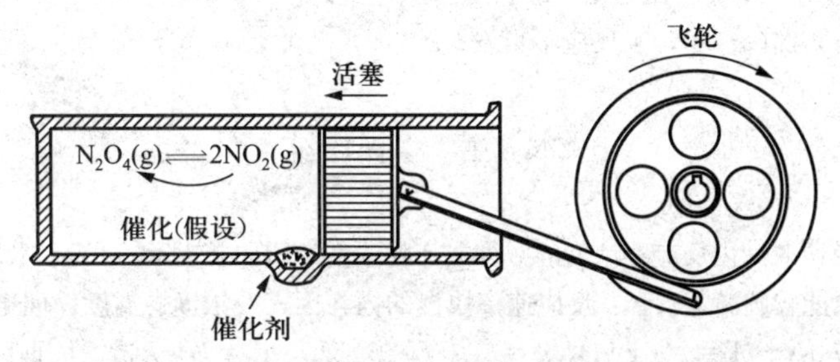

图 3－12　假设催化剂移动平衡制造永动机装置

将浓度、压力和温度对平衡的影响归纳起来，可得到一个普遍的平衡移动规律，称为吕·查德里（Le Chatelier）原理：如果对一个平衡系统施加外力（改变浓度、压力和温度），平衡将向着减小此外力的方向移动。例如增加反应物的浓度，平衡将向生成产物的方向移动，而使得反应物浓度减小；增大气体反应的总压力，平衡向气体分子数减少的方向移动使总压力减小；升高温度，平衡向吸热反应方向移动，从而使系统的温度降低。平衡移动原理只能用于平衡系统，对非平衡系统则不能用。

*第八节　生物化学标准平衡常数

大多数生物化学反应在近中性的水溶液中进行，反应中溶液的 pH 基本恒定，因此在生物化学中，规定 $c(H^+)=10^{-7}\,mol \cdot L^{-1}$ 为生物化学上的标准态，其他物质的标准态与热力学相同。生化标准态用符号“$\oplus$”表示，例如生化标准摩尔自由能变 $\Delta_r G_m^{\oplus}$。生物体中的化学反应达平衡后，可用生化标准平衡常数 $K^{\oplus}$ 表示，$K^{\oplus}$ 与 $\Delta_r G_m^{\oplus}$ 关系如下：

$$\Delta_r G_m^{\oplus} = -RT\ln K^{\oplus} \qquad (3-24)$$

生化反应中，$K^{\oplus}$ 随 H^+ 而变。因为：

当 H^+ 是反应物时，$\Delta_r G_m^{\oplus} = \Delta_r G_m^{\ominus} - RT\ln c_r(H^+)$；

若 H^+ 为产物时，$\Delta_r G_m^{\oplus} = \Delta_r G_m^{\ominus} + RT\ln c_r(H^+)$；

无 H^+ 参加的生化反应，$\Delta_r G_m^{\oplus} = \Delta_r G_m^{\ominus}$。

例 3－17　已知反应：

甘油醛－3－磷酸 ＋ NAD^+ ＋ ADP ＋ Pi $\rightleftharpoons$ 3－磷酸甘油酸 ＋ ATP ＋ NADH ＋ H^+，$\Delta_r G_m^{\oplus} = -12.2\,kJ \cdot mol^{-1}$，计算该反应的 $K^{\oplus}$ 和 $K^{\ominus}$。

解：根据

$$\Delta_r G_m^{\oplus} = -RT\ln K^{\oplus}$$

$$-12.2\,kJ \cdot mol^{-1} = -8.314\times10^{-3}\,kJ \cdot K^{-1} \cdot mol^{-1} \times 298\,K \times 2.303\lg K^{\oplus}$$

$$\lg K^{\oplus} = 2.138$$

$$K^{\oplus} = 137$$

因为　$\Delta_r G_m^{\oplus} = \Delta_r G_m^{\ominus} + RT\ln c_r(H^+)$

$$-12.2\ \text{kJ}\cdot\text{mol}^{-1}=\Delta_r G_m^{\ominus}+8.314\times10^{-3}\ \text{kJ}\cdot\text{K}^{-1}\cdot\text{mol}^{-1}\times298\ \text{K}\times2.303\ \lg10^{-7}$$

所以
$$\Delta_r G_m^{\ominus}=27.74\ \text{kJ}\cdot\text{mol}^{-1}$$

代入
$$\Delta_r G_m^{\ominus}=-RT\ln K^{\ominus}$$

$$27.74\ \text{kJ}\cdot\text{mol}^{-1}=-8.314\times10^{-3}\ \text{kJ}\cdot\text{K}^{-1}\cdot\text{mol}^{-1}\times298\ \text{K}\times2.303\ \lg K^{\ominus}$$

$$\lg K^{\ominus}=-4.86$$

$$K^{\ominus}=1.38\times10^{-5}$$

从上题的计算可看出：该反应在生化标准状态（pH=7）下，$\Delta_r G_m^{\oplus}<0$，正反应自发进行；在热力学标准状态（pH=0）下，$\Delta_r G_m^{\ominus}>0$，正反应不自发；$K^{\oplus}\gg K^{\ominus}$。

本 章 小 结

（1）反应速率用单位时间内反应物浓度的减少或产物浓度的增加来表示。$\bar{v}$ 表示平均速率，v 表示瞬时速率。反应速率碰撞理论能较圆满地解释：反应速率快慢的内在因素及浓度、温度、催化剂等对化学反应速率的影响。对于基元反应 $a\text{A}+b\text{B}=g\text{G}+h\text{H}$，$v=z_0\cdot f\cdot p\cdot c_\text{A}^a\cdot c_\text{B}^b=kc_\text{A}^a\cdot c_\text{B}^b$，根据阿仑尼乌斯公式，$k=A\text{e}^{-E_a/RT}$，其中能量因子 $f=\text{e}^{-E_a/RT}$。活化能 E_a 是决定化学反应速率快慢的重要因素，其大小由反应本性决定。相同条件下，反应的 E_a 越大，能量因子 f 越小，反应速率越慢，反之 E_a 越小，f 越大，反应速率越快。

（2）增大反应物的浓度，单位体积内反应物分子总数增加，其活化分子数也增多而使反应加快。不同的反应，反应级数越大，浓度对反应速率的影响越显著；升高温度，因分子能量增大而使 f 增加，反应速率加快；加入催化剂，通过降低反应的活化能而使 f 增加，反应速率增大。

T 与 k 的定量关系为 $\ln\dfrac{k_2}{k_1}=\dfrac{E_a}{R}\left(\dfrac{T_2-T_1}{T_1T_2}\right)$。

（3）可逆反应在一定的条件下可达到平衡，平衡时，$v_{正}=v_{逆}$，反应物、生成物的浓度不随时间而改变，平衡是可逆反应达到的最大程度。当反应条件（浓度、压力、温度）发生变化时，平衡可发生移动。通过实验测得平衡时反应物、产物的浓度（或分压）可确定实验平衡常数 K。在实验平衡常数表达式中，气体常用分压表示，也可用浓度代替分压。在标准平衡常数表达式中，气体只能用相对分压表示，溶液则用相对浓度表示。标准平衡常数 $K^{\ominus}$ 可通过热力学数据计算：$\Delta_r G_m^{\ominus}=-RT\ln K^{\ominus}$。

（4）根据化学反应等温方程式：$\Delta_r G_m=-RT\ln K^{\ominus}+RT\ln Q$，可以判断任意状态下化学反应的自发性：

$Q<K^{\ominus}$，$\Delta_r G_m<0$，正反应自发进行。

$Q>K^{\ominus}$，$\Delta_r G_m>0$，逆反应自发进行。

$Q=K^{\ominus}$，$\Delta_r G_m=0$，反应达平衡态。

（5）浓度、压力、温度对平衡的影响都可用等温方程式说明：浓度（或分压）和总压力的变化可使 Q 值改变，导致 $\Delta_r G_m\neq0$，平衡发生移动；温度的变化使 $K^{\ominus}$ 改变，也使 $\Delta_r G_m\neq0$，平衡发生移动。T 与 $K^{\ominus}$ 的定量关系式为 $\ln\dfrac{K_2^{\ominus}}{K_1^{\ominus}}=\dfrac{\Delta_r H_m^{\ominus}}{R}\left(\dfrac{T_2-T_1}{T_1T_2}\right)$。

【著名化学家小传】

Henri Le Chatelier (1850 - 1936), was a French inorganic chemist who received his degree from the Ecole des Mines in 1875 and became a professor there in 1877. In 1908 he was appointed professor at the University of Paris. Le Chatelier was an authority on metallurgy, on cements, best known for the principle he published in 1888 which states that if a system is in a state of equilibrium and one of the conditions is changed, the equilibrium will shift in such a way as to tend to restore the original condition.

Li Yuanzhe (1936－　), is a chemist in Taiwan of China. He was the first Nobel Prize laureate in Taiwan of China, who, along with the Hungarian－Canadian John C. Polanyi and American Dudley R. Herschbach, won the Nobel Prize in Chemistry in 1986 for their contributions to the dynamics of chemical elementary processes. Lee was born in Hsinchu city in northern Taiwan. He entered Taiwan University without taking the entrance examination due to his achievements in high school and earned a B. Sc. in 1959. He earned an M. S. at Taiwan Tsinghua University in 1961 and Ph. D. at the University of California, Berkeley in 1965 under the supervision of Bruce H. Mahan. He was a member of the Chemistry International Board from 1977 to 1984.

化学之窗

How Ozone（臭氧）is Formed

Ozone is formed in the stratosphere（平流层）by the action of ultraviolet light（紫外光）on oxygen molecules:

$$3O_2 \xrightarrow{h\nu} 2O_3$$

Experimental evidence suggests that this reaction proceeds in a two－step mechanism:

$$O_2 \xrightarrow{h\nu} 2O \qquad \text{step 1}$$

$$O + O_2 \rightarrow O_3 \qquad \text{step 2}$$

In the first step an oxygen molecule absorbs a photon ($h\nu$)（光子）of high－energy ultraviolet light ($\lambda <$ 280 nm). The energy of the photon breaks the bond of the O_2 molecule, which fragments into two oxygen atoms. Oxygen atoms are reactive species that can add to O_2 molecules to produce ozone. The ozone molecule formed in this step contains excess energy, and unless that energy is transferred to some other species, the ozone molecule breaks apart to regenerate O_2 and an oxygen atom. In the stratosphere, however, high－energy ozone molecules usually collide with nitrogen molecules and give up their excess energy before they can break apart.

As written, steps 1 and 2 do not add together to give the balanced chemical equation. However, a valid mechanism must lead to the correct reaction stoichiometry. In the ozone process, two oxygen atoms react with two O_2 molecules to give two ozone molecules. In the complete mechanism, the second step occurs twice each time the first step occurs:

$$O + O_2 \longrightarrow O_3 \qquad O + O_2 \longrightarrow O_3$$

Chemists find it convenient to write this elementary process just once, but they understand that step 2 must occur twice to consume both the oxygen atoms produced in step 1. Writing all three steps shows that the mechanism does lead to the correct stoichiometry:

$$O_2 \xrightarrow{h\nu} 2O$$

$$O + O_2 \longrightarrow O_3$$

$$O + O_2 \longrightarrow O_3$$

$$3O_2 \xrightarrow{h\nu} 2O_3$$

The oxygen atoms produced in the initial fragmentation step are extremely reactive, so as soon as an oxygen atom forms, it is "snapped up" by the nearest available O_2 molecule. Consequently, the cleavage of an O_2 molecule by a photon is the rate－determining step（定速步骤）in the formation of ozone.

思 考 题

1. 什么是质量作用定律？为何质量作用定律只适用于基元反应？

2. 复杂反应的速率方程式可用什么方法求得？

3. 在一定的条件下，反应的活化能越大，反应速率越慢。为什么升温时，活化能大的反应，其反应速率增大得更多？

4. 升温和加入催化剂都可使速率常数 k 发生变化，其本质有何不同？

5. 实验平衡常数与标准平衡常数有何不同？为什么在标准平衡常数表达式中，气体只能用分压而不能用浓度表示？

6. 为什么温度的改变对平衡有影响而催化剂的加入对平衡无影响？

7. 已知某反应在两个不同温度下的平衡常数，可否判断该反应是吸热还是放热反应？

8. 任意状态下进行的化学反应，其反应方向用 $\Delta_r G_m$ 判断，可否用 $\Delta_r G_m^{\ominus}$ 大致判断反应方向？为什么？

习 题

1. 合成氨原料气中氢气和氮气的体积比是 3∶1，除这两种气体外，原料气中还含有其他杂质气体 4%（体积分数）。原料气总压力为 15 195 kPa，计算氮气和氢气的分压。

(3 647 kPa，10 940 kPa)

2. 660 K 时的反应：$2NO+O_2=2NO_2$，NO 和 O_2 的初始浓度 $c(NO)$ 和 $c(O_2)$ 及反应初始速率 v 的实验数据如下：

$c(NO)/(mol \cdot L^{-1})$	$c(O_2)/(mol \cdot L^{-1})$	$v/(mol \cdot L^{-1} \cdot s^{-1})$
0.10	0.10	0.030
0.10	0.20	0.060
0.20	0.20	0.240

(1) 写出上述反应的速率方程，指出反应的级数。 [$v=kc^2(NO)c(O_2)$，三级]

(2) 计算该反应的速率常数 k 值。 ($k=30\ L^2 \cdot mol^{-2} \cdot s^{-1}$)

(3) 计算 $c(NO)=c(O_2)=0.15\ mol \cdot L^{-1}$ 时的反应速率。 ($0.101\ mol \cdot L^{-1} \cdot s^{-1}$)

3. 已知乙醛的催化分解与非催化分解反应分别为

① $CH_3CHO=CH_4+CO$　　$E_{a催}=136\ kJ \cdot mol^{-1}$

② $CH_3CHO=CH_4+CO$　　$E_a=190\ kJ \cdot mol^{-1}$

若反应①与②的指前因子近似相等，试计算 300 K 时，反应① 的反应速率是反应②的多少倍。

(2.5×10^9)

4. 已知反应 $2NO_2=2NO+O_2$ 在 592 K 时速率常数 k 为 $0.498\ L \cdot mol^{-1} \cdot s^{-1}$，在 656 时 k 为 $4.74\ L \cdot mol^{-1} \cdot s^{-1}$，计算该反应的活化能。 ($113.7\ kJ \cdot mol^{-1}$)

5. 在 100 kPa 和 298 K 时，HCl(g) 的生成热为 $-92.3\ kJ \cdot mol^{-1}$，生成反应的活化能为 $113\ kJ \cdot mol^{-1}$，计算其逆反应的活化能。 ($205.3\ kJ \cdot mol^{-1}$)

6. 已知反应 $C_2H_5Br = C_2H_4 + HBr$，在 650 K 时，速度常数 k 为 $2.0\times10^{-3}s^{-1}$，该反应的活化能 E_a 为 225 kJ·mol^{-1}，计算 700 K 时的 k 值。　　(3.9×10^{-2} s^{-1})

7. 下列说法是否正确，简要说明理由。

(1) 速率方程式中各物质浓度的指数等于反应方程式中各物质的计量数时，该反应即为基元反应。

(2) 化学反应的活化能越大，在一定的条件下其反应速率越快。

(3) 某可逆反应，若正反应的活化能大于逆反应的活化能，则正反应为吸热反应。

(4) 已知某反应的速率常数量纲为 L·mol^{-1}·s^{-1}，该反应为一级反应。

(5) 某一反应在一定条件下的平衡转化率为 25.3%，当加入催化剂时，其转化率大于 25.3%。

(6) 升高温度，使吸热反应速率增大，放热反应速率降低。

8. 已知某反应的活化能为 40 kJ·mol^{-1}，反应由 300 K 升至多高时，反应速率可增加 99 倍？　　(420.5 K)

9. 反应 $2NO(g) + Br_2(g) = 2NOBr(g)$，其机理如下：

(1) $NO(g) + Br_2(g) = NOBr_2(g)$　　(慢)

(2) $NOBr_2(g) + NO(g) = 2NOBr(g)$　　(快)

将容器体积缩小为原来的$\frac{1}{2}$时，反应速率增加多少倍？　　(4 倍)

10. 人体中某种酶的催化反应的活化能为 50 kJ·mol^{-1}，正常人的体温为 37 ℃，问发烧到 40 ℃的病人，该反应的速率增加了百分之几？　　(20%)

11. 判断题（对的记“√”，错的记“×”）：

(1) 质量作用定律适用于基元反应，也适用于非基元反应。　(　)

(2) 零级反应的速率为零。　(　)

(3) 活化能随温度的升高而减小。　(　)

(4) 反应级数愈高，则反应速率受反应物浓度的影响愈大。　(　)

(5) 速率常数取决于反应的本性，也与温度和催化剂有关。　(　)

(6) 合成氨是放热反应，升温正反应速率常数 k 增大，平衡常数 K 也增大。　(　)

12. 写出下列反应的标准平衡常数 $K^{\ominus}$ 表达式：

(1) $BaSO_4(s) \rightleftharpoons Ba^{2+}(aq) + SO_4^{2-}(aq)$

(2) $Zn(s) + CO_2(g) \rightleftharpoons ZnO(s) + CO(g)$

(3) $Ac^-(aq) + H_2O(l) \rightleftharpoons HAc(aq) + OH^-(aq)$

(4) $Mg(s) + 2H^+(aq) \rightleftharpoons Mg^{2+}(aq) + H_2(g)$

13. 已知下列反应：

$$C(s) + H_2O(g) \rightleftharpoons CO(g) + H_2(g) \quad \Delta_r H_m^{\ominus} > 0$$

在反应达平衡后再进行如下操作时，平衡怎样移动？

(1) 升高反应温度　　(2) 增大总压力

(3) 增大反应器容积　　(4) 加入催化剂

14. 已知下列反应的标准平衡常数：

(1) $HAc \rightleftharpoons H^+ + Ac^-$　　$K_1^{\ominus} = 1.76\times10^{-5}$

(2) $NH_3+H_2O \rightleftharpoons NH_4^+ +OH^-$　　　$K_2^\ominus=1.77\times10^{-5}$

(3) $H_2O \rightleftharpoons H^+ +OH^-$　　　$K_3^\ominus=1.0\times10^{-14}$

求反应 (4) $NH_3+HAc \rightleftharpoons NH_4^+ +Ac^-$ 的标准平衡常数 $K_4^\ominus$。　(3.1×10^4)

15. 已知某反应 $\Delta_r H_m^\ominus=20\ kJ\cdot mol^{-1}$，在 300 K 的标准平衡常数 $K^\ominus$ 为 10^3，求反应的标准熵变 $\Delta_r S_m^\ominus$。　$(124.1\ J\cdot K^{-1}\cdot mol^{-1})$

16. HI 的分解反应为 $2HI(g) \rightleftharpoons H_2(g)+I_2(g)$，开始时 HI(g) 的浓度为 $1\ mol\cdot L^{-1}$，当达到平衡时有 24.4%HI 发生了分解，若将分解率降低到 10%，其他条件不变时，碘的浓度应增加多少？　$(0.37\ mol\cdot L^{-1})$

17. 在 25 ℃时蔗糖水解生成葡萄糖和果糖：

$C_{12}H_{22}O_{11}+H_2O \rightleftharpoons C_6H_{12}O_6$(葡萄糖) $+C_6H_{12}O_6$(果糖)，系统中水的浓度视为常数。

(1) 蔗糖的起始浓度为 $2a\ mol\cdot L^{-1}$，达平衡时蔗糖水解了 50%，K_c 是多少？

$(a\ mol\cdot L^{-1})$

(2) 蔗糖的起始浓度为 $a\ mol\cdot L^{-1}$，则在同一温度下平衡时，水解产物的浓度是多少？

$(0.618a\ mol\cdot L^{-1})$

18. 水的分解反应为 $2H_2O(g) \rightleftharpoons 2H_2(g)+O_2(g)$，在 1 227 ℃和 727 ℃下反应的标准平衡常数 $K^\ominus$ 分别为 1.9×10^{-11} 和 3.9×10^{-19}，计算该反应的反应热 $\Delta_r H_m^\ominus$。

$(441.6\ kJ\cdot mol^{-1})$

19. 已知下列反应各物质的 $\Delta_f H_m^\ominus$ 和 $S_m^\ominus$，计算反应在 298 K 和 373 K 时的 $K^\ominus$。

	$NH_3(aq)$	$+H_2O(l) \rightleftharpoons$	$NH_4^+(aq)$	$+OH^-(aq)$
$\Delta_f H_m^\ominus/(kJ\cdot mol^{-1})$	−80.3	−285.8	−132.5	−230.0
$S_m^\ominus/(J\cdot K^{-1}\cdot mol^{-1})$	111.3	69.9	113.4	−10.75

$(1.8\times10^{-5},\ 2.4\times10^{-5})$

20. 已知水在 373 K 时汽化焓为 $40\ kJ\cdot mol^{-1}$，若压力锅内压力最高可达 150 kPa，求此时锅内的温度。　(385 K)

21. 0.300 g 水杨酸置于 50.0 mL 的密闭容器中加热，水杨酸脱羧生成苯酚和二氧化碳，反应方程式如下：

$$\text{C}_6\text{H}_4(\text{OH})\text{COOH} \rightleftharpoons \text{C}_6\text{H}_5\text{OH} + CO_2$$

在 200 ℃达到平衡，反应物和产物都处于同一气相。迅速冷却停止反应，水杨酸和苯酚成为固体，20 ℃测得二氧化碳的压力为 97.3 kPa，体积为 48.2 mL，计算 200 ℃可逆反应的 $K_p^\ominus$。　(12.1)

22. 过氧乙酰硝酸酯简称 PAN，是光化学烟雾的成分，不稳定易分解为过氧乙酰自由基和二氧化氮气体，好似 NO_2 的储存库，其分解反应为一基元反应，反应式如下：

$$CH_3C(=O)OONO_2 \rightleftharpoons CH_3C(=O)OO\cdot + NO_2$$

0 ℃的速率常数 k_1 为 $3.3\times10^{-4}\ min^{-1}$，25 ℃的速率常数 k_2 为 $2.31\times10^{-2}\ min^{-1}$，写出反应

的速率方程，计算反应的活化能 E_a，当速率常数 k_3 为 2.0×10^{-3} min^{-1} 时，对应的温度是多少？

[$v=kc(PAN)$，$E_a=1.2\times10^5$ $J\cdot mol^{-1}$，283 K]

23. The half - life for the (first - order) radioactive decay of ^{14}C is 5 730 years (it emits β rays with an energy of 1.6×10^5 eV). An archaeological samples contained wood that had only 72 per cent of the ^{14}C found in living trees. What is its age? (2 720 years)

24. At 400 K, the rate of decomposition of a gaseous compound initially at a pressure of 12.6 kPa, was 9.71 $Pa\cdot s^{-1}$ when 10.0 per cent had reacted and 7.67 $Pa\cdot s^{-1}$ when 20.0 per cent had reacted. Determine the order of the reaction. (2)

第四章　物质结构

分子是由原子所组成，是参与化学反应的基本单元。对化学变化而言，原子核并不发生变化，它只涉及原子核外电子运动状态的变化。原子间结合成分子的化学键的性质，分子或晶体的空间构型，分子间的相互作用力等都与物质的物理化学性质存在密切的关系，本章将对此做一简要的介绍。

第一节　核外电子运动模型的建立

早在 19 世纪初，道尔顿（Dalton）就提出了原子学说。其主要观点为，每一种元素有一种原子；同种元素的原子质量相同，不同种元素的原子质量不相同；物质的最小单位是原子，原子不能再分；一种原子不会转变成为另外一种原子；化学反应只是改变原子的结合方式，使反应前的物质变成反应后的物质。从道尔顿到门捷列夫（Mendeleev），化学家都相信“原子不可分”，认为原子是化学大厦的基石。

到 1897 年，汤姆逊（Thomson）发现了电子，打破了原子不可分的观念。1909—1911 年间卢瑟福（Rutherford）用 α 粒子做穿透金箔的实验，证明原子不是实体球，它有一极小的核，核带正电荷，电子绕核运动，提出原子结构的“行星绕日”模型。这种有核模型的建立，只解决了原子的组成问题。而对原子中核外电子运动状态的认识，则是从氢原子光谱实验开始。

太阳或白炽灯发出的白光，通过棱镜的分光作用，可形成红、橙、黄、绿、青、蓝、紫等连续波长的光谱，这种光谱叫连续光谱。如果将被火焰、电弧、电火花等高能光源辐射激发的原子（或离子）发出的光通过棱镜分光（图 4 - 1），可观测到一些不连续的明亮线条所组成的光谱，称为线状光谱或原子光谱。相对于连续光谱，原子光谱为不连续光谱。任何原

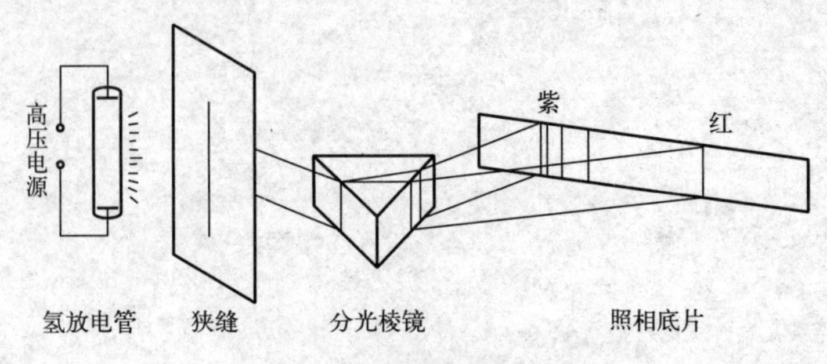

图 4 - 1　氢原子光谱实验示意图

子被激发时，都可以给出原子光谱，氢原子光谱是最简单的原子光谱，见图 4-2。每种原子都有自己的特征光谱。这使人们意识到原子光谱和原子结构之间势必存在着一定的关系。1885—1910 年间，里德堡和其他一些学者，先后对氢原子的光谱进行归纳，得到下列经验公式（里德堡公式）：

$$\nu=R\left(\frac{1}{n_1^2}-\frac{1}{n_2^2}\right) \tag{4-1}$$

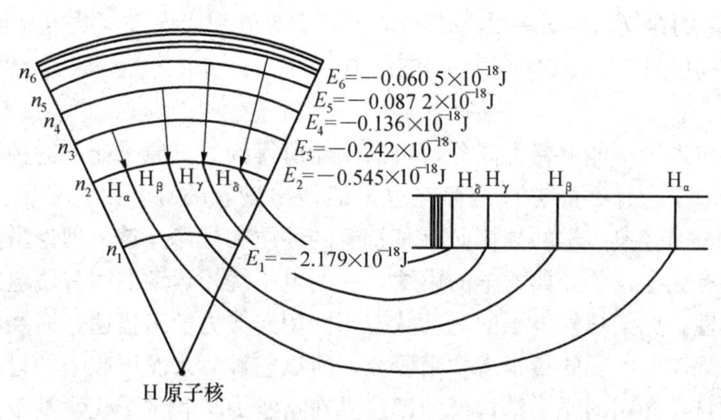

图 4-2　氢原子线状光谱和里德堡公式关系图

式中，$R=3.289\times10^{15}\ s^{-1}$，称为里德堡（Rydberg）常量；$n_1$、$n_2$ 都是正整数，且 $n_2>n_1$。

1913 年丹麦物理学家玻尔（Bohr）综合了普朗克的量子论、爱因斯坦（Einstein）的光子学说和卢瑟福的原子模型，将量子论中关于能量不连续性（量子化）的概念和光子学说中光子能量和辐射频率关系的方程式应用于原子中核外电子的运动状态，提出了原子结构模型，又称玻尔模型。该模型假设的主要内容有两条：

（1）电子运动轨道的量子化　电子不是在任意轨道上绕核运动，只能在符合一定条件的特定的（有确定的半径和能量）轨道上旋转，电子在这些轨道上运动的角动量为

$$L=mvr=n\frac{h}{2\pi} \tag{4-2}$$

式中，m 和 v 分别为电子的质量和速度；r 为轨道半径；h 为普朗克常量（$h=6.626\times10^{-34}$ J·s）；n 为量子数，取值为 1，2，3 等正整数。这种符合量子化条件的轨道称为稳定轨道，电子在此轨道上运动既不吸收能量也不放出能量，电子在稳定轨道上的运动状态称为定态，原子有各种可能的定态。

（2）电子运动能量的量子化　在稳定轨道上运动的电子有一定的能量，该能量只能取某些由量子化条件决定的分立数值。根据量子化条件，氢原子核外轨道的能量即能级 E_n 为

$$E_n=-\frac{2.179\times10^{-18}}{n^2}\text{J} \tag{4-3}$$

从上式看出，n 值越大，轨道离核越远，能级越高。当 $n\to\infty$时，$E_\infty=0$；$n=1$ 时，轨道离核最近，能级最低，为-2.179×10^{-18} J。

玻尔理论成功地解释了氢原子光谱的产生及光谱的不连续性。当氢原子受高能光源辐射激发时，电子由基态跃迁到高能量的激发态（轨道能量为 E_2）。处于激发态的电子不稳定，会自发地跃迁回低能量轨道（轨道能量为 E_1），并以光子的形式释放出能量。因为氢原子轨

道的能量是确定的，所以两轨道的能量差也是定值，因而释放出的光有确定的频率。其频率 ν 与 E_1、E_2 的关系为

$$E_2-E_1=h\nu$$

氢原子可见光谱（即巴尔麦系）就是电子从 $n_2=3$，4，5，6 能级，跃迁回 $n_1=2$ 能级时的辐射谱线。后来继续发现了氢原子电子从较高能级跃迁回 $n_1=1$ 时的辐射谱线在紫外区（赖曼线系），跃迁回 $n_1=3$，4 的谱线在红外区（帕兴系、布拉开系），从理论上阐明了里德堡公式中 n_1 和 n_2 的含义。将 $n_1=2$，$n_2=3$，4，5，6 分别代入式（4-1）可求得 H_α、H_β、H_γ、H_δ 的频率分别为 $4.571\times10^{14}\ s^{-1}$、$6.167\times10^{14}\ s^{-1}$、$6.907\times10^{14}\ s^{-1}$、$7.309\times10^{14}\ s^{-1}$，这与测定值非常吻合。

然而应用玻尔理论不能解释由高分辨率的仪器所得到的氢原子光谱的精细结构和多电子原子光谱，对于原子为什么能够稳定存在也未能做出满意的解释。这是因为电子是微观粒子，它的运动不遵循经典力学的规律而有其特有的性质和规律。玻尔理论虽然引入了量子化的概念，但并没有完全摆脱经典力学的束缚，它的电子绕核运动的固有轨道的观点不符合微观粒子运动的特性。原子核外电子的运动状态不能用经典力学来描述，而要以描述微观粒子的量子化和统计规律为特征的量子力学来研究。所以它被后来发展起来的量子力学和量子化学所取代。本章将要介绍的原子结构模型都建立在量子力学和量子化学基础上。

第二节 核外电子的运动特征

一、电子的波粒二象性

1924 年法国青年物理学家德布罗意（de Broglie），大胆地提出电子、中子、原子等具有静止质量的实物微观粒子与光一样也具有波粒二象性的假设。他认为，对于动量为 P，质量为 m，运动速度为 v 的自由电子和光子一样，也有一个波与它相联系，其波长为 λ，且

$$P=\frac{h}{\lambda} \quad 或 \quad \lambda=\frac{h}{mv} \qquad (4-4)$$

这种波通常叫物质波，也叫德布罗意波。式（4-4）中粒子的波长 λ 代表波动性，粒子的动量 P（$P=mv$）代表粒子性。一个电子的质量 $m=9.11\times10^{-31}$ kg，若在电势差为 1 V 的电场中加速，使 $v=6.0\times10^5\ m\cdot s^{-1}$，根据式（4-4）求得的电子波长 λ 为 1.2 nm。这个波长数值正好在 X 射线的波长范围内。因此，可以设想利用类似于 X 射线衍射实验得到电子的衍射图，从而证明电子的波动性。德布罗意的预言在 1927 年被戴维逊（Davisson）和革末（Germer）用已知能量的电子在晶体上的衍射实验所证实。衍射实验结果如图 4-3 所示。

当一束高速度的电子流从电子衍射发生器 A 射出，穿过薄金属片或晶体粉末（起光栅作用），投射到有感光底片的屏幕上时，则如同 X 射线被晶体衍射一样，也得到一系列明暗交替的同心环纹，即衍射环纹。电子的衍射现象说明电子具有波动性，也说明德布罗意的预言是正确的。后来发现质子、中子、原子等的射线也都能产生衍射现象，且都与德布罗意关系式（4-4）相符合，即波粒二象性是实物微粒的普遍特性。不仅没有静止质量的光子是这样，而且对于具有静止质量的微粒（如电子、质子、中子等），甚至宏观物体也是这样。只不过其波动性显著与否，取决于实物粒子的直径与其波长的相对大小。若实物波（德布罗意

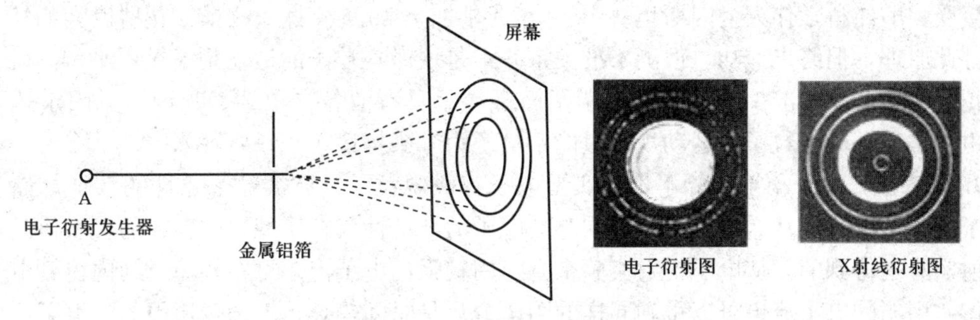

图 4-3 电子衍射示意图

波）波长大于微粒直径，则波动性显著，可以观察出来，如电子、质子等；若实物波波长远小于微粒直径，则波动性微不足道，不能被观察出来。

二、电子运动的统计性

1. 测不准原理 在经典力学中，宏观物体的运动状态可以用位置和速度（或动量）准确确定。例如，我们知道炮弹的初始位置和初速度，就能同时准确测定经过某一时刻后炮弹的位置和运动速度，但是对于原子中电子的运动，由于电子质量极小，运动速度极快，具有波粒二象性，是否可以用位置和速度准确确定它们的运动状态呢？德国物理学家海森堡（Heisenberg）做出了否定的回答，提出了微观粒子的位置和动量之间的测不准关系，即

$$\Delta x \cdot \Delta P \geqslant \frac{h}{4\pi} \quad (4-5)$$

式（4-5）称为海森堡测不准关系。式中，Δx 为粒子位置的测不准量；ΔP 为粒子动量的测不准量。

测不准关系指出，要用经典力学中的位置和动量描述微观粒子的运动，只能达到一定的近似程度，即粒子在某一方向位置的不准量和在此方向上动量的不准量的乘积约等于普朗克常量。也就是说，粒子位置的测定越准确（Δx 越小），则动量的测定就越不准确（ΔP 越大），反之亦然。因此测不准关系表明：欲同时准确地知道粒子的位置和动量是不可能的。简言之，当我们准确地知道某运动中微观粒子的位置时，却不能确定它的动向，若我们准确知道它的动向，却又不能知道它的准确位置。

例如，原子中一电子速度为 2.05×10^{6} m·s^{-1}，电子的质量为 9.11×10^{-31} kg，原子直径大小的数量级为 10^{-10}m。若电子速度的不确定度为 1.5%，则同时测定得到的位置不确定值是多少？

因为 $P=mv=(9.11\times10^{-31}\text{kg})\times(2.05\times10^{6}\text{m}\cdot\text{s}^{-1})=1.87\times10^{-24}\text{kg}\cdot\text{m}\cdot\text{s}^{-1}$

$$\Delta P=0.015\times1.87\times10^{-24}\text{kg}\cdot\text{m}\cdot\text{s}^{-1}=2.80\times10^{-26}\text{kg}\cdot\text{m}\cdot\text{s}^{-1}$$

$$\Delta x=\frac{h}{4\pi\cdot\Delta P}=\frac{6.626\times10^{-34}\ \text{kg}\cdot\text{m}^{2}\cdot\text{s}^{-1}}{4\times3.14\times2.80\times10^{-26}\ \text{kg}\cdot\text{m}\cdot\text{s}^{-1}}=1.89\times10^{-9}\ \text{m}$$

故由计算可知，此时电子位置的测不准量约为原子直径的 10 倍。这就说明，在准确测定电子速度的同时，要准确测定电子的位置是不可能的。测不准原理实不易为绝大多数人理

解和接受，即使科学伟人爱因斯坦从1920年代中期至1955年谢世之前，花费巨大的精力试图推翻此原理，但终未成功。但测不准关系并不是说微观粒子的运动是虚无缥缈、不可认识的。正好相反，测不准关系进一步揭示了微观粒子具有波粒二象性，其运动无固定轨道可言。也就是说，微观粒子的运动规律只能用量子力学来描述。

2. 概率波 电子衍射实验不仅证实了电子等微观粒子具有波粒二象性的特征，而且也说明了电子波是一种什么性质的波。同时，电子的波动性和粒子性之间存在的关系也是从电子衍射实验中得到的。从电子衍射实验来看，用较强的电子流，可在较短时间内得到电子衍射图像。用弱的电子流也可以得到同样的图像，只是时间较长。若设想用很弱的电子流做衍射实验，使电子流小到电子只能一个一个地发射到底片上时，因为电子的粒子性，开始底片上只是一个个毫无规律的感光点，再次到达底片上的点并不都是重合在一起，又无法预测每个点的位置。但随着实验时间的推延，电子大量通过，出现大量的感光点，它们的分布逐渐呈现出规律性，最后便得到衍射图形，显示出电子的波动性。这说明电子衍射不是电子间相互影响的结果。由此看出，它与机械波、电磁波截然不同，机械波和电磁波是介质质点在空间传播的结果，而电子波是许多相互独立的电子在完全相同的条件下运动的统计结果。底片上衍射强度大的地方，就是电子出现概率大的地方，也是波强度大的地方，反之亦然。电子虽然没有确定的运动轨道，但其在空间出现的概率可由衍射波的强度反映出来，所以电子波又称为概率波。

三、量 子 化

1900年德国物理学家普朗克（Planck）提出了能量量子化的概念。量子化指这种物理量是不连续的，总是一份一份分布的，就像物质微粒一样，只能是单个的。能量量子化是指物质以一个一个的基本的能量单位（$h\nu$）吸收或放出能量，这样吸收或放出的能量是不连续的，应该是$h\nu$，$2h\nu$，$3h\nu$……这个最小能量单位$h\nu$被称作能量子。就像我们上楼梯一样，一级台阶是最小的量，不可能站在0.1级台阶上，而这个最小的量就是量子。然而在宏观体系里，我们看到能量的变化似乎是连续的而不是量子化的，因为在宏观体系中，一个量子的能量非常小，完全可以忽略，而一个量子的能量对于微观体系则不能忽视。玻尔将量子的概念用于原子，提出了原子中电子的轨道的能量也是不连续的假定，成功地解释了氢原子光谱。事实表明，量子化是所有微观体系如原子、电子、光子等的共同特征。

第三节　核外电子运动状态的描述

一、微观粒子的波动方程——薛定谔方程

1926年奥地利物理学家薛定谔（Schrödinger E.）提出了描述电子等微观粒子运动状态的波动方程，从而建立了近代量子力学，即著名的薛定谔方程：

$$\frac{\partial^2 \Psi}{\partial x^2}+\frac{\partial^2 \Psi}{\partial y^2}+\frac{\partial^2 \Psi}{\partial z^2}+\frac{8\pi^2 m}{h^2}(E-V)\Psi=0 \qquad (4-6)$$

这是一个二阶偏微分方程。式中，E 和 V 分别是系统的总能量和势能；m 是微粒的质量；x，y，z 为空间直角坐标；π 是圆周率；h 是普朗克常量；Ψ 为波函数，是空间直角坐标（x，y，z）的函数，记作 $\Psi(x, y, z)$，它同电子的运动状态有关，是描述核外电子运动状态的数学函数式。解薛定谔方程的目的是求波函数 Ψ 以及与 Ψ 相对应的能量 E。为了波函数 Ψ 的求解方便，常将直角坐标（x，y，z）变换为球坐标（r，θ，φ），见图 4-4。$\Psi(x, y, z)$ 经变换以后，便成为球坐标 r，θ，φ 三个变量的函数，即式（4-7）：

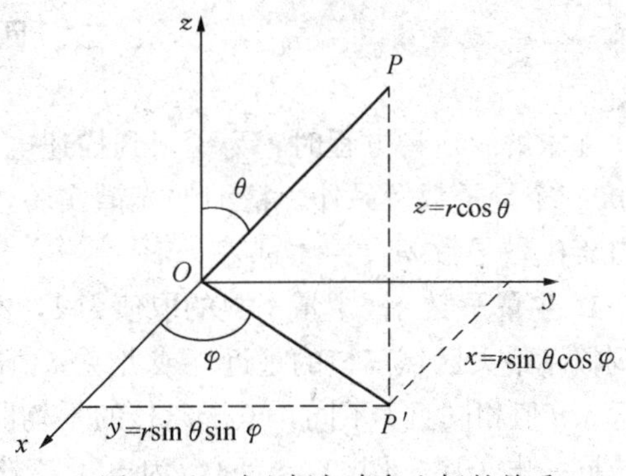

图 4-4　球坐标与直角坐标的关系

$$\Psi(x, y, z) = \Psi_{n,l,m}(r, \theta, \varphi) \quad (4-7)$$

在方程求解过程中，为了保证解的合理性，需引入 3 个参数 n，l，m，称为量子数。这样得到的波函数 Ψ 是包含 3 个参数（n，l，m）和 3 个变量（r，θ，φ）的函数。在量子力学中把原子体系的每一个这种波函数叫作原子轨道函数，常称原子轨道。原子轨道和波函数是同义词。宏观物体的运动轨道有着确定的轨迹，而此处的原子轨道代表原子中电子的一种运动状态，并无固定的空间轨迹的含义。表 4-1 是氢原子和类氢离子的几个波函数。

表 4-1　氢原子和类氢离子的几个波函数（a_0 = 52.9 pm）

几组允许的 n，l，m 值			$\Psi_{n,l,m}$（r，θ，φ）值	$R_{n,l}$（r）	$Y_{l,m}$（θ，φ）
n	l	m			
1	0	0	$\Psi_{1s}=\frac{1}{\sqrt{\pi}}\left(\frac{Z}{a_0}\right)^{3/2}e^{-Zr/a_0}$	$2\sqrt{\frac{1}{a_0^3}}e^{-Zr/a_0}$	$\sqrt{\frac{1}{4\pi}}$
2	0	0	$\Psi_{2s}=\frac{1}{4\sqrt{2\pi}}\left(\frac{Z}{a_0}\right)^{3/2}\left(2-\frac{Zr}{a_0}\right)e^{-Zr/2a_0}$	$\sqrt{\frac{1}{8a_0^3}}\left(2-\frac{Zr}{a_0}\right)e^{-Zr/2a_0}$	$\sqrt{\frac{1}{4\pi}}$
2	1	0	$\Psi_{2p_z}=\frac{1}{4\sqrt{2\pi}}\left(\frac{Z}{a_0}\right)^{3/2}\frac{Zr}{a_0}e^{-Zr/2a_0}\cos\theta$		$\sqrt{\frac{3}{4\pi}}\cos\theta$
2	1	+1	$\Psi_{2p_x}=\frac{1}{4\sqrt{2\pi}}\left(\frac{Z}{a_0}\right)^{3/2}\frac{Zr}{a_0}e^{-Zr/2a_0}\sin\theta\cos\varphi$	$\sqrt{\frac{1}{24a_0^3}}\left(\frac{Zr}{a_0}\right)e^{-Zr/2a_0}$	$\sqrt{\frac{3}{4\pi}}\sin\theta\cos\varphi$
2	1	−1	$\Psi_{2p_y}=\frac{1}{4\sqrt{2\pi}}\left(\frac{Z}{a_0}\right)^{3/2}\frac{Zr}{a_0}e^{-Zr/2a_0}\sin\theta\sin\varphi$		$\sqrt{\frac{3}{4\pi}}\sin\theta\sin\varphi$

在求解薛定谔方程，求得 $\Psi_{n,l,m}(r, \theta, \varphi)$ 的表达式的同时，还将同时得到对应于每一个 $\Psi_{n,l,m}(r, \theta, \varphi)$ 的特有的能量 E。对于氢原子和类氢离子的各电子层中电子能量可由下式求得

$$E_n = -2.179\times10^{-18}\frac{Z^2}{n^2}\text{J} \quad (4-8)$$

式中，n 是量子数；Z 是核电荷数。n 越大，E_n 的值越大，即能量越高。

二、四个量子数

在求解薛定谔方程时，为了得到描述电子运动状态的合理解，在求解过程中引入了 n，l，m 三个量子数。另外，精细的光谱实验，又发现了描述电子运动状态的第四个量子数，即自旋磁量子数 m_s。

1. 主量子数 *n* 主量子数的取值为 1，2，3 等正整数。n 值的大小用来描述原子中电子出现概率最大区域离核的远近，或者说 n 值决定电子层数。n 值越大，电子离核的平均距离越远；n 值相同且 l 不同，电子离核的平均距离大致相同；n 相同则称电子处于同一主能级层或同一电子层。例如：$n=1$，为电子离核的平均距离最近的一层，这是第一层；$n=2$，说明电子离核的平均距离比第一层电子离核远；其余类推。在光谱学上也常用 K、L、M、N、O、P……层分别代表 $n=1$，2，3，4，5，6……层。

主量子数 n 的另一个重要物理意义是：n 是决定电子能量高低的主要因素。对于核外只有一个电子的原子或离子的单电子体系，如 H、He^+ 等，据式（4-8）可以看出，电子的能量只决定于主量子数 n，即 n 越大，电子的能量越高，n 值相同，电子的能量均相同。例如：对氢原子来说，有 $E_{2s}=E_{2p}$，$E_{3s}=E_{3p}=E_{3d}$，并可据式（4-8）计算氢原子各电子层中电子能量 E_n 值的大小。但是对于多电子原子体系来说，电子的能量除主要决定于主量子数外，还与角量子数有关。

2. 角量子数 *l* 角量子数 l 的取值由主量子数 n 决定，可以取 n 个值，其取值为 0，1，2，3，……，$(n-1)$ 的正整数。当 n 的取值一定时，l 的取值及个数就一定。角量子数 l 代表电子在空间不同角度出现的概率或概率密度，即决定原子轨道或电子云的形状，且 l 的每一个取值对应于一个具有一定能量的亚层或能级，其相应的光谱符号为

l	0	1	2	3	4…
光谱符号	s	p	d	f	g…

$n=1$，l 有一个取值，即 $l=0$，称为 1s 态或 1s 亚层；$n=2$，l 有两个取值，即 $l=0$，称为 2s 态或 2s 亚层，$l=1$，称为 2p 态或 2p 亚层；$n=3$，l 有三个取值，即 $l=0$，称为 3s 态或 3s 亚层，$l=1$，称为 3p 态或 3p 亚层，$l=2$，称为 3d 态或 3d 亚层。因此，同一电子层中有多少电子亚层由角量子数 l 决定，并且原子轨道或电子云的角度分布也由 l 决定。s 态呈球形，p 态呈哑铃形，d 态呈花瓣形，f 态较复杂，在此不做要求。

在多电子原子中电子的能量由 n 和 l 共同决定，n 相同、l 不同的原子轨道，角量子 l 数越大，其能量 E 越大。

3. 磁量子数 *m* 描述原子轨道或电子云在空间伸展方向的量子数叫磁量子数，符号为 m，它的取值决定于角量子数 l，可以取 $(2l+1)$ 个值，即从 $-l$ 到 $+l$ 包括 0 在内的一系列整数值。每一个取值表示原子轨道或电子云在空间的一种取向。这样，对于一定的 l，m 的取值即原子轨道在空间的取向有多少种，l 亚层中的轨道就有多少个。故 m 不仅是描述原子轨道在空间伸展方向的量子数，而且也反映了 l 亚层中原子轨道的数目。例如，$l=1$ 时，$m=-1$、0、$+1$，表示轨道在空间有三种取向，p 亚层有三个原子轨道，其余类推。

l 相同的原子轨道在空间的取向虽然不同，但它们的能量是相同的（只有在磁场作用下，因取向不同而发生分裂，在能量上才有微弱的差别）。通常把能量相同的原子轨道称为

简并轨道，简并轨道的数目叫简并度。同一能级上的轨道是简并的或处于简并状态，其简并度等于 m 的取值数目，即（$2l+1$）。例如，p 轨道的简并度为 $2\times1+1=3$。对于简并轨道常用下标 x、y、z 等以示区分，如 p_x、p_y、p_z 以及 d_{xy}、d_{yz}、d_{xz}、d_{z^2} 和 $d_{x^2-y^2}$。对于单电子体系来说，凡是 n 值相同的轨道都是简并轨道，简并度等于 n^2。例如氢原子的 3s、3p、3d 等轨道都是简并的，简并度为 $3^2=9$。

4. 自旋磁量子数 m_s 描述电子自旋运动的量子数叫作自旋磁量子数，符号为 m_s，其取值只有两种，即 $+\frac{1}{2}$ 和 $-\frac{1}{2}$，表示电子运动的两种自旋状态。$m_s=+\frac{1}{2}$ 用"↑"符号表示，电子处于正旋状态；$m_s=-\frac{1}{2}$ 用"↓"符号表示，电子处于反旋状态，见图 4-5。"↑↑"或"↓↓"表示两个电子处于自旋相同的状态，叫自旋平行。"↑↓"或"↓↑"表示两个电子处于自旋相反的状态，叫自旋反平行。

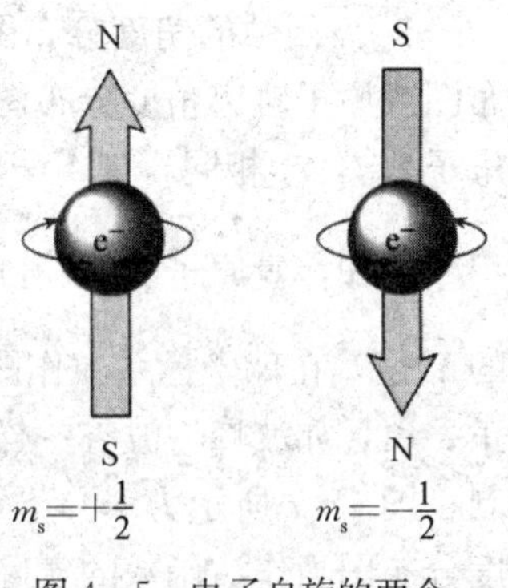

图 4-5 电子自旋的两个方向和取值

综上所述，n，l，m 一组 3 个量子数可以决定一个原子轨道。但原子中每个电子的运动状态则必须用 n，l，m，m_s 4 个量子数确定之后，电子在核外空间的运动状态才能确定。根据四个量子数数值间的关系，可以推算出各电子层中可能有的状态。表 4-2 是量子数与原子轨道的关系。

表 4-2 量子数与原子轨道的关系

主量子数 n	角量子数 l	亚层或能级	波函数	磁量子数 m	轨道数	自旋量子数 m_s	电子数
1	0	1s	Ψ_{1s}	0	1 1	$+\frac{1}{2}$，$-\frac{1}{2}$	2
2	0	2s	Ψ_{2s}	0	1 } 4	$+\frac{1}{2}$，$-\frac{1}{2}$	8
	1	2p	Ψ_{2p}	+1，0，−1	3		
3	0	3s	Ψ_{3s}	0	1 } 9	$+\frac{1}{2}$，$-\frac{1}{2}$	18
	1	3p	Ψ_{3p}	+1，0，−1	3		
	2	3d	Ψ_{3d}	+2，+1，0，−1，−2	5		
4	0	4s	Ψ_{4s}	0	1 } 16	$+\frac{1}{2}$，$-\frac{1}{2}$	32
	1	4p	Ψ_{4p}	+1，0，−1	3		
	2	4d	Ψ_{4d}	+2，+1，0，−1，−2	5		
	3	4f	Ψ_{4f}	+3，+2，+1，0，−1，−2，−3	7		

三、核外电子运动状态的图形描述

波函数 Ψ 是 r，θ，φ 的函数，对于这样三个变量确定的函数，在三维空间中难以画出其图像来。因此利用式（4-9）

$$\Psi(x, y, z) = \Psi_{n,l,m}(r, \theta, \varphi) = R_{n,l}(r) \cdot Y_{l,m}(\theta, \varphi) \qquad (4-9)$$

从径向和角度两方面分别讨论它们随 r，θ，φ 的变化。$R(r)$ 称为径向波函数，反映波函数随 r 的变化，含有 n，l 两个量子数；$Y(\theta, \varphi)$ 称为角度波函数，反映波函数随角度 θ，φ 的变化，含有 l，m 两个量子数。原子轨道除了用函数式表示外，还可以用相应的图形表示。现在介绍几种主要的图形表示法。

1. 波函数的角度分布图 如果将 Y 随 θ，φ 的角度变化作图，即得波函数 Ψ 的角度分布图或原子轨道角度分布图，由于波函数的角度部分只与 l，m 两个量子数有关，因此只要量子数 l，m 相同，其 $Y(\theta, \varphi)$ 函数式就相同，就有相同的原子轨道角度分布图。

例如，氢原子 p_z 轨道角度分布函数为 $Y_{1,0}=\sqrt{\frac{3}{4\pi}}\cos\theta$，当 θ 取 0°～180°分别得到对应的 Y 值，在球坐标系中作图即得到 p_z 轨道的角度分布图，图中的正、负号只代表波函数的正、负，如波峰、波谷一样，见图 4-6（a）。其他轨道的角度分布图，也可用同样方法绘制，图 4-7 所示为 s，p，d 原子轨道的角度分布平面图。须说明一点，不能把波函数的角度分布图当作波函数的实际形状。

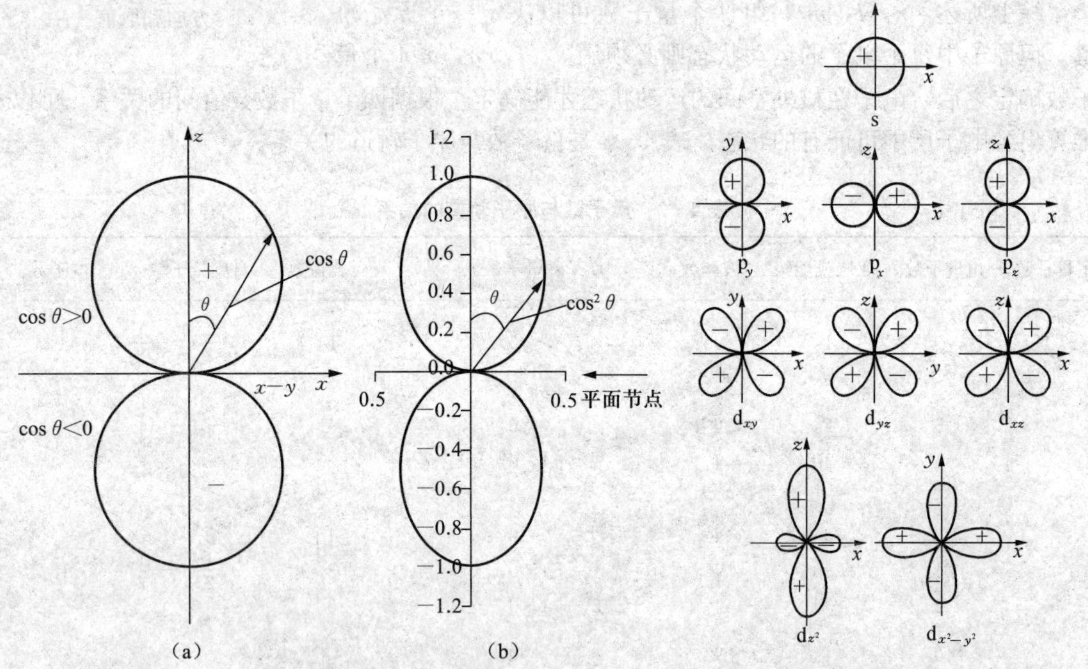

图 4-6 p_z 轨道的角度分布与密度分布

（a）角度分布 （b）密度分布

图 4-7 原子轨道角度分布平面图形

2. 概率密度和电子云的图像 波函数 Ψ 是表示核外电子运动状态的数学函数式。不过电子的运动规律，还可用具有直观和明确物理意义的 $|\Psi|^2 d\tau$ 和 $|\Psi|^2$ 来描述。前者表示电子在核外某点（r，θ，φ）附近微小的体积元（设为 $d\tau$）中出现的概率（设为 $d\rho$），后者表示电子在核外某点（r，θ，φ）附近单位体积中出现的概率，叫概率密度。且两者存在如下关系：

$$d\rho = |\Psi|^2 d\tau \qquad (4-10)$$

从式（4－10）可知，概率的大小由概率密度和体积元两个因素决定。当体积元一定时，概率由概率密度的大小决定，概率密度大，则概率大。

由于电子行踪不定地在原子核外空间出现，好像电子是分散在原子核外周围的整个空间里。所以，可形象地将电子在空间的概率密度分布，称作电子云分布，简称电子云。通常用小黑点直观而又形象地表示，小黑点表示电子在核外空间出现的踪迹。电子出现概率密度大的地方以密集小黑点表示，电子出现概率密度小的地方以稀疏小黑点表示。图 4－8 是氢原子 1s，2s，3s 电子云示意图。电子云是从统计的概念出发对电子在核外空间的概率密度分布做形象化的直观描述。

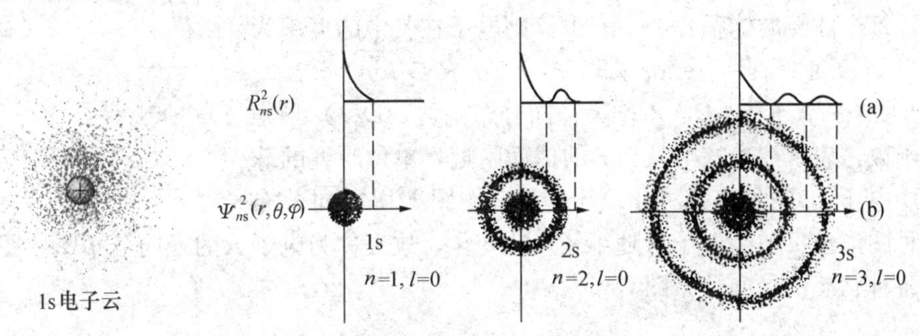

图 4－8　氢原子 s 轨道径向密度函数和电子云示意图

电子云分布是由波函数的具体形式决定的，而波函数又可分离为径向部分和角度部分。故电子云图通常也分别从径向部分和角度部分进行讨论。

（1）电子云角度分布图　与角度波函数 $Y(\theta,\varphi)$ 相对应，也有电子云的角度分布函数 $Y^2(\theta,\varphi)$，它表示在同一球面上各点电子概率密度的相对大小。将 $Y^2(\theta,\varphi)$ 随角度 θ，φ 变化作图，即得电子云的角度分布图，见图 4－9。s 电子云是球形对称的，表示 s 态电子在核外空间半径相同的各个方向上出现的概率密度相同。p 电子云呈哑铃形，沿某一轴线电子出现的概率密度最大。例如，$2p_z$ 电子云沿 z 轴方向概率密度最大。d 电子云基本上都是花瓣形，分布比 p 电子云复杂，在核外空间有 d_{xy}，d_{yz}，d_{xz}，d_{z^2} 和 $d_{x^2-y^2}$ 五种不同的取向。f 电子云分布更为复杂，在核外空间有七种不同的取向，本书不做介绍。比较图 4－9 与图 4－7 可知，电子云的角度分布图与相应的波函数的角度分布图在形状上基本相似，取向上相同。但也有不同之处，主要是：

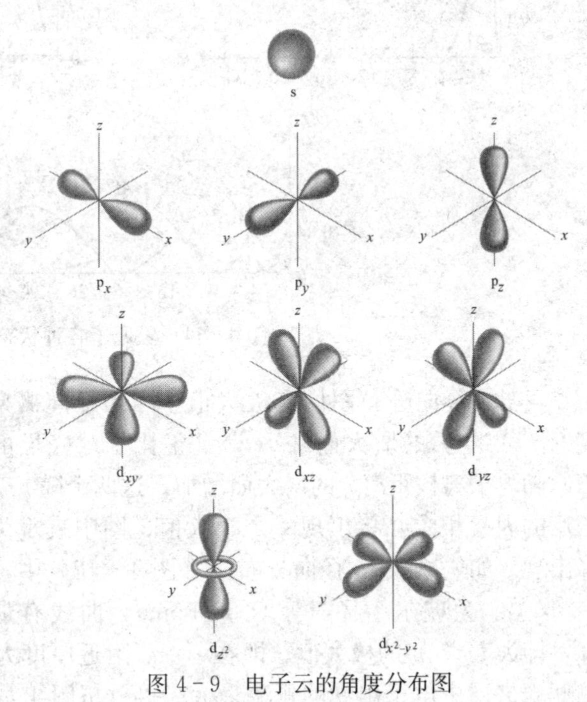

图 4－9　电子云的角度分布图

① 电子云的角度分布图无正、负号之分，因为 $Y(\theta,\varphi)$ 平方后均为正值。

② 电子云的角度分布图要比原子轨道的角度分布图“瘦”一些（s 态除外）。因为 Y 值小于 1，平方后其值更小。

（2）电子云径向分布图　电子云的角度分布图只能反映电子在核外空间不同角度的概率密度大小，并不反映电子出现的概率密度大小与离核远近的关系，因此通常用电子云的径向分布图来反映电子在核外空间出现的概率密度离核远近的变化。

为讨论电子在原子内运动的概率分布，引入径向分布函数的概念。假设将原子核外空间分成无数个极薄的球壳，电子在距核 r 处，厚度为 $\mathrm{d}r$ 的球壳薄层中出现的概率为 $\mathrm{d}\rho$（图 4-10），每个球壳的体积 $\mathrm{d}\tau=4\pi r^2\mathrm{d}r$，则电子在其中的概率为

$$\mathrm{d}\rho=|\Psi|^2\mathrm{d}\tau=4\pi r^2\mathrm{d}r\cdot R^2(r)=4\pi r^2R^2(r)\mathrm{d}r$$

令 $D(r)=4\pi r^2R^2(r)$，$D(r)$ 称为径向分布函数。$D(r)$ 是半径 r 的函数，表示在离核半径为 r 的球面附近，单位厚度的球壳夹层中电子出现的概率。用 $D(r)$ 对 r 作图即得径向分布图。该种图形也反映了电子云随半径 r 的变化，故又称为电子云的径向分布图。图 4-11 是氢原子各种状态的径向分布图。

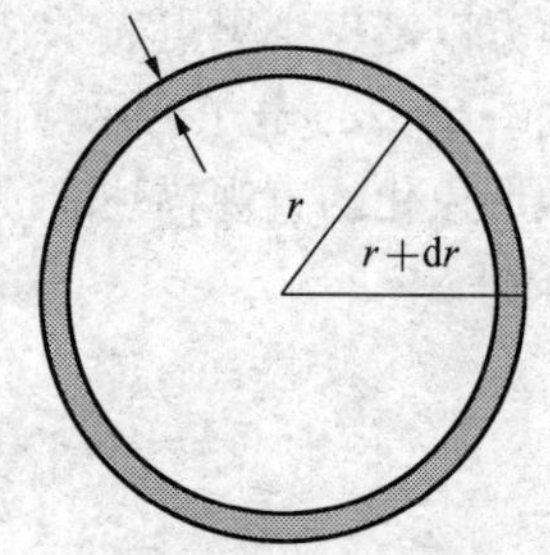

图 4-10　球壳薄层示意图

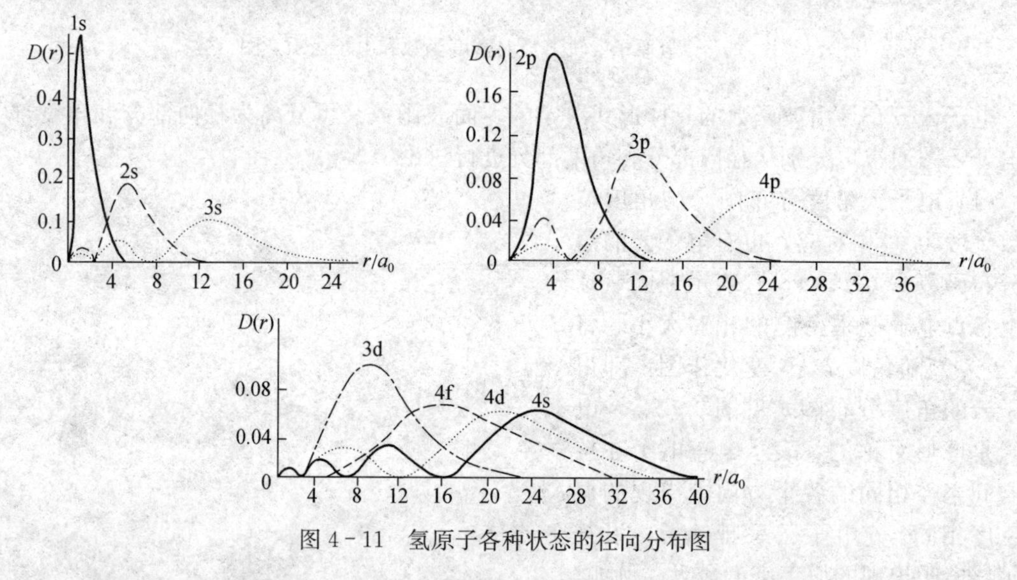

图 4-11　氢原子各种状态的径向分布图

可见，径向分布图内有极大值。因为径向概率密度 $R^2(r)$ 随 r 的增大而减小，r^2（正比于球壳层的体积）随电子离核距离 r 的增大而增加，这两个随 r 变化相反的因素相乘必将出现一个极大值，图中表现为有峰出现。如氢原子 1s 径向分布图（图 4-12）中，在 $r=a_0$（a_0 为玻尔半径，等于 52.9pm），曲线有最高峰，即为 $D(r)$ 的极大值。即在 $r=a_0$ 附近厚度为 $\mathrm{d}r$ 的球壳夹层中电子出现的概率最大。再分析图 4-11，可以得出如下结论：

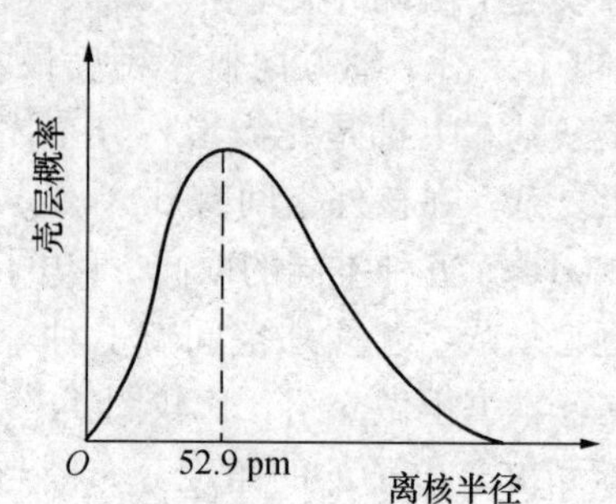

图 4-12　氢原子 1s 电子壳层概率随 r 变化图

① 图中出现极大值的数目有一定的规律性，即各

种状态的电子，在径向分布图中有（$n-l$）个极大值。例如 2s 态，极大值数为 $2-0=2$，即出现 2 个峰。

② 角量子数 l 相同，而主量子数 n 不同，其径向分布图的主峰（最高峰，即电子出现概率最大处）随主量子数 n 的增加离核越远。例如：2s 态的主峰（$r=5a_0$）比 1s 态的主峰（$r=a_0$）离核远，3s 态的主峰（$r=14a_0$）又比 2s 态的主峰离核远。主峰离核越远，电子的能级就越高，即 $E_{1s}<E_{2s}<E_{3s}$。从径向分布来看，核外电子按能量高低顺序进行排列。

③ 主量子数 n 相同，角量子数 l 越小的状态，极大值数目越多，这样有较多小峰“插入”离核较近的区域，受核的吸引力较强。如 3s 轨道的第一个小峰渗入 2s 轨道之内，4s 轨道穿过 3d 轨道内层等，表现出轨道之间的相互穿透特性，故对多电子原子来说，则有

$$E_{ns}<E_{np}<E_{nd}<E_{nf}$$

必须注意：$D(r)$ 与 $|\Psi|^2$ 的物理意义不同，$|\Psi|^2$ 是概率密度，即指在核外空间某点附近单位体积内发现电子的概率，而 $D(r)$ 是指在半径为 r 的球面附近单位厚度球壳层内发现电子的概率。

第四节　核外电子排布和元素周期系

一、多电子原子能级

1. 鲍林的原子轨道能级图　美国著名的化学家鲍林（Pauling）根据大量光谱实验数据及某些近似理论计算，得到如图 4－13 所示的多电子原子的原子轨道能级图。图中圆圈表示原子轨道，按轨道能级高低顺序排列。我国化学家徐光宪先生提出用 $n+0.7l$ 计算轨道能量高低，其值越大，轨道能量越高，并将 $n+0.7l$ 值的整数部分相同的轨道分为一个能级组，

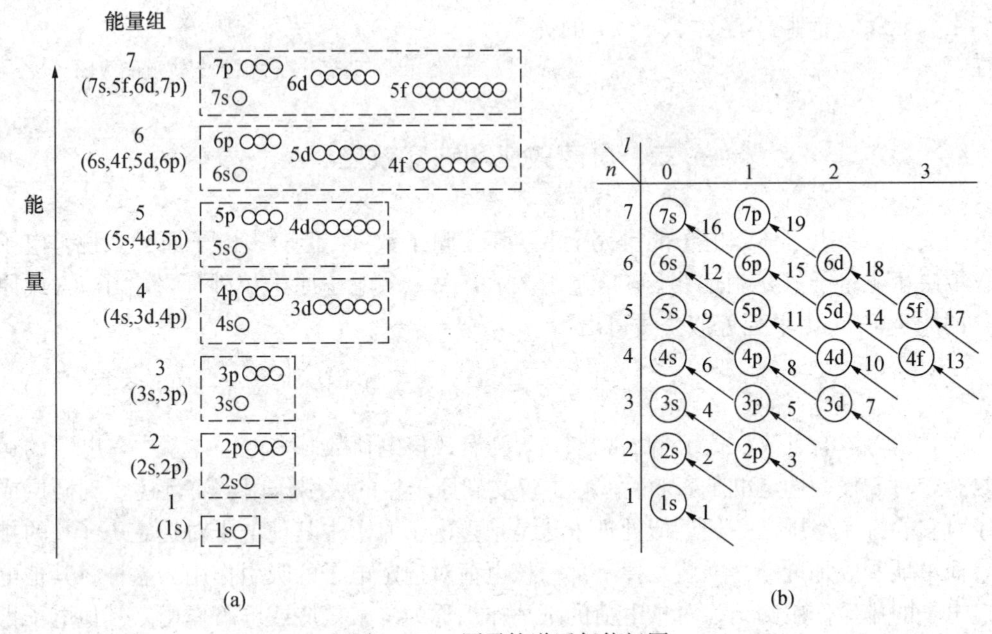

图 4－13　原子轨道近似能级图

而在鲍林近似能级图中，同一方框的轨道能量相近，是同一能级组，而相邻能级组之间能量相差较大。能级组的划分与元素周期表中周期的划分一致，体现了元素周期系中元素划分为周期的本质原因是原子轨道的能量关系。有了鲍林近似能级图，各元素基态原子的核外电子可按该能级图从低到高顺序填入。

2. 科顿的原子轨道能级图 必须指出，鲍林近似能级图仅仅反映了多电子原子中原子轨道能量的近似高低，不能认为所有元素原子的能级高低都是一成不变的。随着元素原子序数的递增，即核电荷数增加，原子核对核外电子的吸引作用增强，轨道的能量有所下降。由于不同轨道下降的程度不同，所以能级的相对次序有所改变。科顿（F. A. Cotton）总结了前人的光谱实验和量子力学计算结果，画出了原子轨道能量随原子序数而变化的图——科顿原子轨道能级图（图 4 - 14）。从图 4 - 14 中看出，原子序数为 1 的 H 元素，其主量子数相同的原子轨道的能量相同，即不发生能级分裂。随着原子序数的增大，各原子轨道能量逐渐降低。由于角量子数 l 不同的轨道能量降低的幅度不一致，于是引起能级分裂：

$$E_{ns}<E_{np}<E_{nd}<E_{nf}$$

同时也使得不同元素的原子轨道能级的排列次序可能不完全一致。例如，原子序数为 15～20 的元素 $E_{3d}>E_{4s}$，而原子序数大于 21 的元素 $E_{3d}<E_{4s}$。

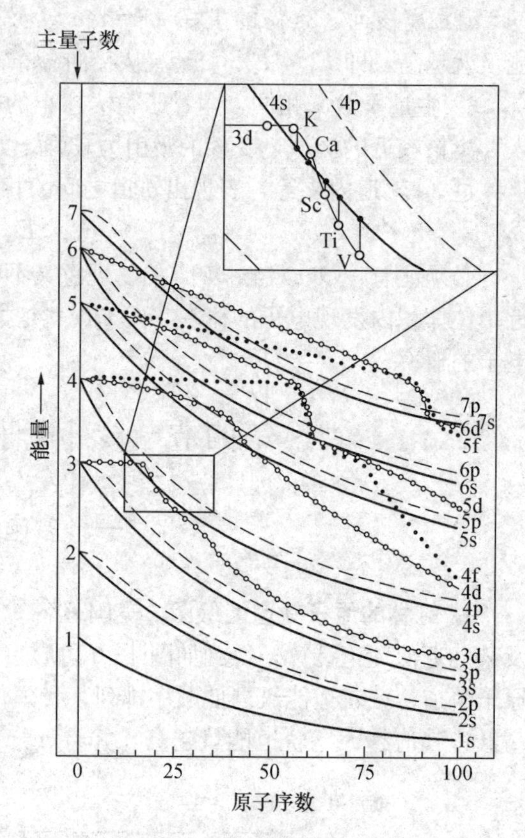

图 4 - 14　科顿原子轨道能级图

二、屏蔽效应和钻穿效应

前面提到，单电子体系电子能量完全取决于主量子数 n。但对多电子原子来说，电子能量不仅取决于主量子数 n，而且还与角量子数 l 有关。多电子原子核外任一电子 i（或原子轨道）的能级 E_i 可由下列近似公式得出：

$$E_i=-2.179\times10^{-18}\frac{(Z-\sigma)^2}{n^2}=-2.179\times10^{-18}\frac{(Z^*)^2}{n^2} \quad (4-11)$$

式中，Z 为核电荷数；σ 为屏蔽常数；Z^* 为有效核电荷数。多电子体系中，电子的运动比较复杂，对于任一选定电子 i 来说，它不仅受到原子核的吸引作用，而且还受到同层或内层电子对它的排斥作用。一种近似处理方法是把多电子原子中其他电子对选定电子 i 的排斥作用，简单地看成是抵消（屏蔽）掉一部分核电荷对选定电子的吸引作用。这种将其他电子对指定电子的排斥作用归结为对核电荷的抵消作用称为屏蔽效应或屏蔽作用。其他电子抵消的核电荷数越多，对选定电子的屏蔽效应就越大。抵消核电荷的数值称为屏蔽常数，用 σ 表示。σ 与 l 有关，所以电子 i 的能级也和 l 有关。屏蔽效应的结果使被屏蔽的电子的能量升高。σ 可通过光谱实验数据得到，由式（4－11）可得出多电子原子轨道能级的一般顺序：

（1）n 相同 l 不同时，l 越大轨道能级越高，即 $E_{ns}<E_{np}<E_{nd}<E_{nf}$。

（2）n 不同 l 相同时，n 越大轨道能级越高，即 $E_{1s}<E_{2s}<E_{3s}$……或 $E_{2p}<E_{3p}<E_{4p}$……或 $E_{3d}<E_{4d}<E_{5d}$ 等。

从图 4－14 还可以看出，当 $Z=15\sim20$ 时，$E_{3d}>E_{4s}$，这一现象称为能级交错。为什么会发生能级交错呢？这与角量子数有关。因为从径向分布图 4－11 中可以看到，虽然 4s 轨道最高峰比 3d 轨道的最高峰离核更远，但由于 4s 轨道的角量子数 $l=0$ 比 3d 轨道的角量子数 $l=2$ 小，比 3d 轨道多 3 个小峰，而且有的小峰比 3d 的峰更靠近原子核，较好地回避了其他电子对它的屏蔽作用，结果是大大降低了 4s 轨道的能量，降低的这部分能量超过了由于主量子数 n 增大（轨道离核更远）引起的轨道能量升高，故 $E_{3d}>E_{4s}$。这种外层电子钻到离核较近的内层空间从而削弱了其他电子对它的屏蔽现象，称为钻穿效应，这种效应可能导致能级交错。从图 4－14 中还可看出，ns 与 $(n-1)$d，$(n-2)$f 之间能量的高低顺序也有类似情况，即 $E_{5s}<E_{4d}<E_{5p}$，$E_{6s}<E_{4f}<E_{5d}<E_{6p}$。

三、核外电子的排布规律

电子在核外的运动状态遵循一定的规律，且能用一组量子数加以描述。那么电子在核外的分布规律又是怎样的呢？这是一个与元素化学性质直接相关的重要问题。

多电子原子处于基态时，电子排布必须遵循以下三条规律。

1. 保里不相容原理　保里（Pauli）根据元素在周期表中的位置和光谱实验分析的结果指出：在同一原子中，四个量子数完全相同的电子是不存在的。此即保里不相容原理，也称保里原理。由于一组 n，l，m 确定一个原子轨道，则在该轨道上的两个电子只能处于自旋反平行状态（即 m_s 不同），否则就违背了保里原理。因此得出下列重要推论：

（1）每一个原子轨道最多只能容纳两个自旋相反的电子。

（2）各电子亚层最多容纳 $2(2l+1)$ 个电子。

（3）各电子层（主能级层）最多容纳 $2n^2$ 个电子。

2. 能量最低原理　自然界广泛存在一个普遍规律，即“能量越低的系统越稳定”。原子中的电子排布也遵循这一规律。在不违背保里原理的前提下，电子在原子轨道中，总是采取使系统能量尽可能处于最低状态的方式排布，这就是能量最低原理。能量处于最低状态，系统最稳定。

3. 洪特规则　洪特规则是洪特（Hund）在 1925 年从大量光谱实验结果中总结出来的重要规律，即电子填充能量相同的简并轨道时，总是尽可能以自旋相同的方向单独占据能量相同的轨道。或者说，在简并轨道中，电子排布时自旋平行的单电子越多，能量越低，系统越稳定。这是由于当一个电子占据一个简并轨道后，要再填入另一个电子，以组成自旋反平行的成对电子，则需能量克服电子间的排斥力，这部分能量称为电子的成对能；当以自旋平行分占不同的轨道方式填入时，则无须克服电子成对能，可使整个系统的能量降低，系统最稳定。例如，p 轨道有 3 个电子填入，电子在 p 轨道上的排布有下列三种可能性：

由洪特规则，只有①的排布是正确的。故洪特规则实际上是能量最低原理的补充。此外，作为洪特规则的特例，当简并轨道全充满（p^6、d^{10}、f^{14}）、半充满（p^3、d^5、f^7）或全空（p^0、d^0、f^0）时，原子能量较低，处于比较稳定的状态。如 Cu 原子外层电子结构是 $3d^{10}4s^1$，而不是 $3d^9 4s^2$；Cr 原子外层电子结构是 $3d^5 4s^1$，而不是 $3d^4 4s^2$。

四、原子核外电子的排布

应用鲍林的近似能级图（图 4－13），根据核外电子的排布规律，可写出周期表中绝大多数元素的核外电子结构式，如表 4－3 所示。

表 4－3　元素基态原子的电子构型

原子序数	元素	电子结构	原子序数	元素	电子结构	原子序数	元素	电子结构
1	H	$1s^1$	25	Mn	$[Ar]3d^5 4s^2$	49	In	$[Kr]4d^{10}5s^2 5p^1$
2	He	$1s^2$	26	Fe	$[Ar]3d^6 4s^2$	50	Sn	$[Kr]4d^{10}5s^2 5p^2$
3	Li	$[He]2s^1$	27	Co	$[Ar]3d^7 4s^2$	51	Sb	$[Kr]4d^{10}5s^2 5p^3$
4	Be	$[He]2s^2$	28	Ni	$[Ar]3d^8 4s^2$	52	Te	$[Kr]4d^{10}5s^2 5p^4$
5	B	$[He]2s^2 2p^1$	29	Cu	$[Ar]3d^{10}4s^1$	53	I	$[Kr]4d^{10}5s^2 5p^5$
6	C	$[He]2s^2 2p^2$	30	Zn	$[Ar]3d^{10}4s^2$	54	Xe	$[Kr]4d^{10}5s^2 5p^6$
7	N	$[He]2s^2 2p^3$	31	Ga	$[Ar]3d^{10}4s^2 4p^1$	55	Cs	$[Xe]6s^1$
8	O	$[He]2s^2 2p^4$	32	Ge	$[Ar]3d^{10}4s^2 4p^2$	56	Ba	$[Xe]6s^2$
9	F	$[He]2s^2 2p^5$	33	As	$[Ar]3d^{10}4s^2 4p^3$	57	La	$[Xe]5d^1 6s^2$
10	Ne	$[He]2s^2 2p^6$	34	Se	$[Ar]3d^{10}4s^2 4p^4$	58	Ce	$[Xe]4f^1 5d^1 6s^2$
11	Na	$[Ne]3s^1$	35	Br	$[Ar]3d^{10}4s^2 4p^5$	59	Pr	$[Xe]4f^3 6s^2$
12	Mg	$[Ne]3s^2$	36	Kr	$[Ar]3d^{10}4s^2 4p^6$	60	Nd	$[Xe]4f^4 6s^2$
13	Al	$[Ne]3s^2 3p^1$	37	Rb	$[Kr]5s^1$	61	Pm	$[Xe]4f^5 6s^2$
14	Si	$[Ne]3s^2 3p^2$	38	Sr	$[Kr]5s^2$	62	Sm	$[Xe]4f^6 6s^2$
15	P	$[Ne]3s^2 3p^3$	39	Y	$[Kr]4d^1 5s^2$	63	Eu	$[Xe]4f^7 6s^2$
16	S	$[Ne]3s^2 3p^4$	40	Zr	$[Kr]4d^2 5s^2$	64	Gd	$[Xe]4f^7 5d^1 6s^2$
17	Cl	$[Ne]3s^2 3p^5$	41	Nb	$[Kr]4d^4 5s^1$	65	Tb	$[Xe]4f^9 6s^2$
18	Ar	$[Ne]3s^2 3p^6$	42	Mo	$[Kr]4d^5 5s^1$	66	Dy	$[Xe]4f^{10}6s^2$
19	K	$[Ar]4s^1$	43	Tc	$[Kr]4d^5 5s^2$	67	Ho	$[Xe]4f^{11}6s^2$
20	Ca	$[Ar]4s^2$	44	Ru	$[Kr]4d^7 5s^1$	68	Er	$[Xe]4f^{12}6s^2$
21	Sc	$[Ar]3d^1 4s^2$	45	Rh	$[Kr]4d^8 5s^1$	69	Tm	$[Xe]4f^{13}6s^2$
22	Ti	$[Ar]3d^2 4s^2$	46	Pd	$[Kr]4d^{10}$	70	Yb	$[Xe]4f^{14}6s^2$
23	V	$[Ar]3d^3 4s^2$	47	Ag	$[Kr]4d^{10}5s^1$	71	Lu	$[Xe]4f^{14}5d^1 6s^2$
24	Cr	$[Ar]3d^5 4s^1$	48	Cd	$[Kr]4d^{10}5s^2$	72	Hf	$[Xe]4f^{14}5d^2 6s^2$

（续）

原子序数	元素	电子结构	原子序数	元素	电子结构	原子序数	元素	电子结构
73	Ta	$[Xe]4f^{14}5d^{3}6s^{2}$	89	Ac	$[Rn]6d^{1}7s^{2}$	105	Db	$[Rn]5f^{14}6d^{3}7s^{2}$
74	W	$[Xe]4f^{14}5d^{4}6s^{2}$	90	Th	$[Rn]6d^{2}7s^{2}$	106	Sg	$[Rn]5f^{14}6d^{4}7s^{2}$
75	Re	$[Xe]4f^{14}5d^{5}6s^{2}$	91	Pa	$[Rn]5f^{2}6d^{1}7s^{2}$	107	Bh	$[Rn]5f^{14}6d^{5}7s^{2}$
76	Os	$[Xe]4f^{14}5d^{6}6s^{2}$	92	U	$[Rn]5f^{3}6d^{1}7s^{2}$	108	Hs	$[Rn]5f^{14}6d^{6}7s^{2}$
77	Ir	$[Xe]4f^{14}5d^{7}6s^{2}$	93	Np	$[Rn]5f^{4}6d^{1}7s^{2}$	109	Mt	
78	Pt	$[Xe]4f^{14}5d^{9}6s^{1}$	94	Pu	$[Rn]5f^{6}7s^{2}$	110	Ds	
79	Au	$[Xe]4f^{14}5d^{10}6s^{1}$	95	Am	$[Rn]5f^{7}7s^{2}$	111	Rg	
80	Hg	$[Xe]4f^{14}5d^{10}6s^{2}$	96	Cm	$[Rn]5f^{7}6d^{1}7s^{2}$	112	Cn	
81	Tl	$[Xe]4f^{14}5d^{10}6s^{2}6p^{1}$	97	Bk	$[Rn]5f^{9}7s^{2}$	113	Nh	
82	Pb	$[Xe]4f^{14}5d^{10}6s^{2}6p^{2}$	98	Cf	$[Rn]5f^{10}7s^{2}$	114	Fl	
83	Bi	$[Xe]4f^{14}5d^{10}6s^{2}6p^{3}$	99	Es	$[Rn]5f^{11}7s^{2}$	115	Mc	
84	Po	$[Xe]4f^{14}5d^{10}6s^{2}6p^{4}$	100	Fm	$[Rn]5f^{12}7s^{2}$	116	Lv	
85	At	$[Xe]4f^{14}5d^{10}6s^{2}6p^{5}$	101	Md	$[Rn]5f^{13}7s^{2}$	117	Ts	
86	Rn	$[Xe]4f^{14}5d^{10}6s^{2}6p^{6}$	102	No	$[Rn]5f^{14}7s^{2}$	118	Og	
87	Fr	$[Rn]7s^{1}$	103	Lr	$[Rn]5f^{14}6d^{1}7s^{2}$			
88	Ra	$[Rn]7s^{2}$	104	Rf	$[Rn]5f^{14}6d^{2}7s^{2}$			

1. 以亚层符号表示　以亚层符号表示各电子的实际排布情况，写法是先把各个原子中可能轨道的符号（用光谱符号）按能级由小到大的顺序从左至右排列起来，而各亚层符号s，p，d前用数字表示主量子数，右上角用数字表示该轨道中的电子数，没有填入电子的空轨道则不列出。例如：原子序数9，19，25，47的原子在基态时的电子排布分别为

$_{9}F$　　$1s^{2}2s^{2}2p^{5}$

$_{19}K$　　$1s^{2}2s^{2}2p^{6}3s^{2}3p^{6}4s^{1}$

$_{25}Mn$　　$1s^{2}2s^{2}2p^{6}3s^{2}3p^{6}3d^{5}4s^{2}$

$_{47}Ag$　　$1s^{2}2s^{2}2p^{6}3s^{2}3p^{6}3d^{10}4s^{2}4p^{6}4d^{10}5s^{1}$

这种表示方法称为电子结构式或电子排布式。实际上是由 n 和 l 决定的一种电子排布方式。从原子序数是25，47的电子结构式看出，在实际书写时还应考虑能层顺序，即不能把它们表示成 $1s^{2}2s^{2}2p^{6}3s^{2}3p^{6}4s^{2}3d^{5}$ 及 $1s^{2}2s^{2}2p^{6}3s^{2}3p^{6}4s^{2}3d^{10}4p^{6}5s^{1}4d^{10}$。

2. 以原子实符号表示　对核外电子较多的原子，其电子结构式采用原子实来表示则更为简便。原子实是指原子中除最外（最高）能级组后剩余的那部分原子实体。由于各种原子在化学反应中一般只是价层电子发生变化，所以可把内层电子和原子核看作是一个相对稳定不变的实体，其电子构型与某种稀有气体原子的电子构型类似，故用该稀有气体的元素符号并外加一方括号来代表原子实体。例如，上述四个元素原子的电子结构式用原子实表示为

$_{9}F$　$[He]2s^{2}2p^{5}$　　　$_{25}Mn$　$[Ar]3d^{5}4s^{2}$

$_{19}K$　$[Ar]4s^{1}$　　　$_{47}Ag$　$[Kr]4d^{10}5s^{1}$

由光谱实验发现，大多数原子的电子结构式符合核外电子排布原理，但个别的尚有出

入。例如，41号元素Nb（铌）和74号元素W（钨）的电子结构式按电子排布原理应分别是[Kr]$4d^3 5s^2$和［Xe］$4f^{14} 5d^5 6s^1$，然而实测为［Kr］$4d^4 5s^1$和［Xe］$4f^{14} 5d^4 6s^2$。这种理论与实际不完全相符合说明了理论还有待于进一步发展和完善。

五、原子的电子层结构与元素周期表

元素的性质随着核电荷的递增呈周期性的变化，这就是元素周期律。由于元素周期律的发现，使自然界所有的元素变为一个完整的系统，叫元素周期系。元素周期表就是元素周期系的表达形式。

1. 电子层结构与周期 从核外电子的排布规律可知，元素所在的周期数与该元素原子的电子层数（n）相对应，也与该元素外层电子所在能级组的序号相对应。因此，能级组的划分是导致周期表中各元素划分为周期的本质原因。周期表的长短和各周期元素的数目则取决于相应能级组的能级组合。所以，第一能级组（1s）对应第一周期，有2个元素，属特短周期；第二、三能级组（2s、2p，3s、3p）对应第二、三周期，各有8个元素，属短周期；第四、五能级组（4s、3d、4p，5s、4d、5p）对应第四、五周期，各有18个元素，属长周期；第六能级组（6s、4f、5d、6p）对应第六周期，有32个元素，属特长周期；第七能级组（7s、5f、6d、7p）对应第七周期，有32个元素，属特长周期。在同一电子层中，s和p轨道总是在一个能级组，由于能级交错，nd和nf轨道总是出现在（$n+1$）和（$n+2$）轨道组，所以周期表中各周期总是从ns轨道开始，到np轨道结束，最外层电子数最多不超过8个（$ns^2 np^6$），次外层最多不超过18个$(n-1)s^2(n-1)p^6(n-1)d^{10}$。元素电子排布的这种周期性决定了元素性质的周期性。

2. 电子层结构与族 在元素周期表中，以元素原子的外层电子构型及其相似的化学性质划分为一个纵列，称为元素的族，分主族（A族）和副族（B族）。凡是最后一个电子填入ns或np轨道的元素称为主族元素。主族分为八大类，以罗马数字表示类数，A表示主族。主族元素的外层电子构型为$ns^{1\sim2}$和$ns^2np^{1\sim6}$。其中ⅠA和ⅡA分别表示第一类主族和第二类主族，其外层电子的构型为ns^1和ns^2；ⅢA～ⅦA的外层电子数构型为$ns^2np^{1\sim5}$；电子构型为ns^2np^6的，常称为零族，它们的化学性质稳定，又称为稀有气体。主族元素所在的族数等于该元素原子的最外电子层中的电子数（即价层电子数）。同时，主族元素除氧、氟、稀有气体等元素外，其余元素的最高正化合价等于该元素原子的最外电子层中的电子数。因此，同一族的元素，它们的化学性质相似。例如ⅠA族又称为碱金属，易失去外层电子（ns^1），是典型的活泼金属。除主族元素之外的元素称副族元素，也分为八类，即ⅠB～ⅦB和Ⅷ族，其中，第Ⅷ族有三个纵行。副族元素的外层电子构型比较复杂，其族数分为三种情况：ⅠB，ⅡB族数等于ns电子数；ⅢB～ⅦB族数等于$(n-1)d+ns$电子数（镧系、锕系元素除外）；Ⅷ族$(n-1)d+ns$电子数等于8，9，10。副族元素的价电子可以部分或全部参加成键，所以它们可以呈现多种氧化数，如Ⅶ族Mn元素有0，+2，+3，+4，+6，+7六种氧化数。

3. 电子层结构与区 根据元素原子外层电子构型的特点可将元素划分为s，p，d，ds和f五个区，见表4-4。s区元素即最后一个电子填入s轨道的元素，包括ⅠA和ⅡA；p区元素即最后一个电子填入p轨道的元素，包括ⅢA～ⅦA及零族（稀有气体）；d区元素即最后一个电子填入 d 轨道的元素，包括ⅢB～ⅦB 和Ⅷ族；ds 区元素包括ⅠB 和ⅡB，其外层电子构型为 $(n-1)d^{10}ns^{1\sim2}$；f 区元素即最后一个电子填入 f 轨道的元素，包括镧系和锕系元素，但不包括属 d 区的镧和锕两元素。从表 4－4 看出，s 区和 p 区元素位于周期表两端，d 区元素位于中部。人们常称 d 区和 ds 区元素为过渡元素，f 区元素为内过渡元素，副族元素都是金属元素。

表 4－4　周期表中元素的分区

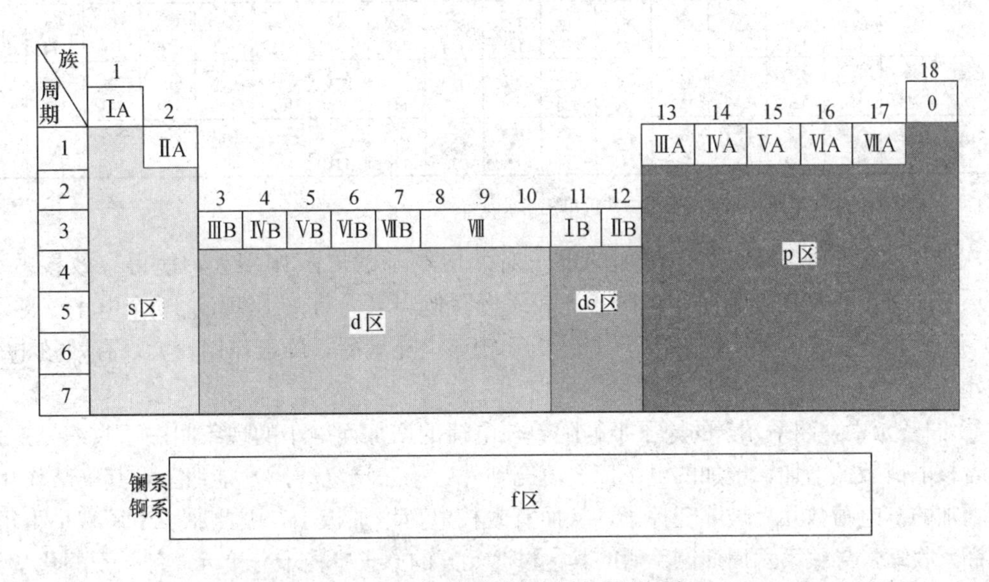

六、元素基本性质的周期性

原子电子层结构的周期性，是元素基本性质呈现周期性变化的本质原因。

1. 原子半径　人们通常所说的"原子半径"并非原子的真实半径，而是采用特定方法和相应计算得到的一种物理量。因此，要给出在任何情况下都适用的原子半径是不可能的，同一原子半径因测定方法不同其值也可能不同。这里介绍的原子半径有三种，即同种元素的两个原子以共价单键结合时，其核间距的一半叫做原子的共价半径；在金属晶体中，两个最邻近的金属原子核间距的一半叫做原子的金属半径；相邻两原子间仅以范德华力（分子间作用力）相接近而无化学键形成，其核间距的一半叫做范德华半径。对同一元素的原子，几种半径相对大小的规律是：共价半径＜金属半径＜范德华半径。表 4－5 列出的是原子半径，现以此讨论元素的原子半径在周期表中的变化规律。

（1）原子半径在周期中的变化

① 主族元素：同一周期的主族元素从左至右原子半径逐渐减小，这是因为同一周期的主族元素原子的电子层数不变，随着核电荷的增加，核外电子依次填入最外层，而最外层电子受到的屏蔽作用较小，使得有效核电荷（Z^*）显著增加，核对最外层电子的引力增强，故原子半径明显减小。但每一周期末的稀有气体元素的原子半径突然增大，这主要是由于稀有气体的半径是范德华半径而不是共价半径。

② 副族元素：同一周期的副族元素从左至右，原子半径逐渐减小，但原子半径减小比较缓慢，不如主族元素明显。这是因为同一周期的副族元素随核电荷数的增加，增加的电子

表 4-5　周期表中元素（不含镧系）的原子半径（pm）

原子半径增加 ↓　　原子半径减小 →

H 37																	He
Li 152	Be 112											B 83	C 77	N 70	O 73	F 72	Ne
Na 186	Mg 160											Al 143	Si 117	P 110	S 104	Cl 99	Ar
K 227	Ca 197	Sc 162	Ti 147	V 134	Cr 128	Mn 127	Fe 126	Co 125	Ni 124	Cu 128	Zn 134	Ga 135	Ge 122	As 120	Se 116	Br 114	Kr
Rb 248	Sr 215	Y 180	Zr 160	Nb 146	Mo 139	Tc 136	Ru 134	Rh 134	Pd 137	Ag 144	Cd 151	In 167	Sn 140	Sb 140	Te 143	I 133	Xe
Cs 265	Ba 222	La 187	Hf 159	Ta 146	W 139	Re 137	Os 135	Ir 136	Pt 138	Au 144	Hg 151	Tl 170	Pb 175	Bi 150	Po 167	At	Rn

注：金属原子是金属半径，非金属原子为共价单键半径。

填在次外层（$n-1$)d 能级上，增加的电子对外层电子的屏蔽作用大，使得有效核电荷数（Z^*）增加缓慢。从而使原子半径减小比较缓慢。但当（$n-1$)d 层填满 10 个电子（即ⅠB，ⅡB）原子半径突然增大。这是由于（$n-1$)d 轨道全充满后，屏蔽作用较大，有效核电荷明显减小，核对电子引力减小所引起的。

③ 镧系元素：镧系元素的原子半径随着核电荷的增加而缩小的现象叫镧系收缩。这是因为随着核电荷数的增加，增加的电子依次填充到外数第三层（$n-2$)f 能级上，其屏蔽作用大，使得增加的核电荷数几乎被屏蔽掉了，从而有效核电荷增加极小，因此原子半径减小得很少，造成镧系收缩，导致第六周期镧系后的其他过渡元素的原子半径十分接近，各元素的化学性质也十分相近，以至在自然界中常共存而难以分离。从表 4-5 中还可看到个别反常现象。

(2) 原子半径在族中的变化　同一族的主族元素，从上至下元素的有效核电荷基本相同，但由于电子层数（n）从上至下依次增加，使原子半径从上至下逐渐增大。同一族的副族元素，从上至下原子半径变化趋势及原因与主族元素的变化相似，但变化不如主族元素明显。同时，镧系的收缩使得第六周期过渡元素的原子半径和第五周期的同族元素原子半径相近。原子半径变化的趋势见图 4-15。

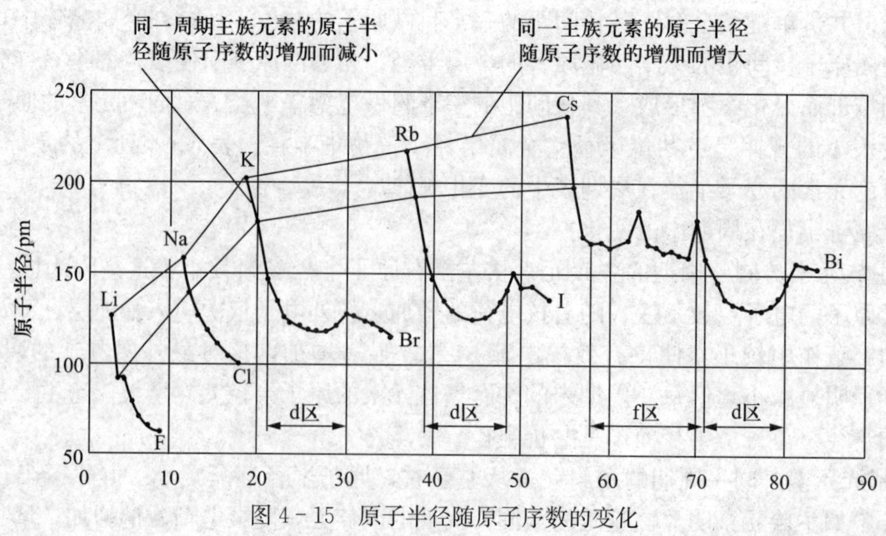

图 4-15　原子半径随原子序数的变化

2. 电离能　元素的原子失去电子的难易程度常用电离能来衡量。电离能以符号 I 表示，其定义为：在一定条件下，基态的气态原子失去一个电子成为+1 价气态离子时所吸收的能量，叫做第一电离能 I_1；+1 价气态离子再失去一个电子成为+2 价气态离子所吸收的能量，叫做第二电离能 I_2；其余类推。同一元素各级电离能之间的变化规律为：$I_1<I_2<I_3$……这是因为当一个原子形成正一价离子之后，有效核电荷数增大，又由于形成正离子后，半径减小，核对外层电子的吸引力增强，因而再失去第二个电子就比失去第一个电子困难，需要的能量就要高些，故 $I_2>I_1$，同样 $I_3>I_2$。例如，镁（Mg）原子的三级电离能如下：

$$Mg(g) \longrightarrow Mg^{+}(g) + e^{-} \qquad I_1 = 730\ kJ \cdot mol^{-1}$$

$$Mg^{+}(g) \longrightarrow Mg^{2+}(g) + e^{-} \qquad I_2 = 1\ 450\ kJ \cdot mol^{-1}$$

$$Mg^{2+}(g) \longrightarrow Mg^{3+}(g) + e^{-} \qquad I_3 = 7\ 740\ kJ \cdot mol^{-1}$$

由此可知，I_1 和 I_2 都较小，而 I_3 特别大，约为 I_1 的 10 倍，这是因为失去的第三个电子属于 8 电子稳定结构中的 2p 电子。该例证明核外电子是按能级顺序分布的，也说明元素在通常情况下容易呈现的价态（如 Mg 常以+2 价存在）。电离能的值愈小，表明元素容易失去电子，金属性愈强。各元素金属性的相对强弱及其呈现的周期性变化，常用元素第一电离能作为衡量的标准。图 4－16 所反映的是元素第一电离能随原子序数呈现的周期性变化：

（1）同一周期的主族元素从左至右，随着原子序数的增加，有效核电荷增加，原子半径减小，则核对外层电子的吸引力增强。因此，总的趋势是第一电离能依次增大，到每周期最后一个元素（稀有气体）第一电离能达到最大值。同一周期的副族元素从左至右，第一电离能变化总的趋势是稍有增加，但规律性不如主族元素强。

从图 4－16 中还可看出，在同一周期中，随着原子序数的增加，第一电离能变化有些曲折，不是直线上升的。这是因为外层电子的构型为全满、半满和全空时，相对较稳定。因此具有这类结构的原子，在失去电子时必定要多消耗能量。因而，第一电离能有所增加，例如：氮（N）原子的 I_1 比氧（O）原子的 I_1 稍高，这是因为 N 原子的外层电子结构式为

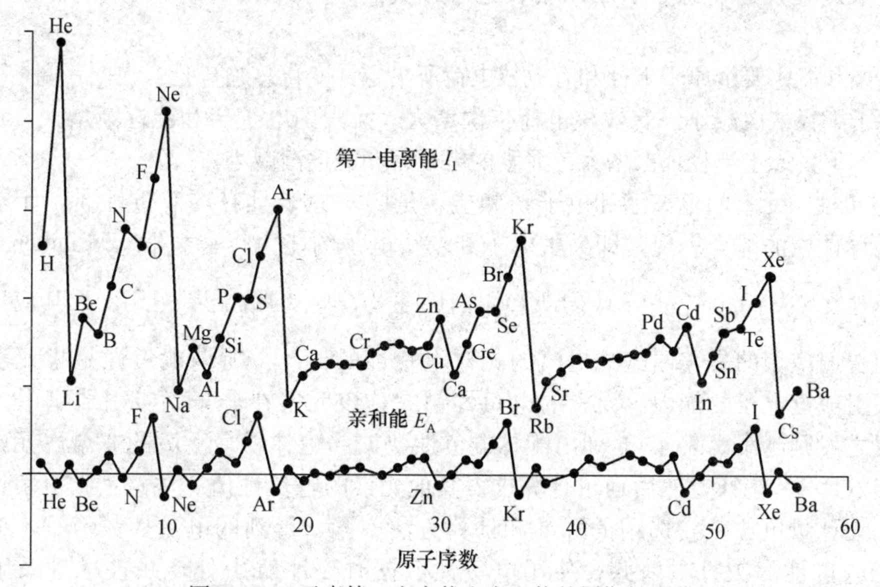

图 4－16　元素第一电离能和亲和能的周期性变化

$2s^22p^3$，2p 为半满结构，因而有较高的 I_1；而 O 原子的外层电子结构式为 $2s^22p^4$，失去一个电子后，变成 O^+，其电子结构式为 $2s^22p^3$，故 O 的第一电离能低于 N 原子。类似的还有铍（Be）、镁（Mg）、磷（P）等元素。

（2）同一族的主族元素从上至下，原子半径增大，核电荷数增加，同时电子层数也增加，起屏蔽作用的内层电子也增加，从而抵消了核电荷的增加，使有效核电荷只是略有增加，且原子半径的增加超过了有效核电荷数略有增加的影响，因此第一电离能依次减小。同一族的副族元素从上至下，第一电离能变化的总趋势也是略有减小，但规律性不如主族元素明显。

总之，影响元素第一电离能除了有效核电荷、原子半径外，还有原子的外层电子构型。图4－16所示，在同一周期中，具有稳定的 8 电子构型（或 2 电子构型）的稀有气体，它们的 I_1 最大，在波峰处。具有 ns^1 结构的 ⅠA 族元素（碱金属），它们的 I_1 最小，在波谷处，故碱金属是最活泼的金属元素，最易失去电子。在周期表中，元素氦（He）的 I_1 最高。

3. 电子亲和能 在一定条件下，基态的气态原子结合一个电子成为－1 价气态离子所放出的能量，叫做电子亲和能，用符号 E_A 表示。与元素的电离能相似，同样有第一、二……电子亲和能等，但如不注明，均指第一电子亲和能。电子亲和能的正负号规定恰好与焓的正负号规定相反，即正值表示放出的能量，负值表示吸收的能量，如：

$$F(g) + e^- \longrightarrow F^-(g) \qquad E_A = +322\ \text{kJ} \cdot \text{mol}^{-1}$$

表示 1 mol 气态 F 原子得到 1 mol 电子转变为气态 F^- 时所放出的能量为 322 kJ。

电子亲和能的测定比较困难，故实测数据很少，可靠性也较差。图 4－16 中元素的电子亲和能随原子序数变化的折线图，有不少是依据理论计算值而绘制的。

电子亲和能是表示元素气态原子结合电子难易程度的物理量，故其数值越大，获得电子的能力愈强，则元素的非金属性愈强。在图 4－16 中可看出 F，Cl，Br，I 有较大的电子亲和能，它们形成一价负离子后，具有外层 8 电子全满的稳定结构。若电子亲和能为负值，表示元素的气态原子难以结合电子，负值越大，越难结合电子，如稀有气体及碱土金属等。

电子亲和能主要由原子半径和有效核电荷所决定。变化总趋势是：在同一周期中，从左至右，原子半径依次减小，有效核电荷依次增大，元素的电子亲和能逐渐增大。在同一族内，从上到下，原于半径依次增大，元素的电子亲和能逐渐减小。

4. 电负性 元素的电离能和电子亲和能，是同一原子具有的双重性质，元素的电负性是这两种性质的综合表现，即失去电子和获得电子的能力。密立根（Mulliken）提出元素的电负性 χ（发音 gai）$=\frac{1}{2}(I+E_A)$，前已述及，E_A 的数据不完全，故其应用受到限制，目前普遍应用的是美国鲍林提出的相对电负性的概念。所谓电负性是指元素原子在分子中吸引成键电子的能力。元素的电负性越大，该元素在分子中吸引成键电子的能力越大；反之，则越小。表 4－6 列出鲍林电负性数据。鲍林以最活泼的非金属元素氟为标准，规定χ(F)＝3.98，然后通过计算求得其他元素的电负性值。注意：①电负性是一个相对值，无计量单位。②选用的标准和计算方法不同，得到的电负性数值是不同的，目前有几套电负性的数据。因此，使用电负性数据时要注意出处，并且尽量采用同一套数据。

表 4-6 元素的电负性值（元素符号下面第一个数为χ_P，第二个数为χ_S）

H							**He**
2.20							—
2.30							4.16
Li	**Be**	**B**	**C**	**N**	**O**	**F**	**Ne**
0.98	1.57	2.04	2.55	3.04	3.44	3.98	—
0.91	1.58	2.05	2.54	3.07	3.61	4.19	4.79
Na	**Mg**	**Al**	**Si**	**P**	**S**	**Cl**	**Ar**
0.93	1.31	1.61	1.90	2.19	2.58	3.16	—
0.87	1.29	1.61	1.92	2.25	2.59	2.87	3.24
K	**Ca**	**Ga**	**Ge**	**As**	**Se**	**Br**	**Kr**
0.82	1.00	1.81	2.01	2.18	2.55	2.96	—
0.73	1.03	1.76	1.99	2.21	2.42	2.69	2.97
Rb	**Sr**	**In**	**Sn**	**Sb**	**Te**	**I**	**Xe**
0.82	0.95	1.78	1.96	2.05	2.10	2.66	—
0.71	0.96	1.66	1.82	1.98	2.16	2.36	2.58

Sc	**Ti**	**V**	**Cr**	**Mn**	**Fe**	**Co**	**Ni**	**Cu**	**Zn**
1.36	1.54	1.63	1.66	1.55	1.83	1.88	1.91	1.90	1.65
1.15	1.28	1.42	1.57	1.74	1.79	1.82	1.80	1.74	1.60

数据来源：周公度，段连云．结构化学基础．第三版．北京：北京大学出版社，2005

图 4-17 是根据 1989 年阿伦（Allen）光谱数据得到的电负性数值绘制而成，由图可看出，元素的电负性变化也有一定规律性，在同一周期中，从左到右，电负性递增；同一族中，从上到下，主族元素（个别例外）的电负性递减；副族元素变化的规律性不明显（未画出）。因此，周期表中除稀有气体外，右上角的氟（F）元素电负性最大；左下角的铯（Cs）元素电负性最小。

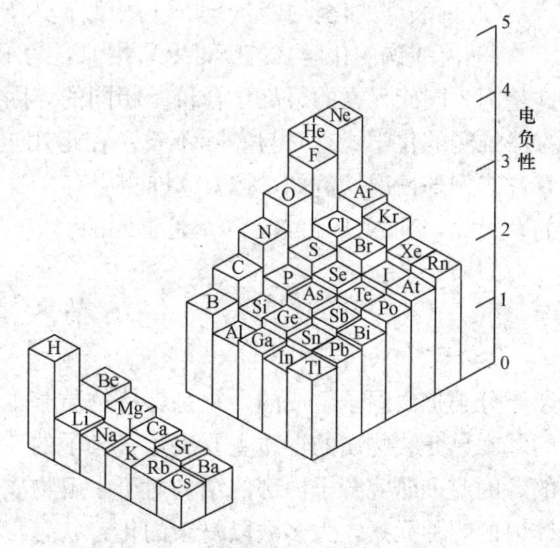

图 4-17 主族元素的电负性相对大小
（数据录自 J. B. Mann，T. L. Meek，and L. C. Allen，J. Am. Chem. Soc.，200，122，2780.）

根据元素的电负性，可以衡量元素金属性和非金属性的相对强弱。元素的电负性越大，它的非金属性越强；元素的电负性越小，它的金属性越强。因此，周期表中氟元素的电负性最大，是非金属性最强的元素；铯元素的电负性最小，是金属性最强的元素。一般来说，电负性大于 2.0 的为非金属元素，小于 2.0 为金属元素。但也不能把电负性 2.0 作为划分金属和非金属的绝对标准。因为金属和非金属并没有严格的界限，如 Si 的电负性为 1.9，它却是非金属；而 Pt 和 Au 的电负性分别为 2.2 和 2.4，二者却都是金属。因此，电负性 2.0 只是金属与非金属近似的分界点。

此外，同一元素有多种价态时，价态不同，有不同的电负性，这种电负性叫作价态电负性。电负性随价态变化的规律是：正价态越高，电负性愈大。因为正价态高，有效核电荷数多，原子半径小，离子对外层电子的吸引力强。例如 Fe^{2+} 和 Fe^{3+} 电负性值分别为 1.8 和 1.9，Cu^{+} 和 Cu^{2+} 的电负性值分别为 1.9 和 2.0 等。

5. 应用元素周期律估计物质的性质 在实际工作中常会遇到一些不熟悉性质的物质，若根据其组成元素在周期表中的位置和元素基本性质的周期性，则利用较少资料或不查资料，就能估计出这些物质的某些基本性质。

例 4-1 不查表，按电负性减小的顺序排列元素：B，C，Al，Si。

解： B，C，Al，Si 四元素在周期表中位置如下：

B　　C

Al　　Si

形成一方块，方块右上角为 C，电负性最大，左下角为 Al，电负性最低，B 和 Si 电负性都大于 Al 而小于 C，B 和 Si 电负性接近，故电负性减小顺序：$\chi(C)>\chi(B)\approx\chi(Si)>\chi(Al)$。从电负性表 4-6 中查得

$$\chi(C)=2.55,\chi(B)=2.04,\chi(Si)=1.90,\chi(Al)=1.61。$$

以此类推，元素的原子半径、电离能、金属性和非金属性都可以估计出来。

例 4-2 已知氯酸钠的化学式是 $NaClO_3$，铬酸钡的是 $BaCrO_4$，磷酸钠的是 Na_3PO_4，估计（1）砷酸钾；（2）钨酸锶；（3）溴酸铷等物质的化学式。

解：(1)钾与钠同族，砷与磷同族，故可预测砷酸钾的化学式与 Na_3PO_4 相似，即 K_3AsO_4。

(2)钨酸锶的化学式与 $BaCrO_4$ 相似，为 $SrWO_4$。

(3)溴酸铷的化学式与 $NaClO_3$ 相似，为 $RbBrO_3$。

这是因为同族元素的最高化合价是相同的，因此它们的化合物可能有着同样的化学式。但此方法推测的化学式有时与实际不符。在运用这种方法时应特别注意 C，N，O，F 的化学式有许多例外情况，例如，按 CO 推测应有 CS，但实际上 CS 是不存在的，或者说是极不稳定的，又如，$NaNO_3$ 和 Na_3PO_4 是不同的。

第五节　离子化合物

分子是由原子组成的，它是保持物质基本化学性质的最小微粒，并且又是参加化学反应的基本单元。物质的性质主要决定于分子的性质，而分子的性质又是由分子的内部结构决定的。因此，研究分子内部的结构对于了解物质的性质和化学反应规律具有重要意义。在生物体内的各种元素，大多数以复杂的化合状态存在，要掌握生物体内各化合物的性质，以及它们之间所发生的各种复杂的生物化学反应都需要对分子结构理论有基本的了解。

化学键是分子中相邻原子间强烈的相互作用力。它主要有三种类型：离子键、共价键和金属键。化学键的类型和强弱对物质的化学性质有重要的影响。

本节主要介绍离子键的形成、性质、构型及强度。

一、离子键的形成和性质

1. 离子键的形成　离子键理论认为，活泼的金属元素和活泼的非金属元素的原子极易相互化合。例如，电负性较小的 Mg 原子和电负性较大的氧原子相遇时，在氧原子的作用下，镁原子很容易失去 2 个电子，形成带正电荷的 Mg^{2+}。同时，氧原子很容易获得 2 个电子，形成带负电荷的 O^{2-}，即

$$Mg(1s^2 2s^2 2p^6 3s^2) \xrightarrow{-2e^-} Mg^{2+}(1s^2 2s^2 2p^6)$$

$$O(1s^2 2s^2 2p^4) \xrightarrow{+2e^-} O^{2-}(1s^2 2s^2 2p^6)$$

Mg^{2+} 和 O^{2-} 由于静电引力相互吸引，当它们充分接近时，系统中不但存在着正负离子间的吸引力，而且存在着两核之间和电子云之间的排斥力。只有当正、负离子彼此靠近到吸引力和排斥力处于平衡状态时，大量的带相反电荷的离子便达到了既相互对立又相互连接的状态，整个系统的能量降到最低值，于是在镁离子和氧离子之间形成了稳定的化学结合力——离子键。

$$Mg^{2+} + O^{2-} = Mg^{2+}O^{2-}$$

这种由正离子和负离子之间靠静电引力所形成的化学键，称为离子键。由离子键形成的化合物称为离子化合物，如盐类、强碱、活泼金属的氧化物及卤化物等。由离子化合物形成的晶体叫离子晶体。

2. 离子键的性质

（1）无方向性和饱和性　由于离子电荷分布是球形对称的，所以它在空间各个方向静电效应是相同的，可以在任何方向吸引电荷相反的离子，因而离子键没有方向性。离子键没有饱和性是指离子晶体中，只要空间位置允许，每个离子总是尽可能多地吸引电荷相反的离子，使系统处于尽量低的能量状态。例如，在 NaCl 晶体中每个 Na^+ 周围有 6 个 Cl^-，而每个 Cl^- 周围有 6 个 Na^+，配位数为 6，但在整个晶体中，Na^+ 和 Cl^- 物质的量之比为 1∶1。一个离子能吸引多少个异电离子，取决于正、负离子的半径比（r_+/r_-），其比值越大，正离子吸引负离子的数目就越多，具体见表 4－7。

表 4－7　AB 型化合物的离子半径比、配位数和晶体构型间的关系

半径比（r_+/r_-）	配位数	晶体构型
0.225～0.414	4	ZnS 型
0.414～0.732	6	NaCl 型
0.732～1.000	8	CsCl 型

基于离子键的特点，在离子晶体中无法分辨出一个个独立的“分子”。例如在 NaCl 晶体中，不存在 NaCl 分子，所以 NaCl 是氯化钠的化学式，而不是分子式。

（2）键的离子性与元素的电负性有关　离子键形成的重要条件是相互作用的原子的电负性差值较大。元素的电负性差值 $\Delta\chi$ 越大，它们之间键的离子性也就越大，则它们之间相互

化合时形成的化学键一般为典型的离子键。近代实验表明，即使是电负性差值最大的 CsF，键的离子性也只有 92%，共价性为 8%；NaCl 中键的离子性为 71%。对于 AB 型化合物，$\Delta\chi=1.7$ 时，单键约具有 50%的离子性，通常用 $\Delta\chi=1.7$ 作为判断离子键和共价键的分界，但这只是一种大致判断，常有例外，如 HF 中 $\Delta\chi=1.78$，但 H—F 键仍然是共价键。

二、离子的结构

离子型化合物是由正、负离子等微粒组成的，所以离子的特征如离子的电荷、电子层结构和半径等与离子型化合物的性质有着密切的关系。现讨论如下。

1. 离子的电荷 离子键的本质是库仑力，当离子的电荷越高，半径越小时，正、负离子间吸引力越强，则离子键越强。同一原子形成的离子电荷不同，其性质有很多差异，如 Fe^{2+} 水合离子呈浅绿色，具有还原性；Fe^{3+} 的水合离子颜色为棕黄色，有中等程度的氧化性。

2. 离子的半径 无论是正离子或负离子，其半径应该是指它们的电子云的分布范围，但电子云分布较广，只是各处概率密度有所不同，因此严格说来离子的半径是一个变数。为便于说明问题，一般把离子半径定义为离子晶体中正、负离子的接触半径，即视正、负离子为接触的圆球，两原子核间平衡距离 d 就可看成是正、负离子有效半径之和（$r_{+}+r_{-}$）。迄今已提出多种推算离子半径的方法，其中最常用的是鲍林以屏蔽常数和有效核电荷推出的一套离子半径数据（表 4-8）。

表 4-8 常见的离子半径

离子	半径/pm	离子	半径/pm	离子	半径/pm
Li^{+}	60	Cr^{3+}	64	Hg^{2+}	110
Na^{+}	95	Mn^{2+}	80	Al^{3+}	50
K^{+}	133	Fe^{2+}	76	Sn^{2+}	102
Rb^{+}	148	Fe^{3+}	64	Sn^{4+}	71
Cs^{+}	169	Co^{2+}	74	Pb^{2+}	120
Be^{2+}	31	Ni^{2+}	72	O^{2-}	140
Mg^{2+}	65	Cu^{+}	96	S^{2-}	184
Ca^{2+}	99	Cu^{2+}	72	F^{-}	136
Sr^{2+}	113	Ag^{+}	126	Cl^{-}	181
Ba^{2+}	135	Zn^{2+}	74	Br^{-}	196
Ti^{4+}	68	Cd^{2+}	97	I^{-}	216

离子半径大小有如下规律：

（1）阳离子半径小于相应的原子半径，而阴离子半径大于相应的原子半径。这是因为原子失去外层电子形成阳离子时，核内正电荷数并未变，原子核的正电场相对地加强了，故核对核外电子的吸引力增加，使得半径减小。相反，当原子获得电子形成阴离子时，核对外层电子的吸引力相对减弱，外层电子间的斥力增加，使得半径增大。

(2) 同电荷的同族离子，因电子层数自上而下依次增多，离子半径依次增大。如：$Li^+<Na^+<K^+<Rb^+<Cs^+$；$F^-<Cl^-<Br^-<I^-$。

(3) 同一周期，主族元素随着族数递增，阳离子电荷数增多，则半径减小，如 $Na^+>Mg^{2+}>Al^{3+}$。这是因为对阳离子而言，在同一周期内等电子离子（核外电子数相同的离子）随着原子序数增加，核外电子并没有增加，因而核对外层电子吸引力增加。

(4) 同一元素高价态阳离子的半径小于低价态阳离子半径。如 Sn^{4+}（71 pm）$<Sn^{2+}$（102 pm）。

(5) 周期表中处于相邻的左上方和右下方对角线上的正离子半径相似。如：Li^+（60 pm）—Mg^{2+}（65 pm）；Na^+（95 pm）—Ca^{2+}（99 pm）。

离子半径是决定离子键强度的主要因素之一。离子半径越小，离子间的引力越强，离子键越牢固，这样的物质越稳定，相应的某些物理性质如熔点也高。例如 $r(Li^+)<r(Na^+)<r(K^+)$，所以 LiF 的熔点（1 040 ℃）＞NaF 的熔点（995 ℃）＞KF 的熔点（856 ℃）。

3. 离子的电子构型 简单离子的最外层电子结构，简称离子的电子构型。阴离子的电子构型一般为 8 电子构型（即 ns^2np^6），如 N^{3-}，O^{2-}，Cl^- 等，个别为 2 电子构型，如 H^- 等。阳离子情况较复杂，其电子构型有如下几种：

(1) 2 电子构型（ns^2），如 Li^+，Be^{2+} 等。

(2) 8 电子构型（ns^2np^6），如 Na^+，Mg^{2+}，Al^{3+} 等。

(3) 18 电子构型（$ns^2np^6nd^{10}$），如 Cu^+，Ag^+，Cd^{2+} 等。

(4) 18+2 电子构型［$ns^2np^6nd^{10}(n+1)s^2$］，如 Sn^{2+}，Pb^{2+} 等。

(5) 不规则电子构型，又称 9～17 电子构型，或不饱和电子构型，如 Fe^{2+}，Mn^{2+}，Cu^{2+} 等。

离子的电子构型不同，对同一离子的作用力是不相同的。至今有一经验总结，即在离子半径相近、电荷数相同的情况下，不同电子构型的阳离子对同一阴离子作用力的大小顺序为

8 电子构型＜不规则电子构型＜18 和 18+2 电子构型

离子的电子构型对化合物性质有较大影响。例如，Na^+ 和 Cu^+ 电荷相同，离子半径也几乎相等（分别为 95 pm 和 96 pm），但 NaCl 极易溶于水，CuCl 不溶于水。显然，这是由于 Na^+（$2s^22p^6$，8 电子构型）和 Cu^+（$3s^23p^63d^{10}$，18 电子构型）具有不同的电子构型所造成的。

三、晶格能

离子化合物的单个分子只能存在于高温蒸气中，在通常情况下均以晶体的形式存在，所以离子键的强弱，一般用晶格能来衡量。晶格能是指标准状态下，由气态正离子和气态负离子结合生成 1 mol 离子晶体时所释放出的能量，用符号 U 表示。晶格能的大小常用来比较离子键的强度和晶体的牢固程度。离子化合物的晶格能越大，表示正、负离子间结合力越强，离子键越牢固，离子化合物越稳定，相应地离子晶体也越牢固，其熔点越高，硬度越大。

第六节 共价化合物

美国化学家路易斯（G. N. Lewis）考察了许多分子中的价层电子，发现绝大多数分子中的价层电子都是成双的，从而于1916年提出了共价键理论，他认为分子中每个原子应具有稳定的稀有气体原子的电子层结构，而这种稳定结构，是通过原子间共用一对或若干对电子来实现的。这种分子中原子间通过共用电子对结合而形成的化学键称为共价键。由共价键形成的化合物，称为共价化合物，如 H_2，O_2，Cl_2，HCl，H_2O 等。

路易斯的经典共价键理论成功地说明了共价键的形成，初步揭示了共价键与离子键的区别，但不能说明原子间共用电子对为什么会导致生成稳定的分子及共价键的本质是什么等问题。直到1927年德国化学家海特勒（W. Heitler）和伦敦（F. London）利用量子力学说明氢分子的形成后才获得了理论上的解释。后来又经鲍林（Pauling）等人发展，才逐渐把经典共价键理论发展为现代共价键理论，简称VB法，或电子配对法。

一、共价键的形成与本质

用量子力学处理两个氢原子所组成的系统时，发现有两种情况。一种情况是A、B两个氢原子的电子自旋方向相反，当它们相互接近时两个原子轨道发生重叠，核间电子云密度增大。此时A原子的电子不但受A原子核的吸引，而且也受到B原子核的吸引；同理，B原子的电子也受到A、B两个原子核的吸引，整个系统的能量低于两个氢原子单独存在时的能量之和。在核间距离达平衡距离 R_0（理论计算值87 pm，实验测定值74 pm）时，系统能量达到最低。这时如果氢原子进一步靠近，由于两核间库仑斥力逐渐增大，又会使系统能量升高。因此两氢原子核间距为 R_0 时形成稳定的 H_2 分子，这种状态称为 H_2 分子的基态。另一种情况是两个氢原子的电子自旋方向相同，根据量子力学原理，当它们相互靠近时会产生排斥作用，使系统能量高于两个氢原子单独存在时的能量之和。它们越是靠近则能量越高（图4-18），表明两个氢原子之间没有发生键合，称之为排斥态。因此，用量子力学能较好地阐明共价键的形成是由于相邻两原子间自旋相反的电子配对，原子轨道相互重叠而使系统趋于稳定的结果，从而解释了经典静电理论所不能说明互相排斥的两个电子，会密集于两原子核之间形成共价键的原因。

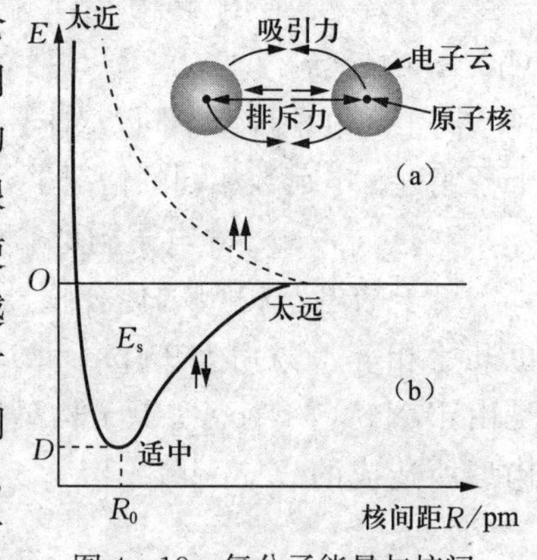

图4-18 氢分子能量与核间距关系曲线示意图

二、价键理论（VB法）基本要点

（1）两原子彼此接近时，自旋方向相反的成单电子相互配对，价电子轨道发生重叠，使核间电子云密度增大（图4-19），系统能量降低，从而形成稳定的共价键。

（2）在形成共价键时，成单电子配对后就不能再与其他原子的成单电子配对，否则就违背

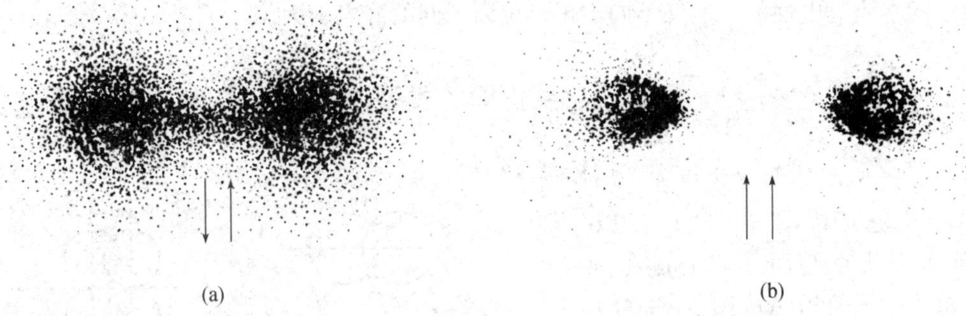

图 4-19　氢分子两种状态的电子云分布示意图
（a）基态　（b）排斥态

了保里原理，所以共价键具有饱和性。据此，一个原子有几个成单的价电子，便可和几个自旋方向相反的成单电子配对成键，并且形成相应数目的共价键。如 H，O，N 分别有 1,2,3 个成单的价电子，故形成的 H_2 是共价单键分子，O_2 是共价双键分子，N_2 是共价叁键分子。

（3）两原子键合时，其价电子轨道重叠程度越大，两核间电子云密度越大，所形成的共价键越强，分子越稳定。此即原子轨道最大重叠原理。除 s 原子轨道无所谓方向性外，p，d，f 等原子轨道在空间均有一定的伸展方向，当其成键时，总是沿着能达到最大重叠的方向而重叠成键。例如 HCl 分子的形成，氢原子 1 s 轨道与氯原子 3 p_x 轨道之间的重叠方式有几种（图 4-20）。其中，（c）为异号重叠，属无效重叠；（d）为同号和异号两部分互相抵消为零的重叠；（a）和（b）为同号重叠，虽皆属于有效重叠，但当两核的距离一定时，（a）比（b）重叠多。所以最大重叠总是沿轨道轴线方向的重叠，此种重叠易成键，形成的键更牢固。因此共价键具有方向性。

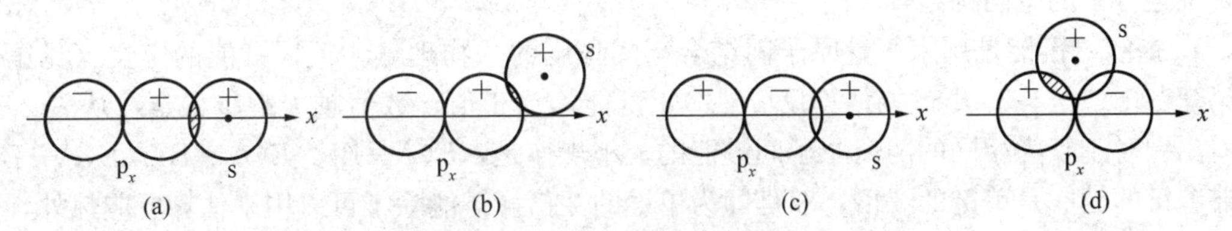

图 4-20　s 和 p_x 轨道重叠的方式

上述原子轨道的重叠类似于波的叠加，如图 4-21 所示。

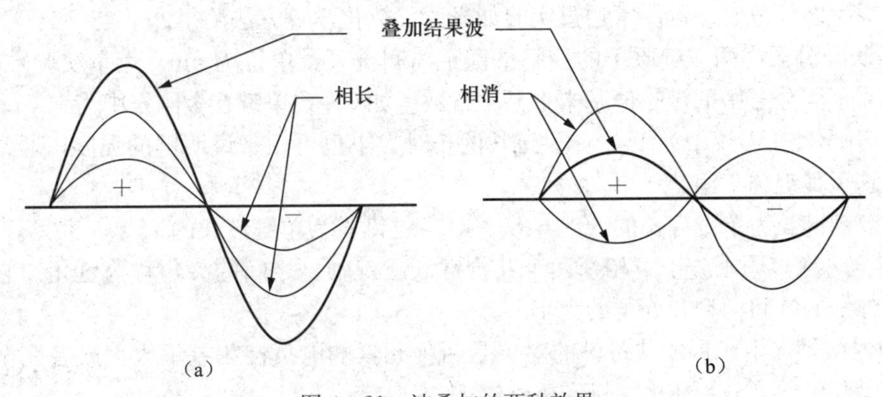

图 4-21　波叠加的两种效果
（a）同号叠加振幅增大　（b）异号叠加振幅减小

由此可见，共价键的结合力是两个原子核对共用电子对所形成的负电区域的吸引力。说明共价键的本质是电性的。但又不同于正、负离子间的静电引力。

三、共价键的类型

按照原子轨道最大重叠原理，如果两原子轨道是按图 4-22(a) 以“头碰头”方式重叠而形成的键称 σ 键；如果两原子轨道是按图 4-22(b) 以“肩并肩”方式重叠而形成的键称 π 键。σ 键和 π 键都是共价键。从原子轨道重叠的程度看来，π 键比 σ 键小。一般而言 σ 键更稳定，π 键常是化学反应的积极参与者。在分子中，通常共价单键都是 σ 键，共价双键包含 σ 键和 π 键各一个，共价叁键包含一个 σ 键和两个 π 键。

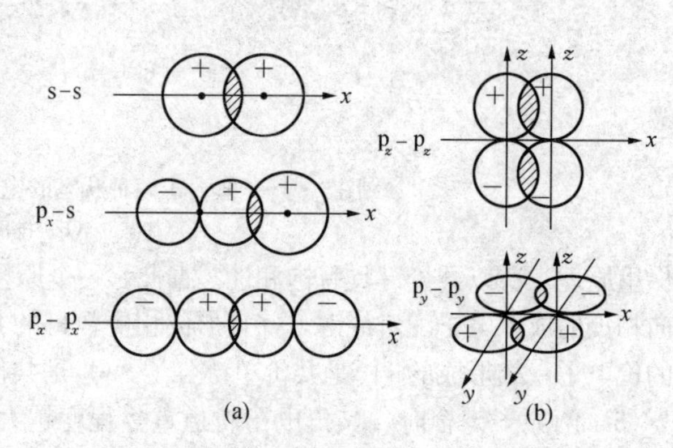

图 4-22　σ 键和 π 键重叠方式示意图

(a) σ 键　(b) π 键

四、键参数

键参数是指能够表征化学键性质的某些物理量，如键能可衡量化学键的强弱，键长和键角可描述分子的空间构型等。

1. 键能　键能是用来衡量原子间结合牢固程度的一物理量。根据键能的定义（见第二章第三节中“三、5. 由键能估算反应热”），键能均为正值。数值越大键越稳定。从表 2-1 可看出：对于互为相同的两个原子间键能的大小规律是，$E(\mathrm{A{\equiv}B})>E(\mathrm{A{=}B})>E(\mathrm{A{-}B})$，但非叁键的键能是单键的 3 倍，双键即为单键的 2 倍。键能除了可以用来估算反应热外，也可用来判断分子的稳定性。$E(\mathrm{N{\equiv}N})=964\ \mathrm{kJ\cdot mol^{-1}}$，故 N_2 很稳定，工业上合成氨需在苛刻的条件下进行。$E(\mathrm{C{-}Cl})=339\ \mathrm{kJ\cdot mol^{-1}}$，也比较稳定，故有机氯在自然界中能稳定存在，造成生态的危害。键能常通过实验如光谱、热化学等方法测得。

2. 键长　分子中两成键原子的核间平衡距离叫键长，单位为 pm。大量实验数据表明，同一种键在不同分子中的键长值基本上是一常数。如 C—C 单键在金刚石中为 154 pm，在乙醇中为 155 pm，在丙烷中为 154 pm。键长的相对大小也可用来说明键的强度，通常两原子间的键长越短其键越牢固。

一般双键键长为单键键长的 80%～85%，叁键键长为单键键长的 75%～80%。

3. 键角　在多原子分子中相邻两个共价键（或键轴）之间的夹角称为键角。它与键长一起确定分子的空间构型和分子的大小。

4. 键的极性　由于形成共价键的对象是两种元素的电负性相差不太大或者完全相同的原子，所以共价键又分为非极性键和极性键。

同种元素的两个原子形成共价键时，共用电子对将均匀地围绕两原子核运动，原子轨道相互重叠形成的电子云密度最大区域恰好在两原子中间，所以电荷的分布是对称的，正电荷和负电荷的重心是重合的，这类共价键称为非极性共价键，简称非极性键。不同元素的两个原子形成共价键时，两原子吸引电子的能力各不相同，共用电子对将偏向吸引电子能力较大的原子一边，原子轨道重叠造成的电子云密度最大区域靠近吸引电子能力更大的原子一边，所以电荷的分布是不对称的，这种具有极性的键称为极性共价键，简称极性键。例如，HCl，H_2O，CO_2 等化合物分子中的共价键都是极性键。

一般两成键原子 $\Delta\chi$越大，共用电子对偏离的程度越大，共价键的极性越大。当 $\Delta\chi>1.7$ 时共用电子对完全偏向某一方，便形成了离子键。因此离子键和非极性键是共价键的两个极端，而极性键则是离子键和非极性共价键之间的过渡态。

第七节 杂化轨道理论

VB 法揭示了共价键的本质，解释了共价键的方向性和饱和性，但在解释分子的空间构型和成键原子形成共价键的数目时却遇到了困难。例如，H_2O 分子中的 O 原子的价电子构型为 $2s^2 2p^4$，在相互垂直的 $2p_x$ 和 $2p_y$ 轨道上有两个成单的电子，它们分别与两个 H 原子中的 1s 电子配对成两个 σ 键，键角应为 90°，但根据近代物理实验技术测定的结果为 104.5°；又如 C 原子的价电子构型为 $2s^2 2p^2$，在 p 轨道上只有两个成单电子，但与 H 原子结合生成 CH_4 分子时却形成了四个共价键。为进一步完善价键理论，更好地解释分子的空间构型，在 VB 价键理论的基础上，鲍林于 1931 年提出了杂化轨道理论（hybrid orbital theory）。该理论能够很好地说明多原子分子如 CH_4，NH_3，H_2O 等的形成，以及它们的空间结构。

一、杂化轨道理论的基本要点

杂化轨道理论从电子具有波性，不同形状的波可以相互叠加的观点出发，认为原子轨道在成键过程中是可以变的，其基本点如下：

（1）在成键过程中，由于原子间的相互作用，使同一原子中能量相近种类不同的原子轨道相互混合形成一组新的原子轨道，称为杂化轨道，这一过程称为杂化。如果各杂化轨道的能量与成分均相同（即是简并的）则称为等性杂化，反之为不等性杂化。

（2）杂化轨道的数目等于参加杂化的原子轨道的数目，杂化轨道的类型取决于参加杂化的原子轨道种类及数目。例如 1 个 s 轨道分别与 1 个、2 个、3 个 p 轨道进行杂化，则分别形成 sp，sp^2，sp^3 三种类型的杂化轨道，相应的杂化轨道数分别为 2，3，4。同理还有 dsp^2，d^2sp^3，sp^3d^2 等杂化类型，相应的杂化轨道数分别为 4，6，6 等。

（3）杂化轨道的电子云分布集中，成键时轨道重叠程度大，其成键能力比组成它的各种原子轨道单独时的成键能力强，所形成的键更牢固，含此种键的分子（或离子）也就更稳定。

（4）杂化轨道在空间有特定的取向，这种取向是力图使键角最大，键之间的斥力最小，以利于形成稳定的分子（或离子）。因此，sp，sp^2，sp^3 等性杂化的键角分别为 180°，120°，109°28′，所形成的分子相应为直线形、平面三角形、四面体构型（见下述实例中的示意图）。

二、杂化轨道类型与分子空间构型

1. sp 杂化 sp 杂化轨道是由一个 ns 轨道和一个 np 轨道进行杂化，形成两个等同的 sp 杂化轨道，每一个 sp 杂化轨道中含$\frac{1}{2}$s 和$\frac{1}{2}$p 成分。两个 sp 杂化轨道间夹角为 180°，如图 4-23和图 4-24 所示。

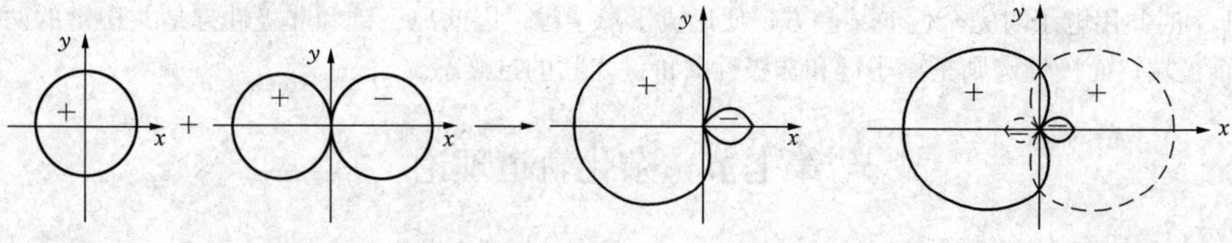

图 4-23 sp 杂化轨道的形成示意图　　图 4-24 两个 sp 杂化轨道

例如 $BeCl_2$ 的形成：Be 原子的价电子结构为 $2s^2$，在 Be，Cl 原子相互作用时，Be 原子的一个 2s 电子被激发到 2p 轨道上，然后 1 个 2s 轨道和 1 个 2p 轨道发生等性杂化，形成等同的两个 sp 杂化轨道，每个 sp 杂化轨道上有一个成单电子，分别与氯原子的 3p 轨道中的成单电子配对形成 σ 键。sp 杂化轨道的形状为一头大一头小，成键时各以大的一头与 Cl 原子的 3p 轨道重叠，这样要比未经杂化的原子轨道重叠程度大，形成的两个 sp-p 的 σ 键也更牢固。由于 Be 原子采取 sp 杂化成键，故 $BeCl_2$ 分子的空间构型为直线形，键角为 180°，如图 4-25 所示。

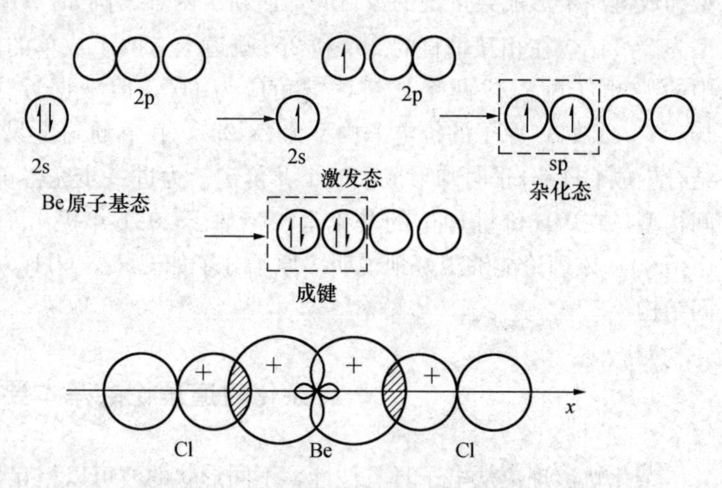

图 4-25 $BeCl_2$ 分子形成示意图

又如 C_2H_2 分子中的 C 原子也是采取 sp 杂化轨道成键的，两个 C 原子以 sp 杂化轨道重叠形成一个 C—C 间的 σ 键，另一个 sp 杂化轨道与氢原子的 1s 轨道重叠形成 C—H 间的 σ 键，每个 C 原子上的其余两个 p 轨道分别重叠形成两个互相垂直的 π 键，如图 4-26 所示。

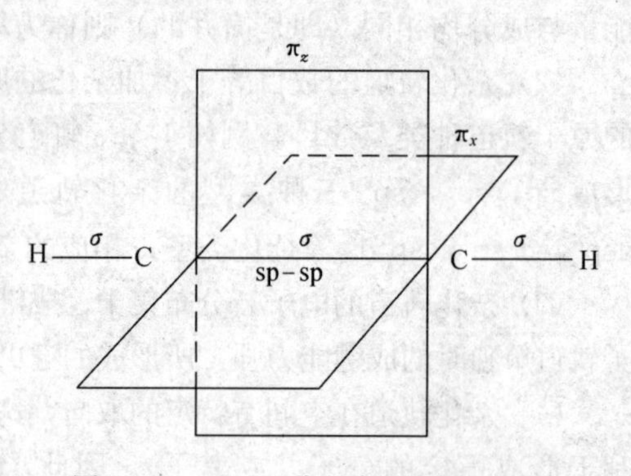

图 4-26 C_2H_2 分子中的 σ 键和 π 键

$ZnCl_2$，$CdCl_2$，$HgCl_2$ 等分子的中心原子均采取 sp 杂化轨道成键，它们都是直线形分子。

2. sp^2 杂化 sp^2 杂化轨道是由一个 ns 轨道和两个 np 轨道进行杂化，形成三个等同的 sp^2 杂化轨道，每一个 sp^2 杂化轨道中含 $\frac{1}{3}$ s 和 $\frac{2}{3}$ p 成分。这种杂化类型的空间构型为平面三角形，3 个 sp^2 杂化轨道在同一平面内夹角互为 120°。

例如在 BF_3 分子中，B 原子的价电子结构为 $2s^22p^1$，在与 F 原子成键时，1 个 2s 电子被激发到 2p 轨道上，然后 1 个 2s 轨道和 2 个 p 轨道发生 sp^2 杂化，形成 3 个夹角互为 120° 的 sp^2 杂化轨道，进而分别与 3 个 F 原子的 2p 轨道重叠，形成 3 个 sp^2-p 的 σ 键，并形成稳定的 BF_3 分子，空间构型为平面三角形，如图 4－27 所示。

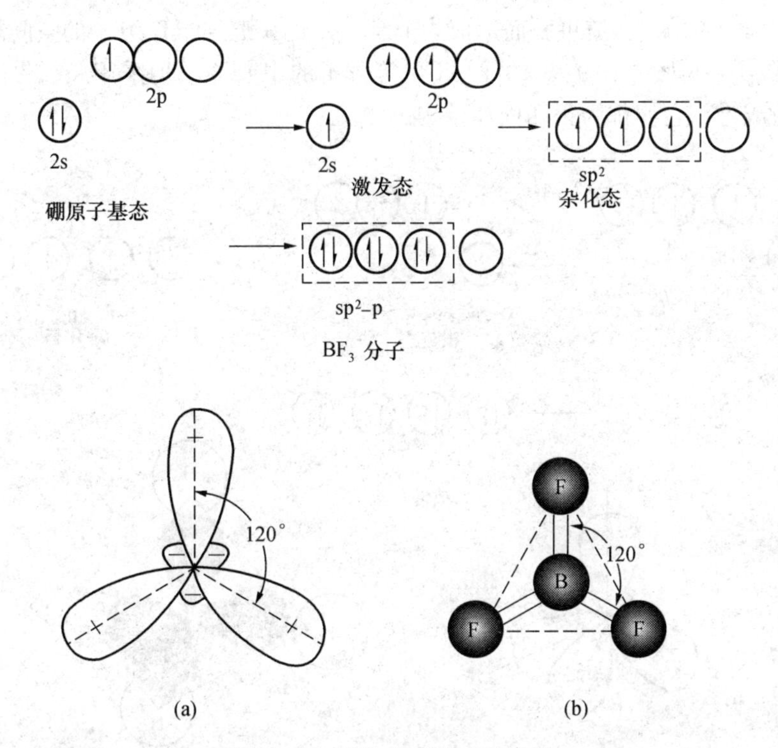

图 4－27　BF_3 分子形成示意图

C_2H_4 分子中的 C 原子也是采取 sp^2 杂化轨道成键，每个原子用一个 sp^2 杂化轨道彼此重叠形成C—C间的 σ 键，用两个 sp^2 杂化轨道与两个 H 原子的 1s 轨道重叠成两个C—H间的 σ 键，构成了 C_2H_4 分子的平面骨架结构。另外，每个原子还有一个未杂化的 p 轨道，含一个电子，彼此以“肩并肩”的方式重叠形成一个 C—C 间 π 键，垂直于乙烯分子的平面(图4－28)。C_2H_4 分子中的双键，一个是 sp^2-sp^2 杂化轨道形成的 σ 键；另一个是 p－p 轨道形成的 π 键。

BCl_3，BBr_3，SO_3 分子及 CO_3^{2-}，NO_3^- 离子的中心原子均采取 sp^2 杂化轨道与配位原子的 p 轨道重叠形成 σ 键，它们都具有平面三角形的骨架结构。

3. sp^3 杂化　sp^3 杂化轨道是由一个 *n*s 轨道和三个 *n*p 轨道进行杂化，形成四个能量等同的 sp^3 杂化轨道，每一个 sp^3 杂化轨道中含 $\frac{1}{4}$ s 和 $\frac{3}{4}$ p 成分。这种杂化类型的空间构型为正四面体，轨道间夹角互为 109°28′。如 CH_4 分子中 C 原子的价层电子结构为 $2s^22p^2$，在成键时 1 个 2s 电子激发到 2p 轨道上，并进行 sp^3 杂化，形成 4 个等同的 sp^3 杂化轨道，然后

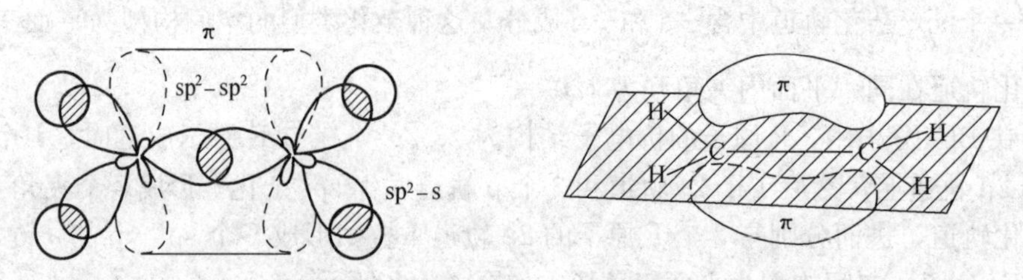

图 4-28　C_2H_4 分子的形成

分别与 4 个 H 原子的 1 s 轨道重叠而形成 4 个 sp^3-s 的 σ 键。CH_4 分子的空间构型为正四面体，键角 109°28′，见图 4-29。CCl_4，$SiCl_4$ 等分子的中心原子均采用 sp^3 杂化轨道与配位原子的 p 轨道成键，它们都为正四面体结构。

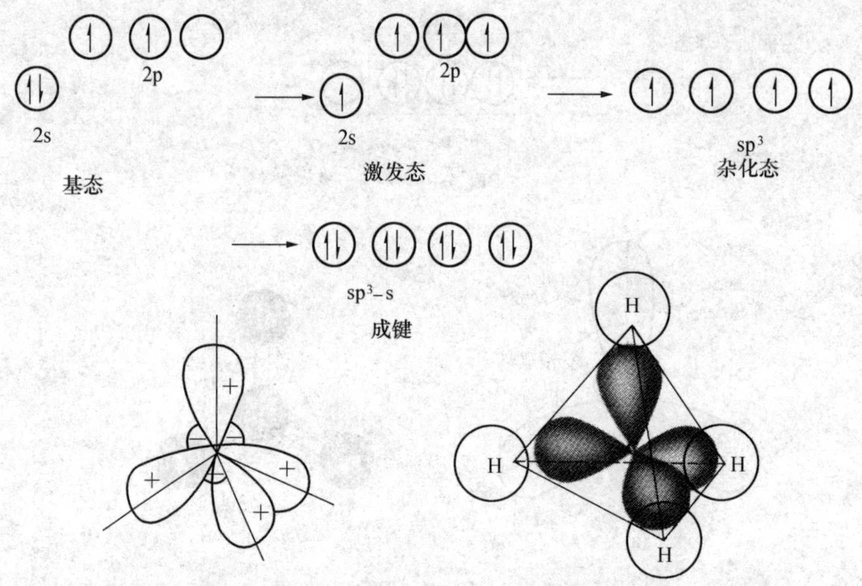

图 4-29　sp^3 杂化及 CH_4 分子的形成

4. 等性和不等性杂化　前面几种杂化轨道都是能量和成分完全相同的杂化，称为等性杂化。如果参加杂化的原子轨道中有不参加成键的孤对电子存在，杂化后所形成的杂化轨道的形状和能量不完全相同，这类杂化称为不等性杂化。例如，NH_3 分子中，N 原子的价电子结构为 $2s^22p^3$，成键时，氮原子中的一个 s 轨道和三个 p 轨道混合，形成四个 sp^3 杂化轨道。其中一个杂化轨道已有一对电子，称为孤对电子，这对孤对电子不参与成键。显然，杂化后各轨道电子云分布不一样，各轨道所含成分也不相同（孤对电子所占据的杂化轨道含 s 成分大于$\frac{1}{4}$，p 成分小于$\frac{3}{4}$；而其余三个杂化轨道所含 s 成分均小于$\frac{1}{4}$，p 成分均大于$\frac{3}{4}$），因而为不等性 sp^3 杂化。

NH_3 分子中四个 sp^3 杂化轨道，一个已被孤对电子占据，只有其余三个杂化轨道参与成键，分别与三个 H 原子的 1s 轨道重叠形成三个 sp^3-s 的 σ 键。sp^3 不等性杂化轨道的空间构型为四面体，由于被孤对电子占据的杂化轨道不能成键，故 NH_3 分子呈三角锥形，又由于孤对电子对另外三个成键的轨道有排斥压缩作用，导致键角由 109°28′减小到 107°18′，见图 4-30。此外，H_3O^+，PCl_3，PF_3，NF_3 等分子也是三角锥形。

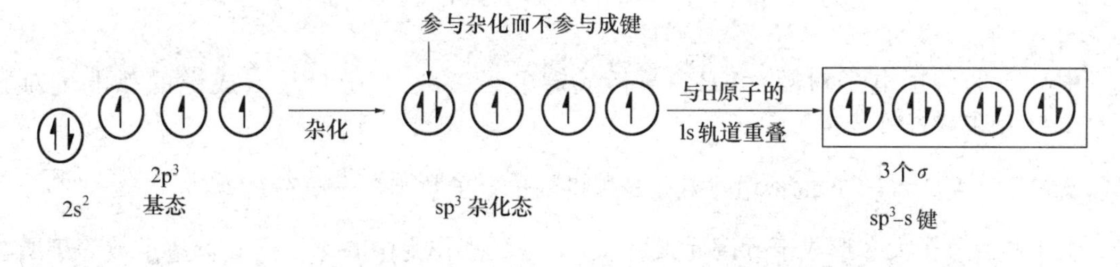

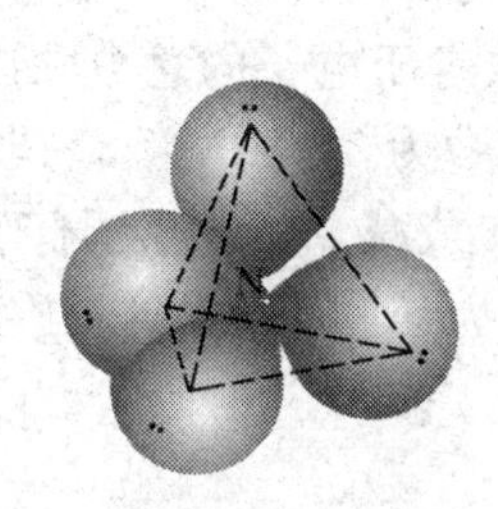

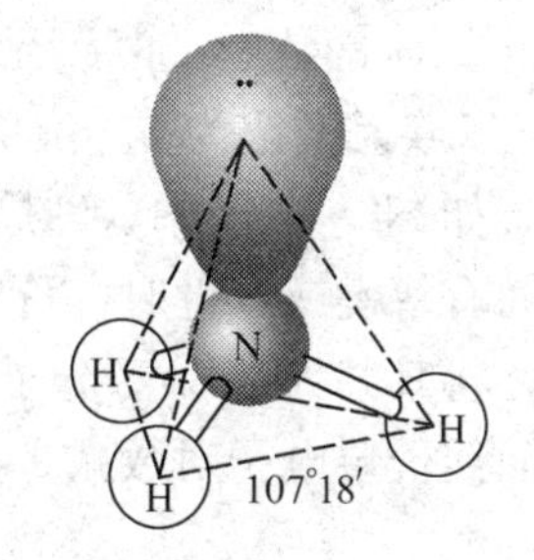

图 4-30　NH_3 分子的空间结构

在 H_2O 分子中，O 原子的价电子结构为 $2s^22p^4$，其中 2s 和一个 2p 轨道上各有一对孤对电子占据，故也发生 sp^3 不等性杂化，由于有两个杂化轨道被孤电子对占据，它们对成键杂化轨道的排斥作用力更大，使键角减小为 104°45′，故 H_2O 分子呈 V 形。见图 4-31。此外，H_2S，OF_2 等分子的空间构型也是 V 形。

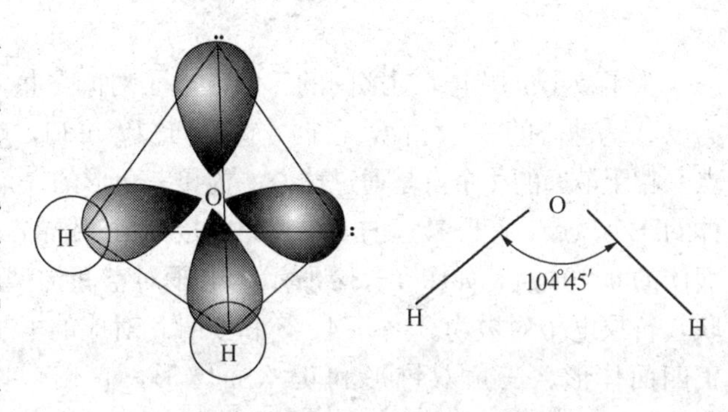

图 4-31　H_2O 分子的空间结构

第八节　价层电子对互斥理论

价键理论和杂化轨道理论都可以解释共价键的方向性，特别是杂化轨道理论在解释分子的空间构型上是比较成功的。但是一个分子具有哪种构型以及其中心原子发生哪种杂化，有些情况下难以确定。1940 年，英国化学家西奇维克（N. V. Sidgwick）和鲍威尔（H. M. Powell）在总结实验事实的基础上，提出了一种在概念上比较简单又能比较准确地判断分子几何构型及杂化方式的理论模型，后经英国化学家吉利斯皮（R. J. Gillespie）和尼霍姆（R. S. Nyholm）在 20 世纪 50 年代加以发展，现在称为价层电子对互斥理论（valence shell electron pair repulsion，VSEPR）。虽然这个理论只能定性地说明问题，但对判断共价分子或离子的构型及中心原子的杂化方式非常简便实用。

在 AB_n 型分子或离子中，A 称为中心，B 称为配体，n 为配体的个数。A 和 B 一般为主族元素的原子。AB_n 型分子或离子的几何构型取决于中心 A 的价层电子对的排斥作用，分子的构型总是采取电子对相互排斥作用最小的结构。

一、中心价层电子对数

中心A的价层电子对数（VP）包括成键电子对数（BP）与未成键的孤电子对数（LP），可用下式计算：

$$VP=\frac{1}{2}[\text{A的价电子数}+\text{B提供的价电子数}\pm\text{离子电荷}(\substack{\text{负离子}\\\text{正离子}})] \quad (4-12)$$

由于共价分子大多形成于p区元素之间，p区元素作为中心原子，其价电子数等于所在的族数。作为配体的B通常是氢、卤族元素和氧族元素等，计算B提供的价电子数时，氢和卤族元素记为1，氧族元素记为0。价层电子对的对数等于电子的总数除以2，总数为奇数时，商一般进位。如NO_2分子中，N周围的价电子总数为5，VP为3。当非ⅥA族配体原子与中心原子之间有双键或叁键时，价层电子对数减1或减2。例如乙烯$H_2C{=}CH_2$，若以左碳原子为中心，将其归为AB_n型分子，则电子对数为4，因有非ⅥA族配体CH_2与中心原子之间成双键而使价层电子对数减1，故$VP=3$。

二、电子对数和电子对空间构型的关系

为了减小价层电子对之间的斥力，电子对间尽量互相远离。如果把中心A的价电子层视为以A为球心的一个球面，根据立体几何知识可知，球面上相距最远的2个点是直径的2个端点，相距最远的3个点是通过球心的内接三角形的3个顶点，相距最远的4个点是内接正四面体的4个顶点，相距最远的5个点是内接三角双锥的5个顶点，相距最远的6个点是内接正八面体的6个顶点，如图4-32所示。电子对空间构型的重要意义在于它直接与杂化方式相关联，价层电子对数为2、3、4、5和6时，对应的电子对空间构型依次是直线形、正三角形、正四面体形、三角双锥形和正八面体形，它们依次对应着sp，sp^2，sp^3，sp^3d和sp^3d^2杂化。

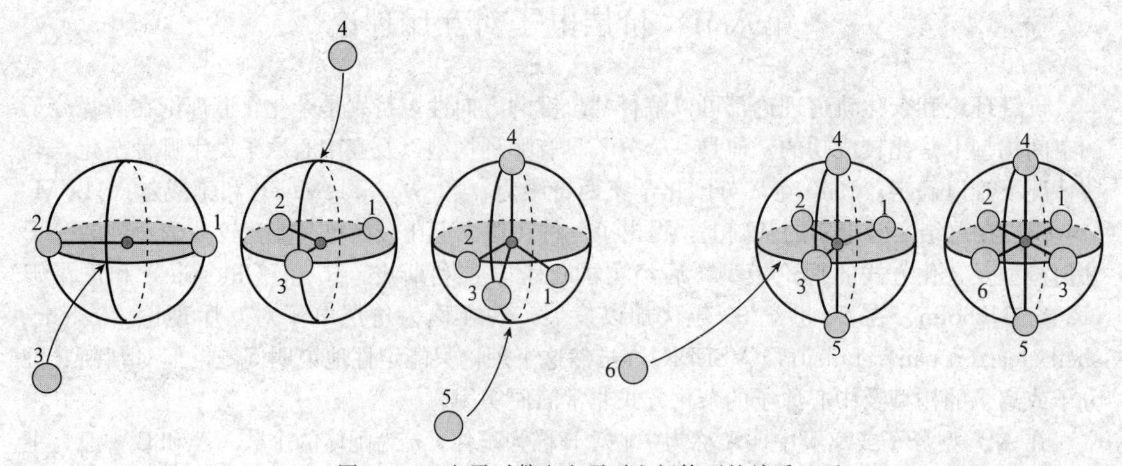

图4-32 电子对数和电子对空间构型的关系

三、分子构型和电子对空间构型的关系

确定 AB_n 型分子或离子的空间构型时，只考虑中心 A 的位置和配体 B 的位置，不考虑电子、孤电子对等所处的位置，即电子、孤电子对不作为分子构型。

$$LP=VP-BP=VP-\text{与 A 成键的原子数}(n) \tag{4-13}$$

若 $LP=0$，分子或离子的构型与电子对空间构型一致，中心 A 的杂化类型属于等性杂化。若 $LP\neq0$，确定出孤电子对的位置，分子构型即可确定，中心 A 的杂化类型属于不等性杂化。表 4-9 所示的 4 种情况，孤电子对的位置均只有一种选择。

表 4-9　孤电子对的位置只有一种选择的情况

价层电子对数（VP）	配体数（n 或 BP）	孤电子对数（LP）	电子对构型	分子构型
3	2	1	三角形	V 形
4	3	1	正四面体形	三角锥形
4	2	2	正四面体形	V 形
6	5	1	正八面体形	四角锥形

其余情况则要根据斥力小且易于平衡的位置确定孤电子对的位置。价层电子对互相排斥作用的大小，决定于电子对之间的夹角和电子对参与成键的情况。一般规律为

（1）电子对之间夹角越小，斥力越大。

（2）由于成键电子对受两个原子核的吸引，所以其电子云比较集中在键轴的位置，而孤电子对只受到中心原子的吸引，电子云比较肥大，对相邻的电子对的排斥作用较大。因此不同价层电子对之间排斥作用的顺序为

孤电子对-孤电子对＞孤电子对-成键电子对＞成键电子对-成键电子对

所以有两对孤电子对时，首先要尽量避免具有最大斥力的孤电子对-孤电子对分布在互成 90°的方向上，其次要避免孤电子对-成键电子对分布在互成 90°的方向上，如果只有一对孤电子对，后一点则尤为重要。根据这一原则，对于 $VP=5$ 的分子或离子，当 $LP=1$、2 和 3 时，孤电子对均分别位于三角锥底平面上，稳定的分子构型分别为变形四面体、T 形和直线形。对于 $VP=6$ 的分子或离子，当 $LP=2$ 时，分子构型为平面正方形。表 4-10 总结了 AB_n 型分子或离子的价层电子对数、配体的数目、孤电子对数与价层电子对的空间构型、分子或离子的空间构型之间的关系。

表 4-10　AB_n 型分子或离子的几何构型

A 的价层电子对数（VP）	配体 B 的数目（n）	孤电子对数（LP）	价层电子对空间构型	分子或离子的空间构型	实　例
2	2	0		直线形	$BeCl_2$，CO_2
3	3	0		平面三角形	BF_3，BCl_3，SO_3，CO_3^{2-}，NO_3^-
	2	1		V 形	$PbCl_2$，SO_2，O_3，NO_2，NO_2^-

（续）

A的价层电子对数（VP）	配体B的数目（n）	孤电子对数（LP）	价层电子对空间构型	分子或离子的空间构型	实　例
4	4	0	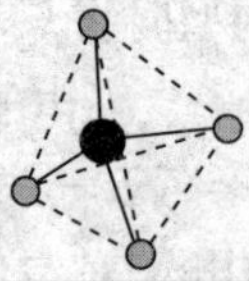	四面体形	CH_4，CCl_4，$SiCl_4$，NH_4^+，SO_4^{2-}，PO_4^{3-}
	3	1	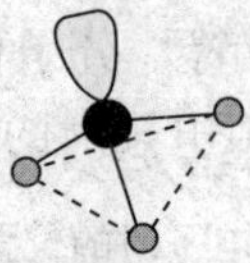	三角锥形	NH_3，PF_3，$AsCl_3$，H_3O^+，SO_3^{2-}
	2	2	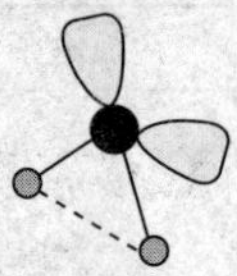	V形	H_2O，H_2S，SF_2，SCl_2
5	5	0	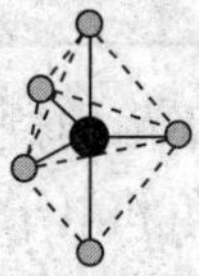	三角双锥形	PF_5，PCl_5，AsF_5
	4	1	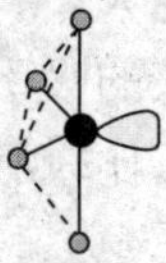	变形四面体	SF_4，$TeCl_4$
	3	2		T形	ClF_3，BrF_3
	2	3		直线形	XeF_2，I_3^-，IF_2^-
6	6	0	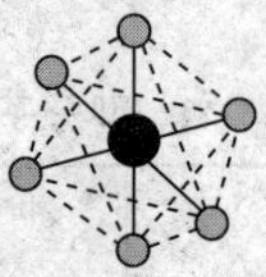	正八面体形	SF_6，SiF_6^{2-}，AlF_6^{3-}
	5	1	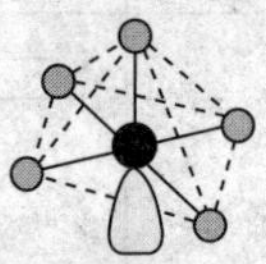	四角锥形	ClF_5，BrF_5，IF_5
	4	2	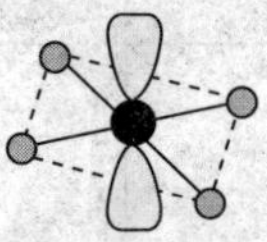	平面正方形	XeF_4，ICl_4^-

四、影响键角的因素

实际上有许多因素将影响键角，使理想分子实际构型产生一定的变化。这里简要讨论以下两种影响。

1. 孤电子对和重键的影响　分子中孤电子对和重键的存在，由于其电子云比较肥大，将排斥其余成键电对，使相关的键角变小。如杂化轨道理论中提到的 NH_3 分子和 H_2O 分子的键角。对于含有重键的分子来说，π 键电子对虽然不能决定分子的基本形状，但对键角有一定的影响，一般单键与单键之间的键角较小，单键与双键、双键与双键之间的键角较大。

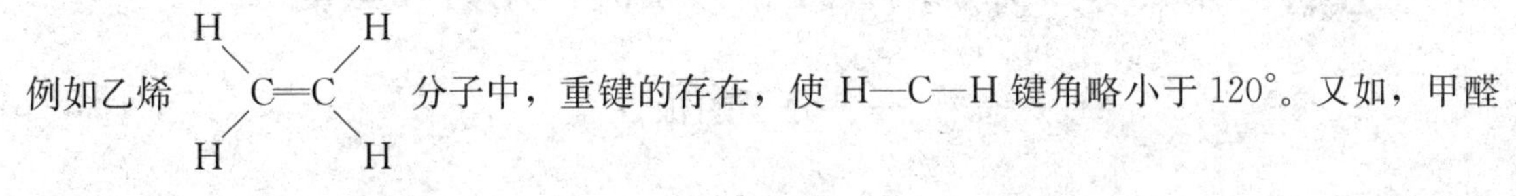

例如乙烯 $H_2C=CH_2$ 分子中，重键的存在，使 H—C—H 键角略小于 120°。又如，甲醛 $H_2C=O$ 的双键对 C—H 成键电对的排斥，使得 H—C—H 键角略小于 120°，而O—C—H 键角大于 120°。

2. 中心和配体电负性的影响　配体一致，中心电负性大时，成键电对距中心近，于是成键电对相互间距离小，电对间斥力使键角变大，以达到平衡。如 NH_3 分子中 H—N—H 键角大于 SbH_3 分子中 H—Sb—H 键角。而中心相同，配体电负性大时，成键电对距离中心远，即成键电对相互间距离大，键角小些。如 PF_3 分子中 F—P—F 键角小于 PBr_3 分子中 Br—P—Br 键角。

例 4-3　判断下列分子和离子的空间构型，并指出中心原子的杂化方式：

H_3O^+　　CS_2　　SO_4^{2-}　　SF_4

要求指出价层电子总数、价层电子对数、电子对的空间构型、分子或离子的空间构型，并画出简图。

解： 答案见下表。

	H_3O^+	CS_2	SO_4^{2-}	SF_4
中心价电子数	6	4	6	6
配体提供电子数	3	0	0	4
离子提供电子数	−1	0	2	0
价层电子总数	8	4	8	10
价层电子对数	4	2	4	5
成键电子对数	3	2	4	4
孤电子对数	1	0	0	1
电子对的空间构型	正四面体形	直线形	正四面体形	三角双锥形

（续）

	H_3O^+	CS_2	SO_4^{2-}	SF_4
分子或离子的空间构型	三角锥形	直线形	正四面体形	变形四面体
		—		
中心原子的杂化方式	sp^3 不等性杂化	sp 等性杂化	sp^3 等性杂化	sp^3d 不等性杂化

第九节　分子的极性、分子间作用力和氢键

一、分子的极性

根据分子的正负电荷重心（设想组成分子的各原子核形成正电荷重心，所有电子形成负电荷重心）是否重合这一性质而把分子分为极性分子和非极性分子。对双原子分子，若键有极性则为极性分子，否则为非极性分子。因此，同核双原子分子是非极性分子（如 Cl_2，O_2，H_2），异核双原子分子是极性分子。对于多原子分子，是否有极性，须从化学键的极性与分子的空间构型两个方面综合考虑。如果键有极性，但分子的空间构型对称，电子云关于分子的分布对称，使得分子的正负电荷重心重合，故分子是非极性分子，如 BF_3，CH_4，CCl_4 和 CO_2 等为非极性分子；若键有极性，分子空间构型不对称，则为极性分子，如 H_2O，SO_2，NO_2 等。

分子极性的大小通常用偶极矩 μ 来度量。极性分子的偶极矩等于正、负电荷重心之间的距离 d（d 称为偶极长度）和正（或负）电重心的电量 q 的乘积，即

$$\mu = d \cdot q \tag{4-14}$$

偶极矩是一个矢量，既有数量又有方向，其方向是从正极到负极，数值由实验测定。偶极矩越大，分子的极性越大，反之亦然。当偶极矩为零时，分子为非极性分子。表 4-11 为部分常见物质的偶极矩。

表 4-11　一些物质的偶极矩（10^{-30}C·m）

物　质	偶极矩	物　质	偶极矩	物　质	偶极矩
H_2	0	NH_3	4.90	HCl	3.57
N_2	0	H_2S	3.67	HBr	2.67
CO_2	0	PH_3	1.93	HI	1.40
CS_2	0	SO_2	5.33	CO	0.4
CH_4	0	H_2O	6.17	HCN	7.00
$CHCl_3$	3.40	HF	6.37	H_2O_2	7.33

二、分子的变形性

在讨论分子的极性时，只考虑孤立分子中电荷的分布情况，如果把分子置于外电场中，

则电荷分布要发生变化。

非极性分子在外电场的影响下，电子云与核分别向两极移动，结果产生相对位移，分子发生变形（称为分子的变形性），产生偶极，这个过程叫分子的极化变形，形成的偶极称为诱导偶极。电场越强，分子变形性越大，诱导偶极越大。当外电场取消时，所形成的偶极也消失，分子重新变为非极性分子。对于极性分子来说，本身就存在偶极，这种偶极叫固有偶极或永久偶极。非固态的极性分子，在没有外电场的作用时，其分子的热运动是不规则的，而在外电场中，分子的偶极矩就按电场的方向而取一定的方位，这个过程称为取向；同时在电场影响下，分子也会发生变形，产生诱导偶极，这时分子的偶极为永久偶极与诱导偶极之和，分子的极性便有所增加。

分子的取向、极化和变形，不仅在电场中发生，而且在相邻分子间也可以发生。每个极性分子的固有偶极可看成是一个电场，它可以使相邻的极性分子或非极性分子极化变形。这种极化作用对分子间力的产生有重要影响。

三、分子间力

同一物质通常有三种聚集状态，即气、液、固，要使固体熔化或使液体蒸发为气体，则必须供给热能，这表明分子间存在着相互作用力，实验证明这种作用力比化学键弱得多，一般为几十千焦。分子间力又叫范德华力。分子间力包括取向力、诱导力和色散力三种，如图 4-33 所示。

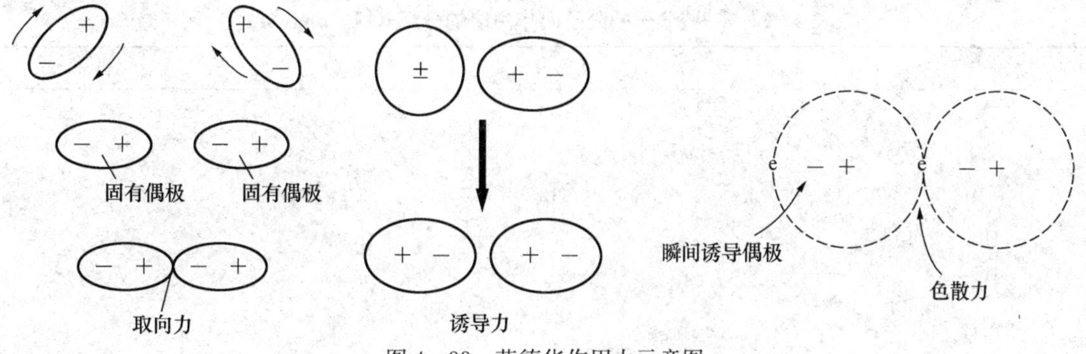

图 4-33　范德华作用力示意图

1. 取向力　极性分子存在永久偶极，当极性分子相互靠近时，则同极相斥，异极相吸，从而出现异极相邻的定向排列状态，使系统能量降低。这种由永久偶极而产生的分子间的定向吸引作用力称为取向力。取向力的本质是静电力，其大小与分子极性的大小有关，分子极性越大，取向力越大，取向力还与热力学温度成反比。

2. 诱导力　当非极性分子靠近极性分子时，由于受到极性分子偶极电场的影响，其正、负电荷重心会发生相对位移，从而产生诱导偶极，诱导偶极同极性分子永久偶极间的作用力称为诱导力。诱导力的大小随极性分子的极性增大而加强，与被诱导分子的变形性成正比，而与温度无关。事实上，极性分子与极性分子间也存在着诱导力。同时，离子与分子之间、离子与离子之间都能产生诱导偶极，存在诱导力。

3. 色散力　在非极性分子内，总体而论其正、负电荷重心是重合的，分子没有极性。

由于分子内电子的运动和原子核的不断振动，常发生电子云和原子核之间瞬时的相对位移，即要使每一时刻正、负电荷重心完全重合是不可能的，在某一瞬间总会有一个偶极存在，这种偶极叫瞬时偶极。当分子靠近到一定距离时，由于同极相斥，异极相吸，瞬时偶极总是处于异极相邻的状态，分子间通过瞬时偶极产生的吸引力称为色散力。虽然瞬时偶极存在时间短，但异极相邻的状态总是不断地重复着，因此色散力始终存在。任何分子都会产生这种瞬时偶极，当它们相互靠近时，也就形成了色散力。

色散力的大小主要决定于分子的变形性。分子半径越大，最外层电子离核越远，核对其吸引力越弱，分子的变形性就越大。同时分子的相对分子质量越大，分子所含的电子就越多，变形性越大，色散力也就越强。

总之，取向力只存在于极性与极性分子之间，诱导力存在于极性与极性、极性与非极性分子之间，而色散力存在于所有的分子之间。分子间力是这三种力的总和。

分子间力有以下特点：

(1) 分子间力较弱，为 2～30 $kJ \cdot mol^{-1}$，比化学键小 1～2 个数量级，但它是永远存在于分子间的一种作用力。

(2) 分子间力是静电力，没有方向性和饱和性，其作用范围在 300～500 pm，与分子距离 6 次方成反比，即随着分子间距离的增大而迅速减小。

(3) 色散力存在于各种分子之间，一般情况下也是主要的一种分子间力，从表 4-12 列出的一些分子三种作用力的能量分配情况可以看出，只有极性很强的 H_2O 分子间才以取向力为主。

表 4-12　一些分子的分子间作用能的分配（$kJ \cdot mol^{-1}$）

分　子	取向力	诱导力	色散力	总　和
Ar	0.000	0.000	8.5	8.5
CO	0.003	0.008	8.75	8.76
HI	0.025	0.113	25.87	26.01
HBr	0.69	0.502	21.94	23.13
HCl	3.31	1.00	16.83	21.14
NH_3	13.31	1.55	14.95	29.81
H_2O	36.39	1.93	9.00	47.32

4. 分子间力对物质性质的影响　分子间力与物质的熔点、沸点、聚集状态、汽化热、熔化热、溶解度等性质有密切的关系。一般说来，分子间力越大，物质的熔点、沸点越高，聚集状态从气态变到固态。如 F_2，Cl_2，Br_2，I_2 都是非极性分子，随着相对分子质量的增加，分子体积增大，变形性增大，分子间色散力依次增大，因此它们的熔点、沸点依次增高（表 4-13），在常温常压下 F_2，Cl_2 为气体，Br_2 为液体，I_2 为固体。对于相同类型的单质和化合物来说，通常分子的极性对化合物熔点、沸点影响不大，一般随相对分子质量的增加，分子体积的增大，其色散力增加，则熔点、沸点也增加，如 HCl，HBr，HI。当相对分子质量相同或相近时，极性分子化合物的熔点、沸点比非极性分子高。如 CO 和 N_2 的相对分子质量均为 28，分子大小也相近，变形性也相近，所以色散力

相当，但在 CO 中还有诱导力和取向力的作用，故 CO 的沸点（−192 ℃）比 N_2（−196 ℃）略高。

表 4-13 卤素的熔点和沸点

	F_2	Cl_2	Br_2	I_2
熔点/K	−50	170.6	265.7	386.6
沸点/K	85.1	239	331	457.5

分子间力对液体的互溶性和固、气非电解质在液体中的溶解度也有一定影响。一般极性溶质分子易溶于极性溶剂中，这是由于极性溶质分子与极性溶剂分子之间存在着强烈的取向力（有的还存在有氢键），使它们能够相互分散而达到互溶，显然，溶质和溶剂分子间的力越大，则溶质在溶剂中的溶解度也越大。而 CCl_4 几乎不溶于水，是因为 CCl_4 分子间作用力和 H_2O 分子间作用力各自都大于 CCl_4 与 H_2O 分子间作用力，所以它们不能相互分散而达到互溶。

分子间力对分子型物质的硬度也有影响，分子极性小的聚乙烯、聚异丁烯等物质，分子间力较小，因而硬度不大，而含有极性基团的有机玻璃等物质，分子间力较大，故具有一定的硬度。

四、氢　　键

1. 氢键的概念　NH_3，H_2O 和 HF 与同族氢化物相比，沸点、凝固点、汽化热等物理性质出现了显著的差异，说明这些物质的分子之间除存在一般分子间力外，还存在另一种作用力——氢键。

当 H 原子与 X 原子以共价键结合成 X—H 时，共用电子对强烈地偏向 X 原子一边，使 H 原子变成几乎没有电子云的“裸露”质子，呈现相当的正电性，且半径极小（约 30 pm），势能极高，很容易和另一个分子中含有孤对电子，且电负性很大的 Y 原子的电子云相互吸引，甚至渗入其电子云，从而形成氢键。氢键可用通式 X—H…Y 表示，X 和 Y 可以是同一元素的原子，也可以不是，它们主要是指第二周期的 N，O 和 F。形成氢键必须具备两个条件：①有一个能与电负性很强而半径很小的 X 原子形成共价键的 H 原子。②有另一个电负性大、半径小、且具有孤对电子的 Y 原子。

几种分子间氢键表示如下：

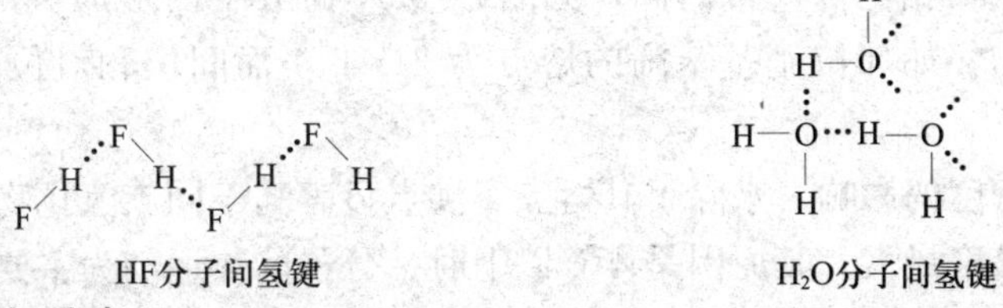

HF分子间氢键　　H_2O分子间氢键

2. 氢键的特点与种类

(1) 氢键的特点　氢键比化学键弱得多，但比范德华力稍强，其键能一般在 10～40 kJ·mol^{-1}。氢键的键长是指在 X—H…Y 中，由 X 原子中心到 Y 原子中心的距离，通常比化学键的键长要长得多，如 HF 的键长为 92 pm，而 F—H…F 的氢键的键长为

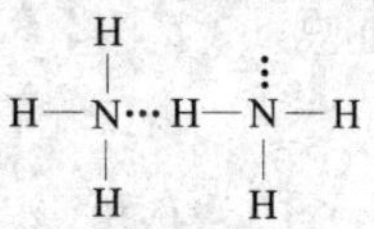

NH₃分子间氢键 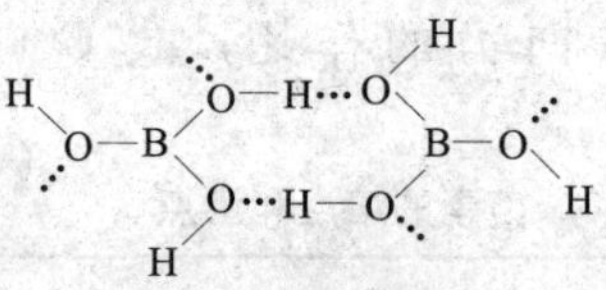　　H_3BO_3分子间氢键 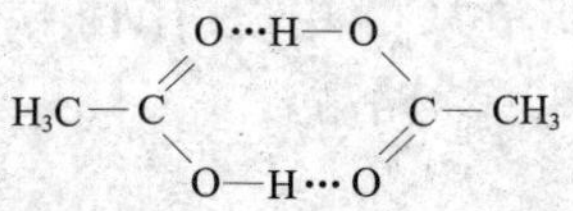　　乙酸通过分子间氢键形成二聚体

255 pm。氢键的强度常用键能来衡量，数值越大，表示破坏 1 mol 氢键消耗的能量越多。氢键的强弱与 X，Y 原子的电负性和半径大小有关，X，Y 原子的电负性越大，半径越小，形成的氢键就越强。

氢键与共价键相似，也具有饱和性和方向性。在 X—H…Y 中，由于氢原子特别小，它好似嵌在 X 与 Y 的电子云中，使得第三个电负性大的原子 Y 难于再靠近氢原子，因此氢键具有饱和性。除分子内氢键外，为了减小 X 与 Y 之间的斥力，须尽可能使氢键的方向与 X—H 键轴在同一方向上，即 X—H…Y 在同一直线上，此时系统最稳定，所以氢键具有方向性。

根据氢键的特点，一般认为氢键的本质是一种较强的具有方向性的静电引力。从键能来看它属于分子间力的范畴，但它具有方向性和饱和性，是一种特殊的分子间力。

（2）氢键的种类　氢键可分为分子间氢键和分子内氢键两类。分子间氢键可以在同种分子间形成，如 HF，NH_3，H_2O 等，也可以在不同分子间形成，如 H_2O 与 NH_3，H_2O 与 HF 等。分子内氢键是同一分子内形成的氢键。如邻位硝基苯酚、邻苯二酚等（图 4-34）。因受环状结构中其他原子间键角的限制，分子内氢键不是 180°，常在 150°左右。某些无机分子如 HNO_3 也存在分子内氢键。

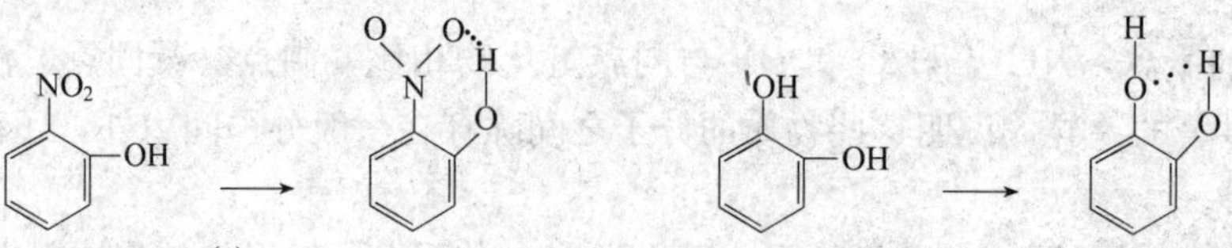

(a)　(b)

图 4-34　分子内氢键

（a）邻位硝基苯酚　（b）邻苯二酚

3. 氢键对物质性质的影响及氢键的生物学意义　氢键的存在很广泛，许多化合物如水、醇、酚、羧酸、氨、胺、氨基酸、蛋白质、碳水化合物中都存在氢键。氢键对物质的影响是多方面的，我们从以下几方面讨论：

（1）对物质熔点、沸点的影响　当分子间存在氢键时，分子间的结合力增大，熔点、沸点升高。因为固体液化及液体汽化都需要能量破坏分子间氢键，所以 HF，NH_3，H_2O 的熔、沸点与同族氢化物相比都反常的高，见图4-35。而分子内形成氢键时，常使其熔点、沸点低于同类化合物，如邻位硝基苯酚的熔点为 318 K，而间位和对位的分别为 369 K 和 387 K。

（2）对水及冰密度的影响　水除了其熔点、沸点显著高于同族氢化物外，另一个反常现象就是它在 4 ℃时密度最大。其原因是 4 ℃以上时，分子的热运动为主要倾向，使水的体积膨胀，密度减小；4 ℃以下时，分子的热运动减弱，而形成氢键的倾向增大，分子间形成的氢键越多，分子间的空隙就越大，当水结成冰时，全部水分子都以氢键相连而整齐排列，形成空旷的结构（图4-36），从而使冰的密度小于水，所以冰浮在水面上。正是由于氢键造成的这一重要自然现象，才使得冬季江湖中的生物免遭冻死，从而维持自然界的生态平衡。

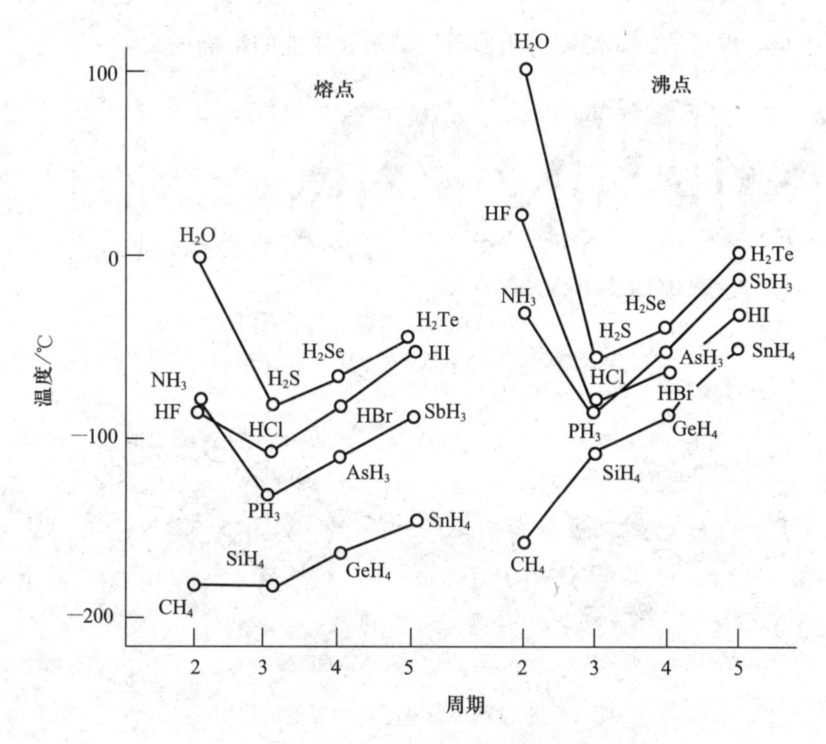

图 4-35 ⅣA～ⅦA 不同氢化物的熔、沸点

(3) 黏度变大 分子间有氢键的液体，一般黏度较大。如甘油、磷酸、浓硫酸等多羟基化合物，由于分子间可形成众多的氢键，所以通常为黏稠状液体。

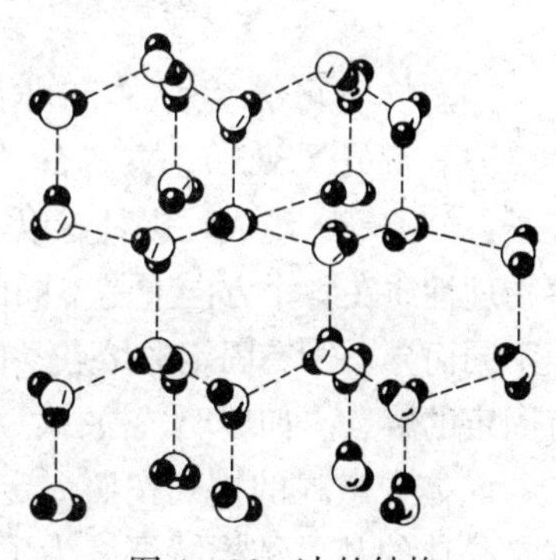

图 4-36 冰的结构

(4) 对物质的溶解度的影响 在极性溶剂中，如果溶质分子与溶剂分子之间形成氢键，则溶质的溶解度增大，如 HF，NH_3 极易溶于水，乙醇与水也可以任何比例混溶，还有羧酸（RCOOH）、醇（R—OH）、酮（RCOR′）和酰胺（$RCONH_2$）等均可与水形成氢键，使它们在水中的溶解度较大。而 CH_4 等为没有极性的碳氢化合物，因不与水形成氢键而难溶于水。如果溶质分子形成分子内氢键，则在极性溶剂中的溶解度减小，而在非极性溶剂中的溶解度增大。

(5) 对蛋白质构型的影响 氢键在生物界具有重要意义。例如，蛋白质是组成人及生物体的重要成分之一。而蛋白质大分子是由氨基酸组成的多肽所构成。氢键既存在于肽链与肽链之间，也存在于同一螺旋肽链之中，是形成蛋白质折叠和盘绕二级结构的基础，蛋白质的三级、四级结构中氢键也发挥着重要作用。此外，DNA 是生物遗传中的重要基础物质，它是由两条长长的多核苷酸分子链，通过大量的氢键连接而成的双螺旋式的稳定结构（图 4-37），DNA 的自我复制首先是碱基对之间的氢键断裂（图 4-38），使两条链分离开来，然后再各自作为模板，合成出两条新的与“亲代”完全相同的双螺旋 DNA 分子。由此可见，没有氢键的存在，就没有这些特殊而又稳定的大分子结构。也正是这些生物大分子支撑了生物体，担负着贮存营养、传递信息等一切生物功能。氢键容易形成和破坏，这一特性在生理过程中是很重要的，如温度对蛋白质的结构和性能的影响很大。

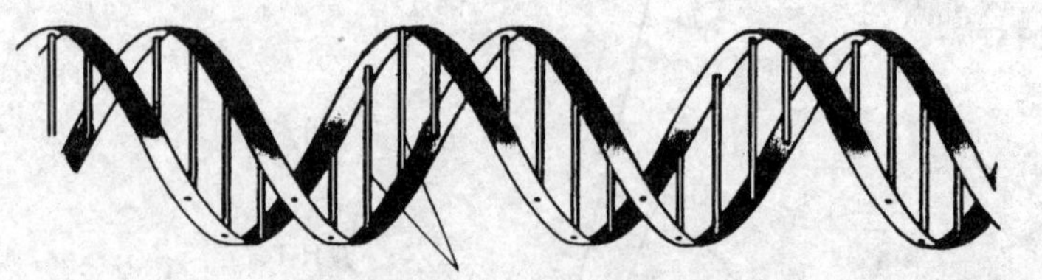

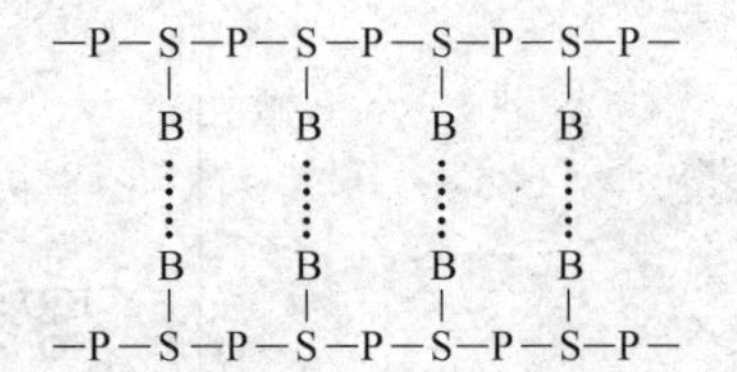

图 4-37　DNA 双螺旋结构示意图

P 代表磷酸基　S 代表脱氧核糖　B 代表碱基

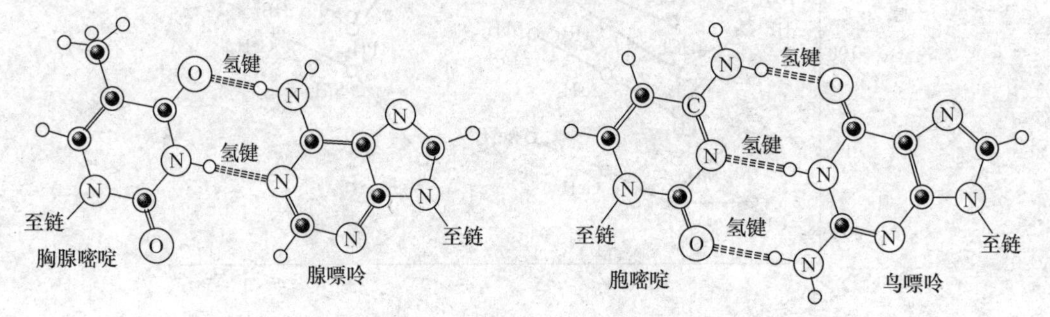

图 4-38　DNA 碱基配对的氢键的作用

第十节　晶体结构简介

固态物质可分为晶体和非晶体（无定形物质）。自然界绝大多数都是晶体，如食盐（NaCl）、石英（SiO_2）、方解石（$CaCO_3$）等。晶体是由在空间排列得很有规律的微粒（原子、离子、分子等）组成，它具有以下特点：①有规则整齐的几何外形。②各向异性，即晶体的许多物理性质在各个方向上是不同的，如导电、导热、折射率、生成速度和溶解速度等常常随方向不同而异。③有固定的熔点。而非晶体则没有一定的外形，物质中粒子排列也不规律，且没有固定的熔点。如玻璃、松香、沥青、石蜡、橡胶等都属于非晶体。

晶体中微粒的排列按照一定的方式做周期性的重复，这种性质称为晶体结构的周期性，这是晶体的基本结构特征。为了便于讨论和描述晶体内部粒子排列的周期性，人们把晶体中的微粒抽象成一个几何点，找出其周期性重复的方式，然后再把具体的原子、分子或离子安放上去，就得到了晶体结构。这些几何点形成的有规则的三维排列，称为晶格（或点阵），晶格中质点占据的位置称为结点，晶格中最小的重复单元叫晶胞。研究晶体结构就是要研究晶体中晶格结点上的微粒和微粒间的相互作用力以及它们在空间的排布情况。按晶格中微粒的种类和微粒间作用力的性质不同，可以把晶体分成四大类：离子晶体、原子晶体、分子晶体和金属晶体。

一、离子晶体

晶格结点上排列的微粒是正、负离子，并通过离子键结合而成的晶体称为离子晶体（图 4-39）。离子晶体具有较高的熔点、沸点和硬度，在熔融状态或其水溶液都具有优良的导电性。离子晶体易脆、延展性差，这是因为晶体受到冲击力时，各层离子发生错动，使得同号离子接触产生斥力，导致离子键断裂的缘故。由于离子键无方向性和饱和性，正、负离子用紧密堆积的方式交替作有规则的排列，每个离子都被若干个异电荷离子所包围，在空间形成一个巨大的分子。因此在离子晶体中不存在独立的小分子，整个晶体就是一个大分子。例如在 NaCl 晶体中，不存在 NaCl 分子，所以 NaCl 是氯化钠的化学式，而不是分子式。

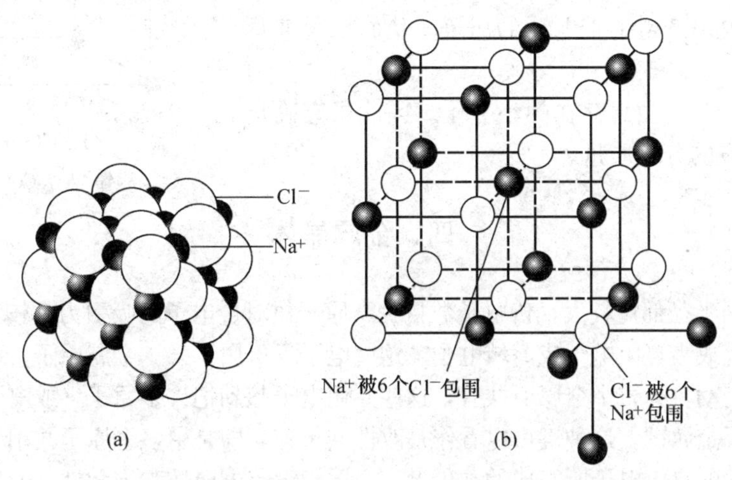

图 4－39　NaCl 的晶体结构
(a) 离子的排列　(b) 晶胞

二、原子晶体

在晶格结点上排列的微粒是中性原子，并通过共价键结合而成的晶体称原子晶体，例如金刚石 C、单质 Si、石英（SiO_2）、金刚砂（SiC）等。在原子晶体中不存在独立的简单分子，整个晶体就是一个大分子。例如，在金刚石（图 4－40）中，晶格节点上都是碳原子，每个碳原子均以 sp^3 杂化轨道和其他 4 个碳原子以共价键相结合，形成一个巨大的分子。由于原子晶体中粒子间是以共价键结合，其特点是熔点、沸点高，硬度大。如金刚石的熔点是单质中最高的（3 550 ℃），硬度也是最大的（10 个莫氏硬度）。原子晶体的导电、导热和延展性都很差，这是因为晶体中不存在带电荷的离子和自由电子。原子晶体在大多数溶剂中都不溶解。原子晶体的最大用途是作耐火材料、磨料、刀具，以及半导体材料等。

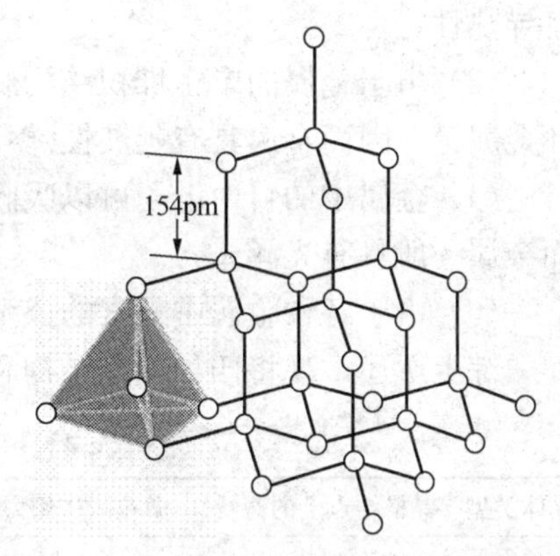

图 4－40　金刚石的晶体结构

三、分子晶体

在晶格结点上排列的微粒是分子，并通过微弱的分子间力（有的还有氢键）结合而成的晶体称为分子晶体（图 4－41）。稀有气体形成的晶体为单原子分子晶体。由于分子间力很弱，特别是分子质量小的非极性分子其分子间力就更弱。因此分子晶体的硬度小，熔点（大多数低于400℃）、沸点都较低；挥发性大，通常在300℃以下还是固态时就开始挥发，如萘、碘、CO_2(s) 等物质不经液化而直接升华汽化；固态和熔融态时都不导电，少数极性分子物质溶于水后发生电离产生了带电荷的离子，从而水溶液具有导电性。

分子晶体中，有独立存在的小分子。因此具有确定的分子式和相应的分子质量。

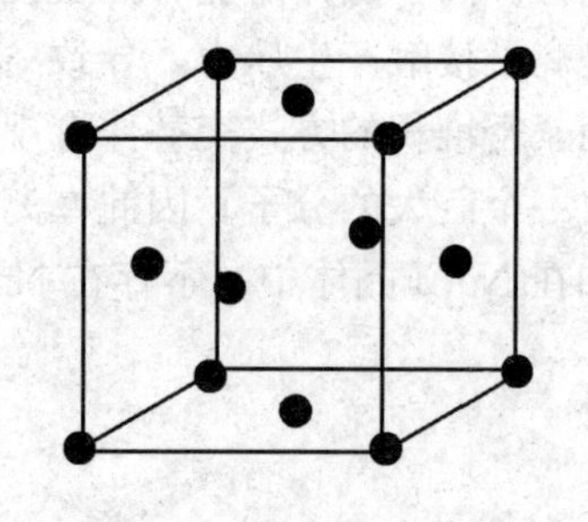

图4-41 CO_2 的分子晶体

● 表示 CO_2 分子

四、金属晶体

金属原子的半径都比较大，价电子数目少，原子核对价电子的吸引力都较弱，电子容易从金属原子上脱落成为自由电子或离域电子。这些电子不再属于某一金属原子，而可能在整个金属晶体中自由流动，为整个金属所共有，这些共用电子起到把许多原子（或离子）结合在一起的作用，形成了金属键。这种键可以看作是改性共价键，即是由多个原子共用一些能够在整个金属晶体内流动的自由电子所组成的共价键。金属键没有方向性和饱和性，所以在金属中，每个原子将在空间允许的条件下，与尽可能多的原子形成金属键。实验证明，金属原子以紧密堆积的方式排列于晶格结点上而形成金属晶体。金属具有一些共同的物理性质，即

(1) 金属键中的自由电子在外电场作用下可以定向运动，所以金属具有导电性。

(2) 自由电子在热端和冷端之间运动，不断碰撞，将能量从热端带到冷端，所以金属具有导热性。

(3) 由于金属的紧密堆积结构和自由电子的存在，原子在做相对滑动的过程中，不会破坏金属键，因而金属具有延展性。

(4) 金属中的自由电子可以吸收可见光，然后又把各种波长的光大部分再发射出来，因而金属一般具有光泽。

(5) 由于各种金属中元素的成键电子数不等，所以它们的熔点和沸点有很大差别。

综上所述，现将四种晶体结构和其基本性质归纳于表4-14中。

表4-14 四种基本类型晶体结构和性质

晶体类型	晶格结点上的微粒	微粒间作用力	晶体特征	实 例	应 用
离子晶体	正、负离子	离子键	硬而脆，溶、沸点高，低挥发性，热的不良导体，熔融或溶于水导电	NaCl，CsCl，BaO，MgO，KNO_3，ZnS，CaF_2	耐火材料，电解质
分子晶体	极性分子	分子间力（氢键）	硬度小，能溶于极性溶剂，固、液态不导电，溶于水时能导电，溶、沸点低	HCl，HF，NH_3，H_2O	低温材料，绝缘材料，溶剂
	非极性分子	分子间力	能溶于非极性溶剂或极性弱的溶剂中，溶、沸点更低，易升华，硬度小，不导电	H_2，O_2，Cl_2，CO_2，I_2	

（续）

晶体类型	晶格结点上的微粒	微粒间作用力	晶体特征	实　例	应　用
原子晶体	原子	共价键	硬度很大，脆，溶、沸点很高，在大多数溶剂中不溶，导热、导电性差，无挥发性	金刚石，单晶硅，SiC，SiO_2，AlN，BN，GaAs	高硬度材料，磨料，半导体
金属晶体	金属原子 金属离子	金属键	有硬、有软，有延展性，有金属光泽，导电、导热性好，溶、沸点较高，不溶于一般溶剂，有良好的机械加工性	Na，W，Ag，Cu，Fe，Al，Cr	机械制造

本 章 小 结

（1）波粒二象性是电子等微观粒子特有的性质。原子中核外电子的运动状态可由波函数，即原子轨道来描述。

（2）原子轨道是由 4 个量子数所决定：主量子数 n 表征了原子轨道离核的远近，即通常所说的核外电子层的层数，是决定核外电子能级高低的主要因素。角量子数 l，表征了原子轨道角动量的大小，即通常所说的电子亚层或电子分层。磁量子数 m，表征了原子轨道角动量在外磁场方向上分量的大小，也就是表征了原子轨道在空间的不同取向。m_s 则表征电子的自旋方向，按顺时针和逆时针两个方向自旋。

（3）在多电子原子中，决定电子能级的主要因素是核对电子的吸引作用及电子间的相互排斥作用。通常用屏蔽效应和钻穿效应的大小来描述这两种作用，同时据此可以估计多电子原子中各电子的能级高低，并解释一般的能级交错现象。继而可得原子轨道的近似能级图，并将其分成 7 个能级组，对应于元素周期表的 7 个周期。

（4）按照能量最低原理、保里不相容原理和洪特规则，把原子中所有的电子逐个顺序排入各原子轨道，这样可清楚地了解到任何一个处于基态的原子，其核外电子排布的实际情况，由此可写出该原子的电子结构式和相应的离子的电子结构式。

（5）根据原子结构的外层电子构型，可将元素周期表分成 5 个区：s 区、p 区、d 区、ds 区、f 区。

（6）元素的原子半径、第一电离能、电子亲和能、电负性等性质的周期性变化，实际上是由各元素的原子结构、原子中电子构型的周期性变化所造成的。

（7）离子键的本质是正、负离子间的静电引力。离子键的强度决定于离子的电荷、离子的半径及离子的电子构型。离子键无饱和性和方向性。

（8）电负性相差不大的原子，若具有自旋方向相反的未成对电子，当它们相互靠近时，在一定方向上达到轨道最大程度的有效重叠，形成共价键。共价键具有饱和性和方向性。根据原子轨道重叠的方式不同，共价键有 σ 键和 π 键之分。

（9）杂化轨道理论可以较好地解释一些分子的结构。掌握不等性杂化（有孤对电子参加杂化）是正确判断共价分子空间结构的关键。特别注意杂化轨道类型与分子几何形状的关系与区别。例如 H_2O 分子中的 O 是采取 sp^3 不等性杂化，4 个 sp^3 杂化轨道中有两个被未成键的孤对电子所占有，所以 H_2O 分子呈 V 形结构而不是四面体。

（10）分子间力（范德华力和分子间氢键）的存在，是决定物质熔点、沸点、溶解度等性质的一个重要因素。范德华力可分为取向力、诱导力和色散力。一般以色散力为主。有些分子间除了有范德华力外，还存在氢键。

（11）晶体也是物质存在的主要形式之一，根据晶体晶格结点上的微粒和其相互间的作用力不同，可将晶体分为离子晶体、原子晶体、分子晶体和金属晶体。由于微粒间作用力不同，晶体的性质也有很大的差别。

【著名化学家小传】

Linus Pauling was born in Portland，Oregon in 1901，the son of a druggist. He earned a B. Sc. degree in chemical engineering from Oregon State College in 1922 and completed his Ph. D. in chemistry at the California Institute of Technology in 1925. Before joining Cal Tech as a faculty member，he traveled to Europe where he worked briefly with Erwin Schrödinger and Niels Bohr. In chemistry he is best known for his work on chemical bonding. Indeed，his book *The Nature of the Chemical Bond* has influenced several generations of scientists，and it was for this work that he was awarded the Nobel Prize in Chemistry in 1954. However，shortly after World War Ⅱ，Pauling and his wife began a crusade to limit nuclear weapons，a crusade that came to fruition in the limited test ban treaty of 1963. For this effort，Pauling was awarded the 1963 Nobel Prize for Peace. Never before had any person received two unshared Nobel Prizes.

Nide Henrik David Bohr（1885 - 1962）Danish physicist，received his doctorate at the University of Copenhagen in 1911，and immediately thereafter went to the Cavendish laboratories of Cambridge University，to study under J. J. Thomson. The following year he worked in Manchester，England，under Ernest Rutherford. In 1913 he successfully applied the concept of energy quanta to explain the spectrum of atomic hydrogen，Bohr was awarded the Nobel Prize in 1922 for his work on the theory of atomic spectra. During the Second World War he was a key member of the team of scientists at the Las Alamos Laboratories in New Mexico that developed the atomic bomb. Bohr received the Atoms for Peace award in 1957.

化学之窗

Fullerenes：Buckyballs and Nanotubes

Carbon atoms can form long chains，branched chains，and rings. Here we see in polymer molecules just how long some of these carbon chains can be. Carbon atoms，with their four bonds（键），can form still other structures. In 1985 a team of scientists discovered a variety of molecules formed exclusively of carbon atoms. A particularly prominent one had a molecular mass of 720 u，corresponding to the formula（分子式）C_{60}. They proposed a structure for this molecule，which is a roughly spherical（球形）collection of hexagons（六角形）and pentagons（五角形）very much like a soccer ball. They named the molecule "buck - minster fullerene" in honor of architect R. Buckminster Fuller，who pioneered the geodesic- domed structures that C_{60} resembles. The general name fullerenes is now used for C_{60} and similar molecules with formulas such as C_{70}，C_{74}， and C_{82}. These substances are often colloquially called "buckyballs".

Later, scientists discovered tube-shaped carbon molecules called nanotubes. We can visualize a nanotube as a fullerene that has been stretched out into a hollow cylinder by the insertion of many, many more C atoms. We can also picture them as a two-dimensional array of hexagonal rings of carbon atoms, rather like ordinary "chicken wire". The "wire" is then rolled into a cylinder and capped at each end by half a C_{60} molecule. These nanotubes have unusual mechanical and electrical properties that are of great interest in current research.

Graphite consists of multiple layers of carbon atoms. A single such layer, free of other layers, is called Graphene, also shown in the figure. First prepared in 2004, Graphene has been the center of considerable research. Graphene is remarkably resistant to fracture and deformation, has a high thermal conductivity, and has a conduction band that touches its valence band; its electrical properties can be influenced by adding various functional groups. Numerous potential applications of Graphene have been proposed, including their use in energy storage materials, microsensor devices, liquid crystal display, polymer composites and a wide range of electronic devices.

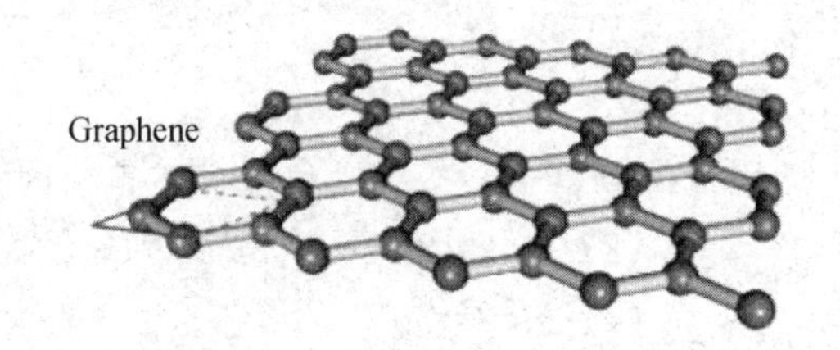

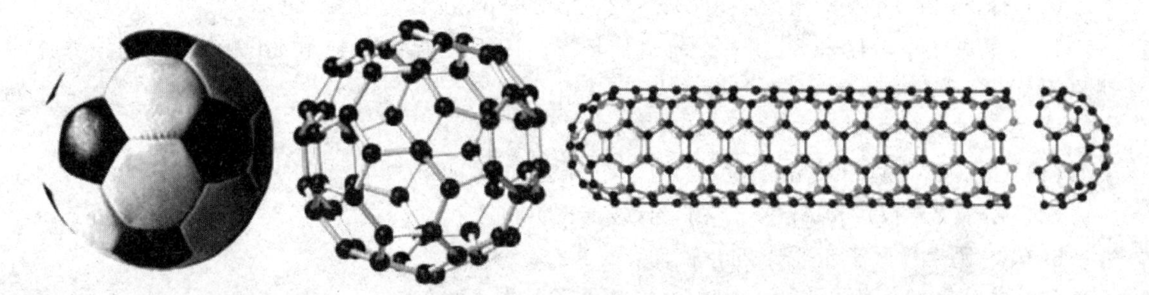

思　考　题

1. 区别下列概念：

(1) Ψ 与 $|\Psi|^2$　　(2) 概率和概率密度

(3) 原子轨道和电子云　　(4) $Y(\theta, \varphi)$ 图与 $Y^2(\theta, \varphi)$ 图

(5) 能层和能级　　(6) 简并轨道和简并度

2. 填充合理的量子数：

(1) $n=(\quad)$，$l=3$，$m=0$，$m_s=+\frac{1}{2}$　　(2) $n=3$，$l=(\quad)$，$m=+2$，$m_s=-\frac{1}{2}$

(3) $n=2$，$l=0$，$m=(\quad)$，$m_s=+\frac{1}{2}$　　(4) $n=4$，$l=3$，$m=0$，$m_s=(\quad)$

3. 试指出下列符号表示的意义：

(1) s　(2) 3s　(3) $3s^1$　(4) $2p^4$

4. 主量子数 $n=4$ 的电子层有几个亚层？各亚层有几个轨道？第四电子层最多容纳多少

个电子？

5. 下列元素中哪些元素能和氧形成离子型化合物？哪些形成共价型化合物？

S，Ba，P，H，Si，Na，Rb

6. BF_3 和 NF_3 的分子结构是否相同？为什么？

7. 醇的沸点比与其分子质量相近的烷烃要高得多，这是为什么？

8. 预测 CaF_2，$BaCl_2$，$CaCl_2$ 等离子晶体的熔点高低顺序。

习　题

1. 氮原子的价电子构型是 $2s^2 2p^3$，试用 4 个量子数分别表明每个电子的运动状态。

2. 下列各组轨道中，哪些是简并轨道？简并度是多少？

(1) 氢原子中 2s，$2p_x$，$2p_y$，$2p_z$，$3p_x$

(2) He^+ 离子中 4s，$4p_x$，$4p_z$，$4d_{xy}$，5s，$5p_x$

(3) Sc 原子中 2s，$2p_x$，$2p_z$，$2p_y$，$3d_{xy}$，4s

3. 下列各原子的电子层结构何者属于基态、激发态或不正确的？

(1) $1s^2 2s^1 2p^2$　　(2) $1s^2 2s^1 2d^1$

(3) $1s^2 2s^2 2p^4 3s^1$　　(4) $1s^2 2s^2 2p^6 3s^2 3p^3$

(5) $1s^2 2s^2 2p^8 3s^1$　　(6) $1s^2 2s^2 2p^6 3s^2 3p^6 3d^5 4s^1$

4. 在氢原子中，4s 和 3d 哪一个轨道能量高？19 号元素钾的 4s 和 3d 哪个能量高？并说明原因。

5. 写出下列原子和离子的电子结构式：

(1) Cu（$Z=29$）和 Cu^+　　(2) Fe（$Z=26$）和 Fe^{3+}

(3) Ag（$Z=47$）和 Ag^+　　(4) I（$Z=53$）和 I^-

6. 某一元素的原子序数为 24，试问：

(1) 核外电子总数是多少？　　(2) 它的电子排布式如何？

(3) 价电子层结构如何？　　(4) 元素处于哪个周期、族、区？

7. ⅠA 族和ⅠB 族最外层电子数虽然都为 1，但它们的金属性却不同，为什么？

8. 不用查表，判断下列各组中原子或离子半径哪个大？试解释之。

(1) H 与 N　(2) Ba 与 Sr　(3) Cu 与 Ni　(4) Na 与 Al　(5) Fe^{2+} 与 Fe^{3+}

9. 某元素的最高正价为+6，最外层电子数为 1，原子半径是同族中最小的，试写出该元素的电子结构式、名称及元素符号。

10. 某元素其原子最外层有 2 个电子，次外层有 13 个电子，此元素在周期表中应属哪个族？最高正价是多少？是金属还是非金属？

11. 有第四周期的 A，B，C，D 四种元素，它们的价电子数依次为 1,2,2,7，且原子序数 A，B，C，D 依次增大，已知 A 与 B 的次外层电子数为 8，C 与 D 次外层电子数为 18，试问：

(1) 哪些是金属元素？

(2) A，B，C，D 的原子序数及电子结构式是什么？

(3) B，D 两元素，能否形成化合物？写出分子式。

12. 下列各组化合物中，哪个化合物的价键极性最大？哪个的极性最小？

(1) NaCl，$MgCl_2$，$AlCl_3$，$SiCl_4$，PCl_5　　(2) LiF，NaF，RbF，CsF

(3) HF，HCl，HBr，HI　　(4) CH_3F，CH_3Cl，CH_3Br，CH_3I

13. 分析下列各分子的中心原子的杂化轨道类型并指出各化学键的键型（σ键或π键）。

(1) HCN 中三个原子在一条直线上

(2) H_2S 中三个原子不在一条直线上

14. 指出下列分子的中心原子可能采取的杂化轨道类型，并预测分子的几何构型。

BBr_3，$SiCl_4$，PH_3

15. 根据键的极性和分子的几何构型，推断下列分子哪些是极性分子，哪些是非极性分子。

Ne，Br_2，HF，NO，H_2S（V形），CS_2（直线形），$CHCl_3$（四面体），CCl_4（正四面体），BF_3（平面三角形），NH_3（三角锥形）

16. 判断下列分子的偶极矩是否为零。

(1) Ne　(2) Br_2　(3) HF　(4) NO　(5) H_2S　(6) SiH_4　(7) CH_3Cl

17. NO_2，CO_2，SO_2 的键角分别为130°，180°，120°，试判断其中心原子的杂化类型。

18. 说明下列每组分子之间存在着什么形式的分子间力。

(1) 乙烷和 CCl_4　(2) 乙醇和水　(3) 苯和甲苯　(4) CO_2 和水

19. 稀有气体（氦、氩等）晶格结点上是原子，金刚石结点上也是原子，为什么它们的物理性质有很大的差别？

20. NaCl，N_2，NH_3，Si（原子晶体）等晶体的熔点哪个高？哪个低？

21. 试用价层电子对互斥理论判断下列分子或离子的空间构型：

(1) $BeCl_2$　(2) NO_3^-　(3) NH_4^+　(4) PCl_5　(5) SF_6。

22. 试用价层电子对互斥理论判断下列分子或离子的空间构型，并指出其中心原子的杂化方式：

(1) SO_2　(2) SO_3^{2-}　(3) H_2O　(4) I_3^-　(5) BrF_5　(6) O_3

23. Briefly explain the following on the basis of electron configurations

(a) The most common ion formed by silver has a 1^+ charge.

(b) Cm has the outer electron configuration $s^2d^1f^7$ rather than s^2f^8.

24. Explain the trends in bond angles and bond lengths of the following ions:

	X—O/pm	O—X—O/(°)
ClO_3^-	149	107
BrO_3^-	165	104
IO_3^-	181	100

第五章　分析化学概述

第一节　分析化学概述

一、分析化学的任务和作用

分析化学（analytical chemistry）是化学学科的一个分支，其任务是要解决物质中含有哪些成分，含量是多少，物质的化学结构以及物质的分离方法等方面的问题。人们借助于分析化学的研究可以获得物质的组成和结构的信息，这些信息对于化学本身以及相关学科的发展具有重要意义。

分析化学对化学本身的发展起着十分重要的作用，新元素的发现，新物质的研究，元素及化合物理化性质的测定等，均离不开分析化学。同时，化学本身的发展又要求分析化学必须不断建立新的分析方法和手段。

分析化学在国民经济的各个领域具有重要作用。如工业生产中原材料及成品的检验、新产品的开发、工业“三废”的处理和综合利用都与分析化学密切相关。分析化学也是临床分析、药品检验、制药等医学领域的重要基础。矿产资源开发、生物工程、材料科学、食品科学、商品检验等工作也都离不开分析化学。

分析化学在农业生产和农业科学研究中应用十分广泛。针对土壤方面，可进行土壤的水分测定、营养元素测定、含盐量测定及土壤中农药残留及重金属污染物的测定。针对作物，可进行作物生长过程中的养分及有害成分在生物体内的富集、积累、迁移、转化过程的分析。同时，肥料、农药、农畜产品品质的分析检验，灌溉水质的分析等，都需要利用各种分析方法和手段完成。因此分析化学也是学习农业科学的重要基础。

二、分析方法的分类

从不同的角度，可以将分析方法进行如下分类。

1. 按分析的目的划分　根据分析的目的不同，可分为定性分析（qualitative analysis）、定量分析（quantitative analysis）和结构分析（structural analysis）。定性分析是为了确定物质由哪些元素、基团或化合物组成；定量分析是测定有关组分的含量；结构分析是研究物质的分子结构或晶体结构。

2. 按分析的对象划分　根据分析对象的化学属性，可以分为无机分析（inorganic analysis）和有机分析（organic analysis）。在无机分析中通常要求测定物质的组成和各组分含量；有机分析的重点是官能团分析和结构分析。

3. 按试样用量划分　可以分为常量分析、半微量分析、微量分析和超微量分析。见表5-1。

表5-1　各种分析方法的试样用量

方　法	试样质量/mg	试样体积/mL
常量分析	>100	>10
半微量分析	10～100	1～10
微量分析	0.1～10	0.01～1
超微量分析	<0.1	<0.01

4. 按分析方法原理划分　可以分为化学分析（chemical analysis）和仪器分析（instrumental analysis）。化学分析是以物质间的化学反应为基础的分析方法，常用的有重量分析（gravimetric analysis）和容量分析（volumetric analysis）。重量分析是通过化学反应使待测组分转化为沉淀，通过称量沉淀质量得到待测组分含量。容量分析也叫滴定分析（titrametric analysis），是将一种已知准确浓度的溶液滴加到待测物质中，依据指示剂颜色变化确定滴定终点，根据标准溶液的浓度和体积确定待测物质的含量。化学分析法适合于一般常量组分的分析。

仪器分析是以物质的物理性质和物理化学性质为基础，借助于特殊仪器进行测定的分析方法。根据测定原理不同，仪器分析还可以分为光学分析法、色谱分析法、电化学分析法等。仪器分析具有快速、操作简单、灵敏度高的特点，适用于微量和痕量组分的测定。

三、定量分析的一般程序

定量分析在定性分析的基础上进行，其目的是要准确测定物质中待测组分的含量。定量分析一般经过试样采集、试样预处理、分析测定、数据运算与结果报告等主要步骤。

1. 试样采集与制备　试样采集简称采样（sampling），是从大量的分析对象中选取一小部分作为分析材料的过程。采集的试样是否具有代表性，直接影响分析结果的准确性。为保证采集试样能够代表分析对象的客观存在，应注意以下三个环节：第一，根据测定要求确定取样的多少；第二，选取的试样应具有代表性；第三，对采集好的试样妥善保存，避免在测定之前由于贮存不当使其组成发生变化。分析的对象不同，可以是气体、液体或固体，分析的要求不同，视具体情况应用不同的采样方法。

气体试样的采集：应根据待测组分在大气中的存在状态、浓度以及测定方法的灵敏度，选用适当的大气采样设备，在短时间内采集需要的样品，并应立即测定。

液体试样的采集：液体试样是否具有代表性和可靠性，受采样面、采样点、采样方法等各种因素的影响。如果测定水样，不同类型的水域如江河、湖泊、海洋等，采样点的布设原则不同；同样，表层水、深层水、污水、天然水等水质不同，采样方法也不同，实际工作中各领域针对不同的测定对象，有适当的采样原则和方法。

固体试样的采集：固体试样的均匀性较差，应确定合理的采样点，根据样品的性质、数量、组分的均匀程度以及分析项目，多点采集原始物料，从中筛选出一定数量作为分析试样。采集到的固体样品需要经过多次粉碎、过筛、混匀、缩分后，才能制备成符合分析要求的试样。缩分的目的是要使试样量逐渐减小，直至符合分析的要求。一般采用四分法，即将粉碎过筛后的试样混匀，堆成圆形台，通过中心分成四等份，弃去对角的两份，剩余的两份收集在一起混合均匀，此时试样缩减为原来的$\frac{1}{2}$，如此反复直至所需的试样量。试样应尽快分析，以避免受潮、挥发、风干、变质等。

采得的样品在分析前一般需风干粉碎以增加其均匀性，并要求全部通过一定大小的筛孔，使之达到一定粒度，最后装瓶，贴好标签，注明名称、时间、采集地点等，备用。

2. 试样预处理 采集的样品，有些不能直接进行分析测定，将试样中的待测成分转变成可测状态的操作称为预处理。试样预处理过程既要防止待测组分的损失，又要避免引入新的待测组分和干扰物质。常用的处理方法有分解法和浸提法两种。

农业试样中的许多矿物质元素常与有机化合物结合存在，只有破坏有机物后才能制成待测液。这就需要用分解的方法进行前处理。而其中一些成分，例如脂肪、糖分、维生素、叶绿素，在高温或酸碱作用下即被破坏，必须用特定的溶剂提取。此外，土壤、肥料中的一些成分可能以多种形态存在。例如，氮元素能以有机化合物（如蛋白质、胡敏酸等）、铵盐、硝酸盐或亚硝酸盐存在；磷能以有机化合物（磷脂、卵磷脂等）、可溶性磷酸盐、难溶盐、土壤吸附态或交换态等形式存在。由于分析目的不同，有时需要测定其中某些形态的成分，也必须用特定溶剂提取。

分解法又可分为湿法分解和干法分解两种。湿法分解一般用强酸或强碱在加热消煮中使试样分解，称为消化法。酸法分解可用单一酸，也可用混合酸。单一酸以浓 H_2SO_4、浓 HNO_3、浓 $HClO_4$ 应用广泛。它们不仅有强酸性，能溶解许多矿物质，而且有强氧化性，可破坏有机质。常用的混合酸有：$H_2SO_4+HNO_3$、HNO_3+HClO_4、H_2SO_4+HF、$H_2SO_4+H_3PO_4$等。湿法分解试样除用强酸外，还常加入 $CuSO_4$、Se、Hg 或 TiO_2 作催化剂。干法分解有灰化法和熔融法两种。灰化法是将动植物试样置于低温（300 ℃）下炭化后，再转入高温电炉中，在 500～600 ℃温度下灼烧成灰。所得灰分可用稀酸溶解，制得待测液。为防止灰化过程中某些元素挥发损失，可在灰化前在试样中加入少量硝酸镁溶液。熔融法是将试样与酸性或碱性固体熔剂混合，在高温下进行复分解反应，使试样中的难溶成分转变成易溶盐块，然后以稀酸溶解制成待测液。

试样的性质不同，预处理的方法也不同，无机试样最常用的处理方法有酸溶法、碱溶法和熔融法。有机试样的分解，通常采用干式灰化法和湿式消化法。农业生物样品，通常需要通过溶剂萃取、挥发和蒸馏等方法进行处理后测定。

3. 分析测定 根据分析对象和要求，选用适当的分析方法测定待测组分，在定量分析中也常多种方法配合使用。

在实际工作中，试样组成往往比较复杂，测定时常有其他成分对待测组分构成干扰，因此必须考虑排除干扰的问题。有些测定方法本身选择性比较高，这是最好的方法。若没有选择性较高的方法，可以采用掩蔽的办法，这种办法可以不经分离，只需加入适当的化学试剂就可以完成，常用的掩蔽方法有改变 pH、氧化还原掩蔽法、配位掩蔽法、沉淀掩蔽法等。在无法通过掩蔽的办法排除干扰成分时，可以采用分离的方法。常用的分离方法有沉淀分离、萃取分离、蒸馏分离、离子交换分离、色谱分离等。

4. 数据运算与结果报告　根据测定中记录的有关数据，计算出待测组分含量，并对分析结果的可靠性进行分析，得出结论，以分析报告的形式反映整个分析过程及结果。

第二节　定量分析的误差

定量分析的目的是准确地测定试样中待测组分的含量，因此分析结果应具有一定的准确度，可以反应待测组分的客观存在。但在实际工作中由于分析方法、分析仪器、化学试剂的因素，以及分析工作者本身的主观因素的影响，常使分析结果和真实值不完全一致。即使采用最可靠的方法，使用最精密的仪器，由技术水平较高的人员进行测定，也不可能得到绝对准确的结果，误差总是客观存在的。因此，应该分析误差产生原因以及出现的规律，从而采取相应措施，尽量减少误差，提高分析结果的准确度。

一、误差的类别

按照产生误差的原因，可以将误差分为系统误差（systematic error）和偶然误差（accidental error）两大类。

1. 系统误差　系统误差是由某些经常性的、固定的原因造成的误差。对分析结果产生固定的影响，在相同条件下进行重复测定时，系统误差会重复出现。系统误差的特征是具有单向性和重复性。系统误差是可以测定的，有时也称其为可测误差（determinate error）。

系统误差可以分为以下几种类型：

方法误差（method error）：由分析方法本身所造成的误差。例如采用重量分析法，总会有少量沉淀的溶解；采用滴定分析法，滴定终点和化学计量点不符等。

试剂误差：由于使用的试剂或蒸馏水不纯引起的误差。

仪器误差（instrumental error）：由分析仪器造成的误差。如分析天平的准确度不够，移液管刻度不准，仪器校正不准等。

操作误差（personal error）：由于操作人员的主观因素造成。如：操作人员的颜色判别的敏锐程度，对量器读数习惯等。

2. 偶然误差　由一些不确定的、偶然因素造成的误差。如：测定时环境的温度、压强、湿度的微小变化，仪器性能的微小波动等。这类误差对分析结果的影响不固定，时大时小，有正有负，难以预测。偶然误差也叫不可测误差或随机误差（random error）。

每次测定的偶然误差毫无规律，但如果消除了系统误差以后，对同一试样进行多次重复测定，偶然误差会呈现如下统计规律：绝对值相等的正误差和负误差出现的机会均等；小误差出现的频率高，大误差出现的频率低。随机误差的规律性可用正态分布曲线表示，如图 5-1 所示。图中横坐标代表误差的大小，纵坐标代表误差出现的频率。

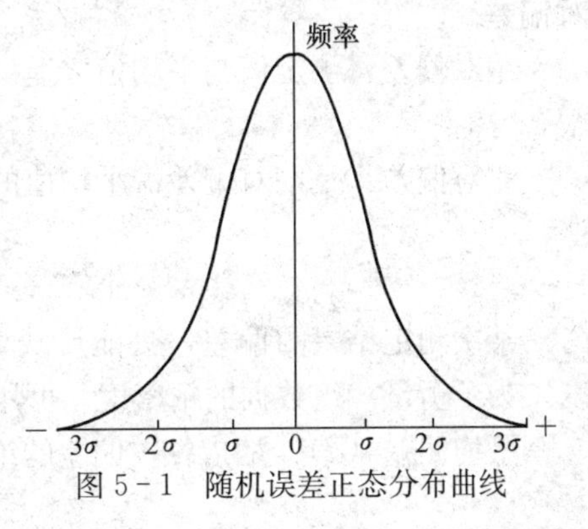

图 5-1　随机误差正态分布曲线

系统误差和偶然误差都是指在正常操作情况下产生的误差，具有必然性。如果是由于操作不当造成，如分析人员粗心大意加错试剂、读错数据等因素造成，称为“过失”，不在误差讨论的范畴。若有过失发生，所测结果应弃去。

二、准确度和精密度

定量分析中用准确度（accuracy）和精密度（precision）来衡量分析结果。一组好的分析结果数据，其准确度和精密度均应符合分析要求。

1. 准确度 准确度是指分析结果和真实值符合的程度，分析结果与真实值差别越小，分析结果的准确度越高。准确度的高低用误差来衡量。误差分为绝对误差（absolute error）和相对误差（relative error）。

绝对误差：测得值与真实值之差　　$E=x_i-x_T$

相对误差：表示绝对误差占真实值的百分率　$E_r=E/x_T\times100\%$

例如：用分析天平称量两个试样的质量各为 1.587 9 g 和 0.158 7 g，若两个试样的真值分别为 1.588 0 g 和 0.158 8 g，则其绝对误差分别为

$$E=1.5879\text{ g}-1.5880\text{ g}=-0.0001\text{ g}$$
$$E=0.1587\text{ g}-0.1588\text{ g}=-0.0001\text{ g}$$

相对误差分别为

$$E_r=\frac{-0.0001}{1.5880}\times100\%=-0.006\%$$
$$E_r=\frac{-0.0001}{0.1588}\times100\%=-0.06\%$$

从上述计算结果看，同样的绝对误差，当被测定的量较大时，相对误差较小，测定的准确度较高。所以分析结果的准确度常用相对误差来表示。

绝对误差和相对误差都有正负，正值表示分析结果偏高，负值表示分析结果偏低。

2. 精密度 精密度是指同一试样多次平行测定之间相互符合的程度。在实际工作中，试样真值往往是未知的，因此难以用准确度来衡量其可靠程度，精密度可以较好地反应分析结果的重现性。精密度高低用偏差（deviation）、标准偏差（standard deviation）来衡量。

偏差是指某次测定结果 x_i 与几次测定结果的平均值 $\bar{x}$ 之差。偏差可分为绝对偏差和相对偏差。

绝对偏差：测定值与平均值之差。

$$d_i=x_i-\bar{x}$$

相对偏差：是绝对偏差占平均值的百分数。

$$d_r=\frac{d_i}{\bar{x}}\times100\%$$

某次测定结果的偏差，只能反映该结果偏离平均值的程度，不能反映一组数据的精密度。为了衡量一组数据的精密度，可用平均偏差。

平均偏差（$\bar{d}$）：是指各次偏差的绝对值的平均值。

$$\bar{d}=\frac{|d_1|+|d_2|+\cdots+|d_n|}{n}=\frac{\sum_{i=1}^{n}|d_i|}{n}$$

式中，n 为测定次数。取绝对值是为了避免正负偏差相互抵消。

相对平均偏差（$\bar{d}_r$）：是指平均偏差占平均值的百分数。

$$\bar{d}_r=\frac{\bar{d}}{\bar{x}}\times 100\%$$

一般分析工作中，精密度常用相对平均偏差来表示。

例如，甲乙两人各自测得一组数据，绝对偏差 d_i 分别为

甲：+0.1，+0.4，0.0，−0.3，+0.2，−0.3，+0.2，−0.2，−0.4，+0.3

乙：−0.1，−0.2，+0.9，0.0，+0.1，+0.1，0.0，+0.1，−0.7，−0.2

$$\bar{d}_{甲}=\frac{1}{10}\times(0.1+0.4+0.0+0.3+0.2+0.3+0.2+0.2+0.4+0.3)=0.2$$

$$\bar{d}_{乙}=\frac{1}{10}\times(0.1+0.2+0.9+0.0+0.1+0.1+0.0+0.1+0.7+0.2)=0.2$$

虽然 $\bar{d}_{甲}=\bar{d}_{乙}$，但在乙组中出现了+0.9和−0.7两个较大偏差，精密度明显较差。其原因是一组平行测定结果偏差较小的总占多数，偏差很大的总占少数，故将偏差取平均值后，有时大的偏差得不到应有的反映。可见用平均偏差表示精密度时，对极值反映不灵敏。

为了更客观地反映数据的分散程度，就应采取标准偏差来衡量精密度。

当测定次数无限多时，用总体标准偏差（σ）来衡量测定值的精密度。

$$\sigma=\sqrt{\frac{\sum_{i=1}^{n}(x_i-\mu)^2}{n}}=\sqrt{\frac{\sum_{i=1}^{n}d_i^2}{n}}$$

式中，x_i 是任何一次的测定值；n 是测定次数；μ 是无限多次测定的所谓总体平均值，即

$$\lim_{n\to\infty}\bar{x}=\mu$$

显然，在校正了系统误差情况下，μ 即为真值 T。

当测定次数较少（$n<20$）时，标准偏差用 S 代替，S 又称为样本标准偏差，计算式为

$$S=\sqrt{\frac{\sum_{i=1}^{n}(x_i-\bar{x})^2}{n-1}}=\sqrt{\frac{\sum_{i=1}^{n}d_i^2}{n-1}}$$

式中，x_i 是任何一次测定值；$\bar{x}$ 是 n 次测定平均值，又称为样本平均值。

在上例中，用标准偏差表示两组平行测定结果的精密度，得

$$S_{甲}=\sqrt{\frac{(+0.1)^2+(+0.4)^2+\cdots+(+0.3)^2}{10-1}}=0.28$$

$$S_{乙}=\sqrt{\frac{(-0.1)^2+(-0.2)^2+\cdots+(-0.2)^2}{10-1}}=0.40$$

表示乙组测定精密度较差。可见标准偏差对极值反应灵敏，故用其表示精密度要比用平均偏差更科学。

相对标准偏差：是指标准偏差与平均值的比值，也称变动系数，用 S_r 表示：

$$S_r=\frac{S}{\bar{x}}\times 100\%$$

例 5-1 测定某溶液的物质的量浓度，得到如下数据（$mol \cdot L^{-1}$）：

0.2041，0.2049，0.2039，0.2046，0.2043，0.2040

计算平均值、平均偏差、标准偏差和相对标准偏差。

解： $\bar{x}=\frac{0.2041+0.2049+0.2039+0.2046+0.2043+0.2040}{6}=0.2043$

$$\bar{d}=\frac{\sum|x_i-\bar{x}|}{n}=\frac{0.0002+0.0006+0.0004+0.0003+0.0000+0.0003}{6}=0.0003$$

$$S=\sqrt{\frac{\sum(x_i-\bar{x})^2}{n-1}}$$

$$=\sqrt{\frac{(0.0002)^2+(0.0006)^2+(0.0004)^2+(0.0003)^2+(0.0000)^2+(0.0003)^2}{6-1}}$$

$$=0.0004$$

$$S_r=\frac{S}{\bar{x}}\times100\%=\frac{0.0004}{0.2043}\times100\%=0.2\%$$

3. 准确度与精密度的关系 准确度表示测定结果的准确性，以真值为标准，由系统误差和偶然误差决定；精密度表示测定值之间相互符合的程度，以平均值为标准，仅由偶然误差决定。

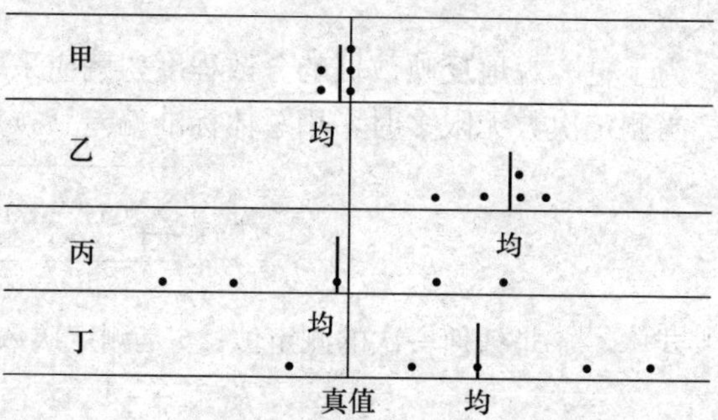

图 5-2 准确度与精密度的关系示意图

精密度是保证准确度的前提条件，准确度高一定要求精密度高，但精密度高不一定保证准确度高。如果分析结果的精密度高，但准确度不高，说明系统误差较大。

如甲、乙、丙、丁 4 人对同一试样测定，得到 4 组数据如图 5-2 所示。

甲组数据准确度和精密度都较高，说明系统误差和偶然误差都比较小；乙组数据精密度较高但准确度不高，说明系统误差较大，偶然误差较小；丙组数据分散，精密度不高，虽然由于正负误差抵消的结果使平均值与真实值比较接近，但这只是巧合，并不能说明这组数据准确度高；丁组数据准确度和精密度都不高，说明系统误差和偶然误差都比较大。图 5-3 是精密度和准确度关系的形象化示意图。

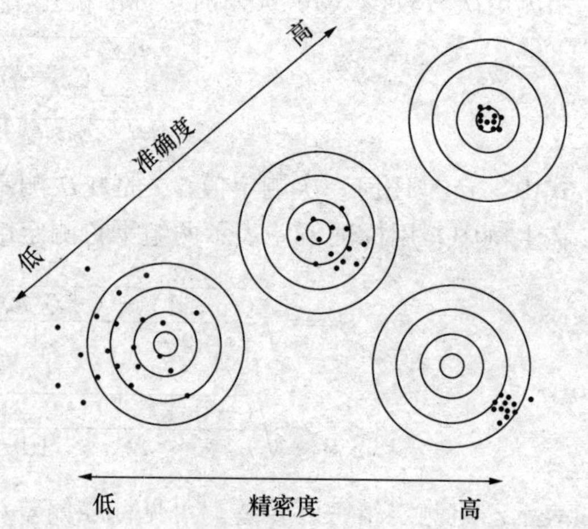

图 5-3 精密度和准确度关系的形象化示意图

一般分析工作中，如果选用适当的分析方法，在消除系统误差的情况下，测得数据的差异主要由偶然误差造成，用精密度便可以评价分析结果的优劣。

三、提高分析结果准确度的方法

从误差产生的原因来看，提高分析结果准确度的办法，是尽量减少系统误差和偶然误差。

1. 减少系统误差　一般通过以下方法：

（1）对照试验　在相同条件下，对标准试样进行测定，通过对标准试样的分析结果与其标准值的比较，校正测定的系统误差。

（2）空白试验　由试剂或蒸馏水中所含杂质引起的系统误差，通常可用空白试验来消除。空白试验就是不加试样，按照与试样分析相同的操作步骤和条件进行试验，测得结果为空白值。试样分析结果应对空白值进行校正，以克服试剂误差对分析结果的影响。

（3）校正仪器　仪器不准引起的系统误差，可通过校正仪器来减小。

2. 克服偶然误差的影响　一般通过增加测定次数来进行。在消除系统误差的前提下，平行测定次数越多，平均值越接近真实值。一般化学分析中，通常要求平行测定3～4次，以获得较准确的分析结果。

3. 减小相对误差　在滴定分析中，经常需要称量和量度溶液体积，只有减小称量和测量溶液体积所引起的相对误差，才能保证分析结果的准确度。

如用一般分析天平进行称量，可能引起的最大绝对误差为±0.000 2 g，为了使测量的相对误差在±0.1%内，即

$$\text{试样重} \geqslant \frac{\text{绝对误差}}{\text{相对误差}} = \frac{0.000\,2\ \text{g}}{0.1\%} = 0.2\ \text{g}$$

可见，称量的每份试样质量必须在0.2 g以上。

滴定分析中，滴定管读数有±0.01 mL的误差。在一次滴定中，需读数两次，可造成的最大误差为±0.02 mL，为使测量体积的相对误差小于0.1%，则消耗滴定剂的体积应控制在20 mL以上。即

$$\text{滴定剂体积} \geqslant \frac{\text{绝对误差}}{\text{相对误差}} = \frac{0.02\ \text{mL}}{0.1\%} = 20\ \text{mL}$$

实际操作中，一般认为滴定剂消耗的体积控制在20～30 mL即可。不过考虑到滴定管上还附着一些液体所产生的滴沥误差，滴定剂消耗的体积宜控制在30 mL左右。

由上面的讨论可知，在分析过程中，如果称取试样的质量和使用滴定剂的体积越大，产生的相对误差就越小。但在实际的测定分析中，应以节约时间和试剂为原则，只要能达到测量准确度的用量即可。

第三节　分析数据的处理

一、置信度和平均值的置信区间

在要求准确度较高的分析工作中，为了评价测定结果的可靠性，人们总是希望能够估计出实际有限次测定的平均值与真实值的接近程度，从而在报告分析结果时，同时指出试样含量的真实值所在的范围以及这一范围估计正确的概率，借以说明分析结果的可靠程度。由此

引出置信度（confidence level）和置信区间（confidence interval）的概念。

统计学表明，正态分布是无限次测量数据的分布规律，只有在无限多次的测定中才能找到平均值 μ 和标准偏差 σ。而实际的分析工作为有限次测定，平均值 μ 及标准偏差 σ 均不知道，因此，用有限次测定的平均值 $\bar{x}$ 作为分析结果报告有一定的不确定性，用标准偏差 S 代替 σ 来估计数据的离散情况，必然引起误差。英国化学家戈塞特（W. S. Gosset）提出用校正系数 t 来校正。t 的定义为

$$\pm t=\frac{\bar{x}-\mu}{S}\sqrt{n}$$

当测定次数 $n\to\infty$ 时，t 分布曲线即为正态分布曲线。t 值不仅随概率而异，而且还随 n 的变化而变化。不同概率条件下与测定次数 n 所对应的 t 值已由统计学家算出，见表 5-2。

表 5-2　t 值分布表

实验次数 n	自由度（f）$n-1$	置信度（P）50%	90%	95%	99%	99.5%
2	1	1.00	6.31	12.71	63.66	127.3
3	2	0.82	2.92	4.30	9.93	14.09
4	3	0.76	2.35	3.18	5.84	7.45
5	4	0.74	2.13	2.78	4.60	5.60
6	5	0.73	2.02	2.57	4.03	4.77
7	6	0.72	1.94	2.45	3.71	4.32
8	7	0.71	1.90	2.37	3.50	4.03
9	8	0.71	1.86	2.31	3.36	3.83
10	9	0.70	1.83	2.26	3.25	3.69
11	10	0.70	1.81	2.23	3.17	3.58
16	15	0.69	1.75	2.13	2.95	3.25
21	20	0.69	1.73	2.09	2.85	3.15
26	25	0.68	1.71	2.06	2.79	3.08
∞	∞	0.65	1.65	1.96	2.58	2.81

置信度也称置信概率或置信水平，用 P 表示。它表示平均值落在（$\mu\pm tS$）范围内的概率。由 t 的定义式可得出 $\mu=\bar{x}\pm\frac{tS}{\sqrt{n}}$。

它表示在一定置信度下，以平均值为中心，无限次测定的平均值 μ 在内的可靠性范围或区间，称为平均值的置信区间或可信范围。

按照上式，就能从有限次测定的平均值 $\bar{x}$ 来估计可能包含无限多次测定的平均值 μ 的区间。在选定置信度后，由 P 和 n 值可从 t 分布表中查出 t 值，从而由测量结果的平均值，标准偏差 S 及测定次数 n，求出相应的置信区间。它表明在$\left(\bar{x}-\frac{tS}{\sqrt{n}}\sim\bar{x}+\frac{tS}{\sqrt{n}}\right)$的区间内包括

μ 的概率为 P。测定次数越多，精密度越高，S 越小，这个区间就越小，$\bar{x}$ 和 μ 就越接近，平均值 $\bar{x}$ 的可靠性就越大，因此称$\left(\mu=\bar{x}\pm\frac{tS}{\sqrt{n}}\right)$为置信区间或可信范围。显然，用置信区间表示分析结果更加合理。

例 5-2　测定土壤中 SiO_2 的质量分数（%），得到如下数据：28.62，28.59，28.51，28.48，28.52，28.63，求平均值、标准偏差及置信度为 90%和 95%时平均值的置信区间。

解： $\bar{x}=\left(\frac{28.62+28.59+28.51+28.48+28.52+28.63}{6}\right)\%=28.56\%$

$$S=\sqrt{\frac{\sum(x_i-\bar{x})^2}{n-1}}$$

$$=\sqrt{\frac{(0.06)^2+(0.03)^2+(0.05)^2+(0.08)^2+(0.04)^2+(0.07)^2}{6-1}}\%$$

$$=0.06\%$$

查表 5-2，当 $P=90\%$，$n=6$ 时，$t=2.02$，则

$$\mu=\bar{x}\pm\frac{tS}{\sqrt{n}}=\left(28.56\pm\frac{2.02\times0.06}{\sqrt{6}}\right)\%=(28.56\pm0.05)\%$$

当 $P=95\%$，$n=6$ 时，$t=2.57$，则

$$\mu=\bar{x}\pm\frac{tS}{\sqrt{n}}=\left(28.56\pm\frac{2.57\times0.06}{\sqrt{6}}\right)\%=(28.56\pm0.07)\%$$

上述结果表明，若平均值的置信区间为（28.56±0.05），则真值在其中出现的概率为 90%，而若使真值出现的概率提高为 95%，则平均值的置信区间将扩大为（28.56±0.07）。

二、可疑数据的取舍

在一组平行测定的数据中，有时会出现与其他数据差别较大的数值，以至于使分析工作者怀疑该数值的可靠性，这个数值称为可疑值。可疑值不能随便舍弃，如果经分析确认可疑值由过失造成，这个数值应该舍弃，如果不能确定，则必须用适当的方法进行检验，以确定其是否应该保留。尤其对于平行测定次数较少的分析，可疑数据保留的正确与否，对分析结果影响很大。

可疑数据取舍的方法有 Grubbs 法、$4\bar{d}$ 法及 Q 检验法，下面重点介绍 Q 检验法。

Q 检验法适合于测定次数为 10 次以内的分析中对可疑数据的检验。其主要步骤如下：

（1）将测定数值从小到大排序。如 n 次测定值分别为 x_1，x_2，x_3，……，x_n，x_1 或 x_n 为可疑值。

（2）计算其中最大值与最小值之差，即极差为 x_n-x_1。

（3）计算可疑值与其相邻数值间差值。如 x_n 为可疑值，则为 x_n-x_{n-1}。

（4）按下式计算 $Q_{计算}$ 值：$Q_{计算}=\frac{x_n-x_{n-1}}{x_n-x_1}$。

（5）按照相应的测定次数和指定置信度查表 5-3，得到 $Q_{表}$。

（6）比较 $Q_{计算}$ 与 $Q_{表}$。如果 $Q_{计算}>Q_{表}$，则可疑值应该舍弃，否则应该保留。

某一置信度及测定次数条件下 $Q_{表}$ 见表 5-3。

表 5-3　$Q_{表}$ 值表

测定次数	3	4	5	6	7	8	9	10
$Q_{0.90}$	0.94	0.76	0.64	0.56	0.51	0.47	0.44	0.41
$Q_{0.95}$	0.98	0.85	0.73	0.64	0.59	0.54	0.51	0.48
$Q_{0.99}$	0.99	0.93	0.82	0.74	0.68	0.63	0.60	0.57

例 5-3　测定某药物中 Co 的含量，得到质量分数（$\times10^{-6}$）结果如下：1.25，1.27，1.31，1.40。若置信度选择 90%，用 Q 检验法检验 1.40×10^{-6} 这个数据是否应该保留。

解：设可疑值 1.40×10^{-6} 为 x_n

$$Q_{计算}=\frac{x_n-x_{n-1}}{x_n-x_1}=\frac{1.40-1.31}{1.40-1.25}=0.60$$

查表 5-3，$n=4$，$P=90\%$时，$Q_{表}=0.76$，$Q_{计算}<Q_{表}$，因此，1.40×10^{-6} 这个数据应该保留。P 太大或太小都会引起“存伪”或“去真”的可能，化学分析的 P 一般取 0.90～0.95。

三、有效数字及运算规则

在定量分析中，为了获得准确的分析结果，还必须正确记录数据和对数据进行运算，所以应该了解有效数字及运算规则。

1. 有效数字　有效数字（significant figure）是指在分析工作中实际能够测量到的数字。它包括确定的数字和最后一位估计的不准确数字。有效数字不仅能表示测量值的大小，还能表示测定的准确度。例如，用万分之一分析天平称得称量瓶的质量为 18.428 5 g，则表示该称量瓶质量为 18.428 4～18.428 6 g。因为，分析天平有±0.000 1 g 的误差。18.428 5 为六位有效数字，前五位是确定的，最后一位“5”是不确定的可疑数字。如将此称量瓶放在百分之一台秤上称，其质量应为 18.43±0.01 g。因为百分之一台秤的称量精度为±0.01 g。18.43 为四位有效数字。再如，用刻度为 0.1 mL 的滴定管测量溶液体积为 24.00 mL，表示可能产生±0.01 mL 的误差。“24.00”数字中，前三位是准确的，后一位 0 是估计的可疑数字，但它们都是实际测量到的，应全部有效，是四位有效数字。有效数字只有一位不确定的可疑数字。

有效数字的位数可用下列几个数据说明：

1.104 0	20.302	5 位有效数字
0.100 0	20.03	4 位有效数字
0.018 0	1.65×10^{-6}	3 位有效数字
0.003 3	1.6×10^{-5}	2 位有效数字
0.006	5×10^{-5}	1 位有效数字

数字“0”在有效数字中有两种作用，当用来表示与测量精度有关的数值时，是有效数字；当用来指示小数点位置，只作小数点定位用，与测量精度无关时，则不是有效数字。在

上列数据中，数字中间的“0”和数字末尾的“0”均为有效数字，而数字前面的“0”只起定位作用，不是有效数字。0.018 0 g 是三位有效数字，若以毫克为单位时则为 18.0 mg，数字前面的“0”消失，仍是三位有效数字。以“0”结尾的正整数，有效数字位数不确定，最好用指数形式来表示。例如 6 600 这个数，可能是两位或三位有效数字，它取决于测量仪器的精度。如只精确到两位数字，那么，是两位有效数字，写成 6.6×10^3；如精确到三位数字，则为三位有效数字，写成 6.60×10^3。可见，对于以 10^n 指数形式表示的有效数字位数的确定，按 10^n 前的数字有几位就是几位有效数字。只用指数形式表示且指数含小数点的，有效数字由小数点的位数决定，例如 $10^{8.7}$ 有效数字只有一位，可写成 5×10^8。分析化学中常遇到倍数或分数的关系，它们为非测量所得，可视为无限多位的有效数字。

pH、pM、$\lg K^{\ominus}$等对数数值，其有效数字位数，由尾数部分的位数所决定，首数部分只代表该数为 10 的多少次方，起定位作用。如 pH＝4.00，只有两位有效数字，表示 $c(H^+)=1.0\times10^{-4}\text{mol}\cdot\text{L}^{-1}$。

2. 有效数字的修约　在进行数据处理过程中，涉及的有效数字的位数常不相同，计算时需要舍弃某些有效数字中的一位或几位，这种舍弃有效数字中多余位数的过程叫数字修约。

修约规则：目前一般采用“四舍六入五成双”的原则，即当尾数<4 时弃去；尾数>6 时进位；尾数等于 5 时，则 5 后有数就进位，若 5 后无数或为零时，则尾数 5 之前一位为偶数就将 5 弃去，若为奇数则进位。例如，将下列数据修约为四位有效数字：

$$3.272\,4 \longrightarrow 3.272$$

$$5.376\,6 \longrightarrow 5.377$$

$$4.281\,52 \longrightarrow 4.282$$

$$2.862\,50 \longrightarrow 2.862$$

计算有效数字位数时，如第一位有效数字>8，则其有效数字可多算一位。如 9.74 可按四位有效数字计算。

3. 有效数字的运算规则　加减运算：几个数字相加或相减时，它们的和或差的有效数字的保留应以小数点后位数最少（即绝对误差最大）的数为准，将多余的数字修约后再进行加减运算。

例如，0.012 1，25.64，1.057 82 三个数相加，应先修约后相加：

$$0.01+25.64+1.06=26.71$$

上面相加的三个数据中，25.64 的小数点后的位数最少，绝对误差最大。因此应以 25.64 为准，保留有效数字到小数点后第二位。

乘除运算：几个数相乘或相除时，它们的积或商的有效数字的保留应以有效数字位数最少（即相对误差最大）的数为准，将多余的数字修约后再进行乘除。

例如，0.012 1，25.64，1.057 82 三个数相乘：

三个数的相对误差分别为 $\dfrac{\pm0.000\,1}{0.012\,1}\times100\%=\pm0.8\%$

$$\frac{\pm0.01}{25.64}\times100\%=\pm0.04\%$$

$$\frac{\pm0.000\,01}{1.057\,82}\times100\%=\pm0.000\,9\%$$

可见，0.0121有效数字位数最少（三位），相对误差最大，故应以此数为准，将其他各数修约为三位，然后相乘得

$$0.0121 \times 25.6 \times 1.06 = 0.328$$

在大量数据运算过程中，运算前各数据的有效数字位数可多保留一位，称安全数字，计算完成后再舍去多余的数字。表示准确度和精密度时一般只取一位有效数字，最多取两位有效数字。

4. 分析方法准确度与有效数字的一致

（1）滴定分析一般要求相对误差 $E_r \leqslant 0.1\%$，为满足这一要求，实验数据应有四位有效数字，如分析天平称取样品质量 0.2103 g，标准溶液浓度 0.1023 mol·L^{-1}，滴定管内液体消耗的体积 26.12 mL，移液管移取的液体 25.00 mL，在容量瓶中定容体积 100.0 mL 等。若将 100.0 mL 记为 100.00 mL 则为五位有效数字，相对误差为 $\frac{\pm 0.01}{100.00} \times 100\% = \pm 0.01\%$，显然是不合理的，实际使用的仪器并不需要达到此精度，即使有也要修约为 100.0。

（2）当称量的样品质量较大或所需体积较多，使用的仪器的精度也可降低。如称取 3 g 左右的试样，为达到 $E_r \leqslant 0.1\%$ 的要求，用千分之一的天平即可。若用万分之一的天平，也只需要数据的最后一位记到 0.001 g 即可，如 3.103 g，最后一位的绝对误差为 ±0.001 g 除以 3.103 g 得到的相对误差 $E_r < 0.1\%$。

（3）对不同的测定方法，只要与方法的准确度相适应就够了。如分光光度法测定微量组分，要求相对误差在 2%，若称取试样 0.5 g，则试样称量的绝对误差不大于 0.5 g×2%＝0.01 g 即可。不应强调要称准至 0.0001 g。

例 5-4 用返滴定法测定某样品中 $CaCO_3$ 杂质的含量，称取样品 0.5495 g，加入足够过量的 0.1000 mol·L^{-1} 的 HCl 40.00 mL 与之反应（其他与 HCl 均不反应），赶走 CO_2，用相同浓度的 NaOH 滴定剩余的 HCl，消耗 38.89 mL，计算 $CaCO_3$ 杂质的质量分数。

解：
$$\rho(CaCO_3) = \frac{\frac{1}{2}[c(HCl)V(HCl) - c(NaOH)V(NaOH)] \cdot M(CaCO_3)}{m_s} \times 100\%$$

$$= \frac{\frac{1}{2} \times (0.1000\ mol \cdot L^{-1} \times 40.00\ mL - 0.1000\ mol \cdot L^{-1} \times 38.89\ mL) \times 100.09\ g \cdot mol^{-1}}{0.5495\ g \times 1000} \times 100\%$$

$$= 1.01\%$$

若结果记为 1.011%则是错误的。因为消耗于 $CaCO_3$ 的 HCl 的体积是 40.00 mL－38.89 mL＝1.11 mL，如果滴定管读数的误差按±0.02 mL 计，体积的测量误差达 1.8%，因此 1.01%的结果与有效数字最少的一致才合理。

由于电子计算器的普及，不需进行修约而连续进行运算，结果有效数字的保留：

① 一般计算保留两位有效数字。

② 常量组分（>10%）分析，保留四位有效数字，如本教材中所涉及的容量分析。

③ 中含量组分（1%～10%）分析，保留三位有效数字。

④ 微量组分（<1%）分析，保留两位有效数字，如光度分析。

⑤表示误差时，一般只取一位最多不超过两位有效数字。

总之，计算结果的有效数字保留位数由测量中准确度最差的那个原始数据决定。有效数字的保留应遵循这一原则。

第四节 滴定分析法

滴定分析是实验室常用的定量分析方法之一，主要用来进行物质中常量成分的测定，一般待测组分含量在1%以上。滴定分析具有简单、快速的特点，适合于一般的应用性分析测定。

一、滴定分析的基本概念

1. 标准溶液（standard solution） 已知准确浓度的溶液。

2. 滴定分析（titration analysis） 使用滴定管，将标准溶液滴加到待测溶液中，直到标准溶液和待测溶液恰好完全反应，利用两者间的化学计量关系，根据标准溶液的浓度和体积，计算待测组分的含量。滴定分析也称为容量分析。

3. 滴定（titration） 向待测溶液中滴加标准溶液的过程。

4. 化学计量点（stoichiometric point） 标准溶液和待测组分按化学计量关系恰好完全反应的这一点。

5. 滴定终点（end point） 在滴定中，指示剂的颜色发生转变而停止滴定的这一点。

6. 指示剂（indicator） 利用自身颜色的变化来指示滴定终点的试剂。

7. 终点误差（end point error） 由于实际操作中指示剂变色点与化学计量点往往不一致，由此而产生的误差称为终点误差。

8. 标定（standardization） 确定标准溶液浓度的过程。

二、滴定分析的分类

1. 滴定分析法的分类 滴定分析法按照反应类型的不同可以分为以下四种。

（1）酸碱滴定法 以酸碱反应为基础的滴定方法，也称为中和滴定法。如利用醋酸与氢氧化钠的反应可以测定食用醋中醋酸的含量。

（2）配位滴定法 以配位反应为基础的滴定分析法，如利用金属离子与 EDTA 的反应测定金属离子。

$$M^{2+} + Y^{4-} = MY^{2-}$$

其中，M^{2+} 表示二价金属离子；Y^{4-} 表示 EDTA 的阴离子；MY^{2-} 表示金属离子与EDTA形成的配合物。

（3）氧化还原滴定法 以氧化还原反应为基础的滴定分析法，如高锰酸钾滴定铁的反应：

$$MnO_4^- + 5Fe^{2+} + 8H^+ = Mn^{2+} + 5Fe^{3+} + 4H_2O$$

（4）沉淀滴定法 以沉淀反应为基础的滴定分析法，如利用 $AgNO_3$ 标准溶液测定水中的 Cl^-：

$$Ag^+ + Cl^- = AgCl\downarrow$$

2. 滴定分析对化学反应的要求 化学反应很多，能用来进行滴定分析的反应必须具备如下条件：

(1) 反应按确定的反应方程式进行，无副反应发生，或副反应与滴定反应相比完全可以忽略不计。

(2) 滴定反应完全，这是定量计算的基础。

(3) 反应速率快，或有适当措施来提高反应速率。

(4) 有适当的指示剂来确定滴定的终点。

3. 滴定分析的方式 在实际工作中可以采用各种滴定方式来扩大滴定分析法的应用范围，常用滴定方式有：

(1) 直接滴定法（direct titration） 如果滴定反应满足上述条件，可用标准溶液直接滴定被测物质的溶液，此方法称为直接滴定法，例如用氢氧化钠标准溶液直接滴定醋酸溶液，用硝酸银标准溶液测定氯化物含量等。

(2) 返滴定法（back titration） 有些反应速率较慢，或被测物是固体时，在被测物质中加入等计量的标准溶液后，反应常常不能立即完成。在此情况下，可在被测物质中先加入一定量过量的标准溶液，待反应完成后，再加另一种标准溶液滴定剩余的滴定剂。这种方法称为返滴定法，也叫回滴法。例如用EDTA作标准溶液测定 Al^{3+}，Al^{3+} 与EDTA配位反应的速度很慢，不能用EDTA溶液直接滴定，可于待测溶液中先加入过量的准确体积的标准EDTA溶液并将溶液加热煮沸，待 Al^{3+} 与EDTA完全反应后，再用 Zn^{2+} 标准溶液返滴剩余的EDTA。

(3) 置换滴定法（replacement titration） 若被测物质与滴定剂不能定量反应，则可以用置换反应来完成测定。向被测物质中加入一种化学试剂溶液，被测物质可以定量地置换出该试剂中的有关物质，再用标准溶液滴定被置换出的这一物质，从而求出被测物质的含量，这种方法称为置换滴定法。Ag^+ 与EDTA形成的配合物不很稳定，不宜用EDTA直接滴定，可将过量的 $Ni(CN)_4^{2-}$ 加入被测 Ag^+ 溶液中，Ag^+ 很快与 CN^- 反应，置换出等计量的 Ni^{2+}，再用EDTA滴定 Ni^{2+}，从而求出 Ag^+ 的含量。

(4) 间接滴定法（indirect titration） 有些物质不能直接与滴定剂起反应，可以利用间接反应使其转化为可被滴定的物质，再用滴定剂滴定所生成的物质，此方法称为间接滴定法。例如 $KMnO_4$ 溶液不能直接滴定 Ca^{2+}，可用 $(NH_4)_2C_2O_4$ 将 Ca^{2+} 沉淀为草酸钙，用 H_2SO_4 将沉淀溶解，以 $KMnO_4$ 滴定 $C_2O_4^{2-}$，从而求出 Ca^{2+} 含量。

三、滴定分析的标准溶液

滴定分析中必须使用标准溶液，根据标准溶液的浓度和用量来计算被测物质的含量。

1. 标准溶液的浓度 用于滴定分析的标准溶液，其浓度通常有两种表示方法。

(1) 物质的量浓度 单位体积中所含溶质的物质的量：$c_B = n_B/V$，量纲为 $mol \cdot L^{-1}$。

(2) 滴定度 指每毫升标准溶液可滴定的或相当于被测物质的质量，量纲为 $g \cdot mL^{-1}$。常用 T（待测物/滴定剂）表示。如重铬酸钾标准溶液对铁的滴定度可表示为 $T(Fe/K_2Cr_2O_7)$，当 $T(Fe/K_2Cr_2O_7) = 0.005\,260\ g \cdot mL^{-1}$，表示1 mL $K_2Cr_2O_7$ 标准溶液相当于0.005 260 g Fe，即1 mL $K_2Cr_2O_7$ 标准溶液能将0.005 260 g的 Fe^{2+} 滴定为 Fe^{3+}。若表示成 $T(Fe_2O_3/K_2Cr_2O_7) = 0.007\,520\ g \cdot mL^{-1}$，即1 mL $K_2Cr_2O_7$ 标准溶液能将0.007 520 g Fe_2O_3 中所产生的 Fe^{2+} 滴定为 Fe^{3+}。

用滴定度表示，只要将滴定度与滴定时所消耗的标准溶液的体积相乘，就可以直接得到被测物质的质量，这在批量分析中很方便。有时滴定度也可以用来表示每毫升标准溶液中所含溶质的质量。

2. 标准溶液的配制　配制标准溶液的方法有直接法和间接法。

（1）直接配制法　准确称取一定质量的基准物质，溶解后转入容量瓶中定容，根据所称物质的质量和定容的体积计算出该溶液的准确浓度。如欲配制 1 L 0.100 0 $mol \cdot L^{-1}$ Na_2CO_3 标准溶液，根据物质的质量和物质的量浓度的关系，通过计算得知需称取 10.599 g 的纯 Na_2CO_3。在分析天平上只需称取质量为 10.60 g 的 Na_2CO_3，在烧杯中溶解，定容至 1 L 容量瓶中摇匀即可。直接法配制的标准溶液可直接用于滴定分析。

只有基准物才能用直接法配制标准溶液。基准物必须符合如下条件：

① 性质稳定，不易分解，不易吸潮，不易吸收空气中的二氧化碳，不易被氧化。

② 纯度高，一般要求试剂纯度在 99.9%以上。

③ 有确定的化学组成，若含结晶水，其含量也应与化学式相符。

④ 在符合上述条件的基础上，要求试剂最好具有较大的摩尔质量。因为相同条件下摩尔质量大的物质称取试剂量相应较多，相对误差较小。

实验室中常用的基准物质见表 5－4。

表 5－4　常用基准物质的干燥条件及应用

基准物质		干燥条件（温度/℃）	标定对象
名称	化学式		
碳酸钠	Na_2CO_3	270～300	酸
硼砂	$Na_2B_4O_7 \cdot 10H_2O$		酸
草酸钠	$Na_2C_2O_4$	105～110	酸、$KMnO_4$
邻苯二甲酸氢钾	$KHC_8H_4O_4$	110～120	碱
重铬酸钾	$K_2Cr_2O_7$	140～150	还原剂
溴酸钾	$KBrO_3$	130	还原剂
碘酸钾	KIO_3	130	还原剂
铜	Cu	室温、干燥器中保存	还原剂
三氧化二砷	As_2O_3	室温、干燥器中保存	氧化剂
碳酸钙	$CaCO_3$	110	EDTA
锌	Zn	室温、干燥器中保存	EDTA
氧化锌	ZnO	900～1 000	EDTA
氯化钠	NaCl	500～600	$AgNO_3$
氯化钾	KCl	500～600	$AgNO_3$
硝酸银	$AgNO_3$	220～250	氯化物

（2）间接配制法　对于不符合基准物质条件的试剂，只能用间接法配制。先将其配制成近似浓度的溶液，再用基准物质或另一种物质的标准溶液来确定它的准确浓度，这个操作过程称为标定。

四、滴定分析的计算

滴定分析的计算包括配制溶液的计算、确定溶液浓度的计算、分析结果的计算等。

1. 配制溶液的计算 由固体物质配制一定浓度的溶液，依据溶液浓度，溶质的物质的量、溶质的质量、溶液体积之间的关系计算。

例 5-5 欲用直接法配制 $c(K_2Cr_2O_7)=0.020\,00\ mol\cdot L^{-1}$ 的重铬酸钾溶液 250.0 mL，应称取 $K_2Cr_2O_7$ 多少克?

解：已知

$$M(K_2Cr_2O_7)=294.2\ g\cdot mol^{-1}$$

$$\begin{aligned} m(K_2Cr_2O_7)&=c(K_2Cr_2O_7)V(K_2Cr_2O_7)M(K_2Cr_2O_7)\\ &=0.020\,00\ mol\cdot L^{-1}\times 0.250\,0\ L\times 294.2\ g\cdot mol^{-1}\\ &=1.471\ g \end{aligned}$$

2. 确定溶液浓度的计算 由基准物或一种标准溶液来确定另一种标准溶液的浓度，根据两者物质的量之间的化学计量关系进行计算。

例 5-6 称取 0.156 4 g $H_2C_2O_4\cdot 2H_2O$ 基准物标定 NaOH 的浓度，滴定时用去 NaOH 溶液 20.21 mL，计算 $c(NaOH)$。

解：

$$H_2C_2O_4+2NaOH=Na_2C_2O_4+2H_2O$$

NaOH 与 $H_2C_2O_4\cdot 2H_2O$ 物质的量的关系为

$$n(NaOH)=2n(H_2C_2O_4)$$

$$c(NaOH)V(NaOH)=2\frac{m(H_2C_2O_4\cdot 2H_2O)}{M(H_2C_2O_4\cdot 2H_2O)}$$

$$\begin{aligned} c(NaOH)&=\frac{2m(H_2C_2O_4\cdot 2H_2O)}{M(H_2C_2O_4\cdot 2H_2O)V(NaOH)}\\ &=\frac{2\times 0.156\,4\ g}{126.1\ g\cdot mol^{-1}\times 20.21\times 10^{-3}\ L}\\ &=0.122\,7\ mol\cdot L^{-1} \end{aligned}$$

3. 分析结果的计算 用浓度为 c_B 的标准溶液 B，测定质量为 m 的样品中 A 成分的质量分数，消耗标准溶液 B 的体积为 V_B，可以依据标准溶液 B 和反应物 A 之间的计量关系及质量分数的定义式计算。

$$aA+bB=cC+dD$$

A、B 间物质的量的关系为 $n_A=\frac{a}{b}n_B$

$$\frac{m_A}{M_A}=\frac{a}{b}c_B\cdot V_B$$

$$w_A=\frac{m_A}{m}=\frac{\frac{a}{b}c_B\cdot V_B\cdot M_A}{m}$$

例 5-7 用 0.106 4 $mol\cdot L^{-1}$ 的 HCl 测定不纯的碳酸钾试样 0.500 0 g，完全中和时消耗 HCl 体积为 27.31 mL，计算试样中碳酸钾的质量分数。

解：

$$2HCl+K_2CO_3=2KCl+CO_2+H_2O$$

$$n(HCl) = 2n(K_2CO_3)$$

$$m(K_2CO_3) = \frac{c(HCl) \cdot V(HCl) \cdot M(K_2CO_3)}{2}$$

$$w(K_2CO_3) = \frac{m(K_2CO_3)}{m}$$

$$= \frac{0.106\,4\ mol \cdot L^{-1} \times 27.31 \times 10^{-3}\ L \times 138.21\ g \cdot mol^{-1}}{2 \times 0.500\,0\ g}$$

$$= 0.401\,6$$

在定量分析计算中，尤其是重量分析中，多数情况下称量形式与被测组分的形式不同，需要将实验所测称量形式的质量换算成被测组分的质量。称量形式的质量 $m_{称}$ 与被测组分的质量 m_x 之间存在一定的化学计量关系，即

$$m_x = F m_{称}$$

式中，F 为被测组分的摩尔质量与称量形式的摩尔质量之比，称为化学因数或换算因数。书写化学因数时，要注意用适当的系数使被测组分化学式与称量形式化学式中的主要原子数目相等。

例 5-8　若称量形式为 $Mg_2P_2O_7$，求测定试样中 MgO 的化学因数。

解： $F = \frac{2M(MgO)}{M(Mg_2P_2O_7)} = \frac{2 \times 40.31\ g \cdot mol^{-1}}{222.6\ g \cdot mol^{-1}} = 0.362\,2$

例 5-9　称取某含铝试样 0.500 0 g，溶解后用 8-羟基喹啉沉淀，烘干后将沉淀灼烧成 Al_2O_3 称重，所得 Al_2O_3 质量为 0.036 41 g，求试样中铝的质量分数。

解： $w(Al) = \frac{m(Al)}{m_s} = \frac{Fm(Al_2O_3)}{m_s} = \frac{\frac{2M(Al)}{M(Al_2O_3)} m(Al_2O_3)}{m_s}$

$$= \frac{\frac{2 \times 26.98\ g \cdot mol^{-1}}{101.96\ g \cdot mol^{-1}} \times 0.036\,41\ g}{0.500\,0\ g} = 0.038\,54$$

本 章 小 结

(1) 分析化学是化学学科的重要分支，是研究物质的组成和结构的分析方法及有关理论的一门学科。分析化学中以解决物质中待测组分含量的多少为目的的部分称为定量分析。

(2) 定量分析一般经过试样采集、试样预处理、分析测定、数据运算及结果报告等主要步骤。分析结果的优劣用准确度和精密度来衡量。分析结果的准确度和精密度通过误差和偏差来体现。为提高分析结果的准确度和精密度，必须尽量克服系统误差和偶然误差的影响。同时，在分析过程中对于数据的记录和运算也应依据有效数字的运算规则进行。

(3) 滴定分析是定量分析中常用的分析方法，主要用于物质中常量成分的测定。滴定分析以化学反应为基础，按照反应类型的不同可分为酸碱滴定法、配位滴定法、氧化还原滴定法和沉淀滴定法。

(4) 滴定分析的标准溶液可用基准物直接配制和间接法标定。

(5) 滴定分析的计算用“化学计量数比规则”进行。

$$aA + bB = cC + dD$$

反应完全　$n_A : n_B = a : b$

思 考 题

1. 下列情况分别引起什么误差？

(1) 砝码被腐蚀。

(2) 天平两臂不等长。

(3) 量器未经校正。

(4) 重量分析中杂质被共沉淀。

(5) 天平称量时最后一位读数估计不准。

(6) 以含量为99%的邻苯二甲酸氢钾作基准物标定碱溶液。

2. 如何减少偶然误差？如何减少系统误差？

3. 甲、乙两人同时分析一矿物中的含硫量。每次取样3.5 g，分析结果分别报告为

甲：0.042%，0.041%

乙：0.041 99%，0.042 01%

哪一份报告是合理的？为什么？

4. 下列数据各为几位有效数字？

0.060 7，10.001，0.100 0，0.002 0，2.64×10^{-7}，50.02%

习 题

1. 某试样中铁的质量分数四次平行测定结果为25.61%，25.53%，25.54%和25.82%，用Q检验法判断是否有可疑值应舍弃（置信度90%）。 (25.82%应保留)

2. 测定某溶液物质的量浓度，得到如下数据（$mol\cdot L^{-1}$）：0.204 1，0.204 9，0.203 9，0.204 6，0.204 3，0.204 0，计算平均值、平均偏差、相对平均偏差和标准偏差。

(0.204 3，0.000 3，0.1%，0.000 4)

3. 计算0.113 5 $mol\cdot L^{-1}$ HCl溶液对$CaCO_3$的滴定度。 (0.005 680 $g\cdot mL^{-1}$)

4. 已知浓硫酸的相对密度为1.84，其中H_2SO_4含量约为96%。如欲配制1L 0.20 $mol\cdot L^{-1}$ H_2SO_4溶液，应取这种浓硫酸多少毫升？ (11 mL)

5. 取无水Na_2CO_3 2.650 0 g，溶解后定量转移到500 mL容量瓶中定容，计算Na_2CO_3的物质的量浓度。 (0.050 00 $mol\cdot L^{-1}$)

6. 0.025 00g $Na_2C_2O_4$溶解后，在酸性溶液中需要35.50 mL $KMnO_4$滴定至终点，求$KMnO_4$的物质的量浓度。若用此$KMnO_4$溶液滴定Fe^{2+}，求$KMnO_4$溶液对Fe^{2+}的滴定度。

(0.002 102 $mol\cdot L^{-1}$，5.870×10^{-4} $g\cdot mL^{-1}$)

7. 滴定0.156 0 g草酸试样用去0.101 1 $mol\cdot L^{-1}$ NaOH 22.60 mL。求试样中$H_2C_2O_4\cdot 2H_2O$的质量分数。 (92.32%)

8. 分析不纯$CaCO_3$（其中不含干扰物质）时，称取试样0.300 0 g，加入浓度为0.250 0 $mol\cdot L^{-1}$的HCl标准溶液25.00 mL。煮沸除去CO_2，用浓度为0.201 2 $mol\cdot L^{-1}$的NaOH溶液返滴过量盐酸，消耗了5.84 mL。计算试样中$CaCO_3$的质量分数。(84.7%)

9. 标定0.1 $mol\cdot L^{-1}$ HCl，欲消耗HCl溶液25 mL左右，应称取Na_2CO_3基准物多少

克？从称量误差考虑能否达到0.1%的准确度？若改用硼砂（$Na_2B_4O_7 \cdot 10H_2O$）为基准物，结果又如何？（0.13 g，E_r=0.15%>0.1%，不能；0.48 g，E_r=0.04<0.1%，能）

10. 某人以配位滴定返滴定法测定试样中铝的质量分数。称取试样 0.200 0 g，加入 0.020 02 mol·L^{-1} EDTA 溶液 25.00 mL，返滴定时消耗了 0.020 12 mol·L^{-1} Zn^{2+} 溶液 23.12 mL。请计算试样中铝的质量分数。（0.477%）

11. Determine whether each of the following substances in common household items is an example of a major，minor，or trace sample component.

(a) The amount of protein and fat in a portion of 95% lean beef (5%fat).

(b) The amount of aspirin (acetylsalicylic acid) in a 250 mg nonprescription tablet that contain 80 mg of this drug.

(c) The vitamin C in an orange，which typically contains 50～60 mg vitamin C per 100 g total mass.

12. The content of ATP (adenosine triphosphate) in a tissue sample is known to be 122 μmol·mL^{-1}. A new assay for ATP gives the following values for separate analyses of this tissue：117，119，111，115，and 120 μmol·mL^{-1}. Calculate the absolute error and relative error for each of these results.

（−5 μmol·mL^{-1}，−4.1%；−3 μmol·mL^{-1}，−2.5%；−11 μmol·mL^{-1}，−9.0%；−7 μmol·mL^{-1}，−5.7%；−2 μmol·mL^{-1}，−1.6%）

第六章　酸碱平衡

酸和碱是两类重要的化学物质，既可以是无机化合物也可以是有机化合物。酸碱平衡（acid - base equilibria）是水溶液系统中四大平衡之一，在生产实践和日常生活中，以及在生命科学等领域它们都占据着重要位置。本章从酸碱质子理论出发，着重讨论酸碱的解离平衡和酸碱平衡系统中各组分浓度及溶液 pH 的计算，影响酸碱解离平衡的因素，缓冲溶液的性质、组成和应用。

第一节　酸碱质子理论

人们最初是通过感官来区分酸碱的，认为酸即是有酸味的物质；碱即是有涩味滑腻感的物质。1887 年，瑞典化学家阿仑尼乌斯第一次指出了酸碱电离理论，该理论认为，在水溶液中物质电离出的阳离子全部是 H^+ 离子的是酸，而电离出的阴离子全部是 OH^- 离子的物质是碱。该理论把 H^+ 离子和 OH^- 离子分别视为酸碱物质的本质特征，无疑是对酸碱理论的发展做出了重要的贡献，但是这一理论也有一些局限性，它将酸碱局限于水溶液中可电离出 H^+ 离子或 OH^- 离子的物质，而把非水溶剂或无溶剂的酸碱排除在外，对于那些不含 H^+ 离子和 OH^- 离子的物质，如 NaAc、Na_2CO_3、NH_3、$AlCl_3$、BF_3 等的酸碱性就无法解释。

1923 年，丹麦化学家布朗斯特（Brønsted）和英国化学家劳莱（Lowry）提出了酸碱质子理论，美国化学家路易斯提出了酸碱电子理论，1963 年，美国化学家皮尔逊（Pearson）提出了软硬酸碱理论，丰富了酸碱的内容，扩大了酸碱的范围。本章重点讨论酸碱质子理论及其应用。

一、酸碱定义

酸碱质子理论认为：凡能给出质子（H^+）的物质是酸，例如 HCl、NH_4^+、HCO_3^-、HAc、H_2O 等；凡能接受质子的物质是碱，例如 NaOH、NH_3、Na_2CO_3、NaAc、H_2O 等；既能给出质子又能接受质子的物质叫两性物质，例如 HPO_4^{2-}、HCO_3^-、H_2O、HS^- 等。酸和碱可以是正离子或负离子，也可以是中性分子，该理论将电离理论中的盐类也归入到酸和碱中，可见酸碱范围扩大了。酸给出质子生成相应的碱，相反，碱接受质子后生成相应的酸，例如：

$$\text{HAc(酸)} \rightleftharpoons H^+ + Ac^-\text{（碱）}$$

$$NH_4^+\text{(酸)} \rightleftharpoons H^+ + NH_3\text{(碱)}$$

$$H_2PO_4^-(酸) \rightleftharpoons H^+ + HPO_4^{2-}(碱)$$

$$HPO_4^{2-}(酸) \rightleftharpoons H^+ + PO_4^{3-}(碱)$$

$$HCO_3^-(酸) \rightleftharpoons H^+ + CO_3^{2-}(碱)$$

$$[Fe(H_2O)_6]^{3+}(酸) \rightleftharpoons H^+ + [Fe(H_2O)_5(OH^-)]^{2+}(碱)$$

通过一个质子（H^+）得失，就可以把上述化学反应方程式两边酸和碱联系起来并相互转化，这种相互依存的关系称为共轭关系，对应的酸和碱称为共轭酸碱对（conjugate acid-base pairs)，它们在组成上相差一个 H^+。如 HAc 是 Ac^- 的共轭酸，Ac^- 是 HAc 的共轭碱。用通式表示如下：

$$HA(酸) \rightleftharpoons H^+ + A^-(碱)$$

二、酸碱反应

从酸碱质子理论来看，酸碱反应的实质是质子（H^+）在两个共轭酸碱对之间的转移，或者说两个共轭酸碱对构成了一个完整的酸碱反应。其中一个共轭酸碱对中酸的 H^+ 转移给另一个共轭酸碱对中的碱，从而完成了酸碱反应。例如：

$$HCl(酸_1) + NH_3(碱_2) \rightleftharpoons Cl^-(碱_1) + NH_4^+(酸_2)$$

其中 $HCl-Cl^-$ 和 $NH_4^+-NH_3$ 是两个共轭酸碱对，质子在二者之间进行了转移。这种质子转移在非水溶剂或气相中也可以进行。

无机化学主要研究在水溶液中进行的反应，水作为两性物质也参与了酸碱反应，例如：

$$HCl + H_2O = H_3O^+ + Cl^-$$

$$HAc + H_2O \rightleftharpoons H_3O^+ + Ac^-$$

$$NH_3 + H_2O \rightleftharpoons NH_4^+ + OH^-$$

水本来是中性，当酸溶于水时，水可接受酸解离出的质子，这时的水是碱，碱溶于水时，水又给出质子，这时水又是酸。水作为溶剂，既促进了酸和碱的解离也参与了质子的转移。

同理，电离理论中盐类水解其本质也是同 H_2O 交换质子的过程，例如：

$$NH_4^+ + H_2O \rightleftharpoons NH_3 + H_3O^+$$

$$Ac^- + H_2O \rightleftharpoons HAc + OH^-$$

这就是为什么 NH_4Cl 和 NaAc 分别呈现酸性和碱性的原因。

组成蛋白质的氨基酸分子中含有酸性基团—COOH 和碱性基团—NH_2，分子本身就是一个共轭酸碱对。分子内部能够发生酸碱反应使其质子（H^+）从—COOH 基团转移到—NH_2 基团，中性的氨基酸分子变成一个两性离子，例如甘氨酸：

$$H-\underset{\underset{NH_2}{|}}{\overset{\overset{COOH}{|}}{C}}-H \rightleftharpoons H-\underset{\underset{NH_3^+}{|}}{\overset{\overset{COO^-}{|}}{C}}-H$$

由于两性离子的生成，它们具有某些离子化合物才有的特性，如较大的偶极矩，相对较高的熔点，一般大于 200 ℃，在极性溶剂如 H_2O 中的溶解性远远大于在非极性溶剂中的溶解性。氨基酸这种酸碱同体的结构特点，必然对蛋白质性质产生深远的影响。

三、水的质子自递反应

水是两性物质，水分子之间的质子传递作用，称为水的质子自递作用，如

$$H_2O + H_2O \rightleftharpoons H_3O^+ + OH^-$$

简写为

$$H_2O \rightleftharpoons H^+ + OH^-$$

因此水的标准解离平衡常数可表示为

$$K_w^{\ominus} = [H^+]_r[OH^-]_r$$

$K_w^{\ominus}$ 又叫作水的质子自递常数或水的离子积（ion - product constant of water)，在一定温度下 $K_w^{\ominus}$ 是一个常数，常温（25 ℃）时 $K_w^{\ominus}=1.0\times10^{-14}$，随温度升高 $K_w^{\ominus}$ 增大，例如100 ℃时 $K_w^{\ominus}=5.5\times10^{-13}$。表明水的质子自递是吸热反应，同时水呈中性时，$c(H^+)=c(OH^-)$。

四、酸碱的强弱

在溶液中酸碱的强弱不仅取决于酸碱物质得失质子的能力大小，还与溶剂分子参与得失质子的能力有关，如 $HClO_4$，H_2SO_4，HCl 和 HNO_3 对于 H_2O 作溶剂时的稀溶液，全部解离给出所有质子与 H_2O 形成 H_3O^+，都表现为强酸。若以冰醋酸为溶剂，冰醋酸得到质子的能力比水弱，实验表明，它们给出质子与冰醋酸形成 H_2Ac^+ 的能力，由 $HClO_4$，H_2SO_4，HCl 至 HNO_3 的顺序依次减弱，$HClO_4$ 是其中最强的酸。本章只讨论酸和碱的水溶液。由于强酸强碱在水溶液中全部解离，只要强酸（碱）的浓度不很浓也不太稀时，则酸度（H^+ 浓度）可忽略离子强度的影响，H^+（OH^-）浓度即是强酸（碱）的浓度。如果其浓度小于 10^{-6} mol · L^{-1} 就必须考虑水解离出来的 H^+（OH^-）对溶液 H^+（OH^-）浓度的贡献，此时酸度的计算就要复杂些。

在水溶液中，弱酸或弱碱的相对强弱（relative strengths of weak acids and bases）通常分别用它们在水中的解离常数 $K_a^{\ominus}$ 或 $K_b^{\ominus}$ 的大小来比较。

以 HAc 为例

$$HAc + H_2O \rightleftharpoons H_3O^+ + Ac^-$$

可简写为

$$HAc \rightleftharpoons H^+ + Ac^-$$

上式并不是 HAc 的自身解离的半反应式，而是省略了 H_2O 后 HAc 水溶液平衡反应式。

一些常见弱酸弱碱的解离平衡常数可见附录四，$K_a^{\ominus}$ 越大，弱酸的相对强度越大；同样，$K_b^{\ominus}$ 越大，弱碱的相对强度越大。

五、共轭酸碱对 $K_a^{\ominus}$ 和 $K_b^{\ominus}$ 的关系

共轭酸碱对相互依存的关系，也意味着 $K_a^{\ominus}$ 和 $K_b^{\ominus}$ 有着必然的联系，以 HAc - Ac^- 共轭酸碱对为例：

$$HAc \rightleftharpoons H^+ + Ac^-$$

$$K_a^{\ominus} = \frac{[H^+]_r[Ac^-]_r}{[HAc]_r}$$

$$Ac^- + H_2O \rightleftharpoons HAc + OH^-$$

$$K_b^\ominus = \frac{[HAc]_r[OH^-]_r}{[Ac^-]_r}$$

$$K_a^\ominus \cdot K_b^\ominus = [H^+]_r[OH^-]_r = K_w^\ominus \qquad (6-1)$$

因此，酸强其共轭碱就弱，碱强其共轭酸就弱。同时已知 $K_b^\ominus$ 可求 $K_a^\ominus$，已知 $K_a^\ominus$ 可求 $K_b^\ominus$。

例 6-1 已知 NH_3 的 $K_b^\ominus = 1.77 \times 10^{-5}$，求 NH_4^+ 的 $K_a^\ominus$ 值。

解：NH_4^+ 是 NH_3 的共轭酸，$K_a^\ominus K_b^\ominus = K_w^\ominus$

$$K_a^\ominus = \frac{K_w^\ominus}{K_b^\ominus} = \frac{1.0 \times 10^{-14}}{1.77 \times 10^{-5}} = 5.6 \times 10^{-10}$$

二元弱酸分步解离，以 H_2S 为例：

$$H_2S + H_2O \overset{K_{a1}^\ominus}{\rightleftharpoons} H_3O^+ + HS^- \qquad HS^- + H_2O \overset{K_{b2}^\ominus}{\rightleftharpoons} H_2S + OH^-$$

$$HS^- + H_2O \overset{K_{a2}^\ominus}{\rightleftharpoons} H_3O^+ + S^{2-} \qquad S^{2-} + H_2O \overset{K_{b1}^\ominus}{\rightleftharpoons} HS^- + OH^-$$

$$K_{a1}^\ominus(H_2S) \cdot K_{b2}^\ominus(S^{2-}) = K_w^\ominus \quad K_{a2}^\ominus(H_2S)K_{b1}^\ominus(S^{2-}) = K_w^\ominus$$

同理，三元弱酸分三步解离可得，以 H_3PO_4 为例：

$$K_{a1}^\ominus(H_3PO_4) \cdot K_{b3}^\ominus(PO_4^{3-}) = K_w^\ominus$$

$$K_{a2}^\ominus(H_3PO_4) \cdot K_{b2}^\ominus(PO_4^{3-}) = K_w^\ominus$$

$$K_{a3}^\ominus(H_3PO_4) \cdot K_{b1}^\ominus(PO_4^{3-}) = K_w^\ominus$$

其他多元弱酸分步解离也有类似的关系。

第二节 酸碱平衡的移动

同其他平衡一样，酸碱平衡也是一种有条件的动态平衡。改变条件（如浓度、温度），平衡会发生移动，直至建立新的平衡。

一、稀释定律

弱电解质在水中解离达到平衡后，其解离的程度用解离度 α 表示，α 的定义为：弱电解质解离达平衡时，已解离的分子数与弱电解质解离前的分子总数之比。

$$\alpha = \frac{\text{已解离的分子数}}{\text{解离前的分子总数}} \times 100\% \qquad (6-2)$$

例如 HAc 在水中的解离，若 HAc 的初始相对浓度为 c_r

$$HAc \rightleftharpoons H^+ + Ac^-$$

平衡时，$[HAc]_r = c_r - c_r\alpha = c_r \cdot (1-\alpha)$，$[H^+]_r = [Ac^-]_r = c_r\alpha$

$$K_a^\ominus = \frac{[H^+]_r[Ac^-]_r}{[HAc]_r} = \frac{(c_r\alpha)^2}{c_r(1-\alpha)}$$

弱电解质的 α 一般很小，$1-\alpha \approx 1$，故有 $K_a^\ominus = c_r\alpha^2$，则

$$\alpha = \sqrt{\frac{K_a^\ominus}{c_r}} \qquad (6-3)$$

上式同样适用于弱碱的解离平衡，只是用 $K_b^\ominus$ 取代 $K_a^\ominus$。同时通过上式可以看出，α 不仅与解离平衡常数有关，而且与弱酸碱的初始浓度有关，溶液越稀，解离度越大，式（6-3）被称为稀释定律。但要注意：解离度增大，并不意味着酸度一定增大，如果通过稀释增加 α，酸度反而降低。

二、同离子效应和盐效应

1. 同离子效应（common ion effect） 弱酸或弱碱溶液中，加入其他物质，平衡会发生移动。例如在 HAc 溶液中：

$$HAc \rightleftharpoons H^+ + Ac^-$$

当加入强电解质 NaAc 时，系统中 $c(Ac^-)$ 大大增加，根据平衡移动原理，HAc 的解离平衡向左移动，从而降低了 HAc 的解离度。

又如在 $NH_3 \cdot H_2O$ 溶液中：

$$NH_3 \cdot H_2O \rightleftharpoons NH_4^+ + OH^-$$

当加入强电解质 NH_4Cl 时，系统中 $c(NH_4^+)$ 大大增加，$NH_3 \cdot H_2O$ 的解离平衡向左移动，从而降低了 $NH_3 \cdot H_2O$ 的解离度。这种由于向弱电解质溶液中加入与弱电解质相同离子的强电解质，导致弱电解质解离度下降的作用称为同离子效应。比如上述两例中的 Ac^- 和 NH_4^+ 均为同离子。

例 6-2 在 $0.10\ mol \cdot L^{-1}$ $NH_3 \cdot H_2O$ 溶液中，加入少量 NH_4Cl 固体，使浓度为 $0.10\ mol \cdot L^{-1}$（不考虑体积变化），比较加入 NH_4Cl 前后 OH^- 浓度和 $NH_3 \cdot H_2O$ 解离度的变化。

解：(1) 加入 NH_4Cl 前

$$\alpha = \sqrt{\frac{K_b^\ominus}{c_r}} = \sqrt{\frac{1.77 \times 10^{-5}}{0.10}} = 1.3\%$$

$$[OH^-] = c\alpha = 0.10\ mol \cdot L^{-1} \times 1.3\% = 1.3 \times 10^{-3}\ mol \cdot L^{-1}$$

(2) 加入 NH_4Cl 后，设溶液中 $[OH^-]_r$ 为 x

$$NH_3 \cdot H_2O \rightleftharpoons OH^- + NH_4^+$$

平衡时： $0.10-x$ x $0.10+x$

$$K_b^\ominus = \frac{[OH^-]_r\,[NH_4^+]_r}{[NH_3 \cdot H_2O]_r} = \frac{x\ (0.10+x)}{0.10-x}$$

由于同离子效应，x 变得更小，则

$$0.10 + x \approx 0.10 \qquad 0.10 - x \approx 0.10$$

所以

$$K_b^\ominus = \frac{0.10x}{0.10}$$

$$x = 1.77 \times 10^{-5} \approx 1.8 \times 10^{-5}$$

即

$$[OH^-] = 1.8 \times 10^{-5}\ mol \cdot L^{-1}$$

$$\alpha = \frac{x}{c_r(NH_3 \cdot H_2O)} \times 100\% = \frac{1.8 \times 10^{-5}}{0.10} \times 100\% = 0.018\%$$

由此可看出，NH_4Cl 的加入，显著降低了 $NH_3 \cdot H_2O$ 的解离度。

2. 盐效应（salt effect）　如果在 HAc 溶液或 $NH_3 \cdot H_2O$ 中加入不含相同离子的强电解质，如 NaCl，从而增加了离子强度，使 HAc 或 $NH_3 \cdot H_2O$ 解离出来的离子被电荷相反的离子所包围，H^+ 和 Ac^- 结合成 HAc 分子或 NH_4^+ 和 OH^- 结合成 $NH_3 \cdot H_2O$ 分子的机会减小，平衡向解离方向移动，HAc 或 $NH_3 \cdot H_2O$ 的解离度有所增大，这种作用称为盐效应。

应注意的是，有同离子效应时也有盐效应，但同离子效应强得多，两者相比盐效应可忽略不计。同离子效应能改变弱酸弱碱及共轭酸碱对的浓度，因此，提供了调控溶液 pH 的手段，它在后面要提到的缓冲溶液系统中得到了很好的应用。

第三节　酸碱平衡中有关浓度的计算

一、水溶液的 pH

1. 水溶液的 pH　水溶液的 pH 是很重要的，在工农业、化学、医学、日常生活等方面都涉及酸碱性物质；植物的生长、微生物的发育都要求环境有一定的酸度，比如生物催化剂，也只有在一定酸度条件下才有效，否则会降低活性或失去活性；人体体液也有一定酸度的要求，才能保证正常的生理活动，例如人体血液正常的 pH 范围是 7.35～7.45，偏离这个范围将致中毒或死亡。

在水溶液系统中 H^+ 和 OH^- 相互依存、相互制约，共同反映了溶液的酸碱性，如果 H^+ 或 OH^- 的浓度很小，直接用 H^+ 或 OH^- 表示其酸碱性就不太方便，如果用 H^+ 浓度的负常用对数即 pH 来表示，就方便多了（图 6－1）。

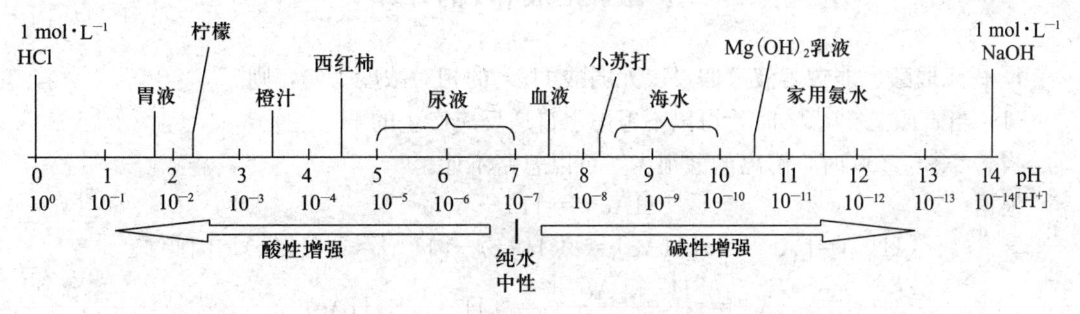

图 6－1　溶液的 pH 与 H^+ 浓度的对应关系

298 K 时　$[H^+]=[OH^-]=10^{-7} mol \cdot L^{-1}$　中性

$[H^+]>[OH^-]$，$[H^+]>10^{-7} mol \cdot L^{-1}$　酸性

$[H^+]<[OH^-]$，$[H^+]<10^{-7} mol \cdot L^{-1}$　碱性

同样规定　$pOH=-\lg[OH^-]_r$

同理　$pK_a^{\ominus}=-\lg K_a^{\ominus}$　$pK_b^{\ominus}=-\lg K_b^{\ominus}$

$pK_w^{\ominus}=-\lg K_w^{\ominus}$

由此可得

$$pH+pOH=14 \tag{6-4}$$

$$pK_a^{\ominus}+pK_b^{\ominus}=pK_w^{\ominus} \tag{6-5}$$

显然，pH 越大，酸度越低，pH 越小，酸度越高。强酸的 pH 有时会小于零，强碱的 pH 有时会大于 14。这时，直接用 H^+ 或 OH^- 浓度分别表示强酸的酸度或强碱的碱度更为

方便。

*2. **质子平衡** 在酸碱平衡中，酸失去质子的总数必等于碱得到质子的总数。酸碱之间质子转移的等衡关系称为质子平衡（质子条件），其数学表达式叫质子条件式。写出质子条件式的方法是：

① 确定质子参考水准（也叫零水准），即找出溶液中大量存在的并参与质子转移的物质，作为计算得失质子数的零水准物质，这包括该溶液中的原始酸碱组分及溶剂分子。

② 写出质子传递反应式。

③ 从质子得失相等的原则写出质子条件式。

例：写出下列物质的质子条件式：(1)HA；(2)NH_4HCO_3。

解 (1) ① HA 溶液中，零水准为 HA 和 H_2O。

② 质子传递反应式：

$$HA+H_2O \rightleftharpoons H_3O^+ + A^-$$

$$H_2O+H_2O \rightleftharpoons H_3O^+ + OH^-$$

③HA 的质子条件式：$[H^+]=[A^-]+[OH^-]$

(2) ①NH_4HCO_3 的零水准为 NH_4^+，HCO_3^-，H_2O。

② 质子传递反应式：

$$NH_4^+ + H_2O \rightleftharpoons H_3O^+ + NH_3$$

$$HCO_3^- + H_2O \rightleftharpoons H_3O^+ + CO_3^{2-}$$

$$HCO_3^- + H_2O \rightleftharpoons H_2CO_3 + OH^-$$

$$H_2O+H_2O \rightleftharpoons H_3O^+ + OH^-$$

③NH_4HCO_3 的质子条件式：$[H^+]=[NH_3]+[CO_3^{2-}]+[OH^-]-[H_2CO_3]$

二、酸碱溶液 pH 的计算

1. 一元弱酸、弱碱溶液 假设一元弱酸 HAc 的相对浓度为 c_r，则

(1) 当 $c_r K_a^\ominus \geqslant 20 K_w^\ominus$ 时，可以不考虑水自递反应产生的 H^+；

当 $c_r / K_a^\ominus \geqslant 500$ 时，解离的酸很少，可以忽略不计。

根据 $$HAc \rightleftharpoons H^+ + Ac^-$$

$$[H^+]_r=[Ac^-]_r,\ [HAc]_r=c_r(HAc)-[H^+]_r \approx c_r(HAc)，因此$$

$$K_a^\ominus=\frac{[H^+]_r[Ac^-]_r}{[HAc]_r}=[H^+]_r^2/c_r(HAc)$$

$$[H^+]_r=\sqrt{c_r(HAc)\cdot K_a^\ominus}$$

推而广之，一元弱酸的计算通式为

$$[H^+]_r=\sqrt{c_r\cdot K_a^\ominus} \tag{6-6}$$

同理可得一元弱碱的 OH^- 浓度类似计算简式

$$[OH^-]_r=\sqrt{c_r\cdot K_b^\ominus} \tag{6-7}$$

例 6-3 计算 0.10 mol·L^{-1}NaCN 常温下的 pH。

解：已知 $K_a^\ominus(HCN)=4.93\times10^{-10}$

$$K_b^\ominus(CN^-)=K_w^\ominus/K_a^\ominus=1\times10^{-14}/(4.93\times10^{-10})=2.03\times10^{-5}$$

$$c_r/K_b^\ominus \geqslant 500$$

$$[OH^-]_r=\sqrt{c_r K_b^\ominus}=\sqrt{0.10\times2.03\times10^{-5}}=1.4\times10^{-3}$$

$$pOH=2.85 \qquad pH=14-2.85=11.15$$

例 6-4 0.10 mol·L^{-1} HCOOH 溶液，25 ℃时测得 pH 为 2.38，计算它的解离平衡常数 $K_a^\ominus$。

解：

$$HCOOH \rightleftharpoons H^+ + HCOO^-$$

$$K_a^\ominus=\frac{[H^+]_r[HCOO^-]_r}{[HCOOH]_r}$$

$$pH=-\lg[H^+]_r=2.38 \qquad [H^+]=4.2\times10^{-3}\,mol\cdot L^{-1}$$

$$[H^+]=[HCOO^-]=4.2\times10^{-3}\,mol\cdot L^{-1}$$

$$[HCOOH]=0.10\,mol\cdot L^{-1}-4.2\times10^{-3}\,mol\cdot L^{-1}\approx 0.10\,mol\cdot L^{-1}$$

$$K_a^\ominus=\frac{(4.2\times10^{-3})\times(4.2\times10^{-3})}{0.10}=1.8\times10^{-4}$$

*(2) 若考虑水自递反应产生的 H^+，一元弱酸 HA 在水溶液中达到平衡时，质子条件式为 $[H^+]_r=[OH^-]_r+[A^-]_r$。

$$[H^+]_r=\frac{K_w^\ominus}{[H^+]_r}+\frac{K_a^\ominus[HA]_r}{[H^+]_r}$$

$$[H^+]_r=\sqrt{K_w^\ominus+K_a^\ominus[HA]_r}$$

上式为一元弱酸溶液中考虑了水的解离时，$[H^+]_r$ 的相对精确计算式。将上式做以下近似处理：

① 当 $K_a^\ominus c_r\geqslant 20K_w^\ominus$ 时，水的解离可以忽略，当 $c_r/K_a^\ominus<500$ 时，$[HA]_r=c_r-[H^+]_r$。

$$[H^+]_r=\sqrt{K_a^\ominus(c_r-[H^+]_r)}$$

$$[H^+]_r^2+K_a^\ominus[H^+]_r-K_a^\ominus c_r=0$$

$$[H^+]_r=\frac{-K_a^\ominus+\sqrt{(K_a^\ominus)^2+4K_a^\ominus c_r}}{2}$$

上式为不考虑水的离解时，一元弱酸 $[H^+]$ 浓度的近似计算公式。

② 当 $K_a^\ominus c_r\geqslant 20K_w^\ominus$，$c_r/K_a^\ominus\geqslant 500$ 时，因为 $K_a^\ominus$ 和 c_r 均不太小，$c_r-[H^+]_r\approx c_r$，$[H^+]_r$ 的计算公式可用下式表示：$[H^+]_r=\sqrt{c_rK_a^\ominus}$，这就是计算一元弱酸 $[H^+]_r$ 的最简式。如不满足此条件，用最简式计算会得到不合理的结果。如甲胺在水中的解离平衡为 $CH_3NH_2+H_2O \rightleftharpoons CH_3NH_3^+ + OH^-$，$K_b^\ominus=4.2\times10^{-4}$，若甲胺浓度为 1.0×10^{-4} mol·L^{-1}，$\frac{c_r}{K_b^\ominus}=\frac{1.0\times10^{-4}}{4.2\times10^{-4}}=0.24<500$，用最简式计算 $[OH^-]_r=\sqrt{c_r\cdot K_b^\ominus}=\sqrt{1.0\times10^{-4}\times4.2\times10^{-4}}=2.0\times10^{-4}$，为甲胺初始相对浓度的 2 倍，不合理，在此条件下，$c_r-[OH^-]_r\not\approx c_r$，故应用精确公式计算得 $[OH^-]=8.3\times10^{-5}$ mol·L^{-1}。对极稀和电解质极弱的溶液，水的解离不能忽略。如 $K_a^\ominus(HCN)=6.2\times10^{-10}$，$c(HCN)=1.0\times10^{-5}$，$c_r/K_a^\ominus>500$，但 $c_r\cdot K_a^\ominus<20K_w^\ominus$，若用最简式：$[H^+]_r=\sqrt{c_r\cdot K_a^\ominus}=\sqrt{1.0\times10^{-5}\times6.2\times10^{-10}}=7.9\times10^{-8}<10^{-7}$，溶液显碱性，不合理。不能用最简式计算。

2. 多元弱酸、多元弱碱溶液 多元弱酸碱在水溶液中分级解离，每级都有相应的解离平衡常数。如 H_2S 在水溶液中有二级解离。此二级解离式中的 H^+ 浓度相同，均代表一、二级解离的 H^+ 之和。

$$H_2S \rightleftharpoons H^+ + HS^- \qquad K_{a1}^\ominus=9.1\times10^{-8}$$

$$HS^- \rightleftharpoons H^+ + S^{2-} \qquad K_{a2}^\ominus=1.1\times10^{-12}$$

对于第二级解离，HS^- 负离子要解离出 H^+，从电性上来看，本身就很困难，因此，$K_{a2}^\ominus\ll K_{a1}^\ominus$，实际计算中只考虑第一级的解离。当 $\frac{c_r}{K_{a1}^\ominus}\geqslant 500$ 时，可用一元弱酸的近似计算

简式

$$[H^+]_r = \sqrt{c_r K_{a1}^{\ominus}} \tag{6-8}$$

例 6-5 计算 25 ℃时 0.10 mol·L^{-1} H_2S 水溶液的 H^+ 及 S^{2-} 的浓度。

解： 由于 $K_{a2}^{\ominus} \ll K_{a1}^{\ominus}$，只考虑第一级的解离

$$H_2S \rightleftharpoons H^+ + HS^-$$

因为$\frac{c_r}{K_{a1}^{\ominus}}=0.10/(9.1\times10^{-8})>500$，所以可按式（6-8）计算

$$[H^+]_r=\sqrt{c_r K_{a1}^{\ominus}}=\sqrt{0.10\times9.1\times10^{-8}}=9.5\times10^{-5}$$

当只考虑一级解离计算 H^+ 时，则 $[H^+]\approx[HS^-]$，设 $[S^{2-}]_r=x$，故

$$HS^- \rightleftharpoons H^+ + S^{2-}$$

平衡时 9.5×10^{-5} 9.5×10^{-5} x

$$K_{a2}^{\ominus}=[H^+]_r\cdot[S^{2-}]_r/[HS^-]_r=\frac{9.5\times10^{-5}\ [S^{2-}]_r}{9.5\times10^{-5}}$$

即

$$[S^{2-}]_r=K_{a2}^{\ominus}=1.1\times10^{-12}$$

例 6-6 25 ℃下，在 0.30 mol·L^{-1} HCl 溶液中，通入 H_2S 气体使 H_2S 的浓度为 0.10 mol·L^{-1}，计算 S^{2-} 的浓度。

解： H_2S 在溶液中分两步解离，但是在外加 HCl 后，H^+ 的同离子效应，使得 H_2S 解离产生的 H^+ 更少，所以 $[H^+]_r\approx0.30$，设 $[S^{2-}]_r=x$

$$H_2S \rightleftharpoons 2H^+ + S^{2-}$$

平衡时： $0.10-x$ 0.30 x

代入 H_2S 总的解离平衡常数关系式中

$$K_a^{\ominus}=K_{a1}^{\ominus}\cdot K_{a2}^{\ominus}=\frac{[H^+]_r^2\ [S^{2-}]_r}{[H_2S]_r}$$

$$[S^{2-}]_r=K_{a1}^{\ominus}\cdot K_{a2}^{\ominus}\cdot\frac{[H_2S]_r}{[H^+]_r^2}=9.1\times10^{-8}\times1.1\times10^{-12}\times0.10/0.30^2=1.1\times10^{-19}$$

同例 6-5 相比，S^{2-} 浓度大大降低。因此，调控 H_2S 溶液的 pH 可以改变 S^{2-} 的浓度。

3. 两性物质溶液 弱酸弱碱盐和多元弱酸的酸式盐，它们既可以作为酸给出质子，也可以作为碱得到质子，因此，酸碱质子理论认为它们属于两性物质。对于弱酸弱碱盐如 NH_4Ac 水溶液中存在以下的酸式和碱式解离：

$$NH_4^+ + H_2O \rightleftharpoons NH_3 + H_3O^+ \qquad K_a^{\ominus}(NH_4^+)=\frac{K_w^{\ominus}}{K_b^{\ominus}(NH_3\cdot H_2O)}=5.6\times10^{-10}$$

$$Ac^- + H_2O \rightleftharpoons HAc + OH^- \qquad K_b^{\ominus}(Ac^-)=\frac{K_w^{\ominus}}{K_a^{\ominus}(HAc)}=5.6\times10^{-10}$$

对于多元弱酸的酸式盐如 $NaHCO_3$ 水溶液中的酸式和碱式解离如下：

$$HCO_3^- + H_2O \rightleftharpoons CO_3^{2-} + H_3O^+ \qquad K_{a2}^{\ominus}(H_2CO_3)=5.61\times10^{-11}$$

$$HCO_3^- + H_2O \rightleftharpoons H_2CO_3 + OH^- \qquad K_{b2}^{\ominus}(CO_3^{2-})=\frac{K_w^{\ominus}}{K_{a1}^{\ominus}(H_2CO_3)}=2.3\times10^{-8}$$

一般来说，当两性物质浓度不太低，溶液的 pH 与其浓度无关，H^+ 浓度近似计算对于弱碱弱酸盐如 NH_4Ac 为

$$[H^+]_r=\sqrt{K_a^{\ominus}(HAc)\cdot K_a^{\ominus}(NH_4^+)} \tag{6-9}$$

多元弱酸的酸式盐如 $NaHCO_3$

$$[H^+]_r=\sqrt{K_{a1}^{\ominus}(H_2CO_3)\cdot K_{a2}^{\ominus}(H_2CO_3)} \qquad (6-10)$$

对于两性物质，通过它们酸式解离和碱式解离平衡常数大小的比较，可判断其溶液的酸碱性。如 HCO_3^- 的 $K_{a2}^{\ominus}(H_2CO_3)<K_{b2}^{\ominus}(CO_3^{2-})$，故 $NaHCO_3$ 水溶液的碱式解离占主导，溶液显碱性。NH_4Ac 的 $K_a^{\ominus}(NH_4^+)\approx K_b^{\ominus}(Ac^-)$，故其水溶液显中性。

例 6-7 分别计算 0.20 mol·L^{-1} NaH_2PO_4 和 0.20 mol·L^{-1} Na_2HPO_4 溶液的 pH。

解： 已知 H_3PO_4 $K_{a1}^{\ominus}=7.52\times10^{-3}$ $K_{a2}^{\ominus}=6.23\times10^{-8}$ $K_{a3}^{\ominus}=4.4\times10^{-13}$
由式（6-9）得

$$NaH_2PO_4，[H^+]_r=\sqrt{K_{a1}^{\ominus}K_{a2}^{\ominus}}=\sqrt{7.52\times10^{-3}\times6.23\times10^{-8}}=2.2\times10^{-5}$$

$$pH=4.66$$

$$Na_2HPO_4，[H^+]_r=\sqrt{K_{a2}^{\ominus}K_{a3}^{\ominus}}=\sqrt{6.23\times10^{-8}\times4.4\times10^{-13}}=1.7\times10^{-10}$$

$$pH=9.77$$

三、酸度对弱酸（碱）型体分布的影响

当水溶液系统达到平衡时，弱酸（碱）的某一存在型体的平衡浓度与酸（碱）的分析浓度（又称总浓度）的比值称为该型体分布系数，用符号“δ”表示。

1. 一元弱酸（碱）各型体的分布 以 HAc 为例，设总浓度为 c（也称为分析浓度），它在水中以 HAc 和 Ac^- 两种型体存在。

$$HAc \rightleftharpoons H^+ + Ac^-$$

$$c=[HAc]+[Ac^-] \quad K_a^{\ominus}=\frac{[H^+]_r[Ac^-]_r}{[HAc]_r}$$

$$\delta(HAc)=\frac{[HAc]_r}{c_r}=\frac{[HAc]_r}{[HAc]_r+[Ac^-]_r}$$

$$=\frac{1}{1+[Ac^-]_r/[HAc]_r}=\frac{1}{1+\dfrac{K_a^{\ominus}}{[H^+]_r}}=\frac{[H^+]_r}{[H^+]_r+K_a^{\ominus}}$$

同理

$$\delta(Ac^-)=\frac{[Ac^-]_r}{c_r}=\frac{[Ac^-]_r}{[HAc]_r+[Ac^-]_r}$$

$$=\frac{K_a^{\ominus}}{[H^+]_r+K_a^{\ominus}}$$

$$\delta(HAc)+\delta(Ac^-)=1$$

$\delta(HAc)$ 和 $\delta(Ac^-)$ 的大小只与 HAc 的 $K_a^{\ominus}$ 及 $[H^+]$ 有关，与 HAc 的总浓度 c 无关（下述多元弱酸各型体的分布系数也如此）。当溶液的 pH 发生变化时，各种型体的平衡浓度也随之发生变化。pH 一定的情况下，通过分布系数可算得某型体的平衡浓度。控制酸度可以得到所需要的型体。若以 pH 为横坐标，δ 为纵坐标作图，可得 δ-pH 曲线即型体分布图（图 6-2）。

由图 6 - 2 可知，当 $pH = pK_a^{\ominus} = 4.74$ 时，$\delta(HAc) = \delta(Ac^-) = 0.5$，即 HAc 和 Ac^- 各占一半。

当 $pH > pK_a^{\ominus}$ 时，$\delta(Ac^-) > \delta(HAc)$，溶液中 $[Ac^-] > [HAc]$。

当 $pH < pK_a^{\ominus}$ 时，$\delta(Ac^-) < \delta(HAc)$，溶液中 $[Ac^-] < [HAc]$。

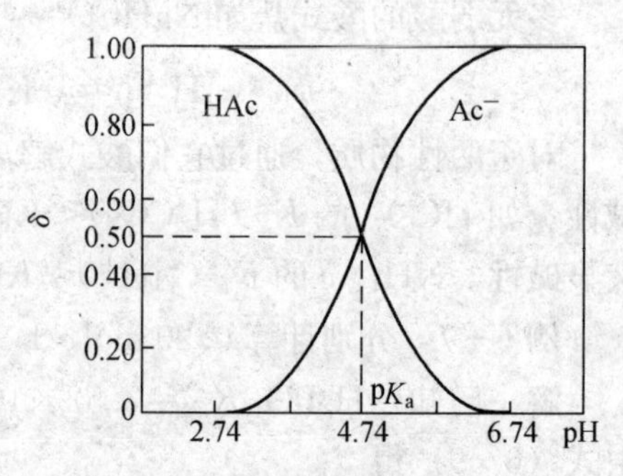

图 6 - 2　HAc 溶液的型体分布图

2. 多元弱酸（碱）各型体的分布　以 $H_2C_2O_4$ 为例，设总浓度为 c，平衡时以 $H_2C_2O_4$，$HC_2O_4^-$ 和 $C_2O_4^{2-}$ 三种型体存在。

$$H_2C_2O_4 \rightleftharpoons H^+ + HC_2O_4^- \qquad K_{a1}^{\ominus} = \frac{[H^+]_r[HC_2O_4^-]_r}{[H_2C_2O_4]_r}$$

$$HC_2O_4^- \rightleftharpoons H^+ + C_2O_4^{2-} \qquad K_{a2}^{\ominus} = \frac{[H^+]_r[C_2O_4^{2-}]_r}{[HC_2O_4^-]_r}$$

$$K_a^{\ominus} = K_{a1}^{\ominus}K_{a2}^{\ominus}$$

$$c_r = [H_2C_2O_4]_r + [HC_2O_4^-]_r + [C_2O_4^{2-}]_r$$

$$\begin{aligned}\delta(H_2C_2O_4) &= \frac{[H_2C_2O_4]_r}{c_r} = \frac{[H_2C_2O_4]_r}{[H_2C_2O_4]_r + [HC_2O_4^-]_r + [C_2O_4^{2-}]_r} \\ &= \frac{1}{1 + [HC_2O_4^-]_r/[H_2C_2O_4]_r + [C_2O_4^{2-}]_r/[H_2C_2O_4]_r} \\ &= \frac{1}{1 + K_{a1}^{\ominus}/[H^+]_r + K_{a1}^{\ominus}K_{a2}^{\ominus}/[H^+]_r^2} \\ &= \frac{[H^+]_r^2}{[H^+]_r^2 + K_{a1}^{\ominus}[H^+]_r + K_{a1}^{\ominus}K_{a2}^{\ominus}}\end{aligned}$$

同理可推导出

$$\delta(HC_2O_4^-) = \frac{K_{a1}^{\ominus}[H^+]_r}{[H^+]_r^2 + K_{a1}^{\ominus}[H^+]_r + K_{a1}^{\ominus}K_{a2}^{\ominus}}$$

$$\delta(C_2O_4^{2-}) = \frac{K_{a1}^{\ominus}K_{a2}^{\ominus}}{[H^+]_r^2 + K_{a1}^{\ominus}[H^+]_r + K_{a1}^{\ominus}K_{a2}^{\ominus}}$$

$$\delta(H_2C_2O_4) + \delta(HC_2O_4^-) + \delta(C_2O_4^{2-}) = 1$$

同样以 pH 为横坐标，δ 为纵坐标，绘制出 $H_2C_2O_4$ 溶液的型体分布图（图6 - 3）。

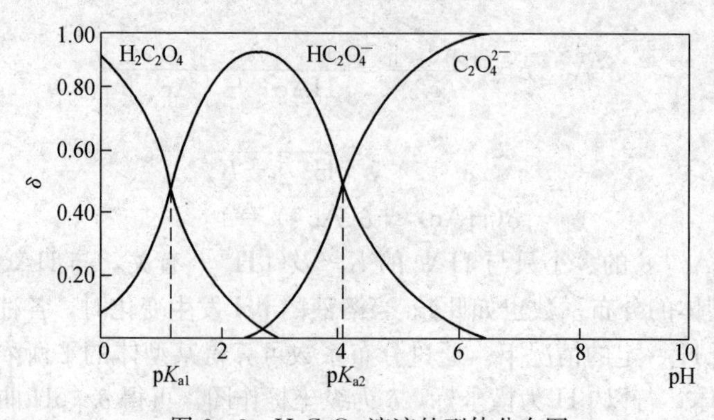

图 6 - 3　$H_2C_2O_4$ 溶液的型体分布图

从图 6-3 可知，当 $pH < pK_{a1}^{\ominus}$ 时，$H_2C_2O_4$ 为主要存在型体；当 $pK_{a1}^{\ominus} < pH < pK_{a2}^{\ominus}$ 时，$HC_2O_4^-$ 为主要存在型体；当 $pH > pK_{a2}^{\ominus}$ 时，$C_2O_4^{2-}$ 为主要存在型体；$\delta=0.5$ 时的 pH 分别与 $pK_{a1}^{\ominus}$ 和 $pK_{a2}^{\ominus}$ 相对应。

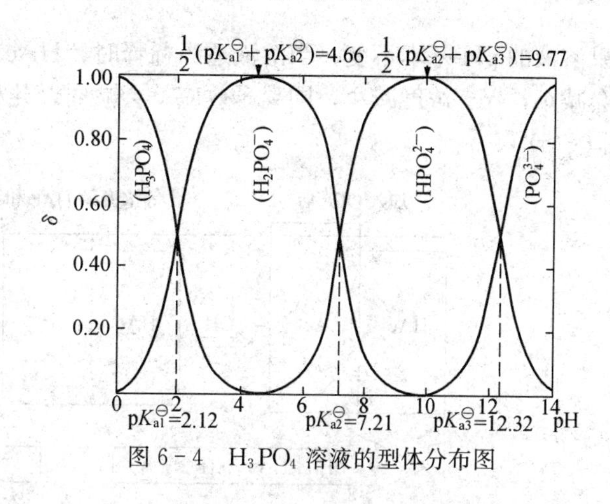

图 6-4　H_3PO_4 溶液的型体分布图

对于三元弱酸 H_3PO_4 同样可以推导出水溶液中各种型体的分布系数，设总浓度为 c，H_3PO_4 有 H_3PO_4、$H_2PO_4^-$、HPO_4^{2-} 和 PO_4^{3-} 四种型体存在，其各种形态的分布曲线如图 6-4 所示。

$$c_r = [H_3PO_4]_r + [H_2PO_4^-]_r + [HPO_4^{2-}]_r + [PO_4^{3-}]_r$$

$$\delta(H_3PO_4) = \frac{[H_3PO_4]_r}{c_r} = \frac{[H^+]_r^3}{[H^+]_r^3 + K_{a1}^{\ominus}[H^+]_r^2 + K_{a1}^{\ominus}K_{a2}^{\ominus}[H^+]_r + K_{a1}^{\ominus}K_{a2}^{\ominus}K_{a3}^{\ominus}}$$

$$\delta(H_2PO_4^-) = \frac{[H_2PO_4^-]_r}{c_r} = \frac{K_{a1}^{\ominus}[H^+]_r^2}{[H^+]_r^3 + K_{a1}^{\ominus}[H^+]_r^2 + K_{a1}^{\ominus}K_{a2}^{\ominus}[H^+]_r + K_{a1}^{\ominus}K_{a2}^{\ominus}K_{a3}^{\ominus}}$$

$$\delta(HPO_4^{2-}) = \frac{[HPO_4^{2-}]_r}{c_r} = \frac{K_{a1}^{\ominus}K_{a2}^{\ominus}[H^+]_r}{[H^+]_r^3 + K_{a1}^{\ominus}[H^+]_r^2 + K_{a1}^{\ominus}K_{a2}^{\ominus}[H^+]_r + K_{a1}^{\ominus}K_{a2}^{\ominus}K_{a3}^{\ominus}}$$

$$\delta(PO_4^{3-}) = \frac{[PO_4^{3-}]_r}{c_r} = \frac{K_{a1}^{\ominus}K_{a2}^{\ominus}K_{a3}^{\ominus}}{[H^+]_r^3 + K_{a1}^{\ominus}[H^+]_r^2 + K_{a1}^{\ominus}K_{a2}^{\ominus}[H^+]_r + K_{a1}^{\ominus}K_{a2}^{\ominus}K_{a3}^{\ominus}}$$

$$\delta(H_3PO_4) + \delta(H_2PO_4^-) + \delta(HPO_4^{2-}) + \delta(PO_4^{3-}) = 1$$

根据多元酸的型体分布图，可直观地了解在不同的酸度时各型体的分布情况。

第四节　缓冲溶液

一、缓冲溶液的缓冲原理

能够抵抗外加少量酸碱或适当稀释，而本身 pH 基本保持不变的溶液，称为缓冲溶液(buffered solutions)。缓冲溶液一般由弱酸及其共轭碱或弱碱及其共轭酸组成，如：$HAc-Ac^-$，$NH_3-NH_4^+$，$HCO_3^- - CO_3^{2-}$，$H_2PO_4^- - HPO_4^{2-}$，$C_6H_5NH_3^+ - C_6H_5NH_2$ 以及生化常用的 Tris 缓冲液组成为：三羟甲基氨基甲烷（$(HOCH_2)_3CNH_2$）及其共轭酸（$(HOCH_2)_3CNH_3^+$）等。这种成对出现具有抗酸抗碱能力的物质又称为缓冲对，如在 HAc-NaAc 缓冲溶液中存在如下平衡

$$HAc \rightleftharpoons H^+ + Ac^-$$

$$NaAc = Na^+ + Ac^-$$

NaAc 解离后提供大量的 Ac^- 产生了同离子效应，H^+ 浓度减小，系统中存在大量的 HAc，当加入少量强酸时，H^+ 与 Ac^- 生成 HAc 分子，使 HAc 的解离平衡向左移动，结果溶液的 pH 几乎没降低；当加入少量强碱时，OH^- 与 H^+ 生成 H_2O，使上述平衡向右移动，

结果溶液的 pH 基本不变；当溶液适当稀释时，HAc 的解离度要增加，但 H^+ 浓度和 Ac^- 浓度会减小，Ac^- 浓度减小，同离子效应就会减弱，几种因素综合起来，溶液的 pH 几乎不变（图 6-5）。

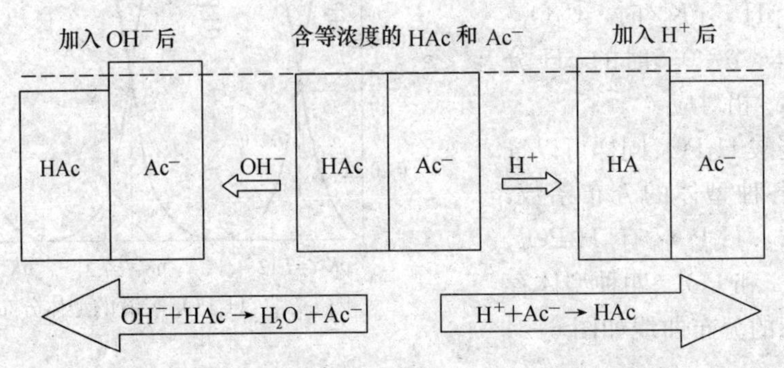

图 6-5　HAc-Ac⁻加入 H^+ 或 OH^- 后的变化趋势

由上可知，缓冲对中的共轭酸是抗碱成分，共轭碱是抗酸成分，二者缺一不可。

二、缓冲溶液 pH 的计算

对于弱酸及其共轭碱，如 HAc-NaAc 组成的缓冲溶液，溶液中的质子转移反应为

$$HAc \rightleftharpoons H^+ + Ac^- \quad K_a^\ominus = \frac{[H^+]_r[Ac^-]_r}{[HAc]_r}$$

HAc 的解离度本来就小，又存在同离子 Ac^- 时，解离度变得更小。因此，到达平衡时，系统中 HAc 可近似地看作未发生解离，其相对浓度用 c_r(酸) 表示，系统中 Ac^- 主要由 NaAc 提供，其相对浓度用 c_r(碱) 表示，因此

$$[H^+]_r = K_a^\ominus \cdot \frac{c_r(\text{酸})}{c_r(\text{碱})} \text{ 或 } pH = pK_a^\ominus + \lg\frac{c_r(\text{碱})}{c_r(\text{酸})} \quad (6-11)$$

对于弱碱及其共轭酸组成的缓冲溶液，如 $NH_3 \cdot H_2O-NH_4Cl$，同理可导出 OH^- 浓度和 pOH 的计算式

$$[OH^-]_r = K_b^\ominus \cdot \frac{c_r(\text{碱})}{c_r(\text{酸})} \text{ 或 } pOH = pK_b^\ominus + \lg\frac{c_r(\text{酸})}{c_r(\text{碱})} \quad (6-12)$$

例 6-8　将 0.30 mol HAc 和 0.30 mol NaAc 加入 1.0 L 水，使之成为缓冲溶液。计算分别加入（1）0.020 mol HCl；（2）0.020 mol NaOH 后溶液的 pH（忽略液体总体积的变化）。已知 $K_a^\ominus = 1.76\times10^{-5}$。

解： 加入前　$pH = pK_a^\ominus + \lg\frac{c_r(Ac^-)}{c_r(HAc)} = 4.74 + \lg\frac{0.30}{0.30} = 4.74$

（1）加 HCl 后 $c(HAc) = 0.30\ mol\cdot L^{-1} + 0.020\ mol\cdot L^{-1} = 0.32\ mol\cdot L^{-1}$

$$c(Ac^-) = 0.30\ mol\cdot L^{-1} - 0.020\ mol\cdot L^{-1} = 0.28\ mol\cdot L^{-1}$$

$$pH = pK_a^\ominus + \lg\frac{c_r(\text{碱})}{c_r(\text{酸})} = 4.74 + \lg\frac{0.28}{0.32} = 4.68$$

（2）加入 NaOH 后　$c(HAc) = 0.30\ moL\cdot L^{-1} - 0.020\ mol\cdot L^{-1} = 0.28\ mol\cdot L^{-1}$

$$c(Ac^-) = 0.30\ moL\cdot L^{-1} + 0.020\ moL\cdot L^{-1} = 0.32\ mol\cdot L^{-1}$$

$$pH=4.74+\lg\frac{0.32}{0.28}=4.80$$

加水稀释，因为稀释的倍数相同，所以 $c_r(Ac^-)=c_r(HAc)$，由 $pH=pK_a^{\ominus}+\lg\frac{c_r(Ac^-)}{c_r(HAc)}$ 的计算式可知，pH 基本没有变化。但必须指出的是，当稀释的倍数太大时，上式的近似条件已不成立，pH 将发生明显的变化。

从上例看出，加入强酸强碱后，pH 只变化了±0.06，基本维持不变，缓冲作用明显；若在 1 L 纯水中分别加入 0.010 mol HCl 或 0.010 mol NaOH 时，pH 将由 7.00 下降到 2.00 或升高到 12.00，pH 变化±5.00，显然不具备缓冲能力。

三、缓冲容量和缓冲范围

缓冲溶液的缓冲能力有一定的限度，当外加的强酸强碱过多时，缓冲溶液就失去了缓冲作用。缓冲能力大小常用缓冲容量（buffering capacity）来表示，其定义可用数学式表示为

$$\beta=\left|\frac{dc}{dpH}\right|$$

上式的物理意义是：为使 1 L 缓冲溶液的 pH 增加（或减小）1 个单位所需加入的强碱（酸）的物质的量。

缓冲容量的大小，主要与缓冲对的总浓度和缓冲对浓度的比值（即缓冲比）有关。缓冲对总浓度越大，缓冲比越接近 1∶1，缓冲容量越大。当缓冲对总浓度一定时，缓冲比为 1 时，缓冲容量最大，缓冲能力最强。通常将缓冲比控制在 1∶10～10∶1，由式(6-11)和式(6-12) 可知，$pH=pK_a^{\ominus}\pm1$ 或 $pOH=pK_b^{\ominus}\pm1$，这个范围就是缓冲范围，超出此范围缓冲能力减弱，甚至失去缓冲作用。不同缓冲对组成的缓冲溶液，由于 $pK_a^{\ominus}$ 或 $pK_b^{\ominus}$ 不同，它们的缓冲范围也不同。

四、缓冲溶液的选择与配制

在实际工作中，需要配制一定 pH 的缓冲溶液，在满足实验要求的条件下，欲使缓冲能力较大，缓冲比愈接近于 1 愈好。因此，应选择 $pK_a^{\ominus}$ 接近于所需配制缓冲溶液的 pH（或 $pK_b^{\ominus}$ 尽可能接近缓冲溶液的 pOH）。如需配制 pH=5.0 的缓冲溶液，可选用 HAc-NaAc 缓冲系统；如需 pH=9.0 的缓冲溶液，可选用 NH_3-NH_4Cl 缓冲系统，然后计算出缓冲对的量或所需的体积。一般缓冲组分的浓度在 0.05～0.5 $mol\cdot L^{-1}$。在有关的化学手册中可查到常用缓冲溶液的配方。

例 6-9 欲配制 pH=9.0 的缓冲溶液 500 mL，需要浓度均为 0.10 $mol\cdot L^{-1}$ 的 $NH_3\cdot H_2O$ 和 NH_4Cl 各多少毫升？

解： 由式（6-11）得

$$pOH=14-pH=pK_b^{\ominus}+\lg\frac{c_r(\text{酸})}{c_r(\text{碱})}$$

$$5.0=4.75+\lg\frac{c_r(NH_4^+)}{c_r(NH_3)}$$

$$c_r(NH_4^+)/c_r(NH_3) = 1.78$$

因为缓冲对浓度相等，则 $\dfrac{c_r(NH_4^+)}{c_r(NH_3)}=\dfrac{0.10\times V(NH_4^+)}{0.10\times V(NH_3)}=\dfrac{V(NH_4^+)}{V(NH_3)}$

即 $V(NH_4^+)=1.78V(NH_3)$

$$V(NH_4^+)+V(NH_3)=500\ mL$$

$$V(NH_3)=V(NH_3\cdot H_2O)=180\ mL$$

$$V(NH_4^+)=320\ mL$$

将 320 mL 0.10 $mol\cdot L^{-1}$的 NH_4Cl 和 180 mL 0.10 $mol\cdot L^{-1}$的 $NH_3\cdot H_2O$ 混合，即可制得 pH=9.0 的缓冲溶液。

例 6-10 0.12 $mol\cdot L^{-1}$的乳酸（$HC_3H_5O_3$）和 0.10 $mol\cdot L^{-1}$的乳酸钠（$NaC_3H_5O_3$）所组成的缓冲溶液，已知其 pH 是 3.77，求乳酸的解离平衡常数 $K_a^{\ominus}$。

解： 设 $[H^+]_r=x$

$$HC_3H_5O_3 \rightleftharpoons H^+ + C_3H_5O_3^-$$

平衡时 $\quad 0.12-x \quad\quad x \quad\quad 0.10+x$

$$K_a^{\ominus}=\frac{[H^+]_r[C_3H_5O_3^-]_r}{[HC_3H_5O_3]_r}=\frac{x\ (0.10+x)}{0.12-x}$$

$$0.10+x\approx 0.10,\ 0.12-x\approx 0.12$$

$$pH=-\lg[H^+]_r=3.77$$

$$[H^+]_r=1.7\times 10^{-4}$$

$$K_a^{\ominus}=\frac{(1.7\times 10^{-4})\times 0.10}{0.12}=1.4\times 10^{-4}$$

或由式（6-10）得

$$pH = pK_a^{\ominus} + \lg\frac{c_r(碱)}{c_r(酸)}$$

$$3.77 = pK_a^{\ominus} + \lg\frac{0.10}{0.12}$$

$$pK_a^{\ominus} = 3.85 \qquad K_a^{\ominus} = 1.4\times 10^{-4}$$

例 6-11 在 1 L 0.20 $mol\cdot L^{-1}$的苯甲酸（C_6H_5COOH）溶液中，加入多少克苯甲酸钠固体（C_6H_5COONa），才能使该溶液的 pH 为 3.50？（忽略加入固体后溶液体积的变化，已知苯甲酸的 $K_a^{\ominus}=6.28\times 10^{-5}$）

解： 设加入 C_6H_5COONa x g，C_6H_5COOH 与 C_6H_5COONa 构成缓冲溶液。

据式（6-10）

$$pH = pK_a^{\ominus} + \lg\frac{c_r(碱)}{c_r(酸)}$$

$$c_r(酸)\approx 0.20$$

$$c_r(碱)\approx\frac{x/144.10}{1}$$

$$3.50 = 4.20 + \lg\frac{x}{144.10\times 0.20}$$

$$\frac{x}{144.10\times 0.20} = 0.20 \qquad x = 5.76$$

即在 1 L 0.20 mol·L^{-1}的 C_6H_5COOH 溶液中加 5.76 g C_6H_5COONa 就可得到上述 pH 的溶液。

五、缓冲溶液的应用

许多化学反应及生物化学反应均要求一定的酸度，只有将溶液的 pH 控制在一定的范围，这些反应才能正常进行或具有所期待的反应结果，缓冲系统能维持化学和生物化学系统的 pH 稳定，在化学、生物科学等相关领域具有重要的意义。如 $KMnO_4$ 在溶液中的氧化能力，随 pH 变化而变化；在 EDTA 配位滴定中常用缓冲溶液调控酸度；标准缓冲溶液也用作酸度计的校正液。人体的体液通过自身调节保持在一定的 pH 范围，如血液中含有无机缓冲对 H_2CO_3 - $NaHCO_3$，NaH_2PO_4 - Na_2HPO_4 和有机缓冲对 HHb（血红蛋白）- KHb，$HHbO_2$（含氧血红蛋白）-$KHbO_2$，使血液的 pH 维持在 7.36～7.44，从而保证人体生理活动在相对稳定的酸度下正常进行，不会因人吃了许许多多酸碱性物质而引起血液酸度大的变化。这都归功于这些缓冲对物质，如若不然，当血液 pH 低于 7.35 就会引起酸中毒，高于 7.45 就会引起碱中毒，若更大程度偏离，将是致命的。同样，任何引起偏离正常 pH 范围的因素，都会对细胞膜的稳定性、蛋白质结构和酶的生物活性产生破坏性的影响。

在植物体内也有由多种有机酸（如柠檬酸、苹果酸、草酸等）及其共轭碱所组成的缓冲系统，来保证植物的正常生理活动在一定的 pH 范围内进行。在土壤中，含有 H_2CO_3 - $NaHCO_3$ 和 NaH_2PO_4 - Na_2HPO_4 以及腐殖质酸等有机酸及共轭碱组成的多种复杂的缓冲系统，使土壤维持在一定的 pH 范围，以保证土壤中微生物和作物的正常生长。

本 章 小 结

(1) 酸是质子的给予体，碱是质子的接受体，酸碱反应是两个共轭酸碱对之间质子的转移。

(2) $K_a^{\ominus}$ 和 $K_b^{\ominus}$ 作为弱酸和弱碱的解离平衡常数可用作计算 $[H^+]$、$[OH^-]$ 及解离度 α。

对于一元弱酸和弱碱的最简式：$[H^+]_r=\sqrt{c_r \cdot K_a^{\ominus}}$　　$[OH^-]_r=\sqrt{c_r \cdot K_b^{\ominus}}$

多元无机弱酸：$[H^+]_r=\sqrt{c_r \cdot K_{a1}^{\ominus}}$

两性物质：$[H^+]_r=\sqrt{K_{a1}^{\ominus}K_{a2}^{\ominus}}$　$[H^+]_r=\sqrt{K_{a2}^{\ominus}K_{a3}^{\ominus}}$

共轭酸碱对之间存在 $K_a^{\ominus}K_b^{\ominus}=K_w^{\ominus}$ 的关系式。

(3) 缓冲溶液具有抵抗少量外来酸碱和适当稀释的能力，它是由具有抗酸和抗碱作用的共轭酸碱对即缓冲对物质组成，缓冲溶液的 pH 可由下式计算。

$$pH = pK_a^{\ominus} + \lg\frac{c_r(\text{碱})}{c_r(\text{酸})} \text{ 或 } pOH = pK_b^{\ominus} + \lg\frac{c_r(\text{酸})}{c_r(\text{碱})}$$

【著名化学家小传】

Johannes Nicolaus Brønsted (1879 - 1947), a Danish physical chemist, is best known for his theory of acids and bases. Brønsted received degrees in both chemical engineering and chemistry from the University of Copenhagen. He was an authority on the catalytic properties and strengths of acids and bases, and wrote texts on both inorganic and physical chemistry. In 1929 he was a visiting professor at Yale. In 1947 he was elected to the Danish parliament, and he died in December of that year, in Copenhagen.

化学之窗

Why Doesn't "Stomach Acid" Dissolve the Stomach?

We know that strong acids are corrosive to skin. The gastric（胃的）juice in your stomach is a solution containing about 0.5%hydrochloric acid. Why doesn't the acid in your stomach destroy your stomach lining? The cells that line the stomach are protected by a layer of mucus（黏液），a viscous solution of a sugar-protein complex called mucin（黏液素），and other substances in water. The mucus serves as a physical barrier, but its role is not simply passive. Rather the mucin acts like a sponge that soaks up bicarbonate ions from the cellular side and hydrochloric acid from within the stomach. The bicarbonate ions neutralize the acid within the mucus. When aspirin，alcohol，bacteria，or other agents damage the mucus，the exposed cells are damaged and an ulcer（溃疡）can form.

思 考 题

1. 酸碱质子理论的实质是什么？为什么说在质子理论中不包含"盐"这个概念？
2. 解离度与浓度的关系是什么？浓度越稀解离度越大，酸度是否也越大？为什么？
3. 弱酸弱碱的解离度与解离平衡常数有何关系？解离平衡常数与哪些因素有关？
4. 什么是同离子效应和盐效应？二者有什么联系与区别？
5. 缓冲溶液的缓冲原理是什么？缓冲容量和缓冲范围是如何确定的？
6. 静脉血和动脉血的 pH 何者高，为什么？
7. 以 HAc 为例说明何为分析浓度、原始浓度、平衡浓度、酸度及酸的浓度。

习 题

1. 计算 pH=5.00 时，0.10 mol·L^{-1}的 HAc 溶液中各型体的分布系数及平衡浓度。

[δ(HAc)＝0.36，δ(Ac^-)＝0.64，c(HAc)＝0.036 mol·L^{-1}，c(Ac^-)＝0.064 mol·L^{-1}]

2. 计算 0.10 mol·L^{-1}$HCOONH_4$ 溶液的 pH。 (6.50)

3. 欲配制 pH＝5.00 的缓冲溶液，现有 0.1 mol·L^{-1}的 HAc 溶液 100 mL，应加 0.1 mol·L^{-1}的 NaOH 溶液多少毫升？ (64 mL)

4. 取 50 mL 0.10 mol·L^{-1}某一元弱酸溶液，与 20 mL 0.10 mol·L^{-1}NaOH 溶液混合，稀释到 100 mL，测得此溶液的 pH＝5.25，求此一元弱酸的 $K_a^\ominus$。 (3.7×10^{-6})

5. 把 0.30 mol·L^{-1}HCl 溶液和 0.40 mol·L^{-1}NH_3 溶液各 50 mL 相混合，计算此溶液的 pH。 (8.78)

6. 把 75.0 mL 0.1 mol·L^{-1}NaOH 溶液和 50.0 mL 0.2 mol·L^{-1}NH_4Cl 溶液相混合，计算此溶液的 pH。 (9.73)

7. H_2SO_4 是一二元酸，一级解离平衡常数很大，可认为完全解离，二级解离平衡常数为 1.0×10^{-2}，计算 0.10 mol·L^{-1} H_2SO_4 的 H^+ 浓度。 (0.11 mol·L^{-1})

8. 抗疟疾的药物喹啉（$C_{20}H_{24}O_2N_2$）是一二元弱碱，已知 $pK_{b1}^\ominus$＝6.0，$pK_{b2}^\ominus$＝9.8，常

温下在水中的溶解度为1.00 g·(1 900 mL)$^{-1}$，计算喹啉饱和溶液的pH。　(9.6)

9. 植物中存在一种毒性最强的毒叶木（gifblaar），分析表明它含有氟乙酸（CH_2FCOOH），常温下当其浓度为0.318 mol·L^{-1}时，测得溶液的pH为1.56，计算其$K_a^\ominus$。　(2.6×10^{-3})

10. 写出下列各酸的共轭碱：

HCN、HCO_3^-、$N_2H_5^+$、C_2H_5OH、$H_2PO_4^-$、$Fe(H_2O)_6^{3+}$

11. 写出下列各碱的共轭酸：

CO_3^{2-}、$HC_2O_4^-$、$H_2PO_4^-$、S^{2-}、N、$Cu(H_2O)_2(OH)_2$

12. 下列溶液浓度均为0.10 mol·L^{-1}，试按pH递增次序排列：H_2CO_3、HI、NH_3、NaOH、KCN、KBr、NH_4Br。

13. 写出下列物质的质子条件式：

NH_4CN　Na_2HPO_4　$(NH_4)_2HPO_4$　$NaNH_4HPO_4$　$NaAc+H_3BO_3$　$H_2SO_4+HCOOH$

14. Acid rain is an environmental concern in many parts of the world. In assessing the acidity of rainfall, it is important to have an idea of the acidity of natural rainwater. Assuming that natural rainwater (that is, uncontaminated with nitric or sulfuric acids) is in equilibrium with 3.6×10^{-4} atm CO_2 (Henry's law constant 1.25×10^{6} Torr), what is the pH of natural rainwater? What would the pH of natural rainwater have been in pre-industrial times, when the partial pressure of CO_2 was about 2.8×10^{-4} atm? State your approximations explicitly.　(now: 5.64; then: 5.70)

15. Nitrites, such as $NaNO_2$, are added to processed meats and hamburger both as a preservative and to give the meat a redder color by binding to hemoglobin in the red blood cells. When the nitrite ion is ingested, it reacts with stomach acid to form nitrous acid, HNO_2 (aq), in the stomach. Given that $K_a^\ominus=4.6\times10^{-4}$ for nitrous acid at 25 ℃, compute the value of the ratio $[HNO_2]/[NO_2^-]$ in the stomach following ingestion of $NaNO_2$ (aq) when $[H_3O^+]$ is 0.10 mol·L^{-1}. Assume a temperature of 25 ℃.　(217倍)

第七章　酸碱滴定法

第一节　酸碱指示剂

能够利用本身的颜色改变来指示溶液 pH 变化的一类物质，称为酸碱指示剂（acid - base indicator)。

一、酸碱指示剂的变色原理

酸碱指示剂属于有机弱酸或有机弱碱，其共轭酸碱对具有不同的结构，因而具有不同的颜色。当溶液的酸度发生变化时，指示剂失去质子由酸式变为碱式，或者得到质子由碱式变为酸式，从而引起颜色的变化。

如酚酞（有机弱酸）是一种单色指示剂，变色过程如下：

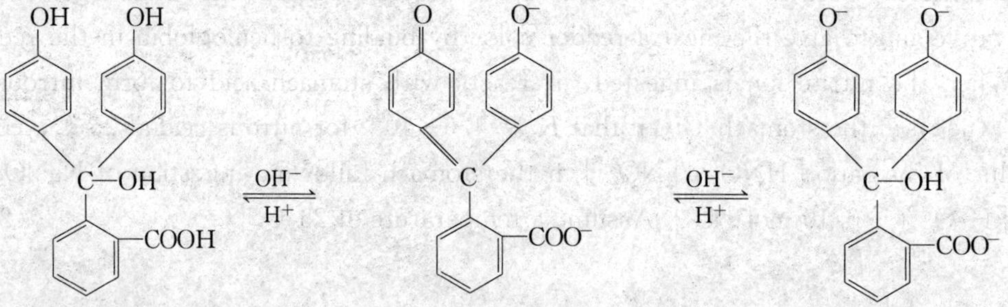

$\underset{\text{无色(酸式色)}}{}\ \underset{H^+}{\overset{OH^-}{\rightleftharpoons}}\ \underset{\text{红色(碱式色)}}{}\ \underset{H^+}{\overset{OH^-}{\rightleftharpoons}}\ \underset{\text{无色}}{}$

无色(酸式色)　　红色(碱式色)　　无色

在酸性溶液中，平衡向左移动，酚酞得质子主要以无色的酸式色存在，加入碱，酚酞逐渐由酸式色（无色）转变为醌式结构的碱式色（红色）。如果溶液碱性较强（如在 0.5 mol·L^{-1}的 NaOH 溶液中）则形成羧酸盐结构又呈无色。又如甲基橙（有机弱碱）是一种双色指示剂，在变色过程中为

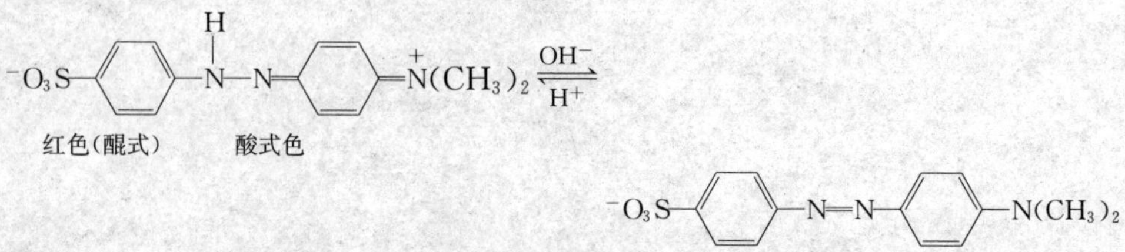

$^-O_3S-C_6H_4-NH-N=C_6H_4=\overset{+}{N}(CH_3)_2 \underset{H^+}{\overset{OH^-}{\rightleftharpoons}}$

红色(醌式)　　酸式色

$^-O_3S-C_6H_4-N=N-C_6H_4-N(CH_3)_2$

黄色(偶氮式)　　碱式色

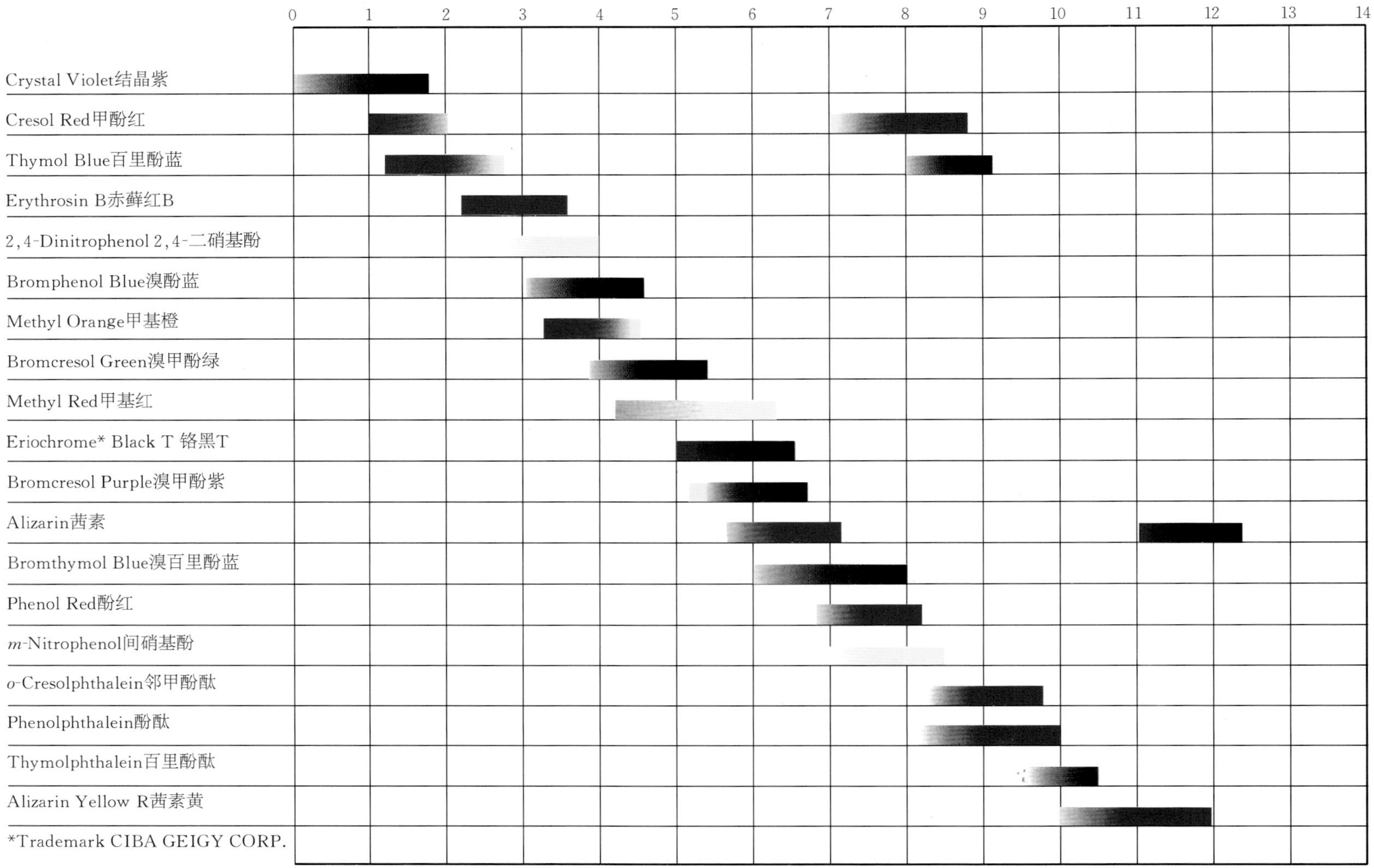

0 1 2 3 4 5 6 7 8 9 10 11 12 13 14

Crystal Violet结晶紫

Cresol Red甲酚红

Thymol Blue百里酚蓝

Erythrosin B赤藓红B

2,4-Dinitrophenol 2,4-二硝基酚

Bromphenol Blue溴酚蓝

Methyl Orange甲基橙

Bromcresol Green溴甲酚绿

Methyl Red甲基红

Eriochrome* Black T 铬黑T

Bromcresol Purple溴甲酚紫

Alizarin茜素

Bromthymol Blue溴百里酚蓝

Phenol Red酚红

m-Nitrophenol间硝基酚

o-Cresolphthalein邻甲酚酞

Phenolphthalein酚酞

Thymolphthalein百里酚酞

Alizarin Yellow R茜素黄

*Trademark CIBA GEIGY CORP.

一些酸碱指示剂变色范围的颜色

（自Steven S.Zumdahl，Susan A.Zumdahl.Chemistry，5th ed.，757）

在酸性介质中，偶氮基氮原子接受质子而形成红色的醌式结构的偶极离子，当加碱后失去质子，以偶氮型阴离子为主要形式而呈黄色。

二、指示剂的变色点和变色范围

以 HIn 和 In^- 分别表示指示剂的酸式和碱式，其分别呈现的颜色为酸式色和碱式色。HIn 在溶液中有如下平衡：

$$\text{HIn（酸式色）} \rightleftharpoons H^+ + In^- \text{（碱式色）}$$

$$K^{\ominus}(\text{HIn})=\frac{[In^-]_r[H^+]_r}{[\text{HIn}]_r}$$

$$[H^+]_r=\frac{K^{\ominus}(\text{HIn})\cdot[\text{HIn}]_r}{[In^-]_r}$$

$$pH=pK^{\ominus}(\text{HIn})-\lg\frac{[\text{HIn}]_r}{[In^-]_r} \quad (7-1)$$

对于某一指示剂而言，当温度一定时，$K^{\ominus}(\text{HIn})$ 是一个常数，从式（7-1）可以看出 $\frac{[\text{HIn}]_r}{[In^-]_r}$ 的比值决定于溶液的酸度。即酸度改变时，$\frac{[\text{HIn}]_r}{[In^-]_r}$ 的比值也随之改变，从而溶液颜色发生变化。当 $[\text{HIn}]=[In^-]$ 时，溶液的颜色是 HIn 和 In^- 各占一半的混合色，是指示剂变色的转折点。所以 $pH=pK^{\ominus}(\text{HIn})$ 叫指示剂的理论变色点。由于人的眼睛辨别颜色的能力有限，一般说来：当 $\frac{[\text{HIn}]_r}{[In^-]_r}>10$ 时，观察到的是酸式色；当 $\frac{[\text{HIn}]_r}{[In^-]_r}<\frac{1}{10}$ 时，观察到的是碱式色；当 $10>\frac{[\text{HIn}]_r}{[In^-]_r}>\frac{1}{10}$ 时，指示剂呈混合色。用 $\frac{[\text{HIn}]_r}{[In^-]_r}=\frac{1}{10}$ 和 $\frac{[\text{HIn}]_r}{[In^-]_r}=10$ 代入到式（7-1）得

$$pH=pK^{\ominus}(\text{HIn})\pm 1 \quad (7-2)$$

$pH=pK^{\ominus}(\text{HIn})\pm 1$ 称为指示剂的变色范围（color chang interval）。不同的指示剂，由于 $pK^{\ominus}(\text{HIn})$ 值不同，所以有不同的变色范围。但由于人眼对各种颜色的敏感程度不同，所以实际观察值与理论计算值有所差别。如甲基橙的 $pK^{\ominus}(\text{HIn})=3.4$，理论变色范围为 2.4～4.4，而实测变色范围为 3.1～4.4。几种常用的酸碱指示剂及变色表 7-1，其中一些指示剂随 pH 直观的颜色变化参见彩图。

表 7-1 常用的酸碱指示剂

指示剂	变色范围 pH	颜色变化	$pK^{\ominus}(\text{HIn})$	指示剂的浓度	每 10 mL 试液用量/滴
百里酚蓝	1.2～2.8	红—黄	1.7	0.1%的 20%的乙醇溶液	1～2
	8.0～9.6	黄—蓝	8.9	0.1%的 20%的乙醇溶液	1～4
甲基黄	2.9～4.0	红—黄	3.3	0.1%的 90%的乙醇溶液	1
甲基橙	3.1～4.4	红—黄	3.4	0.05%的水溶液	1
溴酚蓝	3.0～4.6	黄—紫	4.1	0.1%的 20%的乙醇溶液或其钠盐水溶液	1
甲基红	4.4～6.2	红—黄	5.0	0.1%的 60%的乙醇溶液或其钠盐水溶液	1

（续）

指示剂	变色范围 pH	颜色变化	$pK^{\ominus}(HIn)$	指示剂的浓度	用量（滴/10 mL 试液）
溴百里酚蓝	6.2～7.6	黄—蓝	7.3	0.1%的 20%的乙醇溶液或其钠盐水溶液	1
中性红	6.8～8.0	红—橙黄	7.4	0.1%的 60%的乙醇溶液	1
酚 酞	8.0～10.0	无—红	9.1	0.1%的 90%的乙醇溶液	1～3
百里酚酞	9.4～10.6	无—蓝	10.0	0.1%的 90%的乙醇溶液	1～2
溴甲酚绿	4.0～5.6	黄—蓝	5.0	0.1%的 20%的乙醇溶液或其钠盐水溶液	1～3

三、影响酸碱指示剂变色范围的因素

1. 温度 温度对 $K^{\ominus}(HIn)$ 有影响，因此指示剂的变色点和变色范围也随温度的变化而变化。如 18 ℃时，甲基橙的变色范围为 3.1～4.4，在 100 ℃时为 2.5～3.7。

2. 溶剂 指示剂在不同溶剂中的 $pK^{\ominus}(HIn)$ 不同，如甲基橙在水溶液中的 $pK^{\ominus}(HIn)=3.4$，在甲醇中则为 3.8，溶剂的不同，必然会引起变色范围的变化。

3. 指示剂的用量 指示剂本身是弱酸或弱碱，指示剂的用量（浓度）大就会多消耗滴定剂而产生误差。另外，对双色指示剂而言，若指示剂的用量增大，虽 $\frac{[HIn]_r}{[In^-]_r}$ 比值不变，但两种颜色相互掩盖，使终点颜色不易判断。对单色指示剂来说会改变它们的变色范围。如酚酞的酸式色为无色，碱式色为粉红色。设人眼能观察到酚酞的粉红色的最低浓度是 $[In^-]_r$，指示剂的总浓度为 $c_r(HIn)$，由酚酞的解离平衡得

$$\frac{K^{\ominus}(HIn)}{[H^+]_r}=\frac{[In^-]_r}{[HIn]_r}=\frac{[In^-]_r}{c_r(HIn)-[In^-]_r}$$

由于 $K^{\ominus}(HIn)$ 和 $[In^-]_r$ 是定值，所以，$c_r(HIn)$ 增大，$[H^+]_r$ 必然要增大，即变色范围向低 pH 移动。如在 50～100 mL 溶液中，加 2 ～3 滴 0.1%酚酞，pH≈9 时显浅红色，在同样情况下加 10 ～15 滴酚酞，则在 pH≈8 时变成浅红色。

另外，一些强电解质的存在，溶液的离子强度增加，也会改变酸碱指示剂的变色范围。

四、混合指示剂

单一指示剂的变色范围较宽（pH 一般为 1.5 ～2 个单位），变色不灵敏，而指示剂的变色范围应愈窄愈好，通常采用具有变色范围窄、变色敏锐等优点的混合指示剂。常用混合指示剂列于表 7 - 2 中。

表 7 - 2 常用酸碱混合指示剂

指示剂溶液的组成	变色点 pH	颜色		备 注
		酸色	碱色	
1 份 0.1%甲基黄乙醇溶液 1 份 0.1%亚甲基蓝乙醇溶液	3.25	蓝紫	绿	pH=3.2 蓝紫 pH=3.4 绿色

（续）

指示剂溶液的组成	变色点 pH	颜色		备　注
		酸色	碱色	
1 份 0.1%甲基橙水溶液 1 份 0.25%靛蓝二磺酸钠水溶液	4.1	紫	黄绿	pH=4.1 灰色
3 份 0.1%溴甲酚绿乙醇溶液 1 份 0.2%甲基红乙醇溶液	5.1	紫红	蓝绿	pH=5.1 灰色，颜色变化极显著
1 份 0.1%溴甲酚绿钠盐水溶液 1 份 0.1%氯酚红钠盐水溶液	6.1	黄绿	蓝紫	pH=5.4 蓝绿 pH=5.8 蓝色 pH=6.0 蓝微带紫 pH=6.2 蓝紫
1 份 0.1%中性红乙醇溶液 1 份 0.1%亚甲基蓝醇溶液	7.0	蓝紫	绿	pH=7.0 蓝紫
1 份 0.1%甲酚红钠盐水溶液 3 份 0.1%百里酚蓝钠盐水溶液	8.3	黄	紫	pH=8.2 玫瑰色 pH=8.4 紫色
1 份 0.1%酚酞乙醇溶液 2 份 0.1%甲基绿乙醇溶液	8.9	绿	紫	pH=8.8 浅蓝 pH=9.0 紫
1 份 0.1%酚酞乙醇溶液 1 份 0.1%百里酚酞乙醇溶液	9.9	无	紫	pH=9.6 玫瑰色 pH=10.0 紫色
2 份 0.1%百里酚酞乙醇溶液 1 份 0.1%茜素黄乙醇溶液	10.2	无	紫	

混合指示剂一般分为两类：

（1）由两种以上的酸碱指示剂混合而成。当溶液的 pH 变化时，几种指示剂都能变色，某 pH 时，几种指示剂的颜色互补，因而使变色范围变窄，提高了颜色变化的敏锐性。

如溴甲酚绿与甲基红所组成的混合指示剂的颜色变化如下表所示：

溶液的 pH	溴甲酚绿的颜色	甲基红的颜色	混合指示剂的颜色
<4.0	黄	红	酒红
5.1	绿	橙红	灰
>6.2	蓝	黄	绿

从上表可看出，在 pH=5.1 时，绿色和橙色互补，溶液呈灰色，颜色变化非常明显。

（2）由一种在酸度变化中不改变颜色的惰性染料和另一种指示剂混合而成。如甲基橙和靛蓝（染料）混合，靛蓝在滴定过程中不变色，只作甲基橙变色的背景。其颜色变化如下表所示：

溶液的 pH	甲基橙的颜色	靛蓝的颜色	混合指示剂的颜色
≤3.1	红	蓝	紫
4.1	橙	蓝	浅灰
≥4.4	黄	蓝	绿

可见，混合指示剂由紫色（或绿色）变化为绿色（或紫色），中间经过几乎无色的浅灰色，变色范围窄，变色敏锐。

第二节　酸碱滴定曲线和指示剂的选择

在酸碱滴定中用指示剂确定滴定终点，就必须了解滴定过程中溶液酸度的变化，特别是化学计量点前后相对误差为±0.1%间的 pH 变化情况，以便正确地选择指示剂。下面分别讨论不同类型酸碱滴定曲线和指示剂的选择。

一、强碱滴定强酸

1. 滴定过程中 pH 的变化　以 0.100 0 mol·L^{-1}的 NaOH 滴定 20.00 mL 0.100 0 mol·L^{-1}的 HCl 为例进行讨论，整个过程可从四个阶段来考虑，其酸度计算如下：

（1）滴定前　滴定前溶液是 0.100 0 mol·L^{-1}的 HCl 溶液，$[H^+]$=0.100 0 mol·L^{-1}，pH=1.00。

（2）滴定开始至化学计量点前　随着 NaOH 的不断滴入，溶液中的$[H^+]$逐渐减小，其大小取决于剩余 HCl 的浓度，即

$$c(H^+)=\frac{c(HCl)V(HCl)-c(NaOH)V(NaOH)}{V(HCl)+V(NaOH)}$$

如滴入 19.98 mL 的 NaOH（−0.1%相对误差）时

$$c(H^+)=\frac{0.100\,0\ mol \cdot L^{-1}\times 0.020\,00\ L-0.100\,0\ mol \cdot L^{-1}\times 0.019\,98\ L}{0.020\,00\ L+0.019\,98\ L}$$

$$=5.0\times 10^{-5}\ mol \cdot L^{-1}$$

即
$$pH=4.30$$

（3）化学计量点时　滴入的 20.00 mL NaOH 与 HCl 等物质的量反应，溶液是 NaCl 的水溶液，呈中性，pH=7.00。

（4）化学计量点后　加入的 NaOH 过量，溶液的酸度决定于过量的 NaOH 的浓度。如滴入 20.02 mL NaOH（+0.1%相对误差）时，

$$c(OH^-)=\frac{0.100\,0\ mol \cdot L^{-1}\times 0.020\,02\ L-0.100\,0\ mol \cdot L^{-1}\times 0.020\,00\ L}{0.020\,02\ L+0.020\,00\ L}$$

$$=5.0\times 10^{-5}\ mol \cdot L^{-1}$$

即
$$pOH=4.30\quad pH=9.70$$

其余各点可参照上述方法逐一计算，结果列于表 7-3 中。

表 7-3 0.1000 mol·L^{-1} NaOH 滴定 20.00 mL 同浓度 HCl 溶液的 pH 变化

加入 NaOH 体积/mL	HCl 被滴定的百分数/%	剩余 HCl 体积/mL	过量 NaOH 体积/mL	[H$^+$]/(mol·L^{-1})	溶液的 pH	
0.00		20.00		1.00×10^{-1}	1.00	
18.00	90.00	2.00		5.26×10^{-3}	2.28	
19.80	99.00	0.20		5.03×10^{-4}	3.30	
19.96	99.80	0.04		1.00×10^{-4}	4.00	
19.98	99.90	0.02		5.00×10^{-5}	4.30	突跃范围
20.00	100.0	0.00		1.00×10^{-7}	7.00	
20.02	100.1		0.02	2.00×10^{-10}	9.70	
20.04	100.2		0.04	1.00×10^{-10}	10.00	
20.20	101.0		0.20	2.01×10^{-11}	10.70	
22.00	110.0		2.00	2.10×10^{-12}	11.68	
40.00	200.0		20.00	3.00×10^{-13}	12.52	

以加入的 NaOH 的体积（或被滴定的百分数）为横坐标，以相应的 pH 为纵坐标作图，所得的曲线称为滴定曲线。如图 7-1 所示。

2. 曲线的分析 从表 7-3 和图 7-1 可知：滴定开始时，滴定曲线比较平坦，当滴定到化学计量点前，相对误差为−0.1%时，溶液中剩余的 HCl 只有 0.02 mL，此时溶液的 pH=4.30。然后再加入0.04 mL（约 1 滴）NaOH，这不仅中和了剩余的 HCl，还过量了 0.02 mL（约半滴）NaOH，溶液的 pH 从 4.30 急剧增加到 9.70，增加了 5.40 个单位。此时由于 pH 变化很大，曲线几乎呈现垂线。这种 pH 的突然改变称为滴定突跃，突跃所在的 pH 范围，称为滴定的突跃范围（titration jump）。滴定突跃之后若继续加入 NaOH，滴定曲线又比较平坦。

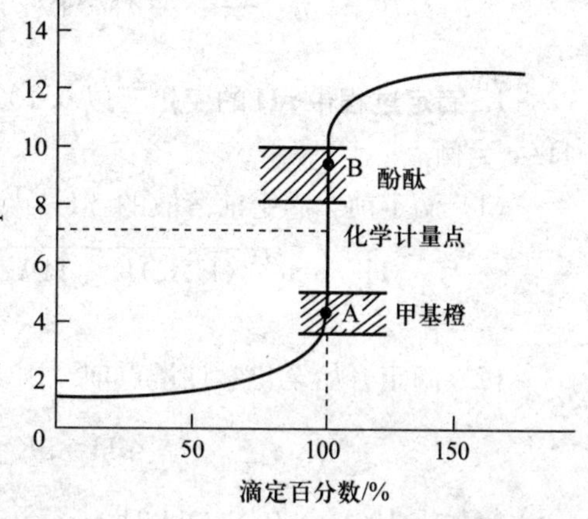

图 7-1 0.1000 mol·L^{-1} NaOH 溶液滴定相同浓度 HCl 溶液的滴定曲线

应该注意的是，滴定突跃范围的大小与溶液的浓度有关，也与酸碱的强度有关。

现将不同浓度的 NaOH 滴定相应浓度 HCl 时的突跃范围列于表 7-4 中，从表中可以看出酸碱的浓度都增加 10 倍时，突跃范围增加 2 个 pH 单位，相应的滴定曲线见图 7-2。

表 7-4 不同浓度的 NaOH 滴定相应浓度 HCl 时的突跃范围

NaOH 和 HCl 的浓度/(mol·L^{-1})	突跃范围（pH）	突跃范围的大小（pH）
1.0	3.3～10.7	7.4
0.1	4.3～9.7	5.4
0.01	5.3～8.7	3.4
0.001	6.3～7.7	1.4

3. 指示剂的选择 滴定突跃是选择指示剂的依据，所选用的指示剂的变色范围应全部或部分落在滴定的突跃范围之内，才能满足对滴定准确度的要求。

由于滴定突跃范围的大小与浓度有关，浓度越稀突跃范围越小，若 NaOH 和 HCl 的浓度均为 $0.010\ 00\ mol \cdot L^{-1}$，突跃范围为 5.3～8.7，可选用甲基红和酚酞作指示剂。若选用甲基橙作指示剂，则误差可达 1%以上。

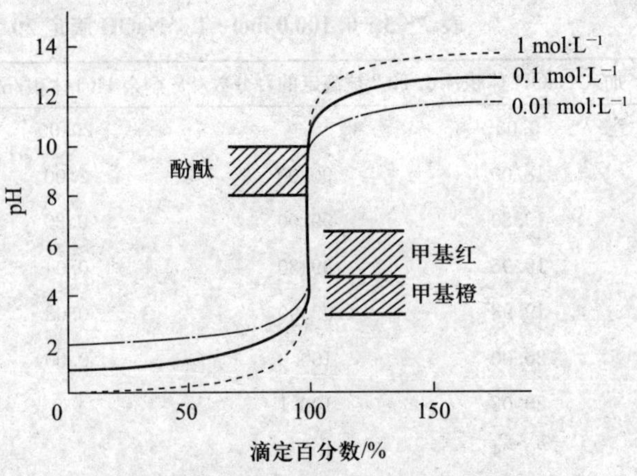

图 7-2 不同浓度的 NaOH 溶液滴定相应同浓度 HCl 溶液的滴定曲线

如果用 HCl 滴定 NaOH（条件与前相同），滴定曲线与图 7-1 的曲线形状相似，但方向相反，突跃范围为9.70～4.30。

二、强碱（酸）对一元弱酸（碱）的滴定

1. 滴定过程中 pH 的变化 以 $0.100\ 0\ mol \cdot L^{-1}$ NaOH 滴定 20.00 mL $0.100\ 0\ mol \cdot L^{-1}$ HAc 为例。

（1）滴定前 滴定前溶液的 $[H^+]$ 主要来自 HAc 的解离。

$$[H^+]_r = \sqrt{c_r(HAc)K^{\ominus}(HAc)} = \sqrt{0.100\ 0 \times 1.76 \times 10^{-5}} = 1.33 \times 10^{-3}$$

$$pH = 2.88$$

（2）滴定开始至化学计量点前 因 NaOH 的滴入，溶液为 $HAc - Ac^-$ 缓冲系统。

$$pH = pK^{\ominus}(HAc) - \lg \frac{c_r(HAc)}{c_r(Ac^-)}$$

当加入 19.98 mL NaOH 时，

$$c(HAc) = \frac{0.100\ 0\ mol \cdot L^{-1} \times 0.020\ 00\ L - 0.100\ 0\ mol \cdot L^{-1} \times 0.019\ 98\ L}{0.019\ 98\ L + 0.020\ 00\ L}$$

$$= 5.0 \times 10^{-5}\ mol \cdot L^{-1}$$

$$c(Ac^-) = \frac{0.100\ 0\ mol \cdot L^{-1} \times 0.019\ 98\ L}{0.019\ 98\ L + 0.020\ 00\ L} = 5.0 \times 10^{-2}\ mol \cdot L^{-1}$$

所以

$$pH = pK^{\ominus}(HAc) - \lg \frac{c_r(HAc)}{c_r(Ac^-)} = 4.75 - \lg \frac{5.0 \times 10^{-5}}{5.0 \times 10^{-2}} = 7.75$$

（3）计量点时 是 NaAc 弱碱溶液。

$$[OH^-]_r = \sqrt{c_r(Ac^-)K^{\ominus}(Ac^-)} = \sqrt{\frac{0.100\ 0}{2} \times \frac{K_w^{\ominus}}{K^{\ominus}(HAc)}}$$

$$= \sqrt{\frac{0.100\ 0}{2} \times \frac{10^{-14}}{1.76 \times 10^{-5}}} = 5.3 \times 10^{-6}$$

$$pOH = 5.28 \quad pH = 8.72$$

（4）计量点后　溶液的组成为 NaOH＋NaAc，由于过量的 NaOH 的存在，抑制了 Ac^- 的解离，此时溶液的 pH 决定于过量的 NaOH 的浓度，其 pH 的计算方法与强碱滴定强酸相同。如滴入 NaOH 20.02 mL 时

$$[OH^-]=\frac{0.1000\ mol\cdot L^{-1}\times0.02002\ L-0.1000\ mol\cdot L^{-1}\times0.02000\ L}{0.02002\ L+0.02000\ L}$$
$$=5.0\times10^{-5}\ mol\cdot L^{-1}$$

即
$$pOH=4.30\quad pH=9.70$$

根据上述计算方法，所得结果列于表 7－5 中，滴定曲线如图 7－3 所示。

表 7－5　0.1000 mol·L^{-1} NaOH 滴定 20.00 mL 0.1000 mol·L^{-1} HAc 溶液的 pH 变化

加入 NaOH 体积/mL	HAc 被滴定百分数/%	剩余 HAc 体积/mL	过量 NaOH 体积/mL	溶液的 pH	
0.00	0.00	20.00		2.88	
10.00	50.00	10.00		4.75	
18.00	90.00	2.00		5.70	
19.80	99.00	0.20		6.75	
19.98	99.90	0.02		7.75	突跃范围
20.00	100.0	0.00		8.72	
20.02	100.1		0.02	9.70	
20.04	100.2		0.04	10.00	
20.20	101.0		0.20	10.70	
22.00	110.0		2.00	11.68	
40.00	200.0		20.00	12.50	

2. 曲线的分析　从图 7－3 可以看出，NaOH 滴定 HAc 时有如下特点：

（1）滴定前由于 HAc 的强度比同浓度的 HCl 弱，pH 比强碱滴定强酸高近 2 个 pH 单位，所以滴定曲线的起点高。

（2）滴定开始后，生成了少量的 NaAc。由于 Ac^- 的同离子效应，使 HAc 的解离更难，$[H^+]$ 明显降低，从而 pH 升高较快；随着 NaOH 的不断加入，NaAc 的量增多，与剩余的 HAc 形成缓冲系统，缓冲能力较强，于是 pH 增大较慢；随着滴定的

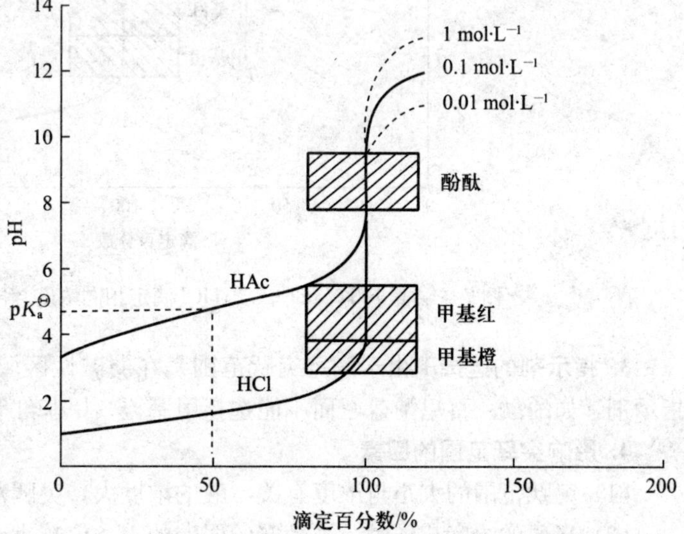

图 7－3　不同浓度 NaOH 滴定相应浓度 HAc 的滴定曲线

进行，溶液中剩下的 HAc 变少，溶液的缓冲能力明显减弱，pH 增大较快。因此，这一阶段曲线的变化是倾斜—平坦—倾斜。

（3）在计量点附近，所剩的 HAc 已极少，溶液已失去缓冲作用，加入一滴 NaOH 溶液，pH 急剧变化而产生突跃，pH 从 7.75 上升到 9.70。突跃范围比强碱滴定同样浓度的强酸小得多，且在弱碱性区域。

（4）滴定前三种 HAc 浓度的 pH 不同但很接近，在计量点前三种浓度的滴定曲线基本是重合的，这是因为它们在计量点前 H^+ 浓度的计算公式均是 $[H^+]_r=\frac{K_a^{\ominus}[HAc]_r}{[Ac^-]_r}$，只决定于 [HAc] 与 $[Ac^-]$ 之比，在用与 HAc 对应的相同浓度的 NaOH 滴定时比值是相同的。当滴定的百分数为 99.9%时，$[HAc]/[Ac^-]\approx 10^{-3}$，则 pH=7.75，当滴定的百分数为 100.1%时，溶液的 pH 的计算与强碱滴定强酸相同，因此，当强碱滴定弱酸时，强碱与弱酸的浓度都扩大 10 倍，但突跃范围只增加 1 个 pH 单位，如浓度为 0.01、0.1 和 1 $mol\cdot L^{-1}$的 HAc 对应的突跃范围分别是 7.75～8.70、7.75～9.70 和 7.75～10.70，而强碱滴定强酸则增加 2 个 pH 单位。另外，相应浓度的强碱滴定 0.01、0.1 和 1 $mol\cdot L^{-1}$弱酸时化学计量点各不相同，对于 HAc 分别是 8.23、8.72 和 9.23，而强碱滴定强酸的化学计量点都为 7。强酸滴定弱碱类同，见图 7-4。

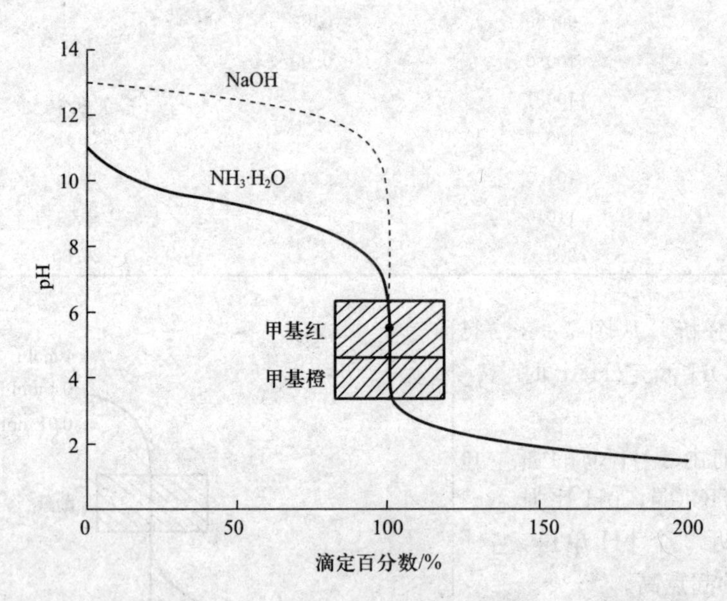

图 7-4　0.100 0 $mol\cdot L^{-1}$ HCl 滴定相同浓度 $NH_3\cdot H_2O$ 的滴定曲线

3. 指示剂的选择　由于滴定突跃范围是在弱碱性区域，只能选择在碱性范围内变色的指示剂，如酚酞、百里酚蓝，而不能选择甲基橙、甲基红等。

4. 影响突跃范围的因素

（1）突跃范围的大小与浓度有关，酸的浓度大，突跃范围大，浓度小，突跃范围小。

（2）当酸的浓度相同时，被滴定的弱酸的 $K_a^{\ominus}$ 值越小，突跃范围也越小，甚至消失，参见图 7-5。

一般说来，当溶液的 pH 改变 0.3 个单位时，人眼才能辨别出指示剂颜色的改变。即要

求计量点附近 pH 有±0.3 的变化，如果要求终点误差为±0.2%，则强碱能够直接准确滴定弱酸的可行性判据为

$$c_r K_a^{\ominus} \geqslant 10^{-8}$$

强酸滴定弱碱，如 0.100 0 mol·L^{-1}的 HCl 滴定 20.00 mL 0.100 0 mol·L^{-1}的 $NH_3 \cdot H_2O$，其滴定曲线与 NaOH 滴定 HAc 相似，但由于反应的产物是 NH_4^+，计量点时溶液呈酸性，滴定突跃在酸性范围内（pH=6.25～4.30），可选用甲基红、溴甲酚绿作指示剂。与强碱滴定弱酸一样，碱性太弱或浓度太低的碱不能直接滴定，只有当 $c_r K_b^{\ominus} \geqslant 10^{-8}$时，才能进行准确滴定。

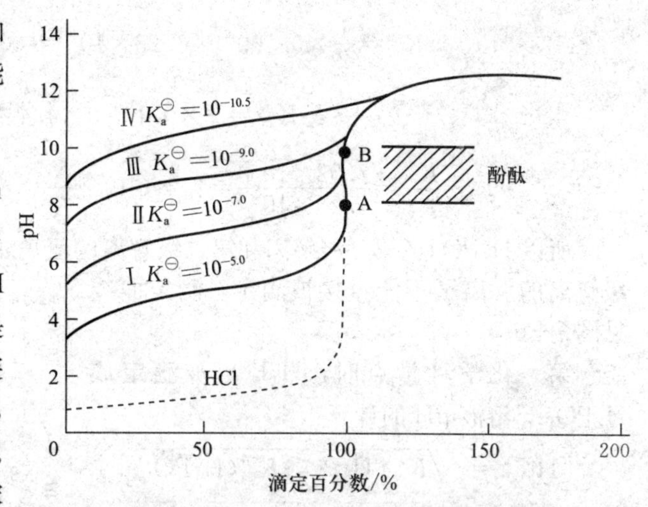

图 7-5 0.100 0 mol·L^{-1} NaOH 溶液滴定相同浓度不同强度弱酸溶液的滴定曲线

三、多元酸（碱）的滴定

1. 多元酸的滴定

（1）准确滴定及分步滴定的判断 多元酸在水溶液中是分步解离的，各级解离的氢离子能否被滴定，相邻两级的氢离子能否分步滴定，则要看酸的浓度、各级解离常数的大小和终点误差的要求。可以根据下列原则来判断：

① 多元酸 H_nA，如果 $c_r K_{a1}^{\ominus} \geqslant 10^{-8}$，且$\frac{K_{a1}^{\ominus}}{K_{a2}^{\ominus}} \geqslant 10^4$（指终点误差为 1%，如果要求终点误差为 0.5%，则$\frac{K_{a1}^{\ominus}}{K_{a2}^{\ominus}} \geqslant 10^5$），则中和第一级解离出的氢离子后，第一计量点附近有一个明显的突跃，可以用指示剂检测第一步的滴定终点。

② 如果 $c_r K_{a2}^{\ominus} \geqslant 10^{-8}$，且$\frac{K_{a2}^{\ominus}}{K_{a3}^{\ominus}} \geqslant 10^4$，第二计量点附近有一个明显的突跃。其他各级可依此类推。

③ 如果，$c_r K_{an}^{\ominus} \geqslant 10^{-8}$，$c_r K_{a(n+1)}^{\ominus} \geqslant 10^{-8}$，但$\frac{K_{an}^{\ominus}}{K_{a(n+1)}^{\ominus}} < 10^4$，则这两级解离的氢离子均可被直接测定，但不能分步滴定，两个突跃将混在一起，只形成一个突跃，测得的是两级解离的氢离子的总量。

（2）计量点 pH 的计算及指示剂的选择 多元酸滴定曲线的计算比较复杂，可用酸度计记录滴定过程中 pH 的变化来绘制滴定曲线。在实际工作中，通常只计算计量点的 pH，然后选择指示剂。

如用 0.100 0 mol·L^{-1}的 NaOH 滴定 0.100 0 mol·L^{-1}的 H_3PO_4 溶液：

$$K_{a1}^{\ominus}=7.52\times10^{-3}，K_{a2}^{\ominus}=6.23\times10^{-8}，K_{a3}^{\ominus}=4.4\times10^{-13}$$

$$c_{r1} K_{a1}^{\ominus}=0.100\,0\times7.52\times10^{-3}>10^{-8}$$

$$c_{r2}K_{a2}^{\ominus}=\frac{1}{2}\times0.1000\times6.23\times10^{-8}=0.3\times10^{-8}\text{（略小于}10^{-8}\text{）}$$

$$c_{r3}K_{a3}^{\ominus}=\frac{1}{3}\times0.1000\times4.4\times10^{-13}\ll10^{-8}$$

$$\frac{K_{a1}^{\ominus}}{K_{a2}^{\ominus}}=\frac{7.52\times10^{-3}}{6.23\times10^{-8}}=1.2\times10^{5}\qquad\frac{K_{a2}^{\ominus}}{K_{a3}^{\ominus}}=\frac{6.23\times10^{-8}}{4.4\times10^{-13}}=1.4\times10^{5}$$

所以 H_3PO_4 的第一级解离和第二级解离的氢离子都能被滴定，而且能分步滴定，第三级解离的氢离子不能直接被滴定，滴定曲线见图 7-6。

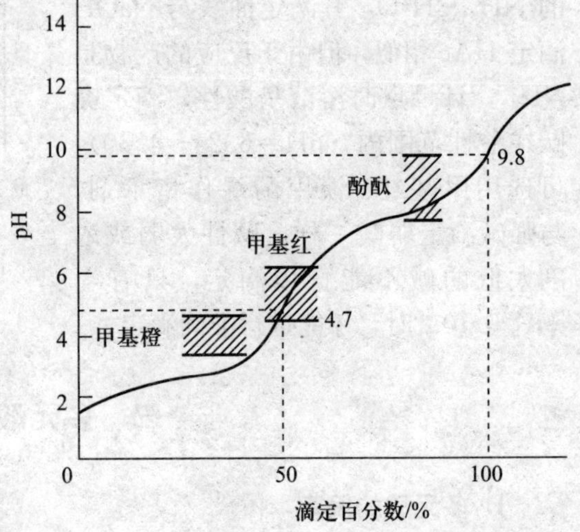

图 7-6　0.100 0 mol·L^{-1} NaOH 溶液滴定相同浓度 H_3PO_4 溶液的滴定曲线

第一化学计量点时，H_3PO_4 被滴定成 $H_2PO_4^-$，溶液 pH 的计算：

$$[H^+]_r=\sqrt{K_{a1}^{\ominus}(H_3PO_4)K_{a2}^{\ominus}(H_3PO_4)}$$
$$=\sqrt{7.52\times10^{-3}\times6.23\times10^{-8}}$$
$$=2.2\times10^{-5}$$

即　　　　pH=4.66

选择溴甲酚绿［$pK^{\ominus}$(HIn)=5.0］或甲基红［$pK^{\ominus}$(HIn)=5.0］作指示剂。

第二计量点时，继续滴定至 HPO_4^{2-}，溶液 pH 的计算：

$$[H^+]_r=\sqrt{K_{a2}^{\ominus}(H_3PO_4)K_{a3}^{\ominus}(H_3PO_4)}$$
$$=\sqrt{6.23\times10^{-8}\times4.4\times10^{-13}}$$
$$=1.7\times10^{-10}$$

即　　　　pH=9.77

选择百里酚酞［$pK^{\ominus}$(HIn)=10.0］或酚酞［$pK^{\ominus}$(HIn)=9.1］作指示剂。

第三化学计量点时，因为 $c_{r3}K_{a3}^{\ominus}<10^{-8}$，不能直接滴定，但可用间接法滴定。

在第二滴定终点后，向溶液中加入足量的中性 $CaCl_2$，则发生下列反应：

$$2HPO_4^{2-}+3Ca^{2+}=Ca_3(PO_4)_2\downarrow+2H^+$$

以 Ca^{2+} 置换出 HPO_4^{2-} 中的 H^+，将弱酸变为强酸，这样就可用 NaOH 滴定 H_3PO_4 的第三个 H^+。

2. 多元碱的滴定　多元碱用强酸滴定时，情况与多元酸的滴定相似。

如用 0.100 0 mol·L^{-1} 的 HCl 滴定 0.100 0 mol·L^{-1} 的 Na_2CO_3（$K_{b1}^{\ominus}=1.8\times10^{-4}$，$K_{b2}^{\ominus}=2.3\times10^{-8}$）。

由于 $c_{r1}K_{b1}^{\ominus}=0.1000\times1.8\times10^{-4}>10^{-8}$，$\frac{K_{b1}^{\ominus}}{K_{b2}^{\ominus}}=\frac{1.8\times10^{-4}}{2.3\times10^{-8}}\approx10^{4}$

故第一计量点时有突跃，第一计量点时，被滴定到 $NaHCO_3$。

$$[OH^-]_r=\sqrt{K_{b1}^{\ominus}(CO_3^{2-})K_{b2}^{\ominus}(CO_3^{2-})}$$
$$=\sqrt{1.8\times10^{-4}\times2.3\times10^{-8}}=2.0\times10^{-6}$$

$$pOH=5.68\qquad pH=8.32$$

可用甲酚红-百里酚蓝混合指示剂，终点由紫色（pH=8.4）变为玫瑰色（pH=8.2）；也可用酚酞作指示剂，但由于酚酞由红色变无色，终点不易观察，终点误差可达±2.5%左右。

由于 $c_{r2}K_{b2}^{\ominus}=\frac{1}{2}\times0.1000\times2.3\times10^{-8}=0.1\times10^{-8}$，略小于 10^{-8}，所以第二计量点突跃范围不大，滴定终点误差超过±0.2%。

第二步滴定反应为

$$NaHCO_3+HCl=NaCl+H_2O+CO_2$$

终点时形成 CO_2 的水溶液，可当作一元弱酸处理，则

$$[H^+]_r=\sqrt{c_r(H_2CO_3)K_{a1}^{\ominus}(H_2CO_3)}$$

$$=\sqrt{\frac{1}{3}\times0.1000\times4.30\times10^{-7}}$$

$$=1.2\times10^{-4}$$

即　　　　　　　pH=3.92

可选用甲基橙作指示剂。但需注意，因滴定生成的 H_2CO_3 转化为 CO_2 较慢，使终点提前。因此，在滴定接近终点时，应用力振摇溶液，以加快 H_2CO_3 的分解，驱除 CO_2。或者滴定至溶液刚变橙色时，将溶液煮沸除去 CO_2，再用 HCl 准确滴定到终点。其滴定曲线如图 7-7 所示。

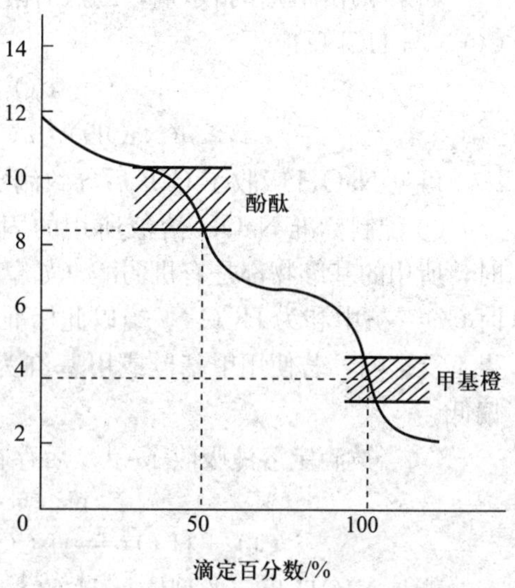

图 7-7　0.100 0 mol·L⁻¹ HCl 溶液滴定相同浓度 Na_2CO_3 溶液的滴定曲线

3. 混酸的滴定　对于混合酸，比如两种弱酸（HA+HB）混合的体系，同样应先分别判断它们能否被准确滴定，再根据 $\frac{c(HA)\cdot K_a^{\ominus}(HA)}{c(HB)\cdot K_a^{\ominus}(HB)}\geqslant10^4$ 判断能否实现分别滴定。强酸与弱酸混合的情况较为复杂，例如 0.100 0 $mol\cdot L^{-1}$ NaOH 滴定 20 mL 0.100 0 $mol\cdot L^{-1}$ HCl 和 0.100 0 $mol\cdot L^{-1}$ NH_4Cl 的混合溶液，当 NaOH 刚好与 HCl 反应完全时，由于 NH_4Cl 是很弱的酸，$c(NH_4^+)\cdot K_a^{\ominus}(NH_4^+)<10^{-8}$，不能被 NaOH 直接准确滴定，故计量点时溶液的 pH 由没有反应的 NH_4Cl 溶液来计算，$[H^+]_r=\sqrt{\frac{K_w^{\ominus}}{K_b^{\ominus}}\times c_r(NH_4^+)}=2.1\times10^{-6}$，pH≈5.28，此时应选择甲基红 $[pK^{\ominus}(HIn)=5.0]$ 作指示剂。

四、酸碱滴定中 CO_2 的影响

在酸碱滴定中，CO_2 是滴定误差的主要来源，CO_2 可以通过很多途径参与酸碱滴定。如配制溶液等所使用的蒸馏水中有 CO_2；标准碱溶液和用来配制标准溶液的固体碱都会吸收 CO_2；在滴定过程中，被滴溶液也不断吸收 CO_2。

CO_2 对酸碱滴定的影响如下：

① 已标定过的 NaOH 标准溶液，如果保存不当或在使用过程中吸收了 CO_2，使 NaOH 标准溶液中含有部分 Na_2CO_3。当用此 NaOH 滴定未知酸时，如果使用甲基橙作指示剂，终点时溶液的 pH≈4。此时，NaOH 吸收 CO_2 后所产生的 Na_2CO_3 与 HCl 反应

$$CO_3^{2-} + 2H^+ \rightleftharpoons H_2CO_3$$

计量关系为　　$n(NaOH) : n(Na_2CO_3) : n(HCl) = 2 : 1 : 2$

可见 NaOH 吸收了 CO_2 后对滴定结果无影响。

如果采用酚酞作指示剂，终点时溶液的 pH=9～10。此时 NaOH 吸收的 CO_2 所产生的 CO_3^{2-} 与 HCl 反应

$$CO_3^{2-} + H^+ \rightleftharpoons HCO_3^-$$

$$n(NaOH) : n(Na_2CO_3) : n(HCl) = 2 : 1 : 1$$

可见 NaOH 吸收了 CO_2 后导致滴定结果偏高。

② 配制标准 NaOH 溶液所用的固体 NaOH 中含有少量 Na_2CO_3，由于在标定 NaOH 时，所用的基准物都是有机弱酸（如草酸、邻苯二甲酸氢钾），必须选用酚酞作指示剂，此时 CO_3^{2-} 被中和为 HCO_3^-。当以此标准溶液滴定未知酸时，若使用酚酞为指示剂，则滴定结果不受影响，若使用甲基橙或甲基红为指示剂，此时，CO_3^{2-} 被中和为 H_2CO_3，导致结果偏低。

③ 当被滴定溶液吸收了 CO_2 后存在如下平衡：

$$CO_2 + H_2O \overset{pH<6.4}{\rightleftharpoons} H_2CO_3 \overset{6.4<pH<10.3}{\rightleftharpoons} HCO_3^- + H^+ \overset{pH>10.3}{\rightleftharpoons} 2H^+ + CO_3^{2-}$$

能与 NaOH 反应的型体是 H_2CO_3 而不是 CO_2，它在水溶液中仅占 0.3%，若使用甲基橙作指示剂，由于终点时 pH≈4，此时 H_2CO_3 基本上不被滴定，即 CO_2 不消耗 NaOH。

若使用酚酞作指示剂，终点时 pH=9～10，此时 H_2CO_3 与 NaOH 反应：

$$H_2CO_3 + NaOH = NaHCO_3 + H_2O$$

从而消耗 NaOH，会造成误差。另外，由于 H_2CO_3 与 NaOH 溶液的反应速度不太快，在滴定过程中不断吸收 CO_2，因此，当滴定到粉红色时，稍稍放置，CO_2 又转变为 H_2CO_3，致使粉红色褪去而不易得到稳定的终点。

消除 CO_2 影响的措施：

① 用不含 Na_2CO_3 的 NaOH 配制标准溶液。

② 利用 Na_2CO_3 在浓 NaOH 溶液中溶解度很小，先将 NaOH 制成 50%的浓溶液，取上层清液，用经过煮沸除去 CO_2 的蒸馏水稀释成所需浓度的碱液。

③ 在较浓的 NaOH 溶液中加入 $BaCl_2$ 或 $Ba(OH)_2$ 以沉淀 CO_3^{2-}，然后取上层清液稀释至所需浓度（在 Ba^{2+} 不干扰测定时才能采用）。

第三节　酸碱滴定法的应用

酸碱滴定法能测定酸和碱，还能测定许多非酸非碱的物质，如有些含碳、硫、磷、硼、硅、氮和卤素等元素的化合物经处理后，也可用酸碱滴定法测定。

一、直接滴定法示例

纯碱中 Na_2CO_3 和 $NaHCO_3$ 含量的测定。

双指示剂法：用两种指示剂进行连续滴定，根据两个滴定终点 HCl 的用量，计算组分

的含量。测定纯碱中 Na_2CO_3 和 $NaHCO_3$ 含量，可选用酚酞和甲基橙作指示剂，以 HCl 标准溶液连续滴定，滴定过程图解如下：

Na_2CO_3　　$NaHCO_3$	→加入酚酞
↓　+HCl　↓	
$NaHCO_3$　　$NaHCO_3$	$\xrightarrow{V_1}$ 酚酞变色，加入甲基橙
↓　+HCl　↓	
H_2O + CO_2	$\xrightarrow{V_2}$ 甲基橙变色

第一计量点消耗 HCl 标准溶液为 V_1，滴定反应为

$$CO_3^{2-}+H^+ = HCO_3^-$$

第二计量点消耗 HCl 标准溶液为 V_2，滴定反应为

$$HCO_3^-+H^+ = H_2O+CO_2\uparrow$$

它们的质量分数为

$$w(Na_2CO_3)=\frac{c(HCl)V_1(HCl)M(Na_2CO_3)}{m}$$

$$w(NaHCO_3)=\frac{c(HCl)[V_2(HCl)-V_1(HCl)]M(NaHCO_3)}{m}$$

双指示剂法操作简单，但滴定至第一化学计量点时（$NaHCO_3$），终点不明显，约有1%左右的误差，若要求测定结果较准确，可改用氯化钡法。

双指示剂不仅用于混合碱的定量分析，还可以用于未知碱液的定性分析。如表 7-6 所示。

表 7-6　未知碱的定性分析

V_1 和 V_2 的变化	$V_1\neq0$，$V_2=0$	$V_2\neq0$，$V_1=0$	$V_1=V_2\neq0$	$V_1>V_2>0$	$V_2>V_1>0$
碱的组成	NaOH	$NaHCO_3$	Na_2CO_3	$NaOH+Na_2CO_3$	$NaHCO_3+Na_2CO_3$

注：V_1 为第一终点所消耗 HCl 标准溶液体积；V_2 为第二终点所消耗 HCl 标准溶液体积。

二、间接滴定法示例

1. 氮的测定　肥料、土壤及许多有机化合物中氮的测定，通常是将试样适当处理后，使其中的氮转化为 NH_4^+，再进行测定，常用的方法有蒸馏法和甲醛法。

（1）蒸馏法　将铵盐试样溶液置于蒸馏瓶中，加入过量（不计量）的 NaOH，加热使 NH_3 定量蒸馏出来。

$$NH_4^+ + NaOH（浓）\xlongequal{\triangle} NH_3+H_2O+Na^+$$

蒸馏出来的 NH_3 用定量且过量的 HCl（或 H_2SO_4）标准溶液吸收，过量的酸以甲基红或甲基橙为指示剂，用 NaOH 标准溶液返滴定。

$$w(N)=\frac{[c(HCl)V(HCl)-c(NaOH)V(NaOH)]M(N)}{m}$$

蒸馏出来的 NH_3 也可以用过量但不计量的 H_3BO_3 溶液吸收：

$$NH_3+H_3BO_3 = NH_4^+ + H_2BO_3^-$$

$$K_b^{\ominus}(H_2BO_3^-)=\frac{K_w^{\ominus}}{K_a^{\ominus}(H_3BO_3)}=\frac{1.0\times10^{-14}}{7.3\times10^{-10}}=1.4\times10^{-5} \qquad c_rK_b^{\ominus}\gg10^{-8}$$

可用盐酸滴定 $H_2BO_3^-$，反应为

$$H^+ + H_2BO_3^- = H_3BO_3$$

到计量点时，溶液的 pH 约为 5.1，可用甲基红作指示剂。

$$w(N)=\frac{c(HCl)V(HCl)M(N)}{m}$$

(2) 甲醛法　NH_4^+ 可与甲醛发生如下反应：

$$4NH_4^+ + 6HCHO = (CH_2)_6N_4H^+ + 3H^+ + 6H_2O$$

生成的 H^+ 和 $(CH_2)_6N_4H^+$($pK_a^{\ominus}=5.13$)，可用 NaOH 标准溶液直接滴定，选取酚酞作指示剂。

$$w(N)=\frac{c(NaOH)V(NaOH)M(N)}{m}$$

如果试样中含有游离的酸或碱，事先应以甲基红作指示剂进行中和。甲醛中常含有少量甲酸，使用前也应预先中和除去。

2. 硅的测定　矿石、岩石、水泥、玻璃、陶瓷、分子筛等都是硅酸盐，硅酸盐试样中二氧化硅含量的测定，通常采用重量法。重量法比较准确，但费时费力。氟硅酸钾法（酸碱滴定法）比较简便快速，准确度也能满足一般要求。

试样用 KOH 熔融后转化为可溶性硅酸盐（K_2SiO_3），在 KCl 存在下，K_2SiO_3 与 HF 作用（或在 HNO_3 溶液中加 KF），生成难溶的硅氟酸钾（K_2SiF_6）。由于沉淀的溶解度较大，需加入固体 KCl 以降低其溶解度。沉淀过滤洗涤后，加入沸水，使沉淀溶解，释放出来的 HF 用 NaOH 标准溶液滴定，即可求出 SiO_2 的含量。反应的计量比为 $n(SiO_2):n(NaOH)=1:4$。有关反应为

$$K_2SiO_3+6HF = 3H_2O+K_2SiF_6\downarrow$$

$$K_2SiF_6+3H_2O = 2KF+4HF+H_2SiO_3$$

$$HF+NaOH = H_2O+NaF$$

$$w(SiO_2)=\frac{c(NaOH)V(NaOH)\times\frac{1}{4}M(SiO_2)}{m}$$

一些难溶于水具有酸性或碱性的物质，也可以用间接酸碱滴定法进行分析。

本章小结

(1) 酸碱滴定法是以质子传递反应为基础的滴定分析法。

(2) 酸碱指示剂一般是弱有机酸或有机碱，它们在酸碱滴定中也参与质子转移反应，它们的酸式和碱式因结构不同而显不同的颜色，因此当溶液的 pH 改变到一定的数值时，就会发生明显的颜色变化。

(3) 强碱（酸）滴定强酸（碱）的滴定突跃的大小与溶液的浓度有关，酸碱浓度增大10倍，突跃范围增大2个pH单位。强碱滴定弱酸，pH的突跃范围大小不仅与酸、碱浓度有关，而且与弱酸的离解常数$K_a^\ominus$有关。当$K_a^\ominus$值一定时，弱酸浓度增大10倍，突跃范围只增大1个pH单位。当浓度一定时，$K_a^\ominus$值增大10倍，突跃范围也增大1个pH单位。如果酸的浓度和$K_a^\ominus$值的乘积小到某一程度时，pH的突跃就不明显了。当$c_rK_a^\ominus<10^{-8}$时，人们就不能借助指示剂来判断终点。所以，$c_rK_a^\ominus \geqslant 10^{-8}$（$c_rK_b^\ominus \geqslant 10^{-8}$），是弱酸（弱碱）能否被直接滴定的判据。

(4) 多元酸分级离解产生的H^+首先要判断它是否能被直接滴定，若能滴定，那么能否被一级一级地分步滴定。所谓分步滴定（以二元酸H_2B为例）是指第一级离解的H^+被完全中和［即$c_r(H_2B)<10^{-6}\ mol \cdot L^{-1}$］之后，第二级离解的$H^+$才开始被中和，在滴定曲线上出现两个明显的突跃。二元弱酸能分步滴定的判据是$c_rK_a^\ominus \geqslant 10^{-8}$，而且$K_{a1}^\ominus/K_{a2}^\ominus \geqslant 10^4$，若能满足则可滴定至第一终点；若还能满足$c_rK_{a2}^\ominus \geqslant 10^{-8}$，则可分步滴定；若$c_rK_{a1}^\ominus$和$c_rK_{a2}^\ominus$都大于$10^{-8}$，但$K_{a1}^\ominus/K_{a2}^\ominus<10^4$，则只能滴定到第二终点。

化学之窗

Antacids and the pH Balance in Your Stomach（调节胃液pH的抗酸剂）

An average adult produces between 2 and 3 L of gastric（胃）juice daily. Gastric juice is a thin，acidic digestive fluid secreted by glands in the mucous membrane lining the stomach. It contains，among other substances，hydrochloric acid. The pH of the gastric juice is about 1.5，which corresponds to a hydrochloric acid concentration of 0.03 M——a concentration strong enough to dissolve zinc metal! What is the purpose of this highly acidic medium? Where do the H^+ ions come from? What happens when there is an excess of H^+ ions present in the stomach?

Figure is a simplified diagram of the stomach. The inside lining is made up of parietal cells. which are fused together to form tight junctions. The interiors of the cells are protected from the surroundings by cell membranes. These membranes permit passage of water and neutral molecules. but usually block the movement of ions such as H^+，Na^+，K^+，and Cl^- ions. The H^+ ions come from the carbonic acid（H_2CO_3）formed as a result of the hydration of CO_2，an end product of metabolism：

$$CO_2(g)+H_2O(l) \longrightarrow H_2CO_3(aq)$$

$$H_2CO_3 \longrightarrow H^+(aq)+HCO_3^-(aq)$$

These reactions take place in the blood plasma bathing the cells in the mucosa. By a process known as active transport，H^+ ions move across the membrane into the stomach interior.（Active transport processes are known to be carried out with the aid of enzymes. but the details are not clearly understood at present.）To maintain electrical balance. an equal number of Cl^- ions also move from the blood plasma into the stomach. Once in the stomach，most of these ions are prevented from diffusing back into the blood plasma by cell membranes.

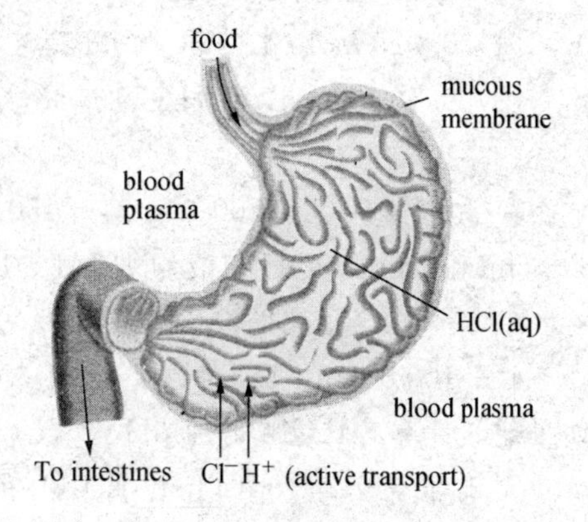

Figure　A simplified diagram of the human stomach

The purpose of the highly acidic medium within the stomach is to digest food and to activate certain digestive enzymes. Eating stimulates H^+ ion secretion（分泌）. A small fraction of these ions are reabsorbed by the mucosa，and many tiny hemorrhages（出血）result，a normal process. About half a million cells are shed every minute，and a healthy stomach is completely relined every three days or so. However，if the acid content is excessively high，the constant influx（流入）of H^+ ions through the membrane back to the blood plasma can cause muscle contraction，pain，swelling，inflammation，and bleeding.

One way to temporarily reduce the H^+ ion concentration in the stomach is to take an antacid. The major function of antacids is to neutralize excess HCl in gas.

The active ingredients of some popular antacids are calcium carbonate，sodium bicarbonate，magnesium hydroxide，aluminum glycinate，etc.

思 考 题

1. 什么叫酸碱指示剂的理论变色点？什么叫酸碱指示剂的理论变色范围？
2. 酸碱指示剂的实际变色范围一般与理论变色范围不同，为什么？
3. 与单一指示剂相比，混合指示剂有何特点？
4. 什么是滴定的突跃范围？在滴定分析中有何用途？如何选择酸碱指示剂？
5. 强酸滴定强碱与弱碱的滴定曲线有何不同？
6. 强酸滴定弱碱的滴定突跃范围的大小与哪些因素有关？
7. 如何判断多元酸碱能否分步滴定？
8. CO_2 对酸碱滴定有无影响？
9. 测定混合碱含量的双指示剂法的关键是什么？

1. 下列物质能否分步滴定，应选用何种指示剂，为什么？

(1) 0.10 mol·L^{-1} $H_2C_2O_4$　　(2) 0.10 mol·L^{-1} H_3PO_4

(3) 0.10 mol·L^{-1}酒石酸　　(4) 0.10 mol·L^{-1}柠檬酸

(5) 0.10 mol·L^{-1}乙二胺

2. 计算下列溶液的 pH：

(1) 0.025 mol·L^{-1} HCOOH 溶液　　(2) 1.0×10^{-4} mol·L^{-1} NaCN 溶液

(3) 0.10 mol·L^{-1} NH_4CN 溶液　　(4) 0.10 mol·L^{-1} H_3BO_3 溶液

(2.69，9.56，9.28，5.07)

3. 称取 $CaCO_3$ 0.500 0 g 溶于 50.00 mL HCl 中，多余的酸用 NaOH 回滴，耗碱 6.20 mL，1 mLNaOH 溶液相当于 1.010 mL HCl 溶液，求这两种溶液的浓度。

(0.228 4 mol·L^{-1}，0.230 7 mol·L^{-1})

4. 0.100 0 mol·L^{-1}的二元酸 H_2A($K_{a1}^{\ominus}=3.0\times10^{-3}$，$K_{a2}^{\ominus}=2.0\times10^{-7}$) 能否分步滴定？如果能，计算各计量点时的 pH。　　(4.62，9.61)

5. 称取仅含有 Na_2CO_3 和 K_2CO_3 的试样 1.000 g 溶于水后以甲基橙作指示剂，滴于终点时耗去 0.500 0 mol·L^{-1} HCl 30.00 mL。试计算样品中 Na_2CO_3 和 K_2CO_3 的质量分数。[M (Na_2CO_3) =105.99，M (K_2CO_3) =138.21]　　(0.879 5，0.120 5)

6. 测定某一混合碱，试样量为1.000 0 g，酚酞作指示剂，滴至终点需0.250 0 mol·L^{-1} HCl 20.40 mL，再以甲基橙为指示剂，继续以HCl滴至终点，需HCl溶液28.46 mL，试求该混合碱的组成及质量分数。

[$w(Na_2CO_3)=54.05$，$w(NaHCO_3)=16.9$]

7. 有浓H_3PO_4 2.000 g，用水稀释定容为250.0 mL，取25.00 mL，以0.100 0 mol·L^{-1} NaOH 20.04 mL滴定至终点（用甲基红作指示剂），计算H_3PO_4的质量分数。 (0.982 0)

8. 含有$Na_2HPO_4\cdot 12H_2O$和$NaH_2PO_4\cdot H_2O$混合试样0.600 0 g，用甲基橙指示剂以0.100 0 mol·L^{-1} HCl 14.00 mL滴定至终点，同样质量的试样用酚酞作指示剂时需用5.00 mL 0.120 0 mol·L^{-1}NaOH滴至终点，计算各组分的质量分数。 (0.835 8，0.138)

9. 用移液管移取100 mL乙酸乙酯放入盛有50.00 mL 0.237 8 mol·L^{-1}的KOH溶液的回流瓶中，加热回流30min，使乙酸乙酯完全水解：

$$CH_3CH_2OCOCH_3+OH^-=CH_3CH_2OH+CH_3COO^-$$

剩余未反应的KOH用0.317 2 mol·L^{-1}的HCl滴定，用去32.75 mL，计算乙酸乙酯的含量(g·mL^{-1})，滴定时应选什么指示剂，为什么？ (1.322×10^{-3} g·mL^{-1}，酚酞)

10. 测某有机物中的氮含量，样品重0.888 0 g，用浓H_2SO_4催化剂将其蛋白质分解成NH_4^+，然后加浓碱蒸馏出NH_3，用0.213 3 mol·L^{-1}的HCl溶液20.00 mL吸收，剩余的HCl用0.196 2 mol·L^{-1}的NaOH溶液5.50 mL滴定至终点，计算试样中氮的质量分数。

(0.050 2)

11. $NaHSO_4$可用作金属表面的酸洗清洁剂，它可用硫酸与氯化钠反应制得。为确定氯化钠杂质的含量，称取1.016 g $NaHSO_4$只含有氯化钠杂质的样品，溶解后，用0.225 mol·L^{-1}的NaOH滴定至终点，消耗的体积为36.56 mL，计算杂质氯化钠的质量分数。 (2.8%)

12. 盐酸丙氨酸为二元酸，存在如下平衡

$$^+H_3NCH_2CH_2COOH+H_2O \rightleftharpoons H_3O^+ + {}^+H_3NCH_2CH_2COO^- \quad K_{a1}^{\ominus}=4.57\times10^{-3}$$

$$^+H_3NCH_2CH_2COO^-+H_2O \rightleftharpoons H_3O^+ + H_2NCH_2CH_2COO^- \quad K_{a2}^{\ominus}=2.04\times10^{-10}$$

当$^+H_3NCH_2CH_2COOH$的浓度为0.500 0 mol·L^{-1}时，用相同浓度的NaOH滴定，(1)判断该二元酸各级解离的H^+能否准确和分步滴定。(2)滴定前溶液的pH。(3)当滴定的产物为$^+H_3NCH_2CH_2COO^-$时，溶液的pH。

13. An unknown sample of a chemical is shown to be acidic and quite pure. However, the identity of the chemical is not known. To help identify this chemical, its molar mass is determined by a titration. A 0.054 65 g sample of this material requires 24.55 mL of 0.012 65 mol·L^{-1} NaOH to reach an end point that is detected by using phenolphthalein as an acid-base indicator. What is the molar mass of the acid in this sample? (176.0 g·mol^{-1})

14. The amount of protein in a new type of cold cereal was measured using a Kjeldahl titration. The ammonia that was produced for one serving of the cereal (28.34 g) was distilled from the digested sample and captured in a 50.00 mL solution of 0.600 0 mol·L^{-1} HCl. This solution was later examined in a back titration using 0.100 0 mol·L^{-1} NaOH and gave an end point at 7.84 mL of add titrant. Calculate the percent nitrogen and percent protein in the original sample. (Recall that proteins typically contain 17.5% nitrogen by weight)

(1.44%，8.25%)

第八章　沉淀溶解平衡

第一节　难溶化合物的溶度积

严格说来，绝对不溶于水的物质是不存在的，通常所说的不溶物或沉淀，应称为难溶物。目前没有严格区分难溶物的标准，习惯上将每100 g水中溶解度小于0.01 g的物质称为难溶物。但对于某些相对分子质量较大的物质，即使其溶解度大于上述标准，其在水溶液中的浓度也很小，通常也认为是难溶物。本章所讨论的难溶物是难溶电解质。

一、沉淀溶解平衡和溶度积常数

将难溶电解质 A_mB_n 置于水中，A_mB_n 固体表面的 A^{n+} 及 B^{m-} 在水分子的作用下，一部分进入水中形成水合离子 A^{n+}(aq) 和 B^{m-}(aq)，同时这些水合离子在运动中受到固体表面的吸附又可以重新回到固体表面，当溶液中这两个相反的过程速率相等时，可达成沉淀溶解平衡：

$$A_mB_n(s) \underset{沉淀}{\overset{溶解}{\rightleftharpoons}} mA^{n+}(aq)+nB^{m-}(aq)$$

若 A_mB_n 溶解的部分一步完全电离，离子无副反应（水解、聚合、配位等），忽略离子强度的影响，上述平衡关系则表示为

$$K_{sp}^{\ominus}(A_mB_n)=[A^{n+}]_r^m[B^{m-}]_r^n \qquad (8-1)$$

式中，$[A^{n+}]_r$ 和 $[B^{m-}]_r$ 分别表示正负离子的相对平衡浓度；$K_{sp}^{\ominus}$是一定温度时，难溶电解质饱和溶液中各离子浓度幂次方的乘积，此多相平衡常数，称为溶度积常数，简称为溶度积（solubility product)。如难溶电解质 $Ca_3(PO_4)_2$ 的沉淀溶解平衡：

$$Ca_3(PO_4)_2(s) \rightleftharpoons 3Ca^{2+}+2PO_4^{3-}$$

溶度积表达式为

$$K_{sp}^{\ominus}[Ca_3(PO_4)_2]=[Ca^{2+}]_r^3\,[PO_4^{3-}]_r^2$$

溶度积是难溶电解质沉淀溶解平衡的平衡常数，可以通过热力学计算获得，也可以通过实验方法测定。

二、溶度积与溶解度的关系

溶度积与溶解度都可以表示难溶电解质的溶解情况，但二者概念不同。$K_{sp}^{\ominus}$是平衡常数的一种形式；溶解度是浓度的一种表示形式，表示一定温度下 1L 难溶电解质饱和溶液中所

含溶质的物质的量，用符号 S 表示，单位为 $mol \cdot L^{-1}$。

1. 溶度积与溶解度的相互换算

（1）AB 型（AgCl、AgI、$BaSO_4$）

例 8-1　已知 25 ℃时，AgCl 的溶解度为 $1.33\times10^{-5}\ mol \cdot L^{-1}$，计算其 $K_{sp}^{\ominus}$。

解：

$$AgCl(s) \rightleftharpoons Ag^{+} + Cl^{-}$$

$$S=[Ag^{+}]=[Cl^{-}]=1.33\times10^{-5}\ mol \cdot L^{-1}$$

$$K_{sp}^{\ominus}=[Ag^{+}]_r[Cl^{-}]_r=S^2=(1.33\times10^{-5})^2=1.77\times10^{-10}$$

（2）AB_2 或 A_2B 型 [$Ca(OH)_2$、Ag_2CrO_4]

例 8-2　已知 25 ℃时，Ag_2CrO_4 的溶度积为 1.12×10^{-12}，计算其溶解度。

解： 设 Ag_2CrO_4 的溶解度为 S，$x=S/c^{\ominus}$

$$Ag_2CrO_4(s) \rightleftharpoons 2Ag^{+} + CrO_4^{2-}$$

相对平衡浓度　　　　$2x$　　　x

$$K_{sp}^{\ominus}=[Ag^{+}]_r^2[CrO_4^{2-}]_r=(2x)^2x=4x^3$$

$$x=\sqrt[3]{\frac{K_{sp}^{\ominus}(Ag_2CrO_4)}{4}}=6.54\times10^{-5}$$

$$S(Ag_2CrO_4)=6.54\times10^{-5}\ mol \cdot L^{-1}$$

2. 利用 $K_{sp}^{\ominus}$ 比较溶解度大小　对于组成类型相同的两种难溶电解质，可以直接用 $K_{sp}^{\ominus}$ 比较溶解度的大小，$K_{sp}^{\ominus}$ 越小的难溶电解质，其溶解度也越小。如 AgCl 和 AgBr 在 25 ℃时 $K_{sp}^{\ominus}$ 分别为 1.77×10^{-10} 和 5.35×10^{-13}，它们在纯水中溶解度分别为 $[Cl^{-}]_r=\sqrt{K_{sp}^{\ominus}(AgCl)}=1.33\times10^{-5}$，$[Br^{-}]_r=\sqrt{K_{sp}^{\ominus}(AgBr)}=7.31\times10^{-7}$，AgCl 的溶解度大于 AgBr 的溶解度。

对于组成类型不相同的两种难溶电解质，需通过 $K_{sp}^{\ominus}$ 来求算溶解度。如 AgCl 和 Ag_2CrO_4 在 25 ℃时 $K_{sp}^{\ominus}$ 分别为 1.77×10^{-10} 和 1.12×10^{-12}，$K_{sp}^{\ominus}(AgCl)>K_{sp}^{\ominus}(Ag_2CrO_4)$，通过例 8-1 和例 8-2 计算可知，$Ag_2CrO_4$ 在水中的溶解度大于 AgCl。但如果两种难溶电解质的 $K_{sp}^{\ominus}$ 相差很大，如 $K_{sp}^{\ominus}[Fe(OH)_3]=2.64\times10^{-39}$，$K_{sp}^{\ominus}[Fe(OH)_2]=8.0\times10^{-16}$，则可判断 $Fe(OH)_3$ 在水中的溶解度小。

三、溶度积规则

在难溶电解质 A_mB_n 的溶液中，其任意状态下离子浓度幂的乘积称为离子积（ion product），用 Q 表示。即

$$Q(A_mB_n)=c_r^m(A^{n+})c_r^n(B^{m-})$$

Q 的表达式与 $K_{sp}^{\ominus}$ 相同，不同的是 $K_{sp}^{\ominus}$ 表达式中离子浓度为平衡浓度，而 Q 表达式中离子浓度为任意状态下浓度，$K_{sp}^{\ominus}$ 只是 Q 的状态之一。联系第三章化学反应等温式有关平衡常数和反应商的讨论，根据平衡移动的原理，比较 $K_{sp}^{\ominus}$ 和 Q 可以得出如下结论：

（1）$Q<K_{sp}^{\ominus}$，即 $\Delta_rG_m<0$，为不饱和溶液，若系统中原来有沉淀，此时沉淀会溶解，直至 $Q=K_{sp}^{\ominus}$ 达到新的平衡为止；若原来系统中没有沉淀，此时也不会有新的沉淀生成。

（2）$Q>K_{sp}^{\ominus}$，即 $\Delta_rG_m>0$，为过饱和溶液，沉淀会不断析出，直至 $Q=K_{sp}^{\ominus}$ 为止。

(3) $Q=K_{sp}^{\ominus}$，即 $\Delta_r G_m=0$，为饱和溶液，系统处于沉淀溶解平衡状态。宏观上看既无沉淀生成，也无沉淀溶解。

这就是溶度积规则，也叫溶度积原理（solubility product principle），据此可以判断沉淀溶解平衡的方向，用以讨论沉淀的生成、溶解、转化等问题。

四、影响沉淀溶解平衡的因素

根据化学平衡的原理，对已达成沉淀溶解平衡的饱和溶液，改变条件时平衡移动，即可改变难溶电解质的溶解度。

1. 同离子效应 在难溶电解质的饱和溶液中，加入含有相同离子的强电解质，会使平衡向着生成沉淀的方向移动，使难溶电解质的溶解度减小，称这种现象为难溶电解质的同离子效应。如 AgCl 在 KCl 溶液中的溶解度小于其在纯水中的溶解度。

例 8-3 已知 25 ℃时，$K_{sp}^{\ominus}(BaSO_4)=1.1\times10^{-10}$，计算可知它在纯水中的溶解度为 1.0×10^{-5} mol·L^{-1}，通过计算说明 $BaSO_4$ 在纯水中的溶解度是它在 0.010 mol·L^{-1}的 $BaCl_2$ 溶液中溶解度的多少倍？

解：设 $BaSO_4$ 在 0.010 mol·L^{-1}的 $BaCl_2$ 溶液中的溶解度为 S，$x=S/c^{\ominus}$

$$BaSO_4(s) \rightleftharpoons Ba^{2+} + SO_4^{2-}$$

	Ba^{2+}	SO_4^{2-}
初始相对浓度	0.010	0
平衡相对浓度	$0.010+x$	x

因为 $BaSO_4$ 的 $K_{sp}^{\ominus}$很小，且有同离子存在，所以 x 很小，$0.010+x\approx0.010$

$$K_{sp}^{\ominus}=[Ba^{2+}]_r[SO_4^{2-}]_r=x(0.010+x)=0.010x=1.1\times10^{-10}$$

$$x=1.1\times10^{-8} \qquad S=1.1\times10^{-8}\ \text{mol}\cdot\text{L}^{-1}$$

$$1.0\times10^{-5}/(1.1\times10^{-8})\approx910$$

即 $BaSO_4$ 在纯水中的溶解度是它在 0.010 mol·L^{-1}的 $BaCl_2$ 溶液中溶解度的 910 倍。

2. 盐效应 在难溶电解质的饱和溶液中，加入含有与难溶电解质不相同的强电解质，会使平衡向着沉淀溶解的方向移动，使难溶电解质的溶解度略有增加，称其为难溶电解质的盐效应。如 $BaSO_4$ 在 KCl 溶液中的溶解度大于其在纯水中的溶解度。因为强电解质的加入，离子增多使溶液中离子强度增加，正负离子结合生成沉淀的机会减小，故难溶电解质的溶解度略有增加。如第六章所讨论的同离子效应和盐效应对弱电解质解离度的影响一样，同离子效应也存在盐效应，而同离子效应对难溶电解质的溶解度的影响远大于盐效应。

3. 酸效应 对于 $CaCO_3$、$Fe(OH)_3$ 等难溶化合物，当溶液 pH 降低时，会使沉淀溶解平衡向沉淀溶解的方向移动，使难溶化合物的溶解度增加，这种现象称为酸效应。

利用酸碱反应可以使许多难溶化合物溶解。例如，$CaCO_3$ 可溶于盐酸，$Mg(OH)_2$ 可溶于盐酸，又可溶于 NH_4Cl 溶液中。

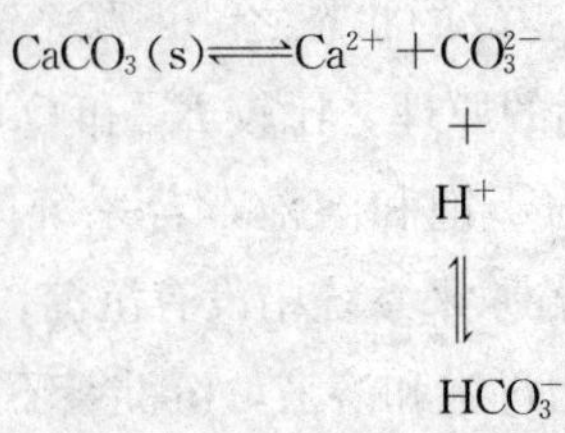

$$\begin{array}{l}Mg(OH)_2(s) \rightleftharpoons Mg^{2+} + 2OH^- \\ \qquad\qquad\qquad\qquad\quad + \\ \qquad\qquad\qquad\qquad 2NH_4^+ \\ \qquad\qquad\qquad\qquad\quad \Updownarrow \\ \qquad\qquad\qquad\quad 2NH_3 + 2H_2O\end{array}$$

对于难溶的弱酸盐如碳酸盐、磷酸盐、硫化物、草酸盐及难溶的金属氢氧化物来说，使其溶解的最常用方法是加酸。反应的本质是，这些难溶电解质的阴离子具有明显的碱性，与酸中的质子中和生成弱电解质，使阴离子浓度降低，引起 $Q<K_{sp}^{\ominus}$ 而导致沉淀溶解。这样反应系统中同时存在沉淀溶解平衡和酸碱平衡，称为多重平衡（竞争平衡）系统。

例如，难溶弱酸盐 MA 溶于强酸 HB 的过程为

$$\begin{array}{l}MA(s) \rightleftharpoons M^+ + A^- \\ \qquad\qquad\qquad\quad + \\ \qquad\quad HB \longrightarrow B^- + H^+ \\ \qquad\qquad\qquad\quad \Updownarrow \\ \qquad\qquad\qquad\quad HA\end{array}$$

整个过程涉及两个平衡：

$$MA(s) \rightleftharpoons M^+ + A^- \quad K_{sp}^{\ominus} = [M^+]_r[A^-]_r \qquad ①$$

$$H^+ + A^- \rightleftharpoons HA \quad \frac{1}{K_a^{\ominus}} = \frac{[HA]_r}{[H^+]_r[A^-]_r} \qquad ②$$

沉淀溶解的实质是 M^+ 与 H^+ 竞争 A^-。在平衡时，A^- 的浓度既满足①也满足②，总反应及其平衡常数为

$$MA(s) + H^+ \rightleftharpoons M^+ + HA$$

$$K_j^{\ominus} = \frac{[M^+]_r[HA]_r}{[H^+]_r} = \frac{[M^+]_r[HA]_r}{[H^+]_r} \times \frac{[A^-]_r}{[A^-]_r} = \frac{K_{sp}^{\ominus}(MA)}{K_a^{\ominus}(HA)}$$

$K_j^{\ominus}$ 称为两个反应的竞争平衡常数，由上式可以看出，$K_{sp}^{\ominus}$ 越大，$K_a^{\ominus}$ 越小，$K_j^{\ominus}$ 就越大，沉淀溶解越完全；反之，$K_{sp}^{\ominus}$ 越小，$K_a^{\ominus}$ 越大，$K_j^{\ominus}$ 就越小，沉淀溶解就不完全。

4. 氧化还原反应 在反应中难溶物的离子经电子转移生成其他物质，例如，CuS 溶于 HNO_3 而不溶于 HCl。

$$3CuS(s) + 8HNO_3 \rightleftharpoons 3Cu(NO_3)_2 + 3S(s) + 2NO + 4H_2O$$

反应能够向右进行是由于在溶液中产生微量的 S^{2-} 被 HNO_3 氧化成为 S 单质，使溶液中 S^{2-} 浓度降低，导致 $Q<K_{sp}^{\ominus}$。

5. 配位效应 若向难溶电解质的饱和溶液中，加入可与难溶电解质的离子形成配合物的物质，等于减小了难溶电解质的离子浓度，会使平衡向着沉淀溶解的方向移动。如由于同离子效应的存在 AgCl 在稀 HCl 中的溶解度小于其在纯水中的溶解度，但当 HCl 浓度增加时，由于发生如下配合反应：

$$AgCl(s) + Cl^- \rightleftharpoons AgCl_2^-$$

反而会使 AgCl 的溶解度增加。

第二节　沉淀的生成和溶解

一、沉淀的生成

当溶液中 $Q>K_{sp}^{\ominus}$时，会有沉淀生成。利用这一规则，欲沉淀出某一离子，可通过如下方法。

1. 加入沉淀剂

例 8-4　25 ℃ 时在 0.004 0 mol·L^{-1}的 $AgNO_3$溶液中加入等体积的 0.006 0 mol·L^{-1}的 K_2CrO_4 溶液，是否有沉淀生成？

解： 混合后的溶液中

$$c(Ag^+)=0.002\,0\ \text{mol}\cdot\text{L}^{-1}$$

$$c(CrO_4^{2-})=0.003\,0\ \text{mol}\cdot\text{L}^{-1}$$

$$Ag_2CrO_4(s) \rightleftharpoons 2Ag^+ + CrO_4^{2-}$$

$$Q=c_r^2(Ag^+)c_r(CrO_4^{2-})$$

$$=(0.002\,0)^2\times(0.003\,0)=1.2\times10^{-8}$$

$K_{sp}^{\ominus}(Ag_2CrO_4)=1.12\times10^{-12}$，$Q>K_{sp}^{\ominus}$，有沉淀析出。

2. 控制酸度　一些阴离子为 CO_3^{2-}、PO_4^{3-}、OH^-、S^{2-}等的难溶电解质，其沉淀的生成受酸度控制，通过调节 pH，可使沉淀析出。

例 8-5　25 ℃ 时，$K_{sp}^{\ominus}[Fe(OH)_3]=2.64\times10^{-39}$。若$[Fe^{3+}]$为 0.10 mol·L^{-1}，计算 $Fe(OH)_3$开始沉淀的 pH。

解：

$$Fe(OH)_3(s) \rightleftharpoons Fe^{3+} + 3OH^-$$

$$K_{sp}^{\ominus}=[Fe^{3+}]_r\cdot[OH^-]_r^3$$

$$[OH^-]_r=\sqrt[3]{\frac{K_{sp}^{\ominus}[Fe(OH)_3]}{[Fe^{3+}]_r}}=\sqrt[3]{\frac{2.64\times10^{-39}}{0.10}}$$

$$=3.0\times10^{-13}$$

$$pOH=12.52$$

则在此条件下 $Fe(OH)_3$ 开始沉淀的 pH=1.48。

二、分步沉淀

如果溶液中同时含有几种离子，这些离子均能与同一沉淀剂作用生成不同的沉淀，那么，根据溶度积规则，需要沉淀剂浓度小的离子，先生成沉淀；需要沉淀剂浓度大的离子，则后生成沉淀。溶液中几种离子先后沉淀的现象称为分步沉淀（fractional precipitation）。

离子沉淀的先后次序，取决于沉淀的 $K_{sp}^{\ominus}$和被沉淀离子的浓度。对于同类型难溶电解质，当被沉淀离子浓度相同或相近时，$K_{sp}^{\ominus}$小的难溶物先沉淀出来，$K_{sp}^{\ominus}$大的后沉淀。例如在含有等浓度的 Cl^-、Br^-、I^- 的溶液中，滴加 $AgNO_3$ 溶液，因为 $K_{sp}^{\ominus}(AgI)<K_{sp}^{\ominus}(AgBr)<K_{sp}^{\ominus}(AgCl)$，生成 AgI 所需的 Ag^+ 浓度最小，故 AgI 最先析出，其后依次为 AgBr、AgCl。

对于不同类型电解质（如 AgCl、Ag_2CrO_4），或者溶液中离子浓度不相同，则不能简单地根据 $K_{sp}^{\ominus}$ 大小来判断沉淀的次序，必须通过计算，根据生成不同难溶物时所需沉淀剂的浓度大小来确定。

利用分步沉淀的原理，可进行多种离子的分离。难溶物的 $K_{sp}^{\ominus}$ 相差越大，分离就越完全。

例 8-6　在 Cl^- 和 CrO_4^{2-} 共存且浓度均为 0.010 mol·L^{-1}的溶液中，滴加 $AgNO_3$ 溶液，哪种沉淀先析出？

解：

$$AgCl(s) \rightleftharpoons Ag^+ + Cl^-$$

$$K_{sp}^{\ominus}(AgCl) = [Ag^+]_r[Cl^-]_r$$

AgCl 沉淀析出时所需 Ag^+ 为

$$[Ag^+]_r = \frac{K_{sp}^{\ominus}(AgCl)}{[Cl^-]_r} = \frac{1.77\times10^{-10}}{0.010} = 1.8\times10^{-8}$$

$$Ag_2CrO_4(s) \rightleftharpoons 2Ag^+ + CrO_4^{2-}$$

$$K_{sp}^{\ominus}(Ag_2CrO_4) = [Ag^+]_r^2[CrO_4^{2-}]_r$$

Ag_2CrO_4 沉淀析出时所需 Ag^+ 为

$$[Ag^+]_r = \sqrt{\frac{K_{sp}^{\ominus}(Ag_2CrO_4)}{[CrO_4^{2-}]_r}} = \sqrt{\frac{1.12\times10^{-12}}{0.010}} = 1.1\times10^{-5}$$

由此可以断定，AgCl 沉淀首先析出，当开始出现 Ag_2CrO_4 沉淀时，溶液中：

$$[Cl^-]_r = \frac{K_{sp}^{\ominus}(AgCl)}{[Ag^+]_r} = \frac{1.77\times10^{-10}}{1.1\times10^{-5}} = 1.6\times10^{-5}$$

此时，可近似认为 Cl^- 已沉淀完全（当某离子的浓度小于 10^{-5} mol·L^{-1}时，认为该离子沉淀完全）。

例 8-7　在 1 mol·L^{-1}$CuSO_4$ 溶液中含有少量的 Fe^{3+} 杂质，pH 控制在什么范围才能除去 Fe^{3+}？{使 $[Fe^{3+}]\leqslant10^{-5}$ mol·L^{-1}}

解：

$$Fe(OH)_3 \text{ 的 } K_{sp}^{\ominus} = 2.6\times10^{-39}$$

$$Cu(OH)_2 \text{ 的 } K_{sp}^{\ominus} = 2.2\times10^{-20}$$

$$Fe(OH)_3(s) \rightleftharpoons Fe^{3+} + 3OH^-$$

$$K_{sp}^{\ominus} = [Fe^{3+}]_r[OH^-]_r^3 = 2.6\times10^{-39}$$

$$[OH^-]_r = \sqrt[3]{\frac{2.6\times10^{-39}}{[Fe^{3+}]_r}} = \sqrt[3]{\frac{2.6\times10^{-39}}{10^{-5}}} = 6.4\times10^{-12}$$

$$pOH = 11.2 \quad pH = 2.8$$

$$pH > 2.8$$

$$Cu(OH)_2(s) \rightleftharpoons Cu^{2+} + 2OH^-$$

$$K_{sp}^{\ominus} = [Cu^{2+}]_r[OH^-]_r^2 = 2.2\times10^{-20}$$

$$[OH^-]_r = \sqrt{\frac{2.2\times10^{-20}}{[Cu^{2+}]_r}} = \sqrt{\frac{2.2\times10^{-20}}{1}} = 1.5\times10^{-10}$$

$$pOH = 9.8 \quad pH = 4.2$$

控制 pH 范围：$2.8 < pH < 4.2$。

三、沉淀的溶解

根据溶度积规则，当溶液中 $Q<K_{sp}^{\ominus}$时沉淀溶解。若在难溶电解质的多相平衡系统中加入某种试剂，使其与平衡溶液中的阴离子生成弱电解质，或与阳离子生成配位化合物，降低了离子浓度，使 Q 减小，平衡向沉淀溶解的方向移动。如由于配位反应的存在，使 AgCl 沉淀可溶于 $NH_3 \cdot H_2O$ 中：

$$\begin{array}{l} AgCl(s) \rightleftharpoons Ag^+ + Cl^- \\ \qquad\qquad\quad\ + \\ \qquad\qquad\ 2NH_3 \\ \qquad\qquad\quad \Updownarrow \\ \qquad\quad [Ag(NH_3)_2]^+ \end{array}$$

由于生成弱电解质反应，使 CaC_2O_4 沉淀可溶于 HCl 溶液中：

$$\begin{array}{l} CaC_2O_4(s) \rightleftharpoons Ca^{2+} + C_2O_4^{2-} \\ \qquad\qquad\qquad\qquad\quad + \\ \qquad\quad HCl = Cl^- + H^+ \\ \qquad\qquad\qquad\qquad\quad \Updownarrow \\ \qquad\qquad\qquad\qquad HC_2O_4^- \end{array}$$

例 8-8 欲溶解 0.10 mol ZnS 于 1 L 盐酸中，问盐酸浓度至少应为多少？已知 $K_{sp}^{\ominus}(ZnS)=2.5\times10^{-22}$。

解：设 ZnS 完全溶解达到平衡时 $[H^+]_r$ 为 x，依题意，由于盐酸必须过量，$K_a^{\ominus}(H_2S)$ 很小，可以认为$[Zn^{2+}]_r=[H_2S]_r=0.10$。

$$ZnS(s)+2H^+ \rightleftharpoons H_2S+Zn^{2+}$$

相对平衡浓度 $\qquad x \qquad 0.10 \quad 0.10$

$$K_j^{\ominus}=\frac{[H_2S]_r[Zn^{2+}]_r}{[H^+]_r^2}\cdot\frac{[S^{2-}]_r}{[S^{2-}]_r}=\frac{K_{sp}^{\ominus}(ZnS)}{K_a^{\ominus}(H_2S)}=\frac{2.5\times10^{-22}}{1.0\times10^{-19}}=2.5\times10^{-3}$$

$$[H^+]_r=\sqrt{\frac{[H_2S]_r[Zn^{2+}]_r}{K_j^{\ominus}}}=\sqrt{\frac{0.10^2}{2.5\times10^{-3}}}=2.0$$

由于溶解 0.10 mol 的 ZnS 生成 0.10 mol 的 H_2S，需消耗 0.20 mol 的盐酸，所以 $c(HCl)=2.0+0.20=2.2\ mol\cdot L^{-1}$为所需盐酸的最低浓度。

四、沉淀的转化

沉淀的转化（inversion of precipitate）是指通过化学反应将一种溶解度大的沉淀转化为另一种溶解度较小的沉淀。例如在含有 $PbSO_4$ 白色沉淀的溶液中加入 $(NH_4)_2S$，$PbSO_4$ 会转化为黑色 PbS 沉淀。因为 $K_{sp}^{\ominus}(PbS)=8.0\times10^{-28}$，比 $K_{sp}^{\ominus}(PbSO_4)=1.6\times10^{-8}$小得多。

同样，在盛有白色 $BaCO_3$ 沉淀的溶液中加入 K_2CrO_4，搅拌后白色沉淀也会转化成黄色的 $BaCrO_4$ 沉淀。反应为

$$BaCO_3(s)+CrO_4^{2-} \rightleftharpoons BaCrO_4(s)+CO_3^{2-}$$

白色　　　　　　　　　黄色

该反应的竞争平衡常数为 $K_j^{\ominus}=\frac{K_{sp}^{\ominus}(BaCO_3)}{K_{sp}^{\ominus}(BaCrO_4)}=\frac{[CO_3^{2-}]_r}{[CrO_4^{2-}]_r}=\frac{5.1\times10^{-9}}{1.2\times10^{-10}}\approx43$

达到转化平衡时，溶液中的 $[CO_3^{2-}]$ 和 $[CrO_4^{2-}]$ 的浓度比为43。这表明，只要溶液中铬酸根离子浓度大于1/43的 $[CO_3^{2-}]$，$BaCO_3$ 沉淀就可转化为 $BaCrO_4$，这显然是不难做到的。

这类将溶解度较大的沉淀转化为溶解度较小的沉淀，在生产中具有实际意义。例如，用 Na_2CO_3 溶液可以使锅炉的炉垢中的 $CaSO_4$ 转化为较疏松而易清除的 $CaCO_3$；用 Na_2SO_4 溶液处理工业残渣中的 $PbCl_2$ 可以将 $PbCl_2$ 转化为 $PbSO_4$ 等。

对于一些 $K_{sp}^{\ominus}$ 相差不大的难溶电解质，控制适当条件可以将溶解度较小的沉淀转化为溶解度较大的沉淀。如 $BaCO_3$ 的溶解度大于 $BaSO_4$，但通过控制离子浓度仍然可以实现 $BaSO_4$ 向 $BaCO_3$ 的转化。

$$BaSO_4(s)+CO_3^{2-} \rightleftharpoons BaCO_3(s)+SO_4^{2-}$$

$$K_j^{\ominus}=\frac{K_{sp}^{\ominus}(BaSO_4)}{K_{sp}^{\ominus}(BaCO_3)}=\frac{[SO_4^{2-}]_r}{[CO_3^{2-}]_r}=\frac{1.1\times10^{-10}}{5.1\times10^{-9}}\approx\frac{1}{46}$$

只要保持溶液中的 CO_3^{2-} 离子浓度为 SO_4^{2-} 离子浓度的46倍以上，就可将 $BaSO_4$ 转化为 $BaCO_3$。实践中，用饱和 Na_2CO_3 溶液处理 $BaSO_4$，搅拌静置，取出上层清液，再加入饱和 Na_2CO_3，重复多次，就可使 $BaSO_4$ 完全转化为 $BaCO_3$。

本 章 小 结

1. 溶度积　难溶电解质 A_mB_n 存在的水溶液中，存在沉淀溶解平衡。

$$A_mB_n(s) \rightleftharpoons mA^{n+}+nB^{m-}$$

其平衡常数可表示为 $K_{sp}^{\ominus}(A_mB_n)=[A^{n+}]_r^m[B^{m-}]_r^n$，简称溶度积。$K_{sp}^{\ominus}$ 可通过热力学计算，也可通过实验方法测得。

2. 溶度积规则　任意状态下溶液中离子浓度之积：

$$Q(A_mB_n)=c_r^m(A^{n+})c_r^n(B^{m-})$$

$$\begin{cases}Q<K_{sp}^{\ominus}，沉淀溶解\\ Q>K_{sp}^{\ominus}，沉淀生成\\ Q=K_{sp}^{\ominus}，平衡\end{cases}$$

3. 溶度积和溶解度的关系　若 S 为难溶电解质 A_mB_n 在纯水中的溶解度，则

$$S=\sqrt[m+n]{\frac{K_{sp}^{\ominus}}{m^m\cdot n^n}}$$

同离子效应使难溶电解质 A_mB_n 的溶解度显著降低，它与溶度积的关系不符合上述关系式。盐效应使难溶电解质 A_mB_n 的溶解度略有增大。同离子效应也存在盐效应。

4. 溶度积规则的应用

(1) 沉淀的生成　条件：$Q>K_{sp}^{\ominus}$。

① 分步沉淀：Q 先大于其 $K_{sp}^{\ominus}$ 者先沉淀。

② 影响沉淀完全的因素：$K_{sp}^{\ominus}$ 的大小、沉淀剂的用量、溶液的pH。

(2) 沉淀的溶解　条件：$Q<K_{sp}^{\ominus}$。

① 溶液的 pH。

② 生成弱电解质。

③ 生成配合物。

④ 离子发生氧化还原反应。

(3) 沉淀转化

① 溶解度大的易转化为溶解度小的，$K_{sp}^{\ominus}$ 相差越大转化越完全。

② 溶解度相近，$K_{sp}^{\ominus}$ 相差较小，控制一定的条件可相互转化。

化学之窗

Tooth Decay and Fluoridation

Tooth enamel（珐琅质）consists mainly of a mineral called hydroxyapatite（羟基磷灰石），$Ca_{10}(PO_4)_6(OH)_2$. It is the hardest substance in the body. Tooth cavities are caused by the dissolving action of acids on tooth enamel：

$$Ca_{10}(PO_4)_6(OH)_2(s) + 8H^+(aq) \longrightarrow 10Ca^{2+}(aq) + 6HPO_4^{2-}(aq) + 2H_2O(l)$$

The resultant Ca^{2+} and HPO_4^{2-} ions diffuse out of the tooth enamel and are washed away by saliva（唾液）. The acids that attack the hydroxyapatite are formed by the action of specific bacteria on sugars and other carbohydrates present in the plaque adhering to the teeth.

Fluoride ion，present in drinking water，toothpaste，or other sources，can react with hydroxyapatite to form fluoroapatite（氟磷灰石），$Ca_{10}(PO_4)_6F_2$. This mineral，in which F^- has replaced OH^-，is much more resistant to attack by acids because the fluoride ion is a much weaker Brønsted－Lowry base than the hydroxide ion.

Because the fluoride ion is so effective in preventing cavities it is added to the public water supply in many places to give a concentration of 1 $mg \cdot L^{-1}$. The compound added may be NaF or Na_2SiF_6. The latter compound reacts with water to release fluoride ions by the following reaction：

$$SiF_6^{2-}(aq) + 2H_2O(l) \longrightarrow 6F^-(aq) + 4H^+(aq) + SiO_2(s)$$

About 80 percent of all toothpastes now sold in United States contain fluoride compounds usually at the level of 0.1 percent fluoride by mass. The most common compounds in toothpastes are stannous fluoride，SnF_2，sodium monofluorophosphate，Na_2PO_3F，and sodium fluoride，NaF.

思 考 题

1. 简述同离子效应和盐效应的意义。

2. 向含有少量晶体的 AgCl 饱和溶液中分别加入（1）HCl（2）$AgNO_3$（3）$NaNO_3$（4）H_2O,则 AgCl 的溶解度有何变化？为什么？

3. 难溶电解质的溶解度与溶度积有何关系？能否说 $K_{sp}^{\ominus}$ 小的难溶物，溶解度小？

4. 试用溶度积规则解释下列现象：

（1）$CaCl_2$ 溶液中通入 CO_2 气体为什么不能生成碳酸钙沉淀。

（2）向 Mg^{2+} 的溶液中加入 $NH_3 \cdot H_2O$ 会产生白色沉淀，再滴加 NH_4Cl，沉淀消失。

（3）CuS 沉淀不溶于盐酸，但可溶于热的 HNO_3 中。

5. 怎样判断分步沉淀的顺序？某溶液中含有相同浓度的 Cl^-、Br^-、I^-，逐步滴加 $AgNO_3$ 溶液时，沉淀顺序如何？能否分步沉淀完全？

习　题

1. 已知 25 ℃时 PbI_2 在纯水中溶解度为 1.29×10^{-3} mol·L^{-1}，求 PbI_2 的溶度积。

(8.58×10^{-9})

2. 已知 25 ℃时 $BaCrO_4$ 在纯水中溶解度为 2.74×10^{-3} g·L^{-1}，求 $BaCrO_4$ 的溶度积。

(1.17×10^{-10})

3. $AgIO_3$ 和 Ag_2CrO_4 的溶度积分别为 9.2×10^{-9} 和 1.12×10^{-12}，通过计算说明：

(1) 哪种物质在水中溶解度大？ ($Ag_2CrO_4 < AgIO_3$)

(2) 哪种物质在 0.010 0 mol·L^{-1} 的 $AgNO_3$ 溶液中溶解度大？ ($AgIO_3 > Ag_2CrO_4$)

4. 某溶液含有 Fe^{3+} 和 Fe^{2+}，其浓度均为 0.050 mol·L^{-1}，要求 $Fe(OH)_3$ 完全沉淀且不生成 $Fe(OH)_2$ 沉淀，需控制 pH 在什么范围？ (2.8～7.1)

5. 现有 100 mL Ca^{2+} 和 Ba^{2+} 的混合溶液，两种离子的浓度均为 0.010 mol·L^{-1}。

(1) 用 Na_2SO_4 做沉淀剂能否将 Ca^{2+} 和 Ba^{2+} 分离？ (可以)

(2) 加入多少克固体 Na_2SO_4 才能达到 $BaSO_4$ 完全沉淀的要求（忽略加入 Na_2SO_4 引起的体积变化）？ (0.142 g)

6. 某溶液中含 Cl^- 和 I^- 各 0.10 mol·L^{-1}，通过计算说明能否用 $AgNO_3$ 将 Cl^- 和 I^- 定量分离。 (可以)

7. 将 5.0×10^{-3} L 0.20 mol·L^{-1} 的 $MgCl_2$ 溶液与 5.0×10^{-3} L 0.10 mol·L^{-1} 的 $NH_3\cdot H_2O$ 溶液混合时，有无 $Mg(OH)_2$ 沉淀产生？为了使溶液中不析出 $Mg(OH)_2$ 沉淀，在溶液中至少要加入多少克固体 NH_4Cl？（忽略加入固体 NH_4Cl 后溶液的体积变化） (有沉淀产生，0.063 g)

8. 痛风病表现为关节炎和肾结石的症状，其原因是血液中尿酸（HUr）和尿酸盐（Ur）含量过高所致。

(1) 已知 37 ℃下 NaUr 的溶解度为 8.0 mmol·L^{-1}，当血清中 Na^+ 浓度恒为 130 mmol·L^{-1}时，为了不生成 NaUr 沉淀，最多允许尿酸盐 Ur^- 浓度为多少？

(2) 尿酸的解离平衡为

$$HUr \rightleftharpoons H^+ + Ur^-$$

37 ℃ $pK_a^{\ominus}=5.4$，已知血清 pH 为 7.4，由上面计算的尿酸盐浓度求血清中尿酸的浓度。

(3) 肾结石是尿酸的结晶，已知 37 ℃时尿酸在水中的溶解度是 0.5 mmol·L^{-1}，在尿液中尿酸和尿酸盐总浓度为 2.0 mmol·L^{-1}，则尿酸晶体析出时尿液 pH 为多少？

(4.9×10^{-4} mol·L^{-1}，4.9×10^{-6} mol·L^{-1}，5.88)

9. 自然界硬度很大的水中，Ca^{2+} 的浓度约为 4×10^{-4} mol·L^{-1}。为防治龋齿，需在饮用水中加入 NaF 使 F^- 的浓度达到 1 mg·L^{-1}，计算说明有无 CaF 沉淀生成。

10. 雨水的 pH 约为 5.6，低于 5.6 的雨水称为酸雨，试计算 $CaCO_3$ 分别在 pH 为 5.6 和 pH 4.2 酸雨中的溶解度，反应按下式进行 $CaCO_3 + H^+ \rightleftharpoons HCO_3^- + Ca^{2+}$。

(0.015 mol·L^{-1}，0.075 mol·L^{-1})

11. 形成所谓浴缸环污垢的成分之一为棕榈酸镁 [$Mg(C_{16}H_{31}O_2)_2$] 难溶物，在 25 ℃和 50 ℃的溶度积常数 $K_{sp}^{\ominus}$ 分别为 3.3×10^{-12} 和 4.8×10^{-12}，965 mL 50 ℃ $Mg(C_{16}H_{31}O_2)_2$ 的饱和溶液冷却到 25 ℃会有多少毫克的 $Mg(C_{16}H_{31}O_2)_2$ 析出？ (6.2 mg)

12. The image on black - and - white film is created by the exposure of AgBr(s) to light,

forming metallic silver. During the development of black - and - white film, unexposed AgBr (s) is removed by the use of "hypo", a solution of $Na_2S_2O_3$ (aq), which forms a soluble $[Ag(S_2O_3)_2]^{3-}$ (aq) complex with silver ions. Compare the solubility of AgBr(s) in (a) water and in (b) "hypo", given that the value of $K_f^{\ominus}$ for the formation of the $[Ag(S_2O_3)_2]^{3-}$ (aq) complex ion is 2.9×10^{13} at 25 ℃.

13. Marble is predominantly composed of calcium carbonate, $CaCO_3$(s). Calculate the solubility of marble in normal rainwater at pH = 5.60, and in acidic rainwater at pH = 4.40. Explain why acid rain is so damaging to buildings and statues composed of marble and why you should never use an acidic cleanser on marble tile. The relevant chemical equations are

(1) $CaCO_3(s) \rightleftharpoons Ca^{2+}(aq)+CO_3^{2-}(aq)$

(2) $CO_3^{2-}(aq)+H_3O^+(aq) \rightleftharpoons HCO_3^-(aq)+H_2O(l)$

(3) $HCO_3^-(aq)+H_3O^+(aq) \rightleftharpoons H_2CO_3(aq)+H_2O(l)$

[0.032 4 mol · L^{-1}(pH=5.60), 8.16 mol · L^{-1} (pH=4.40)]

第九章　沉淀滴定法和重量分析法

第一节　沉淀滴定法

一、概　　述

沉淀滴定法是以沉淀反应为基础的滴定分析方法。标准溶液与待测组分形成沉淀，选择适当的指示剂在滴定终点时改变颜色，根据标准溶液浓度和用量计算待测组分含量。

沉淀反应很多，能用于滴定的沉淀反应必须满足以下几个条件：

(1) 反应完全，依化学计量关系定量进行。

(2) 反应迅速。

(3) 生成的沉淀溶解度小，组成恒定。

(4) 有合适的方法确定指示终点。

完全满足上述条件的反应并不多，目前应用较多的是生成难溶银盐的反应：

$$Ag^{+}+X^{-}=\!=\!=AgX\downarrow$$

X 可代表 Cl^{-}、Br^{-}、I^{-}、SCN^{-} 等离子。这种以生成难溶银盐的反应为基础的滴定方法称为银量法。本节重点介绍银量法。

二、银 量 法

用银量法可测定 Cl^{-}、Br^{-}、I^{-}、Ag^{+}、CN^{-}、SCN^{-} 离子的含量。依据确定滴定终点方法的不同，银量法可分为不同的方法。

1. 莫尔法 (Mohr method)

标准溶液：$AgNO_3$

待测组分：Cl^{-}、Br^{-}

指示剂：K_2CrO_4

(1) 反应原理　以测定 Cl^{-} 为例。根据分步沉淀的原理，在含有待测 Cl^{-} 离子的试液中，加入少量的 K_2CrO_4 指示剂，将 $AgNO_3$ 标准溶液不断滴加到待测试液中，首先发生如下沉淀反应：

$$Ag^{+}+Cl^{-}=AgCl\downarrow\ \text{(白色)}\qquad K_{sp}^{\ominus}=1.77\times10^{-10}$$

当 Cl^{-} 离子沉淀完全时，稍过量的 $AgNO_3$ 可与指示剂作用，生成砖红色的 Ag_2CrO_4：

$$2Ag^{+}+CrO_4^{2-}=Ag_2CrO_4\downarrow\text{(砖红)}\qquad K_{sp}^{\ominus}=1.12\times10^{-12}$$

（2）测定条件

① 指示剂用量：Ag_2CrO_4 沉淀应该恰好在滴定反应化学计量点时产生，根据溶度积原理可以求出化学计量点时 $[Ag^+]=1.33\times10^{-5}$ mol·L^{-1}，此时产生 Ag_2CrO_4 沉淀所需的 CrO_4^{2-} 浓度为 6.3×10^{-3} mol·L^{-1}。在滴定时，由于 K_2CrO_4 呈黄色，当其浓度较高时颜色较深，不易判断砖红色沉淀的出现，因此指示剂的浓度以略低一些为好。一般滴定溶液中 CrO_4^{2-} 浓度宜控制在 5×10^{-3} mol·L^{-1}。

② 溶液 pH 的控制：该方法测定只能在中性或弱碱性（pH 为 6.5～10.5）溶液中进行。因为酸性溶液中 Ag_2CrO_4 易溶解：

$$Ag_2CrO_4 \rightleftharpoons 2Ag^+ + CrO_4^{2-}$$
$$+$$
$$H^+ \rightleftharpoons HCrO_4^- \qquad 1/K_{a2}^{\ominus}(H_2CrO_4)=3.1\times10^6$$

降低 CrO_4^{2-} 浓度，影响 Ag_2CrO_4 沉淀生成。在碱性条件中易生成 Ag_2O。

③ 滴定中不应含有 NH_3：因为 NH_3 与 Ag^+ 生成配离子，而使 AgCl 和 Ag_2CrO_4 溶解。如果溶液中有 NH_3 存在，必须用酸中和成铵盐并使溶液的 pH 控制在 6.5～7.2。

④ 莫尔法的选择性较差：凡能与 Ag^+ 或 CrO_4^{2-} 生成沉淀的离子均干扰测定，如 PO_4^{3-}、$C_2O_4^{2-}$、Ba^{2+}、Pb^{2+} 等。大量存在的有色离子如 MnO_4^-、Fe^{3+}、Cu^{2+}、Ni^{2+}、Co^{2+} 等也干扰终点的观察，应预先分离。

（3）适用范围　Mohr 法只能用于测定 Cl^-、Br^-，不适用于测定 I^-、SCN^-，因为 AgI 和 AgSCN 能强烈地吸附 I^- 和 SCN^-，产生较大的误差。此方法也不能用 NaCl 标准溶液测定 Ag^+。这是因为在 Ag^+ 试液中加入 K_2CrO_4 指示剂，将立即产生大量的 Ag_2CrO_4 沉淀，而且 Ag_2CrO_4 沉淀转变为 AgCl 沉淀的速率极慢，使测定无法进行。

（4）注意事项　滴定时必须剧烈摇动。由于生成的 AgCl 或 AgBr 容易吸附溶液中过量的 Cl^- 或 Br^-，以致使 Ag_2CrO_4 砖红色沉淀提早出现，剧烈摇动的目的是使被吸附的 Cl^- 或 Br^- 释出，避免引入较大的终点误差。

2. 佛尔哈德法（Volhard method）

标准溶液：NH_4SCN

待测组分：Ag^+

指示剂：铁铵矾 $[NH_4Fe(SO_4)_2\cdot12H_2O]$

（1）反应原理　将 NH_4SCN 标准溶液滴加到含有 Ag^+ 的溶液中，首先生成白色的 AgSCN沉淀。

$$Ag^+ + SCN^- = AgSCN\downarrow（白色）$$

滴定到化学计量点附近，Ag^+ 浓度迅速降低，稍过量的 SCN^- 与铁铵矾中的 Fe^{3+} 生成 $FeSCN^{2+}$ 红色配合物。

$$Fe^{3+} + SCN^- = FeSCN^{2+}（红色）$$

（2）测定条件

① 指示剂用量：Fe^{3+} 的浓度应约为 0.015 mol·L^{-1}，科学计算表明，这时引起的误差很小，滴定误差不会超过 0.1%，可以忽略不计。

② 溶液 pH 的控制：滴定一般在 HNO_3 溶液中进行，酸度控制在 0.1～1 mol·L^{-1}。这时，Fe^{3+} 主要以 $Fe(H_2O)_6^{3+}$ 的形式存在，颜色较浅。酸度较低时，Fe^{3+} 水解，形成颜色较

深的棕色物质，影响终点的观察。酸度更低时，则可析出 $Fe(OH)_3$ 沉淀。

③ 佛尔哈德法最大的优点是在酸性介质中进行：许多弱酸根离子 PO_4^{3-}、$C_2O_4^{2-}$、CrO_4^{2-}、S^{2-} 等与 Ag^+ 不生成沉淀，不干扰测定，选择性较高。但强氧化剂、氮的低价氧化物及铜盐、汞盐等与 SCN^- 反应，干扰测定，必须预先除去。

（3）适用范围　Volhard 法既可以直接测定 Ag^+，也可以利用返滴定的方式测定 Cl^-、Br^-、I^-。在酸性溶液中，先加入已知量过量的 $AgNO_3$，可与卤离子 X^- 反应：

$$Ag^+(过量)+X^- = AgX\downarrow$$

以铁铵矾为指示剂，用 NH_4SCN 标准溶液滴定剩余的 Ag^+：

$$Ag^+(剩余)+SCN^- = AgSCN\downarrow$$

滴定终点时出现 $FeSCN^{2+}$ 红色。

（4）注意事项

① 用 NH_4SCN 标准溶液直接测定 Ag^+ 时，由于 AgSCN 对 Ag^+ 的吸附，会使指示剂提前变色，因此，在滴定过程中应充分摇动，使 Ag^+ 解吸。

② 用返滴定的方式测定 Cl^- 时，在滴入 NH_4SCN 标准溶液前加入少量硝基苯，使 AgCl 进入硝基苯层，与溶液隔离，避免发生由 AgCl 沉淀向 AgSCN 沉淀的转化[$K_{sp}^{\ominus}(AgCl)=1.77\times10^{-10}$ 大于 $K_{sp}^{\ominus}(AgSCN)=1.03\times10^{-12}$]。

③ 用本方法测定 Br^- 和 I^- 时，不会发生上述沉淀的转化，但在测定 I^- 时，应先加入 $AgNO_3$，再加入指示剂，以避免 I^- 与 Fe^{3+} 之间的氧化还原反应。

3. 法扬司法（Fajans method）

标准溶液：$AgNO_3$

待测组分：X^-（卤离子）

指示剂：吸附指示剂（adsorption indicator）

（1）反应原理　吸附指示剂是一类有机化合物，它被吸附于胶体表面后，分子结构发生变化，从而引起颜色的变化。

例如，用 $AgNO_3$ 标准溶液测定 Cl^- 含量，常选用荧光黄作指示剂。荧光黄是弱有机酸，可用 HFIn 表示，它在溶液中可以解离为荧光黄阴离子，呈黄绿色：

$$HFIn = H^+ + FIn^-(黄绿色)$$

在化学计量点之前，溶液中存在过量的 Cl^-，AgCl 沉淀胶体微粒表面吸附 Cl^- 而带有负电荷，不吸附指示剂阴离子 FIn^-，溶液仍呈黄绿色；而在化学计量点后，稍过量的 $AgNO_3$ 标准溶液即可使 AgCl 沉淀胶体微粒吸附 Ag^+ 而带正电荷，形成 $AgCl\cdot Ag^+$，这时，带正电荷的胶体微粒吸附 FIn^-，并发生分子结构的变化，出现由黄绿变成淡红的颜色变化，指示终点的到达。

（2）测定条件　控制适当的 pH 范围。吸附指示剂多为弱酸，其存在形式与溶液 pH 有关。当 $pH\geqslant pK_a^{\ominus}$ 时才能使指示剂主要以阴离子形式存在。指示剂的 $pK_a^{\ominus}$ 值各不相同，例如荧光黄（$pK_a^{\ominus}=7$）可以在 pH=7～10 溶液中使用；二氯荧光黄（$pK_a^{\ominus}=4$）可在 pH=4～10范围内使用；曙红（$pK_a^{\ominus}=2$）的酸性较强，甚至在 pH 为 2 时，仍能指示终点。

（3）适用范围　吸附指示剂除用于银量法外，还可用于测定 Ba^{2+} 和 SO_4^{2-} 等。

（4）注意事项

① 由于吸附指示剂颜色变化是在沉淀表面上发生的，因此要求胶体颗粒有较大的比表面积和足够稳定的胶体，常加入糊精等保护胶体，同时应避免大量电解质存在溶液中。

② 带有吸附指示剂的卤化银胶体，对光极敏感，遇光易分解析出金属银，故滴定应避免强光直射。

③ 卤化银胶体微粒对指示剂的吸附能力应略小于其对 X^- 的吸附能力，否则指示剂将提前变色。如用 $AgNO_3$ 滴定 Cl^- 时，可用荧光黄作指示剂，但不能用曙红，原因是 AgCl 对曙红的吸附能力比对 Cl^- 的吸附能力强，所以在计量点前曙红就可能取代 Cl^- 进入吸附层，导致指示剂提前变色。但是卤化银胶体微粒对指示剂的吸附能力也不能太差，例如，滴定 Br^- 时不能选荧光黄而选曙红作指示剂，原因是 AgBr 对曙红的吸附能力仅略小于其对 Br^- 的吸附能力，所以选用曙红更理想。卤化银胶体微粒对几种指示剂和卤素离子的吸附能力强弱次序如下：

$$I^- > SCN^- > Br^- > \text{曙红} > Cl^- > \text{荧光黄}$$

吸附指示剂种类很多，现将常用的吸附指示剂列于表 9-1 中。

表 9-1　常用的吸附指示剂

指示剂名称	待测离子	滴定剂	适用的 pH 范围
荧光黄	Cl^-，Br^-，I^-，SCN^-	Ag^+	7～10
二氯荧光黄	Cl^-，Br^-，I^-，SCN^-	Ag^+	4～10
曙红	Br^-，I^-，SCN^-	Ag^+	2～10
甲基紫	SO_4^{2-}，Ag^+	Ba^{2+}，Cl^-	酸性溶液
溴酚蓝	Cl^-，SCN^-	Ag^+	2～3
罗丹明 6G	Ag^+	Br^-	稀硝酸

*第二节　重量分析法

采用适当的方法将试样中的待测组分与其他组分分离，而后用称重的方法确定该组分含量的分析方法称为重量分析法（gravimetric analysis）。依据分离待测组分方法的不同，重量分析法可分为挥发法、电解法、沉淀重量法等。迄今为止，应用最多的还是沉淀重量法，即加入适当沉淀剂，使被测成分生成沉淀，由沉淀的质量求出被测成分的含量。通常称此方法为重量分析法。

一、重量分析法的基本过程与特点

1. 重量分析法的主要步骤

（1）称样　准确称取一定量的待测样品。

（2）试样预处理　将试样溶解，调节适当的反应条件，掩蔽干扰离子等。

（3）沉淀　加入适当沉淀剂，使待测成分沉淀为难溶化合物。

（4）分离　采用适当的方法将沉淀从溶液中分离出来。

（5）洗涤　对分离出的沉淀进行洗涤，去除杂质。

(6) 烘干或灼烧　除去沉淀中的水分和挥发性物质，同时使沉淀组成达到恒定。烘干的温度和时间应随着沉淀不同而异。

(7) 称重　不论沉淀是经烘干还是灼烧，最后称量必须达到恒重，即沉淀反复烘干或灼烧经冷却称量，直至两次称量的质量相差不大于 0.2 mg。

(8) 计算待测成分含量　根据称量形式的质量确定待测成分的含量。

2. 重量分析法的特点　重量分析法是经典的化学分析法，它通过直接称量得到分析结果，不需要标准试样或基准物质作比较，故其准确度较高，可用于测定含量大于 1%的常量组分，有时也可用于仲裁分析。但重量分析的操作比较麻烦，程序多，费时长，不能满足生产上快速分析的要求，这是重量分析法的主要缺点。

3. 重量分析法对沉淀反应的要求

(1) 沉淀要完全，沉淀的溶解度要小，要求沉淀的溶解损失不应超过天平的称量误差。

(2) 沉淀纯度要高，不应混入沉淀剂和其他杂质。

(3) 沉淀应易于过滤和洗涤。为此，希望尽量获得粗大的晶形沉淀。如是无定形沉淀，应注意掌握好沉淀条件，改善沉淀的性质。

(4) 沉淀易转化为称量形式。

4. 沉淀剂的选择　对沉淀剂的选择除应考虑上述对沉淀的要求外，还要求沉淀剂具有较好的选择性，即要求沉淀剂只能与待测组分生成沉淀，而与试液中的其他组分不起作用。例如，丁二酮肟和 H_2S 都可沉淀 Ni^{2+}，但在测定 Ni^{2+} 时常选用前者。又如沉淀锆离子时，选用在盐酸溶液中与锆有特效反应的苦杏仁酸作沉淀剂，这时即使有钛、铁、钒、铝、铬等十多种离子存在，也不发生干扰。

此外，还应尽可能选用易挥发或易灼烧除去的沉淀剂。这样，沉淀中带有的沉淀剂即使未经洗净，也可借烘干或灼烧而除去。一些铵盐和有机沉淀剂都能满足这项要求。

许多有机沉淀剂的选择性较好，而且组成固定，易于分离和洗涤，简化了操作，加快了分析速度，称量形式的摩尔质量也较大，因此在沉淀分离中，有机沉淀剂的应用日益广泛。

二、沉淀的形成过程

沉淀的形成是一个复杂的过程，它形成的机理还只能用经验公式做定性的解释。一般认为沉淀形成分两步，即晶核的形成和晶核的成长。

1. 晶核的形成　在过饱和溶液中，构晶离子由静电作用形成离子对，再进一步聚集成晶核。离子聚集成晶核的速度称为聚集速度（aggregation velocity）。

2. 晶核的成长　晶核形成后，过饱和溶液中的构晶离子逐渐向晶核表面扩散，沉积在晶核上形成沉淀微粒，并按一定晶格顺序排列成晶体，使晶核不断长大，这个过程也称为结晶（crystal）。构晶离子定向排列形成结晶的速度称为定向速度（orientation velocity）。

沉淀颗粒大小和沉淀的类型由晶核聚集速度和定向速度相对大小来决定。当聚集速度大大超过定向速度时，构晶离子很快地聚集形成大量的晶核，溶液过饱和程度迅速降低，溶液中没有足够多的构晶离子在大量的晶核上沉积和定向，因而形成颗粒小的无定形沉淀。反之，当定向速度大大超过聚集速度时，溶液中形成的晶核数较少，有足够数量的构晶离子在晶核上沉积和定向排列长大而形成较大的晶形沉淀。

聚集速度主要取决于溶液的过饱和度，可用以下经验公式做定性说明。

$$v=\frac{K(Q-S)}{S}$$

式中，v 为构晶离子聚集成晶核的速度；Q 为加入沉淀剂瞬间构晶离子的总浓度（$mol \cdot L^{-1}$）；S 为沉淀的溶解度（$mol \cdot L^{-1}$）；$Q-S$ 为溶液的过饱和度；$(Q-S)/S$ 为溶液相对过饱和度；K 为比例常数，与沉淀性质、介质和温度有关。

由 $v=\dfrac{K(Q-S)}{S}$ 可知，控制浓度 Q，并适当增加溶解度 S，就可使 $(Q-S)/S$ 变小，聚集速度 v 减小，才有可能获得粗大晶形沉淀。改变相对过饱和度在一定条件下可以改变沉淀的类型。但有的化合物形成无定形沉淀是不可避免的。因为沉淀的类型主要决定于沉淀的本性。

定向速度主要决定于沉淀的本性。极性较强的盐类如 CaC_2O_4、$BaSO_4$、$MgNH_4PO_4$ 等，溶解度大一些，一般具有较大的定向速度；而溶解度较小、极性较弱的氢氧化物和硫化物则定向速度较慢。两价金属离子的氢氧化物在一定条件下也可得到晶形沉淀，而高价金属离子的氢氧化物如 $Fe(OH)_3$、$Al(OH)_3$，因溶解度极小，过饱和度很大，沉淀形成时同时含有大量的水，妨碍了定向速度，因而总是形成无定形胶状沉淀。

沉淀按其直径大小可分为如下类型，见表 9－2。

表 9－2　沉淀分类表

沉淀类型	颗粒大小/μm	例
晶形沉淀	0.1～1	CaC_2O_4、$BaSO_4$
凝乳状沉淀	0.02～0.1	AgCl、AgBr
无定形沉淀	<0.02	$Al(OH)_3$、$Fe(OH)_3$

晶形沉淀容易过滤，沉淀表面的杂质也易洗涤除去；非晶形沉淀则容易穿透滤纸，杂质难以除去。凝乳状沉淀介于晶形沉淀和非晶形沉淀之间，颗粒虽小，经凝聚后易于过滤。形成晶形沉淀还是非晶形沉淀取决于离子自身的性质，但也与沉淀条件有关。

三、晶形沉淀条件的选择

为了得到纯净而且易于分离和洗涤的晶形沉淀，应设法降低相对过饱和度使晶核聚集速度减慢，故其沉淀条件为

（1）在稀溶液中进行，降低浓度 Q。

（2）在热溶液中进行，增加溶解度 S。

（3）沉淀剂要慢加，并不停地搅拌，防止局部过饱和度太大。

（4）陈化。沉淀刚生成时，沉淀颗粒大小差别很大，如放置一段时间，则小晶体会逐渐消失，而大晶体沉淀长得更大，这个过程叫做陈化或熟化（aging）。这是因为在大小晶体共存的母液中，微小晶体比大晶体沉淀溶解度大，溶液对大晶体为饱和时，对小晶体尚未饱和，因此小晶体沉淀逐渐溶解至达饱和。这时溶液对大晶体为过饱和，溶液中的构晶离子就会在大晶体上沉积下来。当溶液对大晶体为饱和溶液时，对小晶体又变为未饱和，小晶体又将继续溶解。如此继续下去，在小晶体消失的基础上，大晶体又不断长大，从而获得粗晶形沉淀。

四、沉淀的净化

为了保证重量分析的准确性，要求获得纯净的沉淀，但当沉淀从溶液中析出时，会或多或少地夹带溶液中的其他成分，使沉淀玷污。因此，应该了解影响沉淀纯度的因素，以去除杂质，获得符合重量分析要求的沉淀。

1. 影响沉淀纯度的因素

（1）共沉淀现象　当一种难溶物质从溶液中沉淀析出时，溶液中的其他离子会被沉淀夹带于其中，随着沉淀析出，这种现象称为共沉淀（coprecipitation）。例如，用 $BaCl_2$ 作沉淀剂沉淀 SO_4^{2-} 时，如果试液中

有 Fe^{3+}，则由于共沉淀，在得到的 $BaSO_4$ 白色沉淀中常含有 $Fe_2(SO_4)_3$，沉淀经过滤、洗涤、灼烧后略带 Fe_2O_3 的棕色。共沉淀现象是重量分析中重要的误差来源，产生共沉淀的原因是表面吸附、形成混晶、包藏作用等，其中表面吸附起主要作用。

表面吸附：沉淀表面的离子与沉淀内部的离子不同，总有剩余的电荷存在，溶液中带相反电荷的离子容易被吸附到沉淀表面，形成第一吸附层。沉淀吸附离子时，优先吸附与沉淀中的离子组成相同，或大小相近、电荷相等的离子。第一吸附层上的离子又吸引溶液中带相反电荷的离子形成双电层。表面吸附量的多少与沉淀的总表面积有关，沉淀的总表面积越大，吸附杂质越多。若能使晶形沉淀的颗粒增大，可以减小总表面积，从而减小吸附杂质的量；溶液中杂质离子浓度越大，吸附现象越严重；因为吸附是放热过程，所以溶液温度升高，可减少吸附杂质的量。

混晶：如果试液中的杂质与沉淀具有相同的晶格，或杂质离子与构晶离子具有相同的电荷和相同的离子半径，杂质将进入晶格排列中形成混晶，而玷污沉淀。例如 $MgNH_4PO_4 \cdot 6H_2O$ 和 $MgNH_4AsO_4 \cdot 6H_2O$，$BaSO_4$ 和 $PbSO_4$ 等。只要有符合上述条件的杂质离子存在，它们就会在沉淀过程中取代形成沉淀的构晶离子而进入沉淀内部，这时用洗涤或陈化的方法净化沉淀，效果不显著。为避免混晶的生成，最好事先将这类杂质分离出去。

包藏：若沉淀剂加入太快，使沉淀急速生长，沉淀表面吸附的杂质会来不及离开而被随后生成的沉淀所覆盖，使杂质或母液被包藏在沉淀内部。这类共沉淀不能用洗涤的办法将杂质除去，可以借改变沉淀条件、陈化或重结晶的方法来减免。

（2）后沉淀现象　后沉淀（postprecipitation）是由于沉淀速度的差异，而在已形成的沉淀上形成第二种不溶物质。这种情况大多发生在特定组分形成的稳定的过饱和溶液中。例如，在 Mg^{2+} 存在下沉淀 CaC_2O_4 时，镁由于形成稳定的草酸盐过饱和溶液而不会立即析出。如果把草酸盐溶液立即过滤，则沉淀表面上只吸附少量镁；若把含有 Mg^{2+} 的母液与草酸钙沉淀一起放置一段时间，则草酸镁的后沉淀量将会增多。

后沉淀所引入的杂质量比共沉淀要多，且随着沉淀放置时间的延长而增多。因此为防止后沉淀现象的发生，某些沉淀的陈化时间不宜过久。

2. 沉淀的净化　采用适当的方法，可以提高沉淀的纯度。

（1）采用适当的分析程序和沉淀方法　如果沉淀中同时存在含量相差很大的两种离子，需要沉淀分离，为防止含量少的离子因共沉淀而损失，应该先沉淀含量少的离子。例如，分析烧结菱镁矿（含 MgO 90%以上，CaO 1%左右）时，应该先沉淀 Ca^{2+}。由于 Mg^{2+} 含量太大不能采用一般的草酸铵沉淀 Ca^{2+} 方法，否则 MgC_2O_4 共沉淀严重。但可在大量乙醇介质中用稀硫酸将 Ca^{2+} 沉淀成 $CaSO_4$ 而分离。此外，对一些离子采用均相沉淀法或选用适当的有机沉淀剂，也可减免共沉淀。

（2）降低易被吸附离子的浓度　对于易被吸附的杂质离子，必要时应先分离除去或加以掩蔽。为了减小杂质浓度，一般都是在稀溶液中进行沉淀。但对一些高价离子或含量较多的杂质，就必须加以分离或掩蔽。例如，将 SO_4^{2-} 沉淀成 $BaSO_4$ 时，溶液中若有较多的 Fe^{3+}、Al^{3+} 等离子，就必须加以分离或掩蔽。

（3）针对不同类型的沉淀，选用适当的沉淀条件。

（4）在沉淀分离后，用适当的洗涤剂洗涤沉淀。

（5）必要时进行再沉淀（或称二次沉淀），即将沉淀过滤、洗涤、溶解后，再进行一次沉淀。再沉淀时由于杂质浓度大为降低，共沉淀现象也可以避免。

五、重量分析法的计算

重量分析是根据称量形式的质量来计算待测成分的含量。称量形式即最后称重的物质的化学组成。如，用重量分析法测定样品中硫含量，经过以下步骤：

$$试样 \xrightarrow{预处理} SO_4^{2-}(试液) \xrightarrow{沉淀剂} BaSO_4(沉淀形式) \xrightarrow[灼烧]{沉淀、洗涤} BaSO_4(称量形式)$$

再如，用 $(NH_4)_2HPO_4$ 作沉淀剂测定样品中镁含量。

$$试样 \xrightarrow{预处理} Mg^{2+}(试液) \xrightarrow{沉淀剂} MgNH_4PO_4 \cdot 6H_2O(沉淀形式)$$

$$\xrightarrow[灼烧]{沉淀、洗涤} Mg_2P_2O_7(称量形式)$$

通过分析待测组分与称量形式的化学计量关系可求算待测组分含量。

每生成 1 mol 的 $BaSO_4$，对应着样品中含有 1 mol 的硫

$$\frac{m(S)}{M(S)} = \frac{m(BaSO_4)}{M(BaSO_4)} \qquad m(S) = \frac{M(S) \cdot m(BaSO_4)}{M(BaSO_4)}$$

每生成 1 mol 的 $Mg_2P_2O_7$，对应着样品中含有 2 mol 的镁

$$\frac{m(Mg)}{M(Mg)} = 2\frac{m(Mg_2P_2O_7)}{M(Mg_2P_2O_7)} \qquad m(Mg) = \frac{2m(Mg_2P_2O_7) \cdot M(Mg)}{M(Mg_2P_2O_7)}$$

例 9-1 称取某矿样 0.400 0 g，经化学处理后，称得 SiO_2 的质量为 0.272 8 g，计算矿样中 SiO_2 的质量分数。

解：因为称量形式和被测组分的化学式相同，所以

$$w(SiO_2) = \frac{0.272\ 8\ g}{0.400\ 0\ g} \times 100\% = 68.20\%$$

例 9-2 称取某铁矿石试样 0.250 0 g，经处理后，沉淀形式为 $Fe(OH)_3$，称量形式为 Fe_2O_3，质量为 0.249 0 g，求 Fe 和 Fe_3O_4 的质量分数。

解：先计算试样中 Fe 的质量分数。因为称量形式为 Fe_2O_3，1 mol 称量形式相当于 2 mol 组分，所以

$$w(Fe) = \frac{0.249\ 0\ g}{0.250\ 0\ g} \times \frac{2M(Fe)}{M(Fe_2O_3)} \times 100\%$$

$$= \frac{0.249\ 0\ g}{0.250\ 0\ g} \times \frac{2 \times 55.85 g \cdot mol^{-1}}{159.7 g \cdot mol^{-1}} \times 100\%$$

$$= 69.66\%$$

计算试样中 Fe_3O_4 的质量分数。因为 1 mol 称量形式 Fe_2O_3 相当于 $\frac{2}{3}$ mol 待测组分，所以

$$w(Fe_3O_4) = \frac{0.249\ 0\ g}{0.250\ 0\ g} \times \frac{2M(Fe_3O_4)}{3M(Fe_2O_3)} \times 100\%$$

$$= \frac{0.249\ 0\ g}{0.250\ 0\ g} \times \frac{2 \times 231.54 g \cdot mol^{-1}}{3 \times 159.7 g \cdot mol^{-1}} \times 100\% = 96.27\%$$

本 章 小 结

(1) 重量分析法通常是指沉淀重量法。这是一种经典的化学分析法，即加入沉淀剂使待测组分从试样中分离出来而后用称重的方法确定待测组分含量。

(2) 重量分析要求生成的沉淀易于过滤和洗涤，因此希望获得粗大的晶形沉淀。选择在稀的溶液中结晶、不断搅拌、适当增加陈化时间等条件，均有利于晶形沉淀的生成；重量分析同时要求获得纯净的沉淀，而共沉淀和后沉淀现象常常使沉淀混入较多的杂质，应采用适当的方法避免。

(3) 重量分析法利用称量形式与待测组分的化学计量关系计算待测组分含量。

(4) 沉淀滴定法是利用标准溶液和待测组分间形成沉淀的反应进行的滴定分析。目前应用较多的是利用生成难溶银盐的反应，称为银量法。

(5) 银量法主要用于 Ag^+ 和卤离子的测定。按照确定滴定终点方法的不同可分为莫尔法、佛尔哈德法

和法扬司法。使用时注意控制适当的 pH 范围和指示剂用量等条件，可得到较准确的分析结果。

化学之窗

How an Eggshell Is Formed（蛋壳是怎样形成的）

The formation of the shell of a hen's egg is a fascinating example of a natural precipitation process.

An average eggshell weighs about 5 g and is 40 percent calcium. Most of the calcium in an eggshell is laid down within a 16－h period. This means that it is deposited at a rate of about 125 mg per hour. No hen can consume calcium fast enough to meet this demand. Instead, it is supplied by special bony masses in the hen's long bones, which accumulate large reserves of calcium for eggshell formation. [The inorganic calcium component of the bone is calcium phosphate, $Ca_3(PO_4)_2$, an insoluble compound.]If a hen is fed a low－calcium diet, her eggshells become progressively thinner; she might have to mobilize 10 percent of the total amount of calcium in her bones just to lay one egg! When the food supply is consistently low in calcium, egg production eventually stops.

The eggshell is largely composed of calcite（方解石）, a crystalline form of calcium carbonate ($CaCO_3$). Normally, the raw materials, Ca^{2+} and CO_3^{2-}, are carried by the blood to the shell gland. The calcification process is a precipitation reaction:

$$Ca^{2+}(aq)+CO_3^{2-}(aq) \rightleftharpoons CaCO_3(s)$$

In the blood free Ca^{2+} ions are in equilibrium with calcium ions bound to proteins. As the free ions are taken up by the shell gland, more are provided by the dissociation of the protein－bound calcium.

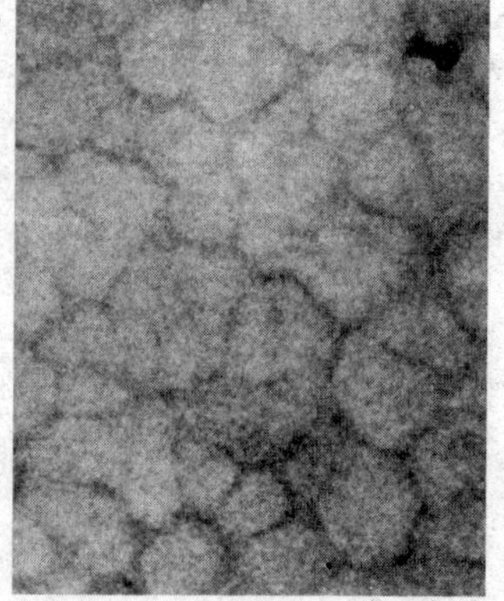

X－ray micrograph of an eggshell, showing columns of calcite

The carbonate ions necessary for eggshell formation are a metabolic byproduct. Carbon dioxide produced during metabolism is converted to carbonic acid（H_2CO_3）by the enzyme carbonic anhydrase（CA 碳酸酐酶）:

$$CO_2(s)+H_2O(l) \xrightleftharpoons{CA} H_2CO_3(aq)$$

Carbonic acid ionizes stepwise to produce carbonate ions:

$$H_2CO_3(aq) \rightleftharpoons H^+(aq)+HCO_3^-(aq)$$

$$HCO_3^-(aq) \rightleftharpoons H^+(aq)+CO_3^{2-}(aq)$$

Chickens do not perspire（排汗）and so must pant（喘气）to cool themselves. Panting expels more CO_2, from the chicken's body than normal respiration does. According to Le Chatelier's principle, panting will shift the $CO_2－H_2CO_3$ equilibrium shown above from right to left. thereby lowering the concentration of the CO_3^{2-} ions in solution and resulting in thin eggshells. One remedy for this problem is to give chickens carbonated water to drink in hot weather. The CO_2 dissolved in the water adds CO_2 to the chicken's body fluids and shifts the $CO_2－H_2CO_3$ equilibrium to the right.

思　考　题

1. 沉淀形式与称量形式有何区别？试举例说明之。

2. 共沉淀和后沉淀区别何在？它们是怎样发生的？对重量分析有何不良影响？在分析化学中什么情况下需要利用共沉淀？

3. 要获得纯净而易于分离和洗涤的晶形沉淀，需采取什么措施？为什么？

4. 重量分析的一般误差来源是什么？怎样减少这些误差？

5. 说明用下述方法进行测定是否会引入误差，如有误差，则指出是偏高还是偏低。

(1) 吸取 $NaCl+H_2SO_4$ 试液后，立即以莫尔法测 Cl^-。

(2) 中性溶液中用莫尔法测定 Br^-。

(3) 用莫尔法测定 pH≈8 的 KI 溶液中的 I^-。

(4) 用莫尔法测定 Cl^-，但配制的 K_2CrO_4 指示剂溶液浓度过稀。

(5) 用佛尔哈德法测定 Cl^-，未加硝基苯。

习　题

1. 称取某可溶性盐 0.161 6 g，用 $BaSO_4$ 重量法测定其硫含量，称得 $BaSO_4$ 沉淀为 0.149 1 g，计算试样中 SO_3 的质量分数。（31.65%）

2. 称取磷矿石试样 0.453 0 g，溶解后以 $MgNH_4PO_4$ 形式沉淀，灼烧后得 $Mg_2P_2O_7$ 0.282 5 g，计算试样中 P 及 P_2O_5 的质量分数。（17.35%，39.77%）

3. 称取纯 NaCl 0.116 9 g，加水溶解后，以 K_2CrO_4 为指示剂，用 $AgNO_3$ 标准溶液滴定时共用去 20.00 mL，求该 $AgNO_3$ 溶液的浓度。（0.100 0 mol·L^{-1}）

4. 以过量的 $AgNO_3$ 处理 0.350 0 g 不纯的 KCl 试样，得到 0.641 6 g AgCl，求该试样中 KCl 的质量分数。（95.37%）

5. 将 30.00 mL $AgNO_3$ 溶液作用于 0.135 7 g NaCl，过量的银离子需用 2.50 mL NH_4SCN 滴定至终点。预先知道滴定 20.00 mL $AgNO_3$ 溶液需要 19.85 mL NH_4SCN 溶液。试计算 (1) $AgNO_3$ 溶液的浓度；(2) NH_4SCN 溶液的浓度。

（0.084 50 mol·L^{-1}，0.085 14 mol·L^{-1}）

6. 将 0.115 9 mol·L^{-1} $AgNO_3$ 溶液 30.00 mL 加入含有氯化物试样 0.225 5 g 的溶液中，然后用 3.16 mL 0.103 3 mol·L^{-1} NH_4SCN 溶液滴定过量的 $AgNO_3$。计算试样中氯的质量分数。（49.53%）

7. 有一纯 KIO_x，称取 0.498 8 g，将它进行适当处理，使之还原成碘化物溶液，然后以 0.112 5 mol·L^{-1} $AgNO_3$ 溶液滴定，到终点时用去 20.72 mL，求 x 值。（3）

8. 称取某含砷农药 0.200 0 g，溶于硝酸后转化为 H_3AsO_4，调至中性，加 $AgNO_3$ 使其沉淀为 Ag_3AsO_4。沉淀经过滤、洗涤后，再溶于稀硝酸中，以铁铵矾为指示剂，滴定时消耗 0.118 0 mol·L^{-1} 的 NH_4SCN 标准溶液 33.85 mL。计算该农药中 As_2O_3 的质量分数。

（65.84%）

9. A 25.00 mL sample containing Ag^+ is titrated using a 0.015 00 mol·L^{-1} solution of Cl^-. An end point is reached after 15.20 mL of the titrant has been added.

(a) Write the titration reaction for this analysis.

(b) What was the concentration of Ag^+ in the original sample?

（0.009 12 mol·L^{-1}）

10. A 10.00 mL aliquot of a 0.010 0 mol·L^{-1} Ag^+ sample that is titrated with a 0.005 0 mol·L^{-1} solution of AgCl. What are the expected values for pAg at the beginning of the titration.（2.000）

第十章　配位化合物

配位化合物（coordination compound）简称配合物，旧称络合物，是一类组成复杂的化合物。1798年，Tassaert合成了公认的第一个配合物 $[Co(NH_3)_6]Cl_3$；1893年，仅27岁的瑞士科学家Werner提出Werner配位理论，奠定了近代配位化学的基础。配合物的种类繁多，广泛地存在于自然界，应用范围极广。由于现代理论化学、计算化学、量子力学以及现代计算技术和测量技术的发展，加速了配位化学的发展，并已形成一门独立的分支学科——配位化学，成为当今无机化学最活跃的研究领域之一。

本章主要介绍配合物的基本概念、配合物的价键理论以及配合物在溶液中的生成和解离平衡。

第一节　配位化合物的基本概念

一、配位化合物的定义及其组成

1. 配位化合物的定义　一些常见的简单化合物可以相互作用而形成复杂的化合物，如

$$CuSO_4+4NH_3= [Cu(NH_3)_4]SO_4$$

$$HgI_2+2KI=K_2[HgI_4]$$

$$AgCl+2NH_3=[Ag(NH_3)_2]Cl$$

$$K_2SO_4+Al_2(SO_4)_3+24H_2O=K_2SO_4 \cdot Al_2(SO_4)_3 \cdot 24H_2O$$

若把化合物 $K_2SO_4 \cdot Al_2(SO_4)_3 \cdot 24H_2O$ 溶于水，便完全解离成简单的 K^+、Al^{3+}、SO_4^{2-} 等离子，其行为犹如简单的 K_2SO_4 和 $Al_2(SO_4)_3$ 的混合水溶液，此类化合物称为复盐。而$[Cu(NH_3)_4]SO_4$和 $K_2[HgI_4]$ 在其水溶液中则解离为简单的离子 SO_4^{2-}、K^+ 和复杂的离子$[Cu(NH_3)_4]^{2+}$、$[HgI_4]^{2-}$。$[Cu(NH_3)_4]^{2+}$和$[HgI_4]^{2-}$等复杂离子都是配位体与中心离子通过配位键结合而成的配离子，它们失去了原来组分的性质，在晶体及溶液中能相对稳定地存在，如在$[Cu(NH_3)_4]^{2+}$的水溶液中加入 OH^- 离子不会产生 $Cu(OH)_2$ 沉淀。

1980年中国化学会颁布的《无机化学命名原则》规定：配合物是由可以给出孤对电子或多个不定域电子的一定数目的离子或分子（称为配位体）和具有接受孤对电子或多个不定域电子的空轨道的原子或离子（称为中心离子或原子），按一定的组成和空间构型所形成的化合物。

2. 配位化合物的组成　配合物通常包括相反电荷的两种离子，分别称为内界(inner)和外界(outer)。内界是配合物的特征部分，通常写在方括号内，其中包括中心离子（或原子）

和一定数目的配位体；外界一般为简单离子。以$[Co(NH_3)_4Cl_2]Cl$为例说明配合物的组成：

根据配合物的定义，金属离子Co^{3+}称为中心离子，方括号中的4个NH_3和2个Cl^-以配位键与Co^{3+}紧密结合在一起构成配合物的内界（配离子），NH_3和Cl^-称配位体。方括号外的另一个Cl^-并未与中心离子直接键合称为外界，内界和外界一起组成配合物。

但不是所有的配合物都有内界和外界，有的配合物只有内界并是电中性的，如$[Co(NH_3)_3Cl_3]$、$[Ni(CO)_4]$、$[Pt(NH_3)_2Cl_2]$等。

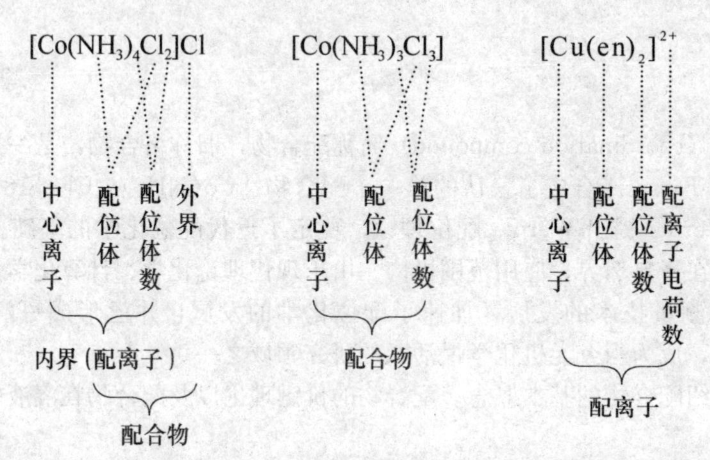

通常对这两类配合物不做严格区分，有时把配离子也称配合物，所以配合物包括含有配离子的化合物和电中性的配合物。

(1) 中心离子或中心原子　中心离子（central ion）或中心原子又称为形成体，位于其结构的几何中心位置，一般具有接受孤对电子的空轨道。常见的形成体多为过渡元素的阳离子，如$[Fe(CN)_6]^{3-}$中的Fe^{3+}，$[HgI_4]^{2-}$中的Hg^{2+}等；少数是过渡元素的原子，如$[Ni(CO)_4]$中的Ni，$[Fe(CO)_5]$中的Fe；少数的是正氧化数的非金属元素和一些半径较小、电荷较大的主族元素阳离子，如$[SiF_6]^{2-}$中的Si(Ⅳ)、$[BF_4]^-$中的B(Ⅲ)、$[PF_6]^-$中的P(Ⅴ)、$[AlF_6]^{3-}$中的Al(Ⅲ)；还有极个别的是阴离子，如$[I(I_2)]^-$中的I^-，$[S(S_8)]^{2-}$中的S^{2-}以及负氧化数的金属元素作为形成体，如$Na[Co(CO)_4]$中的Co(－Ⅰ)等。

(2) 配位体　配位体（ligand）亦称配体，在内界中位于中心离子周围，含有孤对电子，并沿一定方向与中心离子成键的阴离子或分子，其中直接与中心离子键合的原子称为配位原子。如$[Co(NH_3)_4Cl_2]Cl$中，NH_3和Cl^-为配位体，其配位原子分别是N和Cl。配位原子一般集中于元素周期表中的p区，如卤素、O、S、N、C、P等元素的原子。

配位体中根据配位原子的数目又可分为单基（单齿）配位体和多基（多齿）配位体两种，只含有一个配位原子的配位体叫做单基配位体。如卤素离子、$\ddot{N}H_3$、$H_2\ddot{O}$等。含有两个或两个以上配位原子并能与一个中心离子同时配位的配位体称为多基配位体。如双基配位体：

草酸根$C_2O_4^{2-}$　　乙二胺(简称en)　　邻二氮杂菲

乙二胺四乙酸（简称 EDTA）为六基配位体，其结构如下：

```
          O                                  O
          ‖                                  ‖
  H Ö—C—CH₂                        CH₂—C—ÖH
              \                    /
               N̈—CH₂—CH₂—N̈
              /                    \
  H Ö—C—CH₂                        CH₂—C—ÖH
          ‖                                  ‖
          O                                  O
```

虽然有些配位体也有多个配位原子，但在一定的条件下，仅有一个配位原子适合与中心离子配位，这类配位体称为多可配位体。例如硝基（—NO_2）以其 N 原子与中心离子配位，而亚硝酸根（—ONO^-）则以其 O 原子与中心离子配位；又如硫氰根（—SCN^-）以 S 原子与中心离子配位，而异硫氰根（—NCS^-）则以 N 原子与中心离子配位，它们都是多可配位体，显然与多基配位体不同。

（3）配位数与配合物的立体构型　配位体中与中心离子直接结合的配位原子的总数或所形成的配位键的总数称为该中心离子的配位数（coordination number），它是配合物的重要特征之一。对于单基配位体（如 NH_3、Cl^-），配位数就等于配位体的个数，如 $[Co(NH_3)_4Cl_2]^+$ 的配位数为 6；对于多基配位体，由于每个配位体含有多个配位原子，形成多个配位键，故配位数＝多基配位体数×每个配位体中的配位原子数，如 $[Cu(en)_2]^{2+}$ 的配离子中，Cu^{2+} 离子的配位数为2×2＝4。

中心离子的配位数一般为 2～12，常见配位数为 2、4、6、8，最常见的是 4 和 6，也有 3、5、8（表 10－1）。中心离子的配位数主要取决于中心离子和配位体的电荷、半径，其次是形成配合物时的外界条件。

表 10－1　不同价态金属离子的配位数

中心离子电荷	+1	+2	+3
配位数	2(4)	4(6)	6(4)
实例	Ag^+　2	Cu^{2+}，Zn^{2+}，Ni^{2+}，Co^{2+}　4，6	Al^{3+}　4，6
	Cu^+，Au^+　2，4	Fe^{2+}，Ca^{2+}　6	Fe^{3+}，Co^{3+}，Cr^{3+}　6

中心离子的电荷越高，吸引配位体的能力越强，配位数就越大。例如 $[AgI_2]^-$ 中 Ag^+ 的配位数为 2，$[HgI_4]^{2-}$ 中 Hg^{2+} 的配位数为 4；$[PtCl_4]^{2-}$ 中 Pt^{2+} 的配位数为 4，而 $[PtCl_6]^{2-}$ 中 Pt^{4+} 的配位数为 6。中心离子的半径越大（但不宜过大，否则会影响与配位体间的结合力），有容纳更多配位体的空间，配位数也越大。例如，Al^{3+} 的离子半径比 B^{3+} 大，$[AlF_6]^{3-}$ 中 Al^{3+} 的配位数为 6，而 $[BF_4]^-$ 中 B^{3+} 的配位数为 4。配位体的半径越小（占的空间小）有利于形成高配位数的配合物，如 F^- 离子半径比 Cl^- 小，它们与 Al^{3+} 形成的配离子分别是 $[AlF_6]^{3-}$ 和 $[AlCl_4]^-$。

此外，提高配位体浓度也有利于形成高配位数的配合物。而升高系统的温度，由于增加了系统的热运动，使配位数减小。

*（4）配位化合物的异构现象　化学式相同而结构不同的化合物称为异构体。在配合物和配离子中，这种异构现象相当普遍。异构现象有结构异构和空间异构两种基本形式。

① 结构异构：对于化学式相同的钴的两个配合物 $[CoSO_4(NH_3)_5]Br$ 和 $[CoBr(NH_3)_5]SO_4$，因配位

体不同，所表现的颜色及化学性质也不相同，前者为红色，后者为紫色。前者的溶液中加入 $AgNO_3$ 有 AgBr 沉淀生成，后者则不反应。

② 空间异构：空间异构是化学式和原子排列次序都相同，而原子在空间排列位置不同的异构现象，其中重要的有几何异构和旋光异构两种。

几何异构：例如，平面正方形的 $[PtCl_2(NH_3)_2]$ 有顺式和反式两种异构体，顺式异构体为棕黄色，有极性，可溶于水，是一种较好的抗癌药物。反式异构体为淡黄色，无极性，难溶于水，无抗癌作用。配位数为 6 的八面体形配位化合物也有顺、反异构现象。配位化合物若有好几种配位体时，或既有单基配位体，又有多基配位体时，几何异构现象就更多更为复杂。

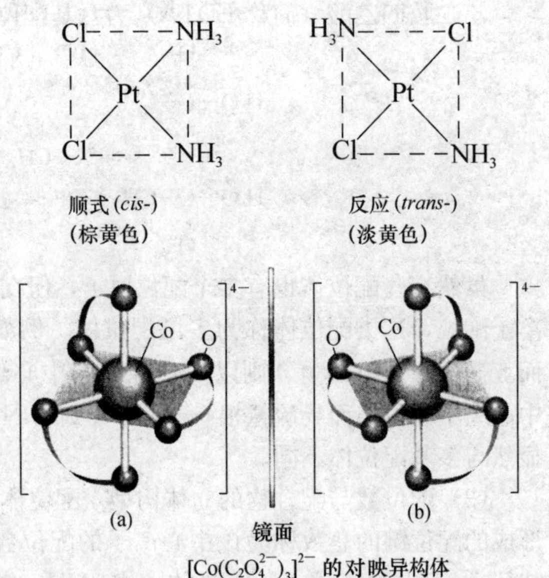

$[Co(C_2O_4^{2-})_3]^{2-}$ 的对映异构体

旋光异构：两种异构体互成镜像关系，类似于人的左手与右手。这种分子称为手性分子或不对称分子。这两种异构体可使平面偏振光发生方向相反的偏转，称为有旋光性或光学活性。其中一种为右旋旋光异构体（用＋表示右旋）；另一种称为左旋旋光异构体（用－表示左旋）。

（5）配离子的电荷数　配离子的电荷数等于组成该配离子的中心离子的电荷数和各配位体总电荷数的代数和。例如：

$[FeF_6]^{3-}$ 配离子的电荷数：$(+3)+(-1)\times 6=-3$

$[Co(NH_3)_4Cl_2]^+$ 配离子的电荷数：$(+3)+(0\times 4)+(-1)\times 2=+1$

$[Fe(CO)_5]$ 配合物的电荷数：$0+(0\times 5)=0$。

配合物中，配离子的电荷与外界的电荷平衡，配合物显电中性。因此，配离子的电荷数还可根据外界离子的总电荷数推算而得。如在 $[Co(NH_3)_5Cl]Cl_2$ 和 $Na_2[SnCl_6]$ 中，配离子的电荷数分别为＋2 和－2。

二、配位化合物的命名

配位化合物的命名服从一般无机化合物命名原则。对配阳离子，外界酸根为简单阴离子如 Cl^-、OH^- 等，命名为“某化某”；外界酸根为复杂阴离子如 SO_4^{2-}、NO_3^- 等，则命名为“某酸某”。对配阴离子，则将配阴离子看成复杂酸根离子，一律命名为“某酸某”。

1. 配合物内界的命名　配合物中内界配离子的命名一般依照如下顺序：配位体数（中文数字）→配位体名称→合→中心离子（原子）名称［罗马字表示中心离子（原子）氧化数］，中心原子的氧化数为零时可以不标明。若配位体不止一种，不同配位体之间以“·”分开。

（1）带倍数词头的无机含氧酸阴离子配位体和复杂有机配位体命名时，要加圆括号，如三（磷酸根）、二（乙二胺）。有的无机含氧酸阴离子，即使不含有倍数词头，但含有一个以上直接相连的成酸原子，也要加圆括号，如（硫代硫酸根）。

（2）内界有多种配位体时，按下面的原则顺序命名：先无机配体，后有机配体；先离子配体，后分子配体；先氨配体，后水配体；同类配体，按配位原子英文字母顺序先后命名；

配位原子也相同时，先命名原子数少的配体，后命名原子数多的配体。

2. 配合物的命名　内界的命名清楚以后，再加上外界，用一般无机化合物的命名原则即可。例如：

$[Co(NH_3)_6]Br_3$	溴化六氨合钴（Ⅲ）
$[Zn(NH_3)_4]SO_4$	硫酸四氨合锌（Ⅱ）
$K_3[Fe(C_2O_4)_3]\cdot 3H_2O$	三水合三草酸根合铁（Ⅲ）酸钾
$[Cr(NH_3)_2(en)_2](NO_3)_3$	硝酸二氨·二（乙二胺）合铬（Ⅲ）
$H_2[SiF_6]$	六氟合硅（Ⅳ）酸
$K_2[PtCl_6]$	六氯合铂（Ⅳ）酸钾
$K[PtCl_5(NH_3)]$	五氯·氨合铂（Ⅳ）酸钾
$Na_3[Ag(S_2O_3)_2]$	二（硫代硫酸根）合银（Ⅰ）酸钠
$NH_4[Cr(NH_3)_2(NCS)_4]$	四（异硫氰酸根）·二氨合铬（Ⅲ）酸铵
$[Ni(CO)_4]$	四羰基合镍
$[Co(NO_2)_3(NH_3)_3]$	三硝基·三氨合钴（Ⅲ）

有的配位体在与不同的中心离子配合时，所用配位原子不同，命名时应加以区别。例如：

$K_3[Fe(\underset{\cdot}{N}CS)_6]$	六（异硫氰酸根）合铁（Ⅲ）酸钾
$[CoCl(\underset{\cdot}{S}CN)(en)_2]NO_3$	硝酸氯·（硫氰酸根）·二（乙二胺）合钴（Ⅲ）
$[Co(\underset{\cdot}{N}O_2)_3(NH_3)_3]$	三硝基·三氨合钴（Ⅲ）
$[Co(\underset{\cdot}{O}NO)(NH_3)_5]SO_4$	硫酸亚硝酸根·五氨合钴（Ⅲ）

此外少数配合物有习惯名和俗名。如 $[Cu(NH_3)_4]^{2+}$，习惯名为铜氨配离子；$H_2[SiF_6]$，俗名为氟硅酸；$K_3[Fe(CN)_6]$，习惯名为铁氰化钾，俗名为赤血盐；$K_4[Fe(CN)_6]$，习惯名为亚铁氰化钾，俗名为黄血盐。

第二节　配位化合物的价键理论

配合物化学键理论是说明中心离子与配位体之间结合的本质的理论。近百年来，关于配合物的化学键理论主要有：价键理论、晶体场理论、分子轨道理论和配位场理论等。本节主要介绍价键理论。

1931 年鲍林(L. Pauling)将杂化轨道理论应用于配合物，说明配合物的化学键本质，随后经过逐步完善，形成了近代的配合物价键理论(valence bond theory)。该理论概念简单明确，能解释许多配合物形成体的配位数、配离子的空间构型、磁性和稳定性等。

一、价键理论的基本要点

价键理论认为，配合物中，配位原子提供孤对电子与中心离子（或原子）形成配位键。现将价键理论的基本要点简述如下：

(1) 在配位体 L 的作用下，中心离子 M 以空的能量相近的原子轨道进行杂化形成能量相同的杂化轨道，来接受配位体中配位原子提供的孤对电子而形成配位键M←L，使M和L紧密地结合，进而形成稳定的配离子或配分子。

（2）在成键过程中，中心离子采取的杂化类型通常为sp、sp^3、sp^3d^2等，在某些配位体的作用下，也采取dsp^2、d^2sp^3等杂化类型，对此中心离子次外层的d电子可能发生重排以空出一定数目的空轨道。

（3）配位体在空间的分布方式必须与中心离子的杂化轨道在空间的伸展方向相适应，以满足原子轨道最大重叠原理，形成稳定的配位键。因此，配位键具有方向性，且是σ键。由于一个空的杂化轨道只能接受配位体提供的一对孤对电子，故配位键又具有饱和性。从共用电子对这个角度而论，配位键仍属共价键范围，只不过成键两原子共用的电子对仅为配位原子单方面提供。

二、配位化合物的形成与立体构型

配离子（或配分子）的空间结构、配位数及稳定性等，主要决定于中心离子在配位体的影响下所采取的杂化轨道的类型。以下列例子进行讨论。

1. 配位数为2的配离子　当中心离子的电荷数较低时，如Cu^+、Ag^+等，它们对配位体提供的孤对电子的引力较弱，常形成配位数为2的配离子，如$[CuI_2]^-$、$[Ag(NH_3)_2]^+$等。以$[Ag(NH_3)_2]^+$配离子为例说明。

Ag^+离子的价电子构型为$4d^{10}5s^05p^0$，配位成键时，其中1个5s轨道和1个5p轨道发生sp杂化，形成两个能量相同、轨道夹角为180°的sp杂化轨道，两个配位体NH_3分别从两头沿直线向Ag^+离子接近，配位原子N上的孤对电子填入两个空的sp杂化轨道，即中心离子的杂化轨道与配位体的孤对电子轨道发生重叠，形成两个σ配位键，简称配位键。根据杂化轨道理论，所形成配位数2的$[Ag(NH_3)_2]^+$的空间构型为直线形。其形成过程可示意如下：

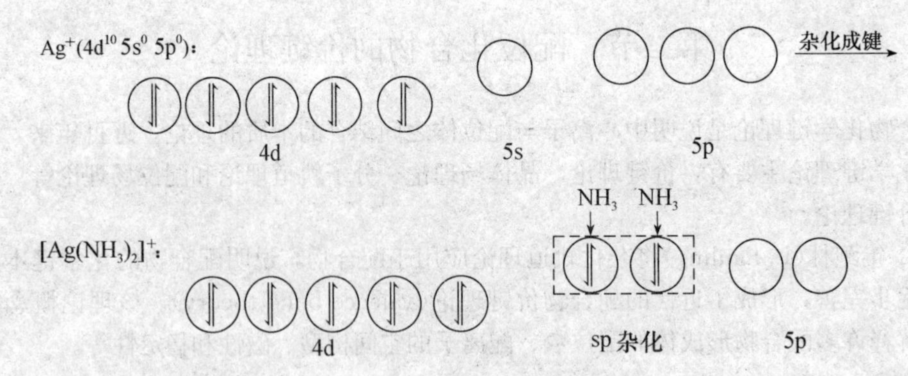

2. 配位数为4的配离子　电荷数为+2、价电子构型为$(n-1)d^{8\sim10}ns\ np$的中心离子，如$Zn^{2+}(3d^{10}4s^04p^0)$、$Cu^{2+}(3d^94s^04p^0)$、$Ni^{2+}(3d^84s^04p^0)$等，常形成配位数为4的配离子，有两种空间构型，显然也有两种杂化类型。现以$[Ni(NH_3)_4]^{2+}$、$[Ni(CN)_4]^{2-}$和$[Cu(NH_3)_4]^{2+}$为例分述如下。

（1）sp^3杂化与$[Ni(NH_3)_4]^{2+}$的空间构型　Ni^{2+}的价电子构型为$3d^84s^04p^0$，当Ni^{2+}与NH_3配合时，1个4s和3个4p轨道发生sp^3杂化，得到4个sp^3等性杂化轨道，它们

呈正四面体分布，4 个 NH_3 分子在正四面体 4 个顶点方向靠近 Ni^{2+}，并键合形成四个 σ 配键，即形成空间构型呈正四面体的 $[Ni(NH_3)_4]^{2+}$ 配离子。其杂化与成键过程示意如下：

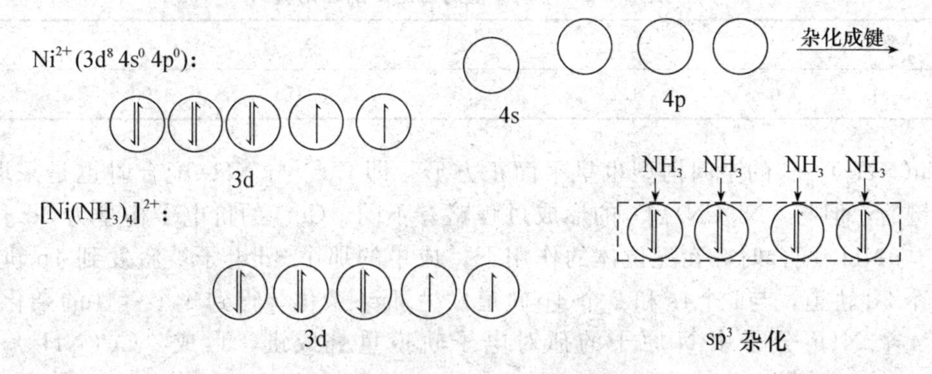

（2）dsp^2 杂化与 $[Ni(CN)_4]^{2-}$ 及 $[Cu(NH_3)_4]^{2+}$ 的空间构型　对 $[Ni(CN)_4]^{2-}$ 配离子的结构，价键理论认为，Ni^{2+}（$3d^8 4s^0 4p^0$）与 CN^- 配位时，其 3d 电子受 4 个 CN^- 配位体的强烈排斥作用，两个分占不同 3d 轨道的单电子配对，空出一个 3d 轨道（所谓电子重排），与 1 个 4s 和2 个4p 轨道发生 dsp^2 杂化，得到 4 个等性的杂化轨道，它们分别指向平面正方形的 4 个顶点方向，4 个 CN^- 的孤对电子（由 C 原子提供）与 Ni^{2+} 形成 4 个配位键，使 $[Ni(CN)_4]^{2-}$ 具有平面正方形结构。杂化与成键过程示意如下：

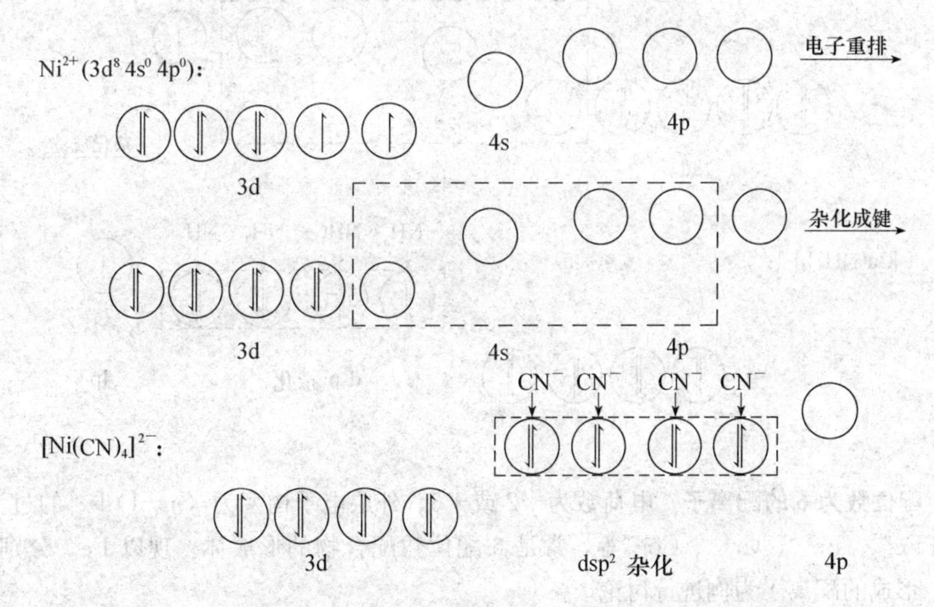

通过磁矩测定，$[Ni(CN)_4]^{2-}$ 配离子表现为逆磁性，表明没有未成对电子。

磁矩与物质中未成对电子数的近似关系为

$$\mu = \sqrt{n(n+2)}$$

式中，μ 为磁矩，单位是玻尔磁子（B. M.）；n 为单电子数。磁矩的大小反映了原子或分子中未成对电子数目的多少。μ 等于零时，则电子完全配对，无未成对电子，表现抗磁性，称为抗（逆）磁性物质。μ 不等于零时，则含有未成对电子，具有顺磁性，称为顺磁性物质。通过实验测得配合物的磁矩 μ，可计算出未成对电子数 n。用上述公式计算不同 n 值所对应的磁矩 μ 理论值列于表 10－2 中。

表 10－2　不同 n 值时磁矩 μ 的理论值

未成对电子数 n	0	1	2	3	4	5
磁矩（μ）/B. M.	0	1.73	2.83	3.87	4.90	5.92

$[Cu(NH_3)_4]^{2+}$ 的空间构型也呈平面正方形，即 Cu^{2+} 与 NH_3 配合时也是采取 dsp^2 杂化成键的，但与 $[Ni(CN)_4]^{2-}$ 的形成过程略有不同。Cu^{2+} 的价电子构型为 $3d^9 4s^0 4p^0$，当 Cu^{2+} 与 NH_3 配合时，在配位体的作用下，成单的那个 3d 电子被激发到 4p 轨道上，空出 1 个 3d 轨道，与1 个4s 和 2 个 4p 轨道发生 dsp^2 杂化，得到 4 个等性的杂化轨道，分别与 4 个 NH_3 分子中 N 原子的孤对电子轨道重叠成键，形成 $[Cu(NH_3)_4]^{2+}$ 配离子。

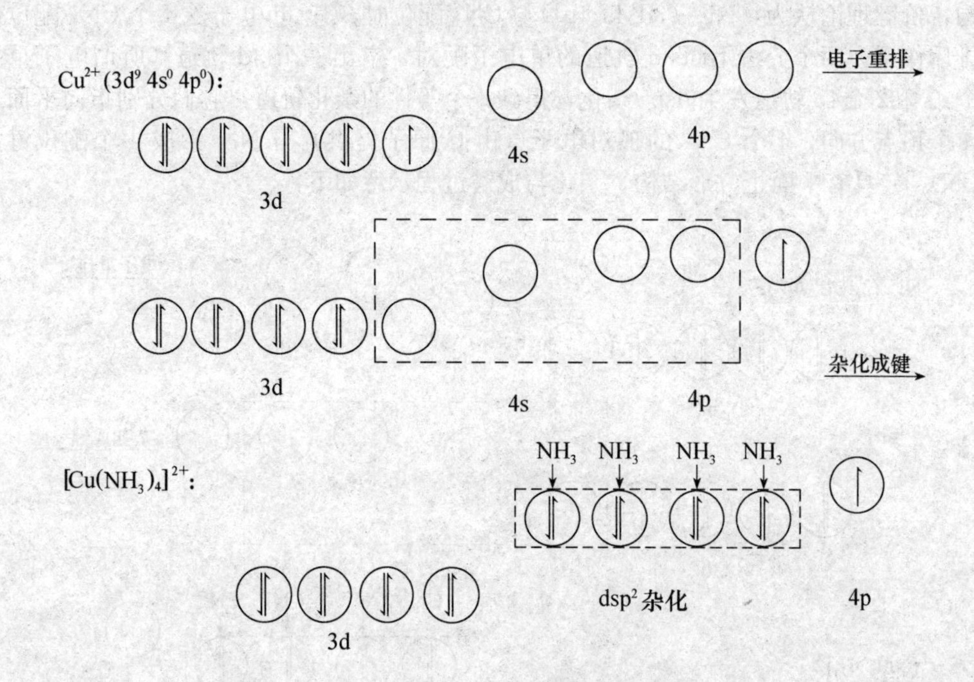

3. 配位数为 6 的配离子　电荷数为＋2 或＋3、外层电子构型为 $(n-1)d^{3\sim7}$ 的过渡金属离子如 Fe^{2+}、Fe^{3+}、Cr^{3+}、Co^{3+} 等，常是 6 配位数配合物的形成体。现以 Fe^{3+} 分别与 F^- 和 CN^- 形成的配离子为例进行讨论。

Fe^{3+} 分别与 F^-、CN^- 形成的配离子其空间构型均为正八面体，但 Fe^{3+} 采取的杂化类型是不相同的。$[FeF_6]^{3-}$ 中 Fe^{3+} 的价电子构型为 $3d^5 4s^0 4p^0 4d^0$，含有 5 个未成对电子，其理论磁矩 $\mu=\sqrt{5\times(5+2)}=5.92$ B. M.，实测 $[FeF_6]^{3-}$ 的磁矩为 5.90 B. M.，与自由 Fe^{3+} 的磁矩相同，说明 Fe^{3+} 与 F^- 配合时 5 个 3d 电子未发生重排，直接以 1 个 4s、3 个 4p 和 2 个 4d 轨道发生 sp^3d^2 等性杂化，分别与 6 个 F^- 配位成键。

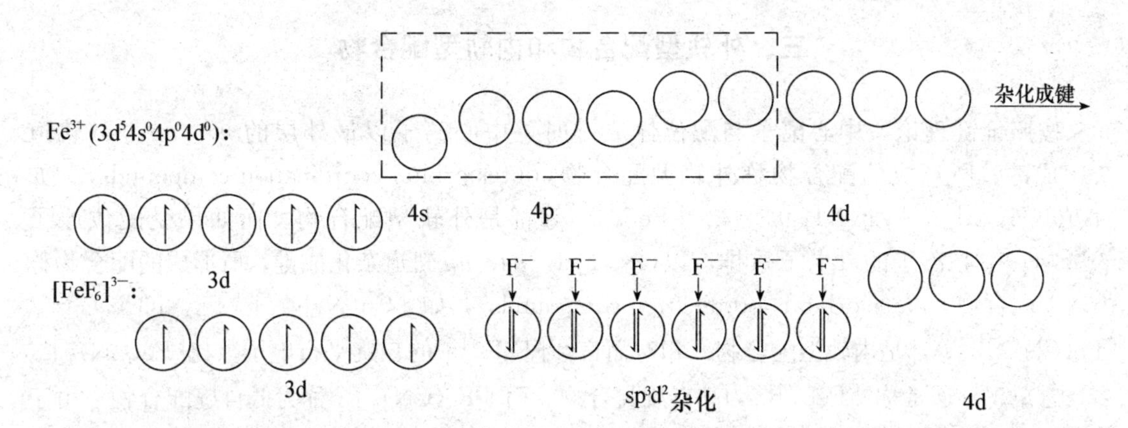

磁性实验测得 $[Fe(CN)_6]^{3-}$ 的磁矩为 1.90 B.M.，远远小于自由 Fe^{3+} 的磁矩，近似相当于有一个未成对电子。可以认为 Fe^{3+} 受配位体 CN^- 的影响，5 个自旋平行的 3d 电子发生重排，两两配对，空出 2 个 3d 轨道（此时磁性减小），这两个 3d 轨道与 1 个 4s 和 3 个 4p 轨道发生 d^2sp^3 杂化，分别与 6 个 CN^- 配位成键。

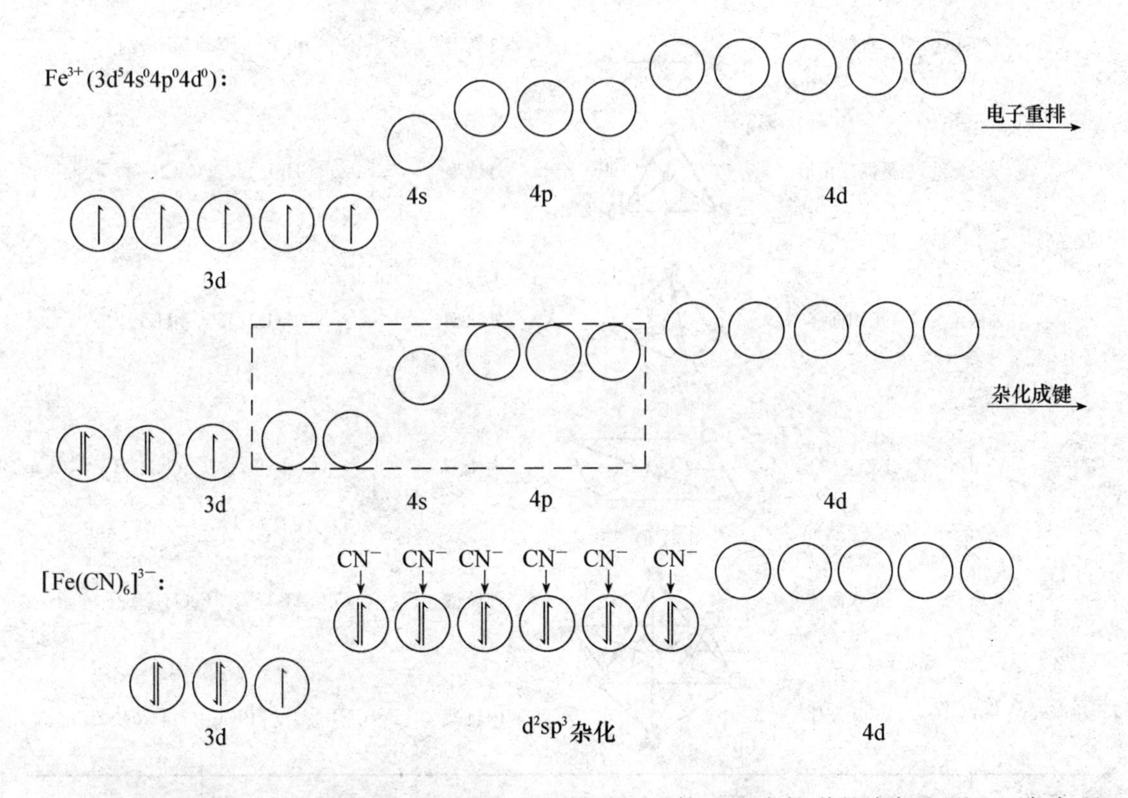

应当注意的是，若形成体是中性原子，重排是电子构型所有轨道的全部电子，不仅仅是 d 电子，如中性原子 Ni 的电子构型为 $3d^8 4s^2$，羰基 CO 与之配位，重排后为 $3d^{10} 4s^0$，外层的 1 个 4s 和 3 个 4p 杂化形成 4 个 sp^3 杂化轨道，因此 $Ni(CO)_4$ 空间构型为四面体，外轨型。

三、外轨型配合物和内轨型配合物

按照价键理论，中心离子与配位体成键时，中心离子以最外层的 *n*s，*n*p，*n*d 轨道杂化成键，所形成的配合物称外轨型配合物（outer orbital coordination compounds）。如 $[Ag(NH_3)_2]^+$、$[Zn(NH_3)_4]^{2+}$、$[FeF_6]^{3-}$ 等都是外轨型配合物。而如果受配位原子的影响，中心离子的 d 电子重排，以 $(n-1)$d，*n*s，*n*p 轨道杂化成键，所形成的配合物称内轨型配合物（inner orbital coordination compounds），如 $[Cu(NH_3)_4]^{2+}$、$[Ni(CN)_4]^{2-}$、$[Fe(CN)_6]^{3-}$ 等都是内轨型配合物。相对而言，$[FeF_6]^{3-}$ 的自旋平行电子数比 $[Fe(CN)_6]^{3-}$ 多，磁矩高，通常称 $[FeF_6]^{3-}$ 为高自旋配合物，而 $[Fe(CN)_6]^{3-}$ 称为低自旋配合物。由于 $(n-1)$d 轨道能量较外层轨道低，因此内轨型配合物比外轨型配合物的稳定性更高。

现将中心离子轨道杂化类型与空间构型的关系归纳于表 10-3。

表 10-3　中心离子轨道杂化类型与空间构型等的关系

配位数	杂化类型	空间构型		配离子类型	实　例
2	sp	直线形	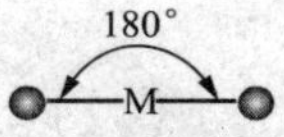 180° M	外轨型	$[CuI_2]^-$、$[Ag(NH_3)_2]^+$
3	sp^2	平面三角形	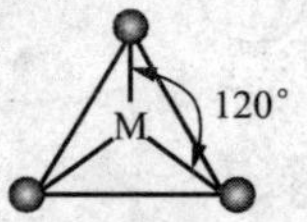 M 120°	外轨型	$[HgI_3]^-$、$[CuCl_3]^-$
4	sp^3	正四面体	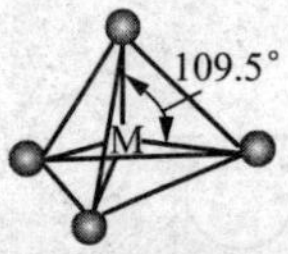 109.5° M	外轨型	$[Ni(NH_3)_4]^{2+}$、$[HgI_4]^{2-}$
	dsp^2	平面正方形	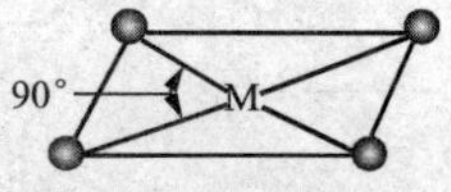 90° M	内轨型	$[Ni(CN)_4]^{2-}$、$[Cu(NH_3)_4]^{2+}$
6	sp^3d^2	正八面体	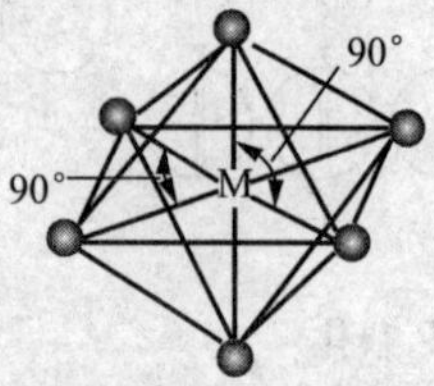 90° 90° M	外轨型	$Co(NH_3)_6^{2+}$、$[Fe(H_2O)_6]^{3+}$
	d^2sp^3	正八面体		内轨型	$[Fe(CN)_6]^{3-}$、$[PtCl_6]^{2-}$ $[Co(NH_3)_6]^{2+}$

外轨型和内轨型两种配合物的形成与中心离子的价电子构型、电荷和配位原子的电负性等因素有关。一般来讲：

（1）中心离子内层 d 轨道已全充满，没有可利用的内层空轨道，只能形成外轨型配合物。

（2）中心离子本身具有空的内层 d 轨道，一般倾向于形成内轨型配合物。

（3）中心离子 d 轨道未完全充满电子（$d^4 \sim d^9$）时，则既可形成外轨型配合物，也可形成内轨型配合物。这时，配位体是决定配合物类型的主要因素。

① 配位原子的电负性大（如卤素、氧、硫等原子），吸引电子的能力较强，不易授出孤对电子，对中心离子内层 d 电子排斥作用较小，基本不影响其价电子层构型，含这类配位原子的配位体（如 F^-、H_2O、SCN^- 等）与中心离子配合时，倾向于形成外轨型配合物。

② 配位原子的电负性较小（如 C 原子）时，不仅容易给出孤对电子，而且其孤对电子对中心离子内层 d 电子排斥作用较大，可使 d 电子发生重排（即挤压成对或激发到能级较高的轨道上）以空出部分轨道来参与杂化。因此含这类配位原子的配位体（如氰酸根 CN^-、硝基—NO_2、羰基 CO 等）与中心离子配合，倾向于形成内轨型配合物。

③ 配位体 NH_3、Cl^- 等有时形成内轨型配合物，有时形成外轨型配合物，与中心离子的结构有关。

当然配合物究竟是内轨型还是外轨型，可以通过磁矩来确定。当配合物的实测磁矩小于其自由中心离子的计算磁矩时，则发生了 d 电子重排，形成内轨型配合物；当配合物的实测磁矩与其自由中心离子的计算磁矩接近时，没有发生 d 电子重排，形成外轨型配合物。不过该方法有一定的局限性，当中心离子的 d 电子数为 9 或 3 及其以下时，不论配合物是内轨型还是外轨型，其磁矩的值都不会改变。如 Cu^{2+}（$3d^9$）离子，有一个未成对电子，它在形成内轨型配离子$[Cu(NH_3)_4]^{2+}$或外轨型配离子 $[CuCl_3]^-$时，磁矩相同，这时就不能根据磁矩大小来判断配合物的类型。

配合物的价键理论直观地说明了配合物的形成、配位数、空间构型、磁性及稳定性等，取得了不少成功。但还只是一个定性的理论，其应用仍有较大的局限性，它无法解释配合物的紫外可见吸收光谱和特征颜色等现象，也不能说明配合物稳定性的规律。为解决这些问题，在价键理论的基础上，又发展出晶体场理论、配位场理论等。

第三节　配位平衡

一、配离子的稳定常数

1. 稳定常数　配离子的稳定性是相对的，无论配离子有多稳定，在它的溶液中都有其组成部分（中心离子和配位体）存在，即存在着配位解离平衡。如 $[Ag(NH_3)_2]^+$配离子在水溶液中，可在一定程度解离为 Ag^+ 和 NH_3，同时 Ag^+ 和 NH_3 又会配合生成 $[Ag(NH_3)_2]^+$。在一定温度下，系统达到动态平衡，即

$$Ag^+ + 2NH_3 \rightleftharpoons [Ag(NH_3)_2]^+$$

这种平衡称为配位平衡，其平衡常数可简写为

$$K_f^{\ominus} = \frac{[Ag(NH_3)_2^+]_r}{[Ag^+]_r \cdot [NH_3]_r^2} \qquad (10-1)$$

$K_f^{\ominus}$称为配离子的稳定常数（stability constant）或形成常数，其大小反映了配位反应完成的程度。该常数越大，说明生成配离子的倾向越大，而解离的倾向越小，即配离子越稳

定。不同的配离子具有不同的稳定常数，对于同类型的配离子，可利用 $K_f^{\ominus}$ 值直接比较它们的稳定性；而不同类型的配离子不能仅用 $K_f^{\ominus}$ 值进行比较。

除了可用 $K_f^{\ominus}$ 表示配离子的稳定性外，也可用配离子的解离程度来表示其稳定性。如 $[Ag(NH_3)_2]^+$ 在水中的解离平衡为

$$[Ag(NH_3)_2]^+ \rightleftharpoons Ag^+ + 2NH_3$$

其平衡常数表达式为

$$K_d^{\ominus} = \frac{[Ag^+]_r \cdot [NH_3]_r^2}{[Ag(NH_3)_2^+]_r} \qquad (10-2)$$

上式的 $K_d^{\ominus}$ 称为配离子的不稳定常数（instability constant）或解离常数。该常数越大，说明配离子越容易解离，即配离子越不稳定。显然，对比式（10－1）和式（10－2）可知

$$K_f^{\ominus} = 1/K_d^{\ominus} \qquad (10-3)$$

常见配离子的稳定常数列于表 10－4。

表 10－4　常见配离子的稳定常数

化学式	$K_f^{\ominus}$	$\lg K_f^{\ominus}$	化学式	$K_f^{\ominus}$	$\lg K_f^{\ominus}$
$[AgCl_2]^-$	1.1×10^5	5.04	$[Cu(NH_3)_2]^+$	7.4×10^{10}	10.87
$[AgI_2]^-$	5.5×10^{11}	11.74	$[Cu(NH_3)_4]^{2+}$	4.8×10^{12}	12.63
$[Ag(CN)_2]^-$	1.3×10^{21}	21.11	$[Fe(C_2O_4)_3]^{3-}$	1.0×10^{20}	20
$[Ag(NH_3)_2]^+$	1.1×10^7	7.04	$[FeF_6]^{3-}$	$\sim2\times10^{15}$	～15.3
$[Ag(S_2O_3)_2]^{3-}$	2.9×10^{13}	13.46	$[Fe(CN)_6]^{4-}$	1.0×10^{35}	35
$[AlF_6]^{3-}$	6.9×10^{18}	19.84	$[Fe(CN)_6]^{3-}$	1.0×10^{42}	42
$[AuCl_4]^-$	2×10^{21}	21.3	$[Fe(NCS)_6]^{3-}$	1.2×10^9	9.10
$[Au(CN)_2]^-$	2×10^{38}	38.3	$[HgCl_4]^{2-}$	9.1×10^{15}	15.96
$[CdI_4]^{2-}$	2×10^6	6.3	$[HgI_4]^{2-}$	1.9×10^{30}	30.28
$[Cd(CN)_4]^{2-}$	7.1×10^{16}	18.85	$[Hg(CN)_4]^{2-}$	2.5×10^{41}	41.40
$[Cd(NH_3)_4]^{2+}$	1.3×10^7	7.12	$[Hg(NH_3)_4]^{2+}$	1.9×10^{19}	19.28
$[Co(NCS)_4]^{2-}$	1.0×10^3	3.00	$[Hg(SCN)_4]^{2-}$	2×10^{19}	19.3
$[Co(NH_3)_6]^{2+}$	7.9×10^4	4.90	$[Ni(CN)_4]^{2-}$	1.2×10^{31}	31.3
$[Co(NH_3)_6]^{3+}$	4.9×10^{33}	33.66	$[Ni(en)_3]^+$	2.1×10^{18}	18.3
$[CuCl_2]^-$	3.2×10^5	5.50	$[Ni(NH_3)_6]^{2+}$	5.5×10^8	8.74
$[CuI_2]^-$	7.1×10^8	8.85	$[Zn(CN)_4]^{2-}$	5.2×10^{16}	16.72
$[Cu(CN)_2]^-$	1×10^{24}	24	$[Zn(en)_2]^{2+}$	6.8×10^{10}	10.83
$[Cu(en)_2]^{2+}$	1.0×10^{21}	21.00	$[Zn(NH_3)_4]^{2+}$	3.0×10^9	9.47

2. 逐级稳定常数　一般配离子的形成和解离是逐级（分步）进行的，其相应的平衡常数为逐级稳定常数和逐级解离常数。以 $[Cu(NH_3)_4]^{2+}$ 生成为例：

$$Cu^{2+}+NH_3 \underset{K_{d4}^{\ominus}}{\overset{K_{f1}^{\ominus}}{\rightleftharpoons}} [Cu(NH_3)]^{2+} \qquad K_{f1}^{\ominus}=\frac{[Cu(NH_3)^{2+}]_r}{[Cu^{2+}]_r \cdot [NH_3]_r}=\frac{1}{K_{d4}^{\ominus}}=1.40\times10^4$$

$$[Cu(NH_3)]^{2+}+NH_3 \underset{K_{d3}^{\ominus}}{\overset{K_{f2}^{\ominus}}{\rightleftharpoons}} [Cu(NH_3)_2]^{2+} \quad K_{f2}^{\ominus}=\frac{[Cu(NH_3)_2^{2+}]_r}{[Cu(NH_3)^{2+}]_r[NH_3]_r}=\frac{1}{K_{d3}^{\ominus}}=3.17\times10^3$$

$$[Cu(NH_3)_2]^{2+}+NH_3 \underset{K_{d2}^{\ominus}}{\overset{K_{f3}^{\ominus}}{\rightleftharpoons}} [Cu(NH_3)_3]^{2+} \quad K_{f3}^{\ominus}=\frac{[Cu(NH_3)_3^{2+}]_r}{[Cu(NH_3)_2^{2+}]_r \cdot [NH_3]_r}=\frac{1}{K_{d2}^{\ominus}}=7.76\times10^2$$

$$[Cu(NH_3)_3]^{2+}+NH_3 \underset{K_{d1}^{\ominus}}{\overset{K_{f4}^{\ominus}}{\rightleftharpoons}} [Cu(NH_3)_4]^{2+} \quad K_{f4}^{\ominus}=\frac{[Cu(NH_3)_4^{2+}]_r}{[Cu(NH_3)_3^{2+}]_r \cdot [NH_3]_r}=\frac{1}{K_{d1}^{\ominus}}=1.39\times10^2$$

上式 $K_{f1}^{\ominus}$，$K_{f2}^{\ominus}$，$K_{f3}^{\ominus}$，$K_{f4}^{\ominus}$ 称为配离子的逐级稳定常数（stepwise stability constant）；$K_{d1}^{\ominus}$，$K_{d2}^{\ominus}$，$K_{d3}^{\ominus}$，$K_{d4}^{\ominus}$ 称为配离子的逐级不稳定常数（stepwise instability constant）。配离子总的稳定常数等于逐级稳定常数之积，则

$$K_f^{\ominus}=K_{f1}^{\ominus} \cdot K_{f2}^{\ominus} \cdot K_{f3}^{\ominus} \cdot K_{f4}^{\ominus}=4.8\times10^{12}$$

配离子的逐级稳定常数相差不大，因此计算时应考虑各级配离子的存在。但在实际工作中，生成配离子时往往加入过量的配体（配合剂），配位平衡向生成配合物的方向移动，配离子主要以最高配位数形式存在，其他低配位数的离子可忽略不计。所以在计算中，除特殊情况外，一般都用总稳定常数 $K_f^{\ominus}$ 进行计算。

3. 累级稳定常数 将逐级稳定常数依次相乘，可得各级累积稳定常数 $\beta_1^{\ominus}$，$\beta_2^{\ominus}$，……，$\beta_n^{\ominus}$（cumulative stability constant）。仍以配离子 $[Cu(NH_3)_4]^{2+}$ 为例，累积稳定常数与逐级稳定常数之间的关系如下：

$$\beta_1^{\ominus}=K_{f1}^{\ominus}$$

$$\beta_2^{\ominus}=K_{f1}^{\ominus} \cdot K_{f2}^{\ominus}$$

$$\beta_3^{\ominus}=K_{f1}^{\ominus} \cdot K_{f2}^{\ominus} \cdot K_{f3}^{\ominus}$$

$$\beta_4^{\ominus}=K_{f1}^{\ominus} \cdot K_{f2}^{\ominus} \cdot K_{f3}^{\ominus} \cdot K_{f4}^{\ominus}$$

最后一级累级稳定常数就是配合物的总稳定常数。

二、配位平衡的计算

例 10-1 分别计算（1）0.10 mol·L^{-1}$[Ag(NH_3)_2]^+$ 中和 0.10 mol·L^{-1}$[Ag(CN)_2]^-$ 中 Ag^+ 的浓度，并比较它们的稳定性；（2）若在 $[Ag(NH_3)_2]^+$ 溶液中加入氨水，使其浓度达到0.010 mol·L^{-1}，平衡时 Ag^+ 的浓度是多少？已知 $K_f^{\ominus}[Ag(NH_3)_2^+]=1.1\times10^7$，$K_f^{\ominus}[Ag(CN)_2^-]=1.3\times10^{21}$。

解：（1）设 0.10 mol·L^{-1}$[Ag(NH_3)_2]^+$ 中的 $[Ag^+]_r=x$，$[Ag(CN)_2]^-$ 中 $[Ag^+]_r=y$

$$Ag^+ + 2NH_3 \rightleftharpoons [Ag(NH_3)_2]^+$$

平衡时： x $2x$ $0.10-x\approx0.10$

$$K_f^{\ominus}=\frac{[Ag(NH_3)_2^+]_r}{[Ag^+]_r \cdot [NH_3]_r^2} \qquad 1.1\times10^7=\frac{0.10}{x(2x)^2}$$

$$x=\sqrt[3]{\frac{0.10}{4\times1.1\times10^7}}=1.3\times10^{-3}$$

$$[Ag^+]=1.3\times10^{-3}\ mol\cdot L^{-1}$$

$$Ag^+ + 2CN^- \rightleftharpoons [Ag(CN)_2]^-$$

平衡时：　y　　$2y$　　$0.10-y\approx0.10$

$$K_f^{\ominus}=\frac{[Ag(CN)_2^-]_r}{[Ag^+]_r\cdot[CN^-]_r^2}\qquad 1.3\times10^{21}=\frac{0.10}{y(2y)^2}$$

$$y=\sqrt[3]{\frac{0.10}{4\times1.3\times10^{21}}}=2.7\times10^{-8}$$

$$[Ag^+]=2.7\times10^{-8}\ mol\cdot L^{-1}$$

从计算结果可知，$[Ag(CN)_2]^-$配离子比$[Ag(NH_3)_2]^+$配离子更稳定。

(2) 设此时$[Ag^+]_r=x_1$

$$Ag^+ + 2NH_3 \rightleftharpoons [Ag(NH_3)_2]^+$$

平衡时：　x_1　　$0.010+2x_1\approx0.010$　　$0.10-x_1\approx0.10$

$$K_f^{\ominus}=\frac{[Ag(NH_3)_2^+]_r}{[Ag^+]_r\cdot[NH_3]_r^2}\qquad 1.1\times10^{7}=\frac{0.10}{x_1(0.010)^2}$$

$$x_1=9.1\times10^{-5}\qquad [Ag^+]=9.1\times10^{-5}\ mol\cdot L^{-1}$$

计算表明，x_1比x小很多，显然增大配位体的浓度，有利于配合反应的进行，使配离子更稳定。

例 10-2　将0.020 mol·L^{-1}的硫酸铜和1.08 mol·L^{-1}的氨水等体积混合，计算溶液中Cu^{2+}浓度。已知$K_f^{\ominus}[Cu(NH_3)_4^{2+}]=4.8\times10^{12}$。

解：由于NH_3大大过量，且$[Cu(NH_3)_4]^{2+}$的稳定性很大，可认为Cu^{2+}全部反应生成$[Cu(NH_3)_4]^{2+}$。同时等体积混合，体积增大，浓度减半，因此$c[Cu(NH_3)_4^{2+}]=0.010\ mol\cdot L^{-1}$，剩余$c(NH_3)=0.54\ mol\cdot L^{-1}-4\times0.010\ mol\cdot L^{-1}=0.50\ mol\cdot L^{-1}$。设平衡时$[Cu^{2+}]_r=x$，则

$$Cu^{2+} + 4NH_3 \rightleftharpoons [Cu(NH_3)_4]^{2+}$$

平衡时：　x　　$0.50+4x\approx0.50$　　$0.010-x\approx0.010$

$$K_f^{\ominus}=\frac{[Cu(NH_3)_4^{2+}]_r}{[Cu^{2+}]_r\cdot[NH_3]_r^4}\qquad 4.8\times10^{12}=\frac{0.010}{x(0.50)^4}$$

$$x=3.3\times10^{-14}\qquad [Cu^{2+}]=3.3\times10^{-14}\ mol\cdot L^{-1}$$

从计算结果可知，Cu^{2+}的浓度太小，可认为Cu^{2+}已完全转化为$[Cu(NH_3)_4]^{2+}$。

三、配位平衡的移动

配离子在溶液中存在配位解离平衡，此平衡与其他化学平衡一样是一种动态平衡，当平衡条件发生改变，即加入酸、碱、沉淀剂、氧化剂或还原剂等都会导致配位平衡发生移动，使配离子的稳定性发生改变。

1. 配位平衡与酸碱平衡　在配位平衡系统中加入少量强酸，配位体（如F^-、CN^-、OH^-、NH_3等）可能与H^+结合生成弱酸降低了配位体的浓度，从而导致配位平衡向配离子解离的方向移动。例如，在$[FeF_6]^{3-}$溶液中加入少量强酸，则

$$[FeF_6]^{3-} \rightleftharpoons Fe^{3+} + 6F^-$$
$$+$$
$$6H^+$$
$$\Downarrow$$
$$6HF$$

$[FeF_6]^{3-}$向生成HF分子的方向进行。这种由于配位体与H^+结合生成弱酸，而使配离子稳定性下降的现象，习惯称为配位体的酸效应。

在这一系统中同时存在配位平衡和酸碱平衡即

$$[FeF_6]^{3-} \rightleftharpoons Fe^{3+} + 6F^- \qquad K_d^{\ominus}$$
$$+)\quad 6F^- + 6H^+ \rightleftharpoons 6HF \qquad 1/(K_a^{\ominus})^6$$

总反应为　$[FeF_6]^{3-} + 6H^+ \rightleftharpoons Fe^{3+} + 6HF$

这是竞争反应，即Fe^{3+}（中心离子）与H^+相互"竞争"F^-（配位体），当反应达平衡时，其竞争平衡常数表示式为

$$K_j^{\ominus} = \frac{[Fe^{3+}]_r \cdot [HF]_r^6}{[FeF_6^{3-}]_r \cdot [H^+]_r^6} = \frac{[Fe^{3+}]_r \cdot [HF]_r^6}{[FeF_6^{3-}]_r \cdot [H^+]_r^6} \cdot \frac{[F^-]_r^6}{[F^-]_r^6} = \frac{K_d^{\ominus}}{(K_a^{\ominus})^6} = \frac{1}{K_f^{\ominus} \cdot (K_a^{\ominus})^6}$$

$K_j^{\ominus}$是两个平衡对应的平衡常数之积。上式表明，$K_d^{\ominus}$越大（配离子越不稳定），且生成的弱酸越弱（$K_a^{\ominus}$越小），则竞争平衡常数越大，即配离子越容易解离。

当加入强碱，系统的酸度降低，中心离子（如Ag^+、Fe^{3+}、Cu^{2+}等）可能与OH^-结合生成难溶的氢氧化物沉淀，也使配离子稳定性下降，习惯称为中心离子的水解效应。

例如，在$[FeF_6]^{3-}$溶液中加入少量强碱，则竞争反应为

$$[FeF_6]^{3-} \rightleftharpoons Fe^{3+} + 6F^-$$
$$+$$
$$3OH^-$$
$$\Downarrow$$
$$Fe(OH)_3$$

在这一系统中同时存在配位平衡和沉淀溶解平衡，即

$$[FeF_6]^{3-} \rightleftharpoons Fe^{3+} + 6F^- \qquad K_d^{\ominus}$$
$$+)\quad 3OH^- + Fe^{3+} \rightleftharpoons Fe(OH)_3 \qquad 1/K_{sp}^{\ominus}$$

总反应为　$[FeF_6]^{3-} + 3OH^- \rightleftharpoons Fe(OH)_3 + 6F^-$

同理，达平衡时竞争平衡常数表示式为

$$K_j^{\ominus} = \frac{[F^-]_r^6}{[FeF_6^{3-}]_r \cdot [OH^-]_r^3} \cdot \frac{[Fe^{3+}]_r}{[Fe^{3+}]_r} = \frac{K_d^{\ominus}}{K_{sp}^{\ominus}} = \frac{1}{K_f^{\ominus} \cdot K_{sp}^{\ominus}}$$

上式表明，$K_d^{\ominus}$越大，且$K_{sp}^{\ominus}$越小（生成的沉淀越难溶解），$K_j^{\ominus}$越大，即配合物解离的趋势越大，反之亦然。

由于配位体的酸效应和中心离子的水解效应，配离子只能在一定pH范围内稳定存在。

2. 配位平衡与沉淀溶解平衡　在含某种配离子的溶液中，加入沉淀剂会有沉淀生成，将使配位平衡向配离子解离方向移动。相反，向难溶盐中加入另一配位剂，则沉淀溶解，这是由于新的配离子形成而使沉淀溶解。此时溶液中同时存在配位平衡和沉淀溶解平衡之间的

相互影响，反应的实质决定于沉淀剂和配位剂争夺金属离子的能力强弱。同样涉及多重平衡问题，下面分别进行讨论。

（1）沉淀转化为配离子　如在含有 AgCl 沉淀的溶液中加入氨水，沉淀消失，平衡向生成配离子的方向移动。

$$AgCl(s) \rightleftharpoons Ag^{+} + Cl^{-} \quad K_{sp}^{\ominus}$$
$$+$$
$$2NH_3 \quad K_f^{\ominus}$$
$$\Updownarrow$$
$$[Ag(NH_3)_2]^{+}$$

总反应：
$$AgCl(s) + 2NH_3 \rightleftharpoons [Ag(NH_3)_2]^{+} + Cl^{-}$$

达平衡时竞争平衡常数表示式为

$$K_j^{\ominus} = \frac{[Ag(NH_3)_2^{+}]_r \cdot [Cl^{-}]_r}{[NH_3]_r^2} = K_f^{\ominus} \cdot K_{sp}^{\ominus}$$

在一定温度下，难溶盐溶解度越大（$K_{sp}^{\ominus}$越大），配离子越稳定（$K_f^{\ominus}$越大），则竞争平衡常数越大，沉淀转化为配离子的趋势越大。

例 10-3　若使 0.10 mol AgCl 固体完全溶解于 1 L 氨水中，氨水的浓度至少为多大？如果是 0.10 mol AgI 固体完全溶解于 1 L 氨水中，氨水的浓度又至少为多大？已知 $K_f^{\ominus}[Ag(NH_3)_2^{+}] = 1.1 \times 10^{7}$，$K_{sp}^{\ominus}(AgCl) = 1.8 \times 10^{-10}$，$K_{sp}^{\ominus}(AgI) = 8.5 \times 10^{-17}$。

解：若 0.10 mol AgCl 固体完全溶解于 1 L 氨水中：

设平衡时 $[NH_3]_r = x$，0.10 mol AgCl 固体完全溶解，其中溶解的 Ag^{+} 几乎全部以 $[Ag(NH_3)_2]^{+}$ 配离子的形式存在，则

$$AgCl(s) + 2NH_3 \rightleftharpoons [Ag(NH_3)_2]^{+} + Cl^{-}$$

平衡时：　　x　　0.10　　0.10

$$K_j^{\ominus} = \frac{[Ag(NH_3)_2^{+}]_r \cdot [Cl^{-}]_r}{[NH_3]_r^2} = K_f^{\ominus} \cdot K_{sp}^{\ominus} = 1.1 \times 10^{7} \times 1.8 \times 10^{-10} = 1.98 \times 10^{-3}$$

即
$$K_j^{\ominus} = \frac{0.10 \times 0.10}{x^2} = 1.98 \times 10^{-3}$$

所以
$$x = 2.2 \quad [NH_3] = 2.2\ mol \cdot L^{-1}$$

因溶解 0.10 mol 的 AgCl 形成 $[Ag(NH_3)_2]^{+}$ 需要消耗 0.20 mol 的氨水，所以氨水的最低浓度应为 $c(NH_3) = 2.2 + 0.20 = 2.4\ mol \cdot L^{-1}$，这在实际上是容易达到的，表明固体 AgCl 能溶于氨水。

若 0.10 mol AgI 固体完全溶解于 1 L 氨水中：

同理，设平衡时 $[NH_3]_r = y$，0.10 mol AgI 固体完全溶解，其中溶解的 Ag^{+} 几乎全部以 $[Ag(NH_3)_2]^{+}$ 配离子的形式存在，则

$$AgI(s) + 2NH_3 \rightleftharpoons [Ag(NH_3)_2]^{+} + I^{-}$$

平衡时：　　y　　0.10　　0.10

$$K_j^{\ominus} = \frac{[Ag(NH_3)_2^{+}]_r \cdot [I^{-}]_r}{[NH_3]_r^2} = K_f^{\ominus} \cdot K_{sp}^{\ominus} = 1.1 \times 10^{7} \times 8.5 \times 10^{-17} = 9.4 \times 10^{-10}$$

即
$$K_j^{\ominus} = \frac{0.10 \times 0.10}{y^2} = 9.4 \times 10^{-10}$$

所以　　$y=3.3\times10^3$　　$[NH_3]=3.3\times10^3\ mol\cdot L^{-1}$

因为氨水不能达到如此高浓度，因此 1 L 氨水不能溶解 0.10 mol AgI 固体。

(2) 配离子转化为沉淀　往 $[Ag(NH_3)_2]^+$ 配离子的溶液中加入 KBr，可产生 AgBr 沉淀，平衡向生成沉淀的方向移动。

$$\begin{array}{ll} [Ag(NH_3)_2]^+ \rightleftharpoons Ag^+ + 2NH_3 & 1/K_f^\ominus \\ \qquad\qquad\qquad + & \\ \qquad\qquad\quad Br^- & 1/K_{sp}^\ominus \\ \qquad\qquad\quad \Updownarrow & \\ \qquad\qquad\quad AgBr(s) & \end{array}$$

总反应：　$[Ag(NH_3)_2]^+ + Br^- \rightleftharpoons AgBr(s) + 2NH_3$

达平衡时竞争平衡常数表示式为

$$K_j^\ominus=\frac{[NH_3]_r^2}{[Ag(NH_3)_2^+]_r\,[Br^-]_r}=\frac{1}{K_f^\ominus\cdot K_{sp}^\ominus}$$

在一定条件下，配离子越不稳定($K_f^\ominus$越小)，难溶盐溶解度越小($K_{sp}^\ominus$越小)，则竞争平衡常数越大，配离子转化为沉淀的可能性越大。

例 10-4　将 $0.20\ mol\cdot L^{-1}$ $[Ag(NH_3)_2]^+$ 与等体积的 $0.20\ mol\cdot L^{-1}$ KBr 溶液混合，有无 AgBr 沉淀生成？已知 $K_f^\ominus[Ag(NH_3)_2^+]=1.1\times10^7$，$K_{sp}^\ominus(AgBr)=5.35\times10^{-13}$。

解：两溶液等体积混合后：$c[Ag(NH_3)_2^+]=0.10\ mol\cdot L^{-1}$，$c(Br^-)=0.10\ mol\cdot L^{-1}$

设 $0.10\ mol\cdot L^{-1}[Ag(NH_3)_2]^+$ 中的$[Ag^+]_r=x$

$$Ag^+ + 2NH_3 \rightleftharpoons [Ag(NH_3)_2]^+$$

平衡时：　x　　$2x$　　$0.10-x\approx0.10$

$$K_f^\ominus=\frac{[Ag(NH_3)_2^+]_r}{[Ag^+]_r\cdot[NH_3]_r^2}\qquad 1.1\times10^7=\frac{0.10}{x(2x)^2}$$

$$x=\sqrt[3]{\frac{0.10}{4\times1.1\times10^7}}=1.3\times10^{-3}\qquad [Ag^+]=1.3\times10^{-3}\ mol\cdot L^{-1}$$

根据溶度积规则：

$$Q=c_r(Ag^+)c_r(Br^-)=1.3\times10^{-3}\times0.10=1.3\times10^{-4}$$

因为 $Q>K_{sp}^\ominus(AgBr)$，所以有 AgBr 沉淀生成。

综上所述，在配位平衡和沉淀溶解平衡相互影响中，是生成沉淀还是形成配合物，与 $K_f^\ominus$ 和 $K_{sp}^\ominus$ 的相对大小及沉淀剂和配位剂的浓度有关。这类反应遵循一条总的规律，即向着生成更难解离（配离子）或更难溶解（难溶物）的物质方向进行，也就是向着减小溶液中离子浓度的方向进行。下面 Ag^+ 的三种常见配离子与 AgCl、AgBr、AgI、Ag_2S 沉淀溶解平衡的关系图更进一步证明了这一规律。

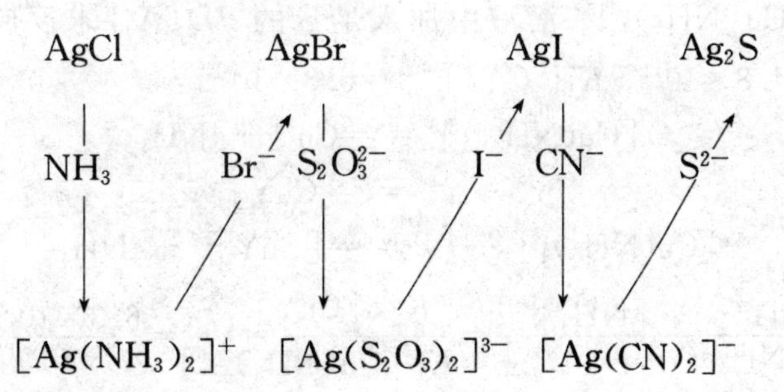

3. 配位平衡与氧化还原平衡　配位平衡与氧化还原平衡也可以相互影响，在配合物溶液中，加入氧化剂或还原剂，配离子解离出来的金属离子可与其发生氧化还原反应，降低金属离子浓度，导致配位平衡向配离子解离的方向移动。例如在含$[Fe(SCN)_6]^{3-}$的溶液中加入$SnCl_2$后，溶液的血红色消失，这是由于Sn^{2+}将溶液中少量的Fe^{3+}还原，降低了Fe^{3+}的浓度，从而使配位平衡向$[Fe(SCN)_6]^{3-}$解离的方向移动，其过程如下：

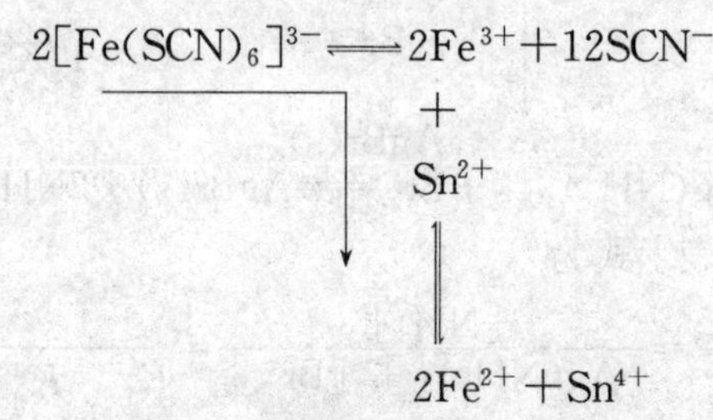

总反应：$2[Fe(SCN)_6]^{3-}+Sn^{2+} \rightleftharpoons 2Fe^{2+}+Sn^{4+}+12SCN^-$

同样，在氧化还原平衡系统中，如果加入的配位体能与溶液中的金属离子生成配离子时，也可使氧化还原平衡向配位平衡转化。例如，因为$\varphi^{\ominus}(Fe^{3+}/Fe^{2+})>\varphi^{\ominus}(I_2/I^-)$，$Fe^{3+}$可以将$I^-$氧化成单质$I_2$，如果向含$Fe^{3+}$的溶液中加入NaF，由于$Fe^{3+}$与$F^-$生成稳定的$[FeF_6]^{3-}$，从而降低了$Fe^{3+}$的浓度，减小了$Fe^{3+}$的氧化能力，使$\varphi(Fe^{3+}/Fe^{2+})<\varphi(I_2/I^-)$，氧化还原平衡向逆反应方向移动，即在$F^-$存在的条件下，$I_2$反而能氧化$Fe^{2+}$，其过程如下：

$$2Fe^{3+}+2I^- \rightleftharpoons 2Fe^{2+}+I_2$$

$$+$$

$$12F^-$$

$$\Downarrow$$

$$2[FeF_6]^{3-}$$

总反应：　$2Fe^{2+}+I_2+12F^- \rightleftharpoons 2[FeF_6]^{3-}+2I^-$

配合物的形成改变氧化还原反应的方向，是由于金属离子的浓度发生变化后，导致相应物质不同氧化态的电极电势发生改变的结果。

4. 配离子之间的转化　在同一系统中，当溶液中存在两种配位体都能与同一金属离子配位，或者存在两种中心离子都能与同一配位体配位时，就会发生相互间的竞争，而平衡转化主要取决于配离子稳定性的大小。一般平衡总是向着生成配离子稳定常数大的方向转化，即由$K_f^{\ominus}$小的向$K_f^{\ominus}$大的方向进行转化，而且两种配离子的$K_f^{\ominus}$相差越大，转化趋势越大；如两种配离子的$K_f^{\ominus}$接近，则主要由配位剂的相对浓度决定。

例 10－5　往$[Cu(NH_3)_4]^{2+}$溶液中加入足量的EDTA，求反应的平衡常数。已知$K_f^{\ominus}[Cu(NH_3)_4^{2+}]=4.8\times10^{12}$，$K_f\{[CuY]^{2-}\}=6.3\times10^{18}$。

解：

$$[Cu(NH_3)_4]^{2+} \rightleftharpoons Cu^{2+}+4NH_3$$

$$Cu^{2+}+Y^{4-} \rightleftharpoons [CuY]^{2-}$$

总反应：

$$[Cu(NH_3)_4]^{2+}+Y^{4-} \rightleftharpoons [CuY]^{2-}+4NH_3$$

$$K_j^{\ominus}=\frac{[CuY^{2-}]_r\cdot[NH_3]_r^4}{[Cu(NH_3)_4^{2+}]_r\cdot[Y^{4-}]_r}=\frac{K_f^{\ominus}\{[CuY]^{2-}\}}{K_f^{\ominus}[Cu(NH_3)_4^{2+}]}=\frac{6.3\times10^{18}}{4.8\times10^{12}}=1.3\times10^6$$

$K_j^{\ominus}$值较大，说明反应进行的趋势大，$[Cu(NH_3)_4]^{2+}$能完全转化成为$[CuY]^{2-}$。这也可以从溶液的颜色变化看出：在$[Cu(NH_3)_4]^{2+}$溶液中加入足量的EDTA后，溶液从深蓝色变为蓝色。

第四节　螯 合 物

一、螯合物的形成

由多基配位体与中心离子形成的具有环状结构的配合物称为螯合物（chelate compound)，又叫内配合物。例如，Cu^{2+}离子与乙二胺(en)分子形成的配离子$[Cu(en)_2]^{2+}$就是螯合物。反应如下：

$$Cu^{2+}+2\begin{array}{l}CH_2-NH_2\\|\\CH_2-NH_2\end{array}\rightleftharpoons\begin{array}{ccccc} & \overset{H_2}{N} & & \overset{H_2}{N} & \\ H_2C & \searrow & & \swarrow & CH_2\\ | & & Cu^{2+} & & | \\ H_2C & \nearrow & & \nwarrow & CH_2 \\ & \underset{H_2}{N} & & \underset{H_2}{N} & \end{array}$$

又如Ca^{2+}离子与乙二胺四乙酸(简称EDTA，酸根离子的简式为Y^{4-}）形成$[CaY]^{2-}$螯合物（图10－1)；金属离子与1,2－二胺环己烷的螯合物（图10－2)。

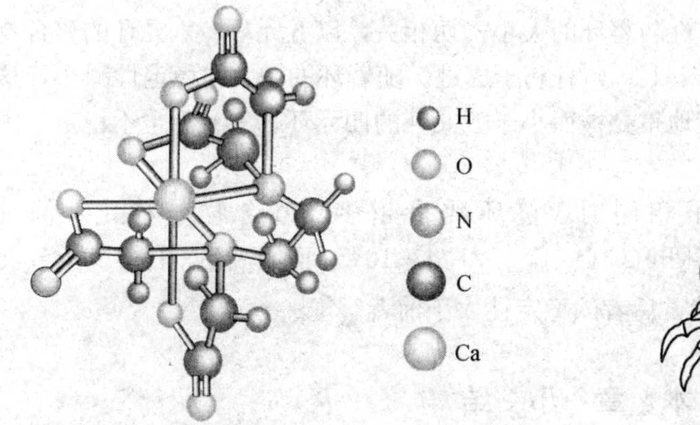

图10－1　$[CaY]^{2-}$的八面体立体结构

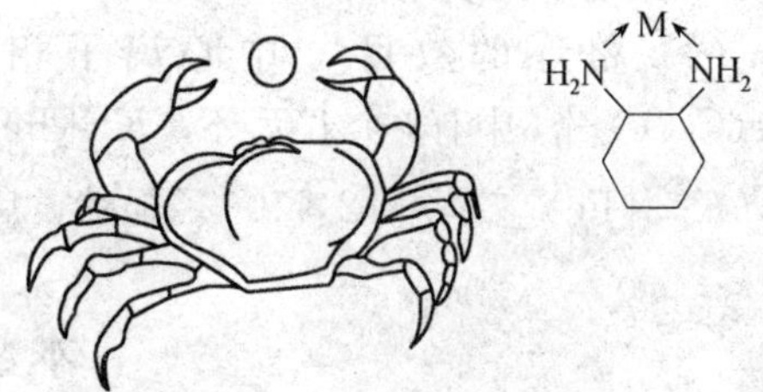

图10－2　1,2－二胺环己烷螯合金属离子示意图

螯合物可以是带电荷的配离子，也可以是不带电荷的中性分子，如$[Co(NH_2CH_2COO)_3]$。电中性的螯合物又称内配盐，它们在水中的溶解度一般都很小。

螯合物中的环称为螯环，环上有几个原子就称为几元环。例如，在$[Cu(en)_2]^{2+}$中，每个乙二胺分子以两个N原子和Cu^{2+}键合在一起，形成一个包含Cu^{2+}在内的五元环，共生成2个五元环。

在$[CaY]^{2-}$螯合物中，每个乙二胺四乙酸根离子中的一个N原子和一个O氧原子与Ca^{2+}键合在一起，形成一个包含Ca^{2+}在内的五元环，共生成5个五元环。

能与中心离子形成螯合物的多基配位体称为螯合剂，它们大多是一些含有N、O、S等配位原子的有机分子或离子。如乙二胺(en)、乙二胺四乙酸(EDTA)、草酸根($C_2O_4^{2-}$)、氨基乙酸根($NH_2CH_2COO^-$)等都是常用的螯合剂，其中以乙二胺四乙酸最为重要，它的螯合能力特别强，几乎能与所有的金属离子形成稳定的螯合物。

螯合剂必须具备两个条件：一是含有两个或两个以上的配位原子，并且这些配位原子必须能同时与一个中心离子配位成键；二是螯合剂中两个配位原子之间必须相隔2～3个其他原子，这样才能与中心离子形成稳定的五元环或六元环。

中心离子与螯合剂分子（或离子）的数目之比，叫做螯合比。$[Fe(C_2O_4)_3]^{3-}$的螯合比为1∶3，$[Cu(en)_2]^{2+}$的螯合比为1∶2，$[CaY]^{2-}$的螯合比为1∶1，一个乙二胺四乙酸分子中含有六个配位原子，它与金属离子形成的螯合物，其螯合比通常为1∶1。

二、螯合物的稳定性

螯合物的主要特征是具有较高的稳定性。例如：

$$Cu^{2+}+4NH_3 \rightleftharpoons [Cu(NH_3)_4]^{2+} \qquad K_f^{\ominus}[Cu(NH_3)_4^{2+}]=4.8\times10^{12}$$

$$Cu^{2+}+2en \rightleftharpoons [Cu(en)_2]^{2+} \qquad K_f^{\ominus}[Cu(en)_2^{2+}]=1.0\times10^{21}$$

两种配离子的中心离子、配位原子和配位数都相同，但二者的$K_f^{\ominus}$相差很大，显然具有螯环结构的$[Cu(en)_2]^{2+}$稳定得多。螯环的形成，使螯合物比相同配位原子的配合物更为稳定，这种由于形成螯环而使螯合物具有特殊稳定性的效应，称为螯合效应。

影响螯合物稳定性的主要因素有两方面：

（1）螯环的大小　螯合物的稳定性与螯环的大小密切相关，以五元环、六元环的螯合物最稳定，它们相应的键角分别是108°、120°，有利于成键。随着环的增大，稳定性减小，这是因为成键的原子轨道不能较大程度地重叠；而小于五元环的四元环、三元环也不稳定，因为配位键所受张力较大。

（2）螯环的数目　中心离子相同时，螯环数目越多，螯合物越稳定。例如$[Fe(C_2O_4)_3]^{3-}$中有3个五元环，$K_f^{\ominus}[Fe(C_2O_4)_3^{3-}]=1.0\times10^{20}$，而$[FeY]^-$中有5个五元环，$K_f^{\ominus}\{[FeY]^-\}=1.2\times10^{25}$。显然，后者的稳定性大于前者。

本 章 小 结

（1）配位化合物是一类组成复杂的化合物，是由可以给出孤对电子或多个不定域电子的一定数目的离子或分子（称为配位体）和具有接受孤对电子或多个不定域电子的空轨道的原子或离子（称为中心离子或原子），按一定的组成和空间构型所形成的化合物。配合物通常包括相反电荷的两种离子，分别称为内界和外界。内界是配合物的特征部分，通常写在方括号内，其中包括中心离子（或原子）和一定数目的配位体；外界一般为简单离子。中心离子（或原子）位于其结构的几何中心位置，配位体配置于中心离子周围，配位体中直接与中心离子键合的原子称为配位原子，同时与中心离子直接结合的配位原子的总数或所形成的配位键的总数为该中心离子的配位数，它是配合物的重要特征之一。

（2）配位化合物的命名服从一般无机化合物命名原则。配合物中内界配离子的命名一般依照如下顺序：配位体数（中文数字）→配位体名称→合→中心离子（原子）名称［罗马字表示中心离子（原子）氧化数］，中心原子的氧化数为零时可以不标明。

（3）配合物化学键理论是说明中心离子与配位体之间结合本质的理论。价键理论认为，配合物中，配位原子提供孤对电子键入中心离子（或原子）空的杂化轨道中形成配位键，而杂化轨道的数目和空间取向决定配合物的配位数和空间构型。根据杂化后成键轨道类型的不同，可将配合物分成内轨型配合物和外轨型配合物，究竟形成何种类型与中心离子的价电子构型、电荷和配位原子的电负性等因素有关，可以通过磁矩来确定。

（4）配离子在溶液中存在配位解离平衡，平衡时，可用平衡常数 $K_f^{\ominus}$ 或 $K_d^{\ominus}$ 来表示配合物的稳定性。此平衡与其他化学平衡一样是一种动态平衡，当条件发生改变会导致配位平衡发生移动，使配离子的稳定性发生改变。利用平衡常数表达式可以进行许多相关的计算。

（5）螯合物是由多基配位体与中心离子形成的具有环状结构的配合物。由于螯环的形成，螯合物的主要特征是具有较高的稳定性。

【著名化学家小传】

Alfred Werner (1866 - 1919), a French - Swiss chemist was born in Alsace and educated in Zurich. He was a professor at the University of Zurich from 1893 until his death. Werner studied the structure of inorganic coordination compounds and developed the coordination theory of valence. He introduced the concept of coordination number. Werner asserted that he awoke one morning at 2 a. m. as the coordination theory flashed into his consciousness, and that by 5 p. m. of the same day he had worked out the essential features of the theory. As a result of his theory, new and unsuspected examples of geometrical and optical isomerism were discovered. More than 200 Ph. D. dissertations were prepared under his direction, and he and his students synthesized many new series of inorganic complex compounds.

Lu Jiaxi (1915 - 2001), was a Chinese physical chemist and educator who is considered a founder of the discipline in China. On October 26, 1915, Lu Jiaxi was born into a scholarly family in Xiamen, Fujian, China. As a child prodigy, he passed the entrance examination to a preparatory class for Xiamen University before turning 13. In 1937, Lu passed a competitive examination and received a national postgraduate fellowship to study at University College London, where he studied under Samuel Sugden and obtained a Ph. D. at the age of 24. In 1944, he worked at the Maryland Research Laboratory of the US National Defense Research Committee (NDRC). His research in the area of combustion and explosion earned him an R&D prize from the NDRC. After the end of World War Ⅱ, Lu turned down numerous employment opportunities in the United States, and returned to war - torn China in the winter of 1945. He was appointed professor and dean of the Chemistry Department at Xiamen University. Lu Jiaxi's research focuses on physical, structural, nuclear, and materials chemistry. He proposed a structural model of the center of nitrogenase, a key enzyme used in biological nitrogen fixation, and studied the relationship between chemical structure and performance. His work is recognized internationally, and he was elected as a member of the European Academy of Sciences and Arts, and of the Royal Academies for Science and the Arts of Belgium. For his contributions to structural chemistry, he was awarded the Scientific Achievement Prize by the Ho Leung Ho Lee Foundation.

化学之窗

The Battle for Iron in Living Systems

Although iron is the fourth most abundant element in Earth's crust, living systems have difficulty assimilating enough iron to satisfy their needs. Consequently, iron - deficiency anemia is a common problem in humans. In plants, chlorosis, an iron deficiency that results in yellowing of leaves, is also commonplace. Living systems have difficulty assimilating iron because of changes that occurred in Earth's atmosphere in the course of geologic time. The earliest living systems had a plentiful supply of soluble iron(Ⅱ) in the oceans. However, when oxygen appeared in the atmosphere, vast deposits insoluble iron(Ⅲ) oxide formed. The amount of dissolved iron remaining was too small to support life. Microorganisms adapted to this problem by secreting an iron- binding compound, called siderophore (铁载体), that forms an extremely stable water - soluble complex with iron(Ⅲ). This complex is called ferrichrome; its structure is shown in Figure. The iron - binding strength of siderophore is so great that it can extract iron from Pyrex™ glassware, and it readily solubilizes the iron in iron oxides.

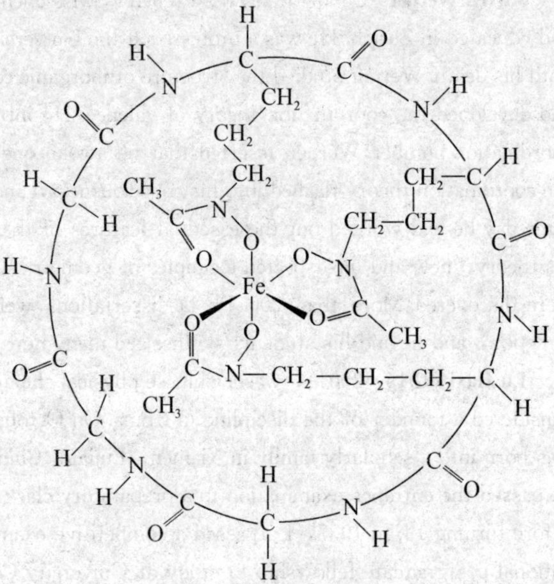

The overall charge of ferrichrome is zero, which makes it possible for the complex to pass through the rather hydrophobic walls of cells. When a dilute solution of ferrichrome is added to a cell suspension, iron is found entirely within the cells in an hour. When ferrichrome enters the cell, the iron is removed through an enzyme - catalyzed reaction that reduces the iron to iron(Ⅱ). Iron in the lower oxidation state is not strongly complexed by the siderophore. Microorganisms thus acquire iron by excreting siderophore into their immediate environment, and then taking the ferrichrome complex into the cell.

In humans iron is assimilated from food in the intestine. A protein called transferrin binds iron and transports it across the intestinal wall to distribute it to other tissues in the body. The normal adult carries a total of about 4 g of iron. At any one time, about 3 g, or 75 percent, of this iron is in the blood, mostly in the form of hemoglobin. Most of the remainder is carried by transferrin.

A bacterium that infects the blood requires a source of iron if it is to grow and reproduce. The bacterium excretes siderophore into the blood to compete with transferrin for the iron it holds. The formation constants for iron binding are about the same for transferrin and siderophore. The more iron available to the bacterium, the more rapidly it can reproduce, and thus the more harm it can do. Several years ago, New Zealand clinics regularly gave iron supplements to infants soon after birth. However the incidence of certain bacterial infections was eight times higher in treated than in untreated infants. Presumably the presence in the blood of more iron than absolutely necessary makes it easier for bacteria to obtain the iron necessary for growth and reproduction.

In the United States it is common medical practice to supplement infant formula with iron sometime during the first year of life. This practice is based on the fact that human milk is virtually devoid of iron. Given what is now known about iron metabolism by bacteria, many research workers in nutrition believe that iron supplementation is not generally justified or wise.

For bacteria to continue to multiply in the bloodstream, they must synthesize new supplies of siderophore. It has been discovered that synthesis of siderophore in bacteria slows as the temperature is increased above the normal body temperature of 37 ℃, and it stops completely at 40 ℃. This suggests that fever in the presence of an invading microbe is a mechanism used by the body to deprive bacteria of iron.

The structure of ferrichrome. In this complex an Fe^{3+} is coordinated by six oxygen atoms. The complex is very stable; it has a formation constant of about 10^{30}. The overall charge of the complex is zero.

思　考　题

1. 将 KSCN 加入 $NH_4Fe(SO_4)_2 \cdot 12H_2O$ 溶液中，生成血红色的 $Fe(SCN)_3$ 等配合物，但加到$K_3[Fe(CN)_6]$溶液中并不出现红色，为什么？

2. 无水 $CrCl_3$ 和氨作用能形成两种配合物 A 和 B，组成分别为 $CrCl_3 \cdot 6NH_3$ 和 $CrCl_3 \cdot 5NH_3$。加入$AgNO_3$，A 溶液中几乎全部氯沉淀为 AgCl，而 B 溶液中只有$\frac{2}{3}$的氯沉淀出来，加入 NaOH 并加热，两种溶液均无氨味。试讨论这两种配合物的化学式并命名。

3. 试用价键理论讨论 $[Fe(CN)_6]^{4-}$和 $[Fe(H_2O)_6]^{2+}$配离子的成键情况。

4. $[MnBr_4]^{2-}$ 和 $[Mn(CN)_6]^{3-}$ 的磁矩分别为 5.9 B.M. 和 2.8 B.M. 试说明$[Mn(CN)_6]^{3-}$配离子比 $[MnBr_4]^{2-}$配离子稳定的原因。

5. 什么是螯合剂，其必须具备哪些条件？什么是螯合效应？螯合物为什么比相同配位原子的配合物更稳定？

6. 解释下列现象：

(1) AgCl(s)能溶于氨水，却不能溶于 NH_4Cl 溶液中。

(2) AgCl(s)溶于氨水后，如果用 HNO_3 酸化，则又析出沉淀。

(3) 在溶液中加入过量的氨水能分离 Zn^{2+}和 Fe^{3+}。

(4) 用 NH_4SCN 检测 Co^{3+}，加入 NaF 可消除 Fe^{3+}离子的干扰。

7. 对 $[FeF_6]^{3-}$溶液进行下列操作，有何现象？为什么？

(1) 加入 Na_2S 溶液　　(2) 加入 HCl 溶液

(3) 加入金属 Zn　　(4) 加入 NH_4SCN 溶液

(5) 加入 NaOH 溶液　　(6) 加入强氧化剂

习　题

1. 命名下列配合物，并指出中心离子、配位体、配位原子、配位数和配离子的电荷。

$[Cu(en)_2]SO_4$　　$Na_3[Co(NO_2)_6]$　　$[Pt(NH_3)_2Cl_2]$　　$[Ni(CO)_4]$

$K_4[Fe(CN)_6]$　　$[Cr(Br)_2(H_2O)_4]Br$　　$Na_2[SiF_6]$　　$K_2[HgI_4]$

2. 写出下列配合物的化学式：

(1) 硫酸四氨合铜（Ⅱ）　　(2) 氯化二氯·三氨·一水合钴（Ⅲ）

(3) 四氯合金（Ⅲ）酸钾　　(4) 二氯·四（硫氰酸根）合铬（Ⅲ）酸铵

3. 用价键理论说明下列配离子的类型、空间构型和磁性。

(1) $[Co(H_2O)_6]^{3+}$和 $[Co(CN)_6]^{3-}$　　(2) $[Ni(NH_3)_4]^{2+}$和 $[Ni(CN)_4]^{2-}$

4. 根据价键理论，指出下列各配离子的成键轨道类型（注明内轨型或外轨型）和空间构型。

(1) $[Cd(NH_3)_4]^{2+}$ (μ=0.0 B.M.)　(2) $[Ag(NH_3)_2]^{+}$ (μ=0.0 B.M.)

(3) $[Fe(CN)_6]^{3-}$ (μ=1.73 B.M.)　(4) $[Mn(CN)_6]^{4-}$ (μ=1.8 B.M.)

(5) $[Co(CNS)_4]^{2-}$ (μ=3.9 B.M.)　(6) $[Ni(H_2O)_6]^{2+}$ (μ=2.8 B.M.)

5. 将 0.10 mol・L^{-1} $ZnCl_2$ 溶液与 1.0 mol・L^{-1} NH_3 溶液等体积混合，求此溶液中 $[Zn(NH_3)_4]^{2+}$、Zn^{2+} 和 NH_3 的浓度？

(0.05 mol・L^{-1}，2.1×10^{-9} mol・L^{-1}，0.30 mol・L^{-1})

6. 在 0.10 mol・L^{-1} $[Ag(NH_3)_2]^{+}$ 溶液中，含有浓度为 1.0 mol・L^{-1} 的过量氨水，Ag^{+} 离子的浓度等于多少？在 0.10 mol・L^{-1} $[Ag(CN)_2]^{-}$ 溶液中，含有 1.0 mol・L^{-1} 的过量 KCN，Ag^{+} 离子的浓度又等于多少？从计算结果可得出什么结论？

(9.1×10^{-9} mol・L^{-1}，7.7×10^{-23} mol・L^{-1})

7. 有一含有 0.050 mol・L^{-1} 银氨配离子、0.050 mol・L^{-1} 氯离子和 4.0 mol・L^{-1} 氨水的混合液，向此溶液中滴加 HNO_3 至有白色沉淀开始产生，计算此溶液中氨水浓度和溶液的 pH（设忽略体积变化）。　(1.1 mol・L^{-1}，8.8)

8. 在 1 L 0.10 mol・L^{-1} $[Ag(NH_3)_2]^{+}$ 溶液中，加入 0.20 mol 的 KCN 晶体，求溶液中 $[Ag(NH_3)_2]^{+}$、$[Ag(CN)_2]^{-}$、NH_3 和 CN^{-} 离子的浓度（可忽略体积变化）。

(2.0×10^{-6} mol・L^{-1}，0.10 mol・L^{-1}，0.20 mol・L^{-1}，4.0×10^{-6} mol・L^{-1})

9. 在 1 L 0.10 mol・L^{-1} 的 $[Ag(NH_3)_2]^{+}$ 溶液中，加入 7.46 g KCl，是否有 AgCl 沉淀产生？

10. 在 1 L 1.0 mol・L^{-1} $AgNO_3$ 溶液中，若加入 0.020 mol 固体 KBr 而不致析出 AgBr 沉淀，则至少需加入固体 $Na_2S_2O_3$ 多少克？　(321 g)

11. 设 1 L 溶液中含有 0.10 mol・L^{-1} NH_3 和 0.10 mol・L^{-1} NH_4Cl 及 0.001 0 mol・L^{-1} $[Zn(NH_3)_4]^{2+}$ 配离子，此溶液中有无 $Zn(OH)_2$ 沉淀生成？若再加入 0.010 mol Na_2S 固体，设体积不变，有无 ZnS 沉淀生成（不考虑水解）？

12. $[Co(en)_3]^{3+}$ 中心离子的电荷数、配位数、螯合比各是多少？它有几个几元环？

13. 已知 $[Zn(CN)_4]^{2-}$ 的 $K_f^{\ominus}=5.0\times10^{16}$，$Zn^{2+}$ 和 CN^{-} 的标准生成自由能分别为 −152.4 kJ・mol^{-1} 和 150.0 kJ・mol^{-1}。求 $[Zn(CN)_4]^{2-}$ 的 $\Delta_f G_m^{\ominus}$。　(352.3 kJ・mol^{-1})

14. 选择正确答案，并填入括号内。

(1) 当配位体浓度、配离子浓度均相等时，系统中 Zn^{2+} 离子浓度最小的是（　）。

(A) $[Zn(NH_3)_4]^{2+}$　(B) $[Zn(CN)_4]^{2-}$　(C) $[Zn(OH)_4]^{2-}$　(D) $[Zn(en)_2]^{2+}$

(2) 下列物质中能作为螯合剂的是（　）。

(A) NO—OH　(B) $(CH_3)_2N—NH_2$

(C) CNS^{-}　(D) $H_2N—CH_2—CH_2—CH_2—NH_2$

(3) 测得 $[Co(NH_3)_6]^{3+}$ 磁矩 μ=0.0 B.M.，可知 Co^{3+} 离子采取的杂化类型是（　）。

(A) sp^3　(B) dsp^2　(C) d^2sp^3　(D) sp^3d^2

(4) 下列物质中具有顺磁性的是（　）。

(A) $[Zn(NH_3)_4]^{2+}$　(B) $[Cu(NH_3)_4]^{2+}$

(C) $[Ag(NH_3)_2]^{+}$　(D) $[Fe(CN)_6]^{4-}$

15. 组成为 $CoCl_3\cdot2H_2O\cdot4NH_3$ 的化合物，分析是 $[CoCl_2(NH_3)_4H_2O]Cl\cdot H_2O$ 和

$[CoCl(NH_3)_4(H_2O)_2]Cl_2$ 这两个同分异构配合物之一。将2.69 g的此化合物溶解于100 mL水中，测得溶液的冰点为－0.56 ℃，计算说明应为哪一配合物。

（$[CoCl(NH_3)_4(H_2O)_2]Cl_2$）

16. Give the chemical formulas for the following：

（a） Potassium diamminetetrabromocobaltate（Ⅲ）

（b） Tris（acetylacetonato） iron（Ⅲ）

（c） Tris（ethylenediamine） copper（Ⅱ） sulfate

（d） Hexacarbonylmanganese（Ⅰ） perchlorate

（e） *cis*－diamminebromochloroplatinum（Ⅱ）

17. Draw the structures of the various possible geometric isomers of the $[CoCl_4BrI]^{3-}$ complex ion.

18. Lead can accumulate in the bones and other body tissues unless removed soon after ingestion. In some cases，treatment with chelating agents such as EDTA has been used to remove lead，mercury，or other heavy metals from the body. Discuss the advantages and disadvantages of such treatment. Include both thermodynamic and kinetic arguments in your answer.

第十一章　配位滴定法

配位滴定法是以配位反应为基础的定量分析法。它与酸碱滴定法有许多相似之处，但由于存在副反应而更复杂。

为便于处理各种因素对配位平衡的影响，本章引入主反应、副反应、副反应系数等概念，并由此计算出反映主反应完全程度的条件稳定常数，从而深入了解在副反应发生的情况下，滴定反应进行的程度。

第一节　概　　述

一、配位滴定中的配合物

无机配位体（大多为单基配位体）与中心离子形成的配合物稳定性一般较差，它们存在逐级形成作用，而且逐级形成常数相差很小，溶液中常有多种配合物存在，且没有明确的计量关系。因此，它们的配位反应用于滴定分析的很少，其配位剂通常用作显色剂、掩蔽剂和辅助试剂配合剂。有机配位体（大多为多基配体）与中心离子形成的螯合物稳定性高，配位比简单，化学计量关系明确，在配位滴定中得到广泛应用。目前使用最多的是氨羧类螯合剂，这类配位体的分子中含有氨基二乙酸基团[$—N(CH_2COOH)_2$]，它们的氨氮和羧氧配位原子有很强的配位能力。

氨羧螯合剂中应用最广泛的配位体是乙二胺四乙酸（ethylene diamine tetraacetic acid），即 EDTA，通常用 H_4Y 表示。本章主要讨论 EDTA 的配位反应及其在滴定分析中的应用。

二、EDTA 的性质

EDTA 在水中的溶解度较小，在 22 ℃ 100 mL 水中仅能溶解 0.02 g，难溶于酸和有机溶剂，易溶于碱，并形成相应的盐，因此配位滴定中通常使用 EDTA 的二钠盐($Na_2H_2Y \cdot 2H_2O$，相对分子质量为 372.24)。该盐在水中的溶解度较大，在 22 ℃ 100 mL 水中能溶解 11.1 g。EDTA 的二钠盐，通常也简记为 EDTA。乙二胺四乙酸在水溶液中，会发生分子内的质子转移，两个羧基上的 H^+ 会转移到两个氮原子上，形成双偶极离子：

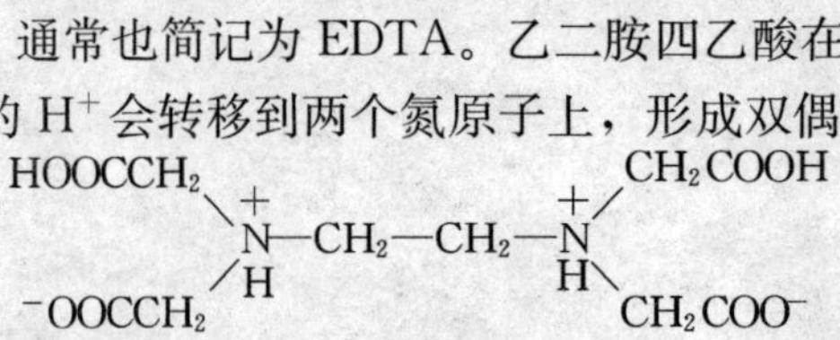

$$
\begin{array}{ccc}
HOOCCH_2 & & CH_2COOH \\
\quad\diagdown & & \diagup\quad \\
& \overset{+}{N}H—CH_2—CH_2—\overset{+}{N}H & \\
\quad\diagup & & \diagdown\quad \\
{}^{-}OOCCH_2 & & CH_2COO^{-}
\end{array}
$$

当溶液的酸度较大时，两个羧酸根还可接受两个 H^+ 形成六元酸（H_6Y^{2+}），相应的有六级电离常数：

$$H_6Y^{2+} \rightleftharpoons H^+ + H_5Y^+ \qquad pK_{a1}^{\ominus}=0.9$$

$$H_5Y^+ \rightleftharpoons H^+ + H_4Y \qquad pK_{a2}^{\ominus}=1.6$$

$$H_4Y \rightleftharpoons H^+ + H_3Y^- \qquad pK_{a3}^{\ominus}=2.0$$

$$H_3Y^- \rightleftharpoons H^+ + H_2Y^{2-} \qquad pK_{a4}^{\ominus}=2.67$$

$$H_2Y^{2-} \rightleftharpoons H^+ + HY^{3-} \qquad pK_{a5}^{\ominus}=6.16$$

$$HY^{3-} \rightleftharpoons H^+ + Y^{4-} \qquad pK_{a6}^{\ominus}=10.26$$

所以在 EDTA 的水溶液中有 H_6Y^{2+}、H_5Y^+、H_4Y、H_3Y^-、H_2Y^{2-}、HY^{3-} 和 Y^{4-} 七种型体存在。EDTA 各种型体的分布与溶液酸度密切相关，可通用多元酸的分布系数表达式进行计算，一般常绘制成分布曲线图以方便查阅，参见图 11-1（为简便起见，本章的后续讨论中，EDTA 的各种存在型体和 EDTA 的配合物一般略去所带电荷）。由图 11-1 可知，在不同 pH 时，EDTA的主要存在型体不同。pH＜0.9，主要存在型体为 H_6Y^{2+}，0.9～1.6 为 H_5Y^+，1.6～2.0为 H_4Y，2.0～2.5 为 H_3Y^-，2.5～6.2 为 H_2Y^{2-}，6.2～10.3 为 HY^{3-}，＞10.3 为 Y^{4-}。

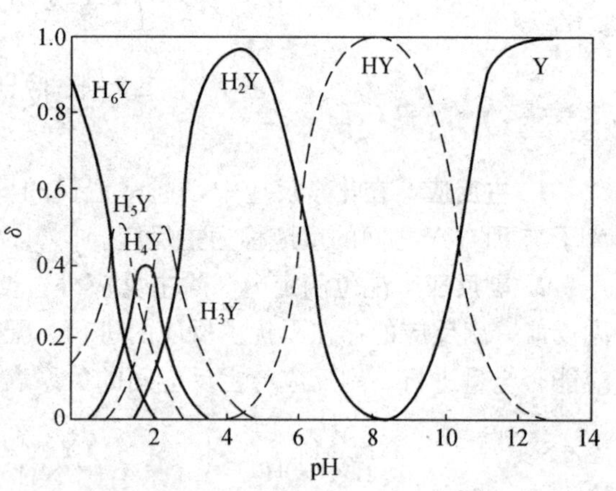

图 11-1　不同 pH 下 EDTA 存在型体的分布图

三、EDTA 的螯合物的特点

1. 广谱性　EDTA 的优良配位能力，使得它能够和几乎所有金属离子配位形成稳定的螯合物。这种特点使其应用十分广泛，但也导致在滴定分析中各组分离子的干扰，使选择性变差，因此设法提高 EDTA 配位滴定的选择性，是配位滴定中需要注意的重要问题。

2. 稳定性　EDTA 分子中含有六个配位原子，可以与金属离子形成五个五元环。

配合物所形成的螯环越稳定，螯环的数量越多，配合物就越稳定。所以，能形成多个稳定五元环的 EDTA 螯合物的稳定性是很高的。例如，三、四价离子和 Hg^{2+} 的螯合物很稳定，一般 $\lg K_f^{\ominus}>20$；二价过渡金属、稀土及 Al^{3+} 螯合物 $\lg K_f^{\ominus}$ 为 14～18；碱土金属与 EDTA的配合物 $\lg K_f^{\ominus}$ 为 8～11；一价金属也能形成 EDTA 配合物，但稳定性较差。

3. 螯合比恒定　EDTA 与大部分金属离子形成的配合物的配位比为 1∶1，化学计量关系简单。在进行比较复杂的返滴定和间接滴定时，这种简单性给定量计算带来极大的方便。

4. 易溶性　EDTA 的螯合物大都是带电荷的离子，在水中有较高的溶解度，可直接在水溶液中进行滴定，这也是配位滴定广泛应用的重要原因。

5. 配合物的颜色 EDTA 与无色金属离子形成无色配合物，这有利于用指示剂检测终点。EDTA 与有色金属离子形成比金属离子本身颜色更深的同色配合物，滴定这些离子时，要控制金属离子的浓度，否则配合物的颜色将干扰终点颜色的观察。如常见 EDTA 的配合物 ZnY^{2-}、CuY^{2-}、NiY^{2-}、CoY^{2-}、MnY^{2-}、CrY^{-} 和 FeY^{-} 的颜色分别为无色、深蓝、蓝绿、玫瑰红、紫红、深紫和黄色。

如果 EDTA 配合物的颜色太深，如 Cr^{3+} 的测定，不能用指示剂来确定终点，但可以用其他方法（如电位法）来确定终点。

第二节 影响 EDTA 配合物稳定性的因素

一、主反应与副反应

1. 主反应 在化学反应中，通常把目的反应称为主反应。在配位滴定中，将待测金属离子与 EDTA 之间的反应称为主反应。

2. 副反应 配位滴定中，除主反应外，同时存在的与主反应相关的其他化学反应称为副反应，副反应的存在干扰主反应的进行。配位滴定中应解决在副反应发生的情况下，主反应能否定量进行。副反应与主反应间的关系表示如下：

$$
\begin{array}{ccccccccc}
 & M & & + & & Y & \rightleftharpoons & MY & \text{主反应} \\
 & L \swarrow & \searrow OH^- & & H^+ \swarrow & \searrow N & & OH^- \swarrow \quad \searrow H^+ & \\
ML & & MOH & & HY & & NY & M(OH)Y \quad MHY & \\
ML_2 & & M(OH)_2 & & H_2Y & & & & \text{副反应} \\
\cdots & & \cdots & & \cdots & & & & \\
ML_n & & M(OH)_n & & H_6Y & & & &
\end{array}
$$

从化学平衡的角度来讲，M 和 Y 的副反应不利于主反应的进行，而 MY 的副反应有利于主反应的进行，但因反应程度小，一般忽略不计。M、Y 的副反应进行的程度，可通过副反应系数来确定。对起主要作用的因 H^+ 引起的酸效应和因 L 及 OH^- 而导致的配位效应分别讨论如下。

二、副反应系数

1. EDTA 的酸效应和酸效应系数 配位体 Y 与 H^+ 形成 H_nY，使 Y 参加配位反应的能力降低，从而降低 MY 稳定性的现象称为酸效应，相应的副反应系数称为酸效应系数，用 $\alpha[Y(H)]$ 表示，它表示未与 M 离子配合（即没参加主反应）的 EDTA 的总浓度 $[Y']_r$ 是游离配位体浓度 $[Y]_r$ 的多少倍。

$$
\alpha[Y(H)]=\frac{[Y']_r}{[Y]_r}=\frac{[Y]_r+[HY]_r+[H_2Y]_r+\cdots+[H_6Y]_r}{[Y]_r}
$$

$$
=1+\frac{[HY]_r}{[Y]_r}+\frac{[H_2Y]_r}{[Y]_r}+\frac{[H_3Y]_r}{[Y]_r}+\cdots+\frac{[H_6Y]_r}{[Y]_r}
$$

$$\alpha[Y(H)]=1+\frac{[H^+]_r}{K_{a6}^{\ominus}}+\frac{[H^+]_r^2}{K_{a5}^{\ominus}K_{a6}^{\ominus}}+\frac{[H^+]_r^3}{K_{a4}^{\ominus}K_{a5}^{\ominus}K_{a6}^{\ominus}}+\frac{[H^+]_r^4}{K_{a3}^{\ominus}K_{a4}^{\ominus}K_{a5}^{\ominus}K_{a6}^{\ominus}}$$
$$+\frac{[H^+]_r^5}{K_{a2}^{\ominus}K_{a3}^{\ominus}K_{a4}^{\ominus}K_{a5}^{\ominus}K_{a6}^{\ominus}}+\frac{[H^+]_r^6}{K_{a1}^{\ominus}K_{a2}^{\ominus}K_{a3}^{\ominus}K_{a4}^{\ominus}K_{a5}^{\ominus}K_{a6}^{\ominus}} \quad (11-1)$$

$\alpha[Y(H)]$是H^+的函数，溶液的酸度越高，其值越大，配位体Y参加主反应的能力就越低。当$\alpha[Y(H)]=1$时，表示没参加主反应的EDTA全部以Y形式存在，也就是H^+不影响主反应。

根据式（11-1），只要已知溶液pH和EDTA的$K_a^{\ominus}$，即可计算出EDTA的酸效应系数。由于酸效应系数的变化范围很大，取其对数值表示较为方便。

在分析工作中，常将不同pH下的$\lg\alpha[Y(H)]$计算出来列成表，参见表11-1。

表11-1 不同pH时EDTA的$\lg\alpha[Y(H)]$

pH	$\lg\alpha[Y(H)]$	pH	$\lg\alpha[Y(H)]$	pH	$\lg\alpha[Y(H)]$	pH	$\lg\alpha[Y(H)]$	pH	$\lg\alpha[Y(H)]$
0.0	23.64	2.6	11.62	5.2	6.07	7.8	2.47	10.4	0.24
0.2	22.47	2.8	11.09	5.4	5.69	8.0	2.27	10.6	0.16
0.4	21.32	3.0	10.60	5.6	5.33	8.2	2.07	10.8	0.11
0.6	20.18	3.2	10.14	5.8	4.98	8.4	1.87	11.0	0.07
0.8	19.08	3.4	9.70	6.0	4.65	8.6	1.67	11.2	0.05
1.0	18.01	3.6	9.27	6.2	4.34	8.8	1.48	11.4	0.03
1.2	16.98	3.8	8.85	6.4	4.06	9.0	1.28	11.6	0.02
1.4	16.02	4.0	8.44	6.6	3.79	9.2	1.10	11.8	0.01
1.6	15.11	4.2	8.04	6.8	3.55	9.4	0.92	12.0	0.01
1.8	14.27	4.4	7.64	7.0	3.32	9.6	0.75	12.1	0.01
2.0	13.51	4.6	7.24	7.2	3.10	9.8	0.59	12.2	0.005
2.2	12.82	4.8	6.84	7.4	2.88	10.0	0.45	13.0	0.000 8
2.4	12.19	5.0	6.45	7.6	2.68	10.2	0.33	13.9	0.000 1

2. 金属离子的配位效应和配位效应系数 当M与Y反应时，如有另一配位体L存在，而L能与M形成配合物，则主反应会受到影响。这种由于其他配位体存在使金属离子参加主反应的能力降低的现象，称为配位效应。配位效应的大小用配位效应系数$\alpha(M)$来衡量。

金属离子M与同存配位体L（可能是缓冲剂或掩蔽剂等）的配位效应系数$\alpha[M(L)]$为

$$\alpha[M(L)]=\frac{[M']_r}{[M]_r}=\frac{[M]_r+[ML_1]_r+[ML_2]_r+\cdots+[ML_n]_r}{[M]_r}$$
$$=1+[L]_r\beta_1^{\ominus}+[L]_r^2\beta_2^{\ominus}+\cdots+[L]_r^n\beta_n^{\ominus} \quad (11-2)$$

$\alpha[M(L)]$表示未与Y配合的金属离子的总浓度［M′］是游离金属离子浓度［M］的多少倍。

同理，在低酸度的情况下，OH^-离子的浓度较高，它也看作是一种配位剂，M和OH^-反应的副反应系数可表示为

$$\alpha[M(OH)]=\frac{[M']_r}{[M]_r}=\frac{[M]_r+[MOH]_r+[M(OH)_2]_r+\cdots+[M(OH)_n]_r}{[M]_r}$$
$$=1+[OH^-]_r\beta_1^{\ominus}+[OH^-]_r^2\beta_2^{\ominus}+\cdots+[OH^-]_r^n\beta_n^{\ominus} \quad (11-3)$$

$\alpha[M(OH)]$也称为水解效应系数，表示未与Y配位的金属离子（即未参加主反应）的

总浓度 [M′] 是游离金属离子浓度 [M] 的多少倍。一些金属离子在不同 pH 的 $\lg\alpha[M(OH)]$见表 11-2。

表 11-2 一些金属离子在不同 pH 的 $\lg\alpha[M(OH)]$

金属离子	离子强度	pH													
		1	2	3	4	5	6	7	8	9	10	11	12	13	14
Al^{3+}	2					0.4	1.3	5.3	9.3	13.3	17.3	21.3	25.3	29.3	33.3
Bi^{3+}	3	0.1	0.5	1.4	2.4	3.4	4.4	5.4							
Ca^{2+}	0.1													0.3	1.0
Cd^{2+}	3									0.1	0.5	2.0	4.5	8.1	12.0
Co^{2+}	0.1								0.1	0.4	1.1	2.2	4.2	7.2	10.2
Cu^{2+}	0.1								0.2	0.8	1.7	2.7	3.7	4.7	5.7
Fe^{2+}	1									0.1	0.6	1.5	2.5	3.5	4.5
Fe^{3+}	3			0.4	1.8	3.7	5.7	7.7	9.7	11.7	13.7	15.7	17.7	19.7	21.7
Hg^{2+}	0.1			0.5	1.9	3.9	5.9	7.9	9.9	11.9	13.9	15.9	17.9	19.9	21.9
La^{3+}	3										0.3	1.0	1.9	2.9	3.9
Mg^{2+}	0.1											0.1	0.5	1.3	2.3
Mn^{2+}	0.1										0.1	0.5	1.4	2.4	3.4
Ni^{2+}	0.1									0.1	0.7	1.6			
Pb^{2+}	0.1							0.1	0.5	1.4	2.7	4.7	7.4	10.4	13.4
Th^{4+}	1				0.2	0.8	1.7	2.7	3.7	4.7	5.7	6.7	7.7	8.7	9.7
Zn^{2+}	0.1									0.2	2.4	5.4	8.5	11.8	15.5

如果溶液中 L 和 OH^- 同时与金属离子发生副反应时，其配位效应系数可表示为

$$\alpha(M)=\frac{[M']_r}{[M]_r}$$

$$=\frac{[M]_r+[ML_1]_r+[ML_2]_r+\cdots+[ML_n]_r+[MOH]_r+[M(OH)_2]_r+\cdots+[M(OH)_n]_r}{[M]_r}+$$

$$\frac{[M]_r}{[M]_r}-\frac{[M]_r}{[M]_r}=\alpha[M(L)]+\alpha[M(OH)]-1$$

三、条件稳定常数

当有副反应发生时，主反应进行的程度显然要受 M、Y 和 MY 所发生的副反应的影响，此时显然不能用稳定常数来衡量 MY 的稳定性，而只能用条件稳定常数来衡量。条件稳定常数常用符号 K_f'表示，其表达式为

$$K_f'=\frac{[MY']_r}{[M']_r[Y']_r} \tag{11-4}$$

忽略 MY 所发生的副反应的影响，即 $[MY']_r \approx [MY]_r$，上式可表示为

$$K'_f = \frac{[MY]_r}{[M']_r\,[Y']_r}$$

只考虑酸效应和金属离子的副反应并引入相应的副反应系数，上式为

$$K'_f = \frac{[MY]_r}{[M']_r\,[Y']_r} = \frac{[MY]_r}{\alpha(M)[M]_r \cdot \alpha[Y(H)][Y]_r} = \frac{[MY]_r}{[M]_r\,[Y]_r} \cdot \frac{1}{\alpha(M) \cdot \alpha[Y(H)]}$$

$$= \frac{K_f^{\ominus}}{\alpha(M) \cdot \alpha[Y(H)]} \tag{11-5}$$

在一定条件下，如溶液的 pH、其他配位剂的浓度等一定时，$\alpha(M)$和$\alpha[Y(H)]$都具有一定数值，因此，K'_f 是在特定条件下的一个平衡常数（conditional stability constant）。当$\alpha(M)$和$\alpha[Y(H)]$增大时，K_f'减小，配合物的实际稳定性减小。

将式（11－5）取对数后可得

$$\lg K'_f = \lg K_f^{\ominus} - \lg \alpha(M) - \lg \alpha[Y(H)] \tag{11-6}$$

如果只考虑酸效应，金属离子不发生副反应，即 $\alpha(M)$等于 1，上式简化成

$$\lg K'_f = \lg K_f^{\ominus} - \lg \alpha[Y(H)] \tag{11-7}$$

例 11－1　计算 pH＝2.00 和 5.00 时 $\lg K'(ZnY)$。

解： pH＝2 时，$\lg \alpha[Y(H)] = 13.51$

故　　$\lg K'(ZnY) = \lg K^{\ominus}(ZnY) - \lg \alpha[Y(H)] = 16.50 - 13.51 = 2.99$

pH＝5 时，$\lg \alpha[Y(H)] = 6.45$

故　　$\lg K'(ZnY) = \lg K^{\ominus}(ZnY) - \lg \alpha[Y(H)] = 16.50 - 6.45 = 10.05$

例 11－2　计算 pH＝5.00 时，0.10 $mol \cdot L^{-1}$ AlY 溶液中，游离 F^- 的浓度为 0.010 $mol \cdot L^{-1}$时 AlY 的条件稳定常数。

解： 查表，$\lg K^{\ominus}(AlY) = 16.13$；当 pH＝5.00 时，EDTA 的酸效应系数 $\lg \alpha[Y(H)] = 6.45$

又当 $[F^-] = 0.010\ mol \cdot L^{-1}$ 时，查化学手册可知此条件下 Al^{3+} 的配位效应系数 $\lg \alpha[Al(F)] = 9.95$。

$$\lg K'(AlY) = \lg K^{\ominus}(AlY) - \lg \alpha[Al(F)] - \lg \alpha[Y(H)] = 16.13 - 9.95 - 6.45 = -0.27 < 0$$

条件稳定常数如此小，说明在此条件下配合物 AlY 已被破坏，Al^{3+} 与 F^- 的配合物比 AlY 更稳定，所以该条件下不能用 EDTA 滴定 Al^{3+}。

例 11－3　计算 pH＝10 时，$[NH_3]' = 0.10\ mol \cdot L^{-1}$时的 $\lg K'(ZnY)$。

解：　先计算 pH＝10 的条件下 $[NH_3]$：

$$\alpha[NH_3(H)] = \frac{[NH_3]_r + [NH_4^+]_r}{[NH_3]_r} = 1 + \frac{[NH_4^+]_r}{[NH_3]_r} = 1 + \frac{[H^+]_r}{K^{\ominus}(NH_4^+)} = 1 + \frac{1.0 \times 10^{-10}}{5.6 \times 10^{-10}} = 1.18$$

$$[NH_3]_r = \frac{[NH_3]'_r}{\alpha[NH_3(H)]_r} = \frac{0.10}{1.18} = 0.085 \qquad [NH_3] = 0.085\ mol \cdot L^{-1}$$

考虑金属离子的配位效应

$$\alpha[Zn(NH_3)] = 1 + [NH_3]_r\beta_1^{\ominus} + [NH_3]_r^2\beta_2^{\ominus} + \cdots + [NH_3]_r^4\beta_4^{\ominus}$$

$$= 1 + 0.085 \times 1.99 \times 10^2 + 0.085^2 \times 3.98 \times 10^4 + 0.085^3 \times 7.94 \times 10^7 + 0.085^4 \times 1.26 \times 10^9$$

$$\approx 6.63 \times 10^4$$

考虑金属离子的水解效应，查表得

$$pH=10.00, \lg\alpha[Zn(OH)]=2.4$$

因为 $\alpha(Zn)=\alpha[Zn(NH_3)]+\alpha[Zn(OH)]-1\approx\alpha[Zn(NH_3)]$

所以 $\lg\alpha(Zn)=4.8$

此条件下 Zn^{2+} 与 NH_3 的副反应是主要的，生成氢氧化物的副反应可不予以考虑。

查表，pH=10.00 时，$\lg\alpha[Y(H)]=0.5$

所以 $\lg K'(ZnY)=\lg K^{\ominus}(ZnY)-\lg\alpha(Zn)-\lg\alpha[Y(H)]=16.6-4.8-0.5=11.3$。

第三节　配位滴定法的基本原理

在配位滴定中，随着滴定剂 EDTA 的加入，金属离子通过形成 EDTA 螯合物而不断被滴定，其浓度不断减小，在化学计量点附近，金属离子浓度发生突变，形成滴定突跃。类似于酸碱滴定的讨论，用 EDTA 的加入量为横坐标，金属离子浓度的负对数为纵坐标，可绘制出配位滴定曲线。

一、滴定曲线

配位滴定的滴定曲线是指随着滴定剂 EDTA 的加入，溶液中金属离子浓度不断减小的变化规律。因大多数金属离子 M 与 Y 形成 1∶1 型螯合物，可将 M 视为酸，Y 视为碱，则配位滴定曲线与一元酸碱的滴定曲线相似。

在 pH=10.00 时，以浓度为 $0.01000\ mol\cdot L^{-1}$ 的 EDTA 滴定 20.00 mL 同浓度的 Ca^{2+} 溶液为例，计算滴定过程中的 pCa（即 $-\lg[Ca^{2+}]_r$，以下计算时忽略 Ca^{2+} 副反应的影响）。

$$pH=10.00\text{ 时}, \lg\alpha[Y(H)]=0.45, K_f^{\ominus}(CaY)=4.89\times10^{10}$$

$$\lg K_f'(CaY)=\lg K_f^{\ominus}(CaY)-\lg\alpha[Y(H)]=10.69-0.45=10.24$$

1. 滴定前　此时滴定分数为 0，系统中：$[Ca^{2+}]_r=0.01000$。所以

$$pCa=-\lg[Ca^{2+}]_r=-\lg0.01000=2.00$$

2. 滴定开始到化学计量点前　通过滴定系统中剩余的 Ca^{2+} 的量计算 pCa，设已加入 EDTA 溶液 19.98 mL，此时滴定分数为 0.999，溶液中还剩余 Ca^{2+} 溶液 0.02 mL，所以

$$[Ca^{2+}]_r=\frac{0.01000\times0.02}{20.00+19.98}=5.0\times10^{-6}\qquad pCa=5.30$$

3. 化学计量点时　此时滴定分数为 1.000，Ca^{2+} 与 EDTA 定量配位成 CaY^{2-}，可计算出配离子的相对浓度为 $[CaY^{2-}]_r=5.0\times10^{-3}$。

设 $[Ca^{2+}]_r=[Y]_r=x$，根据配位平衡可得

$$\frac{0.00500}{x^2}=10^{10.24}=1.74\times10^{10}$$

所以 $x=[Ca^{2+}]_r=5.4\times10^{-7}$，pCa=6.27

4. 化学计量点后　设加入 20.02 mL EDTA 溶液，此时滴定分数为 1.001，EDTA 标准溶液过量 0.02 mL，其浓度为

$$[Y]_r=\frac{0.01000\times0.02}{20.00+20.02}=5.0\times10^{-6}$$

根据配位平衡可得

$$\frac{0.00500}{[Ca^{2+}]_r\times5.0\times10^{-6}}=1.74\times10^{10}$$

所以 $[Ca^{2+}]_r=5.75\times10^{-8}$，$pCa=7.24$

按上面计算方法，可计算配位滴定过程中的pCa。

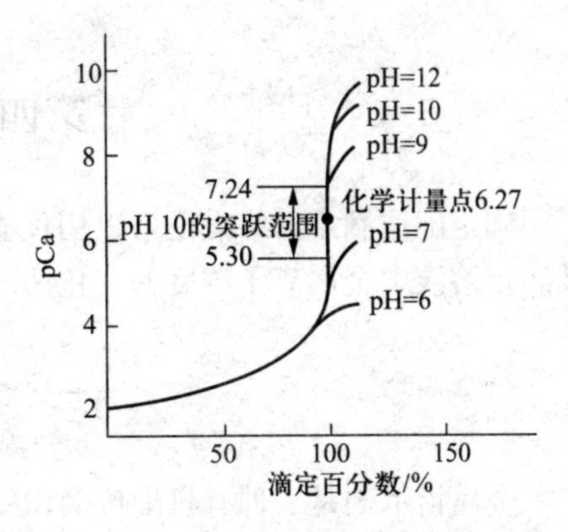

图 11－2 0.010 00 mol・L^{-1} EDTA 滴定同浓度 Ca^{2+} 的滴定曲线

以 EDTA 的加入量为横坐标，相应的 pCa 为纵坐标，绘制的滴定曲线见图 11－2。由图可知，pH＝10.00 时，以 0.010 00 mol・L^{-1} 的 EDTA 滴定 20.00 mL同浓度的 Ca^{2+}，化学计量点时 pCa＝6.27，滴定曲线的突跃范围 pCa＝5.30～7.24。该滴定的突跃范围较大，可以选择一定金属离子指示剂进行配位滴定。

二、影响滴定突跃的主要因素

影响配位滴定曲线滴定突跃的因素主要有条件稳定常数和金属离子浓度。

1. 配合物的条件稳定常数 K'(MY) 在有副反应发生时，配合物的条件稳定常数越大，配位反应进行得越完全，滴定终点越容易控制。因此，在金属离子和其他条件不变时，条件稳定常数越大，滴定曲线的突跃越大，K'(MY) 增大 10 倍，突跃范围增大 1 个单位，参见图 11－3。

由酸效应系数 $\alpha[Y(H)]$可知，pH 越大，条件稳定常数 K'(MY) 越大，因此滴定突跃将随 pH 的不同而变化。所以，在配位滴定中必须严格控制溶液的酸度。

2. 金属离子的浓度 与酸碱滴定相似，在条件稳定常数一定时，金属离子的浓度越大，滴定突跃越大，浓度增大 10 倍，突跃增大 1 个单位，参见图 11－4。

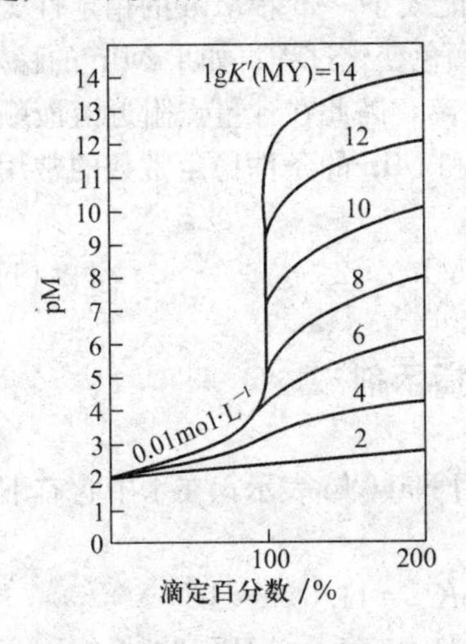

图 11－3 不同条件稳定常数时的 EDTA 配位滴定曲线

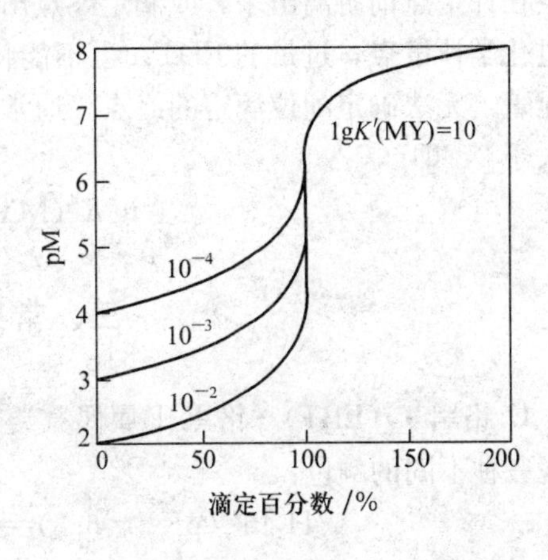

图 11－4 EDTA 与不同浓度 M 的滴定曲线

第四节　金属指示剂

确定配位滴定的终点既可以用仪器，也可以用指示剂。配位滴定的指示剂主要用于反映被滴定溶液中金属离子浓度的变化情况，所以称为金属离子指示剂，简称金属指示剂。

一、金属指示剂的原理

金属指示剂是一种有机配位剂，一般为偶氮类染料，它能与金属离子形成与其本身颜色有显著不同的配合物，借助这一点，可以指示溶液中金属离子浓度的变化而指示滴定终点。金属指示剂与金属离子的配位反应可表示为

$$\mathrm{M+In}\ (\text{甲色}) \rightleftharpoons \mathrm{MIn}\ (\text{乙色})$$

滴定前金属离子先与指示剂 In 作用，溶液呈现乙色。当用 EDTA 进行配位时，它首先滴定溶液中游离的金属离子，到接近化学计量点时，EDTA 夺取 MIn 中的金属离子使指示剂游离出来，发生以下化学反应：

$$\mathrm{MIn}\ (\text{乙色}) + \mathrm{Y} \rightleftharpoons \mathrm{MY+In}\ (\text{甲色})$$

使溶液颜色迅速由乙色改变成甲色，指示出滴定终点。这就是金属指示剂的显色机理，它与酸碱指示剂的显色原理是完全不同的。

二、金属指示剂应具备的条件

作为金属指示剂应当具备以下条件：

(1) 在滴定的 pH 范围内 MIn 与 In 的颜色应有明显的区别，终点颜色的变化才明显。

(2) MIn 配合物应易溶于水。

(3) 指示剂与金属离子的反应必须迅速，并且具有良好的可逆性。

(4) MIn 的稳定性要适当，既不能太大，也不能太小。如果 MIn 的稳定性太小，指示剂会在计量点前游离出来，或滴定终点出现较长的颜色变化过程；如果 MIn 的稳定性太大，超过化学计量点，过量的 EDTA 也不能将指示剂游离，因此在计量点附近溶液颜色的改变不显著，无法确定配位滴定的终点。通常要求 MY 和 MIn 的条件稳定常数的常用对数值相差大于 2，即

$$\lg K'(\mathrm{MY}) - \lg K'(\mathrm{MIn}) > 2 \tag{11-8}$$

三、常见的金属指示剂

1. 铬黑 T（EBT）　铬黑 T 属偶氮类染料，可用 NaH_2In 表示，在水中它有下列平衡而呈现三种不同的颜色：

$$\underset{\text{pH<6 显紫红色}}{\mathrm{H_2In^-}} \ (\mathrm{p}K_{a2}^{\ominus}=6.3) \rightleftharpoons \underset{\text{pH=7～11 显蓝色}}{\mathrm{HIn^{2-}}} \ (\mathrm{p}K_{a3}^{\ominus}=11.6) \rightleftharpoons \underset{\text{pH>12 显橙色}}{\mathrm{In^{3-}}}$$

铬黑 T 可与许多二价金属离子如 Ca^{2+}、Mg^{2+}、Mn^{2+}、Zn^{2+}、Cd^{2+}、Pb^{2+} 等形成稳定

的酒红色配合物。在 pH=7～11 的溶液中铬黑 T 显蓝色，与金属离子配合后显酒红色，滴定终点颜色由酒红色变为纯蓝色，变化明显。

所以选择铬黑 T 作为金属指示剂，一般酸度控制 pH≈10，常用氨性缓冲溶液来控制滴定系统的酸度。常将固体 EBT 和 NaCl 按 1∶100 的质量比混合后磨细并密闭保存，使用时每次取约 0.1 g 直接加入反应系统中。

2. 钙指示剂（NN）　钙指示剂或称钙红指示剂，属偶氮类染料，可用 Na_2H_2In 表示，它在水中有下列平衡并呈现三种不同的颜色。

$$\underset{\substack{\text{红色}\\ pH<7}}{H_2In^{2-}} (pK_{a3}^{\ominus}=7.4) \rightleftharpoons \underset{\substack{\text{蓝色}\\ pH=8\sim13}}{HIn^{3-}} (pK_{a4}^{\ominus}=13.5) \rightleftharpoons \underset{\substack{\text{橙色}\\ pH>13.5}}{In^{4-}}$$

钙指示剂在 pH=12～13 时呈现蓝色，它与 Ca^{2+}、Mg^{2+} 形成相当稳定的红色配合物。在 pH=12～13 时，用钙指示剂，可以在 Ca^{2+}、Mg^{2+} 的混合溶液中，直接用 EDTA 标准溶液单独滴定 Ca^{2+}。因为在此酸度条件下，镁已定量沉淀为 $Mg(OH)_2$，不再与 EDTA 发生配位反应。该法较为简便，但应注意生成的沉淀干扰终点的观察。

钙指示剂常与干燥的固体 NaCl 按 1∶100 的质量比混合均匀后使用。滴定适宜的 pH 范围为 12～13，一般用 10%的 NaOH 来控制溶液的酸度。

3. 二甲酚橙　二甲酚橙是有机六元酸。二甲酚橙在 pH<6 时显黄色，pH>6 时显红色，它与金属离子形成的配合物多数为红紫色，所以使用该金属指示剂的适宜酸度范围是 pH<6 的酸性溶液。

四、使用金属指示剂应注意的问题

1. 指示剂的封闭现象　有时金属指示剂能与某些金属离子生成极稳定的化合物，以致到达化学计量点后，滴入过量的 EDTA 也不能夺取 MIn 中的金属离子，使指示剂不能游离出来，看不到终点颜色的变化。这种现象叫指示剂的封闭现象。有些指示剂的封闭现象也可能是由于有色配合物的颜色变化为不可逆所引起的。

例如用 EBT 作指示剂在 pH=10.00 的条件下，用 EDTA 滴定 Ca^{2+} 和 Mg^{2+} 的总量时，Al^{3+}、Fe^{3+}、Ni^{2+} 和 Co^{2+} 对指示剂有封闭作用，这时可加入少量三乙醇胺（掩蔽 Al^{3+} 和 Fe^{3+}）和 KCN（掩蔽 Ni^{2+} 和 Co^{2+}），以消除指示剂的封闭现象。

2. 指示剂的僵化现象　有些金属指示剂本身与金属离子形成配合物的溶解度很小或稳定性较差，使 EDTA 与 MIn 之间的交换反应缓慢，滴定终点不明显或拖长。这种现象叫指示剂的僵化。这时可加入适当的有机溶剂或加热，以增大其溶解度加快交换反应的速度，使指示剂的变化较明显。

3. 指示剂的氧化变质现象　金属指示剂大都是具有共轭双键系统的有色化合物，易被日光分解或被空气等氧化剂氧化；有些指示剂在水中不稳定，日久会分解。所以，常将指示剂配成固体混合物或用具有还原性质的溶剂来配制其溶液，或临时配制。

五、单一离子配位滴定可行性的判断

在配位滴定中通常用金属指示剂来确定滴定终点，配位滴定能否定量进行决定于：

(1) 滴定反应的条件稳定常数。

(2) 待测物和滴定剂的浓度。

(3) 若要求滴定分析允许的终点误差为±0.1%，可由理论推算出

$$\lg[c_{\text{计}}(\mathrm{M}) \cdot K'(\mathrm{MY})] \geqslant 6 \tag{11-9}$$

式中 $c_{\text{计}}(\mathrm{M})$ 是化学计量点时 M 的总浓度，为初始浓度的 1/2。当初始浓度 $c_r(\mathrm{M})=0.02\ \mathrm{mol \cdot L^{-1}}$ 时，$c_{\text{计}}(\mathrm{M})=0.01\ \mathrm{mol \cdot L^{-1}}$，上式为

$$\lg K'(\mathrm{MY}) \geqslant 8 \tag{11-10}$$

式 (11-10) 常作为判断能否用配位滴定法进行定量分析的依据。

若降低分析准确度的要求，或改变检测终点的准确度，则滴定要求的 $\lg[c_{\text{计}}(\mathrm{M}) \cdot K'(\mathrm{MY})]$ 也会相应改变。例如，若要求滴定分析允许的终点误差为±0.5%，$\lg[c_{\text{计}}(\mathrm{M}) \cdot K'(\mathrm{MY})] \approx 5$ 时，可以定量滴定。

第五节　提高配位滴定选择性的方法

由于 EDTA 能与多种金属离子形成配合物，这是它得以广泛应用的原因。但另一方面，分析实践中经常是多种组分同时存在，它们之间可能相互干扰。因此，如何提高配位滴定的选择性，便成为配位滴定中应当解决的重要问题。提高配位滴定的选择性就是要设法消除共存离子 (N) 的干扰，以便准确地滴定待测金属离子 (M)。

一、控制酸度

在以 EDTA 进行配位滴定的过程中，随着配合物的生成，不断有 H^+ 释放，使溶液的酸度增大，这会使配合物的条件稳定常数变小，造成滴定曲线的突跃范围减小；同时，配位滴定使用金属指示剂的变色点也随溶液酸度变化，而且滴定终点的颜色变化与溶液酸度也密切相关。因此，在配位滴定中酸度控制极为重要，通常需用缓冲溶液来控制溶液的酸度。

1. 最高酸度和酸效应曲线　在式 (11-10) 中，如果只考虑酸效应，即有

$$\lg K'(\mathrm{MY}) = \lg K^{\ominus}(\mathrm{MY}) - \lg \alpha[\mathrm{Y(H)}] \geqslant 8$$

或

$$\lg \alpha[\mathrm{Y(H)}] \leqslant \lg K^{\ominus}(\mathrm{MY}) - 8 \tag{11-11}$$

根据式 (11-11)，可以计算出 EDTA 滴定每一个金属离子所允许的最高酸度 (最低 pH)。当滴定系统高于这一酸度，该金属离子就不能用 EDTA 进行定量滴定。

以金属离子的 $\lg K^{\ominus}(\mathrm{MY})$ 为横坐标，相应的最高酸度 (或最低 pH) 为纵坐标作图，所得到的曲线称为酸效应曲线，或称为林邦 (Ringbom) 曲线，参见图 11-5。

通过酸效应曲线可解决以下几个问题：

(1) 从曲线上可以找出各金属离子进行滴定时的最低 pH，如果小于该值配位滴定就不能定量进行。如滴定 Fe^{3+} 时 pH 必须大于 1，滴定 Zn^{2+} 时 pH 必须大于 4。

(2) 从曲线上可看出在一定 pH 范围内哪些离子可被定量滴定，干扰情况如何。如在 pH=5 时用 EDTA 滴定 Pb^{2+} 时，溶液中若存在 Cu^{2+}、Ni^{2+} 等位于 Pb^{2+} 下面的离子会产生干扰 (因为它们的稳定常数更大)，而同时被滴定；而位于 Pb^{2+} 上面的且未达到最高酸度要求的金属离子，如 Mg^{2+} 等的存在对配位滴定无干扰或干扰少。

(3) 可以利用酸度差进行选择性滴定或连续滴定。如溶液中同时含有 Bi^{3+}、Zn^{2+}、Mg^{2+} 等离子，若只滴定 Bi^{3+}，只要控制溶液 pH=1 即可；若需要同时滴定 Zn^{2+} 和 Mg^{2+}，可在滴定 Bi^{3+} 的溶液中，调节 pH=5～6，滴定 Zn^{2+}，最后调节溶液 pH=10～11，滴定 Mg^{2+}。

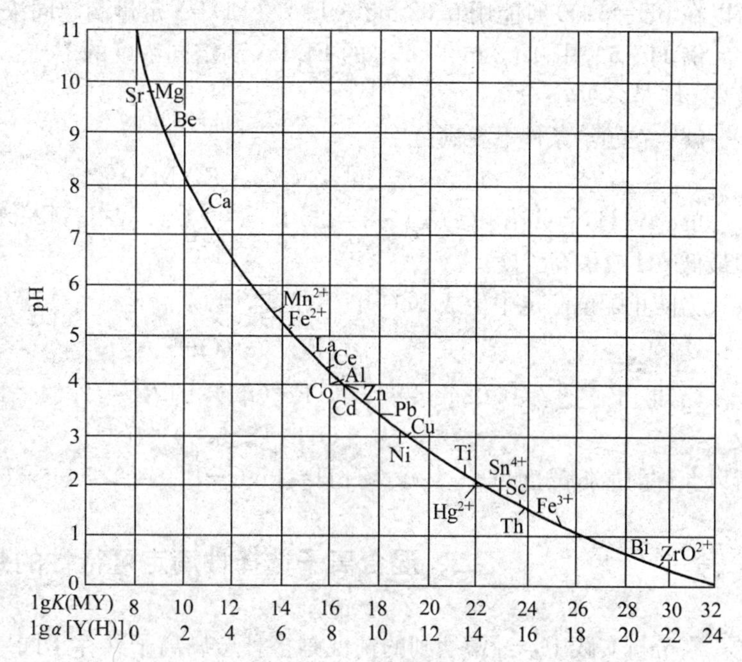

图 11-5　EDTA 的酸效应曲线（Ringbom 曲线）

应当指出，配位滴定金属离子时所采用的 pH，一般比允许的最低 pH 要高一些，这样做可以使待测组分配位得更加完全。

2. 最低酸度　配位滴定中，过高的 pH 会引起金属离子的水解，而生成相应的羟基配合物，从而降低了金属离子与 EDTA 配位的能力，甚至会生成氢氧化物沉淀妨碍配位滴定的进行，因此在配位滴定中还存在一个最低酸度。

配位滴定的最低酸度是指金属离子生成沉淀时的酸度，它可由生成的沉淀产物的溶度积求得

$$c_r(M^{n+})c_r^n(OH^-) \leqslant K_{sp}^{\ominus}[M(OH)_n]$$

3. 最佳酸度　只要有适当的指示剂确定终点，则在最高酸度和最低酸度之间的酸度范围内进行配位滴定，均能获得较准确的测定结果。最佳酸度一般通过实验确定，其值应在最低酸度与最高酸度之间。

4. 缓冲溶液的使用　在配位滴定中，一般是采用 EDTA 的二钠盐作为滴定剂，滴定反应按下式进行：

$$M^{n+} + H_2Y^{2-} \rightleftharpoons 2H^+ + MY^{n-4}$$

随着滴定的进行，溶液的酸度将不断提高；同时随着滴定的进行，因溶液的体积不断增大，也会引起酸度的改变。这样，就不能保证配位滴定对酸度的比较严格的要求，故缓冲溶液在配位滴定中得到了广泛的应用，可克服由于化学反应和稀释引起的酸度变化，使溶液的酸度基本保持不变。

例 11-4　通过计算说明在 pH=5.00 时能否用 0.02 mol·L^{-1}的 EDTA 定量滴定同浓度的 Zn^{2+}。

解：　已知 pH=5.00 时，$\lg\alpha[Y(H)]=6.5$，$\lg K^{\ominus}(ZnY)=16.5$

根据式 (11-11) 可得

$$\lg K'(ZnY)=\lg K^{\ominus}(ZnY)-\lg\alpha[Y(H)]=16.5-6.5=10.0$$

因为

$$\lg K'(ZnY)=10.0>8$$

所以在 pH＝5.00 时能用 0.02 mol·L^{-1}的 EDTA 定量滴定同浓度的 Zn^{2+}。

例 11－5 用 0.02 mol·L^{-1}的 EDTA 滴定同浓度的 Fe^{3+}，允许的最低 pH 应是多少？最高 pH 是多少？

解： 在题给条件下要满足

$$\lg[c_{r计}(M) \cdot K'(MY)] \geqslant 6$$

$\lg\alpha[Y(H)]=\lg K^{\ominus}(FeY)-8=25.1-8=17.1$，查 $\lg\alpha[Y(H)]$- pH 曲线得 pH≈1，此即最低 pH 或最高酸度。

为防止配位滴定中生成 $Fe(OH)_3$ 沉淀，必须满足：

$$c_r(Fe^{3+})c_r^3(OH^-) \leqslant K_{sp}^{\ominus}$$

已知 $[Fe^{3+}]=0.02$ mol·L^{-1}，$Fe(OH)_3$ 的 $K_{sp}^{\ominus}=2.64\times10^{-39}$

故 $$[OH^-]_r \leqslant 5.09\times10^{-13}$$

所以允许的最低酸度为 $$pH=14.0-12.3=1.7$$

二、混合离子选择性滴定可行性的判断

在分析实践中，经常遇到的情况是多种金属离子共存于同一种溶液中，而 EDTA 与很多金属离子都能生成稳定的配合物。设溶液存在金属离子 M 和 N。若滴定分析允许的终点误差为±0.1%，能用 EDTA 准确滴定 M 而不受金属离子 N 干扰的条件为

$$\lg[c_{r计}(M)K'(MY)]-\lg[c_{r计}(N)K'(NY)] \geqslant 6 \qquad (11-12)$$

三、提高配位滴定选择性的方法

满足式（11－12），滴定 M 时，N 不干扰。因此，只要设法增大 $c_r(M)K'(MY)$，或降低$c_r(N)K'(NY)$，就能达到这一目的，一般有以下一些途径：

1. 控制溶液的 pH 通过调节溶液的 pH，可以通过增大 M 和减小 N 的条件稳定常数，达到消除干扰的目的，利用酸效应曲线可方便地解决这些问题。

2. 加入掩蔽剂 加入一种能同干扰离子 N 形成稳定配合物的配位掩蔽剂，通过使金属离子 N 与之形成相应的配合物，从而有效地减小 N 的条件稳定常数、增大待测离子 M 的条件稳定常数，达到选择性滴定。

掩蔽剂同干扰离子的作用相当于配位滴定的一个副反应，可以按照副反应系数的处理方法来进行定量计算。例如测定水的硬度时，Al^{3+}、Fe^{3+} 的干扰可加入三乙醇胺来掩蔽，Cu^{2+}、Zn^{2+} 的干扰可加入 KCN 来掩蔽。

3. 加入沉淀剂 往待测溶液中加入能与干扰离子形成沉淀的试剂，也可大大降低 N 的浓度，干扰离子的沉淀一般不会同 EDTA 作用，达到消除干扰的目的。

用沉淀反应来消除干扰时存在一些问题，如沉淀不完全、沉淀吸附待测离子和沉淀影响终点的观察等，在设计分析方案时必须充分注意到这些问题。

4. 改变金属离子的氧化数 当降低 N 的氧化数时，它与 EDTA 的配位能力将显著下降。因此，在溶液中加入某种化学试剂，使之与干扰离子 N 作用，降低其氧化数，从而消除干扰，提高配位滴定的选择性。

例如，测定Bi^{3+}时Fe^{3+}有干扰，加入维生素C或盐酸羟胺可使干扰离子转变为Fe^{2+}，再进行Bi^{3+}的测定。

5. 使用适当的解蔽剂　在掩蔽的基础上，如果加入适当的解蔽剂，从而将已掩蔽的离子重新释放出来，再对它进行测定，这样可提高配位滴定的选择性。这种方法称为解蔽法。

例如，在Pb^{2+}和Zn^{2+}同存时，可在氨性酒石酸溶液中，以KCN掩蔽Zn^{2+}，以EBT为指示剂，用EDTA标准溶液滴定Pb^{2+}，然后在该溶液中加入甲醛试剂，可将$[Zn(CN)_4]^{2-}$破坏，使Zn^{2+}重新释放出来进入溶液，继续用EDTA滴定Zn^{2+}，这样可实现分别选择性滴定。

6. 选择其他的滴定剂　除EDTA外，还可以用其他的氨羧配位剂，利用它们与金属离子形成配合物的稳定性的差别，实现选择性配位滴定。例如，可选择乙二醇二乙醚二胺四乙酸(EGTA)、乙二胺四丙酸(EDTP)、环已二胺四乙酸(CYDTA)等螯合剂进行配位滴定，以提高选择性。

若采用上述方式仍不能消除干扰离子的影响，就只有用分离的方法除去干扰离子。分离的手段从理论上讲最简单有效，可直接除去干扰离子，消除其干扰。但分离操作往往比较繁杂，分析结果的重现性较差。因此，分析实践中，只是在其他方法均不奏效时，才会考虑通过分离的手段提高滴定的选择性。

第六节　配位滴定方式与应用

在配位滴定中，采用不同的滴定方式，不仅可以扩大配位滴定的范围，还可以提高滴定的选择性。EDTA配位滴定法可以采用直接滴定法、返滴定法、置换滴定法和间接滴定法等方式，周期表中的大多数元素都可通过直接或间接法进行测定，其应用十分广泛。

1. 直接滴定法　如果金属离子与EDTA的配位反应能满足滴定分析的要求，就可以采用EDTA标准溶液直接滴定被测离子，该法简便，迅速，可能引入的误差较少。

例如，水中钙和镁的分析，可在pH≈10的氨性缓冲溶液中，用EBT作指示剂，以EDTA标准溶液直接滴定钙和镁的总量。由于CaY比MgY更稳定，故先滴定的是Ca^{2+}，但它们和EBT配合物的稳定性则相反，滴定终点的变色反应为

$$\mathrm{MgIn}\ (\text{紫红色}) + \mathrm{Y} \rightleftharpoons \mathrm{MgY} + \mathrm{In}\ (\text{蓝色})$$

2. 返滴定法　返滴定法是在适当的酸度条件下，在试液中加入已知且过量的EDTA标准溶液，待金属离子与EDTA配位完全后，再调节溶液的酸度，加入指示剂，以适当的金属离子标准溶液作为返滴定剂，滴定过量的EDTA。

以分析铝为例，铝离子与EDTA反应速率较慢，酸度低时铝离子易水解，且要封闭二甲酚橙等指示剂，一般用返滴定法进行分析。

该法先在试液中加入一定量且过量的EDTA标准溶液，在pH=3～4时加热煮沸，待反应完成后，冷至室温，调节pH=5～6，以二甲酚橙为指示剂，用Zn^{2+}标准溶液滴定过量的EDTA。

$$\mathrm{Al(III)} + \mathrm{Y} \rightleftharpoons \mathrm{AlY}(\mathrm{pH}=3\sim4)$$

$$\mathrm{Zn(II)} + \mathrm{Y}(\text{过量部分}) \rightleftharpoons \mathrm{ZnY}(\mathrm{pH}=5\sim6)$$

3. 置换滴定法　利用置换反应，置换出一定量的某种金属离子或一定量的EDTA，再

用 EDTA 标准溶液或金属离子标准溶液来滴定相应的置换物，由此来分析待测金属离子。

例如，银离子与 EDTA 生成的配合物不稳定，但可用过量$[Ni(CN)_4]^{2-}$与之发生如下反应：

$$2Ag^+ + [Ni(CN)_4]^{2-} \rightleftharpoons 2[Ag(CN)_2]^- + Ni^{2+}$$

通过该反应定量置换出来的 Ni^{2+}，可在 pH≈10 的氨性缓冲溶液中，以紫脲酸铵为指示剂，用 EDTA 标准溶液进行滴定，从而可分析试样中银的含量。

4. 间接滴定法 有些离子和 EDTA 的配合物不稳定，如钾离子和钠离子；有些离子不能同 EDTA 配合，如硫酸根、磷酸根等阴离子。它们可采用间接滴定法进行配位。

例如磷酸根的测定，可在酸性条件下加入镁离子，煮沸后滴加氨水至碱性，将定量生成磷酸铵镁沉淀，沉淀过滤、洗涤干净后用 HCl 溶解，就可用 EDTA 标准溶液滴定溶液中的镁离子，从而间接求得样品中磷酸根的量。

间接滴定法扩大了配位滴定法的应用范围，但间接滴定法一般手续繁琐，引入误差的机会较多，分析测定的准确度下降，并不是很理想的分析方法。

本 章 小 结

(1) 配位滴定法是以配位反应为基础的一种分析方法，配位滴定中广泛使用金属指示剂来确定配位滴定的终点。使用金属指示剂要防止封闭和僵化现象发生。

(2) 本章在讨论主反应、副反应、副反应系数和条件稳定常数等概念的基础上，推导出计算条件稳定常数的公式，从而确定单一离子准确滴定的条件：$\lg [c_{计}(M) \cdot K'(MY)] \geqslant 6$。

(3) 酸效应和配位效应是影响配位滴定的主要因素，必须注意配位滴定系统的最高酸度与最低酸度，配位滴定中广泛使用缓冲溶液来控制溶液的酸度。

(4) EDTA 能与多种金属离子形成稳定的配合物，因此，必须提高配位滴定的选择性。可通过控制酸度、加入掩蔽剂与解蔽剂、分离干扰物质等方法消除干扰，准确地滴定待测金属离子。

思 考 题

1. 配合物的稳定常数和条件稳定常数有什么不同？为什么要引入条件稳定常数？

2. 配位滴定中控制溶液的 pH 有什么重要意义？实际工作中应如何全面考虑选择滴定的 pH？

3. 为什么 EDTA 能被广泛地用作配位滴定的滴定剂？影响配位滴定曲线滴定突跃范围的主要因素有哪些？单一离子可定量滴定的条件是什么？

4. 如何理解分布系数和副反应系数这两个概念？两者有何联系？

5. 金属指示剂的变色原理如何？什么是金属指示剂的封闭现象？如何减少滴定误差？如何提高配位滴定的选择性？

1. pH=5.0 的溶液中 Mg^{2+} 的浓度为 0.010 mol·L^{-1} 时，能否用同浓度的 EDTA 滴定 Mg^{2+}？

2. pH＝10 时，以 0.010 00 mol·L^{-1}的 EDTA 标准溶液滴定 20.00 mL 同浓度的 Ca^{2+}，计算滴定到 99.0%、100.0%和 101.0%时溶液中的 pCa。 (4.30，6.27，8.25)

3. 某试液中含 Fe^{3+}和 Co^{2+}，浓度均为 0.02 mol·L^{-1}，今欲用同浓度的 EDTA 标准溶液进行滴定。

(1) 滴定 Fe^{3+}的适宜酸度范围是多少？

(2) 滴定 Fe^{3+}后能否滴定 Co^{2+}（其氢氧化物的 $K_{sp}^{\ominus}=10^{-14.7}$）？滴定 Co^{2+}适宜的酸度范围是多少？ (1.0～1.8，4.0～7.6)

4. 用配位滴定法测定某试液中的 Fe^{3+}和 Al^{3+}。取 50.00 mL 试液，调节 pH＝2.0，以磺基水杨酸作指示剂，加热后用 0.048 52 mol·L^{-1}的 EDTA 标准溶液滴定到紫红色恰好消失，用去 20.45 mL。在滴定了 Fe^{3+}的溶液中加入上述的 EDTA 标准溶液 50.00 mL，煮沸片刻，使 Al^{3+}和 EDTA 充分反应后，冷却，调节 pH 为 5.0，以二甲酚橙作指示剂，用 0.050 69 mol·L^{-1}的 Zn^{2+}标准溶液回滴定过量的 EDTA，用去 14.96 mL，计算试样中 Fe^{3+}和 Al^{3+}的量（g·L^{-1}）。 (1.108，0.899 9)

5. 计算溶液中 pH＝11.0 和氨离子的平衡浓度为 0.10 mol·L^{-1}时的 $\lg\alpha(Zn)$。 (5.6)

6. 测定某水样中硫酸根的含量。取水样 50.00 mL，加入 0.010 00 mol·L^{-1}的 $BaCl_2$标准溶液 30.00 mL，加热使硫酸根定量沉淀为 $BaSO_4$，过量的钡离子用 0.010 25 mol·L^{-1}的 EDTA 标准溶液滴定，消耗 11.50 mL。求试样中硫酸根的含量（以 mg·L^{-1}表示）。

(349.9)

7. 取含 Ni^{2+}的试液 1.00 mL，用蒸馏水和 NH_3-NH_4Cl 缓冲溶液稀释后，用15.00 mL 0.010 00 mol·L^{-1}的过量 EDTA 标准溶液处理。过量的 EDTA 用 0.015 00 mol·L^{-1}的 $MgCl_2$ 标准溶液回滴定，用去 4.37 mL。计算原试样中 Ni^{2+}的浓度。 (0.084 5 mol·L^{-1})

8. 以 EBT 作指示剂，于 pH＝10 的缓冲溶液中，用 EDTA 配位滴定法测定水的总硬度。如果滴定 100.0 mL 水样用去 0.010 00 mol·L^{-1}的 EDTA 标准溶液 18.90 mL，则水样的总硬度是几个德国度？（每升水含 10 mg 的 CaO 称为一个德国度） (10.62)

9. 取水样 100.0 mL，调节 pH＝12～13，以钙指示剂用 0.010 00 mol·L^{-1}的 EDTA 滴定需 12.16 mL。则每升水含 Ca 量是多少毫克？ (48.74)

10. 分析含铜镁锌的合金试样。取试样 0.500 0 g 溶解后定容成 250.0 mL，吸取此试液 25.00 mL，调节 pH＝6，以 PAN 作指示剂，用 0.020 00 mol·L^{-1}的 EDTA 标准溶液滴定 Zn^{2+}和 Cu^{2+}，消耗 37.30 mL。另吸取 25.00 mL，调节 pH＝10，用 KCN 掩蔽 Cu^{2+}和 Zn^{2+}，以0.020 00 mol·L^{-1}的 EDTA 标准溶液滴定 Mg^{2+}，消耗 4.10 mL。然后加入甲醛试剂解蔽 Zn^{2+}，再用 0.020 00 mol·L^{-1}的 EDTA 标准溶液滴定，消耗 13.40 mL。计算试样中 Cu、Zn、Mg 的质量分数。 (0.607 5，0.350 4，0.039 8)

11. What range of pH values could be used for each of the following titrations?

(a) The analysis of Al^{3+} in a dissolved ore sample.

(b) The measurement of Hg^{2+} in the presence of Cd^{2+}.

(c) The analysis of rare earths in the presence of Ga^{3+} and Sc^{3+}.

[(a) pH＝3～5.25 (b) pH＝2.0～4.1，10.4～10.6 (c) pH＝8.2～10.2]

12. A 25.00 mL sample of a solution containing both Ni^{2+} and Mg^{2+} gives an end point at 17.86 mL when it is titrated with 0.047 65 mol·L^{-1} EDTA. A second 25.00 mL portion

of the same original sample gives an end point at 6. 74 mL when it is titrated with 0. 056 43 mol • L^{-1} triethylenetetramine. What were the concentrations of magnesium ions and nickel ions in the original sample?

(0. 015 21 mol • L^{-1}， 0. 018 83 mol • L^{-1})

第十二章　氧化还原反应

化学反应可以分为两大类：一类是在反应过程中，反应物之间没有发生电子的转移，如酸碱反应、沉淀反应和配位反应等；另一类是在反应过程中，反应物之间发生了电子的转移，这一类反应就是本章要讨论的氧化还原反应。此类反应涉及面广，从冶金工业、化学工业到生物体内的代谢过程以及土壤中元素价态的变化，药品生产、药品分析及检测等方面几乎都涉及氧化还原反应。同时这类反应的理论也是化学的基本理论之一，因此，学习有关氧化还原反应方面的理论具有十分重要的意义。

第一节　基本概念

一、氧 化 数

1970 年国际纯粹与应用化学联合会（IUPAC）对氧化数做了如下的定义：氧化数（又叫氧化值，oxidation number）是某元素一个原子的荷电数，这种荷电数是把成键电子指定给电负性较大的原子而求得。氧化数是一个人为的概念，是元素原子在某化合态中的表观电荷数（形式电荷数）。例如，CO_2 分子中由于氧的电负性较碳的电负性大，因而成键电子偏近于氧而偏离碳，所以氧的氧化数为－2，碳的氧化数为＋4。又如在 NH_3 分子中，三对成键电子都偏近于 N，所以 N 的氧化数为－3，H 的氧化数为＋1。确定氧化数的规则具体如下：

（1）单质中元素的氧化数为零。这是因为成键原子的电负性相同，共用电子对不能指定给任何一方。如：N_2，Fe，S_8 等。

（2）中性分子中各元素氧化数的代数和为零。

（3）单原子离子中元素的氧化数等于离子所带的电荷数。多原子离子中各元素的氧化数的代数和等于离子所带电荷数。

（4）氢在化合物中的氧化数一般为＋1。但在活泼金属的氢化物（如 NaH、CaH_2 等）中，氢的氧化数为－1。

（5）氧在化合物中的氧化数一般为－2。但在过氧化物（如 H_2O_2、Na_2O_2 等）中，氧化数为－1；在超氧化物（如 KO_2）中，氧化数为$-\frac{1}{2}$（氧化数可以为分数）；在 OF_2 中，氧化数为＋2。

（6）在一般化合物中，碱金属和碱土金属的氧化数分别为＋1 和＋2，卤素为－1。氟元素的电负性最大，在它的全部化合物中都具有−1的氧化数。

例 12-1 分别计算 $Na_2S_2O_3$、MnO_4^-、Fe_3O_4 中 S、Mn 和 Fe 元素的氧化数。

解： 在 $Na_2S_2O_3$ 中，设 S 的氧化数为 x，根据规则（2）、（3）、（5）和（6）得

$$(+1)\times 2+2x+(-2)\times 3=0 \qquad x=+2$$

在 MnO_4^- 中，设 Mn 的氧化数为 y，根据规则（3）和（5）得

$$y+(-2)\times 4=-1 \qquad y=+7$$

在 Fe_3O_4 中，设 Fe 的氧化数为 z，根据规则（2）和（5）得

$$3\times z+(-2)\times 4=0 \qquad z=+\frac{8}{3}$$

注意： 氧化数也可以是分数。同时，氧化数与原子的共价数在概念上也是不同的。例如在过氧化氢 H—O—O—H 中，氧的共价数为 2，氧化数却为−1；氮分子 N≡N 中，氮的共价数为 3，氧化数却为零。

根据氧化数的概念，氧化数升高的过程称为氧化，氧化数降低的过程称为还原。在化学反应过程中，元素的原子或离子在反应前后氧化数发生了变化的一类反应称为氧化还原反应。事实上氧化与还原是存在于同一反应中并同时发生的，一种元素的氧化数升高，必有另一元素的氧化数降低，且氧化数升高数与氧化数降低数相等。我们只是为了叙述方便，将氧化和还原分别定义。

例如：

氧化数升高到 0

$$Cl_2+2I^- \rightleftharpoons I_2+2Cl^-$$

氧化数降低到−1

在上述反应中氯的氧化数从 0 降低到−1，这个过程称为还原，碘的氧化数由−1 升高到 0，这个过程称为氧化。整个反应是一个氧化还原反应。

假如氧化数的升高和降低都发生在同一化合物中的不同元素上，这种氧化还原反应就叫做自身氧化还原反应。如：

$$2KClO_3 \rightleftharpoons 2KCl+3O_2$$

如果氧化数的变化发生在同一物质内的同一元素上，这种氧化还原反应称为歧化反应，如：

$$2Cu^+ \rightleftharpoons Cu+Cu^{2+}$$

二、氧化剂和还原剂

通过上面的讨论我们知道，在氧化还原反应中，氧化数升高的物质叫做还原剂，氧化数降低的物质叫做氧化剂。还原剂是使另一种物质还原，而本身被氧化，它的反应产物叫做氧化产物；氧化剂是使另一种物质氧化，而本身被还原，它的反应产物叫做还原产物，如在下列反应中：

$6e^-$

$$3Cu+8HNO_3 \rightleftharpoons 3Cu(NO_3)_2+2NO\uparrow+4H_2O$$

铜将电子转移给硝酸中的氮，铜的氧化数升高（从 0 升到+2），故铜为还原剂；硝酸中 N 的氧化数降低（从+5 降到+2），故硝酸为氧化剂。

常用的氧化剂有活泼的非金属单质如 O_2、Cl_2、Br_2、I_2 等，或是含有高氧化数元素的物质，如 MnO_4^-、$Cr_2O_7^{2-}$、浓 H_2SO_4、HNO_3 以及 PbO_2 等。

常用的还原剂是容易失去电子的物质，有活泼的金属单质，如 Na、Mg、Al、Zn、Fe 等，还有负离子，如 I^-、S^{2-} 以及低氧化数的金属正离子，如 Sn^{2+}、Fe^{2+} 等。表 12-1 列出了一些常见的氧化剂和还原剂及相应的还原产物和氧化产物。

表 12-1　常用的氧化剂和还原剂

氧化剂	还原产物	还原剂	氧化产物
	Mn^{2+}（酸性溶液）	H_2S	SO_2
$KMnO_4$	MnO_2（中性或弱碱性溶液）	H_2	H^+
	MnO_4^{2-}（强碱性溶液）	HI（或 KI）	I_2
$K_2Cr_2O_7$	Cr^{3+}	$FeSO_4$	Fe^{3+}
$KClO_3$	Cl^-	$SnCl_2$	Sn^{4+}
O_2	H_2O、OH^-	CO	CO_2
HNO_3	NO、NO_2、N_2、NH_3	$H_2C_2O_4$	CO_2
Ag^+	Ag	$Na_2S_2O_3$	$Na_2S_4O_6$
Cl_2	Cl^-	Zn、Mg	Zn^{2+}、Mg^{2+}
H_2O_2	H_2O、OH^-	Al	Al^{3+}
浓 H_2SO_4	SO_2、S、H_2S	Fe	Fe^{2+}
PbO_2	Pb^{2+}	H_2O_2	O_2

物质氧化还原能力的大小是相对的，对于具有中间氧化数的物质，它们既可作氧化剂，又可作还原剂：当它们与强氧化剂作用时，表现出还原性；而与强还原剂作用时，则表现出氧化性。例如 H_2O_2 分子中的氧，氧化数为−1，当它与氧化剂 Cl_2 反应时，作为还原剂失去电子，分子中氧的氧化数从−1 升高到 0。

$$H_2O_2+Cl_2 \rightleftharpoons 2HCl+O_2$$

而 H_2O_2 与亚铁盐在酸性溶液中反应时，它作为氧化剂而得到电子，分子中氧的氧化数由−1降到−2。

$$H_2O_2+2Fe^{2+}+2H^+ \rightleftharpoons 2Fe^{3+}+2H_2O$$

三、氧化还原电对

在氧化还原反应中，同一元素不同氧化数的两种物质组成的氧化还原电对（oxidation-reduction couples），简称电对。电对中氧化数较高的物质称氧化态物质，氧化数较低的物质称还原态物质。书写电对时，氧化态物质在左侧，还原态物质在右侧，中间用斜线“/”隔开。例如：

$$Cl_2+2Br^- \rightleftharpoons 2Cl^-+Br_2$$

该反应中存在两个电对：Cl_2/Cl^- 和 Br_2/Br^-。每个电对中，氧化态物质与还原态物质之间存在下列共轭关系：

$$氧化态+ne^- \rightleftharpoons 还原态$$

这种关系与酸碱质子理论中共轭酸碱的关系相似。上面电对物质的共轭关系式称为半反应。每一个电对都对应一个半反应。

任何一个氧化还原反应都可以看成是由两个半反应组成，其中，一个是失电子的反应，称为氧化半反应；另一个是得电子的反应，称为还原半反应。例如，将上述 Cl_2 氧化 Br^- 的反应分解为两个半反应，其中 Br^- 失电子变为 Br_2 是氧化半反应：$2Br^- \rightleftharpoons Br_2+2e^-$；而 Cl_2 得电子变为 Cl^- 是还原半反应：$Cl_2+2e^- \rightleftharpoons 2Cl^-$。

第二节　氧化还原方程式的配平

氧化还原反应方程式的配平除了配平原子数外，还要使氧化剂氧化数的降低数（得电子数）等于还原剂氧化数的升高数（失电子数）。有些较为复杂的氧化还原反应用观察法很难配平，但如果按一定的程序进行，配平就变得比较简单。目前应用较为广泛的配平方法是氧化数法和离子-电子法。现分别介绍如下。

一、氧化数法

下面以 $Cu+HNO_3 \longrightarrow Cu(NO_3)_2+NO$ 为例，说明用氧化数法配平氧化还原反应式的步骤。

（1）写出基本反应式，即写出只与氧化数变化有关的那些物质的反应式，如金属铜和硝酸的反应：

$$Cu+HNO_3 \longrightarrow Cu(NO_3)_2+NO\uparrow$$

（2）标出反应式中氧化数发生变化的元素的氧化数及其变化值（用生成物的氧化数减去反应物的氧化数）。

氧化数升高值：2－0＝2

$$Cu^0+HN^{5+}O_3 \longrightarrow Cu^{2+}(NO_3)_2+N^{2+}O\uparrow$$

氧化数降低值：2－5＝－3

（3）按“氧化剂氧化数降低总和等于还原剂氧化数升高总和”原则，在氧化剂和还原剂分子前面乘以适当的系数。

氧化数升高值：2×3＝6

$$Cu+HNO_3 \longrightarrow Cu(NO_3)_2+NO\uparrow$$

氧化数降低值：3×2＝6

即
$$3Cu+2HNO_3 \longrightarrow 3Cu(NO_3)_2+2NO\uparrow$$

（4）配平反应前后氧化数未发生变化的原子数。简称原子数配平。

在这个反应中，一部分 HNO_3 作氧化剂，另一部分作为介质，前面已将作为氧化剂的 HNO_3 根据氧化数改变值配平，现再添加 6 个 HNO_3 作为介质，使反应式左右两边氮原子数相等。

$$3Cu+8HNO_3 \longrightarrow 3Cu(NO_3)_2+2NO\uparrow$$

由于反应式左边多 8 个氢离子，4 个氧原子，所以右边应添加 4 个水分子，得到配平的氧化还原方程式：

$$3Cu+8HNO_3 \rightleftharpoons 3Cu(NO_3)_2+2NO\uparrow+4H_2O$$

例 12-2　配平下列离子反应式：

$$MnO_4^- + Cl^- + H^+ \longrightarrow Mn^{2+} + Cl_2 + H_2O$$

解：先使两边氯原子数相等，并注明氧化数。

$$\overset{2-7=-5}{Mn^{7+}O_4^- + 2Cl^- + H^+ \longrightarrow Mn^{2+} + Cl_2^0 + H_2O}$$

$$0-2\times(-1)=2$$

使氧化数变化相等：

氧化数降低值：$5\times2=10$

$$Mn^{7+}O_4^- + 2Cl^- + H^+ \longrightarrow Mn^{2+} + Cl_2^0 + H_2O$$

氧化数升高值：$2\times5=10$

得
$$2MnO_4^- + 10Cl^- + H^+ \longrightarrow 2Mn^{2+} + 5Cl_2 + H_2O$$

要完成离子反应式的配平，必须使方程式两边的离子电荷相等。右边的电荷是+4，左边的电荷是−12，H^+ 离子如乘以系数 16，则两边电荷相等，即都是+4，16 个 H^+ 可生成 8 个水分子。

写出配平的方程式：

$$2MnO_4^- + 10Cl^- + 16H^+ \rightleftharpoons 2Mn^{2+} + 5Cl_2 + 8H_2O$$

二、离子—电子法（半反应法）

前已述及，任何一个氧化还原反应都可以看成是由两个半反应组成。先将两个半反应配平，再合并为总反应的方法称为离子-电子配平法，又称半反应法。此法适用于在水溶液中进行的氧化还原反应。它是根据在反应中氧化剂得电子的总数和还原剂失电子的总数相等的原则进行配平的，这种配平方法能反映出水溶液中氧化还原反应的本质。现以反应 $I_2 + Na_2S_2O_3 \longrightarrow NaI + Na_2S_4O_6$ 为例，说明离子-电子法配平反应式的步骤。

（1）以离子反应式的形式写出基本反应：

$$I_2 + S_2O_3^{2-} \longrightarrow I^- + S_4O_6^{2-}$$

（2）将总反应式分为两个半反应式：一个代表氧化反应（失电子的反应），另一个代表还原反应（得电子的反应）。

氧化反应：　$S_2O_3^{2-} \longrightarrow S_4O_6^{2-}$

还原反应：　$I_2 \longrightarrow I^-$

（3）分别对两个半反应进行原子数的配平和电荷数的配平（首先配平氧化数发生了变化的原子个数）。

原子数配平：　$2S_2O_3^{2-} \longrightarrow S_4O_6^{2-}$

$$I_2 \longrightarrow 2I^-$$

电荷数配平：　$2S_2O_3^{2-} \rightleftharpoons S_4O_6^{2-} + 2e^-$

$$I_2 + 2e^- \rightleftharpoons 2I^-$$

(4) 根据反应中氧化剂和还原剂得失电子数相等的原则，分别在两个已配平的半反应式上乘以适当的系数，合并之，即得配平的总反应式。

$$\begin{array}{r|l} 1\times & 2S_2O_3^{2-} \rightleftharpoons S_4O_6^{2-} + 2e^- \\ +)\quad 1\times & I_2 + 2e^- \rightleftharpoons 2I^- \\ \hline \end{array}$$

$$I_2 + 2S_2O_3^{2-} \rightleftharpoons S_4O_6^{2-} + 2I^-$$

(5) 核对：等号两边原子数和电荷数是否配平。

(6) 如需写出分子反应式，则添上未参加反应的离子并把各物质都改写成化学式。

$$I_2 + 2Na_2S_2O_3 \rightleftharpoons 2NaI + Na_2S_4O_6$$

例 12-3 配平 $K_2Cr_2O_7$ 在酸性介质中使 I^- 氧化的方程式。

解：(1) 写出基本反应的离子反应式。

$$Cr_2O_7^{2-} + I^- \longrightarrow Cr^{3+} + I_2$$

(2) 分写成两个半反应式，进行原子数和电荷数配平。

$$2I^- \rightleftharpoons I_2 + 2e^-$$

$$Cr_2O_7^{2-} + 14H^+ + 6e^- \rightleftharpoons 2Cr^{3+} + 7H_2O$$

因 $Cr_2O_7^{2-} \longrightarrow 2Cr^{3+}$ 式中左边多氧，又在酸性介质中反应，所以左边可加 H^+，而将生成物 H_2O 写在反应式右边。

(3) 根据电子得失相等的原则合并两半反应式。

$$\begin{array}{r|l} 3\times & 2I^- \rightleftharpoons I_2 + 2e^- \\ +)\,1\times & Cr_2O_7^{2-} + 14H^+ + 6e^- \rightleftharpoons 2Cr^{3+} + 7H_2O \\ \hline \end{array}$$

$$Cr_2O_7^{2-} + 6I^- + 14H^+ \rightleftharpoons 2Cr^{3+} + 3I_2 + 7H_2O$$

(4) 核对反应式两端的原子数和电荷数是否配平，并改写成分子反应方程式。

$$K_2Cr_2O_7 + 6KI + 14HCl \rightleftharpoons 2CrCl_3 + 3I_2 + 8KCl + 7H_2O$$

例 12-4 配平高锰酸钾与亚硫酸钾在碱性溶液中反应的离子方程式。

解：(1) 写出基本反应的离子方程式。

$$MnO_4^- + SO_3^{2-} \longrightarrow MnO_4^{2-} + SO_4^{2-}$$

(2) 分写成两个半反应式，并分别进行原子数和电荷数配平。

$$MnO_4^- + e^- \rightleftharpoons MnO_4^{2-}$$

$$SO_3^{2-} + 2OH^- \rightleftharpoons SO_4^{2-} + H_2O + 2e^-$$

因 $SO_3^{2-} \longrightarrow SO_4^{2-}$ 式中左边少氧，又在碱性介质中反应，所以左边可加 OH^- 补充氧原子，而生成物 H_2O 可写在右边。

(3) 根据电子得失相等的原则，合并两个半反应式。

$$\begin{array}{r|l} 2\times & MnO_4^- + e^- \rightleftharpoons MnO_4^{2-} \\ +)\,1\times & SO_3^{2-} + 2OH^- - 2e^- \rightleftharpoons SO_4^{2-} + H_2O \\ \hline \end{array}$$

$$2MnO_4^- + SO_3^{2-} + 2OH^- \rightleftharpoons 2MnO_4^{2-} + SO_4^{2-} + H_2O$$

(4) 核对反应式两边各元素的原子数和电荷数是否相等，并改写成分子反应方程式。

$$2KMnO_4 + K_2SO_3 + 2KOH \rightleftharpoons 2K_2MnO_4 + K_2SO_4 + H_2O$$

由以上例子可看出，较难的是半反应中 H、O 原子的配平，它遵从如下规律：在酸性介质中，H^+加在氧化态一边，在碱性介质中，OH^-加在还原态一边，另一边则生成水，而电子一定是加在氧化态一边，其数目与氧化数变化值相等。配平时参见下表：

介质种类	反应物中	
	多一个氧原子	少一个氧原子
酸性介质	$+2H^+ \xrightarrow{\text{结合一个氧原子}} H_2O$	$+H_2O \xrightarrow{\text{提供一个氧原子}} 2H^+$
碱性介质	$+H_2O \xrightarrow{\text{结合一个氧原子}} 2OH^-$	$+2OH^- \xrightarrow{\text{提供一个氧原子}} H_2O$
中性介质	$+H_2O \xrightarrow{\text{结合一个氧原子}} 2OH^-$	$+H_2O \xrightarrow{\text{提供一个氧原子}} 2H^+$

第三节　原电池和电极电势

一、原 电 池

在通常的氧化还原反应中，氧化剂和还原剂是直接接触的，所以电子直接从还原剂转移给氧化剂，例如将锌片放入硫酸铜溶液中，会自发地发生下列反应：

$$\overset{2e^-}{Zn + Cu^{2+}} \rightleftharpoons Zn^{2+} + Cu$$

反应中，Zn 给出电子成为 Zn^{2+} 而溶解，Cu^{2+} 获得电子成为金属铜而沉积在 Zn 片上，这样，电子就不断地从 Zn 直接转移给了 Cu^{2+}，此时物质之间通过热运动发生有效碰撞实现电子的转移。由于质点的热运动是不定向的，电子的转移不会形成电流，反应中放出的化学能全部变为热能。如果利用此反应，使氧化剂和还原剂不直接接触，让它们之间的电子转移通过导线传递，电子可做有序的定向运动而形成电流，实现化学能转变为电能。下述实验具体说明此问题。

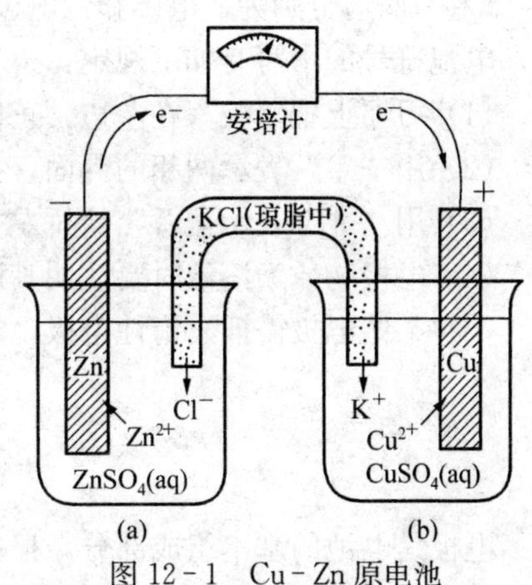

图 12－1　Cu－Zn 原电池

将上述氧化还原反应按图 12－1 装置，在烧杯 (a) 中放入硫酸锌溶液和锌片，烧杯 (b) 中放入硫酸铜溶液和铜片。两只烧杯中的溶液用盐桥（盐桥：充满饱和 KCl 或 KNO_3 溶液的琼脂胶冻的 U 形玻璃管。在外电场作用下，离子可在其中迁移。其作用是沟通电路和维持两溶液电中性，保证反应持续进行）连通。这时，用导线将锌片与铜片相连接，并在导线中间接上一个检流计，此时，检流计的指针就会发生偏转，说明导线上有电流通过（习惯上所指的电流方向是和电子流动的方向相反），根据指针偏转的方向可判断电子从锌片流向铜片，同时，锌片开始溶解，而铜片上有铜沉积上去。

随着反应的进行，Zn 片附近 $ZnSO_4$ 溶液因 Zn^{2+} 离子增加而带正电荷，而 Cu 片附近 $CuSO_4$ 溶液则因 Cu^{2+} 离子减少而带负电荷，这样会阻止电子从锌片向铜片流动。当有盐桥时，盐桥中的 Cl^-（NO_3^-）离子向 $ZnSO_4$ 溶液迁移，K^+ 向 $CuSO_4$ 溶液迁移，从而保持溶液的电中性，这样，电子流动不受阻碍，可使电流继续产生。

这种利用氧化还原反应产生电流，使化学能转变为电能的装置称为原电池，图 12-1 的装置称为 Cu-Zn 原电池。

原电池中发生的反应如下：

负极（氧化反应）：　$Zn \rightleftharpoons Zn^{2+} + 2e^-$

正极（还原反应）：　$Cu^{2+} + 2e^- \rightleftharpoons Cu$

电池反应（氧化还原反应）：　$Zn + Cu^{2+} \rightleftharpoons Zn^{2+} + Cu$（$2e^-$ 由 Zn 转移至 Cu^{2+}）

电池反应与将锌片直接插入硫酸铜溶液的反应相同，所不同的是前者通过化学电池将化学能转化成了电能。

原电池由两个半电池组成，每个半电池又称为电极，发生氧化反应的电极（失去电子的电极）叫做负极，发生还原反应的电极（得到电子的电极）叫做正极。

原电池中正、负极发生的反应与前面讲的半反应是一样的。由于每个半反应都对应一个电对，所以同样可以用电对来代表电极。如 $Cu^{2+} + 2e^- \rightleftharpoons Cu$ 电极对应的电对为 Cu^{2+}/Cu，电对 Zn^{2+}/Zn 代表的电极是 $Zn^{2+} + 2e^- \rightleftharpoons Zn$。

为了书面表达的方便，电极及由它组成的原电池装置可以用符号表示，例如 Cu-Zn 原电池可表示成

$$(-)Zn \mid Zn^{2+}(c_1) \parallel Cu^{2+}(c_2) \mid Cu(+)$$

“‖”左右两边分别为锌电极和铜电极的电极符号。

电池符号的书写有如下规定：

(1) 习惯上把负极写在左边，正极写在右边。

(2) 用“|”表示两相的界面，如此处表示金属 Zn 和 Zn^{2+} 离子溶液的界面。

(3) 用“‖”表示盐桥，盐桥左右分别为负极、正极。

(4) 电极物质为溶液时要注明其浓度（$mol \cdot L^{-1}$），如为气体要注明分压（kPa）。

(5) 某些电极需插入惰性电极，惰性电极在电池符号中也要表示出来。

二、电极的种类

电极是电池的基本组成部分，根据电极的组成不同，常见电极分为以下几种类型。

1. 金属-金属离子电极（金属电极）　这类电极是由金属及其相应的金属离子的溶液组成。如 Cu^{2+}/Cu 对应的电极属于这类电极。

电极反应：　$Cu^{2+} + 2e^- \rightleftharpoons Cu$

电极符号：　$Cu \mid Cu^{2+}(c)$

2. 气体-离子电极（气体电极）　这类电极是由气体与该种气体所构成的离子溶液及惰性电极（能够导电而又不参加电极反应）组成。如氯电极：

电极反应：　$Cl_2 + 2e^- \rightleftharpoons 2Cl^-$

电极符号：　　　　　　　$Pt \mid Cl_2(p) \mid Cl^-(c)$

3. 均相氧化还原电极　这类电极是由同一元素不同氧化数对应的物质、介质及惰性电极组成。如 $Cr_2O_7^{2-}/Cr^{3+}$ 对应的电极：

电极反应：　　　　　　$Cr_2O_7^{2-}+14H^++6e^- \rightleftharpoons 2Cr^{3+}+7H_2O$

电极符号：　　　　　　$Pt \mid Cr_2O_7^{2-}(c_1),\ Cr^{3+}(c_2),\ H^+(c_3)$

4. 金属-金属难溶盐电极　这类电极的构成较为复杂，它是将金属表面涂以该金属难溶盐后，将其浸入与难溶盐有相同阴离子的溶液中构成的。如甘汞电极：

电极反应：　　　　　　$Hg_2Cl_2+2e^- \rightleftharpoons 2Hg+2Cl^-$

电极符号：　　　　　　$Pt \mid Hg(l) \mid Hg_2Cl_2(s) \mid Cl^-(c)$

金属-金属难溶盐电极性质稳定，故经常用作参比电极。上述甘汞电极是由 Hg、Hg_2Cl_2（糊状物）及饱和 KCl 溶液组成，它具有稳定、精确的电极电势（25 ℃时，$\varphi^{\ominus}=0.241\ V$），使用和保养都较为方便，是最常用的参比电极之一。

三、电极电势

1. 电极电势的产生　连接原电池两极的导线有电流通过，说明两个电极之间存在着电势差，也说明每个电极具有电势。下面以金属电极为例，说明电极电势的产生。

金属晶体是由金属原子、金属离子和一定数量的自由电子组成。当把金属 M 插入它的盐溶液中时，金属表面及其附近的盐溶液之间存在着两种相反的倾向：一方面，金属表面构成晶格的金属离子 M^{n+} 会由于自身的热运动和极性分子的强烈吸引而有进入溶液的倾向，这种倾向使金属表面有过剩的自由电子，此过程称为溶解；另一方面，溶液中溶剂化的金属正离子也有从金属上获得电子而沉积到金属表面上的倾向，此过程称为沉积。当溶解和沉积的速度相等时，达到平衡状态，即

$$M(s) \underset{沉积}{\overset{溶解}{\rightleftharpoons}} M^{n+}(aq)+ne^-$$

金属越活泼，其盐溶液越稀，溶解的倾向就越大。如果溶解的倾向大于沉积的倾向（即失电子的倾向大于获得电子的倾向），达到平衡时，将是金属正离子 M^{n+} 进入溶液使金属表面带负电荷，而靠近金属附近的溶液带正电荷。这样在金属和溶液之间的界面上就形成了“双电层”结构，如图 12-2(a) 所示，于是在金属和它的盐溶液之间便产生了电势差。如果金属越不活泼，溶液越浓，那么沉积的倾向就越大，当沉积的倾向大于溶解的倾向时（即获得电子的倾向大于失电子倾向），达到平衡时将是金属离子获得电子沉积到金属表面。它们之间也形成了“双电层”结构，在金属和盐溶液之间同样产生了电势差，不同的是金属表面带正电，靠近金属附近的溶液带负电，如图 12-2(b) 所示。这种电势差称为金属电极的电极电势，其大小与电极的本性、浓度、温度等因素有关。

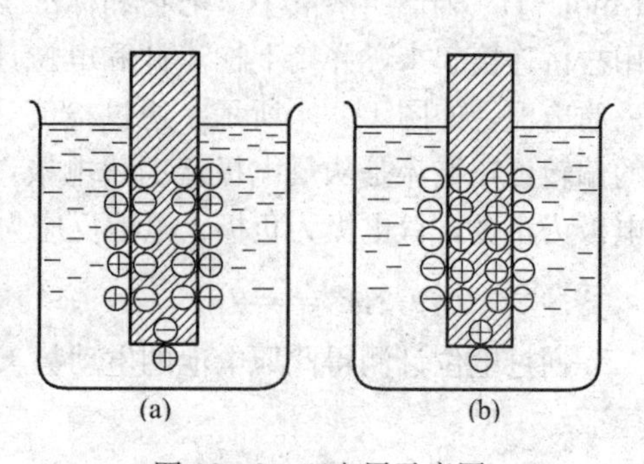

图 12-2　双电层示意图

2. 原电池的电动势与电极电势　原电池的电

动势是电池中两个电极电势之差，即正极的电极电势与负极的电极电势之差：

$$E=\varphi_{+}-\varphi_{-} \tag{12-1}$$

3. 标准氢电极和标准电极电势 迄今为止，电极电势的绝对值尚无法测量，可测量的只是两个电极的电势差（即电池的电动势），但我们可以人为地选定某种电极作为参照标准，其他电极与之比较，以求得电极电势的相对大小。这就像我们把海平面的高度定为零，以测定各个山峰海拔高度一样。经国际协议决定，选取标准状态的氢电极作标准，称为标准氢电极。

(1) 标准氢电极　标准氢电极是将铂片镀上一层疏松的铂（称铂黑，它具有很强的吸附 H_2 的能力），并置于氢离子浓度为 1.0 mol·L^{-1}的溶液中，在298.15 K时，不断地通入压力为 100 kPa 的纯氢气，使铂黑吸附氢气达到饱和，如图 12-3 所示。吸附在铂黑上的氢气和溶液中的 H^+ 建立如下平衡：

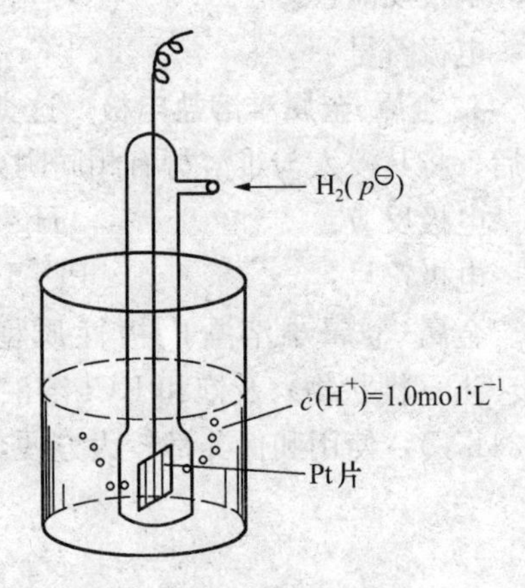

图 12-3　氢电极

$$2H^{+}+2e^{-}\rightleftharpoons H_2$$

这就是氢电极的电极反应。国际上规定，标准氢电极的电极电势为零，即

$$\varphi^{\ominus}(H^{+}/H_2)=0\ V$$

(2) 标准电极电势　如果参加电极反应的物质均处于标准态，这时的电极称为标准电极，对应的电极电势称标准电极电势，用符号 $\varphi^{\ominus}$ 表示，SI 单位为 V，通常测定时的温度为 298.15 K。所谓标准态是指组成电极的离子浓度为 1 mol·L^{-1}，气体的分压为 100 kPa，液体或固体都是纯净物质。如果原电池的两个电极均为标准电极，这时的电池称为标准电池，对应的电动势为标准电池电动势，用 $E^{\ominus}$ 表示：

$$E^{\ominus}=\varphi_{+}^{\ominus}-\varphi_{-}^{\ominus} \tag{12-2}$$

将标准态下的各种电极与标准氢电极组成原电池，用检流计确定电池的正、负极，用电位计测得电池的电动势即可求出待测电极的标准电极电势。例如，测定 298.15 K 时锌电极的标准电极电势：将纯净的锌片放在 1 mol·L^{-1} $ZnSO_4$溶液中，把它和标准氢电极用盐桥连接起来，并接上检流计和电位计组成一原电池，如图 12-4 所示。通过检流计指针的偏转可知电流是从氢电极流向锌电极，故氢电极为正极，锌电极为负极，电池反应为

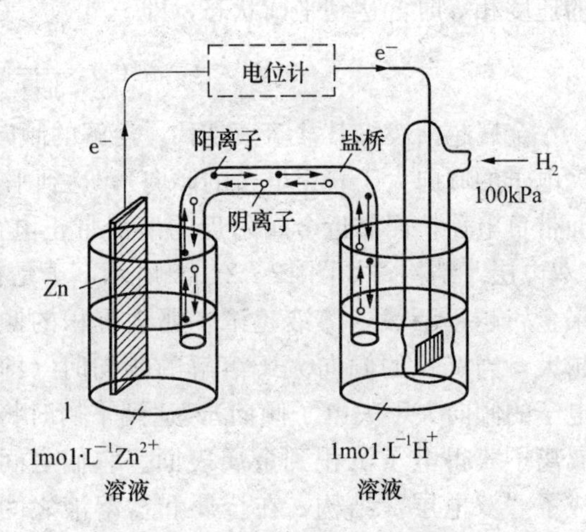

图 12-4　测定锌电极的标准电极电势的装置

$$Zn+2H^{+}\rightleftharpoons Zn^{2+}+H_2$$

通过电位计测得此原电池的电动势 $E^{\ominus}$=0.762 6 V，根据

$$E^{\ominus}=\varphi_{+}^{\ominus}-\varphi_{-}^{\ominus}$$

即可求得锌电极的标准电极电势：

$$\varphi_{-}^{\ominus}=\varphi_{+}^{\ominus}-E^{\ominus}=\varphi^{\ominus}(H^{+}/H_2)-E^{\ominus}$$

$$\varphi^{\ominus}(Zn^{2+}/Zn) = 0\ V - 0.762\ 6\ V = -0.762\ 6\ V$$

用同样的方法可测得铜电极的标准电极电势。在标准铜电极与标准氢电极组成的原电池中，铜电极为正极，氢电极为负极，298.15 K时测得电池电动势为0.340 V，按照：

$$E^{\ominus} = \varphi^{\ominus}(Cu^{2+}/Cu) - \varphi^{\ominus}(H^{+}/H_2)$$

$$0.340\ V = \varphi^{\ominus}(Cu^{2+}/Cu) - 0\ V$$

$$\varphi^{\ominus}(Cu^{2+}/Cu) = 0.340\ V$$

应用上述类似的方法可测得其他电对的标准电极电势，但对某些剧烈与水反应而不能直接测定的电极，例如 Na^{+}/Na、F_2/F^{-} 等电极则可用计算的方法得到相应的数据。标准电极电势是一个非常重要的物理量，它将物质在水溶液中的氧化还原能力定量化。表12-2及附录六中列出了一些物质在水溶液中的标准电极电势。

表12-2　标准电极电势 $\varphi^{\ominus}$(298.15 K)

在酸性溶液中

	电极反应					$\varphi^{\ominus}$/V
	氧化态	电子数		还原态		
最弱的氧化剂 ↓	Li^{+}	$+e^{-}$	⇌	Li	最强的还原剂 ↑	−3.045
	K^{+}	$+e^{-}$	⇌	K		−2.924
	Ba^{2+}	$+2e^{-}$	⇌	Ba		−2.92
	Ca^{2+}	$+2e^{-}$	⇌	Ca		−2.84
	Na^{+}	$+e^{-}$	⇌	Na		−2.713
	Mg^{2+}	$+2e^{-}$	⇌	Mg		−2.356
	Al^{3+}	$+3e^{-}$	⇌	Al		−1.67
	Mn^{2+}	$+2e^{-}$	⇌	Mn		−1.19
	Zn^{2+}	$+2e^{-}$	⇌	Zn		−0.762 6
	Fe^{2+}	$+2e^{-}$	⇌	Fe		−0.499
	Ni^{2+}	$+2e^{-}$	⇌	Ni		−0.257
	Sn^{2+}	$+2e^{-}$	⇌	Sn		−0.136
	Pb^{2+}	$+2e^{-}$	⇌	Pb		−0.125
	$2H^{+}$	$+2e^{-}$	⇌	H_2		0
	Cu^{2+}	$+e^{-}$	⇌	Cu^{+}		0.153
	Cu^{2+}	$+2e^{-}$	⇌	Cu		0.340
	I_2	$+2e^{-}$	⇌	$2I^{-}$		0.536
	$H_3AsO_4+2H^{+}$	$+2e^{-}$	⇌	$HAsO_2+2H_2O$		0.560
	O_2+2H^{+}	$+2e^{-}$	⇌	H_2O_2		0.695
	Fe^{3+}	$+e^{-}$	⇌	Fe^{2+}		0.771
	Ag^{+}	$+e^{-}$	⇌	Ag		0.799 1
	Br_2	$+2e^{-}$	⇌	$2Br^{-}$		1.065
	$2IO_3^{-}+12H^{+}$	$+10e^{-}$	⇌	I_2+6H_2O		1.195
	$Cr_2O_7^{2-}+14H^{+}$	$+6e^{-}$	⇌	$2Cr^{3+}+7H_2O$		1.36
	Cl_2	$+2e^{-}$	⇌	$2Cl^{-}$		1.358 3
	$MnO_4^{-}+8H^{+}$	$+5e^{-}$	⇌	$Mn^{2+}+4H_2O$		1.51
	$H_2O_2+2H^{+}$	$+2e^{-}$	⇌	$2H_2O$		1.776
最强的氧化剂	F_2	$+2e^{-}$	⇌	$2F^{-}$	最弱的还原剂	3.053

（续）

在碱性溶液中

氧化态	电子数		还原态	$\varphi^{\ominus}$/V
$ZnO_2^{2-}+2H_2O$	$+2e^-$	$\rightleftharpoons$	$Zn+4OH^-$	-1.215
$2H_2O$	$+2e^-$	$\rightleftharpoons$	H_2+2OH^-	-0.8277
$Fe(OH)_3$	$+e^-$	$\rightleftharpoons$	$Fe(OH)_2+OH^-$	-0.56
S	$+2e^-$	$\rightleftharpoons$	S^{2-}	-0.47627
$Cu(OH)_2$	$+2e^-$	$\rightleftharpoons$	$Cu+2OH^-$	-0.222
$CrO_4^{2-}+4H_2O$	$+3e^-$	$\rightleftharpoons$	$Cr(OH)_3+5OH^-$	-0.13
$NO_3^-+H_2O$	$+2e^-$	$\rightleftharpoons$	$NO_2^-+2OH^-$	0.01
Ag_2O+H_2O	$+2e^-$	$\rightleftharpoons$	$2Ag+2OH^-$	0.342
$ClO_4^-+H_2O$	$+2e^-$	$\rightleftharpoons$	$ClO_3^-+2OH^-$	0.36
O_2+2H_2O	$+4e^-$	$\rightleftharpoons$	$4OH^-$	0.401
$ClO_3^-+3H_2O$	$+6e^-$	$\rightleftharpoons$	Cl^-+6OH^-	0.62
ClO^-+H_2O	$+2e^-$	$\rightleftharpoons$	Cl^-+2OH^-	0.841

（左侧箭头向下：得电子或氧化能力依次增加；右侧箭头向上：失电子或还原能力依次增加）

为了能正确使用标准电极电势，现将几项有关注意事项说明如下：

① 按照国际惯例，电极反应一律用还原反应的形式，即氧化态$+ne^-=$还原态，因此，电极电势是还原电势。数值越正，说明氧化态物质获得电子的本领或氧化能力越强；反之，数值越负，说明还原态物质失去电子的本领或还原能力越强。电极电势表中物质的氧化性自上而下依次增强，而还原性自下而上依次增强，左下角的氧化态物质 F_2 为最强的氧化剂，右上角的还原态物质 Li 为最强的还原剂。

② $\varphi^{\ominus}$值的大小反映物质得失电子的能力，是一强度性质的物理量，与电极反应的写法无关。如

$$Zn^{2+}+2e^- \rightleftharpoons Zn \qquad \varphi^{\ominus}=-0.7626\ V$$
$$2Zn^{2+}+4e^- \rightleftharpoons 2Zn \qquad \varphi^{\ominus}=-0.7626\ V$$

③ 由于介质的酸碱影响 $\varphi^{\ominus}$ 值，标准电极电势表分为酸表和碱表。$\varphi_A^{\ominus}$ 表示酸性介质（$[H^+]=1\ mol\cdot L^{-1}$）中的标准电极电势；$\varphi_B^{\ominus}$表示碱性介质（$[OH^-]=1\ mol\cdot L^{-1}$）中的标准电极电势。查表时通常可根据电极反应中是否有 H^+ 或 OH^- 来选择。如果电极反应中没有 H^+ 或 OH^- 参加，可从电极物质的实际存在所需的介质条件判断。如 $Fe^{3+}+e^-=Fe^{2+}$，由于 Fe^{3+}、Fe^{2+} 只能在酸性介质中存在（在碱性条件下 Fe^{3+}、Fe^{2+} 会生成沉淀），故只能在酸表中查找，而反应$[Cu(NH_3)_4]^{2+}+2e^-=Cu+4NH_3$只有在碱性条件下才能进行，所以 $\varphi^{\ominus}\{[Cu(NH_3)_4]^{2+}/Cu\}$ 的值要在碱表中查找。有些电极反应与介质的酸碱性无关，如 $Cl_2+2e^- \rightleftharpoons 2Cl^-$，也列在酸表中。

④ 表 12－2 只适用于标准状态下水溶液中的反应，不能用于非水溶液或熔融盐。

⑤表 12－2 为 298.15 K 时的标准电极电势。因为电极电势随温度的变化（温度系数）不大，所以，在室温下一般均可应用该表。

第四节　原电池电动势和自由能变化的关系

通过第二章的学习我们知道，在恒温恒压过程中，系统自由能的减少等于系统对外所作

的最大非体积功。对电池反应来说，就是指最大电功（W_f），则

$$-\Delta_r G_m = W_f$$

W_f 等于电池的电动势 E 乘上所通过的电量 Q，即

$$W_f = QE$$

如果电池反应中有 1 mol 电子通过电路，就会产生 1 F 的电量。如果有 n mol 电子通过外电路，则其电量为

$$Q = nF$$

F 为法拉第常数，即 1 mol 电子所带的电量，其值为 96 485 J·mol^{-1}·V^{-1}(C·mol^{-1})。

所以 $$-\Delta_r G_m = W_f = QE = nFE$$

即 $$\Delta_r G_m = -nFE \tag{12-3}$$

若反应处于标准状态，则 $$\Delta_r G_m^{\ominus} = -nFE^{\ominus} \tag{12-4}$$

例 12-5 若把下列反应设计成原电池，求电池的 $E^{\ominus}$ 及反应的 $\Delta_r G_m^{\ominus}$。

$$Cu^{2+} + Zn \rightleftharpoons Cu + Zn^{2+}$$

解：将此反应设计成原电池，正极反应为

$$Cu^{2+} + 2e^- \rightleftharpoons Cu \qquad \varphi_+^{\ominus} = 0.340\ V$$

负极反应为

$$Zn \rightleftharpoons Zn^{2+} + 2e^- \qquad \varphi_-^{\ominus} = -0.762\ 6\ V$$

$$E^{\ominus} = \varphi_+^{\ominus} - \varphi_-^{\ominus} = 0.340\ V - (-0.762\ 6\ V) = 1.103\ V$$

$$\Delta_r G_m^{\ominus} = -nFE^{\ominus} = -2 \times 96\ 485\ J\cdot mol^{-1}\cdot V^{-1} \times 1.103\ V$$
$$= -2.13 \times 10^5\ J\cdot mol^{-1}$$

例 12-6 利用 $\Delta_f G_m^{\ominus}$ 的有关数据，计算电对 Ca^{2+}/Ca 的标准电极电势。已知 $\Delta_f G_m^{\ominus}(Ca^{2+}) = -553.58\ kJ\cdot mol^{-1}$，$\Delta_f G_m^{\ominus}(H^+) = 0\ kJ\cdot mol^{-1}$，其余物质的 $\Delta_f G_m^{\ominus}$ 数据查附录。

解：将电对 Ca^{2+}/Ca 与标准氢电极组成原电池。电池反应式为

$$Ca(s) + 2H^+ \rightleftharpoons Ca^{2+} + H_2(g)$$

根据已知条件及查附录可得各反应物和生成物的 $\Delta_f G_m^{\ominus}$ 值，只有 Ca^{2+} 的 $\Delta_f G_m^{\ominus}$ 为 $-553.58\ kJ\cdot mol^{-1}$，其余均为零。所以

$$\Delta_r G_m^{\ominus} = -553.58\ kJ\cdot mol^{-1}$$

根据 $$\Delta_r G_m^{\ominus} = -nFE^{\ominus}$$

得 $$E^{\ominus} = -\frac{\Delta_r G_m^{\ominus}}{nF} = -\frac{-553.58 \times 10^3\ J\cdot mol^{-1}}{2 \times 96\ 485\ J\cdot mol^{-1}\cdot V^{-1}} = 2.87\ V$$

而 $$E^{\ominus} = \varphi_+^{\ominus} - \varphi_-^{\ominus} = \varphi^{\ominus}(H^+/H_2) - \varphi^{\ominus}(Ca^{2+}/Ca)$$

所以 $$\varphi^{\ominus}(Ca^{2+}/Ca) = \varphi^{\ominus}(H^+/H_2) - E^{\ominus} = 0\ V - 2.87\ V = -2.87\ V$$

可见，电极电势也可以利用热力学函数求得，并非一定要用测量原电池电动势的方法得到。式（12-3）是电化学中极为重要的关系式。它不仅为人们提供了一种十分方便的测定 $\Delta_r G_m$ 的方法，而且是判断氧化还原反应自发方向的理论依据。

第五节 影响电极电势的因素

标准电极电势是在标准状态下测定的，而实际电极不可能总处于标准态。要了解非标准

态下氧化还原反应的情况，必须掌握非标准状态下电极电势的求算。

前面已指出，电极电势的大小，不但取决于电极的本质，而且也和电对的浓度、分压、介质及温度等因素有关，德国科学家能斯特（W. H. Nernst）从理论上推导出电极电势与上述影响因素的定量关系式，称为能斯特方程。

一、能斯特方程

对于电极反应
$$a\mathrm{Ox}+ne^- \rightleftharpoons b\mathrm{Red}$$

则能斯特方程为
$$\varphi=\varphi^{\ominus}+\frac{RT}{nF}\ln\frac{c_r^a(\mathrm{Ox})}{c_r^b(\mathrm{Red})} \tag{12-5}$$

式中，$c_r(\mathrm{Ox})$ 代表 $c(\mathrm{Ox})/c^{\ominus}$、$c_r(\mathrm{Red})$ 代表 $c(\mathrm{Red})/c^{\ominus}$，分别表示氧化态和还原态在给定条件下的相对浓度；$\varphi^{\ominus}$为标准电极电势，是当电极反应中所有物质的浓度都为标准状态时的电极电势；φ 为任意浓度下的电极电势；n 为电极反应中得到或失去的电子数；R 为摩尔气体常数（$8.314\ \mathrm{J\cdot K^{-1}\cdot mol^{-1}}$）；$F$ 为法拉第常数。若温度为 298.15 K，将自然对数变换为以 10 为底的对数，并代入 R 和 F 等常数的数值，则能斯特方程写为

$$\varphi=\varphi^{\ominus}+\frac{2.303\times8.314\ \mathrm{J\cdot K^{-1}\cdot mol^{-1}}\times298.15\ \mathrm{K}}{n\times96\ 485\ \mathrm{J\cdot mol^{-1}\cdot V^{-1}}}\lg\frac{c_r^a(\mathrm{Ox})}{c_r^b(\mathrm{Red})}$$

$$\varphi=\varphi^{\ominus}+\frac{0.059\ 2\ \mathrm{V}}{n}\lg\frac{c_r^a(\mathrm{Ox})}{c_r^b(\mathrm{Red})} \tag{12-6}$$

使用能斯特方程时应注意：

（1）若有气体参加，应以气体的相对分压表示其浓度，相对分压 p_r＝实际压力(kPa)/标准压力(100 kPa)，如

$$\mathrm{Cl_2}+2e^- \rightleftharpoons 2\mathrm{Cl^-}$$

$$\varphi(\mathrm{Cl_2/Cl^-})=\varphi^{\ominus}(\mathrm{Cl_2/Cl^-})+\frac{0.059\ 2\ \mathrm{V}}{2}\lg\frac{p_r(\mathrm{Cl_2})}{c_r^2(\mathrm{Cl^-})}$$

（2）若组成电对的物质是纯固体或纯液体，则它们的相对浓度视为 1，不列入方程式中。如

$$\mathrm{Br_2}+2e^- \rightleftharpoons 2\mathrm{Br^-}$$

$$\varphi(\mathrm{Br_2/Br^-})=\varphi^{\ominus}(\mathrm{Br_2/Br^-})+\frac{0.059\ 2\ \mathrm{V}}{2}\lg\frac{1}{c_r^2(\mathrm{Br^-})}$$

$$\mathrm{Cu^{2+}}+2e^- \rightleftharpoons \mathrm{Cu}$$

$$\varphi(\mathrm{Cu^{2+}/Cu})=\varphi^{\ominus}(\mathrm{Cu^{2+}/Cu})+\frac{0.059\ 2\ \mathrm{V}}{2}\lg c_r(\mathrm{Cu^{2+}})$$

（3）方程式中的 Ox 和 Red 并非专指氧化数有变化的物质，而是包括了参加电极反应的其他氧化数没有发生变化的物质，如 H^+ 或 OH^- 离子。

$$\mathrm{MnO_4^-}+8\mathrm{H^+}+5e^- \rightleftharpoons \mathrm{Mn^{2+}}+4\mathrm{H_2O}$$

$$\varphi(\mathrm{MnO_4^-/Mn^{2+}})=\varphi^{\ominus}(\mathrm{MnO_4^-/Mn^{2+}})+\frac{0.059\ 2\ \mathrm{V}}{5}\lg\frac{c_r(\mathrm{MnO_4^-})\cdot c_r^8(\mathrm{H^+})}{c_r(\mathrm{Mn^{2+}})}$$

二、浓度对电极电势的影响

根据能斯特方程，当温度一定时，电极中氧化态物质和还原态物质的相对浓度决定电极

电势的高低。$\frac{c_r(Ox)}{c_r(Red)}$越大，电极电势值φ越高；$\frac{c_r(Ox)}{c_r(Red)}$越小，φ越低。

1. 电对物质本身浓度变化对电极电势的影响

例 12-7　$Zn^{2+}+2e^- \rightleftharpoons Zn$，$\varphi^{\ominus}=-0.7626\ V$，若溶液中$c(Zn^{2+})=1.00\times10^{-2}\ mol\cdot L^{-1}$，求此电极的电极电势。

解：

$$\varphi=\varphi^{\ominus}+\frac{0.0592\ V}{n}\lg c_r(Zn^{2+})$$

$$=-0.7626\ V+\frac{0.0592\ V}{2}\lg(1.00\times10^{-2})=-0.822\ V$$

与标准Zn电极相比，此处由于Zn^{2+}离子浓度减小，φ值也随之变小，故Zn^{2+}的氧化能力减弱。反之，则Zn的还原性增强。

例 12-8　$2H^++2e^- \rightleftharpoons H_2$，$\varphi^{\ominus}=0\ V$，若溶液中$c(H^+)=6\ mol\cdot L^{-1}$，$p(H_2)=1.00\ kPa$，求此电极的电极电势$\varphi$。

解：

$$\varphi(H^+/H_2)=\varphi^{\ominus}(H^+/H_2)+\frac{0.0592\ V}{n}\lg\frac{c_r^2(H^+)}{p_r(H_2)}$$

由题知

$$c_r(H^+)=\frac{6\ mol\cdot L^{-1}}{1\ mol\cdot L^{-1}}=6\qquad p_r(H_2)=\frac{1.00\ kPa}{100\ kPa}=10^{-2}$$

所以

$$\varphi=0\ V+\frac{0.0592\ V}{2}\lg\frac{6^2}{10^{-2}}=0.105\ V$$

此例说明，氧化态H^+离子浓度越大，还原态H_2的压力越小，φ值就大，即H^+离子的氧化性增强，H_2的还原性减弱。

2. 生成沉淀对电极电势的影响　如果在溶液中加入沉淀剂，使氧化态或还原态物质生成沉淀，那么相应离子的浓度就会大大降低，因而也就影响到电对的电极电势。

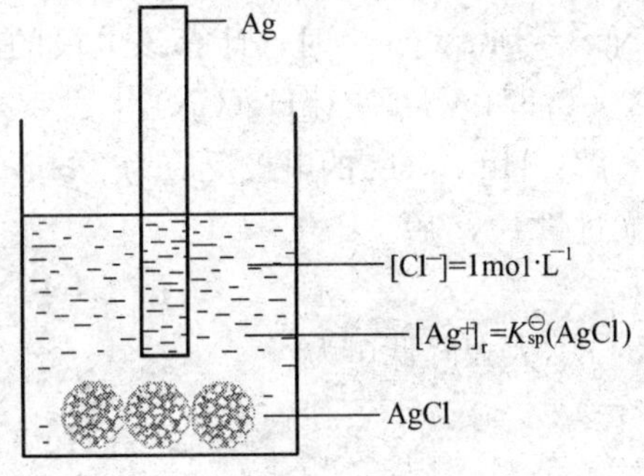

例 12-9　在$AgNO_3$溶液中，加入NaCl固体，有AgCl沉淀生成，若达平衡时该溶液中$[Cl^-]=1\ mol\cdot L^{-1}$，插入金属Ag于此溶液中，即构成金属-金属难溶盐电极，电极反应为$AgCl+e^- \rightleftharpoons Ag+Cl^-$，其电极电势的$\varphi^{\ominus}$值是多少？已知25 ℃时，$K_{sp}^{\ominus}(AgCl)=1.77\times10^{-10}$，$\varphi^{\ominus}(Ag^+/Ag)=0.7991\ V$。

解：该电极反应的实质是　　$Ag^++e^- \rightleftharpoons Ag$

Ag^+来源于AgCl沉淀的解离：

$$AgCl(s) \rightleftharpoons Ag^++Cl^-$$

当沉淀反应达到平衡时：

$$K_{sp}^{\ominus}(AgCl)=[Ag^+]_r\cdot[Cl^-]_r$$

$$[Ag^+]_r=\frac{K_{sp}^{\ominus}(AgCl)}{[Cl^-]_r}=\frac{K_{sp}^{\ominus}(AgCl)}{1}=K_{sp}^{\ominus}(AgCl)$$

将$[Ag^+]_r$代入能斯特方程，得

$$\varphi(Ag^+/Ag)=\varphi^{\ominus}(Ag^+/Ag)+\frac{0.0592\ V}{1}\lg[Ag^+]_r=\varphi^{\ominus}(Ag^+/Ag)+0.0592\ V\lg K_{sp}^{\ominus}(AgCl)$$

$$=0.7991\ V+0.0592\ V\lg 1.77\times10^{-10}=0.222\ V$$

由于电极反应，$AgCl(s)+e^-\rightleftharpoons Ag(s)+Cl^-$ 中 $[Cl^-]=1\ mol\cdot L^{-1}$，AgCl 和 Ag 是纯固体，因此，计算所得电极电势即是电对 AgCl/Ag 的标准电极电势，$\varphi^{\ominus}(AgCl/Ag)=\varphi(Ag^+/Ag)=0.222\ V$。在实验中所用市售的 Ag－AgCl 电极是通过电解的方法来制备的。将金属 Ag 和 Pt 插入盐酸的电解液中，Pt 作阴极，Ag 作阳极，控制一定的电流密度，Ag 失去电子变成的 Ag^+ 立即与 Cl^- 反应，在金属 Ag 的表面生成致密的 AgCl 薄膜，即制成 Ag－AgCl 电极，因其性能稳定，常用作参比电极。若将此电极插入 $c(Cl^-)=0.10\ mol\cdot L^{-1}$ 的溶液中，则

$$\varphi(AgCl/Ag)=\varphi^{\ominus}(AgCl/Ag)+\frac{0.0592\ V}{1}\lg\frac{1}{c_r(Cl^-)}=0.222+0.0592\ V\lg\frac{1}{0.10}=0.281\ V$$

与用 $\varphi(Ag^+/Ag)=\varphi^{\ominus}(Ag^+/Ag)+0.0592\ V\lg\frac{K_{sp}^{\ominus}(AgCl)}{0.10}$ 来计算，结果是一致的。

从此例题可看出，由于沉淀剂 NaCl 的加入，$[Ag^+]$ 从 $1\ mol\cdot L^{-1}$ 降至 $1.77\times10^{-10}\ mol\cdot L^{-1}$ 时，电对 Ag^+/Ag 的电极电势值从 0.7991 V 降至 0.222 V。而且从计算式中 φ 与 $K_{sp}^{\ominus}$ 的关系可知，$K_{sp}^{\ominus}$ 越小，则 φ 值降低得越多，即氧化态的氧化能力越弱。

3. 生成配合物对电极电势的影响 在电极中加入配位剂使其与氧化态物质或还原态物质生成稳定的配合物，溶液中游离的氧化态物质或还原态物质的浓度明显降低，从而使电极电势发生变化。

例 12－10 计算 298.15 K 时，在标准 Hg^{2+}/Hg 电极中加入过量 CN^- 离子，使平衡时 $[CN^-]=1\ mol\cdot L^{-1}$ 时，计算该电极的电极电势。忽略溶液体积的变化。已知 $\varphi^{\ominus}(Hg^{2+}/Hg)=0.851\ V$，$K_f^{\ominus}\{[Hg(CN)_4]^{2-}\}=2.5\times10^{41}$

解：Hg^{2+}/Hg 的电极反应为 $Hg^{2+}+2e^-\rightleftharpoons Hg$ $\varphi^{\ominus}(Hg^{2+}/Hg)=0.851\ V$

加入过量 CN^- 后

$$Hg^{2+}+4CN^-\rightleftharpoons[Hg(CN)_4]^{2-}$$

$[Hg^{2+}]$ 大大降低，为

$$[Hg^{2+}]_r=\frac{[Hg(CN)_4^{2-}]_r}{[CN^-]_r^4\cdot K_f^{\ominus}}$$

根据题意，由于 $K_f^{\ominus}\{[Hg(CN)_4]^{2-}\}$ 很大，Hg^{2+} 几乎全部转变为 $[Hg(CN)_4]^{2-}$；$[CN^-]$ 过量，在平衡时为 $1\ mol\cdot L^{-1}$，所以可认为 $[Hg(CN)_4^{2-}]=[CN^-]=1\ mol\cdot L^{-1}$，即 $[Hg(CN)_4^{2-}]_r=[CN^-]_r=1$。

$$\begin{aligned}\varphi(Hg^{2+}/Hg)&=\varphi^{\ominus}(Hg^{2+}/Hg)+\frac{0.0592\ V}{2}\lg\frac{[Hg^{2+}]_r}{1}\\&=\varphi^{\ominus}(Hg^{2+}/Hg)+\frac{0.0592\ V}{2}\lg\frac{[Hg(CN)_4^{2-}]_r}{[CN^-]_r^4\cdot K_f^{\ominus}\{[Hg(CN)_4^{2-}]\}}\\&=0.851\ V+\frac{0.0592\ V}{2}\lg\frac{1}{K_f^{\ominus}\{[Hg(CN)_4^{2-}]\}}\\&=0.851\ V+\frac{0.0592\ V}{2}\lg\frac{1}{2.5\times10^{41}}=-0.374\ V\end{aligned}$$

根据标准电极电势的定义，此即下列电对的标准电极电势：

$$[Hg(CN)_4]^{2-}+2e^- \rightleftharpoons Hg+4CN^- \quad \varphi^{\ominus}\{[Hg(CN)_4]^{2-}/Hg\}=-0.374\ V$$

从上面的计算可知，当氧化态物质生成的配合物稳定性越大，对应电极的 $\varphi^{\ominus}$ 值就越低。由此可以推知，若还原态的物质生成的配合物稳定性越大，则对应电极的 $\varphi^{\ominus}$ 越高。

例 12－11　已知 $\varphi^{\ominus}(Co^{3+}/Co^{2+})=1.83\ V$，试计算 $[Co(NH_3)_6]^{3+}+e^- \rightleftharpoons [Co(NH_3)_6]^{2+}$ 的标准电极电势。

解： 电极中的电对 $[Co(NH_3)_6]^{3+}$ 和 $[Co(NH_3)_6]^{2+}$ 的配位平衡分别如下：

$$Co^{3+}+6NH_3 \rightleftharpoons [Co(NH_3)_6]^{3+} \qquad K_{f1}^{\ominus}=2\times10^{35}$$

$$Co^{2+}+6NH_3 \rightleftharpoons [Co(NH_3)_6]^{2+} \qquad K_{f2}^{\ominus}=1.3\times10^{5}$$

当电极处于标准状态时，$[Co(NH_3)_6^{3+}]=[Co(NH_3)_6^{2+}]=1\ mol\cdot L^{-1}$，即 $[Co(NH_3)_6^{3+}]_r=[Co(NH_3)_6^{2+}]_r=1$

$$[Co^{3+}]_r=\frac{[Co(NH_3)_6^{3+}]_r}{K_{f1}^{\ominus}\cdot[(NH)_3]_r^6}=\frac{1}{K_{f1}^{\ominus}\cdot[(NH)_3]_r^6}$$

$$[Co^{2+}]_r=\frac{[Co(NH_3)_6^{2+}]_r}{K_{f2}^{\ominus}\cdot[(NH)_3]_r^6}=\frac{1}{K_{f2}^{\ominus}\cdot[(NH)_3]_r^6}$$

$$Co^{3+}+e^- \rightleftharpoons Co^{2+}$$

$$\begin{aligned}\varphi(Co^{3+}/Co^{2+})&=\varphi^{\ominus}(Co^{3+}/Co^{2+})+\frac{0.059\ 2\ V}{1}\lg\frac{[Co^{3+}]_r}{[Co^{2+}]_r}\\&=\varphi^{\ominus}(Co^{3+}/Co^{2+})+0.059\ 2\lg\frac{K_{f2}^{\ominus}}{K_{f1}^{\ominus}}\\&=1.83\ V+0.059\ 2\ V\lg\frac{1.3\times10^{5}}{2\times10^{35}}\\&=0.042\ 9\ V\end{aligned}$$

依标准电极电势定义：

$$\varphi^{\ominus}\{[Co(NH_3)_6]^{3+}/[Co(NH_3)_6]^{2+}\}=\varphi(Co^{3+}/Co^{2+})=0.042\ 9\ V$$

4. 酸度对电极电势的影响　如果反应中包含有 H^+ 和 OH^- 离子，则溶液酸度的改变将会对电极电势产生影响。

例 12－12　已知 $\varphi^{\ominus}(Cr_2O_7^{2-}/Cr^{3+})=1.36\ V$，若维持 $c(Cr_2O_7^{2-})=c(Cr^{3+})=1\ mol\cdot L^{-1}$，计算 298.15 K 时，电对 $Cr_2O_7^{2-}/Cr^{3+}$ 在 $c(H^+)=10^{-7}\ mol\cdot L^{-1}$ 的中性溶液中的电极电势。

解： 电极反应为

$$Cr_2O_7^{2-}+6e^-+14H^+ \rightleftharpoons 2Cr^{3+}+7H_2O$$

$$\begin{aligned}\varphi(Cr_2O_7^{2-}/Cr^{3+})&=\varphi^{\ominus}(Cr_2O_7^{2-}/Cr^{3+})+\frac{0.059\ 2\ V}{6}\lg c_r^{14}(H^+)\\&=1.36\ V+\frac{0.059\ 2\ V}{6}\lg(10^{-7})^{14}=0.393\ V\end{aligned}$$

可见，$K_2Cr_2O_7$（以及大多数含氧酸盐）作为氧化剂的氧化能力受溶液酸度的影响非常大，酸度降低，其氧化能力减弱。

溶液的酸度不仅影响电对的电极电势的数值，而且还会影响氧化还原反应的产物，如 $KMnO_4$ 作为氧化剂时，在不同酸碱性溶液中的产物就不同：

$$2MnO_4^-+5SO_3^{2-}+6H^+ \rightleftharpoons 2Mn^{2+}+5SO_4^{2-}+3H_2O \quad (酸性)$$

$$2MnO_4^- + 3SO_3^{2-} + H_2O \rightleftharpoons 2MnO_2 + 3SO_4^{2-} + 2OH^- \quad (中性)$$

$$2MnO_4^- + SO_3^{2-} + 2OH^- \rightleftharpoons 2MnO_4^{2-} + SO_4^{2-} + H_2O \quad (强碱性)$$

第六节　电极电势的应用

电极电势是氧化还原反应中很重要的数据，水溶液中进行的氧化还原反应的许多问题都可以通过电极电势来解决，现简述以下几个方面的应用。

一、判断氧化还原反应的方向

根据自由能判据，一个自发进行的氧化还原反应的 $\Delta_r G_m < 0$，而从前面的学习又知 $\Delta_r G_m = -nFE$，故当 $\Delta_r G_m < 0$ 时，$E > 0$。即在给定条件下，原电池的电动势大于零，氧化还原反应可自发进行。因此，根据组成氧化还原反应两电对的电极电势，也可以判断水溶液中氧化还原反应进行的方向：

$\Delta_r G_m < 0 \quad E > 0$　　反应正向自发进行

$\Delta_r G_m > 0 \quad E < 0$　　反应逆向自发进行

$\Delta_r G_m = 0 \quad E = 0$　　反应处于平衡状态

若反应是在标准状态下进行，则用 $E^\ominus$ 判断：

$\Delta_r G_m^\ominus < 0 \quad E^\ominus > 0$　　反应正向自发进行

$\Delta_r G_m^\ominus > 0 \quad E^\ominus < 0$　　反应逆向自发进行

$\Delta_r G_m^\ominus = 0 \quad E^\ominus = 0$　　反应处于平衡状态

很显然，自发的氧化还原反应，总是较强的氧化剂与较强的还原剂相互作用，生成较弱的还原剂和较弱的氧化剂。

例 12-13　在标准状态时，反应 $Pb^{2+} + Sn \rightleftharpoons Pb + Sn^{2+}$ 能否自发地向右进行？

解：查表得　$\varphi^\ominus(Pb^{2+}/Pb) = -0.125\ V$（正极）

$\varphi^\ominus(Sn^{2+}/Sn) = -0.136\ V$（负极）

$$E^\ominus = \varphi^\ominus(Pb^{2+}/Pb) - \varphi^\ominus(Sn^{2+}/Sn)$$

$$= -0.125\ V - (-0.136\ V) = 0.011\ V$$

$E^\ominus > 0$，所以反应能在标准状态下自发正向进行。但 $E^\ominus$ 值很小，反应进行很不完全，若改变溶液中离子的浓度，会使原电池的符号发生改变，反应逆向进行。如保持 Sn^{2+} 的浓度仍为标准态不变，Pb^{2+} 的浓度降低至 0.10 mol·L^{-1}，即 $c_r(Pb^{2+}) = 0.10$，代入下式

$$\varphi(Pb^{2+}/Pb) = \varphi^\ominus(Pb^{2+}/Pb) + \frac{0.059\ 2\ V}{2}\lg 0.10$$

$$= -0.125\ V + \frac{0.059\ 2\ V}{2}\lg 0.10 = -0.155\ V$$

而　$$\varphi^\ominus(Sn^{2+}/Sn) = -0.136\ V\ (正极)$$

所以　$$E = -0.136 - (-0.155) = +0.019\ V > 0$$

通过计算说明，由于溶液中离子浓度的变化，使 Sn^{2+}/Sn 变为正极，Pb^{2+}/Pb 变为负极，结果使反应逆向自发进行，也就是在此条件下，Sn^{2+} 能将 Pb 氧化。

例 12－14 试判断反应：$H_3AsO_4+2I^-+2H^+=H_3AsO_3+I_2+H_2O$（1）在标准状态下能否向右进行？（2）在中性溶液中，H_3AsO_4、I^-和 H_3AsO_3 的浓度仍为 1.0 mol·L^{-1} 时，能否向右进行？

解：（1）

$$I_2+2e^- \rightleftharpoons 2I^- \qquad \varphi^{\ominus}=0.536\ V$$

$$H_3AsO_4+2H^++2e^- \rightleftharpoons H_3AsO_3+H_2O \qquad \varphi^{\ominus}=0.58\ V$$

在标准状态下由此两电对组成的原电池：

$$E^{\ominus}=\varphi^{\ominus}(H_3AsO_4/H_3AsO_3)-\varphi^{\ominus}(I_2/I^-)$$
$$=0.58\ V-0.536\ V=0.044\ V$$

$E^{\ominus}>0$，所以上述反应能自发向右进行。

（2）在中性溶液中，即 $c(H^+)=10^{-7}$ mol·L^{-1}，由上述电极反应可知，I_2/I^-的电极电势不受氢离子浓度的影响，仍为 0.536 V。而 H_3AsO_4/H_3AsO_3 电对的电极电势却发生了变化。

$$\varphi(H_3AsO_4/H_3AsO_3)=\varphi^{\ominus}(H_3AsO_4/H_3AsO_3)+\frac{0.059\ 2\ V}{2}\lg\frac{c_r(H_3AsO_4)\cdot c_r^2(H^+)}{c_r(H_3AsO_3)}$$
$$=0.58\ V+\frac{0.059\ 2\ V}{2}\lg\frac{1.0\times(10^{-7})^2}{1.0}$$
$$=0.17V$$

在此条件下 $\varphi^{\ominus}(I_2/I^-)>\varphi^{\ominus}(H_3AsO_4/H_3AsO_3)$，所以 $E^{\ominus}<0$，反应不能自发向右进行。

因此，在实际工作中，当 $E^{\ominus}$不是太大（一般小于 0.2 V）时，除了用调节浓度的方法外，还可以通过调节酸度的方法控制氧化还原反应的方向。

二、确定氧化还原反应进行的程度

氧化还原反应与酸碱电离、沉淀、配位等反应一样是可逆反应，在一定条件下可以达到平衡。氧化还原反应进行的程度可由其平衡常数 $K^{\ominus}$ 的大小来衡量。利用下列公式可确定 $K^{\ominus}$与 $E^{\ominus}$的关系。

因为 $-\Delta_rG_m^{\ominus}=nFE^{\ominus}$，又因 $\Delta_rG_m^{\ominus}=-RT\ln K^{\ominus}=-2.303\,RT\lg K^{\ominus}$

所以
$$\lg K^{\ominus}=\frac{nFE^{\ominus}}{2.303\,RT}$$

若反应是在 298.15 K 进行，将 R、T 和 F 的值代入得

$$\lg K^{\ominus}=\frac{nE^{\ominus}}{0.059\ 2\ V}=\frac{n(\varphi_+^{\ominus}-\varphi_-^{\ominus})}{0.059\ 2\ V} \qquad (12-7)$$

式中，n 是指氧化还原反应中电子转移的总的物质的量。由式（12－7）可知，对于氧化还原反应，可以利用标准电极电势值计算反应的平衡常数，从而确定反应进行的程度。一般来说，当 $K^{\ominus}\geqslant 10^7$ 时，可认为反应进行得很完全。

例 12－15 计算 298.15 K 时，下列反应的平衡常数，并判断氧化还原反应的完全程度。

（1）$Cr_2O_7^{2-}+6Fe^{2+}+14H^+ \rightleftharpoons 2Cr^{3+}+6Fe^{3+}+7H_2O$

（2）$Br_2+Mn^{2+}+2H_2O \rightleftharpoons 2Br^-+MnO_2+4H^+$

解：将上面两个氧化还原反应分别设计成两个原电池，其电极反应及标准电极电势值为

（1）正极：$Cr_2O_7^{2-}+6e^-+14H^+ \rightleftharpoons 2Cr^{3+}+7H_2O \qquad \varphi^{\ominus}=1.36\ V$

负极：$Fe^{2+} \rightleftharpoons Fe^{3+} + e^-$ $\varphi^{\ominus} = 0.771\ V$

$$\lg K^{\ominus} = \frac{nE^{\ominus}}{0.0592\ V} = \frac{6\times(1.36\ V - 0.771\ V)}{0.0592\ V}$$

$$K^{\ominus} = 4.97\times10^{59}$$

该反应正向进行得很完全。

(2) 正极：$Br_2 + 2e^- \rightleftharpoons 2Br^-$ $\varphi^{\ominus} = 1.065\ V$

负极：$Mn^{2+} + 2H_2O \rightleftharpoons MnO_2 + 2e^- + 4H^+$

$\varphi^{\ominus} = 1.224\ V$

$$\lg K^{\ominus} = \frac{nE^{\ominus}}{0.0592\ V} = \frac{2\times(1.065\ V - 1.224\ V)}{0.0592\ V}$$

$$K^{\ominus} = 4.25\times10^{-6}$$

该反应正向进行的程度很小。

三、选择适当的氧化剂和还原剂

在生产和科学实验中常会遇到这种情况，在一混合系统中混有几种不同的离子，我们需将其分离或除去某种不必要的离子，此时除了用沉淀分离法外，有时也可选用适当的氧化剂或还原剂来达到目的。这时可根据有关电对的 $\varphi^{\ominus}$ 值进行比较，从而选出合适的氧化剂或还原剂。

例 12-16 现有 Cl^-、Br^-、I^- 三种离子的混合液，欲使 I^- 氧化为 I_2，而 Br^-、Cl^- 不被氧化，在常用的氧化剂 $Fe_2(SO_4)_3$ 和 $KMnO_4$ 中，选择哪一种能符合上述要求？

解： 查表得 $\varphi^{\ominus}(Cl_2/Cl^-) = 1.358\ V$ $\varphi^{\ominus}(I_2/I^-) = 0.536\ V$

$\varphi^{\ominus}(Br_2/Br^-) = 1.065\ V$ $\varphi^{\ominus}(Fe^{3+}/Fe^{2+}) = 0.771\ V$

$\varphi^{\ominus}(MnO_4^-/Mn^{2+}) = 1.51\ V$

由判断氧化还原反应的方向的判据可知，电极电势大的氧化态能氧化电极电势比它小的还原态，因此，由上述的 $\varphi^{\ominus}$ 值排序于下：

$$\varphi^{\ominus}(I_2/I^-) < \varphi^{\ominus}(Fe^{3+}/Fe^{2+}) < \varphi^{\ominus}(Br_2/Br^-) < \varphi^{\ominus}(Cl_2/Cl^-) < \varphi^{\ominus}(MnO_4^-/Mn^{2+})$$

显然选择 $Fe_2(SO_4)_3$ 符合要求，因为它只能将 I^- 氧化为 I_2。但不能用 $KMnO_4$，因为在酸性介质中它能将 Cl^-、Br^-、I^- 分别氧化为 Cl_2、Br_2 和 I_2。

四、测定溶液 pH 及物质的某些平衡常数

难溶化合物的溶度积 $K_{sp}^{\ominus}$ 一般很小，不能用直接测定溶液中离子浓度的方法来计算，但可通过设计成原电池，测定电池电动势的方法计算得到。弱酸的解离常数 $K_a^{\ominus}$、配合物的稳定常数 $K_f^{\ominus}$ 等也可用测定电池电动势的方法求得。

例 12-17 已知 $AgCl(s) + e^- \rightleftharpoons Ag + Cl^-$ $\varphi^{\ominus} = 0.2223\ V$

$Ag^+ + e^- \rightleftharpoons Ag$ $\varphi^{\ominus} = 0.7991\ V$

求 AgCl 的 $K_{sp}^{\ominus}$。

解： 将以上两电极反应组成原电池：

$$(-)\text{Ag} \mid \text{AgCl(s)} \mid \text{Cl}^-(1\ \text{mol}\cdot\text{L}^{-1}) \parallel \text{Ag}^+(1\ \text{mol}\cdot\text{L}^{-1}) \mid \text{Ag}(+)$$

电对 Ag^+/Ag 为正极，电对 $AgCl/Ag$ 为负极。电池反应为

$$\text{Ag}^+ + \text{Cl}^- \rightleftharpoons \text{AgCl(s)}$$

$$K^{\ominus} = \frac{1}{[\text{Ag}^+]_r \cdot [\text{Cl}^-]_r} = \frac{1}{K_{sp}^{\ominus}(\text{AgCl})}$$

因为　$$\lg K^{\ominus} = \frac{nE^{\ominus}}{0.059\ 2\ \text{V}} = \frac{1\times(0.799\ 1\ \text{V} - 0.222\ 3\ \text{V})}{0.059\ 2\ \text{V}} = 9.75$$

所以　$$\lg K_{sp}^{\ominus}(\text{AgCl}) = -9.75$$

$$K_{sp}^{\ominus}(\text{AgCl}) = 1.77\times10^{-10}$$

例 12-18　298.15 K 时测得下列电池的电动势 $E=0.463$ V，计算弱酸 HA 的解离常数及溶液的 pH。

$$(-)\text{Pt}, \text{H}_2(100\ \text{kPa}) \mid \text{HA}(0.10\ \text{mol}\cdot\text{L}^{-1}), \text{A}^-(0.10\ \text{mol}\cdot\text{L}^{-1}) \parallel \text{KCl(饱和)} \mid \text{Hg}_2\text{Cl}_2\text{(s)} \mid \text{Hg}(+)$$

解： 饱和甘汞电极 $\varphi(Hg_2Cl_2/Hg)=0.241$ V

$$E = \varphi_+ - \varphi_-$$

$$\varphi_- = \varphi_+ - E = 0.241\ \text{V} - 0.463\ \text{V} = -0.222\ \text{V}$$

$$\varphi_- = \varphi^{\ominus}(\text{H}^+/\text{H}_2) + \frac{0.059\ 2\ \text{V}}{n}\lg\frac{[\text{H}^+]_r^2}{p_r(\text{H}_2)} = -0.222\ \text{V}$$

$$= 0\ \text{V} + \frac{0.059\ 2\ \text{V}}{2}\lg\frac{[\text{H}^+]_r^2}{100\ \text{kPa}/100\ \text{kPa}}$$

$$[\text{H}^+]_r = 1.78\times10^{-4} \qquad \text{pH} = 3.75$$

$$K_a^{\ominus} = \frac{[\text{H}^+]_r \cdot [\text{A}^-]_r}{[\text{HA}]_r}$$

因为　$$[\text{A}^-]_r = [\text{HA}]_r$$

所以　$$K_a^{\ominus} = [\text{H}^+]_r = 1.78\times10^{-4}$$

例 12-19　已知 298.15 K 时有下列电池：

$$(-)\text{Pt}, \text{H}_2(100\ \text{kPa}) \mid \text{H}^+(1\ \text{mol}\cdot\text{L}^{-1}) \parallel \text{Cu}^{2+}(0.010\ \text{mol}\cdot\text{L}^{-1}) \mid \text{Cu}(+)$$

向右半电池中通入氨气，并使溶液中 $[NH_3]=1.00\ mol\cdot L^{-1}$，测得 $E=-0.094$ V，忽略体积变化，计算 $K_f^{\ominus}\{[Cu(NH_3)_4]^{2+}\}$。已知 $\varphi^{\ominus}(Cu^{2+}/Cu)=0.340$ V。

解： 负极：$2H^+ + 2e^- \rightleftharpoons H_2$　　$\varphi_-^{\ominus}=0$ V

$$E = \varphi_+ - \varphi_-^{\ominus}$$

$$\varphi_+ = E + \varphi_-^{\ominus} = -0.094\ \text{V} + 0\ \text{V} = -0.094\ \text{V}$$

正极：$Cu^{2+} + 2e^- \rightleftharpoons Cu$　　$\varphi_+^{\ominus}=0.340$ V

加入 NH_3 后：$Cu^{2+} + 4NH_3 \rightleftharpoons [Cu(NH_3)_4]^{2+}$

$$[\text{Cu}^{2+}]_r = \frac{[\text{Cu(NH}_3)_4^{2+}]_r}{K_f^{\ominus} \cdot [\text{NH}_3]_r^4}$$

$$\varphi(\text{Cu}^{2+}/\text{Cu}) = \varphi^{\ominus}(\text{Cu}^{2+}/\text{Cu}) + \frac{0.059\ 2\ \text{V}}{n}\lg[\text{Cu}^{2+}]_r$$

由题给条件可知 NH_3 过量，根据测定的电池电动势为负值，可估计平衡时 Cu^{2+} 的浓度很小，所以认为 $[Cu(NH_3)_4^{2+}]\approx0.010\ mol\cdot L^{-1}$，$[NH_3]=1.00\ mol\cdot L^{-1}$。

$$-0.094\ \text{V} = 0.340\ \text{V} + \frac{0.059\ 2\ \text{V}}{2}\lg\frac{0.010}{K_f^{\ominus}\{[\text{Cu(NH}_3)_4]^{2+}\}\times(1.00)^4}$$

$$K_f^{\ominus}\{[Cu(NH_3)_4]^{2+}\}=4.59\times10^{12}$$

*第七节　元素电势图及其应用

表示标准电极电势有多种方法，最常见的是前面讨论标准电极电势时所谈到的列表法，即根据标准电极电势按其数值从小到大排列起来，形成一标准电极电势表。如果要深入讨论个别元素或一族元素的氧化还原性质，列表法就显得有些不足了，而用元素的标准电势图来表示则比较方便。

一、元素的标准电势图

许多元素具有多种氧化数。同一种元素不同氧化数物质其氧化或还原能力是不同的。为了研究方便，人们把与某一元素有关的标准电极电势集中在一张图中，形成电势图。元素标准电极电势图（简称元素电势图）就是其中的一种。将某元素各种不同氧化数物质按氧化数降低的顺序从左到右排列，每两种物质之间用线段相连，并在连线上标出相应氧化还原电对的标准电极电势值，就得到该元素的标准电极电势图。根据溶液的 pH 不同，又可以分为两大类：$\varphi_A^{\ominus}$/V 表示酸性介质中的标准电极电势；$\varphi_B^{\ominus}$/V 表示碱性介质中的标准电极电势。书写某一元素电势图时，既可将全部氧化态列出，也可以根据需要列出其中的一部分。例如锰元素的电势图如下：

$\varphi_A^{\ominus}$/V：

$$MnO_4^- \xrightarrow{0.564} MnO_4^{2-} \xrightarrow{2.26} MnO_2 \xrightarrow{0.95} Mn^{3+} \xrightarrow{1.51} Mn^{2+} \xrightarrow{-1.19} Mn$$

（MnO_4^-—MnO_2：1.695；MnO_2—Mn^{2+}：1.23；MnO_4^-—Mn^{2+}：1.51）

$\varphi_B^{\ominus}$/V：

$$MnO_4^- \xrightarrow{0.564} MnO_4^{2-} \xrightarrow{0.60} MnO_2 \xrightarrow{-0.2} Mn(OH)_3 \xrightarrow{-0.1} Mn(OH)_2 \xrightarrow{-1.55} Mn$$

（MnO_4^-—MnO_2：0.588；MnO_2—$Mn(OH)_2$：−0.05）

也可以列出其中的一部分，例如

$\varphi_A^{\ominus}$/V：

$$MnO_4^- \xrightarrow{0.564} MnO_4^{2-} \xrightarrow{2.26} MnO_2$$

（MnO_4^-—MnO_2：1.695）

从元素电势图，不仅可以全面地看出一种元素各氧化态之间的电极电势高低的相互关系，而且可以判断哪些氧化态在酸性或碱性溶液中能稳定存在。如从上述锰元素的电势图中可看出，在酸性溶液中 Mn^{2+} 比较稳定，能够单独存在，但在碱性溶液中 Mn^{2+} 的稳定性则很差，先生成 $Mn(OH)_2$ 沉淀，随即可被空气中氧所氧化而变成棕色的四价的氢氧化锰 $Mn(OH)_4$ 或 MnO(OH) 沉淀｛因在碱性溶液中，$\varphi^{\ominus}[MnO_2/Mn(OH)_2]=-0.05$ V，$\varphi^{\ominus}(O_2/OH^-)=0.401$ V，所以 $2Mn(OH)_2+O_2 \rightleftharpoons 2MnO(OH)_2$｝。

二、元素电势图的应用

元素电势图在化学中有重要的用途，现介绍以下两个方面的应用。

1. 计算某电对未知的标准电极电势　若已知两个或两个以上的相邻电对的标准电极电势，即可求算出另一个电对的未知标准电极电势。例如某元素的电势图为

$$A \xrightarrow[n_1]{\Delta_r G_{m1}^{\ominus}\quad \varphi^{\ominus}(1)} B \xrightarrow[n_2]{\Delta_r G_{m2}^{\ominus}\quad \varphi^{\ominus}(2)} C$$

（A—C：$\Delta_r G_m^{\ominus}$　$\varphi^{\ominus}$，n）

根据标准自由能变化和电对的标准电极电势的关系：

$$\Delta_r G_{m1}^{\ominus} = -n_1 F\varphi_1^{\ominus}$$

$$\Delta_r G_{m2}^{\ominus} = -n_2 F\varphi_2^{\ominus}$$

$$\Delta_r G_{m}^{\ominus} = -nF\varphi^{\ominus}$$

n_1、n_2、n 分别为相应电对的电子转移数，其中 $n=n_1+n_2$，则

$$\Delta_r G_{m}^{\ominus} = -nF\varphi^{\ominus} = -(n_1+n_2)F\varphi^{\ominus}$$

按照盖斯定律，则有

$$\Delta_r G_{m}^{\ominus} = \Delta_r G_{m1}^{\ominus} + \Delta_r G_{m2}^{\ominus}$$

于是

$$-(n_1+n_2)F\varphi^{\ominus} = -n_1 F\varphi_1^{\ominus} + (-n_2 F\varphi_2^{\ominus})$$

整理得　$\varphi^{\ominus} = \dfrac{n_1\varphi_1^{\ominus} + n_2\varphi_2^{\ominus}}{n_1+n_2}$，若有 i 个相邻电对，则

$$\varphi^{\ominus} = \frac{n_1\varphi_1^{\ominus} + n_2\varphi_2^{\ominus} + \cdots + n_i\varphi_i^{\ominus}}{n_1+n_2+\cdots+n_i} \tag{12-8}$$

例 12-20　试从下列元素电势图中的已知标准电极电势，求 $\varphi^{\ominus}(Cu^{2+}/Cu)$ 值。

$\varphi_A^{\ominus}/V$：　Cu^{2+} $\underline{+0.153}$ Cu^{+} $\underline{+0.521}$ Cu（Cu^{2+} 至 Cu：$\varphi^{\ominus}$）

解：根据各电对的氧化数变化可知 n_1 和 n_2 都为 1，则

$$\varphi^{\ominus}(Cu^{2+}/Cu) = \frac{n_1\varphi_1^{\ominus} + n_2\varphi_2^{\ominus}}{n_1+n_2} = \frac{1\times 0.153\ V + 1\times 0.521\ V}{2} = 0.337\ V$$

例 12-21　试从下列元素电势图中的已知标准电极电势，求 $\varphi^{\ominus}(IO^{-}/I_2)$ 值。

IO^{-} $\underline{\varphi_1^{\ominus}}$ I_2 $\underline{+0.536}$ I^{-}（IO^{-} 至 I^{-}：$+0.985$）

解：

$$n\varphi^{\ominus} = n_1\varphi_1^{\ominus} + n_2\varphi_2^{\ominus}$$

$$\varphi^{\ominus}(IO^{-}/I_2) = \varphi_1^{\ominus} = \frac{n\varphi^{\ominus} - n_2\varphi_2^{\ominus}}{n_1}$$

$$\varphi^{\ominus}(IO^{-}/I_2) = \frac{2\times 0.985\ V - 1\times 0.536\ V}{1} = 1.43\ V$$

2. 判断物质在水溶液中能否发生歧化反应　前面曾提到在氧化还原反应中，若氧化剂和还原剂都是同一种物质，这类反应称自身氧化还原反应。而歧化反应是同一物质内的同一元素部分被氧化，部分被还原的自身氧化还原反应。现简单介绍如何根据元素电势图判断歧化反应是否能够进行。

由某元素不同氧化态的三种物质所组成的两个电对，按其氧化态由高到低排列如下：

A $\underline{\varphi_{左}^{\ominus}}$ B $\underline{\varphi_{右}^{\ominus}}$ C

（氧化态降低 →）

假设 B 能发生歧化反应，那么这两个电对所组成的电池电动势：

$$E^{\ominus} = \varphi_{+}^{\ominus} - \varphi_{-}^{\ominus} = \varphi_{右}^{\ominus} - \varphi_{左}^{\ominus} > 0$$

即

$$\varphi_{右}^{\ominus} > \varphi_{左}^{\ominus}$$

假设 B 不能发生歧化反应，则

$$E^{\ominus} = \varphi_{+}^{\ominus} - \varphi_{-}^{\ominus} = \varphi_{右}^{\ominus} - \varphi_{左}^{\ominus} < 0$$

即

$$\varphi_{右}^{\ominus} < \varphi_{左}^{\ominus}$$

根据上述原则来判断 Cu^{+} 是否能够发生歧化反应：

$\varphi_A^{\ominus}/V$：　Cu^{2+} $\underline{+0.153}$ Cu^{+} $\underline{+0.521}$ Cu

因 $\varphi^{\ominus}_{右}>\varphi^{\ominus}_{左}$，所以在酸性溶液中 Cu^+ 离子不稳定，它会发生歧化反应：

$$2Cu^+ \rightleftharpoons Cu+Cu^{2+}$$

又如锡的元素电势图：

$\varphi^{\ominus}_{A}/V$： Sn^{4+} $\underline{+0.154}$ Sn^{2+} $\underline{-0.136}$ Sn

由于 $\varphi^{\ominus}_{右}<\varphi^{\ominus}_{左}$，故 Sn^{2+} 不能发生歧化反应。

但因 $\varphi^{\ominus}_{右}<\varphi^{\ominus}_{左}$，$Sn^{4+}/Sn^{2+}$ 电对中的 Sn^{4+} 离子可氧化 Sn 生成 Sn^{2+} 离子：

$$Sn+Sn^{4+} \rightleftharpoons 2Sn^{2+}$$

此即歧化反应的逆反应。因此在亚锡盐的溶液中，常加入锡粒以防止溶液被氧化而变质（因空气中的 O_2 能氧化 Sn^{2+} 而生成 Sn^{4+}）。

由上述讨论的内容，可推广到一般规律：在元素电势图 A $\underline{\varphi^{\ominus}_{左}}$ B $\underline{\varphi^{\ominus}_{右}}$ C 中，若 $\varphi^{\ominus}_{右}>\varphi^{\ominus}_{左}$，物质 B 自发地发生歧化反应，产物为 A 和 C；若 $\varphi^{\ominus}_{右}<\varphi^{\ominus}_{左}$，当溶液中有 A 和 C 存在时，将自发地发生歧化反应的逆反应，产物为 B。

本 章 小 结

（1）凡有氧化数变化的反应叫氧化还原反应。氧化数表示原子核外成键电子偏移（转移）的情况。要求熟练掌握用氧化数或离子-电子法配平氧化还原反应方程式。

（2）原电池是将化学能直接转变成电能的装置。原电池由两个电极（正极和负极）或两个半电池组成，电极通常可用相应的电对表示。原电池可用电池符号表示，其中如果组成电极的物质是气体或者是同一元素的两种不同价态的离子，则需外加惰性电极。

（3）电极电势为本章重点。选定标准氢电极电势等于零的一套标准电极电势数据，可表示各物质在水溶液中氧化还原能力的强弱，并且利用这些数据，可以计算标准状态下各种氧化还原反应所组成的电池电动势。

$$E^{\ominus}=\varphi^{\ominus}_{+}-\varphi^{\ominus}_{-}$$

（4）能斯特方程式表示浓度（分压）与电极电势的关系。在考虑浓度变化时，要注意是否有沉淀或配位反应，以及注意介质的酸碱性和有关计量系数等条件，再根据 $\varphi=\varphi^{\ominus}+\frac{0.059\,2\text{ V}}{n}\lg\frac{c_r^a(\text{Ox})}{c_r^b(\text{Red})}$ 计算出非标准状态下的电极电势 φ 值。

（5）电池反应的自由能变化和原电池的电动势关系为

$$\Delta_r G_m=-nFE$$

若反应处于标准状态，则得

$$\Delta_r G^{\ominus}_m=-nFE^{\ominus}$$

根据此二式可以利用热力学函数求电极电势，以及判断在非标准状态下和标准状态下氧化还原反应的方向。

（6）利用公式

$$\lg K^{\ominus}=\frac{n(\varphi^{\ominus}_{+}-\varphi^{\ominus}_{-})}{0.059\,2\text{ V}}$$

可以计算电池反应的平衡常数，进而可判断氧化还原反应进行的程度。

（7）由于电池电动势容易直接测定，所以我们又可以根据实验测定的 E 值求溶液的浓度、pH、沉淀物的 K_{sp} 及配合物的 K_f 等。

【著名化学家小传】

Walther Hermann Nernst（1864－1941）was a German physical chemist who made fundamental contributions to the fields of electrochemistry, thermodynamics, photochemistry, and the theory of solutions. He studied with Ostwald. van't Hoff, and Arrhenius. His electrochemical research was inspired by the Arrhenius theory of ions and ionic dissociation in aqueous solution. Nernst developed his theory of galvanic cells in 1889. The Nernst Heat Theorem, published in 1906, is one formulation of the third law of thermodynamics. Nernst received the Nobel Prize in chemistry in 1920 for his work in thermodynamics and thermochemistry.

化学之窗

Heartbeats and Electrocardiography（心电图仪）

The human heart is a marvel of efficiency and dependability. In a typical day an adult's heart pumps more than 7 000 L of blood through the circulatory system. Usually with no maintenance required beyond a sensible diet and lifestyle. We generally think of the heart as a mechanical device, a muscle that circulates blood via regularly spaced muscular contractions. However more than two centuries ago, two pioneers in electricity, Luigi Galvani（加尔瓦尼）(1729—1787) and Alessandro Volta（亚历山德罗·伏特，1745—1827), discovered that the contractions of the heart are controlled by electrical phenomena, as are nerve impulses throughout the body. The pulses（脉冲）of electricity that cause the heart to beat result from a remarkable combination of electrochemistry（电化学）and the properties of semipermeable membranes（半透膜）.

Cell walls（细胞壁）are membranes with variable permeability（渗透性）with respect to a number of physiologically（生理学上的）important ions (especially Na^+, K^+, and Ca^{2+}). The concentrations of these ions are different for the fluids inside the cells[the intracellular（细胞内的）fluid or ICF]and outside the cells (the extracellular fluid or ECF). For example, in cardiac（心脏的）muscle cells, the concentrations of K^+ in the ICF and ECF are typically about 135 millimolar(mmol) and 4 mmol respectively. Importantly, for Na^+ the concentration difference between the ICF and ECF is opposite that for K^+; typically, $[Na^+]_{ICF}=10$ mmol and $[Na^+]_{ECF}=145$ mmol.

The cell membrane is initially permeable to K^+ ions. but much less so to Na^+ and Ca^{2+}. The difference in concentration of K^+ ions between the ICF and ECF generates a concentration cell（浓差电池）: Even though the same ions are present on both sides of the membrane, there is a potential difference（电势差）between the two fluids that we can calculate using the Nernst equation（能斯特方程）with $E^{\ominus}=0$. At the physiological temperature of 37 ℃ the potential in millivolts（毫伏）for moving K^+ from the ECF to the ICF is

$$E=E^{\ominus}-\frac{2.303\,RT}{nF}\lg\frac{[K^+]_{ICF}}{[K^+]_{ECF}}=0-(61.5\text{ mV})\lg\left(\frac{135\text{ mmol}}{4\text{ mmol}}\right)=-94\text{ mV}$$

In essence, the interior of the cell and the ECF together serve as a voltaic（电流）cell. The negative sign for the potential indicates that work is required to move K^+ into the intracellular fluid.

Changes in the relative concentrations of the ions in the ECF and ICF lead to changes in the emf（电动势）of the voltaic cell. The cells of the heart that govern the rate of heart contraction are called the *pacemaker*（起搏器）*cells*. The membranes of the cells regulate the concentrations of ions in the ICE allowing them to change in a systematic way. The concentration changes cause the emf to change in a cyclic fashion. The emf cycle determines the rate at which the heart beats. If the pacemaker cells real function because of disease or injury, an artificial pacemaker can be surgically implanted. The artificial pacemaker is a small battery that generates the electrical pulses needed to trigger the contractions of the heart.

In the late 1800s scientists discovered that the electrical impulses that cause the contraction of the heart muscle are strong enough to be detected at the surface of the body. This observation formed the basis for *electrocardiography*, *noninvasive monitoring of the heart by using a complex array of electrodes*（电极）*on the skin to measure voltage*（电压）*changes during hearts beats*. It is quite striking that, although the heart's major function is the mechanical pumping of blood, it is most easily monitored by using the electrical impulse generated by tiny voltaic cells.

思 考 题

1. 标出下列物质中带有 * 元素的氧化数：

(1) H_2S^*、$S_8{}^*$、$Na_2S_4{}^*O_6$、$Na_2S_2{}^*O_3$、$Na_2S^*O_3$、$(NH_4)_2S_2{}^*O_8$

(2) $H_2O_2{}^*$、HN^*O_3、N^*H_3、$K_2Cr_2{}^*O_7$、$Fe_3{}^*O_4$、$Na[Cr^*(OH)_4]$

2. 根据 $\varphi_A^\ominus$ 值，将下列物质按氧化能力由弱到强的顺序排列，并写出在酸性介质中它们对应的还原产物。

$$KMnO_4、K_2Cr_2O_7、Cl_2、I_2、Cu^{2+}、Ag^+、Sn^{4+}、Fe^{3+}$$

3. 将含有 Cu^{2+}、Zn^{2+}、Sn^{2+} 的溶液中的 Cu^{2+}、Sn^{2+} 还原，Zn^{2+} 不被还原，应选择还原剂 Cd、Sn 还是 KI?

4. 利用电极电势简单回答下列问题。

(1) HNO_2 的氧化性比 KNO_3 强。

(2) 配制 $SnCl_2$ 溶液时，除加盐酸外，通常还要加入 Sn 粒。

(3) Ag 不能从 HBr 或 HCl 溶液中置换出 H_2，但它能从 HI 中置换出 H_2。

(4) $Fe(OH)_2$ 比 Fe^{2+} 更容易被空气中的氧气氧化。

(5) Co^{2+} 在水溶液中很稳定，但向溶液中加入 NH_3 后，生成的 $[Co(NH_3)_6]^{2+}$ 会被迅速氧化成 $[Co(NH_3)_6]^{3+}$。

(6) 标准态下，MnO_2 与 HCl 不能反应产生 Cl_2，但 MnO_2 可与浓 HCl($10\ mol \cdot L^{-1}$) 作用制取 Cl_2。

(7) 标准态下，反应 $2Fe^{3+} + 2I^- = I_2 + 2Fe^{2+}$ 正向进行，但若在反应系统中加入足量的 NH_4F，则上述反应逆向自发进行。

习 题

1. 用离子-电子法配平下列反应式：

(1) $P_4 + HNO_3 \longrightarrow H_3PO_4 + NO$

(2) $H_2O_2 + PbS \longrightarrow PbSO_4 + H_2O$　　（酸性介质）

(3) $Cr^{3+} + H_2O_2 \longrightarrow CrO_4^{2-} + H_2O$　　（碱性介质）

(4) $Bi(OH)_3 + Cl_2 \longrightarrow BiO_3^- + Cl^-$　　（碱性介质）

(5) $MnO_4^- + H_2O_2 \longrightarrow Mn^{2+} + O_2$　　（酸性介质）

(6) $MnO_4^- + C_3H_7OH \longrightarrow Mn^{2+} + C_2H_5COOH$　　（酸性介质）

2. 插铜丝于盛有 $CuSO_4$ 溶液的烧杯中，插银丝于盛有 $AgNO_3$ 溶液的烧杯中，两杯溶液以盐桥相通，若将铜丝和银丝相接，则有电流产生而形成原电池。

(1) 写出该原电池的电池符号。

(2) 在正、负极上各发生什么反应？以方程式表示。

(3) 电池反应是什么？以方程式表示。

(4) 原电池的标准电动势是多少？　($E^{\ominus}=0.459$ V)

(5) 加氨水于 $CuSO_4$ 溶液中，电动势如何改变？如果把氨水加到 $AgNO_3$ 溶液中，又怎样？

3. 下列反应（未配平）在标准状态下能否按指定方向进行？

(1) $Br^- + Fe^{3+} \longrightarrow Br_2 + Fe^{2+}$

(2) $Cr^{3+} + I_2 + H_2O \longrightarrow Cr_2O_7^{2-} + I^- + H^+$

(3) $H_2O_2 + Cl_2 \longrightarrow 2HCl + O_2$

(4) $Sn^{4+} + Fe^{2+} \longrightarrow Sn^{2+} + Fe^{3+}$

4. 在 pH=6 时，下列反应能否自发进行（设其他各物质均处于标准态）？

(1) $Cr_2O_7^{2-} + Br^- + H^+ \longrightarrow Cr^{3+} + Br_2 + H_2O$

(2) $MnO_4^- + Cl^- + H^+ \longrightarrow Mn^{2+} + Cl_2 + H_2O$

(3) $H_3AsO_4 + I^- + H^+ \longrightarrow H_3AsO_3 + I_2 + H_2O$

5. 求下列电池的 E，并指出正、负极，写出电极反应和电池反应。

(1) $Pt \mid Fe^{2+}(1\ mol \cdot L^{-1}), Fe^{3+}(0.000\,1\ mol \cdot L^{-1}) \parallel I^-(0.000\,1\ mol \cdot L^{-1}) \mid I_2(s) \mid Pt$

($E=0.238\,6$ V)

(2) $Zn \mid Zn^{2+}(0.1\ mol \cdot L^{-1}) \parallel Cu^{2+}(0.1\ mol \cdot L^{-1}) \mid Cu$　($E=1.10$ V)

(3) $Pt \mid H_2(100\ kPa) \mid H^+(0.001\ mol \cdot L^{-1}) \parallel H^+(1\ mol \cdot L^{-1}) \mid H_2(100\ kPa) \mid Pt$

($E=0.178$ V)

(4) $Zn \mid Zn^{2+}(0.000\,1\ mol \cdot L^{-1}) \parallel Zn^{2+}(0.01\ mol \cdot L^{-1}) \mid Zn$　($E=0.059\,2$ V)

6. 计算 298.15 时 AgBr/Ag 电对和 AgI/Ag 电对的标准电极电势。已知 $\varphi^{\ominus}(Ag^+/Ag)=0.799\,1$ V，$K_{sp}^{\ominus}(AgBr)=5.35\times10^{-13}$，$K_{sp}^{\ominus}(AgI)=8.51\times10^{-17}$。

[$\varphi^{\ominus}(AgBr/Ag)=0.072\,6$ V，$\varphi^{\ominus}(AgI/Ag)=-0.152$ V]

7. 在 298.15 K 时，将下列反应设计成原电池，(1) 写出原电池符号和电极反应式；(2) 计算 E 和 $\Delta_r G_m$。

$$2Al(s) + 3Ni^{2+} = 2Al^{3+} + 3Ni(s)$$

已知 $[Ni^{2+}]=0.8\ mol \cdot L^{-1}$，$[Al^{3+}]=0.02\ mol \cdot L^{-1}$，$\varphi^{\ominus}(Ni^{2+}/Ni)=-0.257$ V，

$\varphi^{\ominus}(Al^{3+}/Al)=-1.67$ V　($E=1.44$ V，$\Delta_r G_m=-833.6\ kJ \cdot mol$)

8. 求下列反应在 298.15 K 时的平衡常数。当平衡时 $[Mn^{2+}]=[MnO_4^-]=0.10\ mol \cdot L^{-1}$，$[H^+]=1\ mol \cdot L^{-1}$，则 Fe^{3+} 与 Fe^{2+} 的浓度比是多少？已知 $\varphi^{\ominus}(MnO_4^-/Mn^{2+})=1.507$ V，$\varphi^{\ominus}(Fe^{3+}/Fe^{2+})=0.771$ V。

$$5Fe^{2+} + MnO_4^- + 8H^+ = 5Fe^{3+} + Mn^{2+} + 4H_2O$$

($K^{\ominus}=2.6\times10^{62}$，$\dfrac{[Fe^{3+}]}{[Fe^{2+}]}=3.04\times10^{12}$)

9. 已知 298.15 K 时下列半反应的 $\varphi^{\ominus}$ 值，求 Hg_2SO_4 的溶度积常数。

$Hg_2SO_4(s) + 2e^- = 2Hg + SO_4^{2-}$　$\varphi^{\ominus}=0.615$ V　[$K_{sp}^{\ominus}(Hg_2SO_4)=7.67\times10^{-7}$]

10. 过量的纯铁屑放入 $0.050\ mol \cdot L^{-1}$ Cd^{2+} 溶液反应至平衡，Cd^{2+} 的浓度是多少？已

知$\varphi^{\ominus}(Fe^{2+}/Fe)=-0.499$ V，$\varphi^{\ominus}(Cd^{2+}/Cd)=-0.403$ V。

{$[Cd^{2+}]=2.87\times10^{-5}$ mol·L^{-1}}

11. 如果下列原电池的$E=0.50$ V，则$[H^+]$是多少？

$$Pt \mid H_2(100\ kPa) \mid H^+(c) \parallel Cu^{2+}(1.0\ mol\cdot L^{-1}) \mid Cu$$

{$[H^+]=2.0\times10^{-3}$ mol·L^{-1}}

12. 测得下列电池在298.15时的$E=0.17$ V，求HAc的解离常数。

$$Pt \mid H_2(100\ kPa) \mid HAc(0.1\ mol\cdot L^{-1}) \parallel \text{标准氢电极}$$

[$K(HAc)=1.8\times10^{-5}$]

13. 已知反应$Zn(s)+HgO(s)=ZnO(s)+Hg(l)$，根据反应的$\Delta_r G_m^{\ominus}$值计算该电池的电动势$E^{\ominus}$。

($E^{\ominus}=1.35$ V)

14. 应用下列溴元素的标准电势图（$\varphi_B^{\ominus}$/V）

0.61（BrO_3^-—Br^-）

BrO_3^- —?— BrO^- —?— $\frac{1}{2}Br_2$ —1.065— Br^-

0.70（BrO^-—Br^-）

(1) 求算$\varphi^{\ominus}(BrO_3^-/BrO^-)$和$\varphi^{\ominus}(BrO_3^-/Br_2)$

[$\varphi^{\ominus}(BrO_3^-/Br_2)=0.519$ V，$\varphi^{\ominus}(BrO_3^-/BrO^-)=0.565$ V]

(2) 判断BrO^-能否发生歧化反应，若能则写出反应式。

15. Devise a cell in which the overall reaction is $Pb(s)+Hg_2SO_4(s)\longrightarrow PbSO_4(s)+2Hg(l)$. What is its potential when the electrolyte is saturated with both salts at 25 ℃? The solubility constants of Hg_2SO_4 and $PbSO_4$ are 6.6×10^{-7} and 1.6×10^{-7}, respectively.

(+1.03 V)

16. The standard reaction Gibbs energy for $K_2SO_4(aq)+2Ag(s)+2FeCl_3(aq)\longrightarrow Ag_2CrO_4(s)+2FeCl_2(aq)+2KCl(aq)$ is -62.5 kJ·mol^{-1} at 298 K. (a) Calculate the standard electromotive force of the corresponding galvanic cell and (b) the standard potential of the Ag_2CrO_4/Ag, CrO_4^{2-} couple. [(a) -2.455 V; (b) $+1.627$ V]

第十三章　氧化还原滴定法

氧化还原滴定法是以氧化还原反应为基础的滴定分析法。根据所用氧化剂或还原剂的不同，可将氧化还原滴定法分为高锰酸钾法、重铬酸钾法、碘量法、铈量法以及溴酸钾法等。由于还原剂易被空气氧化而改变浓度，因此，氧化剂标准溶液比还原剂标准溶液应用广泛。利用氧化还原滴定法可以直接或间接测定许多具有氧化性或还原性的物质。某些非变价元素（如 Ca^{2+} 等）也可以用氧化还原滴定法间接测定。

氧化还原反应是基于电子转移或偏移的反应，其反应机理比较复杂，反应往往分步进行，而且需要一定的时间才能完成，并常常伴有副反应发生。因此，进行氧化还原滴定需要根据有关物质的性质，控制反应条件，加快反应速度，防止副反应发生，以满足滴定分析的基本要求。

第一节　条件电极电势

在实际工作中，我们发现利用式（12－5）能斯特方程计算得到的电极电势数值与实际测量值有较大的偏差。产生的原因是式（12－5）只适用于离子强度和副反应的影响都可忽略的电极反应。但在实际工作中，溶液的离子强度常常较大，而电极物质也会存在副反应，如酸度的变化、沉淀和配合物的形成等，它们对电极电势的影响不能忽略，见表 13－1。

表 13－1　$[Fe(CN)_6]^{3-}/[Fe(CN)_6]^{4-}$ 电对在不同离子强度中的条件电极电势和 Fe^{3+}/Fe^{2+} 电对在不同介质中的条件电极电势

离子强度/($mol\cdot kg^{-1}$)	0.000 64	0.012 8	0.112	1.6
$\varphi'\{[Fe(CN)_6]^{3-}/[Fe(CN)_6]^{4-}\}$/V	0.362	0.381	0.409	0.458
介质/(1 $mol\cdot kg^{-1}$)	$HClO_4$	HCl	H_2SO_4	H_3PO_4
$\varphi'(Fe^{3+}/Fe^{2+})$/V	0.75	0.70	0.68	0.44

表 13－1 中列出了①离子强度对电对 $[Fe(CN)_6]^{3-}/[Fe(CN)_6]^{4-}$ 电极电势的影响；②质量摩尔浓度为 1mol·kg^{-1} 不同介质对电对 Fe^{3+}/Fe^{2+} 电极电势的影响。离子强度影响活度系数的大小，介质主要体现为副反应的影响，这里是配位反应使 Fe^{3+}/Fe^{2+} 电对的电极电势发生了变化，表中实验数据说明 PO_4^{3-} 对 Fe^{3+} 的配位能力最强，$\varphi'(Fe^{3+}/Fe^{2+})$ 最小，ClO_4^- 配位能力最弱，$\varphi'(Fe^{3+}/Fe^{2+})$ 最大。既无离子强度（$I=0$）又无副反应等其他一切

影响的电极电势称为热力学电极电势，如 $\varphi^{\ominus}\{[Fe(CN)_6]^{3-}/[Fe(CN)_6]^{4-}\}=0.355\ V$，$\varphi^{\ominus}(Fe^{3+}/Fe^{2+})=0.771\ V$。

因此，在利用电极电势讨论物质的氧化还原能力时，必须考虑这些因素对电极电势的影响，此时在能斯特方程式中所有的物质应以活度（a）来表示即

$$\varphi=\varphi^{\ominus}+\frac{0.059\,2\ V}{n}\lg\frac{a^{a}(Ox)}{a^{b}(Red)}$$

若以浓度代替活度进行计算，则必须引入相应的活度系数 $\gamma(Ox)$ 和 $\gamma(Red)$，考虑到副反应的发生，还必须引入相应的副反应系数 $\alpha(Ox)$ 和 $\alpha(Red)$，此时：

$$a(Ox)=\gamma(Ox)\cdot\frac{c_r(Ox)}{\alpha(Ox)}\qquad a(Fe^{3+})=\gamma(Fe^{3+})\cdot\frac{c_r(Fe^{3+})}{\alpha(Fe^{3+})}$$

$$a(Red)=\gamma(Red)\cdot\frac{c_r(Red)}{\alpha(Red)}\qquad a(Fe^{2+})=\gamma(Fe^{2+})\cdot\frac{c_r(Fe^{2+})}{\alpha(Fe^{2+})}$$

式中，$c_r(Fe^{3+})$ 和 $c_r(Fe^{2+})$ 分别表示氧化态和还原态的分析浓度，也就是包含 Fe^{3+} 和 Fe^{2+} 在内的各种型体浓度（如在 HCl 溶液中还存在有 $FeCl^{2+}$、$FeCl_2^{+}$、$FeOH^{2+}$、$FeCl^{+}$、$FeCl_2$……）的总和，将以上关系式代入上述能斯特方程：

$$\varphi(Fe^{3+}/Fe^{2+})=\varphi^{\ominus}(Fe^{3+}/Fe^{2+})+\frac{0.059\,2\ V}{1}\lg\frac{c_r(Fe^{3+})\gamma(Fe^{3+})\alpha(Fe^{2+})}{c_r(Fe^{2+})\gamma(Fe^{2+})\alpha(Fe^{3+})}\tag{13-1}$$

式（13－1）是考虑上面两个因素后的能斯特方程式。由于实际反应复杂，活度系数 γ 和副反应系数 α 都不易求得。为了简化，将式（13－1）写成下列形式：

$$\varphi(Fe^{3+}/Fe^{2+})=\varphi^{\ominus}(Fe^{3+}/Fe^{2+})+\frac{0.059\,2\ V}{1}\lg\frac{\gamma(Fe^{3+})\alpha(Fe^{2+})}{\gamma(Fe^{2+})\alpha(Fe^{3+})}+\frac{0.059\,2V}{1}\lg\frac{c_r(Fe^{3+})}{c_r(Fe^{2+})}$$

在一定条件下，上式中 γ 和 α 有固定的值，因而上式中前两项合并为一常数，用 φ' 表示：

$$\varphi'(Fe^{3+}/Fe^{2+})=\varphi^{\ominus}(Fe^{3+}/Fe^{2+})+\frac{0.059\,2\ V}{1}\lg\frac{\gamma(Fe^{3+})\alpha(Fe^{2+})}{\gamma(Fe^{2+})\alpha(Fe^{3+})}\tag{13-2}$$

φ'称为条件电极电势。它是在特定条件下，氧化态和还原态的分析浓度都是 $1\ mol\cdot L^{-1}$ 或它们的浓度比为 1 时的实际电极电势。条件电极电势反映了离子强度与各种副反应影响的总结果，在离子强度和副反应系数等条件不变时 φ'为一常数。引入条件电极电势的概念后，能斯特方程可以写成：

$$\varphi(Fe^{3+}/Fe^{2+})=\varphi'(Fe^{3+}/Fe^{2+})+\frac{0.059\,2\ V}{1}\lg\frac{c_r(Fe^{3+})}{c_r(Fe^{2+})}\tag{13-3}$$

例如对于电极反应：

$$Cr_2O_7^{2-}+14H^{+}+6e^{-}=2Cr^{3+}+7H_2O$$

当引入条件电势时，其能斯特方程式表示为

$$\varphi(Cr_2O_7^{2-}/Cr^{3+})=\varphi'(Cr_2O_7^{2-}/Cr^{3+})+\frac{0.059\,2\ V}{6}\lg\frac{c_r(Cr_2O_7^{2-})}{c_r^{2}(Cr^{3+})}$$

因为 φ'已包含给定条件中 H^{+} 的浓度的影响，故不表示在能斯特方程式中。

条件电极电势的引入使处理分析化学中的问题更方便，更符合实际。当离子强度较高时，γ 值不易求得，副反应多，且常数不全，有的常数可靠性差。因而实际上条件电极电势

是由实验测得的（附录七中列出了一些电极的条件电极电势）。但是，实验条件千变万化，条件电极电势不可能一一测定，所以现有的条件电极电势较少。若查不到所需条件下的φ'，可采用相近条件下的φ'，甚至可用标准电极电势代替条件电极电势。

第二节　氧化还原滴定

一、氧化还原反应的条件平衡常数

对于如下所示的氧化还原反应：

$$a\mathrm{Ox_1}+b\mathrm{Red_2}=c\mathrm{Red_1}+d\mathrm{Ox_2}$$

$K^{\ominus}$的大小可表示反应完全的趋势，但反应实际完成程度与反应进行的条件，如反应是否发生了副反应等有关。类似于引入配合物条件稳定常数，氧化还原反应的条件平衡常数K'能更好地说明一定条件下反应实际进行的程度，即

$$K'=\frac{[\mathrm{Red_1}]_r^c\cdot[\mathrm{Ox_2}]_r^d}{[\mathrm{Ox_1}]_r^a\cdot[\mathrm{Red_2}]_r^b}$$

式中，方括号表示氧化态或还原态的总的平衡浓度，下同。

$$\lg K'=\frac{n(\varphi'_+-\varphi'_-)}{0.059\ 2\ \mathrm{V}} \tag{13-4}$$

式中，$\varphi'_+-\varphi'_-$为两电对条件电极电势之差。显然，$\varphi'_+-\varphi'_-$的差值越大，反应进行得越完全。

二、滴定反应定量进行的条件

对滴定反应来说，反应的完全程度应在99.9%以上，即允许误差≤0.1%，根据式（13-4）可求出氧化还原反应定量进行的条件。

若$n_1=n_2=1$，在计量点时：

$$\begin{matrix}\mathrm{Ox_1} & + & \mathrm{Red_2} & = & \mathrm{Red_1} & + & \mathrm{Ox_2}\\ 0.1\% & & 0.1\% & & 99.9\% & & 99.9\%\end{matrix}$$

则
$$K'=\frac{[\mathrm{Red_1}]_r}{[\mathrm{Ox_1}]_r}\cdot\frac{[\mathrm{Ox_2}]_r}{[\mathrm{Red_2}]_r}\geqslant\frac{99.9\%}{0.1\%}\times\frac{99.9\%}{0.1\%}\approx10^6$$

即
$$K'\geqslant10^6\ \text{或}\ \lg K'\geqslant6 \text{①}$$

则
$$\Delta\varphi'=\varphi_1'-\varphi_2'=\frac{0.059\ 2\ \mathrm{V}}{n}\lg K'=0.059\ 2\ \mathrm{V}\times6=0.36\ \mathrm{V}$$

---

① 若$n_1\neq n_2\neq1$，$n_2\mathrm{Ox_1}+n_1\mathrm{Red_2}=n_2\mathrm{Red_1}+n_1\mathrm{Ox_2}$

$$K'=\left(\frac{c_r(\mathrm{Red_1})}{c_r(\mathrm{Ox_1})}\right)^{n_2}\cdot\left(\frac{c_r(\mathrm{Ox_2})}{c_r(\mathrm{Red_2})}\right)^{n_1}\geqslant\left(\frac{99.9\%}{0.1\%}\right)^{n_2}\cdot\left(\frac{99.9\%}{0.1\%}\right)^{n_1}\approx10^{3(n_1+n_2)}$$

当$n_1=2$，$n_2=1$时，$K'\geqslant10^9$

当$n_1=1$，$n_2=3$时，$K'\geqslant10^{12}$

当$n_1=2$，$n_2=3$时，$K'\geqslant10^{15}$

所以，两电对的条件电极电势之差一般应大于 0.4 V①，这样的反应才能满足滴定分析的要求。在氧化还原滴定中，一般用强氧化剂作为滴定剂；还可以通过控制条件改变电对的条件电极电势以使 $\Delta\varphi'>0.4$ V，反应便可定量进行完全。

三、氧化还原滴定曲线

在氧化还原滴定过程中，随着标准溶液的加入，反应物和生成物的浓度不断改变，因而溶液的电极电势也随之发生变化。这种电势改变的情况可用滴定曲线来描述。滴定曲线的描绘可由实验测定而得到，也可以通过能斯特方程进行计算而获得。

氧化还原电对大致可分为可逆电对和不可逆电对两大类。可逆电对是指反应在任一瞬间能迅速建立起化学平衡的电对（如 Ce^{4+}/Ce^{3+}，I_2/I^- 等），其实际电极电势与用能斯特方程计算所得的理论值相符或相差很小。不可逆电对是指反应在任一瞬间不能建立起按氧化还原半反应所示平衡的电对，其电极电势不能用能斯特方程计算，如 $CO_2/H_2C_2O_4$，MnO_4^-/Mn^{2+}，$Cr_2O_7^{2-}/Cr^{3+}$ 等。当一个氧化还原反应的两个电对均为可逆电对时，该反应称为可逆的氧化还原系统，如反应：$Ce^{4+}+Fe^{2+}=Ce^{3+}+Fe^{3+}$。如反应中包含不可逆电对时，则为不可逆氧化还原系统，如反应：$Cr_2O_7^{2-}+6Fe^{2+}+14H^+=2Cr^{3+}+6Fe^{3+}+7H_2O$。可逆氧化还原系统的滴定曲线可通过实验数据绘制，也可以利用能斯特方程计算结果绘制。不可逆氧化还原系统的滴定曲线只能通过实验数据绘制。

根据电对氧化态和还原态物质的化学计量数是否相等，可分为对称电对和不对称电对。例如电对：

$$Ce^{4+}+e^- \rightleftharpoons Ce^{3+}$$
$$Fe^{3+}+e^- \rightleftharpoons Fe^{2+}$$

是对称电对。电对 $Br_2+2e^- \rightleftharpoons 2Br^-$ 是不对称电对。两种电对在计算计量点电势时有区别。以在 1.0 mol·L^{-1}硫酸介质中，用 0.100 0 mol·L^{-1} $Ce(SO_4)_2$ 溶液滴定 20.00 mL 0.100 0 mol·L^{-1} $FeSO_4$ 溶液为例，计算不同滴定阶段时的电势。滴定反应为

$$Ce^{4+}+Fe^{2+} \rightleftharpoons Ce^{3+}+Fe^{3+}$$

其中各半反应和条件电极电势为

$$Fe^{3+}+e^- \rightleftharpoons Fe^{2+} \qquad \varphi'(Fe^{3+}/Fe^{2+})=0.68\ \text{V}$$
$$Ce^{4+}+e^- \rightleftharpoons Ce^{3+} \qquad \varphi'(Ce^{4+}/Ce^{3+})=1.44\ \text{V}$$

1. 滴定前　对于 Fe^{2+} 溶液，由于空气中氧的作用会有痕量的 Fe^{3+} 存在，组成 Fe^{3+}/Fe^{2+} 电对，但由于 Fe^{3+} 的浓度不知道，所以溶液的电势无从求得。不过这对滴定曲线的绘制无关紧要。

2. 滴定开始至计量点前　滴定开始后，溶液中存在 Ce^{4+}/Ce^{3+} 和 Fe^{3+}/Fe^{2+} 两个电对。在滴定过程的任何一点，达到平衡时，两个电对的电极电势相等，否则将会继续发生反应，即 $\varphi(Fe^{3+}/Fe^{2+})=\varphi(Ce^{4+}/Ce^{3+})$。因此，在滴定的不同阶段，可选用任何一个电对，用能

① $\Delta\varphi'=\varphi_1'-\varphi_2'=\dfrac{0.059\,2\ \text{V}}{n}\lg K'=\dfrac{0.059\,2\ \text{V}}{n_1n_2}\times 3(n_1+n_2)$
当 $n_1=1$，$n_2=2$ 时，$\Delta\varphi'\geqslant 0.27$ V
当 $n_1=1$，$n_2=3$ 时，$\Delta\varphi'\geqslant 0.24$ V

斯特方程计算溶液的电极电势。但实际上，人们往往选用便于计算的电对进行计算。在化学计量点前，溶液中Ce^{4+}浓度很小，且不容易直接计算，而溶液中Fe^{3+}和Fe^{2+}的浓度容易求出，故化学计量点前用Fe^{3+}/Fe^{2+}电对计算溶液中各平衡点的电势：

$$\varphi(Fe^{3+}/Fe^{2+}) = \varphi'(Fe^{3+}/Fe^{2+}) + 0.059\ 2\ V\ lg\frac{[Fe^{3+}]_r}{[Fe^{2+}]_r}$$

为了计算方便，用滴定的百分数代替浓度比。例如，当加入 2.00 mL Ce^{4+}溶液时，有10%Fe^{3+}反应，剩余 90%的Fe^{2+}，则

$$\frac{[Fe^{3+}]_r}{[Fe^{2+}]_r} = \frac{1}{9}$$

$$\varphi(Fe^{3+}/Fe^{2+}) = \varphi'(Fe^{3+}/Fe^{2+}) + 0.059\ 2\ V\ lg\frac{[Fe^{3+}]_r}{[Fe^{2+}]_r}$$

$$= 0.68\ V + 0.059\ 2\ V\ lg\frac{1}{9} = 0.62\ V$$

当加入 19.98 mL Ce^{4+}时，有 99.9% Fe^{2+}反应，剩余 0.1% Fe^{2+}，则

$$\frac{[Fe^{3+}]_r}{[Fe^{2+}]_r} = \frac{99.9}{0.1}$$

$$\varphi(Fe^{3+}/Fe^{2+}) = \varphi'(Fe^{3+}/Fe^{2+}) + 0.059\ 2\ Vlg\frac{[Fe^{3+}]_r}{[Fe^{2+}]_r}$$

$$= 0.68\ V + 0.059\ 2\ V\ lg\frac{99.9}{0.1} = 0.86\ V$$

3. 计量点时　滴入 0.100 0 mol·L^{-1} Ce^{4+}溶液 20.00 mL 时，反应正好达到化学计量点。此时，Ce^{4+}和Fe^{2+}均定量转化为Ce^{3+}和Fe^{3+}，由于未反应的Ce^{4+}和Fe^{2+}的浓度很小，不能求得，因而不可能根据Ce^{4+}/Ce^{3+}或Fe^{3+}/Fe^{2+}电对计算φ，而要通过两个电对的浓度关系来计算。

计量点时的电势φ_{sp}可分别表示成

$$\varphi_{sp} = \varphi'(Fe^{3+}/Fe^{2+}) + 0.059\ 2\ Vlg\frac{[Fe^{3+}]_r}{[Fe^{2+}]_r}$$

$$\varphi_{sp} = \varphi'(Ce^{4+}/Ce^{3+}) + 0.059\ 2\ Vlg\frac{[Ce^{4+}]_r}{[Ce^{3+}]_r}$$

两式相加，得

$$2\varphi_{sp} = \varphi'(Fe^{3+}/Fe^{2+}) + \varphi'(Ce^{4+}/Ce^{3+}) + 0.059\ 2\ Vlg\frac{[Fe^{3+}]_r \cdot [Ce^{4+}]_r}{[Fe^{2+}]_r \cdot [Ce^{3+}]_r}$$

计量点时，$[Ce^{3+}]_r = [Fe^{3+}]_r$，$[Ce^{4+}]_r = [Fe^{2+}]_r$，上式中对数项为零，则

$$\varphi_{sp} = \frac{\varphi'(Fe^{3+}/Fe^{2+}) + \varphi'(Ce^{4+}/Ce^{3+})}{2} = \frac{1.44\ V + 0.68\ V}{2} = 1.06\ V$$

对于对称电对，当两个电对得失电子数相等时，计量点时的电势是两个电对条件电势的算术平均值，而与反应物的浓度无关。

4. 计量点后　由于Fe^{2+}已定量地氧化成Fe^{3+}，$[Fe^{2+}]$很小且无法知道，而Ce^{4+}过量的百分数是已知的，从而可确定$[Ce^{4+}]/[Ce^{3+}]$值，这样可根据电对Ce^{4+}/Ce^{3+}计算φ。

例如，当加入 20.02 mL Ce^{4+}溶液，即Ce^{4+}过量 0.1%时，$[Ce^{4+}]_r/[Ce^{3+}]_r$ =0.1/100。所以

$$\varphi(Ce^{4+}/Ce^{3+}) = \varphi'(Ce^{4+}/Ce^{3+}) + 0.059\,2\ V\lg\frac{[Ce^{4+}]_r}{[Ce^{3+}]_r}$$

$$= 1.44\ V + 0.059\,2\ V\lg\frac{0.1}{100} = 1.26\ V$$

不同滴定点计算的 φ 值列于表 13-2，并绘成滴定曲线，如图 13-1 所示。从计量点前 Fe^{2+} 剩余 0.1%(0.02 mL，半滴）到计量点后 Ce^{4+} 过量 0.1%，溶液的电势值由 0.86 V 突增到 1.26 V，改变了 0.40 V，这个变化称为 Ce^{4+} 滴定 Fe^{2+} 的电势突跃范围。当滴定分析误差要求小于 ±0.1% 时，可导出电势突跃范围是 $\left(\varphi_2' + \frac{0.059\,2}{n_2}\ V\lg 10^3\right) \sim \left(\varphi_1' + \frac{0.059\,2}{n_1}\ V\lg 10^{-3}\right)$，“1”“2”分别代表待测物和滴定剂。

表 13-2　1.0 mol·L⁻¹硫酸中，用 0.100 0 mol·L⁻¹ $Ce(SO_4)_2$ 溶液滴定 20.00 mL 0.100 0 mol·L⁻¹ $FeSO_4$ 溶液

滴入溶液体积/mL	滴入百分数/%	电势/V
2.00	10.0	0.62
10.00	50.0	0.68
18.00	90.0	0.74
19.80	99.0	0.80
19.98	99.9	0.86 } 滴定突跃
20.00	100.0	1.06 } 滴定突跃
20.02	100.1	1.26 } 滴定突跃
22.00	110.0	1.38
30.00	150.0	1.42
40.00	200.0	1.44

对于两电对得失电子数不相等的滴定反应，计算计量点的电势时，略有不同。

对一般的可逆对称氧化还原反应：

$$n_2Ox_1 + n_1Red_2 \rightleftharpoons n_2Red_1 + n_1Ox_2$$

其半反应和标准电极电势（或条件电极电势）分别为

$$Ox_1 + n_1e^- \rightleftharpoons Red_1 \qquad \varphi'_1$$

$$Ox_2 + n_2e^- \rightleftharpoons Red_2 \qquad \varphi'_2$$

计算化学计量点的通式为

$$\varphi_{sp} = \frac{n_1\varphi'_1 + n_2\varphi'_2}{n_1 + n_2} \quad (13-5)$$

由于 $n_1 \neq n_2$，滴定曲线在计量点前后是不对称的，φ_{sp} 并不是在滴定突跃的中央，而是在偏向电子得失数较多的一方。

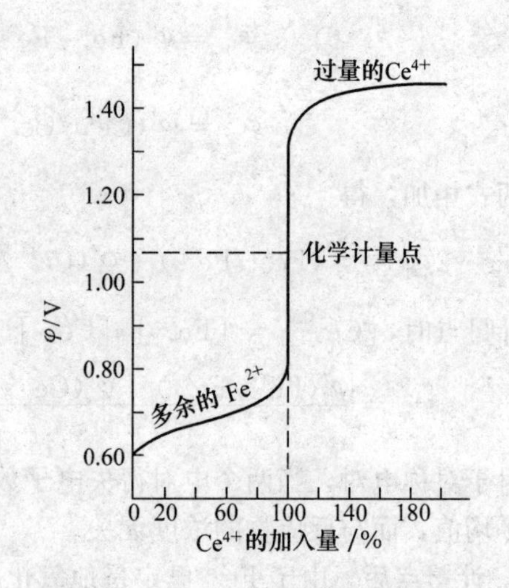

图 13-1　0.100 0 mol·L⁻¹ Ce^{4+} 溶液滴定 0.100 0 mol·L⁻¹ Fe^{2+} 溶液的滴定曲线

四、氧化还原滴定曲线的影响因素

由上讨论可知，电势突跃范围仅与两个电对的条件电极电势及电子转移数有关，而与浓度无关。条件电极电势差值越大，突跃范围越大；差值越小，突跃范围越小。突跃越大，滴定时准确度越高。借助指示剂目测化学计量点时，通常要求在 0.2 V 以上的突跃。

氧化还原滴定曲线，还因滴定时所用的介质不同而改变其曲线的位置和突跃范围的大小。图 13－2 是 $KMnO_4$ 滴定不同介质中的 Fe^{2+} 的实测滴定曲线。

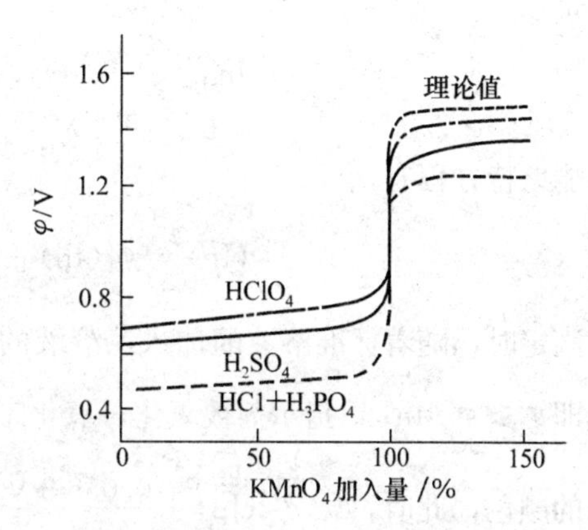

图 13－2　在不同介质中 $KMnO_4$ 溶液滴定 Fe^{2+} 的滴定曲线

1. 化学计量点前　曲线的位置取决于 $\varphi'(Fe^{3+}/Fe^{2+})$，而 $\varphi'(Fe^{3+}/Fe^{2+})$ 的大小又与 Fe^{3+} 和介质阴离子的配位作用有关。由于 HPO_4^{2-} 易与 Fe^{3+} 形成稳定的无色的 $[Fe(HPO_4)_2]^-$ 配离子，因此可使 $\varphi'(Fe^{3+}/Fe^{2+})$ 降低。在 $HClO_4$ 介质中，由于 ClO_4^- 与 Fe^{3+} 不形成配合物，故 $\varphi'(Fe^{3+}/Fe^{2+})$ 较高。所以，在有 H_3PO_4 介质存在时的 HCl 溶液中，用 $KMnO_4$ 溶液滴定 Fe^{2+} 的曲线位置最低，滴定突跃范围最大。在实际滴定中，为避免 $KMnO_4$ 将 Cl^- 氧化而带来误差，通常采用以 H_2SO_4 为介质再加入 H_3PO_4 的方法。

2. 化学计量点后　溶液中存在过量的 MnO_4^-，由于 MnO_4^- 与溶液中的 Mn^{2+} 反应生成了 Mn^{3+}，因此实际上决定电极电势的是 Mn^{3+}/Mn^{2+} 电对，曲线的位置取决于 $\varphi'(Mn^{3+}/Mn^{2+})$ 的大小。由于 Mn^{3+} 易与 PO_4^{3-}、SO_4^{2-} 等阴离子形成配合物，因而降低了 $\varphi'(Mn^{3+}/Mn^{2+})$，而 ClO_4^- 与 Mn^{3+} 不形成配合物，所以在 $HClO_4$ 介质中用 $KMnO_4$ 溶液滴定 Fe^{2+} 在化学计量点后曲线位置最高。

3. MnO_4^-/Mn^{2+} 为不可逆电对　在开始反应的一瞬间，并不能马上建立起化学平衡，其电势计算值与实测值相差可达 0.1～0.2 V。在用 $KMnO_4$ 溶液滴定 Fe^{2+} 时，化学计量点前，溶液电势由 Fe^{3+}/Fe^{2+} 计算，故滴定曲线的计算值与实测值无明显差别。但在化学计量点后，溶液电势由 MnO_4^-/Mn^{2+} 电对计算，这时计算得到的滴定曲线在形式上与实测滴定曲线有明显的不同。

第三节　氧化还原滴定法的指示剂

氧化还原滴定中，指示终点的方法有电势法和指示剂法。但更常用的还是用指示剂来确定滴定终点。常用的指示剂有三种类型，都是利用它们在计量点附近发生颜色变化来指示终点的。

一、氧化还原指示剂

1. 指示剂的变色原理 氧化还原指示剂是一些复杂的有机化合物，它们本身具有氧化还原性质，它的氧化态和还原态具有不同的颜色。在滴定过程中，指示剂因被氧化或还原发生颜色变化，从而指示滴定终点。

如果以 In 表示指示剂，并以 In_{Ox}和 In_{Red}分别表示指示剂的氧化态和还原态，则其电极反应为

$$\underset{\text{氧化态（甲色）}}{In_{Ox}} + ne^- \rightleftharpoons \underset{\text{还原态（乙色）}}{In_{Red}}$$

根据能斯特方程有

$$\varphi(\mathrm{In}) = \varphi'(\mathrm{In}) + \frac{0.059\,2\ \mathrm{V}}{n}\lg\frac{c_r(\mathrm{In_{Ox}})}{c_r(\mathrm{In_{Red}})}$$

滴定时，随着标准溶液的加入，溶液的电势不断变化。若溶液的电势大于指示剂的电势，即$\varphi > \varphi'(\mathrm{In})$，指示剂被氧化，氧化态浓度增大，当 $\frac{c_r(\mathrm{In_{Ox}})}{c_r(\mathrm{In_{Red}})} > 10$ 时，指示剂呈现氧化态的颜色，此时，$\varphi > \varphi'(\mathrm{In}) + \frac{0.059\,2\ \mathrm{V}}{n}$；反之，$\varphi < \varphi'(\mathrm{In})$，指示剂被还原，还原态浓度增大，当 $\frac{c_r(\mathrm{In_{Ox}})}{c_r(\mathrm{In_{Red}})} < \frac{1}{10}$时，指示剂呈现还原态的颜色，此时$\varphi < \varphi'(\mathrm{In}) - \frac{0.059\,2\ \mathrm{V}}{n}$。显然，引起氧化还原指示剂变色的电势范围为$\varphi = \varphi'(\mathrm{In}) \pm \frac{0.059\,2\ \mathrm{V}}{n}$。若$\varphi = \varphi'(\mathrm{In})$，即 $\frac{c_r(\mathrm{In_{Ox}})}{c_r(\mathrm{In_{Red}})} = 1$，指示剂呈现混合色，此时，溶液的电位称为指示剂的理论变色点，它等于该指示剂的条件电势。常用的氧化还原指示剂列于表 13－3 中。

表 13－3 常用氧化还原指示剂

指示剂	$\varphi'(\mathrm{In})/\mathrm{V}$ $c(H^+)=1\ \mathrm{mol\cdot L^{-1}}$	颜色变化		配制方法
		氧化态	还原态	
次甲基蓝	0.53	蓝	无色	0.05%水溶液
二苯胺	0.76	紫	无色	1 g 溶于 100 mL2%的 H_2SO_4 中
二苯胺磺酸钠	0.85	紫红	无色	0.8 g 加 Na_2CO_3 2 g，加水稀释至 100 mL
邻二氮菲亚铁	1.06	浅蓝	红	1.485 g 加 0.695 g 七水硫酸亚铁，加水稀释至 100 mL
邻苯氨基苯甲酸	1.08	紫红	无色	0.107 g 溶于 20 mL5%的 Na_2CO_3 中，加水稀释至 100 mL
硝基邻二氮菲亚铁	1.25	浅蓝	紫红	1.608 g 加 0.965 g 七水硫酸亚铁，加水稀释至 100 mL

2. 选择指示剂的原则

（1）指示剂的变色点与滴定的计量点应尽量接近，或指示剂的变色范围落在滴定曲线的突跃范围之内。例如，在 $c(H_2SO_4) = 0.5\ \mathrm{mol\cdot L^{-1}}$ 的 H_2SO_4 溶液中，用 $\frac{0.100\,0}{6}\ \mathrm{mol\cdot L^{-1}}$

的 $K_2Cr_2O_7$ 标准溶液滴定 0.100 0 mol·L^{-1} 的 $FeSO_4$ 溶液时滴定曲线的突跃范围是 0.86～1.06 V，若以二苯胺磺酸钠为指示剂，其条件电势 $\varphi'(In)=0.85$ V，变色范围为 0.82～0.88 V，虽与滴定突跃部分重合，但当产生－0.1%误差时，溶液的电势已达到 0.86 V，若在 0.82 V 因指示剂变色而终止滴定，将造成终点提前，误差较大。若在滴定过程中加入 H_3PO_4，使之与 Fe^{3+} 生成稳定的无色$[Fe(HPO_4)_2]^-$配合物，Fe^{3+}/Fe^{2+} 电对的电势随之降低，使滴定曲线突跃下限向下移动，扩大了滴定曲线的突跃范围。在 0.5 mol·L^{-1} H_2SO_4 + 0.5 mol·L^{-1} H_3PO_4 介质中，$\varphi'(Fe^{3+}/Fe^{2+})=0.61$ V，则计量点前－0.1%误差时，溶液的电势

$$\varphi = 0.61\ \text{V} + 0.059\,2\ \text{V}\lg\frac{[Fe^{3+}]_r}{[Fe^{2+}]_r} = 0.61\ \text{V} + 0.059\,2\ \text{V}\lg\frac{99.9\%}{0.1\%}$$
$$= 0.61\text{V} + 3\times 0.059\,2\ \text{V} = 0.79\ \text{V}$$

因此，在这种条件下选二苯胺磺酸钠作指示剂就比较适宜。

(2) 终点颜色要有突变。终点颜色有明显的变化便于观察。如用 $K_2Cr_2O_7$ 标准溶液滴定 Fe^{2+} 试样时，选用二苯胺磺酸钠作指示剂，终点溶液由绿色变为紫蓝色，颜色变化十分明显。

二、自身指示剂

在氧化还原滴定中，利用标准溶液或被滴定物质本身的颜色变化以指示滴定终点的指示剂叫自身指示剂。例如，在高锰酸钾法中，MnO_4^- 本身显紫红色，用它滴定无色或浅色的还原剂溶液时，MnO_4^- 被还原为近无色的 Mn^{2+}，所以，当滴定到计量点时，MnO_4^- 稍过量就可以使溶液呈粉红色，表示终点到达。MnO_4^- 的颜色可被察觉的最低浓度约为 2×10^{-6} mol·L^{-1}。

三、专属指示剂

有的物质本身并不具有氧化还原性，但它能与氧化剂或还原剂产生特殊的颜色，因而可以指示滴定终点。例如，可溶性淀粉可与 I_2 溶液作用生成深蓝色的配合物，I_2 的浓度可小至 2×10^{-5} mol·L^{-1}，当 I_2 被还原为 I^- 时，深蓝色消失。因此，在碘量法中，用淀粉作指示剂，以蓝色的出现或消失来确定滴定终点。

第四节　氧化还原滴定前的预处理

一、进行预处理的必要性

为了能成功地完成氧化还原滴定反应，滴定之前往往需要将被测组分处理成能与滴定剂迅速、完全反应的状态。通常将被测组分氧化为高价状态后，用还原剂滴定，或者将被测组分还原为低价状态后，用氧化剂滴定。例如，测定钢中锰铬的含量时，钢溶解后它们以 Mn^{2+}、Cr^{3+} 的形式存在，因 $\varphi(MnO_4^-/Mn^{2+})$ 和 $\varphi(Cr_2O_7^{2-}/Cr^{3+})$ 均很高，没有合适的氧化剂可以直接滴定 Mn^{2+}、Cr^{3+}，但是可以用 $(NH_4)_2S_2O_8$ 进行处理，使 Mn^{2+}、Cr^{3+} 分别被

氧化到高价态的 MnO_4^- 和 $Cr_2O_7^{2-}$，然后用还原剂（如 $FeSO_4$）来滴定。这种在进行氧化还原滴定前，使被测组分变为一定价态的步骤，称为氧化还原滴定前的预处理。

二、预处理中氧化剂或还原剂的选择

预处理时所用的氧化剂或还原剂，应符合下列要求：

(1) 反应速率快，反应完全。

(2) 待测组分应定量地氧化或还原。

(3) 反应具有一定的选择性。反应能定量地氧化（或还原）待测组分，而不与试样中的其他组分发生氧化还原反应。例如，测定铁矿中铁的含量时，试样溶解后，将 Fe(Ⅲ) 还原为 Fe(Ⅱ)，再用 $K_2Cr_2O_7$ 滴定。但由于试样中常含有钛，试样溶解后，铁以 Fe(Ⅲ) 形式存在，钛以Ti(Ⅳ)的形式存在。若用金属锌为还原剂，它不仅还原 Fe(Ⅲ)，同时还还原Ti(Ⅳ)为Ti(Ⅲ)，这样，用 $K_2Cr_2O_7$ 滴定 Fe(Ⅱ) 时，Ti(Ⅲ) 也被滴定。若选用 $SnCl_2$ 为还原剂，则它仅还原 Fe(Ⅲ) 而不还原 Ti(Ⅳ)。因此，这个反应就具有一定的选择性。

(4) 加入的过量的氧化剂或还原剂必须易于除去，除去的办法有：

① 加热分解：如 $(NH_4)_2S_2O_8$，H_2O_2，Cl_2 等易分解或易挥发的物质可用加热煮沸的方法除去。

② 过滤分离：如在 HNO_3 溶液中，$NaBiO_3$ 可将 Mn^{2+} 氧化为 MnO_4^-，$NaBiO_3$ 微溶于水，过量的 $NaBiO_3$ 可通过过滤分离除去。

③ 利用化学反应消除：如用 $HgCl_2$ 除去过量的 $SnCl_2$，反应如下：

$$SnCl_2 + 2HgCl_2 \rightleftharpoons SnCl_4 + Hg_2Cl_2 \downarrow$$

反应中生成的 Hg_2Cl_2 沉淀一般不被滴定剂氧化，不必过滤除去。

三、预处理中常用的氧化剂与还原剂

预处理中可使用的氧化剂和还原剂很多，常用的列于表 13-4 和表 13-5 中。

表 13-4　预处理中常用的氧化剂

氧化剂	反应条件	主要应用	除去方法
$(NH_4)_2S_2O_8$	酸性	$Mn^{2+} \longrightarrow MnO_4^-$	煮沸分解
		$Cr^{3+} \longrightarrow Cr_2O_7^{2-}$	
		$VO^{2+} \longrightarrow VO_2^+$	
$NaBiO_3$	酸性	$Mn^{2+} \longrightarrow MnO_4^-$	过滤
		$Cr^{3+} \longrightarrow Cr_2O_7^{2-}$	
		$VO^{2+} \longrightarrow VO_2^+$	
H_2O_2	碱性	$Cr^{3+} \longrightarrow CrO_4^{2-}$	煮沸分解
Cl_2、Br_2	酸性或中性	$I^- \longrightarrow IO_3^-$	煮沸或通空气

表 13-5　预处理中常用的还原剂

还原剂	反应条件	主要应用	除去方法
SO_2	中性或弱酸性	$Fe^{3+} \longrightarrow Fe^{2+}$	煮沸或通 CO_2
$SnCl_2$	酸性加热	$Fe^{3+} \longrightarrow Fe^{2+}$	加 $HgCl_2$ 氧化
		As(Ⅴ) $\longrightarrow$ As(Ⅲ)	
		Mo(Ⅵ) $\longrightarrow$ Mo(Ⅴ)	
$TiCl_3$	酸性	$Fe^{3+} \longrightarrow Fe^{2+}$	水稀释，Cu^{2+} 催化空气氧化
Zn、Al	酸性	Sn(Ⅳ) $\longrightarrow$ Sn(Ⅱ)	过滤或加酸
		Ti(Ⅳ) $\longrightarrow$ Ti(Ⅲ)	溶解

注：Cr^{3+}、Ti(Ⅳ) 不被还原，在用 $K_2Cr_2O_7$ 滴定 Fe^{2+} 时，它们不干扰测定。

四、预处理实例

用氧化剂作标准溶液测定铁矿石中铁的含量时，是将矿石溶解，用过量还原剂将 Fe(Ⅲ)定量还原为 Fe(Ⅱ)，然后用氧化剂滴定 Fe(Ⅱ)。可用的还原剂很多，其中 $SnCl_2$ 是一种很方便又常用的还原剂，其反应式为

$$2Fe^{3+} + SnCl_2 + 4Cl^- \rightleftharpoons 2Fe^{2+} + SnCl_6^{2-}$$

然后可选用 $KMnO_4$、$K_2Cr_2O_7$ 或 Ce(Ⅳ) 等其中之一标准溶液进行滴定。若选用 $KMnO_4$ 滴定，其反应式为

$$MnO_4^- + 5Fe^{2+} + 8H^+ \rightleftharpoons Mn^{2+} + 5Fe^{3+} + 4H_2O$$

使用 $SnCl_2$ 还原 Fe(Ⅲ) 时，应当注意以下几点：

（1）去除过量的 $SnCl_2$，否则会消耗标准溶液，通常是用 $HgCl_2$ 将它氧化。

$$Sn^{2+} + 2HgCl_2 + 4Cl^- \rightleftharpoons SnCl_6^{2-} + Hg_2Cl_2 \downarrow \text{（白）}$$

（2）Hg_2Cl_2 沉淀应少，且呈丝状，大量絮状 Hg_2Cl_2 沉淀也能慢慢地与 $KMnO_4$ 作用（不与 $K_2Cr_2O_7$ 作用）。

$$5Hg_2Cl_2 + 2MnO_4^- + 16H^+ \rightleftharpoons 10Hg^{2+} + 10Cl^- + 2Mn^{2+} + 8H_2O$$

（3）不可使 Hg_2Cl_2 进一步还原为金属 Hg。

$$Hg_2Cl_2 + Sn^{2+} + 4Cl^- \rightleftharpoons 2Hg \downarrow + SnCl_6^{2-}$$

因为这种黑色或灰色的微细金属汞，不仅影响滴定终点的确定，同时也能慢慢地和 $KMnO_4$ 反应。

$$10Hg + 2MnO_4^- + 16H^+ + 10Cl^- \rightleftharpoons 5Hg_2Cl_2 \downarrow + 2Mn^{2+} + 8H_2O$$

为了避免这种情况，$HgCl_2$ 必须始终保持过量，但不能过量太多，在操作上应先将溶液适当稀释并冷却后再快速加入 $HgCl_2$。

(4) 应当尽快地完成滴定，因为 Hg_2Cl_2 与 Fe(Ⅲ) 也有慢慢地进行反应的趋向。

$$Hg_2Cl_2 + 2FeCl_4^- \rightleftharpoons 2Hg^{2+} + 2Fe^{2+} + 10Cl^-$$

致使测定结果偏高，而 Fe^{2+} 也有被空气氧化的可能，使结果偏低。

第五节　常用氧化还原滴定法

一、高锰酸钾法

1. 概述　高锰酸钾法是以 $KMnO_4$ 为标准溶液进行滴定的氧化还原滴定法。高锰酸钾是一种强氧化剂，它的氧化能力和还原产物与溶液的酸度有关。在强酸性溶液中，可定量地氧化一些还原性物质，MnO_4^- 被还原为 Mn^{2+}。

$$MnO_4^- + 8H^+ + 5e^- \rightleftharpoons Mn^{2+} + 4H_2O \qquad \varphi^{\ominus} = 1.51\ V$$

在中性、弱酸性或弱碱性溶液中，MnO_4^- 与还原剂作用，则会生成褐色水合二氧化锰 ($MnO_2 \cdot H_2O$) 沉淀。

$$MnO_4^- + 2H_2O + 3e^- \rightleftharpoons MnO_2 + 4OH^- \qquad \varphi^{\ominus} = 0.588\ V$$

这时，生成的褐色沉淀妨碍滴定终点的观察，且氧化能力也较弱，因而，一般滴定都是在强酸性溶液中进行的。所用的强酸通常是 H_2SO_4，避免使用 HCl 和 HNO_3，因为 Cl^- 具有还原性，也能够与 $KMnO_4$ 作用；而 HNO_3 具有氧化性，它可能氧化某些被滴定的物质。但在测定某些有机物时，如甲醇、甲酸、甘油、酒石酸、葡萄糖等，在强碱性条件下反应速度更快，更适合滴定。

高锰酸钾法的优点：

(1) 氧化能力强，应用范围广　$KMnO_4$ 在强酸性溶液中为强氧化剂，可用直接法滴定 Fe^{2+}，H_2O_2，$C_2O_4^{2-}$，NO_2^-，Sn(Ⅱ) 等，也可以用间接法测定非变价离子 Ca^{2+}，Sr^{2+}，Ba^{2+} 等；用返滴定法测定 MnO_2，PbO_2 等。

(2) 不需要外加指示剂　$KMnO_4$ 溶液呈现紫红色，MnO_4^- 本身可作为指示剂指示滴定终点。

高锰酸钾法的主要缺点是试剂中常含有少量杂质，配制的高锰酸钾溶液不够稳定；同时又由于高锰酸钾的氧化能力强，易与空气和水中的多种还原性物质发生反应，所以干扰比较严重，滴定的选择性差。

2. 高锰酸钾溶液的配制和标定

(1) 高锰酸钾溶液的配制　市售的高锰酸钾试剂纯度约为 99%～99.5%，常含有少量杂质，其中主要是 MnO_2。同时所用的蒸馏水中也含有少量还原性物质，它们会与 $KMnO_4$ 作用而析出 $MnO(OH)_2$ 即 $MnO_2 \cdot H_2O$ 沉淀，而且 $MnO_2 \cdot H_2O$ 沉淀的存在将会加速 $KMnO_4$ 溶液的分解。此外，$KMnO_4$ 还能自行分解，即

$$4KMnO_4 + 2H_2O \rightleftharpoons 4MnO_2 \downarrow + 4KOH + 3O_2$$

因此，$KMnO_4$ 标准溶液不能用直接法配制，而是先配制成一定浓度的溶液，然后进行标定。

配制时应按以下步骤进行：

① 称取稍多于理论值的 $KMnO_4$ 固体，溶解在蒸馏水中。

② 将配制好的溶液加热至沸且保持微沸约 1 h，或不加热在室温下放置 2～3 d，使溶液中可能存在的还原性物质完全氧化。

③ 用玻璃棉或微孔玻璃漏斗过滤，除去沉淀等杂质。

④ 过滤后的溶液装入棕色瓶中贮于暗处，以待标定。

（2）高锰酸钾溶液的标定　标定高锰酸钾溶液的基准物质很多，如 $Na_2C_2O_4$，As_2O_3，$H_2C_2O_4 \cdot 2H_2O$ 和纯铁丝等，其中以 $Na_2C_2O_4$ 较为常用，因为它容易提纯，性质稳定，不含结晶水，$Na_2C_2O_4$ 在 105～110 ℃烘干约 2 h，冷却后就可以使用。

在 H_2SO_4 溶液中，MnO_4^- 与 $C_2O_4^{2-}$ 的反应如下：

$$2MnO_4^- + 5H_2C_2O_4 + 6H^+ \rightleftharpoons 2Mn^{2+} + 10CO_2\uparrow + 8H_2O$$

为了使该反应能定量地较快进行，应当注意下列条件：

① 温度：在室温下，这个反应的速度缓慢，因此，常将溶液加热到 75～85 ℃时进行滴定，滴定完毕时，溶液的温度也不应低于 60 ℃，但温度也不宜过高，若高于 90 ℃，会使部分 $H_2C_2O_4$ 发生分解，因而 $KMnO_4$ 用量减少，标定结果偏高。

$$H_2C_2O_4 \rightleftharpoons CO_2\uparrow + CO\uparrow + H_2O$$

② 酸度：反应在强酸溶液中进行，一般在开始滴定时，溶液的酸度为 0.5～1.0 mol·L^{-1}，滴定终了时，酸度为 0.2～0.5 mol·L^{-1}。酸度太低，$KMnO_4$ 部分还原为 MnO_2，酸度过高时，又会促使 $H_2C_2O_4$ 分解。

③ 滴定速率：$KMnO_4$ 与 $Na_2C_2O_4$ 反应速率很慢，但其反应产物 Mn^{2+} 对该反应又有催化作用，当反应系统中有 Mn^{2+} 存在时，反应速率明显加快。把这种生成物本身可以起催化作用的反应叫做自动催化反应。在反应刚开始时，系统中没有 Mn^{2+} 催化，反应速率很慢，当生成物 Mn^{2+} 产生后，反应速率加快。所以，在滴定开始时，滴定速率一定要慢，待前一滴 $KMnO_4$ 紫红色完全褪去后，再滴加第二滴试剂。当几滴 $KMnO_4$ 与 $Na_2C_2O_4$ 完全反应后，生成的 Mn^{2+} 使反应加速，滴定可按正常速率进行。如果滴定开始就按正常速率进行，则滴入的 $KMnO_4$ 来不及完全与 $C_2O_4^{2-}$ 反应，就在热的强酸性溶液中自身分解，从而使结果偏低：

$$4MnO_4^- + 12H^+ \rightleftharpoons 4Mn^{2+} + 5O_2 + 6H_2O$$

如果滴定前加入少量 $MnSO_4$ 试剂，则最初阶段的滴定就可以按正常的速率进行。

（3）在应用 $KMnO_4$ 法进行滴定分析时，还应注意以下两点：

① 当用 $KMnO_4$ 自身指示终点时，终点后溶液的粉红色会逐渐消失，原因是空气中的还原性气体和灰尘可与 MnO_4^- 缓慢作用，使 MnO_4^- 还原。所以，滴定时溶液出现粉红色经半分钟不褪色即可认为到达终点。

② 标定过的 $KMnO_4$ 溶液不宜长期存放，因存放时会产生 $MnO(OH)_2$ 沉淀。使用久置的 $KMnO_4$ 溶液时，应将其过滤并重新标定其浓度。

3. 高锰酸钾法应用示例

（1）直接滴定法

① 用 $KMnO_4$ 直接滴定 Fe^{2+} 时，酸性介质常用硫酸与磷酸的混合酸，发生如下反应

$$MnO_4^- + 5Fe^{2+} + 8H^+ = Mn^{2+} + 5Fe^{3+} + 4H_2O \qquad (1)$$

若滴定反应中用HCl调节酸度则发生副反应

$$MnO_4^- + 10Cl^- + 16H^+ = Mn^{2+} + 5Cl_2 + 8H_2O \quad (2)$$

在酸性介质中该反应速率极慢。但当有反应（1）存在时加速了反应（2）的进行，致使测定结果偏高。这种由于一个氧化还原反应的发生而加快另一个氧化还原反应进行的现象称为诱导反应。上例中Fe^{2+}称为诱导体，MnO_4^-称为作用体，Cl^-称为受诱体。

诱导反应与催化反应不同。在催化反应中，催化剂参加反应后恢复其原来的状态。而在诱导反应中，诱导体参加反应后变成了其他物质。诱导反应增加了作用体的消耗量而使结果产生误差。因此在氧化还原滴定中应防止诱导反应的发生。

② 过氧化氢的水溶液又称双氧水，市售双氧水中H_2O_2的质量分数约为30%，浓度较大，须经稀释后方可滴定。在酸性溶液中它能定量地被MnO_4^-氧化。由于H_2O_2易受热分解，因此，滴定应在室温下进行，其滴定反应为

$$2MnO_4^- + 5H_2O_2 + 6H^+ = 2Mn^{2+} + 5O_2\uparrow + 8H_2O$$

滴定开始时反应比较慢，待有少量Mn^{2+}生成后，由于Mn^{2+}的催化作用，使反应速度加快。H_2O_2的含量按下式计算：

$$w(H_2O_2) = \frac{\frac{5}{2}c(KMnO_4)\cdot V(KMnO_4)\cdot M(H_2O_2)}{m_{样}}$$

由于H_2O_2不稳定，工业用H_2O_2中加入了某些有机化合物（如乙酰苯胺）作为稳定剂。这些有机物大多能与$KMnO_4$作用，此时，最好选用碘量法或铈量法进行测定。

（2）间接滴定法测定Ca^{2+}　非还原性物质不能与高锰酸钾反应，因此，不能用直接法测定。对这些物质（如Ca^{2+}、Pb^{2+}、Ba^{2+}、Sr^{2+}等）的含量，可采用间接法测定。试样中钙含量的测定就是应用间接滴定法的一个典型例子。钙是构成植物细胞壁的重要元素，植物样品经灰化处理后制成含Ca^{2+}试液，再将该试液与$C_2O_4^{2-}$反应生成CaC_2O_4沉淀，然后将沉淀过滤，洗净，并用稀硫酸溶解，最后用$KMnO_4$标准溶液滴定$C_2O_4^{2-}$，滴定到溶液呈微红色时为终点。有关反应为

$$Ca^{2+} + C_2O_4^{2-} \rightleftharpoons CaC_2O_4\downarrow\text{（白）}$$

$$CaC_2O_4 + 2H^+ \rightleftharpoons Ca^{2+} + 2H^+ + C_2O_4^{2-}$$

$$2MnO_4^- + 5C_2O_4^{2-} + 16H^+ \rightleftharpoons 2Mn^{2+} + 10CO_2\uparrow + 8H_2O$$

所以，试样中钙的质量分数为

$$w(Ca) = \frac{\frac{5}{2}c(KMnO_4)\cdot V(KMnO_4)\cdot M(Ca)}{m_{样}}$$

（3）返滴定法测定软锰矿中MnO_2含量　软锰矿的主要成分是MnO_2，此外，还有锰的低价氧化物和氧化铁等。此矿若用作氧化剂，仅仅只有MnO_2具有氧化能力。测定MnO_2含量的方法是将矿样在过量还原剂$Na_2C_2O_4$的硫酸溶液中溶解还原，然后再用$KMnO_4$标准溶液滴定剩余的还原剂$C_2O_4^{2-}$。

$$MnO_2 + Na_2C_2O_4 + 2H_2SO_4 \rightleftharpoons MnSO_4 + Na_2SO_4 + 2CO_2\uparrow + 2H_2O$$

$$2MnO_4^- + 5H_2C_2O_4 + 6H^+ \rightleftharpoons 2Mn^{2+} + 10CO_2\uparrow + 8H_2O$$

所以

$$w(MnO_2)=\frac{\left[\frac{m(Na_2C_2O_4)}{M(Na_2C_2O_4)}-\frac{5}{2}\times c(KMnO_4)\times V(KMnO_4)\right]\times M(MnO_2)}{m_{样}}$$

例 13-1　检验某病人血液中的含钙量，取 2.00 mL 血液，稀释后用 $(NH_4)_2C_2O_4$ 溶液处理，使 Ca^{2+} 生成 CaC_2O_4 沉淀，沉淀过滤洗涤后溶解于强酸中，然后用 $c(KMnO_4)=0.0100\ mol\cdot L^{-1}$ 的 $KMnO_4$ 溶液滴定，用去 1.20 mL，计算此血液中钙的含量。$[M(Ca)=40.00\ g\cdot mol^{-1}]$

解：用 $KMnO_4$ 法间接测定 Ca^{2+} 时经过如下几步：

$$Ca^{2+}\xrightarrow{C_2O_4^{2-}}CaC_2O_4\downarrow\xrightarrow{H^+}H_2C_2O_4\xrightarrow{KMnO_4,H^+}2CO_2\uparrow$$

根据滴定反应

$$2MnO_4^-+5H_2C_2O_4+6H^+\rightleftharpoons 2Mn^{2+}+10CO_2+8H_2O$$

$$n(Ca)=\frac{5}{2}n(KMnO_4)$$

$$c(Ca^{2+})=\frac{\frac{5}{2}c(KMnO_4)\cdot V(KMnO_4)\cdot M(Ca)}{V_{样}}$$

$$=\frac{\frac{5}{2}\times 0.0100\ mol\cdot L^{-1}\times 1.20\ mL\times 40.00\ g\cdot mol^{-1}}{2.00\ mL}$$

$$=0.600\ mg\cdot mL^{-1}$$

二、重铬酸钾法

1. 概述　重铬酸钾法是以 $K_2Cr_2O_7$ 为标准溶液的氧化还原滴定法，重铬酸钾也是一种强氧化剂，$K_2Cr_2O_7$ 在酸性溶液中，与还原剂作用时被还原为 Cr^{3+}。

$$Cr_2O_7^{2-}+14H^++6e^-\rightleftharpoons 2Cr^{3+}+7H_2O\qquad \varphi^{\ominus}=1.36\ V$$

它的条件电极电势在不同介质中具有不同的数值，如表 13-6 所示。

表 13-6　不同介质中 $Cr_2O_7^{2-}/Cr^{3+}$ 电对的条件电极电势

介　质	浓度/(mol·L⁻¹)	$\varphi'(Cr_2O_7^{2-}/Cr^{3+})$/V
HCl	1	1.00
HCl	3	1.08
H_2SO_4	2	1.11
H_2SO_4	4	1.15
$HClO_4$	1	1.025

从表 13-6 可以看出，溶液酸度增大，重铬酸钾的条件电势也随之增大。

重铬酸钾法与高锰酸钾法相比，具有以下优点：

(1) 重铬酸钾易于提纯，纯度可达 99.99%。在 105～110 ℃温度下烘干除去吸湿水就可以用直接法配制成标准溶液。

（2）重铬酸钾溶液很稳定，标准溶液在密闭容器中可以长期保存，浓度不发生变化。在酸性溶液中煮沸时也不分解。

（3）重铬酸钾的氧化能力没有高锰酸钾强，在 $c(HCl)<2\ mol\cdot L^{-1}$ 时，$Cr_2O_7^{2-}$ 不会氧化 Cl^-，因此，$K_2Cr_2O_7$ 滴定 Fe^{2+} 可以在 HCl 介质中进行。

（4）重铬酸钾滴定反应的速率快，适合在常温下进行滴定。

应当指出，$Cr_2O_7^{2-}$ 和 Cr^{3+} 都有毒害，使用时应注意废液的处理，以免污染环境。

2. 重铬酸钾法应用示例

（1）土壤中铁含量的测定　重铬酸钾法可用于铁矿石（或钢铁）中全铁的测定，该方法是公认的标准方法。重铬酸钾法也可用于农业上土壤中铁含量的测定，其方法是：将土壤消化后，滤去 SiO_2 得到滤液，在滤液中加入过量的 $SnCl_2$，将溶液中的 Fe^{3+} 定量地还原为 Fe^{2+}，多余的 $SnCl_2$ 用 $HgCl_2$ 除去，然后在 $H_2SO_4-H_3PO_4$ 介质中，以二苯胺磺酸钠作指示剂，用 $K_2Cr_2O_7$ 标准溶液滴定 Fe^{2+}。有关反应为

$$2Fe^{3+}+Sn^{2+}=Sn^{4+}+2Fe^{2+}$$

$$SnCl_2+2HgCl_2=SnCl_4+Hg_2Cl_2\downarrow\ \text{（白色）}$$

$$Cr_2O_7^{2-}+6Fe^{2+}+14H^+=2Cr^{3+}+6Fe^{3+}+7H_2O$$

例 13－2　0.100 0 g 工业甲醇，在 H_2SO_4 溶液中与 25.00 mL0.016 67 $mol\cdot L^{-1}$ 的 $K_2Cr_2O_7$ 溶液作用。反应完成后，以邻苯氨基苯甲酸作指示剂，用 0.100 0 $mol\cdot L^{-1}$ 的 $(NH_4)_2Fe(SO_4)_2$ 溶液滴定剩余的 $K_2Cr_2O_7$ 溶液，用去 10.00 mL。求试样中甲醇的质量分数。

解： 在 H_2SO_4 介质中，甲醇被过量的 $K_2Cr_2O_7$ 氧化成 CO_2 和 H_2O。

$$CH_3OH+Cr_2O_7^{2-}+8H^+=CO_2\uparrow+2Cr^{3+}+6H_2O$$

过量的 $K_2Cr_2O_7$ 以 Fe^{2+} 溶液滴定，其反应为

$$Cr_2O_7^{2-}+6Fe^{2+}+14H^+=2Cr^{3+}+6Fe^{3+}+7H_2O$$

与 CH_3OH 作用的 $K_2Cr_2O_7$ 的物质的量为加入 $K_2Cr_2O_7$ 的总物质的量减去与 Fe^{2+} 作用的 $K_2Cr_2O_7$ 的物质的量。

$$w(CH_3OH)=\frac{\left[c(K_2Cr_2O_7)\cdot V(K_2Cr_2O_7)-\frac{1}{6}c(Fe^{3+})\cdot V(Fe^{3+})\right]\times10^{-3}\cdot M(CH_3OH)}{m_{样}}$$

$$=\frac{(0.016\ 67\ mol\cdot L^{-1}\times25.00mL-\frac{1}{6}\times0.100\ 0\ mol\cdot L^{-1}\times10.00\ mL)\times10^{-3}\times32.04\ g\cdot mol^{-1}}{0.100\ 0\ g}$$

$$=0.080\ 1$$

例 13－3　已知标准溶液 $K_2Cr_2O_7$ 的浓度为 0.016 83 $mol\cdot L^{-1}$，求其 $T(Fe/K_2Cr_2O_7)$ 和 $T(Fe_2O_3/K_2Cr_2O_7)$。称取含铁试样 0.280 1 g，溶解后将溶液中 Fe^{3+} 还原为 Fe^{2+}，然后用上述 $K_2Cr_2O_7$ 标准溶液滴定，用去 25.60 mL。计算试样中的含铁量，分别以 $w(Fe)$ 和 $w(Fe_2O_3)$ 表示。

解： 滴定反应为

$$Cr_2O_7^{2-}+6Fe^{2+}+14H^+=2Cr^{3+}+6Fe^{3+}+7H_2O$$

所以

$$T(Fe/K_2Cr_2O_7)=6c(K_2Cr_2O_7)\cdot V(K_2Cr_2O_7)\cdot M(Fe)$$

$$=6\times0.016\ 83\ mol\cdot L^{-1}\times1\times10^{-3}\times55.84\ g\cdot mol^{-1}$$

$$=0.005\ 639\ g\cdot mL^{-1}$$

$$
\begin{aligned}
T(Fe_2O_3/K_2Cr_2O_7) &= 3c(K_2Cr_2O_7)\cdot V(K_2Cr_2O_7)\cdot M(Fe_2O_3)\\
&= 3\times 0.016\,83\ \text{mol}\cdot\text{L}^{-1}\times 1\times 10^{-3}\times 159.7\ \text{g}\cdot\text{mol}^{-1}\\
&= 0.008\,063\ \text{g}\cdot\text{mL}^{-1}
\end{aligned}
$$

$$
\begin{aligned}
w(Fe) &= \frac{T(Fe/K_2Cr_2O_7)\cdot V(K_2Cr_2O_7)}{m_{样}}\\
&= \frac{0.005\,638\ \text{g}\cdot\text{mL}^{-1}\times 25.60\text{mL}}{0.280\,1\ \text{g}}\\
&= 0.515\,3
\end{aligned}
$$

$$
\begin{aligned}
w(Fe_2O_3) &= \frac{0.008\,063\ \text{g}\cdot\text{mL}^{-1}\times 25.60\ \text{mL}}{0.280\,1\ \text{g}}\\
&= 0.736\,9
\end{aligned}
$$

（2）土壤有机质的测定　测定土壤有机质是了解土壤肥力的重要手段之一，一般土壤有机质含量约在2.5%以下。为简便起见，通常用碳来表示有机质。重铬酸钾法测定土壤有机质的主要反应如下：

$$2K_2Cr_2O_7+8H_2SO_4+3C \rightleftharpoons 2Cr_2(SO_4)_3+2K_2SO_4+3CO_2\uparrow+8H_2O$$

$$K_2Cr_2O_7+6FeSO_4+7H_2SO_4 \rightleftharpoons Cr_2(SO_4)_3+K_2SO_4+3Fe_2(SO_4)_3+7H_2O$$

测定时加入过量的 $K_2Cr_2O_7$ 标准溶液，在浓 H_2SO_4 存在下与土壤共热（170～180 ℃），使土壤有机质被氧化为 CO_2 逸出。剩余的 $K_2Cr_2O_7$ 用 $FeSO_4$ 标准溶液回滴，以二苯胺磺酸钠为指示剂，滴至终点时，溶液中指示剂的紫蓝色褪去，呈现出 Cr^{3+} 的绿色，这时消耗 $FeSO_4$ 标准溶液的体积为 V(mL)。

氧化有机质时，加入 Ag_2SO_4 为催化剂，以促进氧化反应迅速完成，同时还可与土壤中的 Cl^- 形成 AgCl 沉淀，以排除 Cl^- 的干扰。滴定过程中，加入 H_3PO_4 以排除 Fe^{3+} 的黄色干扰，并扩大滴定曲线的突跃范围。

土壤有机质的平均含碳量为58%，由土壤含碳量转换为有机质含量时，应乘以转换系数 $\frac{100}{58}=1.724$；另外本方法只能氧化96%的有机质。所以有机质的氧化校正系数为 $\frac{100}{96}=1.042$。

根据 $K_2Cr_2O_7$ 与 $FeSO_4$ 之间的反应，其物质的量之比为 $\frac{1}{6}$；又从 C 与 $K_2Cr_2O_7$ 之间的反应式可知，每 3 mol 的 C 需要 2 mol $K_2Cr_2O_7$ 氧化它，其物质的量之比为 $\frac{3}{2}$。

与土壤平行做空白试验，消耗 $FeSO_4$ 标准溶液 V_0(mL)，用下式计算土壤中有机质含量：

$$w(有机质)=\frac{c(FeSO_4)\cdot(V_0-V)\cdot M(C)\times\frac{1}{6}\times\frac{3}{2}\times 1.724\times 1.042}{m_{样}}$$

三、碘 量 法

1. 概述　碘量法是利用碘的氧化性和碘离子的还原性来进行的氧化还原滴定法。但是，

由于 $I_2(s)$ 在水中的溶解度很小，故通常将 I_2 溶解在 KI 溶液中，此时 I_2 在溶液中以 I_3^- 配离子形式存在。

$$I_2 + I^- \rightleftharpoons I_3^- \qquad K^{\ominus} = 725$$

I_3^- 配离子简写为 I_2，用 I_3^- 滴定时的基本反应式为

$$I_3^- + 2e^- \rightleftharpoons 3I^- \qquad \varphi^{\ominus} = 0.536\ V$$

这个电对的电势在标准电势表中居于中间，说明 I_2 是较弱的氧化剂，它只能与较强的还原剂作用；而 I^- 离子则是中等强度的还原剂，能与许多氧化剂相作用。因此，碘量法可以分为直接法和间接法两种测定方法。

(1) 直接碘量法　直接碘量法又称碘滴定法。该法是用 I_2 标准溶液直接滴定还原性物质。可用于测定 $S_2O_3^{2-}$，SO_3^{2-}，Sn^{2+}，维生素 C 等这些较强的还原性物质的含量。

(2) 间接碘量法　间接碘量法又称滴定碘法。该方法是利用 I^- 作还原剂，在一定的条件下，与氧化性物质相作用，定量析出 I_2，然后用 $Na_2S_2O_3$ 标准溶液滴定 I_2，从而间接地测定氧化性物质的含量。间接碘量法可用于测定 MnO_4^-，$Cr_2O_7^{2-}$，Cu^{2+}，IO_3^-，BrO_3^-，AsO_4^{3-}，H_2O_2 等这些氧化性物质的含量。间接碘量法比直接碘量法应用更为广泛。

碘量法中，采用淀粉作指示剂，灵敏度很高。所以，可根据蓝色的出现或褪去来判断终点的到达。但呈色与淀粉的结构有关，直链淀粉与 I_2 形成蓝色配合物；而支链淀粉则形成红紫色甚至红棕色配合物，支链越多，呈色越差。淀粉溶液必须新鲜配制，否则会腐败分解，显色不敏锐。另外，在间接碘量法中，应在滴定临近终点时，再加入淀粉指示剂，否则，大量的 I_2 与淀粉结合，不易与 $Na_2S_2O_3$ 反应，将会给滴定带来误差。

在间接碘量法中，必须注意以下两个问题，才能获得准确的结果。

① 控制溶液的酸度：$Na_2S_2O_3$ 与 I_2 的反应是间接碘量法的主要反应：

$$I_2 + 2S_2O_3^{2-} \rightleftharpoons 2I^- + S_4O_6^{2-}$$

此反应迅速、完全，但必须在中性或弱酸性溶液中进行。因在强酸性溶液中，$Na_2S_2O_3$ 会分解而析出 S，I^- 易被空气氧化，其反应为

$$S_2O_3^{2-} + 2H^+ \rightleftharpoons SO_2\uparrow + S\downarrow + H_2O$$

$$4I^- + 4H^+ + O_2 \rightleftharpoons 2I_2 + 2H_2O$$

在碱性条件下，部分 I_2 发生歧化反应，$Na_2S_2O_3$ 与 I_2 也会发生副反应，其反应如下：

$$3I_2 + 6OH^- \rightleftharpoons IO_3^- + 5I^- + 3H_2O$$

$$4I_2 + S_2O_3^{2-} + 10OH^- \rightleftharpoons 2SO_4^{2-} + 8I^- + 5H_2O$$

因此，若酸度控制不当，将会产生较大的误差。

② 防止碘的挥发和碘离子的氧化：碘量法的误差，主要有两个来源，一个是 I_2 的挥发，另一个是 I^- 离子容易被空气中的 O_2 氧化。所以，为了保证滴定的准确度，应采取以下措施：为防止 I_2 的挥发，应加入过量 KI，使 I_2 形成 I_3^- 配离子（同时也增大 I_2 在水中的溶解度）；反应温度不宜过高，一般在室温下进行；析出 I_2 的反应最好在带塞子的碘量瓶中进行，反应完全后立即滴定，切勿剧烈摇动。为了防止 I^- 离子被空气中的 O_2 氧化，应注意：溶液酸度不宜过高，因增高酸度会增大 O_2 氧化 I^- 离子的速度；光及 Cu^{2+}，NO_2^- 等能催化 I^- 离子被空气中的 O_2 氧化。因此，应将碘量瓶置于暗处并预先除去干扰离子。

2. 标准溶液的配制和标定

(1) $Na_2S_2O_3$ 标准溶液的配制和标定　市售硫代硫酸钠（$Na_2S_2O_3 \cdot 5H_2O$）容易风

化，并且含有少量杂质，如 S，Na_2S，Na_2SO_3，Na_2SO_4 等，因此，不能用直接法配制成标准溶液。同时，$Na_2S_2O_3$ 溶液也很不稳定，浓度将会发生变化。这是由于以下原因所造成：

① 溶于水中的 CO_2 的作用：水中的 CO_2 使溶液呈弱酸性，而 $Na_2S_2O_3$ 在弱酸性溶液中会缓慢分解。

$$Na_2S_2O_3+CO_2+H_2O \rightleftharpoons NaHSO_3+NaHCO_3+S\downarrow$$

② 微生物的作用：水中的微生物会消耗 $Na_2S_2O_3$ 中的 S 而使它变成 Na_2SO_3，这是 $Na_2S_2O_3$ 浓度变化的主要原因。

$$Na_2S_2O_3 \rightleftharpoons Na_2SO_3+S\downarrow$$

③ 空气中 O_2 的氧化作用：

$$2Na_2S_2O_3+O_2 \rightleftharpoons 2Na_2SO_4+2S\downarrow$$

此反应的速度较慢，微量 Cu^{2+}，Fe^{3+} 能加速反应。

因此，配制 $Na_2S_2O_3$ 标准溶液时，应当用新煮沸并冷却的蒸馏水，以除去水中溶解的 CO_2 和 O_2，并杀死微生物；加少量的 Na_2CO_3 使溶液呈碱性（pH＝9～10）以抑制微生物的生长，溶液贮于棕色瓶中并置于暗处以防止光照分解；放置一周后再标定。如果发现溶液变浑表示有 S 析出，应弃去重新配制。

标定 $Na_2S_2O_3$ 溶液一般可用 $KBrO_3$，KIO_3，$K_2Cr_2O_7$ 及纯铜等基准物质，采用间接法进行。以用 $KBrO_3$ 标定为例，在酸性溶液中 $KBrO_3$ 与过量的 KI 反应：

$$BrO_3^-+6I^-+6H^+ \rightleftharpoons Br^-+3I_2+3H_2O$$

析出的 I_2 用 $Na_2S_2O_3$ 滴定并以淀粉作指示剂。

$$I_2+2S_2O_3^{2-} \rightleftharpoons 2I^-+S_4O_6^{2-}$$

$$c(Na_2S_2O_3)=\frac{6m(KBrO_3)}{M(KBrO_3)\cdot V(Na_2S_2O_3)}$$

为了获得准确的结果，必须注意以下几点：

① $KBrO_3$ 与 KI 反应速度较慢，为了加速反应，必须加入过量的 KI 并提高溶液的酸度。但酸度太高又会加速空气中的 O_2 氧化 I^- 而生成 I_2，增大滴定误差，一般控制酸度为 $0.4\ mol\cdot L^{-1}$ 左右，并在暗处放置 5 min 使反应定量完成。

② 滴定前加蒸馏水稀释溶液以降低酸度，减少空气中 O_2 对 I^- 的氧化。

③ 淀粉指示剂应在临近滴定终点时加入。

④ 如果滴定到终点以后，溶液迅速变蓝，表示 $KBrO_3$ 反应不完全，可能是放置时间不够，遇此情况，应重做。

如果滴过了终点，不能用 I_2 标准溶液回滴，因为在酸性溶液中过量的 $Na_2S_2O_3$ 可能已经分解。

（2）I_2 标准溶液的配制和标定　用升华法得到的纯碘，可以用直接法配制标准溶液，但由于碘的挥发性及其对分析天平的腐蚀性，不宜在天平上称量，故通常配制成一个近似浓度的溶液，然后进行标定。

配制 I_2 溶液时，由于 I_2 在水中的溶解度很小，20 ℃时为 $0.001\ 33\ mol\cdot L^{-1}$，可先在台秤上称取一定量的 I_2，加过量 KI（增加 I_2 的溶解度和降低 I_2 的挥发性），置于研钵中，加入少量水研磨，使 I_2 全部溶解，然后将溶液稀释，倒入棕色瓶中于暗处保存，同时应避免溶液与胶皮等有机物质接触，也要防止 I_2 溶液见光遇热，否则溶液浓度将会发生变化。

碘溶液的标定，可用已标定好的 $Na_2S_2O_3$ 标准溶液标定，也可以用 As_2O_3 作基准物质进行标定。

As_2O_3 难溶于水而易溶于碱溶液，生成亚砷酸盐：

$$As_2O_3+6OH^- \rightleftharpoons 2AsO_3^{3-}+3H_2O$$

亚砷酸盐与 I_2 的反应是可逆的：

$$AsO_3^{3-}+I_2+H_2O \rightleftharpoons AsO_4^{3-}+2I^-+2H^+$$

在中性或微碱性溶液中，反应能定量地向右进行。标定时，先酸化溶液再加 $NaHCO_3$ 调节溶液 pH＝8，然后用 I_2 溶液进行滴定，则

$$c(I_2)=\frac{2m(As_2O_3)}{M(As_2O_3)\cdot V(I_2)}$$

3. 碘量法应用示例

(1) 直接碘量法测定维生素 C　维生素 C（化学式为 $C_6H_8O_6$）是生物体内不可缺少的维生素之一，它具有抗坏血病的功能，所以又称抗坏血酸。它也是衡量蔬菜、水果食用部分品质的常用指标之一。抗坏血酸分子中的烯二醇基具有较强的还原性，能被碘定量地氧化为二酮基（$C_6H_6O_6$）

$$C_6H_8O_6+I_2 \rightleftharpoons C_6H_6O_6+2HI$$

从反应式可以看出，在碱性条件下更有利于反应向右进行。但因维生素 C 的还原能力很强，在空气中极易被氧化，特别在碱性溶液中尤甚，所以在滴定时，应加一定量的醋酸使溶液呈弱酸性，以避免除了 I_2 以外的其他氧化剂的干扰。根据反应式，则有

$$w(\text{维生素 C})=\frac{c(I_2)\cdot V(I_2)\cdot M(C_6H_8O_6)}{m_{\text{样}}}$$

(2) 间接碘量法测定胆矾中的铜　胆矾（$CuSO_4\cdot 5H_2O$）是农药波尔多液的主要原料，碘量法测定其中的铜是基于 Cu^{2+} 与过量 KI 反应生成难溶性的 CuI 沉淀，并析出 I_2，然后用 $Na_2S_2O_3$ 标准溶液滴定析出的 I_2。

$$2Cu^{2+}+4I^- \rightleftharpoons 2CuI\downarrow+I_2$$

$$I_2+2S_2O_3^{2-} \rightleftharpoons 2I^-+S_4O_6^{2-}$$

反应中 I^- 离子不仅作为还原剂和配位剂，而且还是 Cu^+ 的沉淀剂。正是由于生成溶解度极小的 CuI 沉淀，还原态的浓度显著降低，使得 Cu^{2+}/Cu^+ 电对的电极电势增大，因而 Cu^{2+} 可定量地氧化 I^-。为了防止 Cu^{2+} 的水解，反应必须在弱酸性（pH＝3～4）溶液中进行，通常用醋酸或硫酸酸化溶液。酸度过低，Cu^{2+} 氧化 I^- 不完全，测定结果偏低，而且反应速度慢；酸度过高，则 I^- 被空气氧化为 I_2 的反应被 Cu^{2+} 催化，测定结果偏高。

CuI 沉淀表面会吸附一些 I_2 而使测定结果偏低，因而在滴定时加入 KSCN 使 CuI 沉淀转化为溶解度更小的 CuSCN 沉淀：

$$CuI+SCN^-=CuSCN\downarrow+I^-$$

CuSCN 沉淀对 I_2 的吸附能力较小，从而提高了分析结果的准确度。但 KSCN 应在接近终点时加入，否则会还原 I_2 使测定结果偏低。

Fe^{3+} 容易氧化 I^- 生成 I_2 而使测定结果偏高，应分离除去，或加入 NaF 等配位剂，使

Fe^{3+}形成 $[FeF_6]^{3-}$ 配合物而掩蔽，以排除 Fe^{3+} 的干扰。

依据下式计算铜的含量：

$$w(Cu)=\frac{c(Na_2S_2O_3)\cdot V(Na_2S_2O_3)\cdot M(Cu)}{m_{样}}$$

（3）间接碘量法测定次氯酸钠　次氯酸钠又叫安替福民，为一杀菌剂，在酸性溶液中能将 I^- 氧化成 I_2，后者用 $Na_2S_2O_3$ 标准溶液滴定，有关反应如下：

$$NaClO+2HCl \rightleftharpoons Cl_2+NaCl+H_2O$$

$$Cl_2+2KI \rightleftharpoons I_2+2KCl$$

$$I_2+2Na_2S_2O_3 \rightleftharpoons 2NaI+Na_2S_4O_6$$

所以

$$n(NaClO)=\frac{1}{2}n(Na_2S_2O_3)$$

$$c(Na_2S_2O_3)\cdot V(Na_2S_2O_3)=\frac{2m}{M(NaClO)}$$

$$m=\frac{1}{2}c(Na_2S_2O_3)\cdot V(Na_2S_2O_3)\cdot M(NaClO)$$

依据下式计算次氯酸钠的含量：

$$w(NaClO)=\frac{m}{m_{样}}=\frac{c(Na_2S_2O_3)\cdot V(Na_2S_2O_3)\cdot M(NaClO)}{2m_{样}}$$

本　章　小　结

（1）考虑到离子强度和各种副反应的影响，引入了条件电极电势的概念。

（2）应用能斯特方程计算氧化还原滴定过程中电极电势的变化，并绘出滴定曲线。着重强调化学计量点电极电势的计算方法以及影响滴定曲线突跃范围大小的因素。

（3）介绍了氧化还原滴定中所使用的三类指示剂，即氧化还原指示剂、自身指示剂和专属指示剂，还阐述了在氧化还原滴定中，选择指示剂的原则。

（4）着重介绍了 $KMnO_4$ 法、$K_2Cr_2O_7$ 法和碘量法等三种氧化还原滴定法，其标准溶液如何配制以及对于实际样品的定量分析为本章应掌握的重点内容之一。

化学之窗

The World's Smallest Galvanic Cell

In recent years chemists have become increasingly interested in "nanotechnology"（纳米技术），that is, the manipulation of chemical systems on the atomic and molecular scale. （A typical atomic radius is 0. 1 nm .） This approach helps chemists to better understand the mechanisms of various processes and opens the way for fabricating(创造) materials in a controlled way by adding atoms one at a time.

One product of this research is a nanometer scale galvanic cell. In 1992 chemists at the University of California Irvine used the scanning tunneling microscope to deposite minuscule dots of metals close to each other on a surface. The galvanic cell they made consists of four electrodes ——two copper and two silver ——in the shape of mounds on a crystalline graphite surface. The mounds measure 15 to 20 nm in diameter and 2 to 5 nm in height. The overall dimension of the cell is 70 nm，which is about a hundredth the size of a red blood cell. When the cell is immersed in a dilute copper sulfate solution，the copper mounds begin to dissolve and copper atoms start to plate on the silver mound. The half - reactions are

Copper anode: $Cu(s) \longrightarrow Cu^{2+}(aq) + 2e^-$

Silver cathode: $Cu^{2+}(aq) + 2e^- \longrightarrow Cu(s)$

Note that this is a net transfer of copper from the anode to the cathode via the Cu^{2+} ions in solution. Externally, electrons flow from the anode to the cathode through the graphite. Such a cell generates about 20 mV and a tiny current (1×10^{-18} ampere).

Understanding electrochemical processes at the atomic level has great significance in solid - state electronics, particularly in the semiconductor field. The fact that chemists can now investigate redox processes on a microscopic scale will also enable them to better understand metal corrosion and find ways to prevent it. Sometimes thinking small can be as important as studying reactions in a beaker!

思考题

1. 阐述氧化还原反应应用于滴定分析的条件。
2. 什么是对称氧化还原反应？其计量点电极电势怎样计算？
3. 计量点电极电势在滴定曲线中的位置与两电对的电子转移数有何关系？
4. 影响氧化还原滴定曲线突跃范围大小的因素有哪些？
5. 判断氧化还原滴定终点的方法有哪些？

习题

1. 试比较酸碱滴定、配位滴定和氧化还原滴定反应完全的条件。

2. 条件电极电势与标准电极电势有什么不同？影响电极电势的外界因素有哪些？

3. 氧化还原滴定法常用的方法有哪几种？

4. 准确吸取 25.00 mL H_2O_2 样品溶液，置于 250 mL 容量瓶中，加水至刻度，摇匀。吸取此稀释液 25.00 mL，置于锥形瓶中，加 H_2SO_4 酸化，用 0.025 32 $mol\cdot L^{-1}$ 的 $KMnO_4$ 标准溶液滴定，到达终点时消耗 $KMnO_4$ 标准溶液 27.68 mL。试计算每 100 mL 样品溶液中含 H_2O_2 的质量。 (2.384 g)

5. 有一土壤试样 1.000 g，用重量法获得 Al_2O_3 及 Fe_2O_3 共 0.110 0 g，将此混合物用酸溶解并使铁还原后，以 0.010 00 $mol\cdot L^{-1}$ 的高锰酸钾溶液进行滴定，用去 8.00 mL。土壤中 Al_2O_3 及 Fe_2O_3 的质量分数各是多少？ (0.078 1，0.031 9)

6. 不纯碘化钾试样 0.518 g，用 0.194 g 重铬酸钾（过量的）处理后，将溶液煮沸除去析出的碘，然后用过量的纯碘化钾处理，这时析出的碘，需用 0.100 0 $mol\cdot L^{-1}$ 的 $Na_2S_2O_3$ 溶液 10.00 mL 完成滴定。计算试样中 KI 的质量分数。 (0.948)

7. 一份 50.00 mL H_2SO_4 与 $KMnO_4$ 的混合液，需用 40.00 mL 0.100 0 $mol\cdot L^{-1}$ 的 NaOH 溶液中和，另一份 50.00 mL 混合液，则需要用 25.00 mL 0.100 0 $mol\cdot L^{-1}$ 的 $FeSO_4$ 溶液将 $KMnO_4$ 还原。每升混合液中含 H_2SO_4 和 $KMnO_4$ 各多少克？ (3.923 g，1.580 g)

8. 含有等质量的 $CaCO_3$ 及 $MgCO_3$ 的混合试样，将其中的钙沉淀为 CaC_2O_4 时，生成的 CaC_2O_4 需要用 1 mL 相当于 0.008 378 gFe 的 $KMnO_4$ 溶液 40.00 mL 完成滴定。若将沉淀钙后溶液中的镁沉淀为 $MgNH_4PO_4$，再灼烧为 $Mg_2P_2O_7$，可得 $Mg_2P_2O_7$ 多少克？

(0.396 3 g)

9. 将含 As_2O_3 和 As_2O_5 及少量杂质的混合物溶解后，在微碱性溶液中用 0.025 00 mol・L^{-1} 的碘标准溶液滴定，用去 20.00 mL；将所得溶液酸化后，加入过量的 KI，析出的碘用 0.150 0 mol・L^{-1} 的 $Na_2S_2O_3$ 标准溶液 30.00 mL 滴定至终点。计算 As_2O_3 和 As_2O_5 在样品中的质量。　(0.049 46 g，0.201 1 g)

10. 称取软锰矿 0.500 0 g，加入 0.750 0 g $H_2C_2O_4 \cdot 2H_2O$ 及稀 H_2SO_4，进行下列反应：$MnO_2 + H_2C_2O_4 + 2H^+ = Mn^{2+} + 2CO_2\uparrow + 2H_2O$。用 0.020 00 mol・$L^{-1}$ $KMnO_4$ 溶液回滴过量的草酸，耗 30.00 mL，MnO_2 的质量分数是多少？　(0.773 6)

11. A 25.00 mL portion of a sample containing both Fe^{2+} an Fe^{3+} gives an end point that is detected by ferroin when 17.86 mL of 0.123 4 mol・L^{-1} Ce^{4+} is used as the titrant. A second 25.00 mL portion of the same original sample is passed through a Jones reductor and is titrated with 22.54 mL of the same cerium solution. What were the concentrations of Fe^{2+} and Fe^{3+} in the sample?

(0.088 16 mol・L^{-1}，0.023 10 mol・L^{-1})

12. A 50.00 mL sample of river water is treated with 25.00 mL of 0.230 6 mol・L^{-1} $K_2Cr_2O_7$ at pH 0.0. After this mixture is heated an allowed to react，it is cooled and the remaining dichromate is titrated with 0.316 5 mol・L^{-1} Fe^{2+}，giving an end point when 34.24 mL of this titrant has been added. How many moles of dichromate reacted with the original sample when expressed in units of mg O_2・L^{-1}?

(4 810 mg O_2・L^{-1})

第十四章　电势分析法

第一节　电势分析法概述

一、电势分析法的原理

电势分析法是电化学分析法的一个重要组成分支，是利用测定原电池的电动势，根据试液中待测离子的活度（一般以浓度代替）与电池电动势的定量关系，以求得待测离子的浓度。在电势分析中，电极电势随离子活度而变化的特征称为响应，若这种响应符合能斯特（Nernst）方程式，则称为能斯特响应。

电势分析法测定原电池的电动势时，在原电池中插入两支电极，待测试液为原电池的电解质溶液，与电极一起构成工作电池。其中一支电极的电极电势对溶液中待测离子有选择性的能斯特响应，即电极电势随溶液中待测离子浓度的变化而改变，用以指示溶液中待测离子的浓度，该电极称为指示电极（作负极或正极）。另一支电极在一定温度下，其电极电势在测定过程中基本恒定不变，不受试液中待测离子的浓度变化而改变，该电极称为参比电极（作正极或负极）。电池的电动势 E 等于正极的电极电势 φ_+ 与负极的电极电势 φ_- 之差。即

$$E=\varphi_+-\varphi_-$$

指示电极的电极电势（$\varphi_{指示}$）与溶液中待测离子的活度之间的关系符合能斯特方程式。

$$\varphi_{指示}=k\pm\frac{0.059\,2\ \mathrm{V}}{n}\lg a_i$$

式中，a_i 为试液中待测离子 i 的活度；若 i 离子为阳离子，则取“+”号；i 离子为阴离子，则取“－”号。

若将指示电极作为负极，参比电极（常用饱和甘汞电极，SCE）作为正极组成电池：

(－) 指示电极 | 试液 ‖ 参比电极(+)

25 ℃时，当用盐桥消除其液体接界电势后，该电池电动势为

$$E=\varphi_+-\varphi_-=\varphi_{参比}-\varphi_{指示}=\varphi_{参比}-\left(k\pm\frac{0.059\,2\ \mathrm{V}}{n}\lg a_i\right)$$

$$E=K\mp\frac{0.059\,2\ \mathrm{V}}{n}\lg a_i \qquad (14-1)$$

或

$$E = K \mp \frac{0.0592\ \mathrm{V}}{n} \lg c_i \qquad (14-2)$$

式中，i 为阳离子时，取“－”号；i 为阴离子时，取“＋”号。

电势分析法根据其测定原理的不同分为直接电势法和电势滴定法两大类。

由式（14－2）可知，如果直接测定电池电动势 E，即可求得待测离子 i 的相对浓度。这便是直接电势法的基本原理。

在滴定分析中，由于 $\varphi_{指示}$ 随待测离子浓度的变化而变化，则电动势 E 也随之而变。在滴定终点附近，由于待测离子的浓度发生突变，从而引起电动势 E 的突变。若通过测定滴定过程中电动势的变化，以电势的突变确定滴定终点，由滴定消耗的标准溶液体积和浓度，计算待测离子的浓度，即可求得待测组分的含量。这便是电势滴定法的基本原理。

随着 20 世纪 60 年代末膜电极技术的发展，多种具有良好离子选择性的膜电极，即离子选择性电极（ion selective electrode，ISE）相继研制出现。以离子选择性电极作为指示电极的电势分析法是目前用得很多的方法，称为离子选择性电极分析法。

二、电势分析法的特点

电势分析法有如下特点：

1. 简便快速　所用仪器设备简单，操作方便，分析快速，易于实现分析自动化。

2. 选择性好　由于所用指示电极对待测离子具有较高的选择性，在多数情况下，共存离子干扰小，对组成复杂的试样往往不需分离处理即可直接测定，可免除分离干扰离子等繁琐步骤。对有颜色、浑浊和黏稠液体样品，也可直接测定。

3. 灵敏度高　直接电势法的检出限一般为 $10^{-5} \sim 10^{-8}\ \mathrm{mol \cdot L^{-1}}$。测定所需的试样量较少，若使用特制的电极，所需的试液可少至几微升。因此电势分析法应用范围很广，尤其是离子选择性电极的应用，使得电势分析法的应用更加广泛。目前已广泛应用于农、林、渔、牧、石油化工、地质、冶金、医药卫生、环境保护、海洋探测等各个领域中，并已成为重要的测试手段。

三、参比电极

参比电极要求结构简单，使用方便；在特定温度下电势必须稳定；重现性好；并且容易制备。甘汞电极（calomel electrode）和 Ag－AgCl 电极是实际工作中常用的参比电极。

1. 甘汞电极　甘汞电极是由金属 Hg、Hg_2Cl_2（甘汞）和 KCl 溶液组成的电极。其构造如图 14－1 所示。它由两个玻璃套管（电极管）组成。内电极管中封接一根铂丝，铂丝插入纯汞中（厚度为 0.5～1 cm），下置一层甘汞（Hg_2Cl_2）和汞的糊状物，放入外玻璃管中，在外电极管中充入 KCl 溶液作为盐桥。内外电极管下端都用多孔纤维或熔结陶瓷芯或玻璃砂芯等多孔物质封口。

甘汞电极符号为 $Hg \mid Hg_2Cl_2 \mid KCl(a)$

电极反应为 $Hg_2Cl_2(s) + 2e^- \rightleftharpoons 2Hg + 2Cl^-$

25 ℃时的电极电势为

$$\varphi(Hg_2Cl_2/Hg)=\varphi^{\ominus}(Hg_2Cl_2/Hg)-0.0592\ \mathrm{V}\lg a(Cl^-) \quad (14-3)$$

忽略离子强度影响，上式可写成

$$\varphi(Hg_2Cl_2/Hg)=\varphi^{\ominus}(Hg_2Cl_2/Hg)-0.0592\ \mathrm{V}\lg c(Cl^-) \quad (14-4)$$

由上式看出，在一定温度下，甘汞电极的电极电势只随电极中盐桥 Cl^- 活度（或相对浓度）的变化而变化，与待测试液中的离子浓度无关。当 Cl^- 的活度（或相对浓度）一定时，其电极电势就是一个确定值，因此可作为电动势测量的电势参比标准，即参比电极。不同浓度 KCl 溶液的甘汞电极的电极电势，具有不同的恒定数值，见表 14-1。

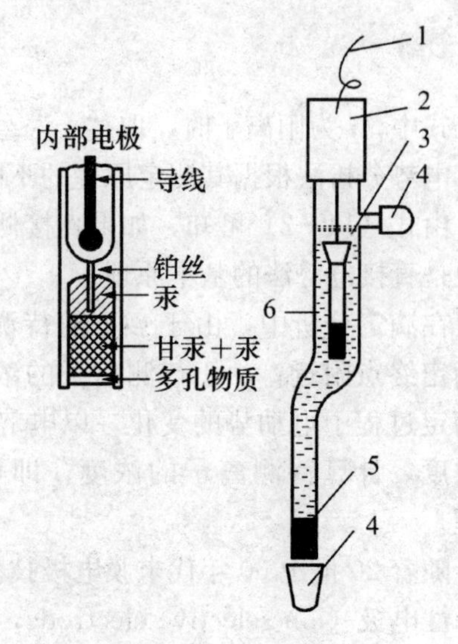

图 14-1 甘汞电极

1. 导线 2. 绝缘体 3. 内部电极 4. 橡皮帽 5. 多孔物质 6. 饱和 KCl 溶液

表 14-1 25 ℃时甘汞电极的电极电势

电极名称	KCl 溶液的浓度 $c/(\mathrm{mol\cdot L^{-1}})$	电极电势 φ/V
饱和甘汞电极（SCE）	饱和溶液	+0.243 8
标准甘汞电极（NCE）	1.0	+0.282 8
0.1 mol·L⁻¹甘汞电极	0.1	+0.336 5

甘汞电极的稳定性和再现性都较好，是最常用的参比电极。

若待测离子含有与甘汞电极的盐桥（KCl）相同的离子或与盐桥发生化学反应时，可用双盐桥甘汞电极作为参比电极，即在 KCl 盐桥外部再加外盐桥，常选用 KNO_3 或 NH_4NO_3 等作为外部第二盐桥溶液。

若温度不是 25 ℃，其电极电势应进行校正，对 SCE，温度 t 时电极电势为

$$\varphi=0.2438-7.6\times10^{-4}(t-25)$$

当温度超过 80 ℃时，甘汞电极的电极电势不够稳定，可用 Ag-AgCl 电极代替。

2. Ag-AgCl 电极 Ag-AgCl 电极是将金属 Ag 丝在 0.1 mol·L⁻¹ HCl 溶液中电解，使 Ag 丝表面镀上一层均匀的 AgCl 覆盖层，然后封入电极管内，管中充入一定浓度的 KCl 溶液，构成 Ag-AgCl 电极。

Ag-AgCl 电极符号为 Ag，AgCl | KCl(a)

电极反应为

$$AgCl(s)+e^- \rightleftharpoons Ag(s)+Cl^-$$

25 ℃时的电极电势为

$$\varphi(AgCl/Ag)=\varphi^{\ominus}(AgCl/Ag)-0.0592\ \mathrm{V}\lg a(Cl^-) \quad (14-5)$$

或

$$\varphi(AgCl/Ag)=\varphi^{\ominus}(AgCl/Ag)-0.0592\ \mathrm{V}\lg c(Cl^-) \quad (14-6)$$

由上式看出，Ag－AgCl 电极在一定温度下，电极电势同样只随电极中 Cl^- 的活度（或相对浓度）的变化而变化，也与待测试液中的离子浓度无关。当 Cl^- 的活度（或相对浓度）一定时，其电极电势就是一个确定的值。Ag－AgCl 电极常作为离子选择性电极的内参比电极。

四、指示电极

指示电极要求对待测离子选择性高、响应快；测定浓度范围广；受干扰离子影响小；重现性好。常用的指示电极主要有金属基电极和薄膜电极两大类。

1. 金属基电极　金属基电极是最早使用的、以金属为基体的电极。其共同特点是电极电势的产生与氧化还原反应有关，由于在电极表面发生电子转移而产生电极电势，因此也称氧化还原电极。常见的金属基电极就其结构上的差异可以分为金属-金属离子电极（第一类电极）、金属-金属难溶盐电极（第二类电极）和惰性金属电极（零类电极）等。因为金属基电极的性能常受到溶液中的氧化剂和还原剂等多种因素影响，应用范围受到限制，因而正逐渐被离子选择性电极取代。

2. 薄膜电极　薄膜电极是一种电化学传感器。其电化学活性元件是敏感膜，敏感膜对溶液中待测离子有选择性响应，故又称为离子选择性电极（ion selective electrode，ISE）。离子选择性电极是目前电势分析中应用最广泛的一类指示电极。离子选择性电极与金属基电极的本质区别在于离子选择性电极薄膜本身并不给出或得到电子，而是选择性地让特定离子在膜表面上交换和扩散。由于敏感膜两侧的离子活度不同，由此产生电极电势。

敏感膜两侧溶液之间产生的电势差称为离子选择性电极的膜电势。离子选择性电极的膜电势随溶液中的响应离子（待测离子）活度的变化而变化（符合能斯特响应）。可用来指示溶液中待测离子的活度（或相对浓度）。

离子选择性电极由对特定离子有选择性响应的活性材料制成的敏感膜、内参比电极、内参比溶液以及导线和电极杆等部件构成。敏感膜将内侧的内参比溶液和外侧的待测离子溶液分开，是电极最关键的部件；内参比电极一般是 Ag－AgCl 电极；内参比溶液由用以恒定内参比电极的电极电势的 Cl^- 和能被敏感膜选择性响应的特定离子（与待测离子相同的离子）组成。离子选择性电极的基本构造如图 14－2 所示。

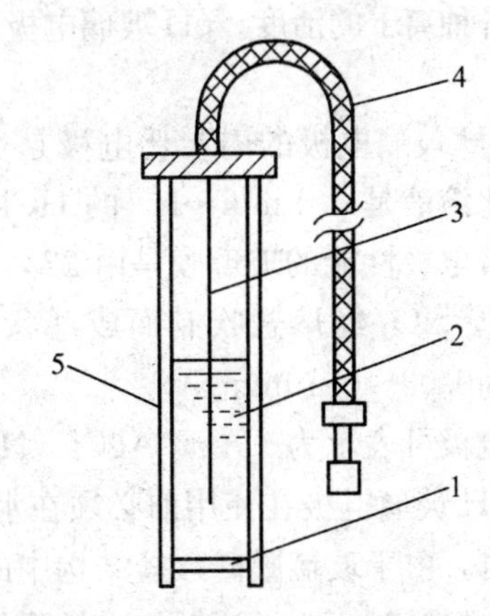

图 14－2　离子选择性电极的基本构造

1. 敏感膜　2. 内参比溶液　3. 内参比电极　4. 带屏蔽的导线　5. 电极杆

自从 1966 年弗朗特（Frant）和罗斯（Ross）成功研制成 F^- 选择性电极之后，各种离子选择性电极如雨后春笋般地相继问世，至 20 世纪 70 年代，离子选择性电极种类已达数千种之多。1975 年，国际纯粹与应用化学联合会（IUPAC）根据敏感膜的响应机理、膜的组成和结构特征，建议将离子选择性电极按以下方式分类：

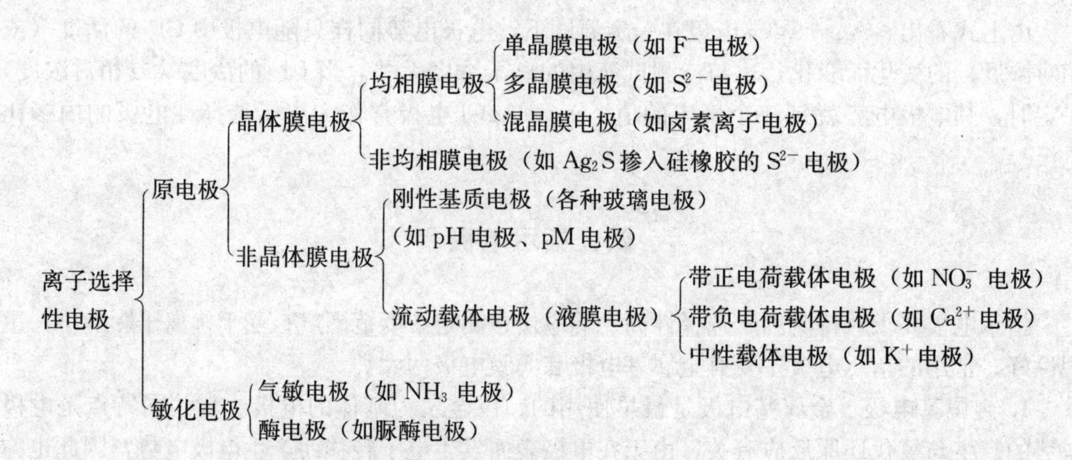

原电极是敏感膜直接与试液接触的离子选择性电极。分为晶体膜电极和非晶体膜电极。敏化电极是将离子选择性电极与另一种特殊的膜组成复合电极，可分为气敏电极和酶电极两类。下面着重介绍具有代表性的 pH 玻璃膜电极和 F^- 选择性电极。

（1）pH 玻璃电极　pH 玻璃膜电极（简称 pH 玻璃电极或 pH 电极）是最早使用的最广泛的非晶体刚性基质电极。刚性基质电极也称玻璃电极，其敏感膜是由离子交换型的刚性基质玻璃熔融烧制而成的。pH 玻璃电极的敏感膜对 H^+ 有选择性的响应，用于测定溶液的 pH。除 pH 玻璃电极外，还有 Na^+、K^+、Li^+、Ag^+ 等玻璃电极，可分别测定溶液中各种离子的活度。pH 玻璃电极的结构如图 14-3 所示。

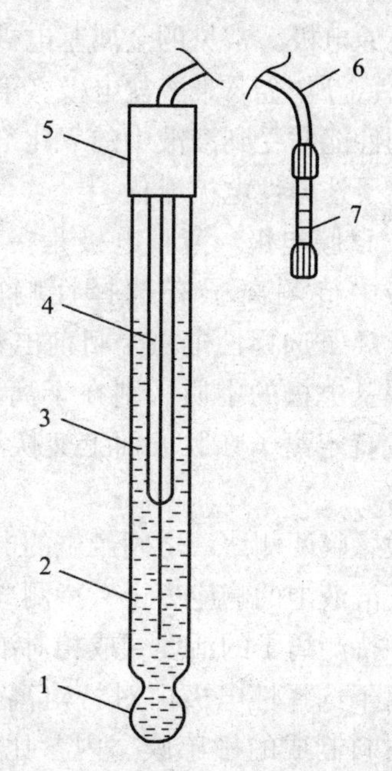

图 14-3　pH 玻璃电极的结构示意图

1. 玻璃膜　2. 厚玻璃外壳　3. 内参比溶液　4. Ag-AgCl 内参比电极　5. 绝缘套　6. 电极引线　7. 电极插头

pH 玻璃电极的内参比电极是 Ag-AgCl 电极；内参比溶液是 $0.1\ mol\cdot L^{-1}$ 的 HCl 溶液；其最主要决定着电极性能的玻璃膜是由 22% Na_2O、6% CaO 和 72% SiO_2 经熔融吹制而成球状的玻璃泡膜，厚度约为 0.03～0.1 mm。

电极可表示为　Ag，AgCl | HCl(0.1 mol·L⁻¹) | 玻璃膜

pH 玻璃电极在使用前必须在水中浸泡一段时间，一般为 24 h，此过程称为活化。电极活化时，由于玻璃膜硅酸盐结构中的 SiO_3^{2-} 与 H^+ 的键合力远大于与 Na^+ 的键合力，当玻璃膜与水接触时，水中活动能力较强的 H^+ 进入玻璃结构空隙中与膜上的 Na^+ 发生交换而形成水化层，厚度约为 10^{-4}～10^{-5} mm。即

$$Na^+_{膜} + H^+_{液} \rightleftharpoons H^+_{膜} + Na^+_{液}$$

其他二价、高价离子不能进入晶格与 Na^+ 发生交换。

当交换达到平衡后，玻璃膜表面几乎所有 Na^+ 的点位全部被 H^+ 占据。从玻璃膜表面到

水化层内部，H^+的数目逐渐减少，Na^+的数目逐渐增多。在玻璃膜中部，则是干玻璃层，点位全部被Na^+所占据。活化后的玻璃膜如图14-4所示。

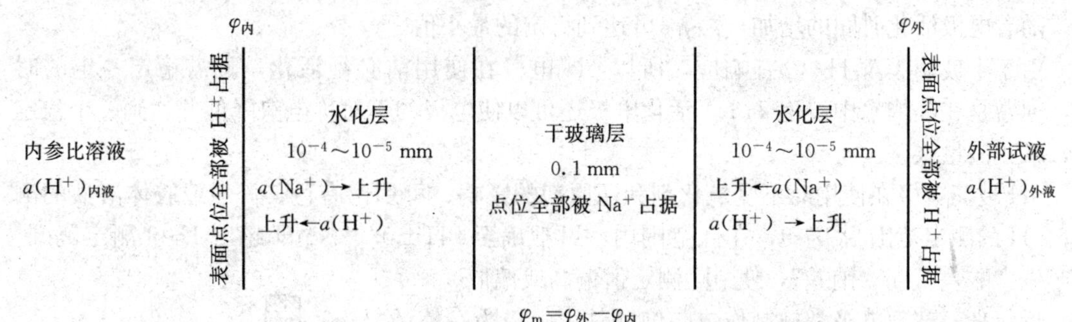

图14-4　活化后的玻璃膜示意图

活化后的玻璃电极浸入待测溶液时，外玻璃膜与溶液接触，由于外水化层表面与溶液中的H^+活度不同，形成活度差，产生H^+的扩散迁移，在玻璃膜表面与溶液建立如下平衡：

$$H^+_{溶液} \rightleftharpoons H^+_{水化层}$$

H^+的扩散迁移改变了外侧水化层表面与试液接触的相界面的电荷分布，产生了外相界电势（$\varphi_外$）。同理，玻璃膜内侧水化层表面与内参比溶液接触的相界面也产生了内相界电势（$\varphi_内$）。敏感膜两侧溶液之间会产生一个电势差（$\varphi_外-\varphi_内$），此电势差即离子选择性电极的膜电势，用φ_m表示。由此可见，膜电势的产生不是由于电子的得失所引起，而是H^+在溶液和膜表面水化层之间的迁移和交换的结果。

25 ℃时

$$\varphi_外 = k_外 + 0.059\,2\ \text{V}\ \lg\frac{a(H^+)_{外液}}{a(H^+)_{外膜}}$$

$$\varphi_内 = k_内 + 0.059\,2\ \text{V}\ \lg\frac{a(H^+)_{内液}}{a(H^+)_{内膜}}$$

式中，$a(H^+)_{外液}$为外部待测溶液中H^+的活度，一般简单表示为$a(H^+)$；$a(H^+)_{内液}$为内参比溶液中H^+的活度(为常数)；$a(H^+)_{内膜}$、$a(H^+)_{外膜}$分别为内外玻璃膜表面H^+活度，认为$a(H^+)_{内膜}=a(H^+)_{外膜}$；$k_内$、$k_外$分别为与玻璃膜表面性质有关的常数，认为$k_内=k_外$。

玻璃电极的膜电势(φ_m)为

$$\begin{aligned}\varphi_m &= \varphi_外 - \varphi_内\\ &= 0.059\,2\ \text{V}\ \lg\frac{a(H^+)_{外液}}{a(H^+)_{内液}}\\ &= 常数 + 0.059\,2\ \text{V}\ \lg a(H^+)_{外液}\\ &= 常数 - 0.059\,2\ \text{VpH}\end{aligned}\qquad(14-7)$$

玻璃电极的电极电势$\varphi(\text{pH})$为

$$\begin{aligned}\varphi(\text{pH}) &= \varphi(\text{AgCl/Ag}) + \varphi_m\\ &= \varphi(\text{AgCl/Ag}) + 常数 - 0.059\,2\ \text{VpH}\\ &= k - 0.059\,2\ \text{VpH}\end{aligned}\qquad(14-8)$$

由式（14-8）可见，玻璃电极的电极电势[$\varphi(\text{pH})$]与待测试液的pH呈线性关系。这就是利用pH玻璃电极测定溶液pH的定量依据。

从上述推导可知，当$a(H^+)_{内液}=a(H^+)_{外液}$时，φ_m应等于零，但是实际并不如此，此时敏感膜内外侧之间仍然存在一定的相界电势差，这种电势差称为不对称电势（$\varphi_{不对称}$），它是由于敏感膜内外侧表面性质实际并不完全相同而引起的。对于特定的电极，$\varphi_{不对称}$为一常数。随着电极活化时间的增加，$\varphi_{不对称}$可达到稳定的最小值。

由于干玻璃膜对 H^+ 没有响应，所以 pH 电极在使用前必须活化，且需稳定一定的时间，通常是在蒸馏水中浸泡 24 h。活化电极还可以使电极的不对称电势降低并达到一个稳定值，减小测量误差。

pH 玻璃电极在使用时不受氧化剂和还原剂的影响；可用于有色、浑浊或胶体溶液的测定；pH 的测定范围为 1～9，在此范围内，可准确至 pH±0.01。pH 超出 1～9 测定范围，要产生“酸差”或“钠差”，使 pH 测定值偏高或偏低。

近年来，玻璃电极常被制作成与饱和甘汞电极为一体的复合电极，且玻璃球膜置于塑料套管中，不易被碰碎。

（2）F^- 选择性电极　F^- 选择性电极（简称 F 电极）属于晶体膜电极。晶体膜电极分为单晶膜电极和多晶膜电极。单晶膜电极的敏感膜是由难溶盐的单晶切片制成；多晶膜电极的敏感膜是由难溶盐的沉淀粉末在高压下压制而成。F 电极是目前最成功的单晶膜电极，其构造如图 14-5 所示。

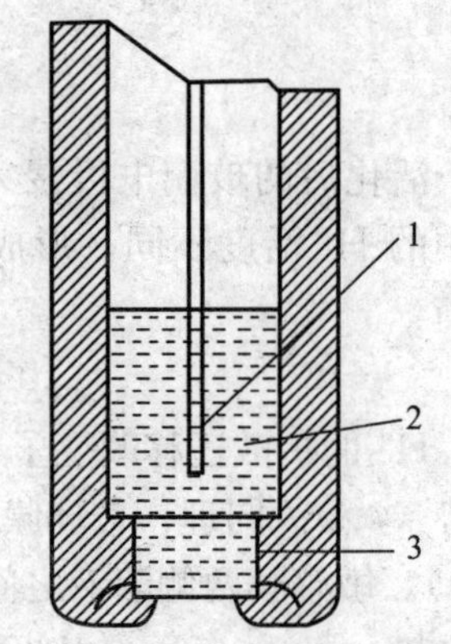

图 14-5　F^- 选择性电极
1. 内参比电极（Ag-AgCl）
2. 内参比溶液（NaF+NaCl）
3. 掺 EuF_2 和 CaF_2 的 LaF_3 单晶膜

F 电极的敏感膜是 LaF_3 单晶切片中掺有少量 EuF_2 或 CaF_2，制成 2 mm 左右厚的薄片。由于电极膜上的 Eu^{2+} 和 Ca^{2+} 代替了晶格点阵中 La^{3+}，使晶体中增加了空的 F^- 点阵，造成 LaF_3 晶格空穴，使更多的 F^- 沿着这些空点阵移动而导电，增加其导电性。F 电极的内参比电极也是 Ag-AgCl 电极，内参比溶液为 0.1 $mol \cdot L^{-1}$ NaF+0.1 $mol \cdot L^{-1}$ NaCl的混合溶液。

F 电极可表示为 Ag，AgCl | NaCl（0.1 $mol \cdot L^{-1}$），NaF（0.1 $mol \cdot L^{-1}$）| LaF_3 晶体膜

25 ℃时，F 电极的膜电势（φ_m）的表达式为

$$\varphi_m = 常数 - 0.059\,2\ V \lg a(F^-) \qquad (14-9)$$

电极电势 $\varphi(F^-)$ 为

$$\varphi(F^-) = \varphi(AgCl/Ag) + \varphi_m$$

$$= \varphi(AgCl/Ag) + 常数 - 0.059\,2\ V \lg a(F^-)$$

$$\varphi(F^-) = k - 0.059\,2\ V \lg a(F^-) \qquad (14-10)$$

或

$$\varphi(F^-) = k - 0.059\,2\ V \lg c(F^-) \qquad (14-11)$$

LaF_3 单晶对 F^- 有高度的选择性，允许体积小、带电荷少的 F^- 在其表面进行交换。F 电极对 F^- 有很宽的能斯特线性响应范围，在 $1 \sim 10^{-6}$ $mol \cdot L^{-1}$ F^- 活度范围内，电极电势 $\varphi(F^-)$ 与试液中 $a(F^-)$ 或 $c(F^-)$ 呈现良好的能斯特线性响应。氟电极使用的适宜 pH 范围为 5～6。若试液的 pH 较高，$c(OH^-) \gg c(F^-)$ 时，由于 OH^- 的半径与 F^- 相近，OH^- 能透过 LaF_3 晶格产生干扰，发生下列反应：

$$LaF_3(s)+3OH^- \rightleftharpoons La(OH)_3(s)+3F^-$$

电极膜表面形成了 $La(OH)_3$ 层，改变了膜的表面性质，同时释放出 F^- 进入溶液，使试液中 F^- 的活度增高，测定值偏高；反之，当试液的 pH 过低时，溶液中存在下列平衡：

$$H^+ + 3F^- \rightleftharpoons HF + 2F^- \rightleftharpoons HF_2^- + F^- \rightleftharpoons HF_3^{2-}$$

降低了 F^- 的活度，而 HF、HF_2^-、HF_3^{2-} 均不能被电极响应，使得测定值偏低。

一些能与 F^- 生成稳定配合物的阳离子，如 Fe^{3+}、Al^{3+}、Th^{4+}、Zr^{4+} 等使溶液中 F^- 的活度降低，测定产生负误差，可用 EDTA 或柠檬酸掩蔽以消除干扰。

推广：若电极敏感膜对 i 离子具有选择性响应，则 φ_{ISE} 可表示为

$$\varphi_{ISE} = k \pm \frac{0.059\,2\ V}{n} \lg a_i \tag{14-12}$$

或

$$\varphi_{ISE} = k \pm \frac{0.059\,2\ V}{n} \lg c_i \tag{14-13}$$

式中，a_i 和 c_i 分别为试液中待测离子 i 的活度和相对浓度；n 为 i 离子的价数；若 i 离子为阳离子，则取"+"号；i 离子为阴离子，则取"−"号。

从式（14-12）和式（14-13）可见，在一定温度下，离子选择性电极的电极电势（φ_{ISE}）与试液中待测离子 i 活度或相对浓度的对数呈线性关系（能斯特响应）。这就是用离子选择性电极测定试液中待测离子 i 的活度 a_i（或相对浓度 c_i）的定量依据。

五、离子选择性电极的选择性

事实上，一种离子选择性电极不仅对某一特定的待测离子（i）有响应，有时对共存的其他离子（j……）也会产生电势响应，从而对待测离子（i）的测定产生干扰。考虑了共存其他离子（j……）的影响后，电极电势的表达式（25 ℃）为

$$\varphi = k \pm \frac{0.059\,2\ V}{n} \lg[a_i + K_{i,j} a_j^{n_i/n_j} + \cdots] \tag{14-14}$$

式中，n_i 和 n_j 分别表示 i、j 离子的电荷数；a_i 和 a_j 分别表示 i、j 离子的活度；$K_{i,j}$ 为电极的选择性系数。

电极的选择性系数是电极选择性好坏的性能指标。$K_{i,j}$ 的定义为：引起离子选择性电极电势相同的变化时，待测离子的活度与干扰离子的活度之比，即

$$K_{i,j} = \frac{a_i}{a_j^{n_i/n_j}}$$

$K_{i,j}$ 越小，表示电极对 i 离子的选择性越高，一般认为 $K_{i,j}$ 小于 10^{-4} 以下，j 离子不呈现对 i 离子的测定产生干扰。$K_{i,j}$ 的倒数称为选择比。

利用选择性系数可以估算某种干扰离子（j）对待测离子（i）的测定所造成的误差，判断某种干扰离子存在时，测定方法是否可行。测定的相对误差可表示为

$$相对误差 = K_{i,j} \frac{a_j^{n_i/n_j}}{a_i} \times 100\% \tag{14-15}$$

第二节　电势分析法的应用

一、pH 的测定

1. 基本原理　测定溶液 pH 时，常以饱和甘汞电极作为参比电极（作正极），pH 玻璃电极作为指示电极（作负极），与待测试液一起构成工作电池，在两个电极之间接上 pH 酸度计，测量工作电池的电动势。工作电池如图 14－6 所示。

电池符号为

(－)Ag，AgCl ｜ $HCl(0.1\ mol\cdot L^{-1})$ ｜玻璃膜｜试液‖KCl(饱和)｜ Hg_2Cl_2，Hg(＋)

工作电池的电动势（25 ℃）为

$$\begin{aligned} E &= \varphi_{参} - \varphi_{指} \\ &= \varphi(Hg_2Cl_2/Hg) - \varphi(pH) \\ &= \varphi(Hg_2Cl_2/Hg) - (k - 0.0592\ VpH) \end{aligned}$$

$$E = K + 0.0592\ VpH \qquad (14-16)$$

由式（14－16）可知，在一定条件下，工作电池的电动势与待测试液的 pH 呈线性关系。因此，若已知 K，通过测定工作电池的电动势，即能求得试液的 pH。

2. 测定方法　由于式（14－16）中的 K 除了包括内、外两参比电极的电极电势等常数以外，还包括了难以测量和计算的不对称电势 $\varphi_{不对称}$ 和液体接界电势 φ_L 等。因此实际工作中，不能用式（14－16）直接计算 pH。

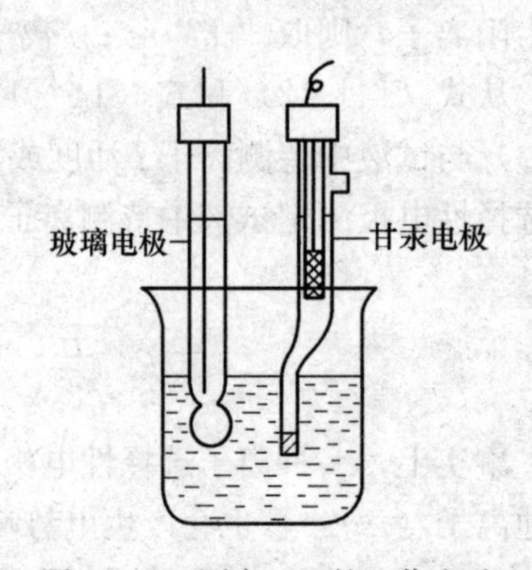

图 14－6　测定 pH 的工作电池

在实际测定中，用一个已知准确 pH 的标准 pH 缓冲溶液进行校正，比较标准缓冲溶液和待测试液的两个工作电池的电动势，求得待测试液的 pH。当用 pH 计测定试液 pH 时，先用标准缓冲溶液校正仪器，称定位，测出标准缓冲溶液的电动势 E_s。

$$E_s = K_s + 0.0592\ V\ pH_s \qquad (a)$$

在测定条件相同的情况下，以待测试液代替标准缓冲溶液，测定待测试液的电动势 E_x。

$$E_x = K_x + 0.0592\ V\ pH_x \qquad (b)$$

由于测定条件相同，因此 $K_s = K_x$。由式（a）和式（b）相减得

$$pH_x = pH_s + \frac{E_x - E_s}{0.0592\ V} \qquad (14-17)$$

由于 pH_s 为已知确定的数值，因此，通过测定 E_x 和 E_s，就可得出试液的 pH_x。由式（14－17）求得的 pH_x 不是由定义规定 $[pH = -\lg a(H^+)]$的 pH，而是以标准缓冲溶液为标准的相对值。式（14－17）就是按实际操作方式对水溶液的 pH 所给的实用定义（或称工作定义），通常也称为 pH 标度。

实际上，对溶液 pH 的测定，经常采用浓度直读法，即首先用一个 pH 标准缓冲溶液校

正仪器，调节仪器的 pH 读数为 pH 标准缓冲溶液的给定值（称定位），然后用校正好的仪器在相同实验条件下对待测试液测定，则仪器直接给出待测试液的 pH。

由于 pH 的实用定义是假设 $K_s = K_x$ 的，而在实验中某些因素的改变会使 K 发生变化而引进误差。为了尽可能减小测量误差，测定时，应选用 pH 尽可能与待测试液 pH 相近的标准缓冲溶液，测定过程中应尽可能保持测定溶液的温度恒定。

因为 pH 标准缓冲溶液是 pH 测定的基准，所以标准缓冲溶液的配制及其 pH 的确定是非常重要的。国家技术监督局颁发了六种 pH 标准缓冲溶液及其在 0～95 ℃的 pH。表 14－2 列出了三种常用的 pH 标准缓冲溶液于 0～60 ℃的 pH。

表 14－2　pH 标准缓冲溶液的 pH_s

温度 t/ ℃	0.05 mol·kg^{-1}邻苯二甲酸氢钾	0.025 mol·kg^{-1}磷酸二氢钾＋0.025 mol·kg^{-1}磷酸氢二钠	0.01 mol·kg^{-1}硼砂
0	4.006	6.981	9.458
5	3.999	6.949	9.391
10	3.996	6.921	9.330
15	3.996	6.898	9.276
20	3.998	6.879	9.226
25	4.003	6.864	9.182
30	4.010	6.852	9.142
35	4.019	6.844	9.105
40	4.029	6.838	9.072
50	4.055	6.833	9.015
60	4.087	6.837	8.968

二、离子活（浓）度的测定

1. 基本原理　直接电势法测定离子的活度或浓度的基本原理与用 pH 玻璃电极测定溶液 pH 的原理类似，常用离子选择性电极作指示电极（负极），饱和甘汞电极作参比电极（正极），组成工作电池，测定电动势。如图 14－7 所示。

$$E = \varphi_{参} - \varphi_{指} = \varphi(Hg_2Cl_2/Hg) - \varphi_{ISE}$$

$$= \varphi(Hg_2Cl_2/Hg) - \left(k \mp \frac{0.059\ 2\ V}{n}\lg a_i\right)$$

$$E = K' \mp \frac{0.059\ 2\ V}{n}\lg a_i \qquad (14-18)$$

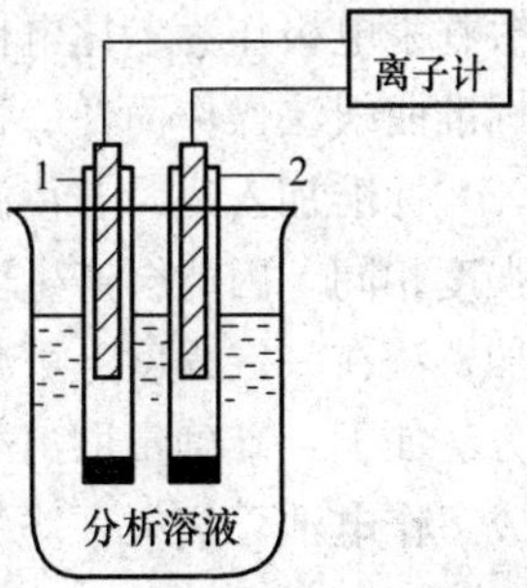

图 14－7　用离子选择性电极测定离子活度的工作电池
1. 离子选择电极　2. 参比电极

实际分析中通常要测定的是离子的相对浓度（即离子浓度的数值），而不是活度（$a_i = \gamma_i \cdot c_i$）。由于活度系数 γ 与离子强度有关，因此若固定溶液离子强度，便能使溶液的活度系数恒定不变，则式（14－18）可变为

$$E = K' \mp \frac{0.059\,2\ \mathrm{V}}{n} \lg a_i$$

$$= K' \mp \frac{0.059\,2\ \mathrm{V}}{n} \lg \gamma_i c_i$$

$$E = K' \mp \frac{0.059\,2\ \mathrm{V}}{n} \lg c_i \qquad (14-19)$$

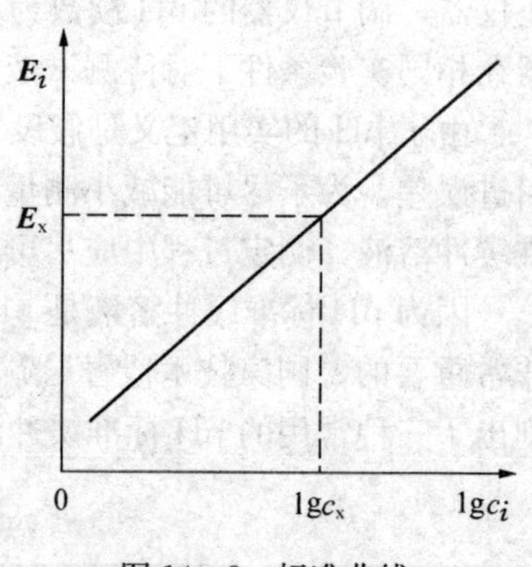

图 14-8　标准曲线

即可由电动势值求得待测离子的浓度。为了达到固定溶液离子强度，使溶液的活度系数恒定不变的目的，实验中通常往标准溶液和待测试液中加入大量对测定不干扰的惰性电解质溶液来固定溶液离子强度，称为“离子强度调节剂(ISA)”。此外，由于电极的电极电势还要受到溶液的 pH 和某些干扰离子的影响，因此，在离子强度调节剂中还要加入适量的 pH 缓冲剂和一定的掩蔽剂，用以控制溶液的 pH 和掩蔽干扰离子。将离子强度调节剂、pH 缓冲剂和掩蔽剂合在一起，称为“总离子强度调节缓冲剂”，简称 TISAB。TISAB有着恒定离子强度、控制溶液的 pH、掩蔽干扰离子以及稳定液体接界电势 φ_L 等作用，直接影响测定结果的准确度。

由式（14-18）和（14-19）可知，如果直接测定工作电池电动势 E，即可求得待测离子 i 的活度或浓度。这便是直接电势法的基本原理。

2. 定量方法　直接电势法测定离子的活度或浓度的常用定量方法有标准曲线法和标准加入法等。

（1）标准曲线法　标准曲线法是最常用的定量方法之一。测定时，先配制一系列含有不同浓度的待测离子的标准溶液，并分别加入一定量的 TISAB 溶液，将离子选择性电极和参比电极（常用饱和甘汞电极）分别插入这些标准溶液中组成工作电池，接上 pH 计或离子计。分别测量各工作电池的电动势 E_i，绘制出$E_i \sim \lg c_i$ 的关系曲线，即标准曲线。如图 14-8 所示。然后，在待测试液中也加入同样量的 TISAB 溶液，在同样条件下测定待测试液的电动势 E_x，从标准曲线上求出待测离子的浓度 c_x。

若待测离子含有与甘汞电极的盐桥（KCl）相同的离子或与盐桥发生化学反应时，可用双盐桥甘汞电极作为参比电极。

标准曲线法操作简便、快速，适用同时测定大批量试样。缺点是配制标准系列较麻烦。

（2）标准加入法　若待测试样成分比较复杂，则难以使它的离子强度同标准溶液系列的离子强度相同，因此会产生由于活度系数不同而引入的误差。此时不宜采用标准曲线法，而标准加入法在一定程度上可减小这种误差。

方法如下：准确量取离子浓度为 c_x 的待测试液 V_x，与离子选择性电极以及参比电极一起组成工作电池，加入 TISAB 溶液后，测得其电动势为 E_1。

$$E_1 = K \pm \frac{0.059\,2\ \mathrm{V}}{n} \lg c_x$$

然后在待测试液中准确加入一小体积 V_s(V_s 约为待测试液体积 V_x 的$\frac{1}{100}$）离子浓度为 c_s 的待测离子的标准溶液（c_s 约为 c_x 的 100 倍)，组成工作电池，此时介质条件基本不变，再测定电池电动势为 E_2。

$$E_2 = K \pm \frac{0.0592\ \text{V}}{n} \lg \frac{c_x V_x + c_s V_s}{V_x + V_s}$$

$$\Delta E = E_2 - E_1 = \pm \frac{0.0592\ \text{V}}{n} \lg \frac{c_x V_x + c_s V_s}{c_x (V_x + V_s)}$$

由于 $V_s \ll V_x$，则 $V_x + V_s \approx V_x$

$$\Delta E = E_2 - E_1 = \pm \frac{0.0592\ \text{V}}{n} \lg \frac{c_x V_x + c_s V_s}{c_x V_x}$$

通过数学整理得

$$c_x = \frac{\frac{c_s V_s}{V_x}}{10^{\pm(n\Delta E/0.0592\ \text{V})} - 1} \tag{14-20}$$

标准加入法的优点是不需作标准曲线，只需用一种标准溶液，操作简单快速，且是在同一种溶液（只是待测离子浓度稍有不同）中进行测定，活度系数变化小，可以抵消试样中干扰因素的影响，此方法适用于组成不清楚或复杂样品的测定。但是此方法不适宜同时分析大批试样。为了获得正确结果，V_x 和 V_s 必须准确。为保证加入标准溶液后试样的离子强度无显著变化，一般要求 $V_x \geqslant 100V_s$，$c_s \geqslant 100c_x$，使 ΔE 在 15～40 mV，此时测定的准确度较高。

三、电势滴定法

电势滴定法是利用滴定过程中的电势变化确定滴定终点的滴定分析法。与直接电势法相比，电势滴定法受液体接界电势、不对称电势和离子强度的影响很小，因而比直接电势法的准确度和精密度更高。当滴定反应平衡常数较小，滴定突跃不明显，试液有色或浑浊，用指示剂指示终点有困难时，可以采用电势滴定法，它不受这些因素限制。酸碱滴定、沉淀滴定、氧化还原滴定、配位滴定等均能适用，还能用于混合物溶液的连续滴定及非水介质的滴定等。但与普通的滴定分析相比，电势滴定法一般比较麻烦，分析时间较长，还需要离子计、搅拌器等，如能使用自动电势滴定仪和计算机工作站，则可实现自动滴定，达到简便、快速的目的。

1. 电势滴定法的基本仪器装置 电势滴定法的基本仪器装置如图 14-9 所示。与直接电势法相似，也是由一支指示电极和一支参比电极插入待测试液组成工作电池，不同之处是还有滴定管和搅拌器。

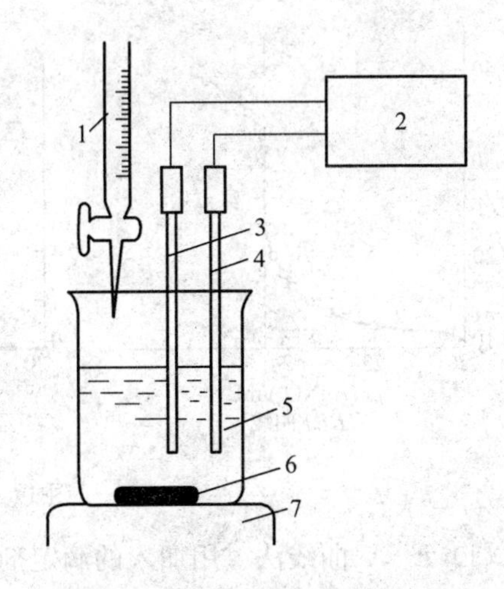

图 14-9 电势滴定基本仪器装置
1. 滴定管 2. pH-mV 计 3. 指示电极
4. 参比电极 5. 被滴定试液
6. 铁芯搅拌子 7. 电磁搅拌器

滴定过程中，每滴入一定体积滴定剂，测量一次电动势，直到超过化学计量点为止。这样就得到一系列滴定剂的体积（V）和相应的电动势（E）数据，根据所得到的数据确定滴定终点。应该注意，在化学计量点附近应该每加入 0.1～0.2 mL 滴定剂就测量一次电动势，而且为了便于计算，此时每次加入的滴定剂体积应该相等。表 14-3 是用 0.1000 mol·L^{-1} $AgNO_3$ 标准溶液滴定 NaCl 时所得到的数据示例。

表 14-3　0.100 0 mol · L^{-1} $AgNO_3$ 标准溶液滴定 NaCl 溶液

加入 $AgNO_3$ 体积/mL	E/mV	ΔE/mV	ΔV/mL	$\Delta E/\Delta V$ / mV · mL^{-1}	$\overline{V}$/mL	$\Delta(\Delta E/\Delta V)$ / mV · mL^{-1}	$\Delta\overline{V}$/mL	$\Delta^2E/\Delta V^2$ / mV · mL^{-2}	$\overline{\overline{V}}$/mL
5.00	62								
		23	10.00	2.3	10.00				
15.00	85								
		22	5.00	4.4	17.50				
20.00	107								
		16	2.00	8	21.00				
22.00	123								
		15	1.00	15	22.50				
23.00	138								
		8	0.50	16	23.25				
23.50	146								
		15	0.30	50	23.65				
23.80	161								
		13	0.20	65	23.90				
24.00	174								
		9	0.10	90	24.05				
24.10	183								
		11	0.10	110	24.15				
24.20	194					280	0.10	2 800	24.20
		39	0.10	390	24.25				
24.30	233					440	0.10	4 400	24.30
		83	0.10	830	24.35				
24.40	316					−590	0.10	−5 900	24.40
		24	0.10	240	24.45				
24.50	340					−130	0.10	−1 300	24.50
		11	0.10	110	24.55				
24.60	351								
		7	0.10	70	24.65				
24.70	358								
		15	0.30	50	24.85				
25.00	373								
		12	0.50	24	25.25				
25.50	385								
		11	0.50	22	25.75				
26.00	396								
		30	2.00	15	27.00				
28.00	426								

2. 滴定终点的确定　电势滴定法的关键是要能准确得到滴定终点时所消耗的滴定剂的体积，从而可通过标准溶液的浓度及滴定所消耗的体积，求得待测离子的浓度及待测物的含量。电势滴定曲线如图 14-10 所示。电势滴定法的终点确定方法常有：$E-V$ 曲线法、$\Delta E/\Delta V-V$ 曲线法（一级微商法）及 $\Delta^2E/\Delta V^2-V$ 曲线法（二级微商法）。

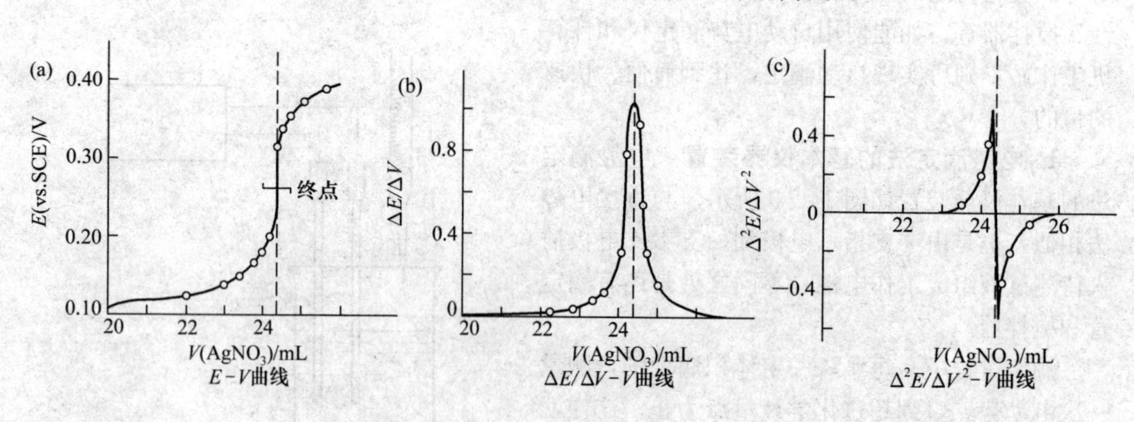

图 14-10　电势滴定曲线

（1）$E-V$ 曲线法　用加入的滴定剂体积 V 为横坐标，测得的电动势为纵坐标，绘制曲线，即得到 $E-V$ 曲线（滴定曲线）。如图 14-10(a) 所示。化学计量点位于滴定曲线的拐点处，拐点的求法是：作两条与滴定曲线相切并与坐标轴成 45°倾斜角的平行切线，在两条切线之间作一条垂线，通过垂线的中点再作一条与两条切线平行的直线，该直线与滴定曲线相交的交点即为拐点。拐点所对应的横坐标的体积即为滴定终点所消耗的滴定剂体积。只有

当 $E-V$ 曲线对称，且突跃部分陡直时，才能用此法，否则误差较大。

（2）$\Delta E/\Delta V-V$ 曲线法　此法又称一级微商法。如果滴定曲线比较平坦，滴定突跃不明显，拐点不容易求得，可采用一级微商法。$\Delta E/\Delta V$ 是 E 的增量（ΔE）与相对应的滴定剂体积增量（ΔV）之比，它表示在 $E-V$ 曲线上体积改变一小份引起的电动势 E 的增加量。以 $\Delta E/\Delta V$ 对 V 作曲线，可得到一条呈尖峰状极大的曲线，即一级微商曲线，如图 14－10(b) 所示。曲线上的峰尖所对应的横坐标的体积即为滴定终点的体积。注意，曲线的峰尖是用外延法绘出的。

例如，滴定至 24.30 mL 与 24.40 mL 之间，其 $\Delta E/\Delta V$ 为

$$\Delta E/\Delta V=\frac{E_{24.40}-E_{24.30}}{24.40-24.30}=\frac{316-233}{24.40-24.30}=\frac{83}{0.10}=8.3\times10^2$$

此点所对应的体积为 24.30 mL 与 24.40 mL 的平均体积，即 $V=(24.30+24.40)$ mL/2＝24.35 mL。

用此法确定终点较 $E-V$ 曲线法准确，但手续较烦，且峰尖是由作图外推得到的，也会产生一定误差。

（3）$\Delta^2E/\Delta V^2-V$ 曲线法　此法又称二级微商法。由于一级微商法的滴定终点是由外延法得到的，不够准确，可采用二级微商法。$\Delta^2E/\Delta V^2$ 表示在 $\Delta E/\Delta V-V$ 曲线上，体积改变一小份引起的 $\Delta E/\Delta V$ 的变化。滴定终点为 $\Delta^2E/\Delta V^2=0$ 时所对应的横坐标体积。二级微商曲线是以 $\Delta^2E/\Delta V^2$ 对 V 作曲线得到的，如图 14－10(c) 所示。

用二阶微商法确定滴定终点一般不必作图，可直接通过内插法计算得到滴定终点的体积，比一级微商法更准确、更简便，在日常工作中更为常用。内插法的计算方法为：在滴定终点前后找出一对 $\Delta^2E/\Delta V^2$ 数值（$\Delta^2E/\Delta V^2$ 由正到负），按下式比例计算：

$$\frac{(\Delta^2E/\Delta V^2)_{i+1}-(\Delta^2E/\Delta V^2)_i}{V_{i+1}-V_i}=\frac{0-(\Delta^2E/\Delta V^2)_i}{V_{终}-V_i} \tag{14-21}$$

从表 14－3 中看出：从 24.30～24.40 mL，其 $\Delta^2E/\Delta V^2$ 从正变到负。滴定体积 V_i＝24.30 mL 时，$\Delta^2E/\Delta V^2=4\,400$；$V_{i+1}=24.40$ mL 时，$\Delta^2E/\Delta V^2=-5\,900$。则 $V_{终}$ 为

$$\frac{-5\,900\ \text{mL}-4\,400\ \text{mL}}{24.40\ \text{mL}-24.30\ \text{mL}}=\frac{0\ \text{mL}-4\,400\ \text{mL}}{V_{终}-24.30\ \text{mL}}$$

$$V_{终}=24.34\ \text{mL}$$

本 章 小 结

1. 概述　电势分析法分为直接电势法和电势滴定法两大类。

（1）直接电势法是通过直接测量原电池的电动势，即参比电极与指示电极之间的电势差，然后根据能斯特方程式，计算待测离子的浓度，求得待测组分的含量。

（2）电势滴定法是测定滴定过程中的电动势变化，以电势的突跃确定滴定终点，再由滴定过程中消耗的标准溶液的体积和浓度计算待测离子的浓度，求得待测组分的含量。

2. 离子选择性电极

（1）离子选择性电极属于薄膜类电极，是一种电化学传感器。电极的电化学活性元件是敏感膜，敏感膜对溶液中待测离子有选择性的响应，故称为离子选择性电极。

(2) 离子选择性电极由对特定离子有选择性响应的敏感膜、内参比电极、内参比溶液以及导线和电极杆等部件构成。内参比电极一般是 Ag - AgCl 电极。

(3) 离子选择性电极的电极电势 (φ_{ISE}):

$$\varphi_{ISE}=k\pm\frac{0.0592\ V}{n}\lg a_i$$

在一定温度下,离子选择性电极的电极电势 (φ_{ISE}) 与试液中待测离子 i 的活度对数呈线性关系(能斯特响应)。

(4) pH 玻璃膜电极:pH 玻璃电极的电极电势 φ(pH) 为

$$\varphi(\mathrm{pH})=k-0.0592\ \mathrm{VpH}$$

pH 玻璃电极的电极电势 φ(pH) 与待测试液的 pH 呈线性关系,这就是利用 pH 玻璃电极测定溶液 pH 的定量依据。

溶液 pH 的测定,常用直接比较法:$\mathrm{pH_x}=\mathrm{pH_s}+\frac{E_x-E_s}{0.0592\ V}$

3. 电势分析法

(1) 直接电势法:$E=K'\pm\frac{0.0592\ V}{n}\lg a_i$。

直接电势法的定量方法主要是标准曲线法和标准加入法。

(2) 电势滴定法是利用电势法确定滴定终点的滴定方法。电势滴定法的终点确定方法常有:$E-V$ 曲线法、$\Delta E/\Delta V-V$ 曲线法(一级微商法)及 $\Delta^2E/\Delta V^2-V$ 曲线法(二级微商法)。

思 考 题

1. 电势分析法中,什么叫指示电极和参比电极?
2. 直接电势法的依据是什么?
3. 金属基电极和膜电极有何本质区别?
4. 写出用 pH 玻璃电极测定溶液 pH 的工作电池。
5. 为什么用直接电势法测定溶液 pH 时,必须用标准 pH 缓冲溶液?
6. 什么叫 TISAB 溶液?它有哪些作用?
7. 电势滴定法的基本原理是什么?如何确定滴定终点?

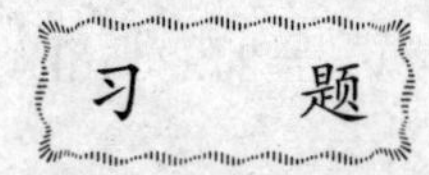

习 题

1. 在 25 ℃时,用 pH 玻璃电极测定溶液 pH 时,当电池中的标准溶液是 pH=6.88 的缓冲溶液时,电池电动势为 0.289 V。当用待测试液替换缓冲溶液时,测得的电动势为 0.312 V,计算待测试液的 pH。 (7.27)

2. 以 SCE 为正极,F^- 选择性电极为负极,放入 0.001 mol·L^{-1} 的 F^- 溶液中时,测得 $E=-0.149$ V,换用含 F^- 的试液,测得 $E=-0.202$ V。计算试液中 F^- 浓度 $c(F^-)$。

(1.27×10^{-4} mol·L^{-1})

3. 25 ℃时,用 Ca^{2+} 选择性电极(负极)与 SCE(正极)组成电池。在 100 mL Ca^{2+} 试液中,测得电动势为 −0.415 V。加入 2 mL 浓度为 0.218 mol·L^{-1} 的 Ca^{2+} 标准溶液后,测得电动势为 −0.440 V。求试液中 Ca^{2+} 的浓度 $c(Ca^{2+})$。 (7.28×10^{-4} mol·L^{-1})

4. 用 pH 玻璃电极作指示电极，SCE 作为参比电极，用 0.101 0 mol·L^{-1}NaOH 标准溶液滴定 25.00 mL 某一元弱酸溶液，测得终点附近的数据如下：

V(NaOH) /mL	24.92	24.96	25.00	25.04	25.08
pH	5.80	6.51	8.75	10.00	10.69

(1) 用二级微商内插法计算滴定终点体积。 (24.98 mL)

(2) 计算该弱酸溶液的浓度 c(HA)。 (0.100 9 mol·L^{-1})

5. 吸取 10.00 mL 浓度为 1.00 mol·L^{-1}的含 F^- 标准贮备液，加入一定量的 TISAB，稀释至 100 mL，得到浓度为 1.00×10^{-1} mol·L^{-1}的含 F^- 标准溶液；再将浓度为 1.00×10^{-1}mol·L^{-1}的含 F^- 标准溶液，按同样操作稀释 10 倍，得到浓度为 1.00×10^{-2} mol·L^{-1}的含 F^- 标准溶液。依此类推，按上述逐级稀释的方法，制成不同浓度的含 F^- 标准溶液系列。用 F^- 选择性电极作负极，SCE 作正极，进行直接电势法测定。测得数据如下：

$\lg c(F^-)$	−1.00	−2.00	−3.00	−4.00	−5.00	−6.00
E/mV	−400	−382	−365	−347	−330	−314

取 F^- 试液 20.00 mL，稀释至 100 mL，在相同条件下测定，$E=-359$ mV。

(1) 绘制 $E-\lg c(F^-)$ 工作曲线。

(2) 计算试液中 F^- 的浓度 $c(F^-)$。 (2.26×10^{-3} mol·L^{-1})

6. A solution has a total concentration of iron ions of 0.076 3 mol·L^{-1} in 1 mol·L^{-1} HCl. A platinum electrode that is placed in this solution gives a measured potential of 0.465 V versus SCE. If there are no other species than Fe^{2+} and Fe^{3+} that are being detected, what is the ratio of $[Fe^{2+}]/[Fe^{3+}]$ in this solution. (2.45)

7. A pH meter reads pH=2.50 when it is present in a dilute solution of HCl. Predict what would happen when solid NaCl is added into this solution.

第十五章　吸光光度分析法

第一节　吸光光度法概述

吸光光度法是基于物质对光的选择性吸收而建立起来的分析方法。包括比色法（colorimetric method）和分光光度法（spectrophotometry）。比色法是利用比较有色溶液颜色深浅确定有色物质的含量；分光光度法是利用分光光度计测量待测溶液对特定波长光的吸收程度而确定物质的含量。按照物质吸收光的波长范围不同，吸光光度法可分为紫外吸光光度法、可见吸光光度法和红外吸光光度法。本章重点讨论可见分光光度法，简称吸光光度法。

一、光的基本性质

光是一种电磁波，具有波粒二象性。组成光的光子的能量为

$$E=h\nu=h\cdot\frac{c}{\lambda} \qquad (15-1)$$

式中，h 是普朗克常量，$h=6.626\times10^{-34}\ \mathrm{J\cdot s}$。

由式（15-1）可见，不同波长（或频率）的光（辐射）具有不同的能量，波长越长，频率越低的光，能量越低；反之，波长越短，频率越高的光，能量越高。

将各种电磁辐射按波长的长短排列起来，即得到电磁波谱（electromagnetic spectrum）。见表 15-1。

表 15-1　电磁波谱的分类

电磁波谱区	辐射类型	波长（λ）	频率（ν）/Hz	跃迁类型	分析法类型
能谱	γ射线	<0.005 nm	$>6\times10^{19}$	核能级	能谱分析
	X射线	0.005～10 nm	6×10^{19}～3×10^{16}	K、L层电子能级	
光学光谱	远紫外光（真空紫外光）	10～200 nm	3×10^{16}～1.5×10^{15}	K、L层电子能级	光谱分析
	近紫外光	200～400 nm	1.5×10^{15}～7.5×10^{14}	外层电子能级	
	可见光	400～750 nm	7.5×10^{14}～3.8×10^{14}	外层电子能级	

（续）

电磁波谱区	辐射类型	波长（λ）	频率（ν）/Hz	跃迁类型	分析法类型
光学光谱	近红外光	0.8～2.5 μm	3.8×10^{14}～1.2×10^{14}	分子振动能级	光谱分析
	中红外光	2.5～50 μm	1.2×10^{14}～6.0×10^{12}	分子振动能级	
	远红外光	50～1 000 μm	6.0×10^{12}～3.0×10^{11}	分子转动能级	
波谱	微波	1～300 mm	3.0×10^{11}～1.0×10^{9}	分子转动能级	波谱分析
	无线电波	＞300 mm	＜1.0×10^{9}	电子和核自旋能级	

波长小于 10 nm，$E>10^2$ eV 的电磁辐射（γ 射线、X 射线），粒子性较明显，能量很高，被称为能谱。由此建立起来的分析方法，称能谱分析。

波长大于 1 mm，$E<10^{-3}$ eV 的电磁辐射（微波、无线电波），波动性较明显，被称为波谱。由此建立起来的分析方法，称波谱分析。

介于能谱和波谱之间的电磁辐射波谱，需借助光学仪器才能获得，因此称为光学光谱。由此建立起来的分析方法，称光学光谱分析，简称光谱分析。本章重点讨论可见光谱分析。

二、物质对光的选择性吸收

1. 物质对光选择性吸收的本质　当一束光照射到物质或其溶液上时，某些特定频率的光被物质选择性地吸收并使光强度减弱的现象，称为物质对光的选择性吸收。

可见分光光度法主要讨论的是物质分子对可见光的吸收，分子吸收了可见光后，外层电子从较低能量状态的电子能级跃迁到较高能量状态的电子能级。根据所吸收光的性质进行定性分析，根据物质分子对可见光的吸收程度与物质浓度的定量关系，进行定量分析。本章重点讨论用可见分光光度法的定量分析。

2. 物质颜色与吸收光的关系　人的眼睛能感觉到的光，称为可见光（visible light），其波长范围为 400～750 nm。在可见光区，不同波长的光呈现不同的颜色。具有单一波长的光称为单色光（chromatic light）。由不同波长组成的光称为复合光（polychromatic light）。当一束可见光（日光或白光）通过棱镜时，由于折射作用可分解为红、橙、黄、绿、青、蓝、紫等七种颜色的单色光，说明日光（或白光）是由不同波长颜色的单色光混合而成的复合光。实验证明，不仅七种颜色的单色光可以混合成日光或白光，其中两种适当颜色的单色光按一定强度比例混合也可得到白光，这两种单色光被称为互补光。互补光的关系如图 15－1 所示。图 15－1 中处于直线关系的两种单色光为互补光。物质或溶液的不同颜色正是由于物质分子选择性地吸收了日光中不同波长的光而产生的，由物质的结构所决定。当日光（复合光）照射到固体物质上，或日光通过溶液时，物质对不同波长光的吸收、透过、反射、折射程度不同而使物质呈现不同的颜色。如果物质对各种波长的光都完全吸收，则呈现黑色；如果完全反射，则呈现白色（溶液为无色）；如果对各种波长的

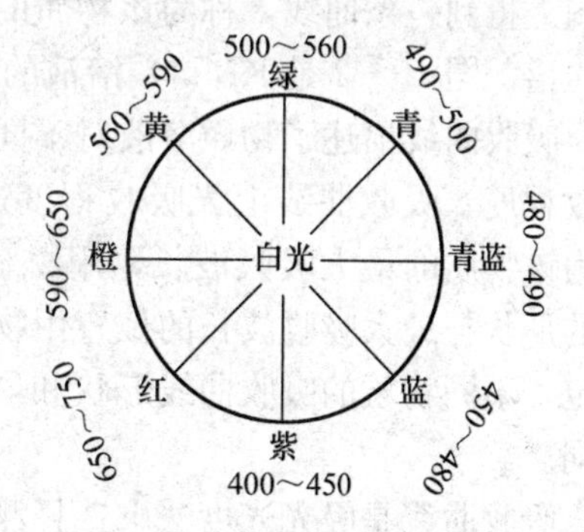

图 15－1　互补色光的示意图

光吸收程度相似，则呈现灰色；如果物质选择性地吸收特定波长的光，则呈现其互补光颜色。吸收的光强度越大，其互补光颜色越深，即物质或溶液颜色越深。这就是比色法的原理。物质或溶液的颜色与其吸收光颜色的互补关系见表15-2。

表15-2 物质颜色与吸收光颜色的互补关系

物质颜色	吸收光	
	颜色	波长 λ/nm
黄绿	紫	380～420
黄	蓝紫	420～440
橙	蓝	440～470
红	绿蓝	470～500
紫红	绿	500～520
紫	黄绿	520～550
蓝紫	黄	550～580
蓝	橙	580～620
绿蓝	红	620～680
绿	紫红	680～780

三、吸收曲线

物质或溶液，对不同波长光的吸收程度是不相同的。若选定某物质一定浓度的溶液，以各种不同波长的单色光作为入射光，依次通过该溶液，测定该溶液对各种波长单色光的吸收程度（吸光度 A）。以入射光波长 λ 为横坐标，溶液吸光度 A 为纵坐标作图，得到一条曲线，称为该物质的吸收曲线或吸收光谱。图15-2是 $KMnO_4$ 溶液的吸收曲线。

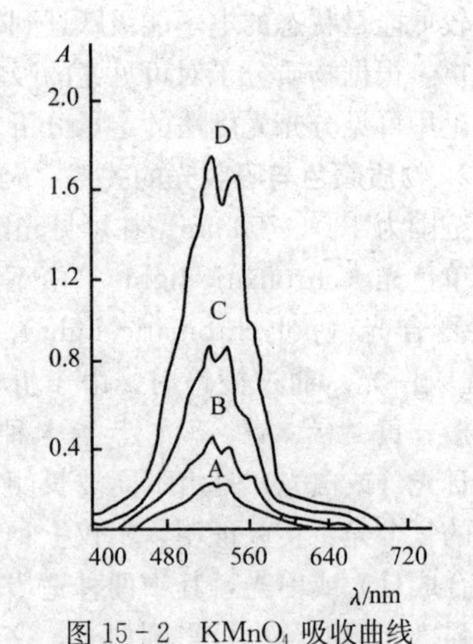

图15-2 $KMnO_4$ 吸收曲线

A. 1×10^{-5} mg·mL^{-1} B. 2×10^{-5} mg·mL^{-1}
C. 4×10^{-5} mg·mL^{-1} D. 8×10^{-5} mg·mL^{-1}

吸收曲线描述了物质溶液对不同波长单色光的吸收程度。吸收曲线上光吸收程度最大处的波长，称为该物质的最大吸收波长，用 λ_{max} 表示。吸收曲线的形状与最大吸收波长的位置由物质的结构本性决定，不同物质的吸收曲线形状和最大吸收波长均不同。

吸收曲线是吸光光度法中选择测定波长的重要依据，在无干扰的情况下，通常选用溶液的最大吸收波长作为测定时的入射光波长，提高测定灵敏度。

同一物质的吸收曲线形状相似，最大吸收波长位置固定不变。由图15-2所示，不同浓度的 $KMnO_4$ 溶液的吸收曲线形状相似，最大吸收波长 λ_{max} 都为525 nm。因此根据吸收曲线这一特性可以对物质进行定性分析。对图15-2进一步分析可看到不同浓度的 $KMnO_4$ 溶液对光的吸收程度（吸光度）不同，随着溶液浓度的增加而增大。根据物质的这一特性，可进行定量分析。

四、吸光光度法的特点

1. 灵敏度高　常用于测定试样中质量分数为 $10^{-2}\sim10^{-5}$ 的微量组分，甚至可测定质量分数为 $10^{-6}\sim10^{-8}$ 的痕量组分。而容量分析和重量分析一般用于常量组分分析。

2. 准确度较高　吸光光度法的相对误差为 2%～5%，其准确度虽比滴定分析和重量分析低，但对微量组分的测定完全满足要求，而滴定分析和常量分析常常无法测定。

3. 仪器设备简单、操作简便、测定速度快　近年来，灵敏度高、选择性好的显色剂和掩蔽剂相继出现，常常可以不经分离直接进行光度法测定。

4. 应用广泛　绝大多数无机离子和有机化合物都可以直接或间接地用吸光光度法测定，还可以进行某些化学平衡常数和配合物组成等的研究。

第二节　光吸收定律

一、光吸收定律——朗伯-比尔定律

1. 透光率与吸光度　当一束强度为 I_0 的平行单色光通过均匀、透明、非散射的有色溶液时，一部分被溶液吸收后，光的强度变为 I_t，I_t 称为透过光的强度。如图 15-3 所示。

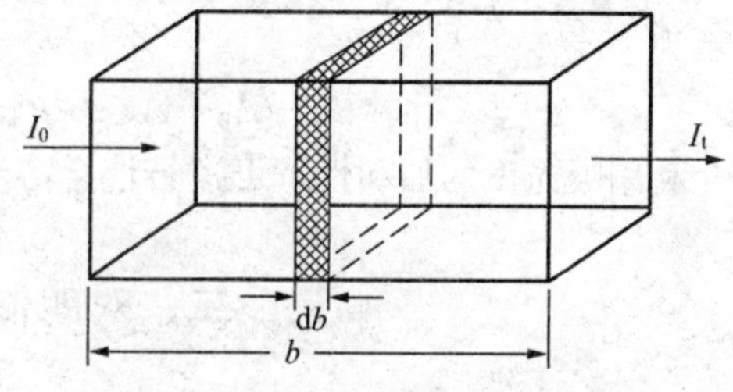

图 15-3　溶液吸光示意图

显然，当入射光强度 I_0 一定时，透过光强度越大，溶液对光的吸收程度越小；反之，透过光强度越小，溶液对光的吸收程度越大。

透过光强度 I_t 与入射光强度 I_0 之比称透光率（或称透光度）（transmittance），用 T 表示：

$$T=\frac{I_t}{I_0} \qquad (15-2)$$

溶液对光的吸收程度常用吸光度 A(absorbance) 表示，它与透光率的关系为

$$A=\lg\frac{1}{T}=-\lg T=\lg\frac{I_0}{I_t} \qquad (15-3)$$

2. 朗伯-比尔定律　朗伯（Lambert）和比尔（Beer）分别于 1760 年和 1852 年研究了光的吸收程度（吸光度）与液层厚度（以吸收池厚度表示，即光在溶液中经过的距离）及与溶液浓度的定量关系。朗伯的研究结果表明：用适当波长的单色光通过固定浓度的溶液时，光强度的减弱与入射光强度及液层厚度成正比。比尔进一步证明了单色光强度的减弱与入射光强度及溶液的浓度成正比。两种研究结果结合起来就称为朗伯-比尔定律，也称光吸收定律。它的定义为：在一定浓度范围内，当一束平行单色光通过均匀、透明、非散射且一定厚度液层的有色溶液时，溶液的吸光度 A 与吸光物质的浓度 c 及液层厚度 b 的乘积成正比。朗伯-比尔定律是吸光光度法定量分析的基本理论依据。其数学

表达式为

$$A = kbc \tag{15-4}$$

式中，k 是与吸光物质的性质、温度和入射光波长有关的常数。k 值的大小及量纲与溶液浓度 c 和液层厚度 b 的量纲有关。当溶液浓度 c 和液层厚度的量纲分别以 $g \cdot L^{-1}$ 和 cm 表示时，常数 k 用 a 表示，a 称为吸光系数，量纲为 $L \cdot g^{-1} \cdot cm^{-1}$；当溶液浓度 c 和液层厚度的量纲分别以 $mol \cdot L^{-1}$ 和 cm 表示时，常数 k 用 ε 表示，ε 称为摩尔吸光系数，量纲为 $L \cdot mol^{-1} \cdot cm^{-1}$。此时朗伯-比尔定律的数学表达式为

$$A = \varepsilon bc \tag{15-5}$$

在吸光光度法中，式（15－5）是朗伯-比尔定律更常用的数学表达式。摩尔吸光系数 ε 在数值上等于浓度为 $1\ mol \cdot L^{-1}$、液层厚度为 1 cm 时溶液的吸光度。ε 反映了物质对某一波长光的吸收能力，是吸光物质在一定条件下的特征常数，与吸光物质的性质、温度和入射光波长有关，而与有色溶液的浓度无关。ε 的大小反映了吸光物质对光吸收的灵敏度。ε 越大，则测定的灵敏度越高。一般认为，$\varepsilon < 10^4$ 属低灵敏度；$10^4 < \varepsilon < 5 \times 10^4$ 属中等灵敏度；$\varepsilon > 5 \times 10^4$ 属高灵敏度。为了提高测定灵敏度，常选择 ε 值较大的有色化合物作为吸光物质；在无干扰时，选择有最大 ε 值波长（λ_{max}）的光作为入射光。通常所说的某物质的摩尔吸光系数是指在最大吸收波长 λ_{max} 处的摩尔吸光系数 ε_{max}。

朗伯-比尔定律适用的条件是：①入射光是单色光；②吸收发生在均匀介质中；③吸收过程中，吸光物质互相不发生作用。

3. 吸光度的加和性 当溶液中有多种吸光物质时，如果各组分之间没有相互作用，则溶液对波长 λ 的光的总吸光度等于溶液中每一组分的吸光度之和，即吸光度具有加和性。可表示为

$$A_{总} = A_1 + A_2 + A_3 + \cdots + A_n = (\varepsilon_1 c_1 + \varepsilon_2 c_2 + \varepsilon_3 c_3 + \cdots \varepsilon_n c_n) b \tag{15-6}$$

利用吸光度的加和性，可进行混合溶液的多组分分析。

二、对朗伯-比尔定律的偏离

根据朗伯-比尔定律，当吸收池厚度一定时，以吸光度 A 对溶液浓度 c 作图，应得到一条通过原点的直线，称标准曲线或工作曲线。但实际工作中（特别是高浓度时），吸光度与浓度有时是非线性的，或者不通过原点，这种现象称为偏离朗伯-比尔定律。如图 15－4 所示。

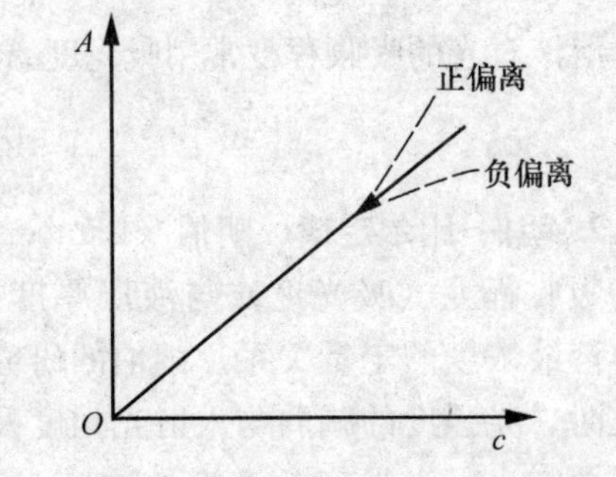

图 15－4　标准曲线和对朗伯-比尔定律的偏离

引起偏离朗伯-比尔定律的原因主要有定律本身适用范围的局限性、溶液的性质、仪器因素以及一些测定过程中的其他因素。

1. 朗伯-比尔定律本身适用范围的局限性 只有在 $c < 0.01\ mol \cdot L^{-1}$ 的稀溶液中吸光度与浓度才有良好的线性关系。高浓度时，溶质粒子间距离缩小，电荷分布相互影响，改变吸光能力，引起偏离。即朗伯-比尔定律只适用于稀溶液。

2. 溶液的性质　溶液本身的物理和化学性质也会引起对朗伯-比尔定律的偏离，产生偏差。

（1）物理因素　朗伯-比尔定律只适用于均匀、透明、非散射的溶液。当入射光通过不均匀的乳浊液或悬浮液等介质时，一部分光会因散射而损失，使透过光减少，吸光度增大，导致了对朗伯-比尔定律产生偏离。

（2）化学因素　溶液中的吸光物质常因反应条件变化而发生解离、缔合和互变异构等反应，从而使吸光物质的浓度发生改变，导致了对朗伯-比尔定律的偏离。

3. 仪器因素　朗伯-比尔定律是建立在单色光的基础上的，只有当入射光是单一波长的单色光时，吸光度与浓度才呈线性关系。但由于仪器的单色光是通过棱镜或光栅得到的，分辨能力有限，无法获得完全只有一个波长的单色光，实际上得到的是具有一定较窄波长范围的复合光。由于吸光物质对不同波长光的吸收能力不同，λ_1 对应 ε_1，λ_2 对应 ε_2，因而产生了对朗伯-比尔定律的偏离。可通过以下的推导来加以说明。

假定入射光由 λ_1 和 λ_2 两种波长光组成，溶液对其光的吸收遵循朗伯-比尔定律，则

对 λ_1　　$A_1=\lg I_{01}/I_1=\varepsilon_1 bc$　　$I_1=I_{01}10^{-\varepsilon_1 bc}$

对 λ_2　　$A_2=\lg I_{02}/I_2=\varepsilon_2 bc$　　$I_2=I_{02}10^{-\varepsilon_2 bc}$

总的入射光的强度为 $I_{01}+I_{02}$，透射光的强度为 I_1+I_2，该光通过溶液后的吸光度为

$$A=\lg\frac{I_{01}+I_{02}}{I_1+I_2}=\lg\frac{I_{01}+I_{02}}{I_{01}10^{-\varepsilon_1 bc}+I_{02}10^{-\varepsilon_2 bc}}$$

当 $\varepsilon_1=\varepsilon_2=\varepsilon$，即入射光为单色光，则上式 $A=\varepsilon bc$，当 $\varepsilon_1\neq\varepsilon_2$，$A\neq\varepsilon bc$，$A$ 与 c 不呈线性关系。ε_1 与 ε_2 相差越大，则偏离朗伯-比尔定律越严重。因此，实际测定时入射波长常选 λ_{max}，不仅能保证有较高的灵敏度，而且此处吸收曲线较平坦。ε 变化小，对朗伯-比尔定律的偏离小，见图 15-5。若待测溶液有干扰物质存在时，应根据干扰较小而吸光度尽可能大的原则选择波长。

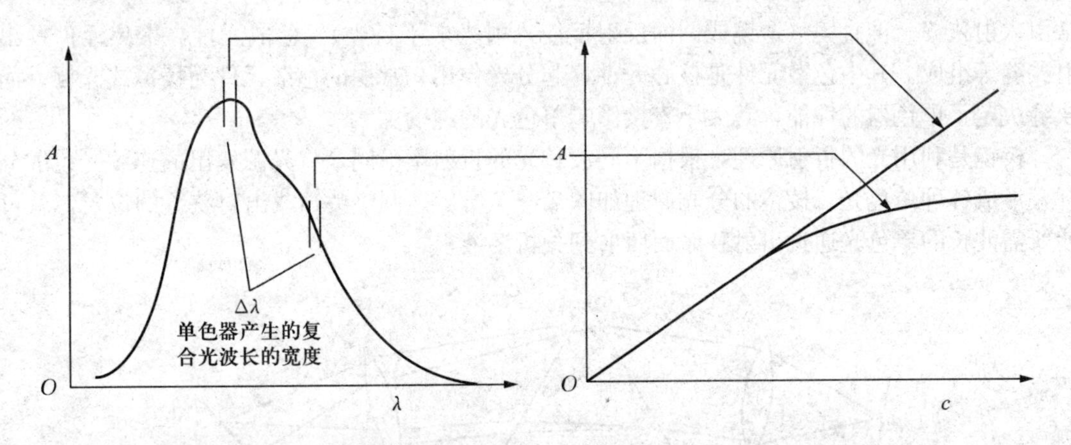

图 15-5　非单色光在不同波段对朗伯-比尔定律偏离的影响

另外，若仪器光源电压不稳定，会使入射光强度不稳定；相同规格的吸收池厚度不完全一样；检测器灵敏度不高；转换信号线性不好；仪器内部的灰尘及各部件的散射等仪器因素都会造成误差。

第三节　分光光度计

一、分光光度计的基本结构

分光光度计的类型很多，但就其基本结构而言，都是由光源、单色器、吸收池、检测器和信号显示装置五大基本部件组成，如图 15-6 所示。

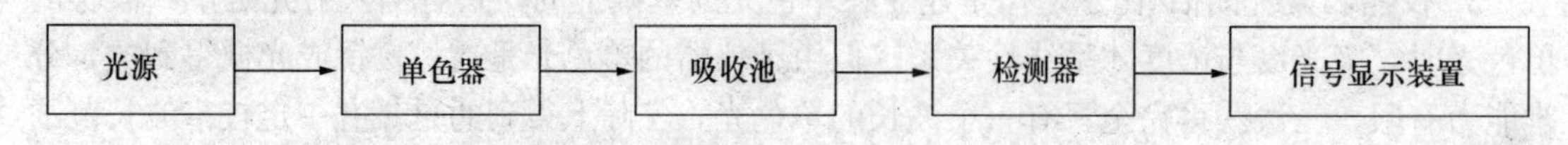

图 15-6　分光光度计的基本结构

1. 光源　光源的作用是发射出特定波长范围的连续光作为测定的入射光，理想的光源应能够提供强度足够大的持续辐射，且发射光强度随波长的变化要小。由于电源电压的微小波动会引起光源发射的光强度有较大变化，因此必须使用稳压电源保持光源光强度不变。分光光度计中常用的光源有热辐射光源和气体放电光源两类。热辐射光源用于可见光区，如钨丝灯和卤钨灯。气体放电光源用于紫外光区，如氢灯和氘灯。

钨灯的发射光波长约为 340～2 500 nm，属于可见光和近红外光区。在钨灯中加入一定量的卤素单质或化合物，可以减少高温下钨丝的蒸发损失，延长使用寿命。这种灯被称为卤钨灯，其发光特性与钨灯相似。

氢灯和氘灯可以在 160～370 nm 范围内产生连续光谱的辐射，属于近紫外光区。其中氘灯的灯管内充有氢的同位素氘，波长范围为 180～360 nm，光谱分布与氢灯相似，发光强度为同功率氢灯的 3～5 倍。

2. 单色器　单色器的作用是将光源发出的连续光分解为各种波长的单色光，它是分光光度计的核心部件。单色器的色散能力越强，分辨率越高，得到的单色光就越纯。单色器通常由入射狭缝、准直镜（透镜或凹面反射镜使入射光成平行光）、色散元件、聚焦元件及出射狭缝等组成。其中色散元件是核心元件，起分光作用，常用的色散元件为棱镜或光栅。而狭缝决定了单色器的性能，其大小直接影响单色光的纯度。

棱镜是利用光的折射原理，根据不同波长光的折射率不同，将光源发出的连续光色散分开，形成各种单色光。棱镜的分光原理如图 15-7 所示。调整棱镜或出射狭缝的位置，就可使所需波长的单色光通过出射狭缝而照射到分析溶液上。

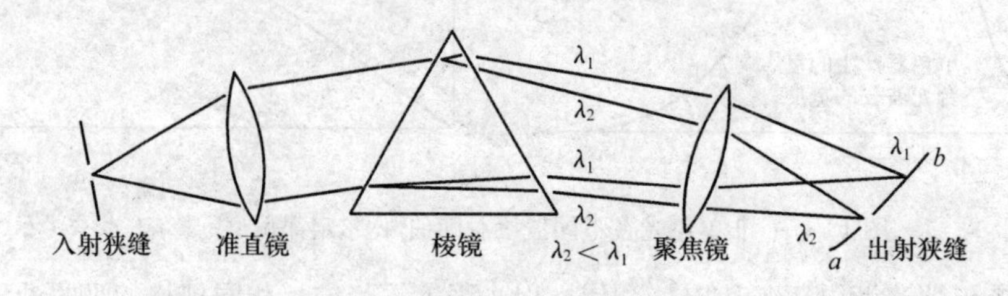

图 15-7　棱镜分光原理图

棱镜有玻璃和石英两种材料。因为玻璃可吸收紫外光，所以玻璃棱镜只能用于可见光区域内。而石英棱镜可用于 185～4 000 nm 范围，即可用于紫外、可见和近红外三个光谱区域。

光栅是利用光的衍射和干涉原理将连续光色散为不同波长的单色光。光栅的色散能力比棱镜大，可用于紫外光、可见光和近红外光区域，在整个波长区域具有良好的、几乎均匀一致的分辨能力。光栅分平面投射光栅和反射光栅，在仪器中广泛使用的是反射光栅。光栅的分光原理如图 15－8 所示。

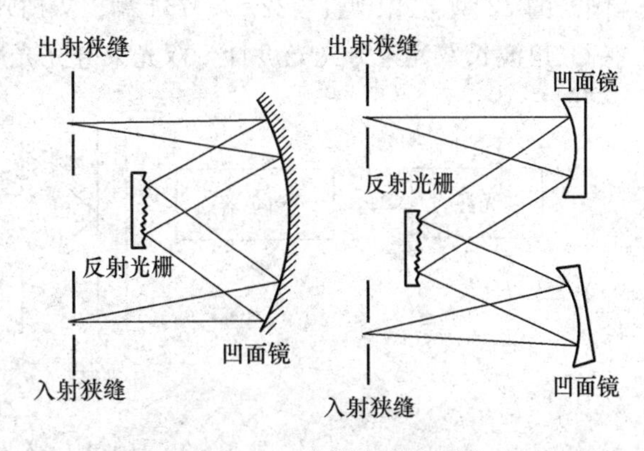

图 15－8　光栅分光原理图

光栅具有色散波长范围宽、分辨率高、制造简单、便于保存和成本低的优点。缺点是各级光谱会产生干扰。

3. 吸收池　吸收池又称比色皿，用于盛放被测溶液。它是由无色透明、耐腐蚀的光学玻璃或石英材料制成的。玻璃因为对紫外光有强烈的吸收，因此玻璃比色皿只能用于可见光区；石英比色皿既能用于可见光区，又能用于紫外光区。比色皿的厚度（两光学面之间的距离）有 0.50 cm、1.00 cm、2.00 cm、3.00 cm 等规格。在高精度测定时，要求同种规格的比色皿严格配套，以保持比色皿材料的光学特性和厚度严格一致。配套使用的同种规格比色皿之间的透光率之差应小于 0.5%。比色皿的光学面必须完全垂直于光束方向，以减少光的反射损失。比色皿光学面上的指纹、油污或其他沉积物都会影响到吸光度的测定，因此使用时一定要保持比色皿光学面的光洁。

4. 检测器　检测器是光电转换器件。其作用是接收未被吸收池中溶液吸收的透过光，利用光电效应将其光信号转换为电流信号。检测器要求对测定波长范围的光有快速、灵敏的响应；而且要求噪音低、稳定性好；产生的光电流必须与照射在检测器上的光强度成正比。检测器的类型包括硒光电池、光电管、光电倍增管和光电二极管阵列检测器。现常用的检测器有光电倍增管和光电二极管阵列检测器。

5. 信号显示装置　信号显示装置的作用是将检测器输出的电流信号以吸光度 A 或透光率 T 的方式显示或记录下来，常用的信号显示装置有检流计、微安表、记录仪、数字显示器或计算机。

二、分光光度计的类型

分光光度计主要有单波长和双波长两类。单波长光度计又有单光束和双光束两种。

1. 单波长分光光度计

（1）单波长单光束分光光度计　这种类型的光度计结构简单，价格便宜，适用于常规分析，是目前普及率最高的一类光度计。其工作原理与图 15－7 相同。单光束分光光度计只有一条光路，通过变换参比池和样品池的位置使它们分别进入光路进行测定。首先要用参比溶液调节透光率到 100%，然后才能对样品进行测定。测定时，每换一次波长，都要用参比溶液校正透光率到100%，若要做全谱区分析很麻烦。测定结果还易受电源波动的影响。

国产的72型、721型、722型、751型、WFD－G型分光光度计均属于单光束类型。

(2) 单波长双光束分光光度计　双光束分光光度计的工作原理如图15－9所示。

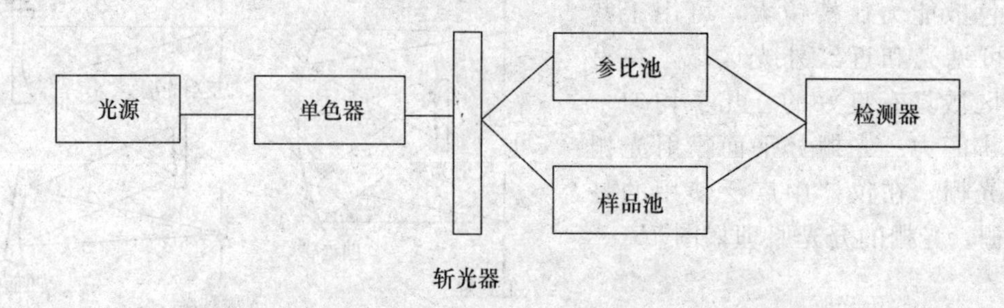

图15－9　双光束分光光度计原理图

双光束分光光度计的光路基本与单光束分光光度计的光路相同，不同的是在单色器与吸收池之间加了一个斩光器，它的作用是将单色器产生的单色光分为两束强度相同的单色光。一束光通过参比池，另一束光通过样品池，然后由检测器交替接收参比信号和样品信号，把它们的差值转变为电信号，即得到样品溶液的吸光度。测到的电信号实际上就是扣除了参比溶液后待测溶液的吸光度。由于采用了双光路方式，两路光束同时分别通过参比溶液和样品溶液，因此测定时无需用参比溶液校正透光率到100%，操作更为简便；同时也减少了由于光源的波动而产生的误差，提高了测定准确度。双光束分光光度计更适用于在较广的光谱区域内扫描复杂的吸收光谱图。

国产的710型、730型、740型分光光度计均属于双光束类型。

2. 双波长分光光度计　双波长分光光度计的工作原理如图15－10所示。

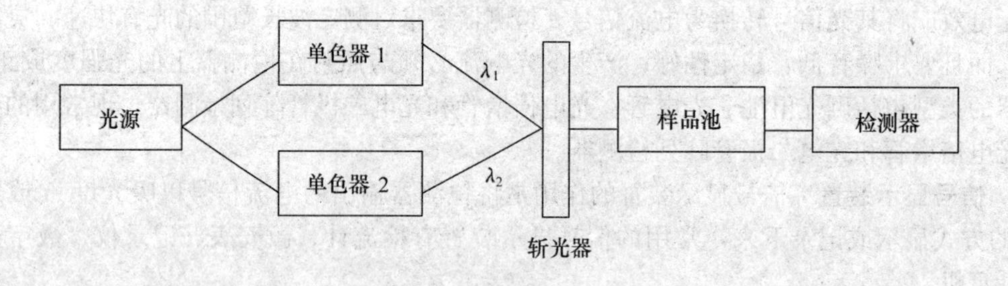

图15－10　双波长分光光度计的工作原理图

双波长分光光度计采用两个不同波长的单色器，由同一光源发出的光被分成两束，分别进入两个单色器，得到λ_1和λ_2两束不同波长的单色光。利用斩光器使两束单色光交替照射样品溶液（无需使用参比溶液），最后由显示器显示出两个波长处的吸光度之差ΔA，$\Delta A = A_{\lambda_1} - A_{\lambda_2}$。$\Delta A$是扣除了背景吸收的吸光度，与试样溶液中被测组分的浓度呈正比，这是双波长法定量分析的基本依据。

双波长分光光度计不仅能测定高浓度试样、多组分混合试样，而且能测定浑浊试样。不仅操作简单，而且精确度高。利用双波长分光光度计还能获得导数光谱，还能进行化学反应的动力学研究。

第四节　显色反应和显色条件的选择

一、显色反应的选择

1. 显色反应和显色剂　如果物质本身有色，则可以直接测定（如 $KMnO_4$）。但这类物质很少，大多数待测物质本身无色或颜色很浅，即对可见光无吸收或吸收极少。因此必须加入适当的试剂与待测组分发生化学反应，使之生成稳定的有色物质后才能进行测定。这种能与待测组分形成有色化合物所加的试剂称为显色剂；其反应称为显色反应。常见的显色反应大多是生成螯合物的配位反应，少数是氧化还原反应和能增加吸光能力的生化反应。

2. 显色反应的选择　同一待测组分可与多种显色剂作用生成不同的有色物质，但所生成的有色物质不一定都能用于吸光光度法，因此应该选择适当的显色反应和显色剂，提高显色反应的灵敏度和选择性。

（1）定量反应　显色剂与待测组分的反应要定量进行，生成的有色物质组成必须恒定，且符合一定的化学式。只有这样才能通过测定有色物质的吸光度，确定待测组分的浓度和含量。

如果显色反应的结果是形成多种配位比的配合物，则必须严格控制显色条件，使之在一定条件下只生成一种符合特定化学式的有色物质，确保测定结果的准确度。

（2）选择性好　最好选择只与被测组分发生显色反应的显色剂，排除共存物质干扰。但是真正的这种专属显色剂是极少的，因此，实际工作中应选用干扰少或干扰易消除的显色剂。

（3）灵敏度高　一般要求显色产物的摩尔吸光系数 $\varepsilon > 10^4$。

（4）有色化合物的稳定性好　有色产物的化学性质应足够稳定，至少应保证在测定过程中其吸光度不变。

（5）有色化合物和显色剂之间的颜色差别要大　一般要求 $\lambda_{max}(MR) - \lambda_{max}(R) \geq 60$ nm。

（6）显色条件易于控制　测定结果要有良好的精密度和准确度，且重现性好。

二、显色条件的选择

显色反应能否完全符合吸光光度法的要求，除了与显色剂的性质有关外，还与显色反应的条件有关。选择合适的显色条件，对提高测定结果的精密度及准确度有重要的作用。

适宜的显色条件应由实验确定，即固定其他反应条件，只改变其中一个条件，在相同条件下显色，测定吸光度。选择 A 最大且恒定的范围，即为适宜的显色反应条件。显色条件包括酸度、显色剂用量、显色时间、显色温度等。

（1）显色剂用量　显色反应一般可表示为

$$\text{M（待测组分）} + \text{R（显色剂）} = \text{MR（有色配合物）}$$

对于稳定性高的有色配合物，只要显色剂过量，就可以使待测组分定量生成有色配合物。但对于某些稳定性差的配合物或可形成多级配合物的显色反应，有些则不能过量过多的显色剂，有些要严格控制用量，否则反而会引起副反应，使溶液的吸光度降低，对测定不利。

适宜的显色剂用量是通过实验方法确定的。通过实验测定不同显色剂用量时的吸光度，以显色剂用量为横坐标，溶液吸光度为纵坐标，绘制 $A-c(\mathrm{R})$ 曲线。一般可得到如图 15-11 所示的三种情况。

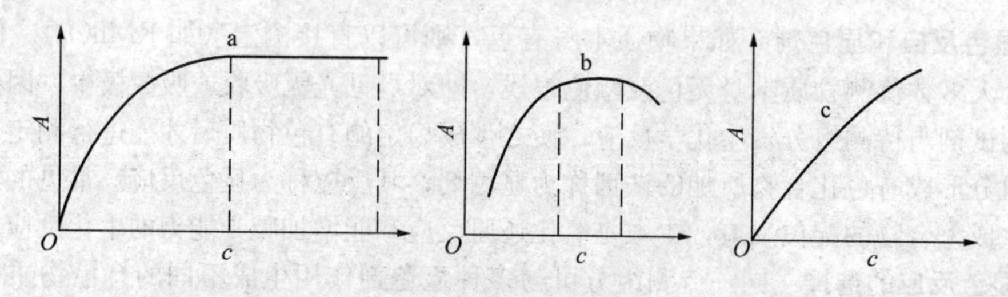

图 15-11 吸光度与显色剂用量的关系曲线

从图 15-11 中可见，a 曲线：加入的显色剂未达到反应所需的用量时，待测组分还未完全被显色，吸光度不断增大。当显色剂达到某一用量时，吸光度达到最大。再增加显色剂用量，吸光度基本不变，曲线呈水平状，表示待测组分被完全反应。适宜的显色剂用量应选择在曲线的平坦范围。b 曲线：随着显色剂用量的增加，曲线出现一个较窄的平坦部分，但当显色剂用量继续增加超过平坦部分后，吸光度反而下降。对于这种情况，适宜的显色剂用量不仅要选择在吸光度稳定的曲线平坦部分内，而且要防止过量太多。c 曲线：随着显色剂用量的增大，吸光度不断增加，不出现平坦的吸光度稳定部分。对这种情况，则必须严格控制显色剂用量，保证得到与被测组分严格对应的有色物质浓度，得到准确的测定结果。b 和 c 曲线的情况，通常是由于有色配合物的稳定性较差或形成多级配合物而造成的。例如以 SCN^- 作显色剂测定 Mo^{5+} 时，要求生成红色的配合物 $Mo(SCN)_5$ 进行测定。但是如果 SCN^- 过量很多，就会生成浅红色的 $Mo(SCN)_6^-$，反而使溶液的吸光度降低，因此不能用过量太多的显色剂；再例如用 SCN^- 作显色剂测定 Fe^{3+} 时，随着 SCN^- 浓度的增大，会生成配位数逐渐增大的多级配合物 $Fe(SCN)^{2+}$、$Fe(SCN)_2^+$、$Fe(SCN)_3$、$Fe(SCN)_4^-$、$Fe(SCN)_5^{2-}$、$Fe(SCN)_6^{3-}$，其颜色由橙黄色逐渐加深变为血红色。这种情况，只有严格控制显色剂的用量，才能得到准确的结果。

（2）溶液酸度　溶液的酸度对显色反应的影响很大而且是多方面的。由于溶液酸度直接影响着金属离子的存在形式、显色剂的解离程度以及有色配合物的组成和稳定性等。因此，控制溶液适宜的酸度是确保测定获得良好结果的重要条件。

① 酸度对金属离子存在形式的影响：若待测组分是金属离子，由于很多金属离子容易水解，当溶液酸度降低时，溶液中的金属离子除了以简单的离子形式存在外，还可能形成一系列氢氧基或多核氢氧基配离子。酸度更低时，可能进一步水解生成碱式盐或氢氧化物沉淀。因此，酸度不能太低。

② 酸度对显色剂平衡浓度和颜色的影响：显色反应所用的显色剂很多是有机弱酸，溶液酸度的变化，会影响显色剂的解离程度，从而影响其平衡浓度，进而影响显色反应的完全程度。因此，酸度也不能过高。

另外，有些显色剂还具有酸碱指示剂的性质，在不同酸度下有不同的颜色。例如，显色剂二甲酚橙还具有指示剂的性质。pH<6 时呈黄色；pH>6 时呈红色。而二甲酚橙与金属离子生成红色的配位离子。故二甲酚橙只能在 pH<6 的酸性溶液中作金属离子的显色剂，否则就会引入很大的误差。

③ 酸度对有色配合物的组成和稳定性的影响：对于某些生成多级配合物的显色反应，酸度不同，有色配合物的配位比不同，颜色也不同。金属离子与弱酸根阴离子发生显色反应时，在 pH 较低的酸性溶液中，大多生成低配位数的配合物，没有达到金属离子的最大配位数。当溶液 pH 增大时，游离的阴离子浓度相应增大，可能会生成高配位数的配合物。溶液颜色发生变化。如磺基水杨酸与 Fe^{3+} 的反应，在 pH 2～3 时生成紫色 1∶1 配合物；在 pH 4～7 时生成棕橙色 1∶2 配合物；在 pH 8～10 时生成黄色 1∶3 配合物。

对有些稳定性较差的有色配合物，溶液 pH 增大，使其解离程度增大，颜色变浅，甚至颜色消失，无法测定。因此，若利用这类反应进行显色测定时，必须严格控制溶液的酸度。必要时用缓冲溶液控制溶液的酸度。适宜的酸度是通过实验确定的。具体方法是，固定溶液中待测组分和显色剂的浓度，调节溶液不同的 pH，测定吸光度。以 pH 为横坐标，吸光度为纵坐标，绘制 A－pH 曲线，如图 15－12 所示。曲线中较平坦部分对应的 pH 即显色反应的适宜 pH 范围。

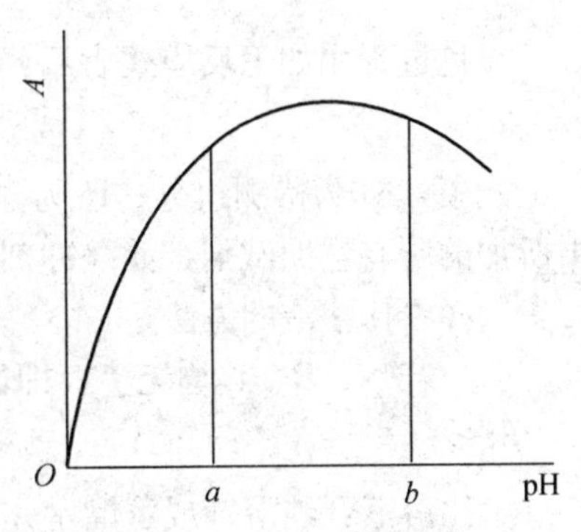

图 15－12　A－pH 关系曲线

(3) 显色时间　显色反应的速度快慢不一，生成的有色化合物稳定性各不相同。因此，必须通过实验确定最佳的显色时间。应选择显色反应完全，而有色物质稳定还未变化的这一段时间进行吸光度的测定。在其他条件固定的情况下，绘制吸光度 $A-t$（显色时间）的关系曲线，选取曲线中平坦处对应的时间范围作为显色时间，在此时间范围内进行吸光度测定。

(4) 显色温度　显色反应一般均在室温下进行。但有些显色反应速度较慢，须升高温度加快反应速度。适宜的显色温度应由实验确定。

其他的一些显色反应条件，如试剂的加入次序、溶剂的选定等，都可以通过实验确定。

第五节　吸光度测量条件的选择

一、入射光波长的选择

为了保证测定的灵敏度，入射光的波长应根据吸光物质的吸收光谱曲线进行选择。选择原则是"干扰最小，吸收最大"。在无干扰的情况下，选择最大吸收波长 λ_{max} 作为入射光的波长。此时，摩尔吸光系数 ε 最大，灵敏度最高。而且，在最大吸收波长附近较小的波长范围内，吸光系数的变化很小，不会因为仪器单色光的不纯而引起对朗伯-比尔定律的偏离，测定的准确度较高。但如果在最大吸收波长处有其他吸光物质干扰时，要选择干扰小、灵敏度又不很低，且摩尔吸光系数尽可能变化不大的波长作入射光的波长。

二、参比溶液的选择

测定溶液吸光度时，先要用参比溶液调节仪器透光率为100%，即 $A_{参}=0.000$。选用参比溶液的目的在于扣除由于吸收池、溶剂、显色剂、试剂以及待测试液中其他组分对入射光的吸收和反射带来的误差，使测定得到的吸光度（A）真正反映待测物质的吸光度。即：测得的吸光度 A，仅为有色物质 MR 的吸光度，其余的吸光度均包含在参比溶液中，$A_{参}=0.000$。实际上便是把通过参比溶液的光强作为入射光的强度，即

$$A=\lg \frac{I_{参比}}{I_{试液}}$$

显色过程用如下反应式表示：

$$M(N)+R(L)=MR$$

式中，M 为待测组分；R 为显色剂；N 为待测试液中共存的其他组分；L 为显色过程中所加的所有辅助试剂，如缓冲剂、掩蔽剂等；MR 为有色物质。

选择参比溶液的方法是：

（1）若 N、R、L 均无色，即试液、显色剂及所加的辅助试剂对入射光均无吸收。

$$A(测)=A(MR)$$

参比溶液：纯溶剂或蒸馏水作参比溶液。称溶剂空白。

（2）若 R、L 略有色，N 无色。即显色剂或所加的辅助试剂对入射光略有吸收，而试液中其他共存组分无吸收。

$$A(测)=A(MR)+A(R)+A(L)$$

参比溶液：仅不加试液，加入与反应条件相同的其他所有试剂，组成空白溶液作参比溶液。称试剂空白。$A(参)=A(R)+A(L)=0.000$。

$$A=A(测)-A(参)=A(MR)$$

（3）N 略有色，R、L 均无色。即显色剂或所加的辅助试剂对入射光均无吸收，而试液中其他共存组分略有吸收。

$$A(测)=A(MR)+A(N)$$

参比溶液：待测试液作参比溶液。称试液空白。 $A(参)=A(N)=0.000$。

$$A=A(测)-A(参)=A(MR)$$

（4）N、R、L 均略有色。即试液中其他共存组分、显色剂及所加的辅助试剂对入射光均略有吸收。

$$A(测)=A(MR)+A(R)+A(L)+A(N)$$

参比溶液：掩蔽除去了待测组分（M）后的试液及其他与反应条件相同的所有试剂共同组成溶液作参比溶液。$A(参)=A(N)+A(R)+A(L)=0.000$。

$$A=A(测)-A(参)=A(MR)$$

综上所述，选择参比溶液的总原则为：被测溶液的吸光度与参比溶液的吸光度之差即为被测组分（M）显色后生成的有色物质（MR）的真实吸光度。显然不能以空气作空白参比，否则无法扣除溶剂等非测量对象产生的吸光度，会产生很大误差。

三、吸光度读数范围的选择

不同的透光率或吸光度读数会造成不同程度的浓度测量误差。这是由光源不稳定、读数不准确等因素造成的。一般分光光度计透光率读数误差 ΔT 为±0.2%～±2%，由于透光率 T 与待测溶液浓度 c 是负对数关系，因此相同 ΔT 的读数误差造成的浓度误差 Δc 是不一样的，如图15-13所示。图 15-13 表明，当待测溶液浓度（c_1）较低时，由 ΔT 引起的绝对误差 Δc_1 是小的，但它的相对误差 $\Delta c_1/c_1$ 并不小。当待测溶液浓度（c_3）较大时，由相同 ΔT 引起的绝对误差 Δc_3 也很大，故 $\Delta c_3/c_3$ 仍然较大。只有当待测溶液浓度在适当范围内，由仪器测量引起的相对误差 $\Delta c/c$ 才比较小（图 15-13c_2 附近）。它们之间的关系可表示为

$$\frac{\Delta c}{c}=\frac{0.434\Delta T}{T\lg T} \tag{15-7}$$

假定透光率读数误差 $\Delta T=\pm1\%$，将不同数值的透光率 T 代入式（15-7），计算值列于表15-3。用 $\Delta c/c$ 对 T 作图，得图 15-14，分析所得到的表和图可以看到，若将被测溶液的

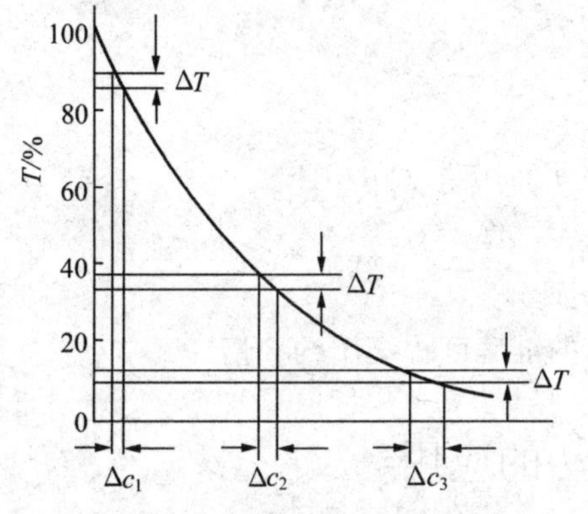

图 15-13　透光率与浓度的关系

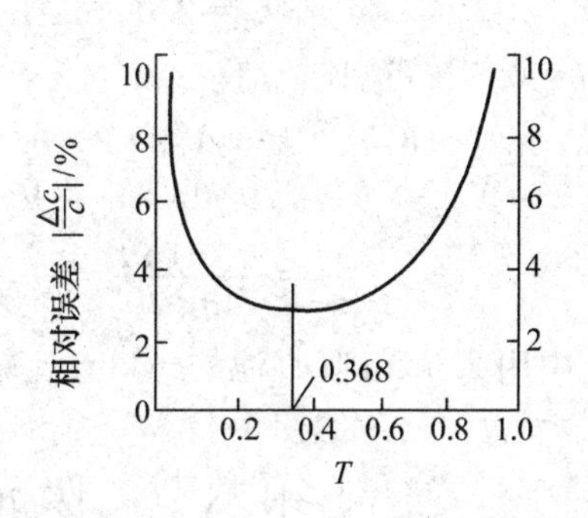

图 15-14　透光率与测量相对误差的关系

透光率控制在 15%～65%即吸光度为 0.8～0.2 的范围内，就能使测定结果符合一般的准确度要求。当 $T=36.8\%$，即 $A=0.434$ 时，由吸光度读数测量误差而引起的浓度测量相对误差最小。当溶液的吸光度读数不在此范围内时，可通过选择不同规格的比色皿（改变液层厚度 b），或通过改变样品称样量和稀释溶液等方法（改变浓度 c）达到控制吸光度读数的目的。

表 15-3　不同 T 值时浓度测量的相对误差

T	$\|\Delta c/c\|$/%	T	$\|\Delta c/c\|$/%	T	$\|\Delta c/c\|$/%	T	$\|\Delta c/c\|$/%
0.95	20.5	0.65	3.57	**0.368**	**2.72**	0.10	4.34
0.90	10.6	0.60	3.26	0.30	2.77	0.05	6.7
0.85	7.2	0.55	3.04	0.25	2.89	0.02	12.8
0.80	5.6	0.50	2.88	0.20	3.11	0.01	21.7
0.75	4.64	0.45	2.78	0.15	3.51		
0.70	4.01	0.40	2.73				

例 15-1　某一有色溶液在 2.0 cm 的吸收池中，测得透光率 $T=1\%$，若仪器透光度的

绝对误差 $\Delta T=0.5\%$，计算：

（1）测定的浓度的相对误差 $\Delta c/c$。

（2）为使测得吸光度在最适读数范围内，溶液应稀释或浓缩多少倍?

（3）若浓度不变，而改变比色皿厚度（0.5 cm、1.0 cm、2.0 cm、3.0 cm），则应选择哪种厚度的吸收皿最合适，此时 $\Delta c/c$ 为多少?

解：（1）$\dfrac{\Delta c}{c}=\dfrac{0.434\Delta T}{T\lg T}=\dfrac{0.434\times 0.5\%}{0.01\times\lg 0.01}=-11\%$

（2）$A_0=-\lg T=-\lg 1\%=2$

设有色溶液原始浓度为 c_0，当 b 一定时，$A=\varepsilon bc=K'c$，要使 $A=0.2\sim0.8$，则

$$\frac{0.2}{2}\leqslant\frac{c}{c_0}\leqslant\frac{0.8}{2}\qquad\qquad \frac{c_0}{10}\leqslant c\leqslant\frac{8c_0}{20}$$

即稀释 2.5～10 倍。

（3）当 c 一定时即 c_0，$A=\varepsilon bc=K'b$，要使 $A=0.2\sim0.8$，则

$$\frac{0.2}{2}\leqslant\frac{c}{c_0}\leqslant\frac{0.8}{2}\qquad\qquad \frac{c_0}{10}\leqslant c\leqslant\frac{8c_0}{20}$$

$$b_0=2.0\text{ cm}\qquad\qquad 0.2\leqslant b\leqslant 0.8$$

在此区间选 $b=0.5$ cm 的比色皿。

此条件下，$\dfrac{A_0}{A}=\dfrac{K'b_0}{K'b}$，$A=\dfrac{A_0b}{b_0}=\dfrac{2\times 0.5}{2.0}=0.5$，$T=10^{-0.5}=0.316$

$$\frac{\Delta c}{c}=\frac{0.434\Delta T}{T\lg T}=\frac{0.434\times 0.5\%}{0.316\times\lg 0.316}=-1.4\%$$

与（1）中用 2.0 cm 吸收池的 -11% 比较，测量的准确度提高了约 8 倍。

第六节　吸光光度法的应用

定量分析是吸光光度法的主要用途。吸光光度法的定量依据是朗伯-比尔定律，即在特定波长和特定规格吸收池（比色皿）下，被测物质的吸光度与被测组分的浓度呈线性关系。因此，通过测定溶液对特定波长处（通常为最大吸收波长 λ_{max}）入射光的吸光度，即可求得溶液中待测组分的浓度和含量。吸光光度法不仅主要用于微量组分的定量测定，也可用于高含量组分的测定；不仅能进行单一组分的测定，还能同时进行多组分分析。

一、单一组分的测定

1. 标准曲线法　标准曲线法又称工作曲线法，是实际工作中应用最多的一种定量分析方法。首先配制浓度依次递增的标准溶液系列（标准色阶）。在相同显色条件下，与待测试液同时进行处理、显色。在选定的测定条件下，分别测定各标准溶液和待测试液的吸光度。以标准溶液浓度为横坐标，标准溶液的吸光度为纵坐标，绘制标准曲线，如图 15-15 所示。

从朗伯-比尔定律可知，标准曲线应该是一条过原点的直线。根据待测试液的吸光度 A_x 从标准曲线上查出其对应的浓度 c_x。

使用标准曲线时，应该在其线性范围内进行，而且待测试液的浓度必须在标准曲线的线

性范围内，这样才能得到准确的分析结果。

仪器不同或测定方法及测定条件不同均得到不同的标准曲线。因此，若使用不同仪器、采用不同测定方法或不同测定条件进行定量分析时，都要重新绘制标准曲线。如果仅做个别样品的测定，且 $A-c$ 的线性又较好时，也可不用标准曲线法，采用标准比较法进行定量分析。

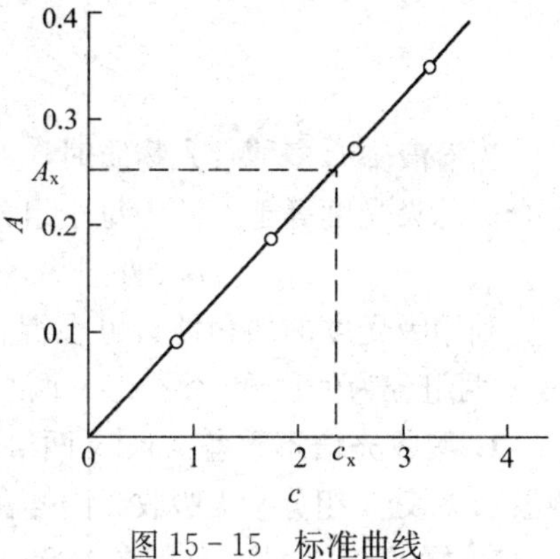

图 15-15 标准曲线

2. 标准比较法 将浓度相近的标准溶液（浓度为 c_s）和待测试液（浓度为 c_x）在相同实验条件下同时显色。然后在同一测定条件下分别测定标准溶液的吸光度（A_s）和待测试液的吸光度（A_x）。根据朗伯-比尔定律可得

$$c_x=\frac{A_x c_s}{A_s} \tag{15-8}$$

二、高含量组分的测定——示差法

常规的吸光光度法广泛应用于微量组分的测定，但如果是高含量组分的试液，由于在高浓度时测得的吸光度常常要偏离朗伯-比尔定律，吸光度读数超出了准确测量的读数范围，相对误差较大。而示差法则特别适用于高含量组分的测定。

示差吸光光度法是用浓度比待测试液浓度稍低的标准溶液作参比溶液，调节仪器透光率 $T=100\%$，然后再测定待测试液的吸光度。

示差法测定时，设待测试液浓度为 c_x，首先用浓度（c_s）稍低于试液的标准溶液作参比溶液，调节仪器透光率 $T=100\%$（$A=0.000$）。然后测定试液的吸光度 A_r，该吸光度称相对吸光度，对应的透光率称相对透光率 T_r。

$$A_r=A_x-A_s=\varepsilon b(c_x-c_s)=\varepsilon b\Delta c \tag{15-9}$$

公式（15-9）表明，在符合朗伯-比尔定律的范围内，示差法得到的相对吸光度与待测试液和参比溶液的浓度差 Δc 成正比。以 A_r 为纵坐标，Δc 为横坐标，绘制 $A_r-\Delta c$ 工作曲线。由待测试液的相对吸光度 A_r，从工作曲线上查得 Δc，根据 $c_x=c_s+\Delta c$，计算试液浓度和含量。

示差法扩大了标尺刻度，如图 15-16 所示。

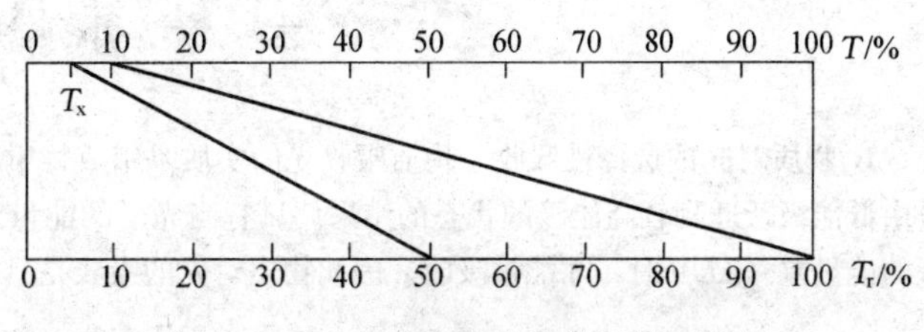

图 15-16 高浓度示差法标尺扩展原理

假设以空白溶液作参比溶液时，浓度为 c_s 的标准溶液透光率 $T_s=10\%$，浓度为 c_x 的待测试液透光率 $T_x=5\%$，在 15%～65%范围之外，如图 15-16 上部所示。在示差法中用浓度为 c_s 的标准溶液作参比溶液，调节它的相对透光率 $T_{r,s}=100\%$，相当于将仪器的透光率读数标尺扩大了 10 倍。此时待测试液的透光率 $T_{r,x}=50\%$，读数落在适宜的读数范围内，从而提高了测量的准确度。

三、多组分的分析

当溶液中有多种吸光物质时，如果各组分之间没有相互作用，则溶液对波长 λ 的入射单色光的总吸光度等于溶液中每一组分的吸光度之和，即吸光度具有加和性。可表示为

$$A_{总}=A_1+A_2+A_3+\cdots+A_n=(\varepsilon_1c_1+\varepsilon_2c_2+\varepsilon_3c_3+\cdots+\varepsilon_nc_n)b$$

利用吸光度的加和性，可在混合溶液中不经分离就进行多组分的分析。现以溶液中有 x、y 两组分为例讨论。设 x、y 两组分的最大吸收波长分别为 λ_1 和 λ_2。

1. 吸收光谱不重叠　x、y 两组分的吸收光谱曲线如图 15-17(a) 所示。在组分 x 最大吸收波长 λ_1 处，组分 y 无吸收。同样在组分 y 最大吸收波长 λ_2 处，组分 x 无吸收。因此可按单组分物质的测定方法，分别在 λ_1 和 λ_2 处测定 A_x 和 A_y，根据朗伯-比尔定律分别求得 c_x 和 c_y。

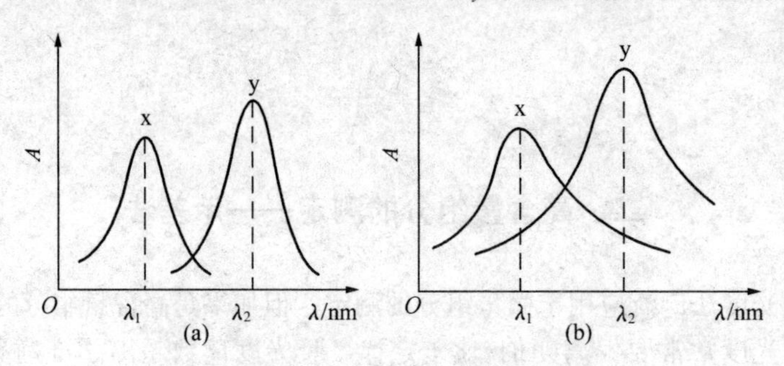

图 15-17　x、y 两组分的吸收光谱曲线

(a) 不重叠　(b) 重叠

2. 吸收光谱重叠　x、y 两组分的吸收光谱曲线如图 15-17(b) 所示。

在组分 x 最大吸收波长 λ_1 处，组分 y 同时有吸收。同样在组分 y 最大吸收波长 λ_2 处，组分 x 也有吸收。这种情况可分别在 λ_1 和 λ_2 处测定 $A_{\lambda_1}(x+y)$ 和 $A_{\lambda_2}(x+y)$。

$$A_{\lambda_1}(x+y)=b(\varepsilon_x^{\lambda_1}c_x+\varepsilon_y^{\lambda_1}c_y)$$

$$A_{\lambda_2}(x+y)=b(\varepsilon_x^{\lambda_2}c_x+\varepsilon_y^{\lambda_2}c_y)$$

解上述两联立方程组，求得 c_x 和 c_y。

$\varepsilon_x^{\lambda_1}$、$\varepsilon_x^{\lambda_2}$、$\varepsilon_y^{\lambda_1}$、$\varepsilon_y^{\lambda_2}$ 可用 x、y 组分的各自标准溶液在 λ_1 和 λ_2 处分别作标准曲线（$A-c$）求得。

对多个组分的系统也可根据吸光度的加和性，按上述方法测定。

本 章 小 结

1. 物质对光的选择性吸收　物质吸收光的实质是组成物质的分子、原子或离子中的电子吸收了光的能量由低能级跃迁到较高能级的状态的结果。只有当光子的能量（$h\nu$）等于分子、原子或离子中电子跃迁能级的能量差（ΔE）时，才能被吸收。因此物质对光的吸收是具有选择性的，必须满足：

$$\Delta E=h\nu$$

2. 吸收曲线　选定某物质一定浓度的溶液，以各种不同波长的单色光作为入射光，依次通过该溶液，测定该溶液对各种波长单色光的吸收程度（吸光度 A）。以入射光波长 λ 为横坐标，溶液吸光度 A 为纵坐标作图，得到该物质的吸收曲线或吸收光谱。吸收曲线说明任何一种物质溶液，对不同波长光的吸收程度是不相同的。

3. 光的吸收定律——朗伯-比尔定律 在一定浓度范围内，当一束特定波长的平行单色光通过均匀、透明、非散射且一定厚度液层的有色溶液时，溶液的吸光度 A 与吸光物质的浓度 c 及液层厚度 b 的乘积成正比。朗伯-比尔定律是吸光光度法定量分析的基本理论依据。其数学表达式为 $A=\varepsilon bc$。

透过光强度 I_t 与入射光强度 I_0 之比称透光率（或称透光度），用 T 表示：

$$T=\frac{I_t}{I_0}$$

溶液对光的吸收程度常用吸光度 A 表示，它与透光率的关系为

$$A=\lg\frac{1}{T}=-\lg T=\lg\frac{I_0}{I_t}$$

4. 朗伯-比尔定律的使用条件和测量条件的选择

（1）使用条件 ①入射光是单色光；②吸收发生在均匀、透明、非散色的真溶液中；③吸收过程中，吸光物质互相不发生作用。

（2）显色反应的选择 将待测组分转变为有色化合物的化学反应，称为显色反应。

显色反应的要求：①定量进行；②选择性高；③生成的有色物质稳定性高；④反应的灵敏度高。

（3）测量条件的选择 ①入射光波长的选择：干扰最小，吸收最大；②吸光度读数范围的选择：$A=0.2\sim0.8$；③参比溶液的选择：选用参比溶液的目的在于扣除背景产生的吸光度，使测定得到的吸光度（A）真正反映待测物质的吸光度。即：测得的吸光度 A 仅为有色物质 MR 的吸光度，其余的吸光度均包含在参比溶液中，A(参）$=0.000$。

5. 定量方法

（1）比较法：$c_x=\frac{A_x c_s}{A_s}$。

（2）标准曲线法。

【著名化学家小传】

Tu Youyou (1930 -), was born in Ningbo, China. She has been a pharmacologist at the China Academy of Chinese Medical Sciences since 1965, engaging in research of the combination of TCM (traditional Chinese medicine) and WM (western medicine) . Tu started her malaria research in China when the Cultural Revolution was in progress. In early 1969, she was appointed as the head of the project, named Project 523 research group at her institute. She and her colleagues experimented with 380 extracts in 2 000 candidate recipes before they finally succeeded. Her discovery of artemisinin and its treatment of malaria is regarded as a significant breakthrough of tropical medicine in the 20th century and health improvement for people of tropical developing countries in South Asia, Africa, and South America. For her work, Tu received the 2011 Lasker Award in clinical medicine and the 2015 Nobel Prize in Physiology or Medicine. Tu Youyou is the first indigenous Chinese scientists won the Nobel Science Prize.

化学之窗

Flies That Dye（被染色的蝇）

MEDITERRANEAN AND MEXICAN fruit flies are formidable pests that have the potential to seriously damage several important fruit crops. Because of this, there have been several widely publicized sprayings of residential areas in southern California with the pesticide malathion to try to control fruit flies. Now there may be a better way to kill fruit flies - with a blend of two common dyes（red dye No. 28 and yellow dye No. 8）long used to color drugs and cosmetics. One of the most interesting things about this new pesticide is that it is activated by light. After an insect eats the blend of dyes，the molecules absorb light（through the insect's transparent body），which causes them to generate oxidizing agents that attack the proteins and cell membranes in the bug's body. Death occurs within 12 hours.

The sunlight that turns on the dye's toxicity after the fly ingests it also degrades the dye in the environment，making it relatively safe. If appears likely that in the near future the fruit fly will "dye" with little harm to the environment.

思考题

1. 物质吸收光的本质是什么？
2. 引起对朗伯-比尔定律偏离的主要原因有哪些？
3. 吸光光度法中，对显色反应的要求是什么？
4. 吸光光度法中，吸光度测量条件如何选择？
5. 分光光度计的主要部件有哪些？每一部件的主要作用是什么？

习题

1. 用双硫腙光度法测定Pb^{2+}的含量。Pb^{2+}的浓度为1.6×10^{-3} mg·mL^{-1}。用2 cm比色皿在520 nm处测得$T=53\%$，求摩尔吸光系数ε。（1.8×10^{4} L·cm^{-1}·mol^{-1}）

2. 质量分数为0.002%的$KMnO_4$溶液在3 cm比色皿中的透光率为22%，若将溶液稀释一倍后，该溶液在1 cm比色皿中的透光率为多少？（78%）

3. 欲使某样品溶液的吸光度在0.2～0.8，若样品溶液中吸光物质的摩尔吸光系数为5.0×10^{5} L·cm^{-1}·mol^{-1}，则样品溶液的浓度范围是多少？（吸收池的厚度$b=1$ cm）
（4.0×10^{-7}～1.6×10^{-6} mol·L^{-1}）

4. 两份透光率分别为36.0%和48.0%的同一物质的溶液等体积混合后，混合溶液的透光率是多少？（41.5%）

5. 有一待测溶液，移取10.00 mL稀释至100.0 mL，测得其吸光度为0.330。另移取某一标准溶液2.00 mL稀释到100.0 mL，再以同样的条件测定吸光度，测得其吸光度为0.400。那么标准溶液的浓度是待测溶液浓度的多少倍？（6.06倍）

6. 甲物质的摩尔吸光系数为1.1×10^{4} L·cm^{-1}·mol^{-1}，乙物质的摩尔吸光系数为2.6×10^{4} L·cm^{-1}·mol^{-1}。取同浓度的甲、乙两种物质溶液等体积混合后，用1 cm的比色皿测定吸光度。测得混合溶液的吸光度为0.222。求两种溶液的原浓度。
（1.2×10^{-5} mol·L^{-1}）

7. 用可见分光光度法测定$NH_4^+-NH_3$中N含量时，标准溶液是由0.190 9 g NH_4Cl溶于水，定容至500 mL配成的。根据下列数据，绘制标准曲线。

标准溶液体积/mL	0.0	2.0	4.0	6.0	8.0	10.0
吸光度	0.000	0.165	0.320	0.480	0.630	0.790

取某试液 5.00 mL，稀释至 250.0 mL，取此稀释液 4.00 mL，与绘制标准曲线相同条件下显色和测定吸光度。测得 $A=0.500$。

计算：(1) 标准溶液中 N 的浓度（$mg \cdot mL^{-1}$）。　　(0.100 0 $mg \cdot mL^{-1}$)

(2) 用标准曲线法求试样中 N 的浓度（$mg \cdot mL^{-1}$）。　　(7.88 $mg \cdot mL^{-1}$)

8. 两份不同浓度的同一有色配合物的溶液，在同样的比色皿中测得某一波长下的透光率分别为 65.0% 和 41.8%。求两份溶液的吸光度。若第一份溶液的浓度为 $6.5 \times 10^{-4}\ mol \cdot L^{-1}$，求第二份溶液的浓度。

(0.187，0.379，$1.3 \times 10^{-3}\ mol \cdot L^{-1}$)

9. 某合金钢中含有 Mn 和 Cr，称取 1.000 g 钢样，溶解后稀释至 50.00 mL，将其中的 Cr 氧化为 $Cr_2O_7^{2-}$，Mn 氧化为 MnO_4^-，然后在 440 nm 和 545 nm 处用 1 cm 比色皿测得吸光度分别为 0.204 和 0.860。已知在 440 nm 处 Mn 和 Cr 的摩尔吸光系数分别为 $\varepsilon_{440}^{Mn}=95.0$ 和 $\varepsilon_{440}^{Cr}=369.0$。在 545 nm 处 Mn 和 Cr 的摩尔吸光系数分别为 $\varepsilon_{545}^{Mn}=2.35 \times 10^3$ 和 $\varepsilon_{545}^{Cr}=11.0$，求钢样中 Mn 和 Cr 的质量分数。[$M(Mn)=54.94\ g \cdot mol^{-1}$，$M(Cr)=52.00\ g \cdot mol^{-1}$]

(0.10%，0.24%)

10. Calculate the molar absorptivity of an analyte if a $3.40 \times 10^{-4}\ mol \cdot L^{-1}$ solution of this chemical is placed in a sample cell with a path length of 5.0 cm and is found to give a value for % T of 67.4 at 450 nm.　　(101 $L \cdot mol^{-1} \cdot cm^{-1}$)

11. Calculate the concentration of an analyte in solution placed in a 1.00 cm wide sample cell if the measured absorbance of this sample is 0.367 and the analyte has a known molar absorptivity of $6.87 \times 10^3\ L \cdot mol^{-1} \cdot cm^{-1}$.　　($5.34 \times 10^{-5}\ mol \cdot L^{-1}$)

*第十六章　重要生命元素简述

到目前为止，已发现的元素有118种，天然存在的有88种，其余的为人工合成。在地壳中分布最多的元素是氧，占整个地壳组成中的质量分数约为46.4%，其次是硅，约占27.7%。值得注意的是，地壳中元素的分布与生物界中元素的组成有密切的关系，地壳中丰度最大的元素也是生物体内含量最多的元素。例如，C、H、O、N占地壳总质量的一半，而在生物体内约占66.6%。现有的资料表明，构成生物体的主要元素是原子序数在20以内的主族元素，C、H、O、N、K、Na、Ca、Mg、S、P、Cl等占物质总质量的99%以上，称为生物宏量元素或生命结构元素，它们都是轻元素（相对密度＜5）。轻元素主要分布在地球表面。有人分析了人体血液中60多种化学元素的含量后发现，其中绝大多数元素在人体中的质量分数与它

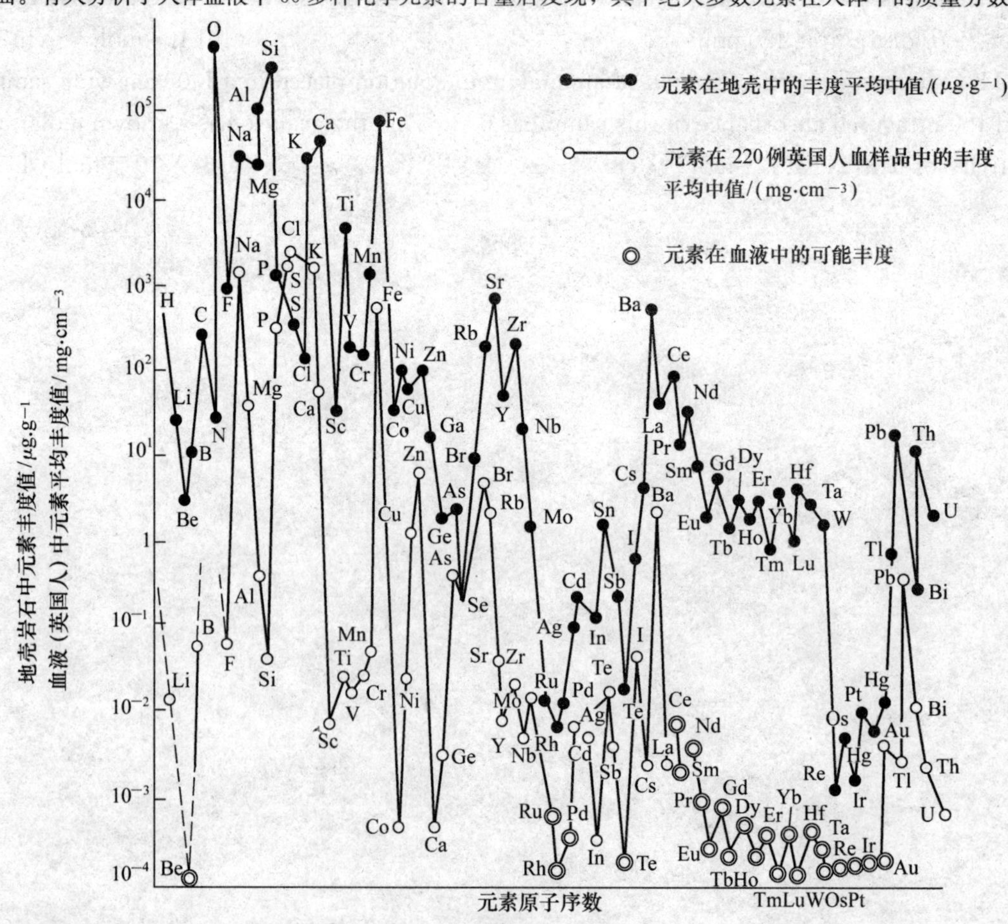

图16-1　人体血液和地壳中元素含量的相关性

们在地壳中的含量极相似（图 16－1），因为生物是在地球表面环境中进化的，生物必然要利用其周围丰富而容易得到的物质，它们的新陈代谢与环境进行物质交换也必然要建立起一个动态平衡，所以组成生物体的生命元素的多寡与地壳元素的分布相关也就不足为奇了。另外，作为组成生物体的生命元素还与这些元素本身的原子结构、成键能力及其化合物的溶解度、稳定性有关，例如，生物体的主要组成 H_2O 就是很稳定、很容易得到和大量存在于自然界的化合物。

生物体内除含有上述生物宏量元素外，还含有不到 1% 的其他元素，如 Zn、Fe、Cu、Mo、Mn、B、Co、Ni、Se、Cr、V、Sn、F、Br、I 等，称为生物微量元素。这些微量元素的生物功能并非微不足道，如果在某种生物体内缺少某种微量元素，便会出现“缺素症”，从而影响生物的正常生长发育，所以它们是生物体必不可少的重要元素。这些微量元素除少数几种非金属外，其余都是过渡金属元素，这些元素的原子可利用次外层的 d 轨道和外层的 s、p 轨道杂化与那些生物体内含有 N、S、O 等配位原子的生物大分子形成配合物，如许多金属酶就是金属离子 Zn(Ⅱ)、Fe(Ⅲ)、Fe(Ⅱ)、Cu(Ⅱ) 等与蛋白质形成的配合物，它们在生物体内的新陈代谢中起着极其重要的作用。

本章将对一些重要生命元素分成主族金属元素、非金属元素和过渡金属元素三大部分，就其单质及其重要化合物的某些性质、生物功能等做简要介绍。

第一节　主族金属元素选述

在周期表中，绝大多数金属元素都是 d 区的过渡金属元素，主族金属元素只占全部金属元素的 $\frac{1}{4}$ 左右，它们包括 s 区的全部碱金属和碱土金属及部分 p 区元素。本节仅就主要的主族金属元素进行综合性的描述。

一、单质的性质

周期表中 s 区的金属元素 K、Na、Ca、Mg 和 p 区的 Al、Sn、Pb 元素在化学性质方面显著的特点是强还原性，主要表现在以下几个方面。

1. 与氧反应　这些金属都可与氧直接化合生成氧化物，其中 K、Na 还可与氧化合生成含有 O_2^{2-} 或 O_2^- 的离子型过氧化物或超氧化物，如 Na_2O_2 或 KO_2，这些氧化物遇 H_2O 或 CO_2 都能反应放出 O_2，故可作为高空、深水作业的供氧剂。

由于 Na_2O_2 兼有碱性和氧化性，工业及岩矿分析上用作熔矿剂，使某些不溶于酸的矿物分解。它有时也作漂白剂使用。

Al 对氧有较大的亲和力，能从许多化合物中夺取氧，例如，可用铝热反应来还原那些不易被碳还原的金属氧化物来获取金属：

$$2Al(s)+WO_3(s) \xlongequal{\triangle} Al_2O_3(s)+W(s)$$

$$2Al(s)+Fe_2O_3(s) \xlongequal{\triangle} Al_2O_3(s)+2Fe(s) \quad \Delta_r H_m^{\ominus}=852\ kJ\cdot mol^{-1}$$

2. 与水反应　K、Na、Ca 均能与水反应还原水中的 H^+ 为 H_2，生成相应的氢氧化物。Mg 在空气中因生成一层碱式碳酸盐 $Mg_2(OH)_2CO_3$ 保护膜，故 Mg 与水的反应需在加热的条件下进行。

Al、Sn、Pb 的金属活泼性比 K、Na、Ca 差，更重要的是它们在空气中均被氧化而覆盖一层保护膜，故既不能与空气中的氧进一步反应也不与纯水反应，表现出相当的稳定性，所以 Sn 可用作铁皮的镀层防止铁被腐蚀。Pb 在空气中形成的保护膜与 Mg 类似，可能是碱式碳酸盐 $Pb_2(OH)_2CO_3$。Al 的保护膜在盐类溶液中易受破坏，所以铝在海水中会被腐蚀。

3. 与酸碱反应　s 区和 p 区金属，除 Bi 外，一般都能与稀酸反应置换出 H_2。由于 Pb 与稀酸如 HCl、H_2SO_4 反应，在 Pb 表面形成难溶盐 $PbCl_2$、$PbSO_4$，从而阻碍反应继续进行，在 200 ℃以下，H_2SO_4 对铅的腐蚀甚微，故 Pb 可作耐酸材料盛放 H_2SO_4。但 Pb 能溶于 HNO_3，因 $Pb(NO_3)_2$ 可溶。Pb 在浓盐酸中溶解度增大，因这时 $PbCl_2$ 与 Cl^- 形成了 $PbCl_4^{2-}$ 配离子的缘故。Pb 在 HAc 中溶解生成易溶的 $Pb(Ac)_2$，俗称铅糖，味甜、有毒。常温下，Al 在浓硝酸中能生成致密的氧化膜而“钝化”，故铝可用来盛放浓硝酸。

Al、Sn、Pb 都是两性金属元素，与浓碱发生反应生成 H_2 和相应的含氧酸盐：

$$2Al+2OH^-+6H_2O=2\,[Al(OH)_4]^-+3H_2\uparrow$$

$$Sn+2OH^-+4H_2O=[Sn(OH)_6]^{2-}+2H_2\uparrow$$

s 区金属及 Al、Sn、Pb 还能和其他非金属如卤素、硫等化合生成卤化物和硫化物。s 区金属除 Be、Mg 外，还能和 H_2 直接化合生成氢化物，如 NaH、CaH_2 等，这些化合物中含有负氢离子 H^-，是最强的还原剂 $[\varphi^\ominus(H_2/H^-)=-2.25\ V]$ 之一，与水反应立即生成 H_2 和对应的氢氧化物：

$$CaH_2+2H_2O=Ca(OH)_2+2H_2\uparrow$$

因而这类氢化物常用作野外的供氢剂。

二、重要化合物的性质

1. 氧化物和氢氧化物 碱金属和碱土金属的氧化物大多数能与水作用生成相应的氢氧化物，除 $Be(OH)_2$ 为两性，$Mg(OH)_2$ 为中强碱外，其余都是强碱。p 区的 Al、Sn(Ⅱ)、Pb(Ⅱ) 的氧化物 Al_2O_3、SnO、PbO 及其对应的氢氧化物都难溶于水，均表现出不同程度的两性，$Sn(OH)_2$ 和 $Pb(OH)_2$ 以碱性为主，$Al(OH)_3$ 则是典型的两性氢氧化物。

由于 Sn、Pb 有+Ⅱ、+Ⅳ两种氧化态存在，因此它们对应的氧化物和氢氧化物的酸碱性也存在一定的差别。一般而言，对于同一元素的氢氧化物，低氧化态的碱性比高氧化态的强，如 $Sn(OH)_2>Sn(OH)_4$；相同氧化态的同族的氢氧化物离子半径大的碱性强，如 $Pb(OH)_2>Sn(OH)_2$，$Mg(OH)_2>Be(OH)_2$。关于氢氧化物碱性强弱的规律，人们从结构出发，总结出了一条 ROH 的经验规则。R 是氢氧化物的中心离子，若 Z 代表离子的电荷，r 表示离子半径，Z/r 的比值定义为离子势 φ，φ 值小，表明 R—O—H 中 R—O 的结合力较弱，ROH 发生碱式电离：

$$R—O—H \longrightarrow R^+ + OH^-$$

若 φ 值大，表明 R—O 结合力较强，发生酸式电离：

$$R—O—H \longrightarrow RO^- + H^+$$

若为 8 电子构型的阳离子：

$$\sqrt{\varphi}<0.22\ 为碱性，\sqrt{\varphi}=0.22\sim0.32\ 为两性，\sqrt{\varphi}>0.32\ 为酸性$$

这一规则的实例见表 16-1。

表 16-1 部分氢氧化物的酸碱性

	离子电荷	离子半径/pm	$\sqrt{\varphi}$	酸碱性
NaOH	+1	97	0.10	强碱
$Ca(OH)_2$	+2	99	0.14	强碱
$Mg(OH)_2$	+2	66	0.17	中强碱
$Be(OH)_2$	+2	35	0.24	两性
$Al(OH)_3$	+3	50	0.25	两性

Sn、Pb 的氧化物不仅表现出酸碱性，还表现出还原性或氧化性。如黑色的 SnO 在空气中加热氧化成黄色的 SnO_2。PbO_2 的氧化性相当强，在酸性溶液中能把 Cl^- 氧化为 Cl_2，把 Mn^{2+} 氧化为 MnO_4^-：

$$5PbO_2+2Mn^{2+}+4H^+=5Pb^{2+}+2MnO_4^-+2H_2O$$

PbO_2 大量用于铅蓄电池的正极材料，蓄电池的总反应为

$$PbO_2+Pb+2H_2SO_4 \underset{充电}{\overset{放电}{\rightleftharpoons}} 2PbSO_4+2H_2O \quad (\varphi^{\ominus}=2.014\ V)$$

2. 重要的盐类与性质

(1) 溶解性　钾和钠盐绝大多数均溶解于水，极少数配盐（$Na[Sb(OH)_6]$、$K_2Na[Co(NO_2)_6]$）难溶。同类的钾盐大多比钠盐的溶解度小，见表 16-2。一般认为 Na^+、K^+ 都是 8 电子构型，所带的电荷相同，而 Na^+ 的半径(95 pm) 比 K^+ 的半径(133 pm) 要小，因此对极性的水分子的亲和力要大，更容易离开晶体进入水中形成水合的 Na^+，因此患水肿的病人宜少摄入 NaCl。

表 16-2　一些钾钠盐的溶解度(20 ℃)

溶质	溶解度		溶质	溶解度		溶质	溶解度		溶质	溶解度	
	$g\cdot L^{-1}$	$mol\cdot L^{-1}$		$g\cdot L^{-1}$	$mol\cdot L^{-1}$		$g\cdot L^{-1}$	$mol\cdot L^{-1}$		$g\cdot L^{-1}$	$mol\cdot L^{-1}$
KCl	34.0	4.6	KNO_3	31.6	3.1	$KClO_3$	7.4	0.60	$K_2Cr_2O_7$	12	0.41
NaCl	36	6.2	$NaNO_3$	88.0	10.4	$NaClO_3$	101	9.5	$Na_2Cr_2O_7$	177.8	6.8

钙、镁盐中，碳酸盐、草酸盐及磷酸盐都是难溶的。定性分析常用这些性质作 Ca^{2+}、Mg^{2+} 的鉴定。

铅的许多盐都不溶，重要的可溶性铅盐是 $Pb(NO_3)_2$ 和 $Pb(Ac)_2$，后者是弱电解质盐，其溶液易吸收空气中的 CO_2 而生成白色的 $PbCO_3$ 沉淀。难溶盐 $PbCl_2$ 在冷水中的溶解度小，在热水中的溶解度明显增大。难溶的黄色 $PbCrO_4$ 常用来鉴定 Pb^{2+}，因 $PbCrO_4$ 与其他黄色难溶铬酸盐的区别在于它能溶于碱：

$$PbCrO_4+3OH^-=Pb(OH)_3^-+CrO_4^{2-}$$

(2) 水解性　碱金属和碱土金属的强酸盐［Be(Ⅱ) 除外］都不发生水解。p 区金属的盐都容易发生不同程度的水解。一般而言，高价金属离子、重金属离子、非稀有气体构型的金属离子较易水解。

低价金属离子水解产物一般为碱式盐：

$$SnCl_2+H_2O=Sn(OH)Cl\downarrow(白)+HCl$$

因此在配制 $SnCl_2$ 溶液时，为防止其水解，应先加适量的浓盐酸后稀释。

高价金属 Al(Ⅲ)、Sn(Ⅳ)、Pb(Ⅳ) 的盐如 $AlCl_3$、$SnCl_4$、$PbCl_4$ 等在潮湿的空气中就可水解冒白烟，水解产物一般为氢氧化物或含氧酸：

$$SnCl_4+3H_2O=H_2SnO_3+4HCl$$

$$Al^{3+}+6H_2O \rightleftharpoons [Al(H_2O)_6]^{3+} \rightleftharpoons [Al(H_2O)_5(OH)]^{2+}+H^+$$

$$K_h^{\ominus}=K_a^{\ominus}\{[Al(H_2O)_6]^{3+}\}=1.3\times10^{-5}$$

铝盐的水解在实际生产生活中具有重要意义。如油井固沙、铸造中的沙制成型、印染中色素在织物上的附着，都离不开水解产物氢氧化铝的作用。大家所熟知的复盐明矾 $K_2SO_4\cdot Al_2(SO_4)_3\cdot 24H_2O$ 也是利用这一性质来达到净水的目的。

(3) 氧化还原性　碱金属和碱土金属盐及铝盐，它们的金属离子只有一种氧化态存在，无还原性而氧化性也极弱，它们的单质大都是电解其熔融盐或氧化物而制得。Pb(Ⅱ) 与 Sn(Ⅱ)盐的金属离子处于中间价态，具有还原性。如 $Pb(Ac)_2$ 在碱性介质中可被 NaClO 氧化为 PbO_2。$SnCl_2$ 是实验室中常用的还原剂［$\varphi^{\ominus}(Sn^{4+}/Sn^{2+})=0.15\ V$］，能被空气中的 O_2 氧化为 $SnCl_4$，为防止氧化，可在 $SnCl_2$ 溶液中加入 Sn 粒：

$$Sn^{4+}+Sn=2Sn^{2+}$$

或配制成 $SnCl_2$ 的甘油溶液，使用时临时稀释。

第二节 部分主族金属元素在生物界的作用

一、钾、钠、钙、镁的生物功能

钾、钠、钙、镁都是生物体的必需元素。人体内的钠总量约为 90 g，钾约为 160 g。钠主要以离子形式存在于细胞外液，由于水化作用，把一定量的水吸收起来，使组织维持一定的水分，保持一定的渗透压。另外，Na^+ 在维持体内的酸碱平衡，保持大分子的构象，产生神经脉冲，催化三磷酸腺苷（ATP）末端磷酸基的水解等过程中都必不可少。钾的功能和钠相似，但是它们不能相互代替。钾不仅存在于动物体内而且也是植物体内不可缺少的重要元素，绝大多数的植物化合态的钾为钠的 4～6 倍。这也是钠化合物多半流入海洋，致使海洋中钠比钾含量多的原因之一（地壳中钠和钾的丰度大体相等，分别为 2.83%和 2.59%，而海水中的 NaCl 为 2.8%，但 KCl 仅为 0.8%）。与钠另外的不同点是，K^+ 主要存在于细胞内液。如人体心肌细胞内液为0.135 $mol \cdot L^{-1}$，外液为 4×10^{-3} $mol \cdot L^{-1}$。当神经细胞膜在 Na^+ - K^+ - ATP 酶的作用下，推出三个 Na^+，吸入两个 K^+时，犹如完成了一个脉冲，这就是人体对外界刺激做出迅速反应的原因。K^+ 在氨基酸组装成蛋白质中可能是必需的。K^+ 和 Na^+ 似乎对于碳水化合物的形成和输送发挥共同作用。

动物摄入过多的钾会使 Na^+ 排泄过度，由于植物不含钠而钾的含量却较丰富，因此必须在草食动物的食料中适量加入 NaCl，以便保持 K^+ 与 Na^+ 之间的平衡，否则会引起肌肉无力或瘫痪。

K^+ 是植物生长的三大主要元素之一。钾可以促进禾本科植物的籽实、块根和茎作物的根、茎淀粉含量增加，加强植物机械组织的发育，从而增强抗倒伏的能力。研究表明，植物根端摄入的是简单形态的 K^+，同时释放出 H_3O^+ 进入土壤以维持电中性，导致土壤的酸性增大。我国土壤中的钾多属难溶于水的硅酸盐类，不易被植物吸收，所以必须施用钾肥。据统计，目前生产的钾化合物中约 80%用作肥料。

如 Na^+ 和 K^+ 一样，Ca^{2+} 和 Mg^{2+} 也有助于维持细胞内外的电势差和传导神经信号。这两种金属离子桥联脂蛋白中邻近的羧酸根，因而能增加细胞膜的强度。钙是骨骼中羟基磷灰石$Ca(OH)_2 \cdot 3[Ca_3(PO_4)_2]$的主要成分。人体 99%的钙都存在于骨骼和牙齿中，其他的钙存在于体液。脑脊液里钙离子的特定含量，对于保持体温极其重要。血液中的钙对神经冲动以及对肌肉刺激的反应是不可缺少的。血液里没有钙就不能凝固。因为柠檬酸钠能与 Ca^{2+} 形成配合物，故可作为血液的抗凝剂。

$$2C_6H_5O_7^{3-} + 3Ca^{2+} = Ca_3(C_6H_5O_7)_2$$

镁是许多酶的激活剂。因为镁倾向于与磷酸根结合，它能与细胞内的核苷酸形成配合物，所以 Mg^{2+} 对 ATP 的合成和水解、DNA（脱氧核糖核酸）的复制和蛋白质的生物合成都是必不可少的。

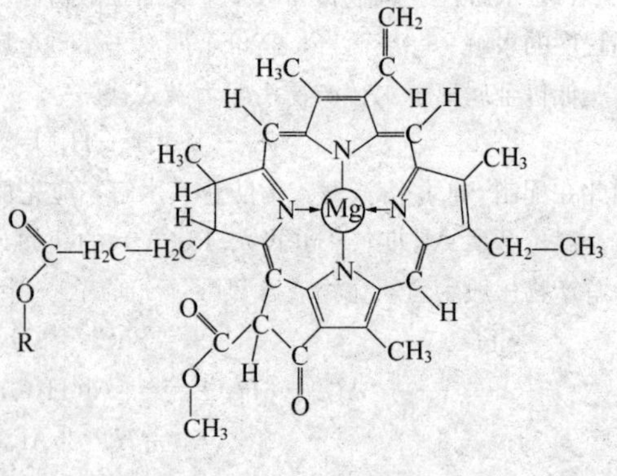

图 16-2 叶绿素的结构

镁又是叶绿素的一种成分（图 16-2），参与植物的光合作用合成有机物。因此，农作物特别是豆类、块根、块茎类农作物，施用镁肥增产幅度较大；甘蔗、甜菜等作物施用镁肥可增加含糖量。

二、铝、锡、铅的生物功能

研究表明，铝广泛分布于植物中，特别是生长在湿地或酸性土壤的植物中，铝能以相当浓度存在。铝在动物体内含量很低，摄入过多会造成磷酸盐沉淀，造成机体缺磷，骨质疏松，毒害心血系统等。慢性铝中毒可能导致老年人痴呆。因此用明矾作为“疏松剂”的油炸食品不宜多食。

锡是生物体的微量元素，对哺乳动物是有益的。SnF_2 用作含 F 牙膏的成分。但有机锡的毒性较大，锡的生产和使用，污染了环境，会使食物的含锡量增加，联合国粮农及世界卫生组织规定：番茄和橘子的含锡量不得超过 250 $mg \cdot kg^{-1}$，苹果不得超过 150 $mg \cdot kg^{-1}$。

铅是生物体的毒害元素，是一种积累性中毒的金属。汽油中的抗爆剂四乙基铅[$Pb(C_2H_5)_4$]，油漆中的颜料如铅白［$2PbCO_3 \cdot Pb(OH)_2$］，铅蓄电池的制造，铅冶炼等都是铅污染源。据报道，现代人与古代人相比，铅含量高达几百倍。有些历史学家认为，古罗马帝国的衰亡，与其大量使用铅器具有关。铅的毒性作用是它易与蛋白质中的巯基(—SH)、含氧基团等牢固结合，从而降低了这些蛋白酶的活性，如血红蛋白酶等。铅容易在肠胃被吸收，经体内循环聚积在肝肾内，最后在骨内以不溶性的 $Pb_3(PO_4)_2$ 沉淀下来，导致贫血、慢性肾炎、脑病，甚至死亡。EDTA 是铅中毒的有效解毒剂，当含有 CaY^{2-}（$\lg K_f^{\ominus}=10.7$）的溶液注入人体后 Ca^{2+} 被 Pb^{2+} 取代形成更稳定的 PbY^{2-}（$\lg K_f^{\ominus}=18.0$），从尿液排出体外，达到解毒的作用。

第三节　非金属元素选述

非金属元素都位于周期表中的 p 区，共 22 个，都属于主族元素。下面选择一些较重要的并与生物界关系较为密切的元素进行简要的讨论。

一、单质的物理性质

p 区非金属单质的熔、沸点大多很低，Br_2 为液态，I_2 和 S_8 是易挥发的固体，有 11 种单质(H_2、N_2、O_2、F_2、Cl_2 和 6 种稀有气体）在常温下以气态存在。He 的熔点(−272 ℃）和沸点(−268.8 ℃）是所有物质中最低的也是最难液化的气体，常被用于超低温的技术中。He 在人体血液中的溶解度比 N_2 小得多，所以可以利用氦空气供潜水员呼吸，以防止潜水员出水时，压力骤然减小，N_2 形成气泡堵塞血管，造成气塞病。C、Si、B 与一般非金属单质不同，它们的晶体是原子晶体，故熔、沸点较高，硬度较大。如 C 的同素异形体金刚石的熔点(3 550 ℃）和硬度（莫氏 10）是所有单质中最高的。硫和常见的白磷单质以 S_8 和 P_4 存在，结构如图 16－3 所示。

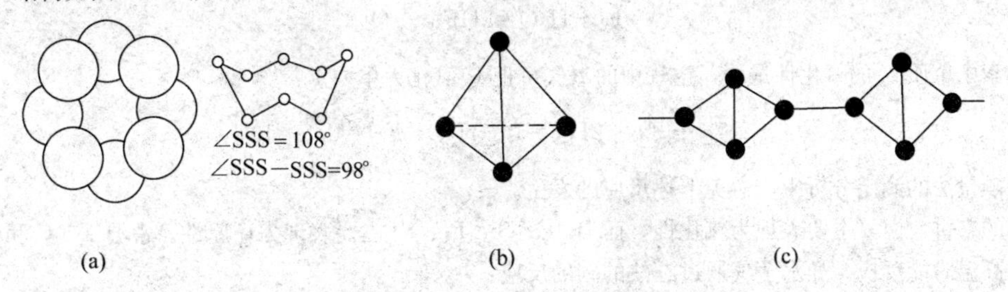

图 16－3　硫、磷单质的结构

(a) S_8 分子　(b) P_4 白磷分子　(c) 红磷的可能键结构

二、单质的化学性质

1. 与氧反应　除卤素和稀有气体外，所有非金属都能与氧直接化合生成相应的氧化物。如 C、Si、P、S 都能在空气中燃烧，依次生成 CO_2、SiO_2、P_4O_{10}、SO_2 等。

2. 与水、酸、碱的氧化-还原反应

(1) 歧化反应

氯元素电势图：

$\varphi_A^\ominus$/V（酸性介质 pH=0） ClO^- $\underline{1.43}$ HClO $\underline{1.63}$ Cl_2 $\underline{1.36}$ Cl^-

$\varphi_B^\ominus$/V（碱性介质 pH=14） ClO_3^- $\underline{0.50}$ ClO^- $\underline{0.44}$ Cl_2 $\underline{1.36}$ Cl^-

（ClO^- → Cl^-：0.84）

除氟外的其他卤素均能发生歧化反应。在酸性介质中，从氯的元素电势图可知 $\varphi_{右}^\ominus=\varphi^\ominus(Cl_2/Cl^-)=1.36$ V，$\varphi_{左}^\ominus=\varphi^\ominus(HClO/Cl_2)=1.63$ V，$\varphi_{右}^\ominus<\varphi_{左}^\ominus$，说明 Cl_2 在标准状态下，在水中不发生歧化。

$$Cl_2+H_2O=HClO+H^++Cl^- \quad K^\ominus=4.2\times10^{-4}$$

在 pH=7 的纯水中进行的趋势也很弱，但在碱性介质中，从电势图可知，$\varphi_{右}^\ominus=\varphi^\ominus(Cl_2/Cl^-)=1.36$ V。$\varphi_{左}^\ominus=\varphi^\ominus(ClO^-/Cl_2)=0.44$ V，$\varphi_{右}^\ominus>\varphi_{左}^\ominus$，歧化反应自发的趋势很大。冷水中的反应为

$$Cl_2+2OH^-=Cl^-+ClO^-+H_2O \quad K^\ominus=7.5\times10^{15}$$

生产实际中正是利用这个反应来生产次氯酸盐用于漂白等方面。

IO^- 在所有温度下歧化反应速度都很快，所以 I_2 和碱反应能定量地得到碘酸盐：

$$3I_2+6OH^-=5I^-+IO_3^-+3H_2O$$

磷和硫在浓碱溶液中也能发生歧化反应。

硫在碱性介质中的电势图：

$$S_2O_3^{2-} \quad \underline{-0.74} \quad S \quad \underline{-0.476} \quad S^{2-}$$

$\varphi_{右}^\ominus>\varphi_{左}^\ominus$，硫可与强碱发生反应而歧化。农业上用来防治棉花红蜘蛛和果木病虫害的石硫合剂就是一例。它是用1份石灰水和2份硫黄共煮而得到的红棕色的多硫化钙 CaS_x 溶液，反应很复杂，大体如下：

$$3Ca(OH)_2+12S=CaS_2O_3+2CaS_5+3H_2O$$

CaS_5 是多硫化物。多硫化物是单质S与可溶性硫化物的 S^{2-} 相互作用而形成的，它遇酸或空气中的 CO_2 即分解为 H_2S 和活性 [S]，它可透过细胞膜而起到杀菌杀虫的作用。单质 I_2 也能形成多碘离子 I_3^-：

$$I_2+I^-=I_3^- \quad K^\ominus=725$$

I_3^- 仍具有单质 I_2 的性质，它的形成既增大了 I_2 在水中的溶解度，又减小了 I_2 的挥发性。

(2) 其他类型的氧化还原反应　F_2 是卤素中，也是所有非金属单质中最强的氧化剂 $\varphi^\ominus(F_2/F^-)=2.87$ V，虽然它在水中不发生歧化，但能氧化水中的氧：

$$F_2+H_2O=2HF+\frac{1}{2}O_2$$

卤素中单质 I_2 的氧化性最弱，空气中的氧气可把 I^- 氧化为单质 I_2：

$$2I^-+\frac{1}{2}O_2+2H^+=I_2+H_2O \quad K^\ominus=2.5\times10^{18}$$

因此在碘量法的滴定分析中应避免上述反应的发生。

总的来讲，卤素主要表现为氧化性，而B、C、Si、P_4、S_8 主要表现为还原性。常温下，C和Si不与水反应，高温时能反应。如水蒸气通过红热的碳的反应：

$$C+H_2O\xrightarrow{1\,000\ ^\circ C}CO\uparrow+H_2\uparrow$$

产物称为水煤气，国内许多小型氮肥厂用它作合成 NH_4HCO_3 的原料。氮、磷、硫即使在高温下也不与水反应，因此白磷可保存于水中。

碳、磷、硫都能被氧化性酸如 HNO_3 等氧化，氧化产物分别为 CO_2、H_3PO_4 与 H_2SO_4，如白磷与 HNO_3 的反应：

$$3P_4+20HNO_3+8H_2O=12H_3PO_4+20NO\uparrow$$

白磷有剧毒，冷稀的 $CuSO_4$ 溶液是其解毒剂：

$$P_4+10CuSO_4+16H_2O=10Cu+4H_3PO_4+10H_2SO_4$$

三、氢 化 物

卤素的氢化物 HF、HCl、HBr、HI 都是共价氢化物，它们的水溶液都是酸，其酸性强弱顺序为 HI>HBr>HCl>HF，只有氢氟酸表现为弱酸性质，这可能与F—H 键能 569.0 kJ·mol^{-1}相当大，难于离解有关。它在溶液中存在以下两个平衡：

$$HF \rightleftharpoons H^+ + F^- \qquad K_a^\ominus=3.53\times10^{-4}$$

$$HF+F^- \rightleftharpoons HF_2^- \qquad K^\ominus=5.2$$

故它能形成 NH_4HF_2 等盐类。

HF 能和陶瓷或玻璃中的主要成分 SiO_2 反应生成挥发性的 SiF_4，所以可以用氢氟酸来刻蚀玻璃和测定土壤中硅的含量。

$$SiO_2+4HF=SiF_4\uparrow+2H_2O$$

SiF_4 是一种对人体和农作物都有害的气体，大气中不得超过 0.5 mg·L^{-1}。生产含氟塑料和由氟磷灰石与硫酸的反应生产过磷酸钙要产生含氟气体，如磷肥生产排出的废气 HF 和 SiF_4 可用 Na_2CO_3 水溶液吸收，它与 SiF_4 的反应为

$$3SiF_4+2H_2O=2H_2SiF_6+SiO_2$$

$$H_2SiF_6+Na_2CO_3=Na_2SiF_6+H_2O+CO_2\uparrow$$

Na_2SiF_6 可作为杀虫剂使用。

由于氢氟酸要与玻璃中的主要成分 SiO_2 反应，所以必须用塑料质或内层涂蜡的容器贮存。HF 对人的眼睛和皮肤以及指甲等都有强烈的腐蚀作用，且难于治愈，使用时要注意防护。

氢卤酸有一个特殊的共同性质是它们都可以形成恒沸溶液。在常压下蒸馏氢卤酸，不论是稀酸或浓酸，溶液的沸点和组成会不断改变，但最后都会达到溶液的沸点和组成恒定不变的状态，如在 101.3 kPa 下的盐酸恒沸溶液的沸点为 110 ℃，组成的质量分数为 20.24%，可作为分析的标准溶液使用。

氮、磷、硫的重要氢化物是 NH_3、PH_3 和 H_2S，它们也是共价型氢化物。表 16－3 列出了它们的部分性质。由表看出，由于 NH_3 分子间能形成氢键，沸点较高。由于它的汽化热 $\Delta H_m^\ominus$＝23.35 kJ·mol^{-1}较高，且容易液化，故液态 NH_3 早期曾作为冰箱的制冷剂使用。缺点是它具有一定程度的毒性，且有刺激性的气味及腐蚀作用，已被其他制冷剂所取代。

表 16－3　NH_3、PH_3、H_2S 的一些性质

性　质	NH_3	PH_3	H_2S
气味	刺激性	刺激性	臭鸡蛋
溶解度（$V_气$:$V_水$）	700(20 ℃)	2.6(17 ℃)	2.6(20 ℃)
沸点/℃	－33.42	－89.72	－60
酸碱性	弱碱	极弱碱	弱酸
还原性	较强（纯氧中可燃）	强（空气中自燃）	强（空气中可燃）
毒性	微毒	毒	毒

NH_3 在催化剂的作用下可被氧化，工业生产 HNO_3 的基本反应为

$$4NH_3(g)+5O_2(g)\xrightarrow{Pt-Rh}4NO(g)+6H_2O(g) \qquad \Delta_r H_m^\ominus=-905.4\ kJ\cdot mol^{-1}$$

它是工业生产 HNO_3 的基本反应。

NH_3 分子有一对孤对电子，能和许多金属离子形成配离子，如 $[Ag(NH_3)_2]^+$、$[Cu(NH_3)_4]^{2+}$、$[PtCl_2(NH_3)_2]$ 等。

在加热条件下，NH_3 和许多金属反应生成氮化物：

$$3Mg+2NH_3=Mg_3N_2+3H_2\uparrow$$

金属氮化物易爆炸，使用时必须小心。如 $[Ag(NH_3)_2]^+$ 放置会转化为爆炸性的 Ag_3N，所以 $[Ag(NH_3)_2]^+$ 的溶液用毕后要及时处理。

NH_3 是水中溶解度最大的一种气体，其水溶液能部分解离出少量的 NH_4^+ 和 OH^-，是一弱碱，与酸反应生成铵盐。固体铵盐受热易分解，如 NH_4HCO_3 在常温下即可分解为 NH_3、CO_2 和 H_2O，故应密封保存，受潮后严禁晾晒。

PH_3 毒性极强，空气中含 $2\ mg\cdot L^{-1}$时，即能闻到气味并引起中毒。电石气中往往含有杂质 PH_3，用活性炭吸附或用氧化剂如 $K_2Cr_2O_7$ 氧化，都能消除其毒性。磷化铝 AlP 与空气中的水汽反应生成 PH_3，因此在粮食仓库中，被用作烟熏剂杀虫。

$$AlP+3H_2O=Al(OH)_3+PH_3\uparrow$$

H_2S 是有毒的气体，空气中含量达 0.1%时即可引起严重中毒，如头痛、眩晕等。H_2S 是强还原剂，能够燃烧，与较强的氧化剂 Cl_2、Br_2 等反应，产物为硫酸；与较弱的氧化剂如 I_2、SO_2 等反应，产物为单质硫。H_2S 水溶液放置一段时间后变浑浊，就是因为空气中的 O_2 把它氧化成了单质 S 悬浮于水中的缘故。

氧的氢化物除 H_2O 之外还有 H_2O_2，其水溶液俗称双氧水，是一极弱的二元酸，过氧化钠（Na_2O_2）可看作它的盐。

$$H_2O_2=HO_2^-+H^+ \qquad K_{a1}^{\ominus}=2.4\times10^{-12}$$

$$HO_2^-=O_2^{2-}+H^+ \qquad K_{a2}^{\ominus}=10^{-25}$$

H_2O_2 在室温下即发生歧化反应，缓慢地分解：

$$2H_2O_2(l)=2H_2O(l)+O_2(g)$$

Mn^{2+}、Fe^{2+}、过氧化氢酶［含 Fe(Ⅱ) 的金属蛋白酶］以及波长为 320～380 nm 的光都能促使它分解，故应保存于棕色瓶中，并加入微量的能与 Mn^{2+}、Fe^{2+} 等生成螯合物的螯合剂如焦磷酸钠 $Na_2P_2O_7$、8-羟基喹啉等以延缓其分解速度。

H_2O_2 既有氧化性［$\varphi^{\ominus}(H_2O_2/H_2O)=1.776\ V$］，又有还原性［$\varphi^{\ominus}(O_2/H_2O_2)=0.682\ V$］，且由于它具有不引入杂质的优点，是常用的氧化剂或还原剂。如油画中的铅白［$2PbCO_3\cdot Pb(OH)_2$］存放时间过久，会与空气中的 H_2S 气体反应生成黑色的 PbS，利用双氧水可使 PbS 变成白色的 $PbSO_4$ 使画面复新：

$$PbS+4H_2O_2=PbSO_4+4H_2O$$

强氧化剂 $KMnO_4$、Cl_2 能把 H_2O_2 氧化为 O_2：

$$Cl_2+H_2O_2=2HCl+O_2\uparrow$$

$$2MnO_4^-+5H_2O_2+6H^+=2Mn^{2+}+5O_2\uparrow+8H_2O$$

前一反应工业上用来除氯，后一反应可用来测定 H_2O_2 的含量。

常用的 H_2O_2 水溶液有 3%和 35%的两种，前者医药上用于消毒杀菌，工业上用于漂白毛、丝、羽毛等织物；后者在实验室或化学试剂的生产中用得较多。30%以上的 H_2O_2 水溶液会灼伤皮肤，使用时应多加小心。

四、重要的含氧酸及其盐

1. 碳酸盐 习惯上把 CO_2 的水溶液叫作碳酸，而纯的碳酸至今尚未制得，H_2CO_3 是二元弱酸，可形成正盐、酸式盐或碱式盐。

(1) 溶解性 正盐中除碱金属（不包括 Li^+）、铵及铊（Tl^+）盐外，都难溶于水。一般而言，酸式盐比相应的正盐溶解度大，增大 CO_2 的浓度有利于碳酸盐溶解：

$$CaCO_3+H_2O+CO_2=Ca(HCO_3)_2$$

这是自然界钟乳石形成的原因。

与一般的金属碳酸盐不同，常温下，K_2CO_3、Na_2CO_3、$(NH_4)_2CO_3$ 等的溶解度大于相应的酸式盐。如向浓的 $(NH_4)_2CO_3$ 溶液中通入 CO_2 达到饱和可沉淀出 NH_4HCO_3：

$$2NH_4^++CO_3^{2-}+CO_2+H_2O=2NH_4HCO_3\ (\text{晶体})$$

这是工业上生产碳铵肥料的基础。溶解度的反常是因为 HCO_3^- 相互之间以氢键缔合形成了双聚或多聚链状离子的结果，如双聚 $(HCO_3)_2^{2-}$ 的结构式为

$$\left[\begin{array}{ccc} & O-H\cdots O & \\ O-C & & C-O \\ & O\cdots H-O & \end{array}\right]^{2-}$$

(2) 酸碱性　易溶的碳酸盐会水解使溶液显碱性，酸式盐水解显弱碱性，如小苏打($NaHCO_3$)在水中存在如下两个平衡：

$$HCO_3^-+H_2O=H_2CO_3+OH^- \qquad K_{b2}^{\ominus}=2.4\times10^{-8}$$

$$HCO_3^-+H_2O=CO_3^{2-}+H_3O^+ \qquad K_{a2}^{\ominus}=5.6\times10^{-11}$$

因 $K_{b2}^{\ominus}>K_{a2}^{\ominus}$，溶液显弱碱性（pH=8.3）。由于 $NaHCO_3$ 既存在酸式离解又存在碱式离解，因而它属于两性物质，有一定的缓冲能力。

(3) 热稳定性　碳酸盐比碳酸稳定，正盐比相应的酸式盐稳定。碱金属的碳酸盐熔化而不分解。如 Na_2CO_3 在熔点 851 ℃也不分解。大多数碳酸盐加热分解为金属氧化物和 CO_2，如$CaCO_3$、$MgCO_3$ 等。酸式盐容易分解为正盐：

$$2NaHCO_3=Na_2CO_3+H_2O+CO_2\uparrow \qquad (t=270\ ℃)$$

$$Ca(HCO_3)_2=CaCO_3+H_2O+CO_2\uparrow \qquad (\text{沸腾})$$

前者是工业制备 Na_2CO_3 的一个重要反应，后者是暂时硬水的软化反应。

2. 亚硝酸、硝酸及其盐

(1) 溶解性　游离的亚硝酸仅存于冷稀溶液中，其酸性强于醋酸。浓溶液或微热时歧化分解为 NO 和 NO_2：

$$2HNO_2=\underset{(\text{蓝色})}{N_2O_3}+H_2O=NO+\underset{(\text{棕色})}{NO_2}+H_2O$$

在亚硝酸盐溶液中加酸时，会发生上述颜色变化，故该反应常作为 NO_2^- 的鉴定反应。

浓 HNO_3 是 68%～70%的水溶液，具有强氧化性，不很稳定，受热或见光均能分解。

硝酸盐和除重金属外的亚硝酸盐，一般都易溶于水。亚硝酸及其盐有致癌作用，在青饲料的发酵、蔬菜的贮存过程中，温度过高时，由于细菌和酶的作用，有时会把里面的硝酸盐还原为亚硝酸盐，要注意防止。

(2) 热稳定性　亚硝酸盐和硝酸盐加热都会发生分解反应，与碳酸盐的热分解比较，分解温度低，分解反应都为氧化-还原反应。

所有硝酸盐和亚硝酸盐热解时，都有 O_2 产生，中国古代用 KNO_3 与易燃的硫粉和碳粉混合制成黑火药就是利用这一性质。

(3) 氧化还原性　硝酸盐的水溶液无明显的氧化性，在酸性介质中具有氧化性。亚硝酸盐既有氧化性又有还原性。在酸性介质中能将 I^- 氧化为单质 I_2：

$$2NO_2^-+2I^-+4H^+=2NO\uparrow+I_2\downarrow+2H_2O$$

反应用于定量测定亚硝酸盐。

在碱性介质中，空气中的 O_2 能把亚硝酸盐氧化为硝酸盐。

3. 硫的含氧酸及其盐

(1) 亚硫酸及其盐　SO_2 易溶于水（1 体积水可溶 40 体积的 SO_2 气体）生成亚硫酸，H_2SO_3 是二元酸

中的强酸（$K_{a1}^{\ominus}=1.54\times10^{-2}$，$K_{a2}^{\ominus}=1.02\times10^{-7}$）。亚硫酸及其盐中的S处于中间价态（+Ⅳ），既具还原性，又有氧化性，但以还原性为主。

$$SO_4^{2-}+4H^++2e^-\rightleftharpoons H_2SO_3+H_2O \qquad \varphi_A^{\ominus}=+0.158\ V$$

$$SO_4^{2-}+H_2O+2e^-\rightleftharpoons SO_3^{2-}+2OH^- \qquad \varphi_B^{\ominus}=-0.92\ V$$

亚硫酸盐在空气中能被氧气很快地氧化：

$$2Na_2SO_3+O_2=2Na_2SO_4$$

亚硫酸盐有杀灭霉菌的作用，如 Na_2SO_3 早已用于食品防腐。在制酒行业，葡萄汁中加入 SO_2，防止发酵，进一步中和由于发酵而产生的副产物，增加酒的香味，防止氧化的作用，质量浓度为 80～100mg·kg^{-1}。$Ca(HSO_3)_2$ 可溶解木质素，使木料变成纸浆造牛皮纸。$NaHSO_3$ 用于染料工业，也可用作漂白织物的去氯剂。

（2）硫代硫酸及其盐　硫代硫酸的纯品至今尚未制得，但其钠盐 $Na_2S_2O_3\cdot5H_2O$ 却极为有用，俗称海波或大苏打，无色透明晶体，易溶于水，水溶液显弱碱性。在中性或碱性溶液中稳定，酸性溶液中迅速歧化分解：

$$S_2O_3^{2-}+2H^+=S\downarrow+SO_2+H_2O$$

遇强氧化剂 Cl_2、Br_2 时被氧化为硫酸盐：

$$S_2O_3^{2-}+4Cl_2+5H_2O=2HSO_4^-+8H^++8Cl^-$$

纺织和造纸的漂白过程中，$S_2O_3^{2-}$ 作为脱氯剂除去过量的 Cl_2。

与 I_2 作用时，只能被氧化为连四硫酸盐：

$$2S_2O_3^{2-}+I_2=S_4O_6^{2-}+2I^-$$

反应能定量完成，所以 $Na_2S_2O_3$ 是分析上定量测定 I_2 的重要试剂。

$Na_2S_2O_3$ 的另一个重要性质是具有配位性，它可与一些金属离子形成稳定的配离子，如：

$$AgBr+2S_2O_3^{2-}=[Ag(S_2O_3)_2]^{3-}+Br^-$$

照相术中，用海波作为定影液的成分除去未感光的 AgBr 就是应用这一反应原理。

当把 $Na_2S_2O_3$ 溶液滴入 $AgNO_3$ 溶液中，颜色由白→黄→棕→黑，最后生成黑色的 Ag_2S，用以鉴定 $Na_2S_2O_3$ 的存在。

（3）硫酸、焦硫酸、过二硫酸及其盐　热浓硫酸显强氧化性，焦硫酸 $H_2S_2O_7$ 和过二硫酸 $H_2S_2O_8$ 的氧化性更强。在 Ag^+ 作催化剂的条件下，在酸性溶液中，过二硫酸铵 $(NH_4)_2S_2O_8$ 可把 Mn^{2+} 氧化为紫色的 MnO_4^-：

$$5S_2O_8^{2-}+2Mn^{2+}+8H_2O=10SO_4^{2-}+2MnO_4^-+16H^+$$

该反应用来鉴定 Mn^{2+} 的存在。

焦硫酸盐在岩矿分析中用作熔矿剂：

$$3K_2S_2O_7+Fe_2O_3\xlongequal{\triangle}Fe_2(SO_4)_3+3K_2SO_4$$

稀硫酸主要表现为 H^+ 的酸性，是二元强酸（$K_{a2}^{\ominus}=1.2\times10^{-2}$）。它有正盐和酸式盐两种，正盐中除 Sr^{2+}、Ba^{2+}、Pb^{2+} 等硫酸盐难溶，Ca^{2+}、Ag^+ 的硫酸盐微溶外，其余都易溶。固态硫酸盐多数含有结晶水，如生石膏 $CaSO_4\cdot2H_2O$、皓矾 $ZnSO_4\cdot7H_2O$、芒硝 $Na_2SO_4\cdot10H_2O$ 等。另一特点是易形成复盐，如硫酸亚铁铵（摩尔盐）$FeSO_4\cdot(NH_4)_2SO_4\cdot6H_2O$、明矾 $K_2SO_4\cdot Al_2(SO_4)_3\cdot24H_2O$ 等。

4. 磷的含氧酸及其盐　磷酸是常见重要的含氧酸，它属于三元中强酸，能形成二氢盐（MH_2PO_4）、一氢盐（M_2HPO_4）和正盐（M_3PO_4）三种。当 M 是 K^+、Na^+、NH_4^+ 时，都溶于水，其他金属离子仅二氢盐可溶。由于不同程度的水解，二氢盐显酸性，一氢盐显弱碱性，正盐显较强的碱性。

农业上最重要的磷酸盐是过磷酸钙［$Ca(H_2PO_4)_2$ 与 $CaSO_4$ 的混合物］和重过磷酸钙［$Ca(H_2PO_4)_2$］，前者是磷矿粉与 H_2SO_4 的产物，后者由磷矿粉与 H_3PO_4 而制得：

$$Ca_3(PO_4)_2+2H_2SO_4=Ca(H_2PO_4)_2+2CaSO_4$$

$$Ca_3(PO_4)_2+4H_3PO_4=3Ca(H_2PO_4)_2$$

它们都是植物所必需的重要磷肥，土壤中 Fe^{3+}、Al^{3+} 含量高时，会生成不溶性的磷酸盐沉淀，不能被植物吸收，称为磷的固定而失去肥效。采用根部穴施，与有机肥（腐殖酸可与 Fe^{3+}、Al^{3+} 螯合）混施或加工成颗粒状减少与土壤的接触来加以防止。

H_3PO_4 经强热发生脱水作用，两个磷原子通过氧原子连接起来，生成焦磷酸 $H_4P_2O_7$、三聚磷酸 $H_5P_3O_{10}$ 或四偏磷酸 $(HPO_3)_4$ 等多酸。三磷酸的生成反应为

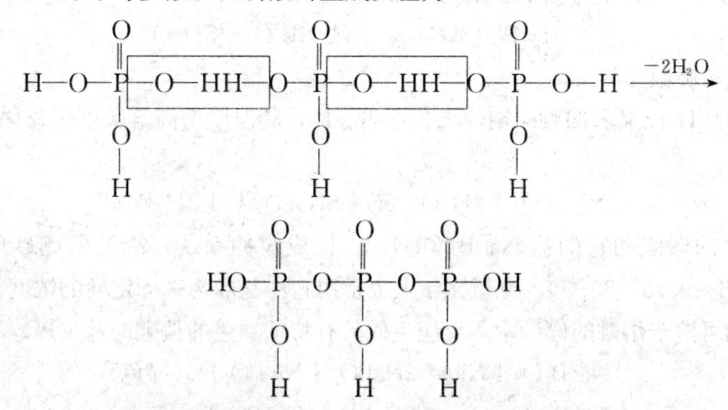

由于三聚磷酸的钠盐 $Na_5P_3O_{10}$ 能与水中的 Ca^{2+}、Mg^{2+} 离子形成稳定的可溶性的螯合物，故用于锅炉中软水和洗涤剂的助洁作用，但由于磷的排放对江河湖泊的富营养污染，目前用铝硅酸钠盐进行离子交换以达到同样的目的，反应如下：

$$Ca^{2+}(aq)+Na_2Al_2Si_2O_8(s)=2Na^+(aq)+CaAl_2Si_2O_8(s)$$

磷酸、焦磷酸、偏磷酸可用 $AgNO_3$ 鉴别。$AgNO_3$ 与磷酸生成黄色沉淀，焦磷酸、偏磷酸则都产生白色沉淀。

5. 卤素的含氧酸及其盐　卤素的含氧酸和它的盐有“次、亚、正、高”四种类型，它们中的卤原子所对应的氧化态分别为＋Ⅰ、＋Ⅲ、＋Ⅴ和＋Ⅶ，它们最突出的化学性质是氧化性。

其中较为重要的有高氯酸 $HClO_4$，它是最强的无机酸，浓溶液（>70%）不稳定，受热分解，遇有机物撞击爆炸，使用时务必小心。它的盐除 K^+、Rb^+、Cs^+ 外都能溶于水。$Mg(ClO_4)_2$ 是很强的干燥剂，可定量吸收水分，平衡水汽为 $0.002\ mg\cdot L^{-1}$，是硅胶吸水能力的15倍。固体的高氯酸盐在高温时是强氧化剂，高氯酸铵用于固体火箭的氧化推进剂。

HXO_3（X代表卤原子）叫正卤酸，简称卤酸。$HClO_3$、$HBrO_3$ 是强酸，HIO_3 是中强酸（$K_a^{\ominus}=0.16$）。氯酸和溴酸只存在于水溶液，碘酸可制得固体。卤酸盐的重要性质是氧化性和热分解性。实验室常用 $KClO_3$ 在 MnO_2 催化下的热分解制备氧气。固体 $KClO_3$ 与S和P混合，撞击发生爆炸，故用于制炸药、火柴及烟火等。$NaClO_3$ 易吸潮，不宜作这方面使用，但在农业上可作为除草剂。$KBrO_3$ 和 KIO_3 是分析化学中常用的氧化剂基准物。

HClO 是重要的次卤酸（$K_a^{\ominus}=3.2\times10^{-8}$），比碳酸还弱，仅存于水溶液。对热很不稳定，是很强的氧化剂。它的盐如 NaClO 和 $Ca(ClO)_2$ 都是 Cl_2 在小于40℃时，在碱中歧化而制得。如 Cl_2 和干燥的消石灰反应制取漂白粉的反应：

$$2Cl_2+3Ca(OH)_2 \xrightarrow{<40\ ℃} Ca(ClO)_2+CaCl_2\cdot Ca(OH)_2\cdot 2H_2O$$

产物 $Ca(ClO)_2$ 是漂白粉的有效成分，当其遇水或空气中的 CO_2 时，释放出 HClO 起到杀菌或漂白的作用。

$$2ClO^-+CO_2+H_2O=2HClO+CO_3^{2-}$$

$$ClO^-+H_2O=HClO+OH^-$$

6. 硼酸和硅酸及其盐　B和Si是周期表中对角线上相邻的元素，性质相似。它们的含氧酸都是弱酸，并有类似的结构特征。

硼的重要含氧酸是 H_3BO_3 [可写为 $B(OH)_3$]，微溶于冷水，在热水中，因部分氢键断裂而溶解度增大。它的水溶液显酸性，是一元弱酸（$K_a^{\ominus}=7.3\times10^{-10}$）。显弱酸性是因为 H_2O 中的 OH^- 与 $B(OH)_3$ 的中心原子 B 配位结合形成 $[B(OH)_4]^-$ 的原因，而不是本身给出 H^+，反应如下：

$$B(OH)_3+H_2O=[B(OH)_4]^-+H^+$$

值得注意的是，$[B(OH)_4]^-$ 是硼酸 H_3BO_3 的弱酸根，是较强的碱。

H_3BO_3 水溶液与 NH_3 作用生成四硼酸氢铵：

$$4H_3BO_3+NH_3=NH_4HB_4O_7+5H_2O$$

这是凯氏定氮法中定量吸收氨的反应。

硼砂 $Na_2B_4O_7\cdot10H_2O$ 又名四硼酸钠，无色透明晶体，随温度增高溶解度明显增大。它在水中的水解反应表示为

$$Na_2B_4O_7+7H_2O=2Na[B(OH)_4]+2H_3BO_3$$

水解产生等物质的量的弱酸和它的盐 $Na[B(OH)_4]$，构成缓冲系统，故纯的硼砂可作为标准缓冲溶液（$0.01\ mol\cdot L^{-1}$，pH=9.18，25 ℃）。分析化学上也常用它作基准物来标定酸的浓度，产物为 H_3BO_3。

许多金属氧化物可溶于熔融的硼砂中，反应生成具有特征颜色的偏硼酸盐（BO_2^- 偏硼酸根）：

$$Na_2B_4O_7+NiO=2NaBO_2\cdot Ni(BO_2)_2\ (\text{绿色})$$

$$Na_2B_4O_7+CoO=2NaBO_2\cdot Co(BO_2)_2\ (\text{蓝色})$$

这类反应可用来鉴定某些金属阳离子，称为硼砂珠试验。焊接金属也是利用这一性质把它作为助焊剂。

Na_2SiO_3 是可溶性的重要硅酸盐，它由 SiO_2 和 Na_2CO_3 熔融而制得：

$$SiO_2+Na_2CO_3=Na_2SiO_3+CO_2\uparrow$$

Na_2SiO_3 的水溶液，由于 SiO_3^{2-} 的水解作用显碱性，俗称泡花碱，又称水玻璃，可用来制造防水涂料，浸染布匹，纸张上胶，蛋类防腐，材料黏接等。

Na_2SiO_3 与酸反应生成原硅酸 H_4SiO_4，它是比碳酸还要弱的二元弱酸（$K_{a1}^{\ominus}=4.2\times10^{-10}$，$K_{a2}^{\ominus}=10^{-12}$）。在水中溶解度小，容易凝结为硅酸凝胶析出。经脱水干燥后，用4%的 $CoCl_2$ 溶液浸渍，再进行干燥，即制成实验室常用的干燥剂——变色硅胶。

硅酸凝胶还可用于铅酸蓄电池中硫酸的固化。将相对密度为 1.32 的 H_2SO_4 与 6% Na_2SiO_3（内含 1% 聚乙二醇和聚乙烯醇）按 5∶1 的体积比混合均匀，静置即可制得固化的硫酸，制成密封的铅酸蓄电池。这样避免铅酸蓄电池中硫酸的损失和对周围仪器设备的腐蚀以及加酸的补充作业。

地壳中存在大量天然的硅酸盐，如长石($K_2O\cdot Al_2O_3\cdot6SiO_2$)、云母($K_2O\cdot3Al_2O_3\cdot6SiO_2\cdot2H_2O$)、石棉($CaO\cdot3MgO\cdot4SiO_2$)、沸石($Na_2O\cdot Al_2O_3\cdot3SiO_2\cdot2H_2O$) 等。它们长期受到空气中的 CO_2 和 H_2O 的化学作用及热胀冷缩的物理作用风化形成黏土。例如：

$$\underset{\text{长石}}{K_2O\cdot Al_2O_3\cdot6SiO_2}+CO_2+2H_2O\longrightarrow K_2CO_3+\underset{\text{高岭土}}{Al_2O_3\cdot2SiO_2\cdot2H_2O}+4SiO_2$$

水泥、玻璃、陶瓷的制造形成了一类专门的硅酸盐工业。近代科学上研制成许多具有特异功能的硅酸盐材料，如纳米陶瓷、红外陶瓷、光学玻璃等，为其发展开拓了更为广阔的前景。硅不仅能形成云母、石棉等无机高分子化合物，而且如 C 一样也可形成高分子的有机硅的化合物，如聚二甲基硅氧烷：

```
       CH3    CH3    CH3    CH3
        |      |      |      |
 —O—Si—O—Si—O—Si—O—Si—O—
        |      |      |      |
       CH3    CH3    CH3    CH3
```

这类高聚物属于硅酮类化合物。由于硅酮介于无机化学品（包括硅酮产品的原料白炭黑即二氧化硅）和有机化学品之间，与传统的 C—C（键能 $345.6\ kJ\cdot mol^{-1}$）之间的共价键相比，硅酮的 Si—O（键能 $452\ kJ\cdot mol^{-1}$）之间的共价键更加稳定，因此，硅酮对氧化、紫外线、水解及高温等有其特别的化学惰性，加之它的无毒的优点，被广泛地用于汽车光亮剂（抛光）、建筑涂料、密封胶、人工脏器（硅橡胶）、个人护

理（唇膏、防晒液）、医药（胃药中的消泡剂）和纺织（防水纤维）等许多领域中。

第四节　部分非金属元素在生物界的作用

一、氟、碘的生物功能

氟主要存在于动物的齿骨中。齿骨中的氟主要以氟磷灰石 $\{CaF_2 \cdot 3[Ca_3(PO_4)_2]\}$ 的形式存在，正常骨骼中含氟 0.01%～0.03%，牙釉中含氟 0.01%～0.02%，饮水中氟的含量在 $1\ mg \cdot L^{-1}$ 时，对健全牙齿和骨组织是有益的，如果超过 $2\ mg \cdot L^{-1}$ 则会使牙齿受损、骨骼硬化。

氟化物对动植物都存在积蓄毒害作用，奶牛对氟的毒害作用反应尤为灵敏。植物在含有氟化物的大气中，不论浓度低到什么程度，经过一定时间，植物的叶组织都会损害。

卤素的单质对生物都有毒性，其中碘的毒性较小，可供药用，消毒杀菌的碘酊就是含碘 2%的酒精溶液。

碘是生命必需的痕量元素之一。海水中碘的化合物参与大多数海生生物的循环。某些海藻和咸水鱼能富集碘。在高等哺乳动物中，碘主要集中在甲状腺里并转化为碘化氨基酸，对调节细胞利用氧的速率起着重要的作用。缺碘或过量摄入碘都会引起甲状腺肿大。甲状腺素是碘的化合物，分子结构如下：

一般人体需碘量成人每天 70～100 μg 为宜。

另外，氯的有机物对生物也是有毒性的，过去曾广泛用作杀虫药，如六六六、滴滴涕等。C—Cl 键牢固（$339\ kJ \cdot mol^{-1}$），难于降解，残留期长，以及食物链传递的结果，使一些生物濒临灭绝，破坏了生态平衡，已遭到禁用。

二、硼、硅的生物功能

硼是植物生长和发育所必需的微量元素，缺硼时，植物的根、茎器官的生长发育会受到阻碍。特别对甜菜、马铃薯、萝卜等块根植物以及棉花、亚麻、烟草等影响很大，甜菜的“腐心病”、某些植物的落果现象都与缺硼有关。硼肥可以使甜菜含糖量增加，苹果和葡萄获得丰产已得到证实。硼还可以增强植物的抗病能力。

硅在动物体内参与广泛分布于结缔组织的多糖（称为黏多糖）的代谢，促进胶原蛋白的合成，对结缔组织的形成和骨骼的钙化起着重要作用。人体每天摄入硅的量约为 4 mg。许多植物都含有硅，硅在芦苇茎秆和竹子中的含量较高。

三、氮、磷、砷的生物功能

氮和磷都是生物生命活动过程中不可缺少的元素，N、P、K 三元素称为植物的三要素。氮是构成蛋白质的主要成分之一（含氮量约占 16%）。蛋白质在生物体内所引起的许多变化，是一切生命过程的基础。

虽然氮是维持动物生命现象不可缺少的元素，大气中又含有丰富的氮，但除豆科植物类的根瘤菌（紫花苜蓿为豆科植物，固氮能力很强，据测定，每公顷苜蓿固氮量相当于 43 kg 的尿素）和土壤的固氮菌类能将空气中游离氮固定下来供植物利用外，一般动植物都不能直接利用，需要通过合成，把游离的氮转化为硝态氮（NO_3^-、NO_2^-）或铵态氮（NH_4^+）后，才能被植物吸收利用。动物则需从植物或其他动物体摄取含氮化合物，并通过生物代谢过程合成自身所需的蛋白质。

然而，由化石燃料的燃烧及汽车尾气排放的氮氧化物对生物体是有害的。NO 能与血红素结合形成亚硝基血红素而中毒，NO_2 使血红素硝化，浓度大时造成死亡。另外，氮氧化物也是形成酸雨的成分之一。

动植物的多种蛋白质都含有磷。如核蛋白和核酸（控制遗传和蛋白质的合成）、辅酶（体内与酶共同起作用的化合物）、磷脂（细胞膜和神经组织的重要组成）等均含有磷。脊椎动物的骨骼中含有大量磷酸钙。三磷酸腺苷被称为生物活体燃料，它的水解是生物体获得能量的重要途径。

$$ATP+H_2O=ADP+Pi\text{（无机磷酸盐）} \qquad \Delta_r H_m^{\ominus}=30.5\ kJ\cdot mol^{-1}$$

植物体内，尤其是叶和根中含有大量的无机磷酸盐类，它们是形成有机磷化合物的基本原料。但谷物中植酸形式的磷利用率低，另外维生素 D 可促进磷的吸收。

在动物体内 $H_2PO_4^-$ 和 HPO_4^{2-} 是维持体液 pH 的缓冲剂之一。

砷及砷的可溶性化合物极毒。As(Ⅲ) 的毒性大于 As(Ⅴ)。砷能与蛋白质和酶中的巯基（—SH）结合，抑制体内很多生化过程，特别是与丙酮酸氧化酶的巯基结合，使其失去活性，引起细胞代谢的严重紊乱。砷对人的中毒剂量为 0.01～0.052 g，致死量为 0.06～0.2 g。砷中毒作用也是积累性的，能蓄积于骨质疏松部、肾、肝、脾、肌肉和角化组织（如头发、皮肤及指甲）。如人畜误食砷中毒，可用氧化镁与硫酸亚铁溶液强烈搅动生成的新鲜氢氧化铁悬浮液服用来解毒。但适量的含砷化合物可用于治病。中药"回疗丹"含有 As_2O_3（砒霜），用于消肿拔脓。亚砷酸钾（K_3AsO_3）可用于治疗慢性骨髓性白血病。治疗梅毒的"606"是一种砷的有机化合物。

四、硒的生物功能

硒的生物作用与它的浓度有关，0.1 mg·L^{-1} 有益于健康。极少量的硒可用于防治家禽、家畜的白血病。但摄入的硒过多，也会引起硒中毒。牲畜因硒中毒会发育迟缓，蹄和毛发脱落以至死亡。

另一方面，我国近来研究表明，缺硒会引起细胞损伤性疾病，如克山病（心脏损伤性疾病）、大骨节病（软骨损伤所引起）的发生。对全国发病区一百多万居民以亚硒酸钠 Na_2SeO_3 补充硒收到明显的预防效果，引起了世界的重视。

硒在人体的生物活性形式可能是 R_2Se（R 为有机基团），这种硒化物可认为是谷胱甘肽过氧化物酶的一部分，这种物质有保护细胞免受过氧化物的伤害，清除自由基，或抑制它对细胞损伤的功能，从而起到抗衰老、抗癌变的作用。不过当硒含量较大时，它会取代细胞化合物中同族的硫，形成含硒化合物，比相应的含硫化合物活跃，从而破坏细胞的正常功能。

第五节　副族元素选述

一、通　　性

d 区元素又称过渡元素，位于周期表中的 s 区和 p 区元素之间，它们的性质是从高度活泼的 s 区金属元素向 p 区金属元素过渡。除 Pd($4d^{10}5s^0$) 以及铜、锌副族（$d^{10}s^1$，$d^{10}s^2$）外，都有两个未充满的电子层，最外层的 s 电子最多只有两个，且与次外层的 d 电子能级相差不大。除锌族外，其余的 d 电子均能全部或部分参与成键。它们在结构上的这些共性，使 d 区元素具有以下共同的性质。

1. 单质的金属性　过渡金属元素的单质最外层的 s 电子容易失去，所以它们均表现出金属性。但由于次外层 d 电子的填充，d 电子对核的屏蔽作用小，故有效核电荷大，对外层电子的吸引力强，使得它们与 s

区金属相比，有较小的原子半径和较大的电负性。因此，金属性远较 s 区的弱。

2. 可变的氧化数　除 Zn 外，其他过渡金属元素都表现出可变的氧化数。这和它们价电子层中最外层的 s 电子和次外层的 d 电子都参加成键有关。它们的氧化数大多连续地变化，例如 Mn 的氧化数由+2 连续变化到+7。氧化数高的金属元素多以酸根阴离子（MnO_4^-、$Cr_2O_7^{2-}$）或含氧基阳离子［TiO^{2+} 钛氧离子、VO_2^+ 钒（Ⅴ）氧离子］的形式存在。

3. 水合离子多有颜色　过渡金属在形成水合离子时，大多数的（$n-1$）d 轨道都有成单电子，这些成单电子在可见光范围内发生跃迁的结果而表现出不同的颜色，如 Cu^{2+} 呈蓝色，Cr^{3+} 呈墨绿色，Fe^{3+} 呈黄色等。

4. 形成配合物　因为过渡元素的离子或原子都有空的（$n-1$）d 或 ns、np 价电子轨道，这些轨道同属一个能级组，能量相近，可以杂化接受配体的孤对电子成键；另一方面，它们的原子或离子半径小而有效核电荷大，对配体有较强的吸引力。所以，过渡元素有很强的形成配位键的能力。

二、铜、银和锌、汞

1. 铜和银　Cu 和 Ag 都是不活泼金属，都不与非氧化性酸反应。Cu 在含有 CO_2 的潮湿空气中，表面生成一层绿色且有毒的碱式碳酸铜：

$$2Cu+O_2+CO_2+H_2O=Cu(OH)_2CuCO_3$$

Ag 与空气中的 H_2S 气体相遇，生成黑色的硫化银：

$$4Ag+O_2+2H_2S=2Ag_2S+2H_2O$$

Cu 能形成 Cu（Ⅰ）和 Cu（Ⅱ）两种化合物。最为常见的是含 5 个结晶水的硫酸铜（$CuSO_4 \cdot 5H_2O$），俗称胆矾，是蓝色晶体，加热到 258 ℃时，脱去全部结晶水，成为白色的无水 $CuSO_4$，它的吸水性很强，吸水后又出现蓝色，因此常用来检验或除去乙醇及乙醚中的微量水。

$CuSO_4$ 与 NH_3 反应易形成［$Cu(NH_3)_4$］$^{2+}$，它能溶解纤维，在所得的纤维溶液中加入酸时，［$Cu(NH_3)_4$］$^{2+}$ 被破坏：

$$[Cu(NH_3)_4]^{2+}+4H^+=Cu^{2+}+4NH_4^+$$

纤维重新沉淀出来，工业上用这种方法制造人造丝。

Cu^{2+} 具有一定的氧化性。［$Cu(NH_3)_4$］$^{2+}$ 可被保险粉 $Na_2S_4O_6$ 还原为无色的［$Cu(NH_3)_2$］$^+$，它的醋酸盐［$Cu(NH_3)_2$］Ac 能吸收 CO 形成［$Cu(NH_3)_2$］Ac·CO，故用于合成氨工业中的铜洗阶段，在合成塔前除去混合气体中对催化剂有毒的微量的 CO。

$CuSO_4$ 在农业上的一个重要用途是与石灰水混合配成波尔多液，通常的配方是

$$m(CuSO_4 \cdot 5H_2O):m(CaO):m(H_2O)=1:1:160$$

它们之间的反应复杂，大体如下：

$$2CuSO_4+Ca(OH)_2=[Cu(OH)_2]\cdot CuSO_4+CaSO_4$$

有效成分是碱式硫酸铜［$Cu(OH)_2$］·$CuSO_4$，它不溶于水，但由于农作物代谢时所分泌的酸性液体，以及病菌入侵作物机体时分泌的酸性物，使其溶解产生少量的 Cu^{2+}，它能破坏细菌中的某些酶，也能与细胞原生质上的阴离子发生交换吸附而使之中毒，起到杀菌作用。故游泳池中加入一定量的 $CuSO_4$，可防止藻类的生长。

Cu^{2+} 具有一定的氧化性。$CuSO_4$ 与碱作用生成浅蓝色的 $Cu(OH)_2$，它是两性偏碱的氢氧化物，与浓碱反应可生成深蓝色的配合物［$Cu(OH)_4$］$^{2-}$，若与葡萄糖或醛反应，被还原为红色的 Cu_2O：

$$2[Cu(OH)_4]^{2-}+RCHO \longrightarrow RCOO^-+Cu_2O\downarrow+3H_2O+3OH^-$$

在分析化学中常用来测定还原糖的含量。

Cu^{2+} 也能把 I^- 氧化为单质 I_2：

$$2Cu^{2+}+4I^{-}=2CuI\downarrow(白色)+I_2(灰紫)$$

该反应用于定量测定溶液中的 Cu^{2+} 浓度。

Ag 的常见氧化态为+1，重要的化合物是 $AgNO_3$，它易溶于水，光照下分解为单质 Ag：

$$2AgNO_3 \xrightarrow{光} 2Ag+2NO_2\uparrow+O_2\uparrow$$

因此无论晶体或溶液都必须避光保存。

$AgNO_3$ 大量用于制造照相底片上的卤化银。在卤化银中，由于 AgI 晶体与冰有相似的结构，故可用作晶种，撒播云中，催云化雨。

2. 锌和汞 Zn 是ⅠB和ⅡB族中最活泼的金属元素，它既能与酸又能与碱直接反应。常温下，Zn 在潮湿的空气中生成碱式碳酸锌保护层，能阻止进一步被腐蚀。

所有锌的化合物都是+Ⅱ氧化态的。$ZnCl_2$ 是溶解度最大的一种盐类。在浓溶液中以配合酸 $H[ZnCl_2(OH)]$ 的形式存在（6 $mol\cdot L^{-1}$ 的 $ZnCl_2$ 溶液的 pH=1），它能溶解金属氧化物：

$$FeO+2H[ZnCl_2(OH)]=Fe[ZnCl_2(OH)]_2+H_2O$$

故用作焊膏清洁金属表面的氧化物。另外，$ZnCl_2$ 的浓溶液能溶解纤维素，生成一种胶冻状物质，可以模塑成各种形状的纤维板。

Hg 是常温下唯一以液态形式存在的金属。除稀有气体外，Hg 蒸气也是唯一能以单原子分子稳定存在的元素。Hg 蒸气对人体有毒，空气中汞的允许量为 0.1 $mg\cdot m^{-3}$，20 ℃时 Hg 的饱和蒸气压为 14 $mg\cdot m^{-3}$，因此汞应密封保存，或在其表面覆盖 10%的 NaCl 水溶液或甲苯等。当 Hg 洒落在地上时，要立即用硫粉或 $FeCl_3$ 覆盖在上面，前者生成难溶盐 HgS（$K_{sp}^{\ominus}=4\times10^{-53}$），后者是 Hg 被 Fe^{3+} 氧化后生成 Hg_2Cl_2（$K_{sp}^{\ominus}=1.45\times10^{-18}$）沉淀。

Hg 的另一个显著性质是能溶解除铁族外的大多数金属形成汞齐。如 Hg 溶解银锡合金（Ag_2Sn）而得到的银锡汞齐，它在很短时间内变硬，医疗上用来补牙。

Hg 能形成+Ⅰ、+Ⅱ氧化态的化合物。

重要的 Hg(Ⅰ) 化合物是 Hg_2Cl_2，俗称甘汞，难溶于水。Hg_2Cl_2 中的 Hg_2^{2+} 是双聚离子（$Hg^{+}-Hg^{+}$），每个汞原子以 sp 杂化成键，是直线形分子，属于共价化合物。白色的 Hg_2Cl_2 上加入氨水，立即变黑，用以检验 Hg_2^{2+} 的存在，反应如下：

$$Hg_2Cl_2+2NH_3=HgNH_2Cl\downarrow（白）+NH_4Cl+Hg\downarrow（黑）$$

重要的 Hg(Ⅱ) 化合物是 $HgCl_2$，因在 300 ℃即可升华，故名升汞，典型的共价化合物，微溶于水，剧毒，0.2～0.4 g 致命，稀溶液可作消毒剂使用。Hg(Ⅱ) 易与卤素形成配合物。如 $K_2[HgI_4]$，它与 KOH 的混合溶液称为奈斯勒（Nessler）试剂，与 NH_4^+ 反应生成红棕色沉淀：

$$NH_4Cl+2K_2[HgI_4]+4KOH=Hg_2NI\cdot H_2O\downarrow（红棕）+KCl+7KI+3H_2O$$

反应灵敏，常用来鉴定 NH_4^+。

Hg(Ⅱ) 在有 NH_3 存在时，不与 Cl^- 生成 $[HgCl_4]^{2-}$，而是生成白色的 $HgNH_2Cl$ 沉淀。

三、铜、银、锌、汞的生物功能

金属铜和银的单质及可溶性化合物都具有杀菌能力。银作为杀菌药剂尤具奇特功效。1%的硝酸银溶液是治疗眼结膜炎的常用药。当溶液中 Ag^+ 浓度达 2×10^{-11} $mol\cdot L^{-1}$时，即能有效杀菌。用于净水消毒，只需将水从银丝过滤网中流过，就能满足要求，且对人畜无害。银虽是最早使用的“亲生物金属”，但其参与的生物生理作用尚不清楚。

铜是生物体中一些酶和蛋白质的组成成分。铜在体内的作用之一是在呼吸链上通过 Cu(Ⅰ) 和 Cu(Ⅱ) 之间的转变，进行电子传递起氧化还原作用。铜酶起催化氧化的一个例子是，每个分子含 4 个 Cu 的铜酶之一——酪氨酸酶，能催化氧化酪氨酸为皮肤里的黑色素，从而对紫外辐射起到天然的保护作用。除了起这类作用的铜酶外，体内还有一种铜酶可以促进体内铁的吸收和运输，有利于血红蛋白的生成，否则将造成因缺铜而引起的贫血病。一些软体动物如田螺、乌贼，节肢动物如蟹、虾等是依靠含铜的血蓝蛋白携氧，研究表明，含铜血蓝蛋白的携氧能力仅为血红蛋白的一半。

铜酶也是叶绿体的组成成分，叶绿素卟啉环的合成，只有在被激化的铜与多肽结合而活化的情况下才能进行。铜又是叶绿体内光化学反应发生 O_2 的有关金属元素之一，作物缺铜，表现为缺绿症，叶尖变白，发育不良，致使产量下降。牲畜缺铜会食欲不振、贫血、毛质低劣等。

锌也是人体和动物体内必需的微量元素之一。植物缺锌会引起植株生长矮小和不利于种子的形成，锌在植物体内主要参与生长素（吲哚乙酸）的合成和某些酶系统的活动。植物缺锌时，不能把吲哚和丝氨酸合成为色氨酸。目前已经注意到两种重要的含锌酶，即羧基肽酶 A 和碳酸酐酶，前者在消化过程中催化蛋白质的水解，后者催化 CO_2 的水合作用：

$$CO_2 + H_2O \rightleftharpoons H_2CO_3 \rightleftharpoons HCO_3^- + H^+$$

该反应与光合作用，以及调节和维持生理 pH 有着密切的关系。反应速率大约是未催化时的 10^9 倍，以满足生理要求。

人体中的锌主要存在于血液、皮肤及骨骼里。研究表明人体含有大约 18 种锌酶和 14 种锌离子激活剂，它们与肾上腺、胰腺、性腺等发挥正常功能有密切关系，在细胞分裂、蛋白质合成中起着重要作用。

镉是一种毒害元素，Cd 与 Zn 同族，Cd(Ⅱ) 能置换许多锌酶中的 Zn(Ⅱ)，破坏和干扰某些锌酶的作用。Cd(Ⅱ) 与蛋白质中半胱氨酸残基上的巯基(—SH)能牢固地结合，因此对这些酶起到抑制作用。它还能改变 RNA 和 DNA 的某些物理性质。镉主要积累于肝、肾中，慢性镉中毒可引起肝气肿、肾损伤，严重的可引起骨痛病。

汞和汞的化合物对生物都是有毒的。土壤中含汞量随地区及污染情况而不同，一般在 0.01～4 $mg \cdot L^{-1}$。汞毒可分为金属汞、无机汞和有机汞三种，其中毒害最大的是有机汞。如甲基汞、二甲基汞或乙基汞等，它们与体内蛋白质的—SH 结合，使—SH 产生钝化作用，妨碍细胞的有丝分裂。金属汞和无机汞对肝和肾损伤特别厉害，但一般不在体内积累。汞蒸气和有机汞都可以通过扩散透过细胞膜，由此而引起积累性中毒，可造成脑神经的永久性损伤。由于汞中毒的症状（平衡失调、视力衰弱、听觉减退等）要数周之后才表现出来，因此造成不能给予及时治疗的问题。解毒的方法是用螯合剂类药物如 EDTA 和 BAL[$OHCH_2CH(SH)CH_2(SH)$] 等。Hg^{2+} 和 BAL 的反应如下：

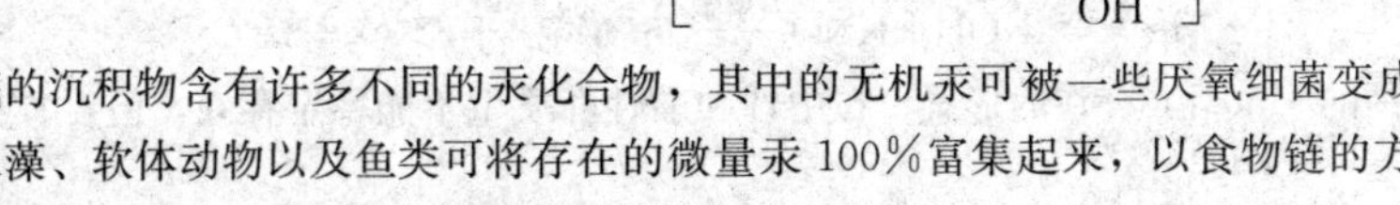

$$2\ \begin{matrix} CH_2 - CH - CH_2 \\ | \qquad\ \ | \qquad\ \ | \\ OH \quad SH \quad SH \end{matrix} + Hg^{2+} \longrightarrow \left[\begin{matrix} CH_2 - CH - CH_2 \\ | \qquad\ \ | \qquad\ \ | \\ OH \qquad S \qquad S \\ \searrow \ \swarrow \\ Hg \\ \nearrow \ \nwarrow \\ S \qquad S \\ | \qquad\ \ | \\ CH_2 - CH - CH_2 \\ | \\ OH \end{matrix}\right]^{2-} + 2H^+$$

海底和湖底的沉积物含有许多不同的汞化合物，其中的无机汞可被一些厌氧细菌变成高毒性的有机汞如甲基汞等。水藻、软体动物以及鱼类可将存在的微量汞 100%富集起来，以食物链的方式积累于捕食生物体中，造成汞中毒，为此必须高度重视和防治汞的环境污染。

四、铬、锰和钼

Cr、Mn 由于有 d 电子参与成键，因此，它们的单质熔、沸点较高，硬度也较大，它们的化合物有多种氧化态，并各具不同的颜色。它们的氧化物随着氧化态的升高，碱性、还原性、离子性逐渐降低；酸性、氧化性、共价性增强。如 CrO 呈碱性，可被空气中的氧氧化；Cr_2O_3 呈两性，与碱共融，可被过氧化钠氧化；CrO_3 呈酸性，强氧化性能使乙醇燃烧。

1. 铬的化合物 Cr的常见氧化态为+Ⅱ、+Ⅲ和+Ⅵ，+Ⅱ氧化态具有明显的还原性，+Ⅲ氧化态还原性较弱，+Ⅵ氧化态具有强氧化性。

Cr(Ⅲ)的重要化合物 Cr_2O_3 及其对应的 $Cr(OH)_3$ 具有明显的两性，与酸、碱反应，分别生成紫色的 $[Cr(H_2O)_6]^{3+}$ 和亮绿色的 $[Cr(OH)_4]^-$（简写为 CrO_2^-）。在高温下 Cr_2O_3 可被金属铝还原为金属铬。由于 Cr_2O_3 具有鲜艳的绿色，故又用作油漆的颜料。

CrO_3 是Cr(Ⅵ)的氧化物，暗红色晶体，易溶于水，生成相应的铬酸 H_2CrO_4，是二元中强酸（$K_{a1}^{\ominus}=1.8\times10^{-1}$），只存在于水溶液，在一定条件下，发生缩合反应生成重铬酸 $H_2Cr_2O_7$：

$$2CrO_4^{2-}\text{（黄）}+2H^+ \rightleftharpoons Cr_2O_7^{2-}\text{（橙）}+H_2O \qquad K^{\ominus}=4.2\times10^{14}$$

随着pH的不同，CrO_4^{2-} 和 $Cr_2O_7^{2-}$ 之间可发生相互转化，在酸性溶液中 $[Cr_2O_7^{2-}]$ 为主，溶液显橙色，碱性溶液中，CrO_4^{2-} 为主，溶液显黄色。若在上述溶液中加入能与 CrO_4^{2-} 生成难溶盐的离子，平衡会向左移动。如 Ca^{2+}、Sr^{2+}、Ba^{2+}，它们的重铬酸盐易溶，而铬酸盐难溶［$CaCrO_4$（黄色，$K_{sp}^{\ominus}=2.3\times10^{-9}$）、$SrCrO_4$（黄色，$K_{sp}^{\ominus}=2.2\times10^{-5}$）、$BaCrO_4$（黄色，$K_{sp}^{\ominus}=1.2\times10^{-10}$）］，若在pH=5.2的HAc-$NH_4Ac$缓冲溶液中，只生成 $BaCrO_4$ 沉淀，从而与 Ca^{2+} 和 Sr^{2+} 分离。

$K_2Cr_2O_7$ 和 $Na_2Cr_2O_7$ 是重要的Cr(Ⅵ)盐，它们都是强氧化剂。由于 $K_2Cr_2O_7$ 便于提纯（可达99.9%），故常用作分析化学的基准试剂。

2. 锰的化合物 锰在常温下，容易被空气氧化为黑色的 MnO_2。金属锰易溶于非氧化性酸，加热时也能与许多非金属化合。Mn的价电子层构型为 $3d^54s^2$，它可形成+Ⅱ、+Ⅳ、+Ⅵ、+Ⅶ等氧化态的化合物。

Mn(Ⅱ)盐溶液在酸性介质中最稳定，只有强氧化剂如 $(NH_4)_2S_2O_8$、$NaBiO_3$ 才能把它氧化为 MnO_4^-：

$$2Mn^{2+}+5BiO_3^-+14H^+=2MnO_4^-+5Bi^{3+}+7H_2O$$

由于 MnO_4^- 显紫色，因此反应可用来鉴定 Mn^{2+} 的存在。

Mn^{2+} 的溶液加入碱可生成白色的 $Mn(OH)_2$，它的还原性较强，能被水中的溶解氧定量氧化：

$$2Mn(OH)_2+O_2=2MnO(OH)_2$$

在酸性介质中 $MnO(OH)_2$ 能定量地把 I^- 氧化为单质 I_2，然后用 $Na_2S_2O_3$ 标准溶液滴定 I_2，从而可确定水中溶解氧DO(dissolved oxygen)的含量，反应过程如下：

$$MnO(OH)_2+2I^-+4H^+=Mn^{2+}+I_2+3H_2O$$

$$I_2+2S_2O_3^{2-}=2I^-+S_4O_6^{2-}$$

Mn(Ⅳ)的重要化合物是 MnO_2，在酸性介质中是较强的氧化剂，如与浓盐酸反应制备 Cl_2：

$$MnO_2+4HCl\text{（浓）}=MnCl_2+Cl_2\uparrow+2H_2O$$

在碱性介质中 MnO_2 则表现为还原性，氧化产物为锰酸根 MnO_4^{2-}：

$$MnO_2+2KOH+KNO_3 \xrightarrow{\text{熔融}} K_2MnO_4+KNO_2+H_2O$$

MnO_4^{2-} 是唯一的Mn(Ⅵ)存在的形式，在中性和酸性介质中不能稳定存在，但在碱性介质中能稳定存在。

Mn(Ⅶ)的重要化合物是 $KMnO_4$，俗称灰锰氧，深紫色晶体，易溶于水。主要用作消毒剂、漂白剂、毒气吸收剂、水净化剂及氧化剂等。

$KMnO_4$ 的水溶液会发生缓慢的分解：

$$4KMnO_4+2H_2O \longrightarrow 4MnO_2\downarrow+4KOH+3O_2\uparrow$$

光照以及产物 MnO_2 都对它的分解有催化作用。故存放 $KMnO_4$ 溶液时，应滤去 MnO_2 并盛放于棕色瓶中。

3. 钼的化合物 钼与铬同族，活泼性比铬差，一般不溶于非氧化性酸，热浓硝酸可浸蚀钼。钼最稳定的氧化态是＋Ⅵ。七钼酸铵 $(NH_4)_6(Mo_7O_{24})\cdot 4H_2O$ 是其重要的化合物，是实验室常用的试剂，也是一种微量元素肥料。它在硝酸溶液中与 PO_4^{3-} 反应生成杂多酸盐磷酸钼铵 $(NH_4)_3PO_4\cdot 12MoO_3\cdot 6H_2O$ 黄色沉淀，用以鉴定 PO_4^{3-}。

五、铬、锰和钼的生物功能

Cr(Ⅲ) 是高等动物健康所必需的微量元素。它协同胰岛素，促进葡萄糖和氨基酸的利用。清除血液中多余葡萄糖的“耐糖因子”是铬的配合物。Cr(Ⅲ) 在核酸中可与磷酸根结合，它不仅影响核酸的合成，而且也影响脂类和胆固醇的合成。严重的蛋白营养不良或摄取食品过于精制，都会造成体内缺铬而引起动脉粥样硬化和糖尿病症等。缺铬的动物常表现为遗传不正常，有人认为近视眼的发生也与缺铬有关。动物的内脏、牛肉、胡椒、小麦及红糖都是补充铬的良好食品。但是 Cr(Ⅵ) 对人体是有害的，致死量每千克体重 10 mg。其毒性类似于砷，它干扰人体内重要的酶系统，损伤肝、肾、肺等组织，是致癌元素之一。因此，在实验室或工业的含 Cr(Ⅵ) 废液排放之前，应先还原为 Cr(Ⅲ) [毒性只有 Cr(Ⅵ) 的 0.5%]，方法是电解或加入 Na_2SO_3 等还原剂。

锰是生物界的必需元素，它能活化生物体内许多酶。催化维持体内氧化还原平衡不可缺少的半胱氨酸＝胱氨酸反应。锰对酶的活化作用与镁相似，故大多数情况可以相互代替。锰在细胞的能源工厂线粒体里的浓度较高，对发挥其正常功能有着重要意义。

在光合作用中，锰可能参与最后一步把水氧化成氧气 [$\varphi^{\ominus}(Mn^{3+}/Mn^{2+})=1.51\ V$、$\varphi^{\ominus}(O_2/H_2O)=1.23\ V$]。施用适量的锰肥时，作物体内抗坏血酸含量显著提高，抗坏血酸在叶绿体内有效地促进光合作用。作物缺锰一般是叶脉间出现缺绿，严重时缺绿部分发生焦灼现象，且停止生长。海洋中的浮游生物能富集锰，尸体沉积于海底，日久形成锰结核。成人每天需3 mg锰。茶叶中含锰较多，常饮茶可满足人体需锰量的1/3多。

钼在植物体内的功能主要表现在氮素代谢方面。

钼在生物固氮中具有重要作用，研究表明，钼是固氮酶活性部位的重要组分，所以豆科植物对钼比较敏感。

钼的另一个重要作用是在植物体内参与硝酸的还原过程，因为钼是使硝酸还原的成分，因此缺钼时，若以硝态氮为氮源，会在植物体内积累 NO_3^-，减少蛋白质的合成。作物缺钼的症状表现为生长不良，植株矮小，叶片失绿枯萎以致死亡。故钼是农作物常用的微量元素肥料。

现在的研究表明，钼是众多重金属中唯一对生物没有毒害的元素，科学家对此产生了浓厚的兴趣。

六、铁、钴、镍

Fe、Co、Ni 都是中等活泼的金属，易溶于稀的无机酸，在浓 HNO_3 中呈“钝态”，常温下几乎不与氧、硫等反应。日常所见的铁，因含有杂质，故在潮湿的空气中易氧化生锈。Fe 通常呈＋Ⅱ和＋Ⅲ两种氧化态。Co 的＋Ⅱ氧化态稳定，＋Ⅲ氧化态具有强氧化性。

1. 铁的重要化合物　Fe(Ⅱ) 化合物的显著特性是还原性，与之有关的标准电极电位如下：

$$Fe^{3+}+e^- \rightleftharpoons Fe^{2+} \qquad \varphi_A^{\ominus}=0.771\ V$$

$$Fe(OH)_3+e^- \rightleftharpoons Fe(OH)_2+OH^- \qquad \varphi_B^{\ominus}=-0.56\ V$$

而在酸性介质中，$\varphi_A^{\ominus}(O_2/H_2O)=1.23\ V$，在碱性介质中，$\varphi_B^{\ominus}(O_2/H_2O)=0.40\ V$，可见 Fe(Ⅱ) 易被空气氧化为 Fe(Ⅲ)，在碱性介质中更容易被氧化。因此，配制 Fe(Ⅱ) 盐溶液，除加酸防止 Fe^{2+} 水解外，可加一干净的铁钉以防氧化。

$$2Fe^{3+}+Fe=3Fe^{2+}$$

重要的Fe(Ⅱ)化合物有$FeCl_2 \cdot 4H_2O$和$FeSO_4 \cdot 7H_2O$，后者俗称绿矾，是常用的杀菌剂，可防治大麦的黑穗病，杉苗的根腐病等。医药上用于治疗缺铁性贫血。浅蓝色晶体的硫酸亚铁铵$(NH_4)_2SO_4 \cdot FeSO_4 \cdot 6H_2O$是较稳定的Fe(Ⅱ)盐，实验室常用它来制备$Fe^{2+}$离子的溶液。

Fe(Ⅲ)化合物的一个重要性质是氧化性。在酸性溶液中，Fe^{3+}是中等强度的氧化剂。印刷电路的制板过程用$FeCl_3$作为氧化剂：

$$Cu+2Fe^{3+}=Cu^{2+}+2Fe^{2+}$$

Fe(Ⅲ)易溶盐的另一个重要性质是Fe^{3+}在水溶液中有明显的水解作用。这显然与Fe^{3+}的高电荷和较小的离子半径（60 pm）有关。

$$[Fe(H_2O)_6]^{3+}+H_2O=[Fe(OH)(H_2O)_5]^{2+}+H_3O^+ \qquad K_a^{\ominus}=8.9\times10^{-4}$$

分析表明，当$c(Fe^{3+})=0.1\ mol \cdot L^{-1}$时，于pH>1开始水解。因此欲配制Fe(Ⅲ)的盐溶液时，应先将其溶解在相应的浓酸后稀释。利用Fe^{3+}容易水解的性质，用加热或控制pH的方法促其水解生成难溶的$Fe(OH)_3$沉淀而达到除铁的目的。

$FeCl_3 \cdot 6H_2O$是Fe(Ⅲ)的重要盐之一，它的熔、沸点较低，易挥发，易溶于有机溶剂，有一定的共价性。它的蒸气存在双聚分子Fe_2Cl_6(与Al_2Cl_6类同)。$FeCl_3$能引起蛋白质迅速凝聚，医药上用作止血剂。

Fe^{2+}和Fe^{3+}的价层电子构型分别为$3d^6$和$3d^5$，都有未充满的d轨道，能形成较多的配合物，但不形成氨配合物。它们的氰配合物较为重要。如黄色晶体$K_4[Fe(CN)_6]$是Fe(Ⅱ)的氰配合物，俗称黄血盐。红色晶体$K_3[Fe(CN)_6]$是Fe(Ⅲ)的氰配合物，俗称赤血盐。在定性分析中分别用来鉴定Fe^{3+}和Fe^{2+}：

$$Fe^{2+}+K^{+}+[Fe(CN)_6]^{3-}=KFe[Fe(CN)_6]$$

（滕氏蓝）

$$Fe^{3+}+K^{+}+[Fe(CN)_6]^{4-}=KFe[Fe(CN)_6]$$

（普鲁士蓝）

经结构分析证明滕氏蓝和普鲁士蓝是同一化合物。

Fe的重要氧化物如砖红色的Fe_2O_3，黑色的Fe_3O_4都是铁矿石的主要成分。Fe_3O_4中的Fe有+Ⅱ和+Ⅲ两种氧化态，曾认为是$FeO \cdot Fe_2O_3$，类似的化合物还有Pb_3O_4($2PbO \cdot PbO_2$)、Mn_3O_4($MnO \cdot Mn_2O_3$)。近来根据对Fe_3O_4结构的研究，认为它是铁酸盐Fe(Ⅱ)[Fe(Ⅲ)O_2]$_2$。

2. 钴的重要化合物 和Fe一样，Co也存在+Ⅱ和+Ⅲ两种氧化态。但与Fe不同，在酸性和中性溶液中Co(Ⅱ)比Co(Ⅲ)稳定，这从它们的标准电极电势可以看出：

$$Co^{3+}+e^- \rightleftharpoons Co^{2+} \qquad \varphi_A^{\ominus}=1.80\ V$$

$$O_2+4H^+ \rightleftharpoons 2H_2O \qquad \varphi_A^{\ominus}=1.23\ V$$

说明Co^{3+}是强氧化剂，可把水氧化为O_2，而被还原为Co^{2+}。所以Co(Ⅲ)的化合物仅存在于固态、难溶化合物或配合物中。如$Co_2(SO_4)_3 \cdot 18H_2O$、$Co(OH)_3$及$[Co(NH_3)_6]Cl_3$等。

$CoCl_2 \cdot 6H_2O$是重要的Co(Ⅱ)盐，随着所含结晶水数目的不同而呈现多种不同的颜色。利用这一性质，将Na_2SiO_3与酸反应生成凝结的硅酸凝胶，经脱水干燥后，用4%的$CoCl_2$溶液浸渍，再进行干燥，即制成实验室常用的干燥剂——变色硅胶。

$$\underset{粉红}{CoCl_2 \cdot 6H_2O} \xrightleftharpoons{325K} \underset{紫红}{CoCl_2 \cdot 2H_2O} \xrightleftharpoons{363K} \underset{紫蓝}{CoCl_2 \cdot H_2O} \xrightleftharpoons{393K} \underset{蓝}{CoCl_2}$$

当干燥后的硅胶由蓝逐渐变为粉红时，说明硅胶的吸湿量已达到饱和（约40%），已无干燥作用，应重新烘干变蓝后使用。

Co^{2+}与SCN^-生成蓝色的$[Co(SCN)_4]^{2-}$，在丙酮或戊醇中稳定，可用于Co^{2+}的定性鉴定和定量比色分析。

3. 镍的重要化合物 镍的重要化合物——黄绿色的$NiSO_4 \cdot 7H_2O$是重要的Ni(Ⅱ)盐，大量用于电镀和催化剂。Ni^{2+}的溶液加入碱生成绿色的$Ni(OH)_2$沉淀，它与$Fe(OH)_2$和$Co(OH)_2$不同之点是不能被空气所氧化。

Ni^{2+}与丁二酮肟的反应特殊，产物丁二酮肟镍是鲜红色的螯合物沉淀，在分析上用于鉴定或定量测定Ni^{2+}。

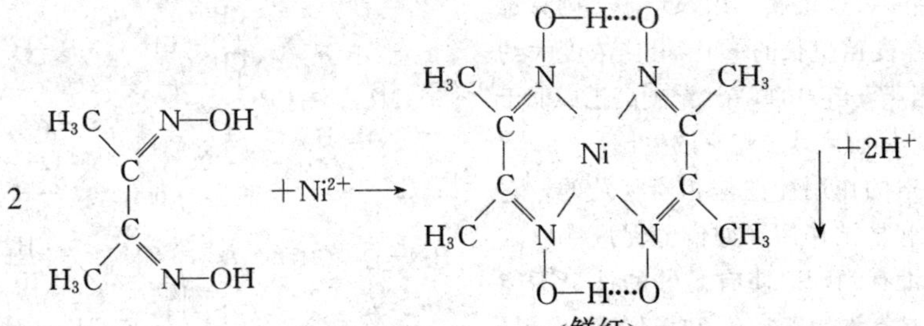

$$2\ \begin{matrix} H_3C & & N\text{—}OH \\ & C & \\ & | & \\ & C & \\ H_3C & & N\text{—}OH \end{matrix} + Ni^{2+} \longrightarrow \begin{matrix} & O\text{—}H\cdots O & \\ H_3C\ \ C = N & & N = C\ \ CH_3 \\ | & Ni & | \\ H_3C\ \ C = N & & N = C\ \ CH_3 \\ & O\text{—}H\cdots O & \end{matrix}\downarrow + 2H^+$$

(鲜红)

七、铁系元素的生物功能

铁是生物不可缺少的元素。植物有氧呼吸不可缺少的细胞色素氧化酶、过氧化氢酶及过氧化物酶等都是含铁酶，因此铁参与植物体的呼吸作用，从而影响与能量有关的一切生理活动，如对养分的吸收等。

铁氧还蛋白是一个含铁的电子转移蛋白，它在植物体内参与光合作用、硝酸还原、生物固氮等的电子传递。近来对生物固氮中固氮酶的研究，发现组成固氮酶的两个组分都含有铁，说明铁在生物固氮中起着重要作用。

铁是植物体内最不易移动的元素之一，缺铁首先是嫩叶缺绿，而老叶仍正常。

铁在动物体内含量较丰富，主要以+Ⅱ和+Ⅲ两种氧化态存在于体内。如铁蛋白（贮存铁的蛋白）、铁传递蛋白（运输铁的蛋白）中的 Fe 是 Fe(Ⅲ)，而输送氧的血红蛋白中的 Fe 则是Fe(Ⅱ)的配合物。以 HHb 代表血红蛋白分子，化学式为 $C_{3032}H_{4816}O_{780}N_{780}S_8Fe_4$，它与 O_2 配合反应可以表示如下：

$$\underset{\text{水合血红蛋白}}{HHb\cdot H_2O\text{（蓝）}} + O_2 = \underset{\text{氧合血红蛋白}}{HHb\cdot O_2\text{（红）}} + H_2O$$

动脉血中含 $HHb\cdot O_2$ 较多，显红色，静脉血含 $HHb\cdot H_2O$ 较多（仍含 60%的$HHb\cdot O_2$），显暗红色。氧合血红蛋白随血液循环而将 O_2 输送到机体各部位，以此维持生物体内的新陈代谢过程。血红蛋白也能与一些分子如 CO 形成更稳定的结合，从而阻断氧的供应。

$$\underset{\text{氧合血红蛋白}}{HHb\cdot O_2} + CO = HHb\cdot CO + O_2 \qquad K_c = 210$$

故当空气中 CO 浓度达 100 $mg\cdot L^{-1}$时，则可令人窒息死亡。与 CO 不同，CN^- $[:C\equiv N:]^-$与含 Fe(Ⅲ)的细胞色素氧化酶（cytochrome oxidase）中的 Fe(Ⅲ) 结合形成稳定的配合物，从而阻止细胞内葡萄糖的氧化，使细胞的呼吸作用停止，在数分钟内致命死亡，致死量只需50～60 mg。

无机钴盐对人体是有毒的，但 Co^{2+} 的配合物维生素 B_{12}（图 16 - 4）对人和动物都是必需的，人体大约含维生素 B_{12}（包括衍生物）2.5 mg。维生素 B_{12}不能由动物合成。它的主要功能是促使红细胞成熟。红细胞的作用是把血红蛋白运输到细胞中去，因此，缺乏维生素 B_{12}或肠道吸收维生素 B_{12}的能力差，都会造成恶性贫血。牛羊缺钴会得“消瘦病”。豆科植物固氮也需钴。无机钴盐如 $CoCl_2$、$CoSO_4$ 是常用的钴肥。试验表明，用钴盐溶液处理大麦种子，可增产 45.6%～66.8%。

本章我们把生命元素在生命过程中所起的作用进行了一些介绍。从量上来看，生命元素可分为主体元素和微量元素，后者又可分为必需的、有益的、污染的、毒性的四类。微量元素只能从环境中摄取，而除维生素 B_{12}外的所有维生素都可在生物体内合成。由于生物的同一性，一般而言，人体所需的微量元素，在动植物体内也是微量的。但也有一些例外，如人体的主体元素钠，在植物体内却几乎不存在。又如，硅在某些动植物中是微量元素，而在硅藻和放射虫中硅的含量可高达 20%(SiO_2)，就是主体元素了。生命必需元素和毒害元素之间并没有明显的界限，当必需元素过量时也会变成有毒元素。如食入的铁过量会腐蚀

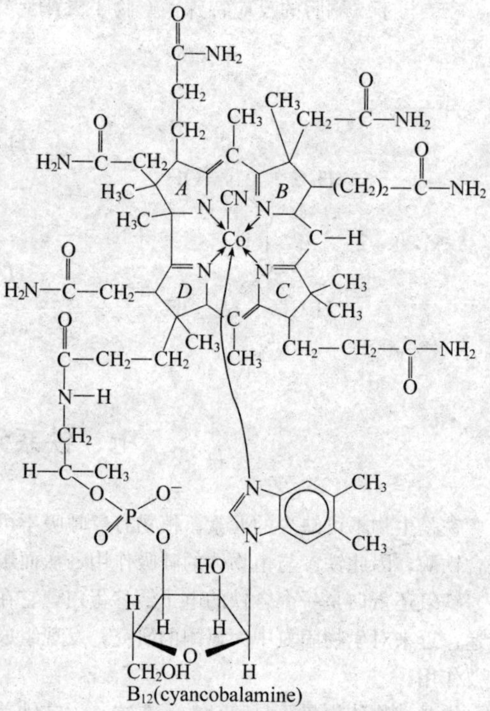

肠胃，引起出血、呕吐、昏迷等，铁最终也可沉淀在肝和肾等组织中，患铁沉着病。前已述及的硒也是一例，1 mg・L^{-1}有益，可以抗癌，10 mg・L^{-1}则有毒害，可以致癌。对燕麦苗生长的Cu^{2+}最佳浓度大约为100 μg・L^{-1}，当燕麦苗中的Cu^{2+}浓度高于或低于这一浓度时，都会不同程度地影响它的生长。

生物体内的元素的作用往往是相当复杂的，它们之间存在着协同和拮抗作用。如铜能促进铁血红蛋白的形成，如果没有铜，即使有足够的铁也不能形成血红蛋白。汞是有毒元素，在某些动物中发现，硒可以抵抗汞的毒性作用。如金枪鱼中汞的含量高达1 mg・L^{-1}而未表现中毒的现象，同时发现这种鱼中硒的含量相当高。金属的毒性机制是相当复杂的，一般来说，下列任何一种机制都可引起金属的毒性：

(1) 阻断了生物分子中必需的生物学功能基，如酶中半胱氨酸残基的—SH是许多酶的催化活性部位，Ag(Ⅰ)、Hg(Ⅱ)、As(Ⅲ) 等与之结合后，就抑制了酶的催化活性。

(2) 置换了生物分子中必需的金属离子，如Be(Ⅱ)可以取代激活酶中的Mg(Ⅱ) 离子，Cd(Ⅱ) 取代骨骼中的Ca(Ⅱ)，因而阻断酶的活性。

B_{12}(cyancobalamine)

图16-4　维生素B_{12}结构图

(3) 改变了生物分子的活性构象（分子的立体形象）。蛋白质、磷脂、某些糖类和核苷酸等，这些分子往往含有$—NH_2$、—OH、$—COO^-$、—SH、PO_4^{3-}等配位基团，它们能与许多金属离子结合，使其活性构象发生改变，丧失生物功能。

本章小结

(1) 金属元素的单质主要表现为还原性。主族金属元素常见的氧化数单一，而过渡元素因为有d电子的填充，存在多种氧化态。碱金属和碱土金属元素的氧化物和氢氧化物都是碱性，都是离子型的化合物。第三主族的铝和过渡元素的锌氧化物和氢氧化物是典型的两性化合物。过渡金属元素都能形成配位化合物，它们的氢氧化物大多不溶于水。

(2) 非金属元素的单质H_2、B、N_2、P_4、C、Si、S_8等主要表现为还原性，O_2、F_2、Cl_2、Br_2、I_2表现为氧化性，它们的氧化物除H_2O外都表现不同程度的酸性，大多溶解于水形成相应的酸，其中H_2SO_4、HNO_3、HCl是应用相当广泛的三大强酸。

(3) 在讨论本章单质和化合物的性质时，需要掌握它们的通性和个性，如氧化性、还原性、酸碱性、溶解性、稳定性及其特有的性质等。

【著名化学家小传】

Hou Debang (1890-1974), was a scientist and chemical engineer in China. He was born in Taijiang District of Fuzhou (then known as Houguan County). Graduated from Tsinghua University in 1912, Hou was one of the scholars sent to the United States to study modern technologies. He obtained his master's degree in chemical engineering at Massachusetts Institute of Technology (1917), and later obtained his doctoral degree at Columbia University (1921). From 1950, Hou Debang served as a consultant in the chemical industry bureau of the Ministry of Heavy Industry. In 1957 he joined the Communist Party of China and in 1959 was appointed deputy minister of the Ministry of Chemical Industry. Among Hou's discoveries, the greatest achievement was the improvement to the Solvay process for producing sodium carbonate. On August 26, 1974, already ill from leukemia, he suffered a cerebral hemorrhage and died in Beijing.

化学之窗

NO—A Messenger Molecule (信使分子——氧化氮)

The simple molecule NO, notorious as an air pollutant, also acts as a messenger molecule that carries signals between cells in the body. All the previously known messenger molecules were complex substances such as norepinephrine (去甲肾上腺素) and serotonin (5-羟色胺) that act by fitting specific receptors in cell membranes. Unlike the biochemicals, its functions depend on its chemical properties rather than its shape. Nitric oxide is essential to maintaining blood pressure and establishing long-term memory. It also aids in the immune response to foreign invaders in the body, and it mediates the relaxation phase of intestinal contractions in the digestion of food.

NO is formed in cells from arginine (精氨酸), a nitrogen-rich amino acid in a reaction catalyzed by an enzyme. NO kills invading microorganisms, probably by deactivating iron-containing enzymes in much the same way that carbon monoxide destroys the oxygen-carrying capacity of hemoglobin.

The discovery of the physiological role of NO by Louis Ignarro, Robert F. Furchgott, and Ferid Murad was recognized in a 1998 Nobel prize. This award has a fortuitous link back to Alfred Nobel, whose invention of dynamite provided the financial basis of the Nobel prizes. Nitroglycerin, the explosive ingredient of dynamite, relieves the chest pain of heart disease. In his later years, Nobel refused to take nitroglycerin for his own heart disease because it causes headaches, and he did not think it would relieve his chest pain. Now we know that nitroglycerin acts by releasing NO.

NO also dilates the blood vessels that allow blood flow into the penis to cause an erection. Research on this role of NO led to the development of the anti-impotence drug Viagra. One of the physiological effects of Viagra is the production of small quantities of NO in the bloodstream. Related research has led to drugs for treating shock and a drug for treating high blood pressure in newborn babies.

1. 地壳中丰度最大的元素是什么？

2. 主族元素中的非金属元素在周期表中的哪一区？价电子结构有何特点？

3. 过渡金属元素为何存在多种氧化态？

4. 相对密度在5以上的金属称为重金属，试查阅有关资料，说明目前有多少重金属元素（不包括人工合成元素）。

5. 常见的引起重金属中毒的金属有铅（Pb）、汞（Hg）、铬（Cr）、镉（Cd）、砷（As，具有某些金属性质）等，查阅相关资料，了解其污染源的化学形态的化学性质及其防护措施。

习　题

1. 试排出下列化合物酸碱性的强弱顺序：

(1) HClO、$HClO_2$、$HClO_3$、$HClO_4$

(2) HF、HCl、HBr、HI

(3) $Ca(OH)_2$、$Al(OH)_3$、$Sn(OH)_2$、$Pb(OH)_2$

2. 铁元素的部分电势图如下：

$$FeO_4^{2-} \underline{\ 1.9\ } Fe^{3+} \underline{\ 0.771\ } Fe^{2+} \underline{\ -0.44\ } Fe$$

试回答下列问题：

(1) FeO_4^{2-} 能否在水溶液中稳定存在？

(2) Fe^{2+} 和 Fe^{3+} 能否发生歧化反应？

3. $SnCl_2$ 溶液应怎样配制，为什么？

4. 碘微溶于水而易溶于碘化钾，为什么？

5. 写出下列反应的反应式：

(1) 光亮的银器在空气中遇硫化氢变黑。

(2) 氯气通入冷的石灰水。

(3) 硫代硫酸钠与碘的水溶液反应，使之褪色。

(4) 甘汞与氨的反应。

6. 过渡元素有哪些共同性质？

7. 血红素、叶绿素是什么金属离子的配合物？

8. 水解多少克三磷酸腺苷（ATP）（分子式 $C_{10}H_{16}N_5O_{13}P_{13}$）才能产生 4.8 kJ 的热量？

9. 试用简便方法分离下列混合物质。

(1) Fe^{3+} 和 Cr^{3+}　(2) Zn^{2+} 和 Al^{3+}

(3) AgCl 和 AgI　(4) AgI 和 HgI_2

10. (1) 下列哪些离子是较强的氧化剂：

Cr^{3+}、Mn^{2+}、Fe^{2+}、Fe^{3+}、Co^{3+}、MnO_4^-

(2) 下列哪些离子是较强的还原剂：

Cr^{3+}、Mn^{2+}、Fe^{2+}、Ni^{2+}、Co^{2+}

11. 解释下列实验现象，并写出相关反应方程式。

(1) 用$(NH_4)_2S_2O_8$ 氧化 Mn^{2+}，当 Mn^{2+} 过量时会有棕色沉淀生成。

(2) 用含有少量 Fe（Ⅲ）的 $FeSO_4$ 处理含 CN^- 的废水时有蓝色物质生成。

(3) 长久保存的 Na_2SO_3 溶液，加入 $BaCl_2$，有不溶于 HNO_3 的白色沉淀生成。

12. 有四瓶失去标签的白色固体 Na_2SO_4、$Na_2S_2O_3$、Na_2S 和 NaI，试用一种试剂加以鉴别。

13. 有一白色的硫酸盐 A，溶于水得蓝色溶液，加入适量的氢氧化钠得浅蓝色沉淀 B，加热 B 变成黑色物质 C，C 可溶于硫酸，所得溶液加入碘化钾得白色沉淀 D，A、B、C、D 各为何物？写出有关反应式。

14. Some of the reactions of NO in the blood do not cause problems at low concentrations, but can upset the normal reactions of hemoglobin if there is a large concentration of NO. The same reactions can cause trouble if a synthetic blood substitute contains a molecules similar to hemoglobin, but does not contain all the other enzymes normally contained in red blood cells. Explain what this problem is and how it arises.

15. The curves in the graph that follows show the degree of saturation of hemoglobin and myoglobin as a function of the pressure of oxygen. Explain how these two compounds are each best suited to their specific

roles, with hemoglobin transferring oxygen from the lungs to the blood and myoglobin transferring oxygen from the blood to the other tissues.

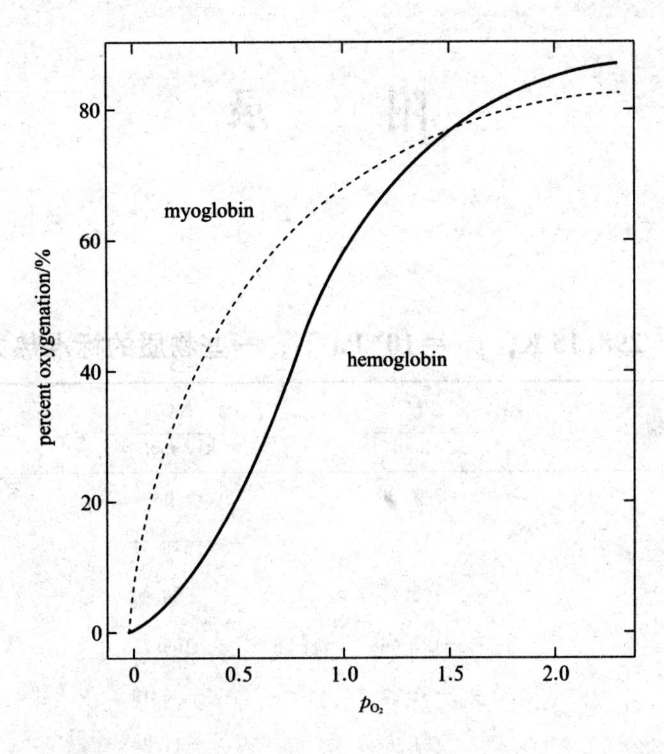

附　　录

附录一　298.15 K，$p^{\ominus}=10^5$ Pa 下，一些物质的标准热力学数据

单质或化合物	$\frac{\Delta_f H_m^{\ominus}}{kJ \cdot mol^{-1}}$	$\frac{\Delta_f G_m^{\ominus}}{kJ \cdot mol^{-1}}$	$\frac{S_m^{\ominus}}{J \cdot K^{-1} \cdot mol^{-1}}$
Ag(s)	0	0	42.6
Ag_2SO_4(s)	−715.88	−618.41	200.4
AgBr(s)	−100.37	−96.90	107.11
AgCl(s)	−127.068	−109.789	96.2
AgI(s)	−61.84	−66.19	115.5
Ag_2O(s)	−31.0	−11.2	121
$AgNO_3$(s)	−124.39	−33.41	140.92
AgCN(s)	146.0	156.9	107.19
AgSCN(s)	87.9	101.39	131.0
Ag_2S(α 斜方)	−32.59	−40.69	144.01
Al(s)	0	0	28.33
$AlCl_3$	−704.2	−628.8	110.67
Al_2O_3(刚玉)	−1 675.7	−1 582.3	50.92
As(s)	0	0	35.1
AsH_3(g)	66.44	68.93	222.78
As_2S_3(s)	−169.0	−168.6	163.6
B(s)	0	0	5.86
B_2H_6(g)	35.6	86.6	232
B_2O_3(s)	−1 272.8	−1 193.7	54.0
H_3BO_3(s)	−1 094.5	−969.0	88.8
Ba(s)	0	0	62.8
BaO(s)	−553.5	−525.1	70.4
$BaCO_3$(s)	−1 216	−1 138	112

（续）

单质或化合物	$\Delta_f H_m^{\ominus}$ / $kJ \cdot mol^{-1}$	$\Delta_f G_m^{\ominus}$ / $kJ \cdot mol^{-1}$	$S_m^{\ominus}$ / $J \cdot K^{-1} \cdot mol^{-1}$
$BaCl_2(s)$	−858.6	−810.4	123.68
$BaSO_4(s)$	−1 473.2	−1 362.2	132.2
$Br_2(g)$	30.907	3.110	245.463
$Br_2(l)$	0	0	152.231
$HBr(g)$	−36.4	−53.6	198.7
$HBrO_3(aq)$	−67.1	−18	161.5
C(s，金刚石)	1.895	2.900	2.377
C(s，石墨)	0	0	5.740
CO (g)	−110.525	−137.168	197.674
$CO_2(g)$	−393.509	−394.359	213.74
$CS_2(l)$	89.70	65.27	151.34
$CCl_4(g)$	−102.9	−60.59	309.85
$CCl_4(l)$	−135.44	−65.21	216.40
$CH_3Cl(g)$	−80.83	−57.37	234.58
$CHCl_3(l)$	−134.47	−73.66	201.7
Ca(s)	0	0	41.4
$CaCl_2(s)$	−795.8	−748.1	104.6
CaO(s)	−635.1	604.2	39.7
$CaCO_3$(s，方解石)	−1 206.92	−1 128.79	92.9
$CaF_2(s)$	−1 219.6	−1 167.3	68.87
CaS(s)	−482.4	−477.4	56.5
$Ca(OH)_2(s)$	−986.09	−898.49	83.39
$CaSO_4(s)$	−1 425.24	−1 313.42	108.4
$Cl_2(g)$	0	0	223.066
$Cl_2(s)$	−23.4	6.94	121
HCl(g)	−92.5	−95.4	186.6
HClO(aq，非电离)	−121	−79.9	142
$HClO_3(aq)$	104.0	−8.03	162
$HClO_4(aq)$	−9.70	—	—
Co(s)	0	0	30.0
$CoCl_2(s)$	−312.5	−270	109.2
Cr(s)	0	0	23.77
$Cr_2O_3(s)$	−1 140	−1 058	81.2
$CrO_3(s)$	−589.5	−506.3	—

（续）

单质或化合物	$\Delta_f H_m^\ominus$ / $kJ \cdot mol^{-1}$	$\Delta_f G_m^\ominus$ / $kJ \cdot mol^{-1}$	$S_m^\ominus$ / $J \cdot K^{-1} \cdot mol^{-1}$
Cu(s)	0	0	33
CuBr(s)	−104.6	−100.8	96.11
CuCl(s)	−137.2	−119.86	86.2
CuI(s)	−67.8	−69.5	96.7
Cu_2O(s)	−168.6	−146.0	93.14
CuS(s)	−53.1	−53.6	66.5
CuO(s)	−157.3	−129.7	42.63
$CuSO_4$(s)	−771.36	−661.8	109
$CuSO_4 \cdot 5H_2O$(s)	−2 321	−1 880	300
F_2(g)	0	0	202.78
HF(g)	−271	−273	174
Fe(s)	0	0	27.28
$FeCl_2$(s)	−341.79	−302.30	117.95
$FeCl_3$(s)	−399.49	−334.00	142.3
Fe_2O_3（赤铁矿）	−824.2	−742.2	87.4
Fe_3O_4（磁铁矿）	−1 118.4	−1 015.4	146.4
$Fe(OH)_2$(s)	−569.0	−486.5	88
$Fe(OH)_3$(s)	−823.0	−696.5	106.7
FeS_2（黄铁矿）	−178.2	−166.9	52.93
$FeSO_4 \cdot 7H_2O$(s)	−3 014.57	−2 509.87	409.2
H_2(g)	0	0	130.684
H_2O(g)	−241.818	−228.572	188.825
H_2O(l)	−285.830	−237.129	69.91
H_2O_2(l)	−187.8	−120.4	109.6
H_2S(g)	−20.63	−33.56	205.79
Hg(l)	0	0	76.1
Hg_2Cl_2(s)	−265.22	−210.745	192.5
Hg_2I_2(s)	−121.34	−111.0	233.5
Hg_2SO_4(s)	−743.12	−625.815	200.66
$HgCl_2$(s)	−224.3	−178.6	146.0

（续）

单质或化合物	$\Delta_f H_m^\ominus$ / $kJ \cdot mol^{-1}$	$\Delta_f G_m^\ominus$ / $kJ \cdot mol^{-1}$	$S_m^\ominus$ / $J \cdot K^{-1} \cdot mol^{-1}$
HgO(s，红)	−90.83	−58.539	70.29
I_2(g)	62.438	19.327	260.69
I_2(s)	0	0	116.135
HI(g)	26.48	1.70	206.594
HIO_3(g)	−230	—	—
K(s)	0	0	64.6
KCl(s)	−436.747	−409.14	82.59
KBr(s)	−393.798	−380.66	95.90
K_2O(s)	−361	—	—
KCN(s)	−113.0	−101.86	128.49
K_2CO_3(s)	−1 151.02	−1 063.5	155.52
$K_2Cr_2O_7$(s)	−2 061.5	−1 881.8	291.2
$KMnO_4$(s)	−837.2	−737.6	171.71
KNO_3(s)	−494.63	−394.86	133.05
KOH(s)	−424.764	−379.08	78.9
K_2SO_4(s)	−1 437.79	−1 321.37	175.56
Mg(s)	0	0	32.7
MgO(s，方镁石)	−606.70	−569.43	26.94
$MgCl_2$(s)	−641.32	−591.79	89.62
$MgCO_3$(s，菱镁矿)	−1 095.8	−1 012.1	65.7
$MgSO_4$(s)	−1 284.9	−1 170.6	91.6
$Mg(OH)_2$(s)	−924.54	−833.51	63.18
Mn(s)	0	0	32.0
$MnCl_2$(s)	−481.29	−440.59	118.24
MnO_2(s)	−520.03	−466.14	53.05
$MnSO_4$(s)	−1 065.25	−957.36	112.1
N_2(g)	0	0	191.61
NH_3(g)	−46.11	−16.45	192.45
NH_4Cl(s)	−314.43	−202.87	94.6
NO(g)	90.25	86.55	210.761
NO_2(g)	33.18	51.31	240.06
HNO_3(l)	−174.10	−80.71	155.60
NH_4Cl(s)	−314.43	−202.87	94.6

（续）

单质或化合物	$\frac{\Delta_f H_m^{\ominus}}{kJ \cdot mol^{-1}}$	$\frac{\Delta_f G_m^{\ominus}}{kJ \cdot mol^{-1}}$	$\frac{S_m^{\ominus}}{J \cdot K^{-1} \cdot mol^{-1}}$
NH_4HCO_3	−849.4	−665.9	120.9
$(NH_4)_2CO_3(s)$	−333.51	−197.33	104.60
$(NH_4)_2SO_4(s)$	−1 180.5	−901.67	220.1
Na(s)	0	0	51.2
$Na_2B_4O_7(s)$	−3 291	3 096	189.5
$Na_2CO_3(s)$	−1 130.7	−1 044.5	135
$NaHCO_3(s)$	−950.81	−851.0	101.7
$NaNO_3(s)$	−467.9	−367.1	116.5
NaCl(s)	−411.153	−384.138	72.13
$Na_2O(s)$	−414	−375.5	75.06
NaOH(s)	−425.61	−379.49	64.46
$Na_2SO_4(s)$	−1 387.08	−1 270.16	149.58
$O_2(g)$	0	0	205.138
$O_3(g)$	142.7	163.2	238.93
P(s，白)	0	0	41.1
P(s，红)	−17.6	−121.1	22.8
$PH_3(g)$	5.4	13.4	210.23
$PCl_3(g)$	−287	−268	311.7
$PCl_5(g)$	−398.9	324.6	353
Pb(s)	0	0	64.9
$PbBr_2(s)$	−278.7	−216.92	161.5
$PbCl_2(s)$	−359.41	−314.10	136.0
$PbI_2(s)$	−175.48	−173.64	174.85
PbO(s，红)	−218.99	−188.93	66.5
PbO(s，黄)	−217.32	−187.89	68.70
$PbO_2(s)$	−277.4	−217.33	68.6
PbS(s)	−100	−98.7	91.2
$PbSO_4(s)$	−919.94	−813.14	148.57
S(s，斜方)	0	0	31.80
$H_2S(g)$	−20.6	−33.6	206
$SO_2(g)$	−296.830	−300.194	248.22
$SO_3(g)$	−395.72	−371.06	256.76
SiO_2(s，石英)	−910.49	−856.64	41.84

（续）

单质或化合物	$\Delta_f H_m^\ominus$ / $kJ\cdot mol^{-1}$	$\Delta_f G_m^\ominus$ / $kJ\cdot mol^{-1}$	$S_m^\ominus$ / $J\cdot K^{-1}\cdot mol^{-1}$
$SiF_4(g)$	−1 614.9	−1 572.7	282.4
Sn(s，白色)	0	0	51.55
Sn(s，灰色)	−2.1	0.13	44.14
$Sn(OH)_2$	−561.1	−491.6	155
$SnCl_2(aq)$	−329.7	−299.5	172
$SnCl_4(l)$	−511.3	−440.1	258.6
SnO(s)	−286	−257	56.5
$SnO_2(s)$	−580.7	−519.6	52.3
SnS(s)	−100	−98.3	77.0
SrO(s)	−592.0	−561.9	54.4
$SrCl_2(s)$	−828.9	−781.1	97.1
$SrCO_3$(s，菱锶矿)	−1 220.1	−1 140.1	97.1
Ti(s)	0	0	30.60
TiO_2(s，锐钛矿)	−939.7	−884.5	49.92
TiO_2(s，金红矿)	−944.7	−889.5	50.33
$TiCl_4(l)$	−804.2	−737.2	252.3
Zn(s)	0	0	41.6
$ZnCl_2(s)$	−415.05	−396.398	111.46
ZnO(s)	−348.3	−318.3	43.6
ZnS(s)	−206.0	−210.3	57.7
$ZnSO_4(s)$	−982.8	−871.5	110.5

附录二　298.15 K 下，水溶液中某些物质的标准热力学数据

标准态：1 $mol\cdot kg^{-1}$，又服从亨利定律，且 $H^+(aq)$ 的 $\Delta_f H_m^\ominus$、$\Delta_f G_m^\ominus$、$S_m^\ominus$ 指定为零

	$\Delta_f H_m^\ominus$ / $kJ\cdot mol^{-1}$	$\Delta_f G_m^\ominus$ / $kJ\cdot mol^{-1}$	$S_m^\ominus$ / $J\cdot K^{-1}\cdot mol^{-1}$
阳离子			
H^+	0	0	0
Ag^+	105.579	77.107	72.68
Ca^{2+}	−542.83	−553.58	−53.1

（续）

	$\frac{\Delta_f H_m^\ominus}{kJ \cdot mol^{-1}}$	$\frac{\Delta_f G_m^\ominus}{kJ \cdot mol^{-1}}$	$\frac{S_m^\ominus}{J \cdot K^{-1} \cdot mol^{-1}}$
Cd^{2+}	−75.90	−77.612	−73.2
Cu^{+}	71.67	49.98	40.6
Cu^{2+}	64.77	65.49	−99.6
Fe^{2+}	−89.1	−78.90	−137.7
Fe^{3+}	−48.5	−4.7	−315.9
K^{+}	−252.38	−283.27	102.5
Li^{+}	−278.49	−293.31	13.4
Mg^{2+}	−466.85	−454.8	−138.1
Na^{+}	−240.12	−261.905	59.0
NH_4^{+}	−132.51	−79.31	113.4
Pb^{2+}	−1.7	−24.43	10.5
Zn^{2+}	−153.89	−147.06	−112.1
Al^{3+}	−531	−485	−321.7
阴离子			
OH^{-}	−229.994	−157.244	−10.75
F^{-}	−332.63	−278.79	−13.8
Cl^{-}	−167.159	−131.228	56.5
ClO^{-}	−107.1	−36.8	42.0
ClO_3^{-}	−103.97	−7.95	162.3
ClO_4^{-}	−129.33	−8.52	182.0
Br^{-}	−121.55	−103.96	82.4
I^{-}	−55.19	−51.57	111.3
HS^{-}	−17.6	12.08	62.8
S^{2-}	33.1	85.8	−14.6
HSO_3^{-}	−626.22	−527.73	139.7
SO_3^{2-}	−635.5	−486.5	−29.0
HSO_4^{-}	−887.34	−755.91	131.8
SO_4^{2-}	−909.27	−744.53	20.1
NO_3^{-}	−205.0	−108.74	146.4
CN^{-}	150.6	172.4	94.1
SCN^{-}	76.44	92.71	144.3
$HCOO^{-}$（甲酸根）	−425.55	−351.0	92.0
$C_2O_4^{2-}$	−825.1	−673.9	45.6
$HC_2O_4^{-}$	−818.4	−698.34	149.4

（续）

	$\frac{\Delta_f H_m^{\ominus}}{kJ \cdot mol^{-1}}$	$\frac{\Delta_f G_m^{\ominus}}{kJ \cdot mol^{-1}}$	$\frac{S_m^{\ominus}}{J \cdot K^{-1} \cdot mol^{-1}}$
CH_3COO^-（醋酸根）	−486.01	−369.31	86.6
HCO_3^-	−691.99	−586.77	91.2
CO_3^{2-}	−677.14	−527.81	−56.9
PO_4^{3-}	−1 277.4	−1 018.7	−222
中性物质			
HCOOH	−425.43	−372.3	163
CH_3OH	−245.931	−175.31	133.1
CH_3COOH	−485.76	−396.46	178.7
HCN	107.1	119.7	124.7
CO_2	−413.80	−385.95	117.6
NH_3	−80.29	−26.50	111.3
CH_3NH_2	−70.17	20.77	123.4
Cl_2	−23.4	6.94	121.0
HClO	−120.9	−79.9	142.0
H_2S	−39.1	−27.83	121.0
SO_2	−322.98	−300.676	161.9
H_2SO_3	−608.81	−537.81	232.2
I_2	22.6	16.40	137.2
AgCl	−72.8	−72.8	154.0

附录三　298.15 K，$p^{\ominus}=10^5$ Pa 下，一些有机化合物的热力学数据

有机化合物	$\frac{M}{g \cdot mol^{-1}}$	$\frac{\Delta_f H_m^{\ominus}}{kJ \cdot mol^{-1}}$	$\frac{\Delta_f G_m^{\ominus}}{kJ \cdot mol^{-1}}$	$\frac{S_m^{\ominus}}{J \cdot K^{-1} \cdot mol^{-1}}$	$\frac{\Delta_c H_m^{\ominus}}{kJ \cdot mol^{-1}}$
C(s) 石墨	12.011	0	0	5.740	−393.51
C(s) 金刚石	12.011	1.895	2.900	2.377	−395.40
CH_4(g) 甲烷	16.04	−74.81	−50.72	186.26	−890
C_2H_2(g) 乙炔	26.04	226.73	209.20	200.94	−1 300
C_2H_4(g) 乙烯	28.05	52.26	68.15	219.56	−1 411
C_2H_6(g) 乙烷	30.07	−84.68	−32.82	229.60	−1 560
C_3H_6(g) 丙烯	42.08	20.42	62.78	267.05	−2 058
C_3H_6(g) 环丙烷	42.08	53.30	104.45	237.55	−2 091

（续）

有机化合物	$\frac{M}{g\cdot mol^{-1}}$	$\frac{\Delta_f H_m^\ominus}{kJ\cdot mol^{-1}}$	$\frac{\Delta_f G_m^\ominus}{kJ\cdot mol^{-1}}$	$\frac{S_m^\ominus}{J\cdot K^{-1}\cdot mol^{-1}}$	$\frac{\Delta_c H_m^\ominus}{kJ\cdot mol^{-1}}$
C_3H_8(g) 丙烷	44.10	−103.85	−23.49	269.91	−2 220
C_6H_6(l) 苯	78.12	49.0	124.3	173.3	−3 268
C_6H_6(g) 苯	78.12	82.93	129.72	269.31	−3 302
C_6H_{12}(l) 环己烷	84.16	−156	26.8	—	−3 902
$C_6H_5CH_3$(g) 甲苯	92.14	50.0	122.0	320.7	−3 953
$C_{10}H_8$(s) 萘	128.18	78.53	—	—	−5 157
CH_3OH(l) 甲醇	32.04	−238.66	−166.27	126.8	−726
CH_3OH(g) 甲醇	32.04	−200.66	−161.96	239.81	−764
C_2H_5OH(l) 乙醇	46.07	−277.69	−174.78	160.7	−1 368
C_2H_5OH(g) 乙醇	46.07	−235.10	−168.49	282.70	−1 409
C_6H_5OH(s) 苯酚	94.12	−165.0	−50.9	146.0	−3 054
HCOOH(l) 甲酸	46.03	−424.72	−361.35	128.95	−255
CH_3COOH(l) 乙酸	60.05	−484.5	−389.9	159.8	−875
$(COOH)_2$(s) 草酸	90.04	−827.2	—	—	−254
C_6H_5COOH(s) 苯甲酸	122.13	−385.1	−245.3	167.6	−3 227
$CH_3COOC_2H_5$(l) 乙酸乙酯	88.11	−479.0	−332.7	259.4	−2 231
HCHO(g) 甲醛	30.03	−108.57	−102.53	218.77	−571
CH_3CHO(l) 乙醛	44.05	−192.30	−128.12	160.2	−1 166
CH_3CHO(g) 乙醛	44.05	−166.19	−128.86	250.3	−1 192
$C_6H_{12}O_6$(s) 葡萄糖	180.16	−1 274	—	—	−2 808
$C_6H_{12}O_6$(s) 果糖	180.16	−1 266	—	—	−2 810
$C_{12}H_{22}O_{11}$(s) 蔗糖	342.30	−2 222	−1 543	360.2	−5 645
$CO(NH_2)_2$(s) 尿素	60.06	−333.51	−197.33	104.60	−632
CH_3NH_2(g) 甲胺	31.06	−22.97	32.16	243.41	−1 085
$C_6H_5NH_2$(l) 苯胺	93.13	31.1	—	—	−3 393
$CH_2(NH_2)COOH$(s) 甘氨酸	75.07	−532.9	−373.4	103.5	−969

附录四　弱酸、碱的解离平衡常数 $K^\ominus$

弱电解质	t/℃	解离常数	弱电解质	t/℃	解离常数
H_3AsO_4	18	$K_{a1}^\ominus=5.62\times10^{-3}$	H_2S	18	$K_{a1}^\ominus=9.1\times10^{-8}$
	18	$K_{a2}^\ominus=1.70\times10^{-7}$		18	$K_{a2}^\ominus=1.1\times10^{-12}$
	18	$K_{a3}^\ominus=3.95\times10^{-12}$	H_2SO_4	25	$K_{a2}^\ominus=1.2\times10^{-2}$

（续）

弱电解质	t/℃	解离常数
H_3BO_3	20	$K_{a}^{\ominus}=7.3\times10^{-10}$
$HBrO$	25	$K_{a}^{\ominus}=2.06\times10^{-9}$
H_2CO_3	25	$K_{a1}^{\ominus}=4.30\times10^{-7}$
	25	$K_{a2}^{\ominus}=5.61\times10^{-11}$
$H_2C_2O_4$	25	$K_{a1}^{\ominus}=5.9\times10^{-2}$
	25	$K_{a2}^{\ominus}=6.4\times10^{-5}$
HCN	25	$K_{a}^{\ominus}=4.93\times10^{-10}$
$HClO$	18	$K_{a}^{\ominus}=3.2\times10^{-8}$
H_2CrO_4	25	$K_{a1}^{\ominus}=1.8\times10^{-1}$
	25	$K_{a2}^{\ominus}=3.20\times10^{-7}$
HF	25	$K_{a}^{\ominus}=3.53\times10^{-4}$
HIO_3	25	$K_{a}^{\ominus}=1.69\times10^{-1}$
HIO	25	$K_{a}^{\ominus}=2.3\times10^{-11}$
HNO_2	12.5	$K_{a}^{\ominus}=4.6\times10^{-4}$
NH_4^+	25	$K_{a}^{\ominus}=5.64\times10^{-10}$
H_2O_2	25	$K_{a}^{\ominus}=2.4\times10^{-12}$
H_3PO_4	25	$K_{a1}^{\ominus}=7.52\times10^{-3}$
	25	$K_{a2}^{\ominus}=6.23\times10^{-8}$
	25	$K_{a3}^{\ominus}=4.4\times10^{-13}$
CCl_3COOH	25	$K_{a}^{\ominus}=0.23$
$CH_2(COOH)_2$	25	$K_{a1}^{\ominus}=6.21\times10^{-5}$
（琥珀酸）	25	$K_{a2}^{\ominus}=2.31\times10^{-6}$
$[HC(OH)(COOH)]_2$	25	$K_{a1}^{\ominus}=9.20\times10^{-4}$
（酒石酸）	25	$K_{a2}^{\ominus}=4.31\times10^{-5}$
C_6H_5OH	20	$K_{a}^{\ominus}=1.0\times10^{-10}$
C_6H_5COOH	25	$K_{a}^{\ominus}=6.28\times10^{-5}$
$C_6H_4OHCOOH$	25	$K_{a1}^{\ominus}=1.0\times10^{-3}$
H_2SO_3	18	$K_{a1}^{\ominus}=1.54\times10^{-2}$
	18	$K_{a2}^{\ominus}=1.02\times10^{-7}$
H_2SiO_3	30	$K_{a1}^{\ominus}=2.2\times10^{-10}$
	30	$K_{a2}^{\ominus}=2\times10^{-12}$
$HCOOH$	25	$K_{a}^{\ominus}=1.77\times10^{-4}$
CH_3COOH	25	$K_{a1}^{\ominus}=1.76\times10^{-5}$
$CH_2ClCOOH$	25	$K_{a}^{\ominus}=1.4\times10^{-3}$
$CHCl_2COOH$	25	$K_{a}^{\ominus}=3.32\times10^{-2}$
$H_3C_6H_5O_7$	20	$K_{a1}^{\ominus}=7.1\times10^{-4}$
（柠檬酸）	20	$K_{a2}^{\ominus}=1.68\times10^{-5}$
	20	$K_{a3}^{\ominus}=4.1\times10^{-7}$
$C_7H_6O_3$（水杨酸）	25	$K_{a}^{\ominus}=2.2\times10^{-14}$
$C_8H_6O_4$(邻苯二甲酸)	25	$K_{a1}^{\ominus}=1.1\times10^{-3}$
		$K_{a2}^{\ominus}=3.91\times10^{-6}$
NH_2OH	25	$K_{b}^{\ominus}=9.1\times10^{-9}$
$C_6H_5NH_2$	25	$K_{b}^{\ominus}=3.98\times10^{-10}$
$(CH_2NH_2)_2$（乙二胺）	25	$K_{b1}^{\ominus}=8.5\times10^{-5}$
	25	$K_{b2}^{\ominus}=7.1\times10^{-8}$
C_5H_5N（吡啶）	25	$K_{b}^{\ominus}=1.7\times10^{-9}$
$(CH_2)_6N_4$（六次甲基四胺）	25	$K_{b}^{\ominus}=1.4\times10^{-9}$
$NH_3\cdot H_2O$	25	$K_{b}^{\ominus}=1.77\times10^{-5}$
$Zn(OH)_2$	25	$K_{b1}^{\ominus}=8\times10^{-7}$
$AgOH$	25	$K_{b}^{\ominus}=1\times10^{-2}$
$Al(OH)_3$	25	$K_{b1}^{\ominus}=5\times10^{-9}$
	25	$K_{b2}^{\ominus}=2\times10^{-10}$
$Be(OH)_2$	25	$K_{b1}^{\ominus}=1.78\times10^{-6}$
	25	$K_{b2}^{\ominus}=2.5\times10^{-9}$
$Ca(OH)_2$	25	$K_{b2}^{\ominus}=6\times10^{-2}$

附录五　溶度积常数（291～298 K）

化学式（颜色）	$K_{sp}^{\ominus}$	化学式（颜色）	$K_{sp}^{\ominus}$
AgI(黄)	8.51×10^{-17}	CoS(β，黑)	2.0×10^{-27}
AgBr(浅黄)	5.35×10^{-13}	$Cr(OH)_2$（黄）	2×10^{-16}
AgCl(白)	1.77×10^{-10}	$Cr(OH)_3$（灰绿）	6.3×10^{-31}
Ag_2CO_3(白)	8.45×10^{-12}	CuI(白)	1.27×10^{-12}
$Ag_2C_2O_4$(白)	5.40×10^{-12}	CuBr(白)	6.27×10^{-9}
Ag_2CrO_4（砖红）	1.12×10^{-12}	CuCl(白)	1.72×10^{-7}
AgOH(Ag_2O，棕)	2.0×10^{-8}	$CuCO_3$(绿蓝)	1.4×10^{-10}
Ag_2S(α，黑)	6.69×10^{-50}	CuOH（Cu_2O红）	1×10^{-14}
AgSCN（白）	1.1×10^{-12}	$Cu(OH)_2$（浅蓝）	2.2×10^{-20}
Ag_2SO_4（白）	1.20×10^{-5}	Cu_2S(黑)	2.26×10^{-48}
$Al(OH)_3$(白)	1.1×10^{-33}	CuS（黑）	1.27×10^{-36}
$Au(OH)_3$(黄棕)	5.5×10^{-46}	$FeCO_3$（白）	2.11×10^{-11}
$BaCO_3$(白)	5.1×10^{-9}	$Fe(OH)_2$（白）	8.0×10^{-16}
BaC_2O_4(白)	1.6×10^{-7}	$Fe(OH)_3$（红棕）	2.64×10^{-39}
$BaCrO_4$（黄）	1.17×10^{-10}	$FePO_4\cdot2H_2O$（浅黄）	9.92×10^{-16}
BaF_2(白)	1.84×10^{-7}	FeS(α，黑)	1.59×10^{-19}
$Ba_3(PO_4)_2$(白)	3.4×10^{-23}	Hg_2Cl_2(白)	1.45×10^{-18}
$BaSO_4$（白）	1.07×10^{-10}	Hg_2CO_3(浅黄)	3.6×10^{-17}
Bi_2S_3（棕）	1.80×10^{-99}	$Hg_2C_2O_4$(黄)	1.75×10^{-13}
$CaCO_3$(白)	4.96×10^{-9}	$Hg(OH)_2$(HgO，红)	3.13×10^{-26}
$CaC_2O_4\cdot H_2O$(白)	2.34×10^{-9}	Hg_2S（黑）	10^{-45}
CaF_2（白）	5.30×10^{-9}	HgS（黑）	1.6×10^{-54}
$Ca(OH)_2$(白)	4.68×10^{-6}	Hg_2SO_4(白)	7.99×10^{-7}
$Ca_3(PO_4)_2$(白)	2.07×10^{-33}	$MgCO_3$(白)	6.82×10^{-6}
$CaSO_4$(白)	7.1×10^{-5}	$MgC_2O_4\cdot2H_2O$(白)	4.83×10^{-6}
$CdCO_3$(白)	6.18×10^{-12}	MgF_2(白)	7.42×10^{-11}
$Cd(OH)_2$	5.27×10^{-15}	$Mg(OH)_2$(白)	5.61×10^{-12}
CdS	1.40×10^{-29}	$MnCO_3$(白)	2.24×10^{-11}
$CoCO_3$	1.4×10^{-13}	$Mn(OH)_2$(白)	2.06×10^{-13}
$Co(OH)_2$(粉红，蓝)	2.5×10^{-16}	$Mn(OH)_3$(棕黑)	10^{-36}
$Co(OH)_3$	1×10^{-43}	MnS(绿)	4.65×10^{-14}
CoS(α，黑)	4.0×10^{-25}	$NiCO_3$(浅绿)	1.42×10^{-7}

（续）

化学式（颜色）	$K_{sp}^{\ominus}$	化学式（颜色）	$K_{sp}^{\ominus}$
$Ni(OH)_2$（浅绿）	5.47×10^{-16}	$SrC_2O_4.H_2O$（白）	1.6×10^{-7}
NiS(α，黑）	3.2×10^{-19}	$SrCrO_4$（黄）	2.2×10^{-5}
NiS(β，黑）	1.0×10^{-24}	SrF_2（白）	2.5×10^{-9}
NiS(γ，黑）	2.0×10^{-26}	$Sr(OH)_2\cdot8H_2O$（白）	
PbI_2（黄）	8.49×10^{-9}	$Sr_3(PO_4)_2$（白）	4.0×10^{-28}
$PbBr_2$（白）	6.6×10^{-6}	$Sn(OH)_2$（白）	5.45×10^{-27}
$PbCl_2$（白）	1.17×10^{-5}	$Sn(OH)_4$（白）	$\sim10^{-57}$
PbF_2（白）	7.12×10^{-7}	SnS（褐）	3.25×10^{-28}
$PbCO_3$（白）	1.46×10^{-13}	$SrCO_3$（白）	5.60×10^{-10}
PbC_2O_4（白）	8.51×10^{-10}	$SrSO_4$（白）	3.44×10^{-7}
$PbCrO_4$（白）	1.77×10^{-14}	$ZnCO_3$（白）	1.19×10^{-10}
$Pb(OH)_2$（白）	1.42×10^{-20}	$Zn(OH)_2$（白）	4.5×10^{-17}
$Pb_3(PO_4)_2$（白）	8.0×10^{-43}	α-ZnS（白）	1.60×10^{-24}
PbS（黑）	9.04×10^{-29}	β-ZnS（白）	2.5×10^{-22}
$PbSO_4$（白）	1.82×10^{-8}		

附录六 标准电极电势

1. 在酸性溶液中

	电 极 反 应	$\varphi_A^{\ominus}$/V
Ag	$AgI+e^- \rightleftharpoons Ag+I^-$	−0.152
	$Ag(S_2O_3)_2^{3-}+e^- \rightleftharpoons Ag+2S_2O_3^{2-}$	0.01
	$AgBr+e^- \rightleftharpoons Ag+Br^-$	0.071
	$AgCl+e^- \rightleftharpoons Ag+Cl^-$	0.222 3
	$Ag_2CrO_4+2e^- \rightleftharpoons 2Ag+CrO_4^{2-}$	+0.467
	$Ag^++e^- \rightleftharpoons Ag$	0.799 1
Al	$Al^{3+}+3e^- \rightleftharpoons Al$	−1.67
As	$HAsO_2+3H^++3e^- \rightleftharpoons As+2H_2O$	0.240
	$H_3AsO_4+2H^++2e^- \rightleftharpoons HAsO_2+2H_2O$	0.560
	$H_3AsO_4+2H^++2e^- \rightleftharpoons H_3AsO_3+H_2O$	0.58
Ba	$Ba^{2+}+2e^- \rightleftharpoons Ba$	−2.92
Bi	$BiO_3^-+6H^++2e^- \rightleftharpoons Bi^{3+}+3H_2O$	1.8
	$BiOCl+2H^++3e^- \rightleftharpoons Bi+H_2O+Cl^-$	0.170
	$BiO^++2H^++3e^- \rightleftharpoons Bi+H_2O$	0.32
Br_2	$Br_2(l)+2e^- \rightleftharpoons 2Br^-$	1.065

（续）

	电 极 反 应	$\varphi_A^\ominus$/V
	$BrO_3^- + 6H^+ + 5e^- \rightleftharpoons \frac{1}{2}Br_2 + 3H_2O$	1.5
Ca	$Ca^{2+} + 2e^- \rightleftharpoons Ca$	−2.84
Cd	$Cd^{2+} + 2e^- \rightleftharpoons Cd$	−0.403
Cl	$ClO_4^- + 2H^+ + 2e^- \rightleftharpoons ClO_3^- + H_2O$	1.19
	$Cl_2 + 2e^- \rightleftharpoons 2Cl^-$	1.358 3
	$HClO + H^+ + e^- \rightleftharpoons \frac{1}{2}Cl_2 + H_2O$	1.630
	$ClO_3^- + 6H^+ + 5e^- \rightleftharpoons \frac{1}{2}Cl_2 + 3H_2O$	1.468
	$ClO_3^- + 6H^+ + 6e^- \rightleftharpoons Cl^- + 3H_2O$	1.45
Co	$Co^{3+} + e^- \rightleftharpoons Co^{2+}$ (3 mol·l^{-1} HNO_3)	1.842
Cr	$Cr_2O_7^{2-} + 14H^+ + 6e^- \rightleftharpoons 2Cr^{3+} + 7H_2O$	1.36
Cu	$CuI + e^- \rightleftharpoons Cu + I^-$	−0.185
	$CuBr + e^- \rightleftharpoons Cu + Br^-$	0.033
	$CuCl + e^- \rightleftharpoons Cu + Cl^-$	0.121
	$Cu^{2+} + e^- \rightleftharpoons Cu^+$	0.153
	$Cu^{2+} + 2e^- \rightleftharpoons Cu$	0.340
	$Cu^+ + e^- \rightleftharpoons Cu$	0.521
	$Cu^{2+} + Cl^- + e^- \rightleftharpoons CuCl$	0.559
	$Cu^{2+} + I^- + e^- \rightleftharpoons CuI$	0.861
F	$F_2 + 2e^- \rightleftharpoons 2F^-$	2.87
	$F_2 + 2H^+ + 2e^- \rightleftharpoons 2HF$	3.053
Fe	$Fe^{2+} + 2e^- \rightleftharpoons Fe$	−0.499
	$Fe(CN)_6^{3-} + e^- \rightleftharpoons Fe(CN)_6^{4-}$	0.361
	$Fe^{3+} + e^- \rightleftharpoons Fe^{2+}$	0.771
H_2	$2H^+ + 2e^- \rightleftharpoons H_2(g)$	0.000
Hg	$Hg_2Cl_2 + 2e^- \rightleftharpoons 2Hg + 2Cl^-$（饱和）	0.241
	$Hg_2Cl_2 + 2e^- \rightleftharpoons 2Hg + 2Cl^-$ (1mol KCl)	0.267 6
	$Hg_2^{2+} + 2e^- \rightleftharpoons 2Hg$	0.796 0
	$Hg^{2+} + 2e^- \rightleftharpoons Hg$	0.853 5
	$2Hg^{2+} + 2e^- \rightleftharpoons Hg_2^{2+}$	0.911
	$[HgI_4]^{2-} + 2e^- \rightleftharpoons Hg + 4I^-$	−0.04
I	$I_2 + 2e^- \rightleftharpoons 2I^-$	0.536
	$IO_3^- + 6H^+ + 5e^- \rightleftharpoons \frac{1}{2}I_2 + 3H_2O$	1.195
	$HIO + H^+ + e^- \rightleftharpoons \frac{1}{2}I_2 + H_2O$	1.45

（续）

	电 极 反 应	$\varphi_A^\ominus$/V
Li	$Li^+ + e^- \rightleftharpoons Li$	−3.045
K	$K^+ + e^- \rightleftharpoons K$	−2.924
Mg	$Mg^{2+} + 2e^- \rightleftharpoons Mg$	−2.356
Mn	$Mn^{2+} + 2e^- \rightleftharpoons Mn$	−1.19
	$MnO_2 + 4H^+ + 2e^- \rightleftharpoons Mn^{2+} + 2H_2O$	1.23
	$MnO_4^- + 8H^+ + 5e^- \rightleftharpoons Mn^{2+} + 4H_2O$	1.51
	$MnO_4^- + 4H^+ + 3e^- \rightleftharpoons MnO_2 + 2H_2O$	1.695
	$Mn^{3+} + e^- \rightleftharpoons Mn^{2+}$	1.5
Na	$Na^+ + e^- \rightleftharpoons Na$	−2.713
N	$NO_3^- + 4H^+ + 3e^- \rightleftharpoons NO + 2H_2O$	0.96
	$2NO_3^- + 4H^+ + 2e^- \rightleftharpoons N_2O_4 + 2H_2O$	0.803
	$HNO_2 + H^+ + e^- \rightleftharpoons NO + H_2O$	0.996
	$N_2O_4 + 4H^+ + 4e^- \rightleftharpoons 2NO + 2H_2O$	1.039
	$NO_3^- + 3H^+ + 2e^- \rightleftharpoons HNO_2 + H_2O$	0.94
	$N_2O_4 + 2H^+ + 2e^- \rightleftharpoons 2HNO_2$	1.07
Ni	$Ni^{2+} + 2e^- \rightleftharpoons Ni$	−0.257
O	$O_2 + 2H^+ + 2e^- \rightleftharpoons H_2O_2$	0.695
	$H_2O_2 + 2H^+ + 2e^- \rightleftharpoons 2H_2O$	1.776
	$O_2 + 4H^+ + 4e^- \rightleftharpoons 2H_2O$	1.229
	$O_3 + 6H^+ + 6e^- \rightleftharpoons 3H_2O$	1.511
P	$H_3PO_4 + 2H^+ + 2e^- \rightleftharpoons H_3PO_3 + H_2O$	−0.276
	$P(红) + 3H^+ + 3e^- \rightleftharpoons PH_3(气)$	−0.111
	$H_3PO_3 + 3H^+ + 3e^- \rightleftharpoons P(白) + 3H_2O$	−0.502
Pb	$PbI_2 + 2e^- \rightleftharpoons Pb + 2I^-$	−0.365
	$PbSO_4 + 2e^- \rightleftharpoons Pb + SO_4^{2-}$	−0.356
	$PbCl_2 + 2e^- \rightleftharpoons Pb + 2Cl^-$	−0.268
	$Pb^{2+} + 2e^- \rightleftharpoons Pb$	−0.125
	$PbO_2 + SO_4^{2-} + 4H^+ + 2e^- \rightleftharpoons PbSO_4 + 2H_2O$	1.690
	$PbBr_2 + 2e^- \rightleftharpoons Pb + 2Br^-$	−0.284
S	$H_2SO_3 + 4H^+ + 4e^- \rightleftharpoons S + 3H_2O$	0.45
	$S + 2H^+ + 2e^- \rightleftharpoons H_2S(g)$	0.174
	$S + 2H^+ + 2e^- \rightleftharpoons H_2S(aq)$	0.144
	$SO_4^{2-} + 4H^+ + 2e^- \rightleftharpoons H_2SO_3 + H_2O$	0.158
	$S_4O_6^{2-} + 2e^- \rightleftharpoons 2S_2O_3^{2-}$	0.08

（续）

	电极反应	$\varphi_A^\ominus/V$
S	$2H_2SO_3+2H^++4e^- \rightleftharpoons S_2O_3^{2-}+3H_2O$	0.40
	$S_2O_3^{2-}+6H^++4e^- \rightleftharpoons 3H_2O+2S$	0.50
	$4H_2SO_3^-+4H^++6e^- \rightleftharpoons S_4O_6^{2-}+6H_2O$	0.51
	$S_2O_8^{2-}+2e^- \rightleftharpoons 2SO_4^{2-}$	2.01
	$SO_4^{2-}+8H^++8e^- \rightleftharpoons S^{2-}+4H_2O$	0.149
Sb	$Sb_2O_3+6H^++6e^- \rightleftharpoons 2Sb+3H_2O$	0.152
	$Sb_2O_5+6H^++4e^- \rightleftharpoons 2SbO^++3H_2O$	0.605
	$SbO^++2H^++3e^- \rightleftharpoons Sb+H_2O$	0.212
Si	$SiO_2+4H^++4e^- \rightleftharpoons Si+2H_2O$	−0.857
Sn	$Sn^{4+}+2e^- \rightleftharpoons Sn^{2+}$	0.154
	$Sn^{2+}+2e^- \rightleftharpoons Sn$	−0.136
Ti	$TiO^{2+}+2H^++4e^- \rightleftharpoons Ti+H_2O$	−0.86
	$TiO^{2+}+2H^++e^- \rightleftharpoons Ti^{3+}+H_2O$	0.10
	$Ti^{3+}+3e^- \rightleftharpoons Ti$	−1.21
	$Ti^{2+}+2e^- \rightleftharpoons Ti$	−1.63
V	$VO_2^++4H^++5e^- \rightleftharpoons V+2H_2O$	−0.236
	$VO^{2+}+2H^++e^- \rightleftharpoons V^{3+}+H_2O$	0.337
	$VO_2^++2H^++e^- \rightleftharpoons VO^{2+}+H_2O$	1.00
Zn	$Zn^{2+}+2e^- \rightleftharpoons Zn$	−0.762 6

2. 在碱性溶液中

	电极反应	$\varphi_A^\ominus/V$
Ag	$Ag_2S+2e^- \rightleftharpoons 2Ag+S^{2-}$	−0.71
	$Ag_2O+H_2O+2e^- \rightleftharpoons 2Ag+2OH^-$	0.342
	$Ag(NH_3)_2^++e^- \rightleftharpoons Ag+2NH_3$	0.373
Al	$H_2AlO_3+H_2O+3e^- \rightleftharpoons Al+4OH^-$	−2.35
As	$AsO_2^-+2H_2O+3e^- \rightleftharpoons As+4OH^-$	−0.68
	$AsO_4^{3-}+2H_2O+2e^- \rightleftharpoons AsO_2^-+4OH^-$	−0.67
Br	$BrO_3^-+3H_2O+6e^- \rightleftharpoons Br^-+6OH^-$	0.61
	$BrO^-+H_2O+2e^- \rightleftharpoons Br^-+2OH^-$	0.76
Cl	$ClO_3^-+H_2O+2e^- \rightleftharpoons ClO_2^-+2OH^-$	0.35
	$ClO_3^-+3H_2O+6e^- \rightleftharpoons Cl^-+6OH^-$	0.62
	$ClO_4^-+H_2O+2e^- \rightleftharpoons ClO_3^-+2OH^-$	0.36
	$ClO_2^-+H_2O+2e^- \rightleftharpoons ClO^-+2OH^-$	0.59
	$ClO^-+H_2O+2e^- \rightleftharpoons Cl^-+2OH^-$	0.841

（续）

	电极反应	$\varphi_A^\ominus$/V
Co	$Co(OH)_2+2e^- \rightleftharpoons Co+2OH^-$	−0.73
	$Co(NH_3)_6^{3+}+e^- \rightleftharpoons Co(NH_3)_6^{2+}$	0.1
	$Co(OH)_3+e^- \rightleftharpoons Co(OH)_2+OH^-$	0.20
Cr	$Cr(OH)_3+3e^- \rightleftharpoons Cr+3OH^-$	−1.3
	$CrO_2^-+2H_2O+3e^- \rightleftharpoons Cr+4OH^-$	−1.2
	$CrO_4^{2-}+4H_2O+3e^- \rightleftharpoons Cr(OH)_3+5OH^-$	−0.13
Cu	$Cu_2O+H_2O+2e^- \rightleftharpoons 2Cu+2OH^-$	−0.361
	$Cu(NH_3)_2^++e^- \rightleftharpoons Cu+2NH_3$	−0.12
	$Cu(OH)_2+2e^- \rightleftharpoons Cu+2OH^-$	−0.222
Fe	$Fe(OH)_2+2e^- \rightleftharpoons Fe+2OH^-$	−0.877
	$Fe(OH)_3+e^- \rightleftharpoons Fe(OH)_2+OH^-$	−0.56
H	$2H_2O+2e^- \rightleftharpoons H_2+2OH^-$	−0.827 7
Hg	$HgO+H_2O+2e^- \rightleftharpoons Hg+2OH^-$	0.098 4
I	$IO_3^-+3H_2O+6e^- \rightleftharpoons I^-+6OH^-$	0.26
	$IO^-+H_2O+2e^- \rightleftharpoons I^-+2OH^-$	0.49
Mg	$Mg(OH)_2+2e^- \rightleftharpoons Mg+2OH^-$	−2.76
Mn	$Mn(OH)_2+2e^- \rightleftharpoons Mn+2OH^-$	−1.55
	$MnO_2+2H_2O+2e^- \rightleftharpoons Mn(OH)_2+2OH^-$	−0.05
	$MnO_4^-+2H_2O+3e^- \rightleftharpoons MnO_2+4OH^-$	0.588
	$MnO_4^{2-}+2H_2O+2e^- \rightleftharpoons MnO_2+4OH^-$	0.60
	$MnO_4^-+e^- \rightleftharpoons MnO_4^{2-}$	0.564
N	$NO_3^-+H_2O+2e^- \rightleftharpoons NO_2^-+2OH^-$	0.01
	$Ni(OH)_3+e^- \rightleftharpoons Ni(OH)_2+OH^-$	0.48
O	$O_2+2H_2O+4e^- \rightleftharpoons 4OH^-$	0.401
S	$S+2e^- \rightleftharpoons S^{2-}$	−0.476 27
	$SO_4^{2-}+H_2O+2e^- \rightleftharpoons SO_3^{2-}+2OH^-$	−0.92
	$2SO_3^{2-}+3H_2O+4e^- \rightleftharpoons S_2O_3^{2-}+6OH^-$	−0.58
	$S_4O_6^{2-}+2e^- \rightleftharpoons 2S_2O_3^{2-}$	0.09
Sb	$SbO_2^-+2H_2O+3e^- \rightleftharpoons Sb+4OH^-$	−0.66
Sn	$Sn(OH)_6^{2-}+2e^- \rightleftharpoons H_2SnO_2+4OH^-$	−0.96
	$HSnO_2^-+H_2O+2e^- \rightleftharpoons Sn+3OH^-$	−0.79
Zn	$ZnO_2^{2-}+2H_2O+2e^- \rightleftharpoons Zn+4OH^-$	−1.215

附录七　条件电极电势（291～298 K）

半反应	条件电极电势/V	介质
$H_3AsO_4+2H^++2e^-=H_3AsO_3+H_2O$	0.58	1mol·L^{-1} HCl
$AsO_4^{3-}+2H_2O+2e^-=AsO_2^-+4OH^-$	0.08	1mol·L^{-1} NaOH
$Ce^{4+}+e^-=Ce^{3+}$	1.44	0.5mol·L^{-1} H_2SO_4
$Cr_2O_7^{2-}+14H^++6e^-=2Cr^{3+}+7H_2O$	1.00	1mol·L^{-1} HCl
	1.08	3mol·L^{-1} HCl
	1.08	0.5mol·L^{-1} H_2SO_4
	1.11	2mol·L^{-1} H_2SO_4
	1.15	4mol·L^{-1} H_2SO_4
	1.025	1mol·L^{-1} $HClO_4$
$Fe^{3+}+e^-=Fe^{2+}$	0.770	1mol·L^{-1} HCl
	0.747	1mol·L^{-1} $HClO_4$
	0.438	1mol·L^{-1} H_3PO_4
	0.679	0.5mol·L^{-1} H_2SO_4
	0.61	0.5mol·L^{-1} H_2SO_4+0.5mol·L^{-1} H_3PO_4
$Hg_2Cl_2+2e^-=2Hg+2Cl^-$	0.333 7	0.1mol·L^{-1} KCl
	0.280 7	1mol·L^{-1} KCl
	0.241 5	饱和 KCl
$I_3^-+2e^-=3I^-$	0.544 6	0.5mol·L^{-1} H_2SO_4
$I_2(aq)+2e^-=2I^-$	0.627 6	0.5mol·L^{-1} H_2SO_4
$MnO_4^-+8H^++5e^-=Mn^{2+}+4H_2O$	1.45	1mol·L^{-1} $HClO_4$
$Sn^{4+}+2e^-=Sn^{2+}$	0.070	0.1mol·L^{-1} HCl
	0.139	1mol·L^{-1} HCl

附录八　298 K，pH=7 时，生物体中一些重要氧化还原系统的标准电极电势

电极反应	$\varphi^{\ominus}$/V
$\frac{1}{2}O_2+2H^++2e^-\longrightarrow H_2O$	+0.186
细胞色素 a$Fe^{3+}+e^-\longrightarrow$细胞色素 a$Fe^{2+}$	+0.29
细胞色素 c$Fe^{3+}+e^-\longrightarrow$细胞色素 c$Fe^{2+}$	+0.25
高铁血红蛋白 $Fe^{3+}+e^-\longrightarrow$血红素 Fe^{2+}	+0.14
辅酶 Q+$2H^+\longrightarrow$辅酶 QH2	+0.10
细胞色素 b$Fe^{3+}+e^-\longrightarrow$细胞色素 b$Fe^{2+}$	+0.08
延胡索酸盐+$2H^++2e^-\longrightarrow$琥珀酸盐	+0.031
$FAD+2H^++2e^-\longrightarrow FADH_2$	−0.06

（续）

电　极　反　应	$\varphi^{\ominus}$/V
草乙酸盐＋$2H^+$＋$2e^-$⟶苹果酸盐	－0.102
乙醛＋$2H^+$＋$2e^-$⟶乙醇	－0.163
丙酮酸盐＋$2H^+$＋$2e^-$⟶乳酸盐	－0.19
NAD＋H^+＋$2e^-$⟶NADH	－0.320
尿酸＋$2H^+$＋$2e^-$⟶黄嘌呤	－0.36
乙酰 CoA＋$2H^+$＋$2e^-$⟶乙醛＋CoA	－0.41
$H^+ + e^- \longrightarrow \frac{1}{2}H_2$	－0.414
葡萄酸盐＋$2H^+$＋$2e^-$⟶葡萄糖＋H_2O	－0.45

附录九　配合物的稳定常数

金属离子	$\lg\beta_1$	$\lg\beta_2$	$\lg\beta_3$	$\lg\beta_4$	$\lg\beta_5$	$\lg\beta_6$	离子强度 I
氨配合物							
Ag^+	3.40	7.40					0.1
Cd^{2+}	2.60	4.65	6.04	6.92	6.6	4.9	0.1
Co^{2+}	2.05	3.62	4.61	5.31	5.43	4.75	0.1
Co^{3+}	7.3	14.0	20.1	25.7	30.8	35.2	2
Cu^{2+}	4.13	7.61	10.48	12.59			0.1
Hg^{2+}	8.80	17.50	18.5	19.4			2
Ni^{2+}	2.75	4.95	6.64	7.79	8.50	8.49	0.1
Zn^{2+}	2.27	4.61	7.01	9.06			
氟配合物							
Al^{3+}	6.16	11.2	15.1	17.8	19.2	19.24	0.53
Fe^{2+}	<1.5						
Fe^{3+}	5.21	9.16	11.86				0.5
Sn^{4+}						25	
Th^{4+}	7.7	13.5	18.0				
TiO_2^{2+}	5.4	9.8	13.7	17.4			
氯配合物							
Ag^+	3.4	5.3	5.48	5.4			
Hg^{2+}	6.74	13.22	14.07	15.07			0.05
Fe^{2+}	0.36	0.4					
Fe^{3+}	0.76	1.06	1.0				

（续）

金属离子	$\lg\beta_1$	$\lg\beta_2$	$\lg\beta_3$	$\lg\beta_4$	$\lg\beta_5$	$\lg\beta_6$	离子强度 I
碘配合物							
Ag^{+}			13.85	14.28			4
Cd^{2+}	2.4	3.4	5.0	6.15			
Hg^{2+}	12.87	23.8	27.6	29.8			0.5
Pb^{2+}	1.3	2.8	3.4	3.9			1
羟基配合物							
Al^{3+}				33.3			2
Ca^{2+}	1.3						0
Cd^{2+}	4.3	7.7	10.3	12.0			3
Fe^{2+}	4.5						1
Fe^{3+}	11.0	21.7					3
Mg^{2+}	2.6						0
Pb^{2+}	6.2	10.3	13.3				0.3
Zn^{2+}	4.9			13.3			2
硫氰根配合物							
Ag^{+}		8.2	9.5	10.0			2.2
Fe^{2+}	1.0						
Fe^{3+}	2.3	4.2	5.6	6.4	6.4		
Hg^{2+}		16.1	19.0	20.9			1
氰配合物							
Ag^{+}		21.1	21.9	20.7			0.2
Cd^{2+}	5.5	10.6	15.3	18.9			3
Cu^{+}		24.0	28.6	30.3			0
Fe^{2+}						35.4	0
Fe^{3+}						43.6	0
Ni^{2+}					31.3		0.1
Zn^{2+}				16.72			0
邻二氮菲配合物							
Ag^{+}	5.02	12.07					0.1
Cd^{2+}	5.78	10.82	14.92				0.1
Co^{2+}	7.25	13.95	19.90				0.1
Cu^{2+}	9.25	16.0	21.35				0.1
Fe^{2+}	5.9	11.1	21.3				0.1
Fe^{3+}			14.1				0.1
Ni^{2+}	8.8	17.1	24.8				0.1

（续）

金属离子	$\lg\beta_1$	$\lg\beta_2$	$\lg\beta_3$	$\lg\beta_4$	$\lg\beta_5$	$\lg\beta_6$	离子强度 I
Zn^{2+}	5.65	12.35	17.55				0.1
硫脲配合物							
Ag^{+}			13.15				0
Cu^{2+}				15.4			0.1
Hg^{2+}		22.1	24.7	26.8			0.1
Pb^{2+}	0.6	1.04	0.98	2.04			0.1
乙酰丙酮配合物							
Al^{3+}	8.6	16.5	22.3				0
Cu^{2+}	8.31	15.6					0
Fe^{2+}	5.07	8.67					0
Fe^{3+}	9.8	18.8	26.4				0
Ni^{2+}	6.06	10.77	13.09				0
柠檬酸配合物							
Al^{3+}	20						0.5
Cu^{2+}	18						0.1
Fe^{2+}	15.5						1
Fe^{3+}	25.0						1
Ni^{2+}	14.3						0.15
Zn^{2+}	11.4						0.15
酒石酸配合物							
Cu^{2+}	3.2	5.1	5.8	6.2			1
Fe^{3+}		11.86					0.1
Pb^{2+}	3.8						0.5
Zn^{2+}	2.68						0.2

附录十　EDTA 配合物的稳定常数（298 K，$I=0.1$）

金属离子	$\lg K_f^{\ominus}$	金属离子	$\lg K_f^{\ominus}$	金属离子	$\lg K_f^{\ominus}$
Na^{+}	1.66	Fe^{2+}	14.33	Cu^{2+}	18.8
Li^{+}	2.8	La^{3+}	15.5	Hg^{2+}	21.8
Ag^{+}	7.3	Al^{3+}	16.13	Sn^{2+}	22.1
Ba^{2+}	7.76	Co^{2+}	16.31	Cr^{3+}	23
Sr^{2+}	8.6	Cd^{2+}	16.46	Th^{4+}	23.2

（续）

金属离子	$\lg K_f^\ominus$	金属离子	$\lg K_f^\ominus$	金属离子	$\lg K_f^\ominus$
Mg^{2+}	8.6	Zn^{2+}	16.5	Fe^{3+}	25.1
Ca^{2+}	10.7	Pb^{2+}	18.0	Bi^{3+}	28.2
Mn^{2+}	14.04	Ni^{2+}	18.6	Zr^{4+}	29.9

附录十一　若干非 SI 单位

非 SI 单位	SI 相当量
大气压（atm）	101 325 Pa
毫米汞柱(mmHg)	101 325 Pa/760
托(torr)	101 325 Pa/760
巴(bar)	10^5 Pa
卡(cal)	4.184 J
尔格(erg)	10^{-7} J
埃(Å)	10^{-10} m
升(L)	1 dm^3
静电单位(esu)	3.336×10^{-10} C
达因(dyn)	10^{-5} N
泊(poise)	0.1 $kg\cdot m^{-1}\cdot s^{-1}$
高斯(gauss)	10^{-4} T
1 eV	1.602×10^{-19} J

附录十二　相对原子质量表

($^{12}C=12$)

符　号	原子序数	名　称	相对原子质量	符　号	原子序数	名　称	相对原子质量
H	1	氢 hydrogen	1.007 94	C	6	碳 carbon	12.011
He	2	氦 helium	4.002 602	N	7	氮 nitrogen	14.006 7
Li	3	锂 lithium	6.941	O	8	氧 oxygen	15.999 4
Be	4	铍 beryllium	9.012 18	F	9	氟 fluorine	18.998 403
B	5	硼 boron	10.811	Ne	10	氖 neon	20.179

（续）

符 号	原子序数	名 称	相对原子质量	符 号	原子序数	名 称	相对原子质量
Na	11	钠 sodium	22.989 77	Ru	44	钌 ruthenium	101.07
Mg	12	镁 magnesium	24.305	Rh	45	铑 rhodium	102.905 5
Al	13	铝 aluminum	26.981 54	Pd	46	钯 palladium	106.42
Si	14	硅 silicon	28.085 5	Ag	47	银 silver	107.868 2
P	15	磷 phosphorus	30.973 76	Cd	48	镉 cadmium	112.41
S	16	硫 sulfur	32.066	In	49	铟 indium	114.82
Cl	17	氯 chlorine	35.453	Sn	50	锡 tin	118.710
Ar	18	氩 argon	39.948	Sb	51	锑 antimony	121.75
K	19	钾 potassium	39.098 3	Te	52	碲 tellurium	127.60
Ca	20	钙 calcium	40.078	I	53	碘 iodine	126.904 5
Sc	21	钪 scandium	44.955 91	Xe	54	氙 xenon	131.29
Ti	22	钛 titanium	47.88	Cs	55	铯 caesium	132.905 4
V	23	钒 vanadium	50.942 5	Ba	56	钡 barium	137.33
Cr	24	铬 chromium	51.996 1	La	57	镧 lanthanum	138.905 5
Mn	25	锰 manganese	54.938 0	Ce	58	铈 cerium	140.12
Fe	26	铁 iron	55.847	Pr	59	镨 praseodymium	140.907 7
Co	27	钴 cobalt	58.933 2	Nd	60	钕 neodymium	144.24
Ni	28	镍 nickel	58.69	Pm	61	钷 promethium	—
Cu	29	铜 copper	63.546	Sm	62	钐 samarium	150.36
Zn	30	锌 zinc	65.39	Eu	63	铕 europium	151.96
Ga	31	镓 gallium	69.723	Gd	64	钆 gadolinium	157.25
Ge	32	锗 germanium	72.59	Tb	65	铽 terbium	158.925 4
As	33	砷 arsenic	74.921 6	Dy	66	镝 dysprosium	162.50
Se	34	硒 selenium	78.96	Ho	67	钬 holmium	164.930 4
Br	35	溴 bromine	79.904	Er	68	铒 erbium	167.26
Kr	36	氪 krypton	83.80	Tm	69	铥 thulium	168.934 2
Rb	37	铷 rubidium	85.467 8	Yb	70	镱 ytterbium	173.04
Sr	38	锶 strontium	87.62	Lu	71	镥 lutetium	174.967
Y	39	钇 yttrium	88.905 9	Hf	72	铪 hafnium	178.49
Zr	40	锆 zirconium	91.224	Ta	73	钽 tantalum	180.947 9
Nb	41	铌 niobium	92.906 4	W	74	钨 tungsten	183.85
Mo	42	钼 molybdenum	95.94	Re	75	铼 rhenium	186.207
Tc	43	锝 technetium	—	Os	76	锇 osmium	190.2

（续）

符　号	原子序数	名　称	相对原子质量	符　号	原子序数	名　称	相对原子质量
Ir	77	铱 iridium	192.22	Np	93	镎 neptunium	—
Pt	78	铂 platinum	195.08	Pu	94	钚 plutonium	—
Au	79	金 gold	196.966 5	Am	95	镅 americium	—
Hg	80	汞 mercury	200.59	Cm	96	锔 curium	—
Tl	81	铊 thallium	204.383	Bk	97	锫 berkelium	—
Pb	82	铅 lead	207.2	Cf	98	锎 californium	—
Bi	83	铋 bismuth	208.980 4	Es	99	锿 einsteinium	—
Po	84	钋 polonium	—	Fm	100	镄 fermium	—
At	85	砹 astatine	—	Md	101	钔 mendelevium	—
Rn	86	氡 radon	—	No	102	锘 nobelium	—
Fr	87	钫 francium	—	Lr	103	铹 lawrencium	—
Ra	88	镭 radium	—	Rf	104	鈩 rutherfordium	—
Ac	89	锕 actinium	—	Db	105	钳 dubnium	
Th	90	钍 thorium	232.038 1	Sg	106	镥 seaborgium	—
Pa	91	镤 protactinium	—	Bh	107	铍 bohrium	—
U	92	铀 uranium	238.028 9				

附录十三　常见化合物的相对分子质量表

化合物	相对分子质量	化合物	相对分子质量
$AgBr$	187.77	$BaCl_2$	208.24
$AgCl$	143.32	$BaCl_2 \cdot 2H_2O$	244.27
$AgCN$	133.84	$BaCrO_4$	253.33
Ag_2CrO_4	331.73	BaO	153.33
AgI	234.77	$Ba(OH)_2$	171.34
$AgNO_3$	169.87	$BaSO_4$	233.39
$AgSCN$	165.95	$CaCO_3$	100.09
Al_2O_3	101.96	CaC_2O_4	128.10
$Al_2(SO_4)_3$	342.14	$CaCl_2$	110.99
As_2O_3	197.84	$CaCl_2 \cdot H_2O$	129.00
As_2O_5	229.84	CaF_2	78.08
$BaCO_3$	197.34	$Ca(NO_3)_2$	164.09
BaC_2O_4	225.35	CaO	56.09

（续）

化合物	相对分子质量	化合物	相对分子质量
$CaSO_4$	136.14	$H_2C_4H_4O_6$（酒石酸）	150.09
$Ca_3(PO_4)_2$	310.18	HCN	27.03
$Ce(SO_4)_2$	332.24	H_2CO_3	62.03
$Ce(SO_4)_2 \cdot 2(NH_4)_2SO_4 \cdot 2H_2O$	632.54	$H_2C_2O_4$	90.04
CH_3COOH	60.05	$H_2C_2O_4 \cdot 2H_2O$	126.07
CH_3OH	32.04	HCOOH	46.03
CH_3COCH_3	58.08	HCl	36.46
C_6H_5COOH	122.12	$HClO_4$	100.46
C_6H_5COONa	144.10	HF	20.01
$C_6H_4COOHCOOK$（邻苯二甲酸氢钾）	204.23	HI	127.91
CH_3COONa	82.03	HNO_2	47.01
C_6H_5OH	94.11	HNO_3	63.01
$(C_9H_7N)_3H_3(PO_4 \cdot 12MoO_3)$（磷钼酸喹啉）	2 212.74	H_2O	18.02
$COOHCH_2COOH$	104.06	H_2O_2	34.02
$COOHCH_2COONa$	126.04	H_3PO_4	98.00
CCl_4	153.81	H_2S	34.08
CO_2	44.01	H_2SO_3	82.07
Cr_2O_3	151.99	H_2SO_4	98.07
CuO	79.545	$HgCl_2$	271.50
Cu_2O	143.09	Hg_2Cl_2	472.09
CuSCN	121.62	$KAl(SO_4)_2 \cdot 12H_2O$	474.39
$CuSO_4$	159.60	$KB(C_6H_5)_4$	358.33
$CuSO_4 \cdot 5H_2O$	249.68	KBr	119.00
$FeCl_3$	162.21	$KBrO_3$	167.00
$FeCl_3 \cdot 6H_2O$	270.30	KCN	65.12
$Ca(OH)_2$	74.09	K_2CO_3	138.21
FeO	71.85	KCl	74.56
Fe_2O_3	159.69	$KClO_3$	122.55
Fe_3O_4	231.54	$KClO_4$	138.55
$FeSO_4 \cdot H_2O$	169.93	K_2CrO_4	194.19
$FeSO_4 \cdot 7H_2O$	278.01	$K_2Cr_2O_7$	294.18
$Fe_2(SO_4)_3$	399.89	$KHC_2O_4 \cdot H_2C_2O_4 \cdot 2H_2O$	254.19
$FeSO_4 \cdot (NH_4)_2SO_4 \cdot 6H_2O$	392.13	$KHC_2O_4 \cdot H_2O$	146.14
H_3BO_3	61.83	KI	166.00
HBr	80.91	KIO_3	214.00

（续）

化合物	相对分子质量	化合物	相对分子质量
$KIO_3 \cdot HIO_3$	389.91	$Na_2SO_4 \cdot 10H_2O$	322.20
$KMnO_4$	158.03	$Na_2S_2O_3$	158.10
KNO_2	85.10	$Na_2S_2O_3 \cdot 5H_2O$	248.17
K_2O	92.20	Na_2SiF_6	188.06
KOH	56.11	NH_3	17.03
KSCN	97.18	NH_4Cl	53.49
K_2SO_4	174.25	$(NH_4)_2C_2O_4 \cdot H_2O$	142.11
$MgCO_3$	84.32	$NH_3 \cdot H_2O$	35.05
$MgCl_2$	95.21	$NH_4Fe(SO_4)_2 \cdot 12H_2O$	482.20
$MgNH_4PO_4$	137.33	$(NH_4)_2HPO_4$	132.05
MgO	40.31	$(NH_4)_3PO_4 \cdot 12MoO_3$	1 876.53
$Mg_2P_2O_7$	222.55	NH_4SCN	76.12
MnO	70.94	$(NH_4)_2SO_4$	132.14
MnO_2	86.94	$NiC_8H_{14}O_4N_4$（丁二酮肟镍）	288.91
$Na_2B_4O_7$	201.22	P_2O_5	141.95
$Na_2B_4O_7 \cdot 10H_2O$	381.37	$PbCrO_4$	323.20
$NaBiO_3$	279.97	PbO	223.20
NaBr	102.90	PbO_2	239.20
NaCN	49.01	Pb_3O_4	685.57
Na_2CO_3	105.99	$PbSO_4$	303.30
$Na_2C_2O_4$	134.00	SO_2	64.06
$NaH_2Y \cdot 2H_2O$(EDTA 二钠盐)	372.26	SO_3	80.06
NaF	149.89	Sb_2O_3	291.50
$NaNO_3$	84.995	Sb_2S_3	339.68
Na_2O	61.979	SiF_4	104.08
NaOH	40.01	SiO	60.08
Na_3PO_4	163.94	$SnCO_3$	178.82
Na_2S	78.05	$SnCl_2$	189.62
NaCl	58.44	SnO_2	150.71
NaF	41.99	TiO_2	79.88
$NaHCO_3$	84.01	WO_3	231.85
NaH_2PO_4	119.98	$ZnCl_2$	136.29
Na_2HPO_4	141.96	ZnO	81.38
$Na_2S \cdot 9H_2O$	240.18	$Zn_2P_2O_7$	304.72
Na_2SO_3	126.04	$ZnSO_4$	161.44
Na_2SO_4	142.04		

主要参考文献

董元彦，等，2005. 无机及分析化学 . 2 版 . 北京：科学出版社 .

高月英，等，2000. 物理化学（生物类）. 北京：北京大学出版社 .

呼世斌，黄蔷蕾，2002. 无机及分析化学 . 北京：高等教育出版社 .

华彤文，1993. 普通化学原理 . 2 版 . 北京：北京大学出版社 .

揭念芹，2001. 基础化学（Ⅰ）. 北京：科学出版社 .

彭崇慧，等，编著，李克安，等，修订，2009. 分析化学：定量化学分析简明教程 . 3 版 . 北京：北京大学出版社 .

曲祥金，2003. 无机及分析化学 . 北京：中国农业出版社 .

宋天佑，等，2015. 无机化学 . 3 版 . 北京：高等教育出版社 .

武汉大学，等，2006. 分析化学 . 5 版 . 北京：高等教育出版社 .

薛华，等，2003. 分析化学 . 北京：清华大学出版社 .

杨苑臣，2002. 普通化学 . 北京：中国农业出版社 .

赵士铎，2000. 普通化学 . 北京：中国农业大学出版社 .

浙江大学，2003. 无机及分析化学 . 北京：高等教育出版社 .

朱裕贞，等，2001. 现代基础化学 . 北京：化学工业出版社 .

Brown T L，等，2003. 化学：中心科学（英文版・原书第 8 版）. 北京：机械工业出版社 .

Gary L Miessler，Donald A Tarr，2004. 无机化学（第 3 版影印版）. 北京：高等教育出版社 .

Goldberg D E，2000. Chemistry（影印版）. 北京：高等教育出版社，麦格劳−希尔国际出版公司 .

John W Hill，Doris K Kolb，2004. Chemistry for Changing Times . 10th edition. Prentice Hall.

Kotz J C，Purcell F K，1991. Chemistry & Chemical Reactivity. 2nd Edition. Saunders College Publishing.

Peter Atkins，Julio de Paula，2006. Atkins 物理化学（第 7 版影印版）. 北京：高等教育出版社 .

Ralph H Petrucci，2006. 普通化学原理与应用（第 8 版影印版）. 北京：高等教育出版社 .

Raymond Chang，2005. Chemistry. 8th Edition. McGRAW・HILL.

Umland J B，Bellama J M，2010. 普通化学（英文版）. 北京：机械工业出版社 .

元素周期表

原子序数 — 19
元素符号（红色指放射性元素） — K
元素名称（注*的是人造元素） — 钾
相对原子质量（括号内数据为放射性元素最长寿命同位素的质量数） — 39.10
稳定同位素的质量数（底线指丰度最大的同位素） — 39 40 41
放射性同位素的质量数
外围电子的构型（括号指可能的构型） — $4s^1$

金属　稀有气体　非金属　过渡元素

注：
1. 相对原子质量主要录自2016年国际纯粹与应用化学联合会（IUPAC）公布的元素周期表，方括号内提供的是标准原子质量的上、下边界。
2. 稳定元素列有天然丰度的同位素；天然放射性元素和人造元素同位素的选列与国际相对原子质量标的有关文献一致。

周期＼族	1	2	3	4	5	6	7	8	9	10	11	12	13	14	15	16	17	18	电子层	18族电子数
	IA	IIA	IIIB	IVB	VB	VIB	VIIB	VIII			IB	IIB	IIIA	IVA	VA	VIA	VIIA	0		
1	1 H 氢 1 2 3 $1s^1$ [1.007,1.009]																	2 He 氦 3 4 $1s^2$ 4.003	K	2
2	3 Li 锂 6 7 $2s^1$ [6.938,6.997]	4 Be 铍 9 $2s^2$ 9.012											5 B 硼 10 11 $2s^22p^1$ [10.80,10.83]	6 C 碳 12 13 14 $2s^22p^2$ [12.00,12.02]	7 N 氮 14 15 $2s^22p^3$ [14.00,14.01]	8 O 氧 16 17 18 $2s^22p^4$ [15.99,16.00]	9 F 氟 19 $2s^22p^5$ 19.00	10 Ne 氖 20 21 22 $2s^22p^6$ 20.18	L K	8 2
3	11 Na 钠 23 $3s^1$ [22.99]	12 Mg 镁 24 25 26 $3s^2$ [24.30,24.31]											13 Al 铝 27 $3s^23p^1$ 26.98	14 Si 硅 28 29 30 $3s^23p^2$ [28.08,28.09]	15 P 磷 31 $3s^23p^3$ 30.97	16 S 硫 32 36 33 34 $3s^23p^4$ [32.05,32.08]	17 Cl 氯 35 37 $3s^23p^5$ [35.44,35.46]	18 Ar 氩 36 38 40 $3s^23p^6$ 39.95	M L K	8 8 2
4	19 K 钾 39 40 41 $4s^1$ 39.10	20 Ca 钙 40 44 42 46 43 48 $4s^2$ 40.08	21 Sc 钪 45 $3d^14s^2$ 44.96	22 Ti 钛 46 49 47 50 48 $3d^24s^2$ 47.87	23 V 钒 50 51 $3d^34s^2$ 50.94	24 Cr 铬 50 54 52 53 $3d^54s^1$ 52.00	25 Mn 锰 55 $3d^54s^2$ 54.94	26 Fe 铁 54 58 56 57 $3d^64s^2$ 55.85	27 Co 钴 59 $3d^74s^2$ 58.93	28 Ni 镍 58 62 60 64 61 $3d^84s^2$ 58.69	29 Cu 铜 63 65 $3d^{10}4s^1$ 63.55	30 Zn 锌 64 68 66 70 67 $3d^{10}4s^2$ 65.38	31 Ga 镓 69 71 $4s^24p^1$ 69.72	32 Ge 锗 70 74 72 76 73 $4s^24p^2$ 72.63	33 As 砷 75 $4s^24p^3$ 74.92	34 Se 硒 74 78 76 80 77 82 $4s^24p^4$ 78.97	35 Br 溴 79 81 $4s^24p^5$ [79.90,79.91]	36 Kr 氪 78 83 80 84 82 86 $4s^24p^6$ 83.80	N M L K	8 18 8 2
5	37 Rb 铷 85 87 $5s^1$ 85.47	38 Sr 锶 84 88 86 87 $5s^2$ 87.62	39 Y 钇 89 $4d^15s^2$ 88.91	40 Zr 锆 90 94 91 96 92 $4d^25s^2$ 91.22	41 Nb 铌 93 94 $4d^45s^1$ 92.91	42 Mo 钼 92 97 94 98 95 100 96 $4d^55s^1$ 95.95	43 Tc 锝 97 98 99 $4d^55s^2$ (98)	44 Ru 钌 96 101 98 102 99 104 100 $4d^75s^1$ 101.1	45 Rh 铑 103 $4d^85s^1$ 102.9	46 Pd 钯 102 106 104 108 105 110 $4d^{10}$ 106.4	47 Ag 银 107 109 $4d^{10}5s^1$ 107.9	48 Cd 镉 106 112 108 113 110 114 111 116 $4d^{10}5s^2$ 112.4	49 In 铟 113 115 $5s^25p^1$ 114.8	50 Sn 锡 112 118 114 119 115 120 116 122 117 124 $5s^25p^2$ 118.7	51 Sb 锑 121 123 $5s^25p^3$ 121.8	52 Te 碲 120 125 122 126 123 128 124 130 $5s^25p^4$ 127.6	53 I 碘 127 129 $5s^25p^5$ 126.9	54 Xe 氙 124 131 126 132 128 134 129 136 130 $5s^25p^6$ 131.3	O N M L K	8 18 18 8 2
6	55 Cs 铯 133 $6s^1$ 132.9	56 Ba 钡 130 136 132 137 134 138 135 $6s^2$ 137.3	57-71 La-Lu 镧系	72 Hf 铪 174 178 176 179 177 180 $5d^26s^2$ 178.5	73 Ta 钽 180 181 $5d^36s^2$ 180.9	74 W 钨 180 184 182 186 183 $5d^46s^2$ 183.8	75 Re 铼 185 187 $5d^56s^2$ 186.2	76 Os 锇 184 189 186 190 187 192 188 $5d^66s^2$ 190.2	77 Ir 铱 191 193 $5d^76s^2$ 192.2	78 Pt 铂 190 195 192 196 194 198 $5d^96s^1$ 195.1	79 Au 金 197 $5d^{10}6s^1$ 197.0	80 Hg 汞 196 201 198 202 199 204 200 $5d^{10}6s^2$ 200.6	81 Tl 铊 203 205 $6s^26p^1$ [204.3,204.4]	82 Pb 铅 204 208 206 207 $6s^26p^2$ 207.2	83 Bi 铋 209 $6s^26p^3$ 209.0	84 Po 钋 209 210 $6s^26p^4$ (209)	85 At 砹 210 211 $6s^26p^5$ (210)	86 Rn 氡 211 220 222 $6s^26p^6$ (222)	P O N M L K	8 18 32 18 8 2
7	87 Fr 钫 223 $7s^1$ (223)	88 Ra 镭 223 228 224 226 $7s^2$ (226)	89-103 Ac-Lr 锕系	104 Rf 𬬻* $(6d^27s^2)$ (267)	105 Db 𬭊* $(6d^37s^2)$ (268)	106 Sg 𬭳* (271)	107 Bh 𬭛* (272)	108 Hs 𬭶* (270)	109 Mt 鿏* (276)	110 Ds 𫟼* (281)	111 Rg 𬬭* (280)	112 Cn 鿔* (285)	113 Nh 鿭* (284)	114 Fl 𫓧* (289)	115 Mc 镆* (288)	116 Lv 𫟷* (293)	117 Ts 鿬*	118 Og 鿫* (294)	Q P O N M L K	8 18 32 32 18 8 2

镧系	57 La 镧 138 139 $5d^16s^2$ 138.9	58 Ce 铈 136 142 138 140 $4f^15d^16s^2$ 140.1	59 Pr 镨 141 $4f^36s^2$ 140.9	60 Nd 钕 142 146 143 148 144 150 145 $4f^46s^2$ 144.2	61 Pm 钷 145 147 $4f^56s^2$ (145)	62 Sm 钐 144 150 147 152 148 154 149 $4f^66s^2$ 150.4	63 Eu 铕 151 153 $4f^76s^2$ 152.0	64 Gd 钆 152 157 154 158 155 160 156 $4f^75d^16s^2$ 157.3	65 Tb 铽 159 $4f^96s^2$ 158.9	66 Dy 镝 156 162 158 163 160 164 161 $4f^{10}6s^2$ 162.5	67 Ho 钬 165 $4f^{11}6s^2$ 164.9	68 Er 铒 162 167 164 168 166 170 $4f^{12}6s^2$ 167.3	69 Tm 铥 169 $4f^{13}6s^2$ 168.9	70 Yb 镱 168 173 170 174 171 176 172 $4f^{14}6s^2$ 173.0	71 Lu 镥 175 176 $4f^{14}5d^16s^2$ 175.0
锕系	89 Ac 锕 227 $6d^17s^2$ (227)	90 Th 钍 230 232 $6d^27s^2$ 232.0	91 Pa 镤 231 $5f^26d^17s^2$ 231.0	92 U 铀 233 236 234 238 235 $5f^36d^17s^2$ 238.0	93 Np 镎 237 239 $5f^46d^17s^2$ (237)	94 Pu 钚 238 241 239 242 240 244 $5f^67s^2$ (244)	95 Am 镅* 241 243 $5f^77s^2$ (243)	96 Cm 锔* 243 246 244 247 245 248 $5f^76d^17s^2$ (247)	97 Bk 锫* 247 249 $5f^97s^2$ (247)	98 Cf 锎* 249 252 250 251 $5f^{10}7s^2$ (251)	99 Es 锿* 252 $5f^{11}7s^2$ (252)	100 Fm 镄* 257 $5f^{12}7s^2$ (257)	101 Md 钔* 256 258 $(5f^{13}7s^2)$ (258)	102 No 锘* 259 $(5f^{14}7s^2)$ (259)	103 Lr 铹* 260 $(5f^{14}6d^17s^2)$ (262)